博雅 21世纪化学规划教材·基础课系列

U0204403

普通无机化学

（第2版）重排本

严宣申　王长富　编著

北京大学出版社
PEKING UNIVERSITY PRESS

图书在版编目 (CIP) 数据

普通无机化学：重排本 / 严宣申，王长富编著. — 2版. — 北京：北京大学出版社，2016. 8
（21世纪化学规划教材 • 基础课系列）
ISBN 978-7-301-27447-7

Ⅰ. ①普… Ⅱ. ①严… ②王… Ⅲ. ①无机化学—高等学校—教材 Ⅳ. ① O61

中国版本图书馆 CIP 数据核字 (2016) 第 193693 号

书　　名	普通无机化学（第2版）重排本 PUTONG WUJI HUAXUE
著作责任者	严宣申　王长富　编著
责任编辑	郑月娥
标准书号	ISBN 978-7-301-27447-7
出版发行	北京大学出版社
地　　址	北京市海淀区成府路 205 号　100871
网　　址	http://www.pup.cn　新浪官方微博：@ 北京大学出版社
电　　话	邮购部 62752015　发行部 62750672　编辑部 62767347
电子信箱	zye@pup.pku.edu.cn
印 刷 者	北京市科星印刷有限责任公司
经 销 者	新华书店
	787 毫米 ×1092 毫米　16 开本　19.75 印张　500 千字 1999 年 10 月第 2 版 2016 年 8 月第 2 版（重排本）　2024 年 7 月第 8 次印刷
印　　数	56001–61000 册
定　　价	46.00 元

内容提要

本书按元素在周期表中位置共分十章，各章后还配有相当数量的习题。本书重视元素性质和化学原理间的联系，这样既有利于增强学习兴趣和提高自学能力，也有利于了解化学原理的运用并加深对化学原理的理解。本重排本对第2版作了少量修订。

本书较重视科学思维。如由Gibbs自由能变知还原氧化物为单质的反应，有："焓驱动"的铝热法；"熵驱动"的高温下C(→CO)还原法，$MgO+C \longrightarrow Mg(g)+CO$；"焓、熵综合"的$H_2$还原法，$WO_3+3H_2 \longrightarrow W+3H_2O$。可以想象，在还原氟化物、氯化物、硫化物为单质的反应中，也有"焓驱动"的，用K、Ca还原氟化物，Na、Mg还原氯化物，Fe还原硫化物；"熵驱动"的$Na+KCl \longrightarrow NaCl+K$……这样，有助于把个性推广到一般。又，热化学循环是一种科学方法：把具体问题简化为若干个简单问题的组合，对于简单过程较易区分主次。如MCO_3分解温度高低取决于MO和MCO_3晶格能之差。

溶液中化学平衡的倾向可由反应平衡常数判断。如$AgCl+2NH_3 \cdot H_2O \longrightarrow Ag(NH_3)_2^+ +Cl^- +2H_2O \quad K\approx10^{-3}$，$K$值表明需用过量(10倍以上)$1\sim2\ mol \cdot L^{-1}\ NH_3 \cdot H_2O$溶解AgCl。由此可知，方程式和它相同、$K$值相近的$AgI+2S_2O_3^{2-} \longrightarrow Ag(S_2O_3)_2^{3-} +I^- \quad K\approx10^{-3}$，反应的条件是AgI能溶于$1\sim2\ mol \cdot L^{-1}\ Na_2S_2O_3$溶液。

微观方面，本书重点讨论等电子原理、分(离)子构型、周期表……如基于La在周期表中位置知其性质和Ca、Ba相似，由此可知镧有下列难溶化合物：$La(OH)_3$、LaF_3、$La_2(CO_3)_3$、$La_2(C_2O_4)_3$、$La_2(CrO_4)_3$、$LaPO_4$。此外，本书对某些新进展和人们关心的某些热点问题均有简单的介绍。

本书适于高等院校化学相关专业的低年级学生使用，对于大学、中学化学教师也有重要的参考价值。此外，本书还可供对化学感兴趣的高中学生(如拟参加各级各类化学竞赛者)学习参考。

前　　言

（第 2 版）

自本书第 1 版（1987 年）发行以来，曾被一些兄弟院校定为主要参考书，先后重印四次，印数近 2 万册。获原国家教委第二届高校优秀教材一等奖。

根据兄弟院校和广大读者对第 1 版的批评和建议以及教学实践的检验，经过多年准备，我们补充和修订成现在的第 2 版。

教学中认识到，掌握理论最好的途径是经常运用，记住元素性质最有效的办法是找到它们和理论部分的联系。第 2 版保持了第 1 版叙述部分和理论内容相联系的特色，在每章重点讨论一个问题。如：第一章的化学还原制备单质（Gibbs 自由能）；第二章的金属离子化倾向（热化学循环）；第三章的含氧酸盐热分解反应和分解温度定性比较；第四章从结构讨论 H_2O_2、H_2S_x 的性质；第五章的等电子原理；第六章的含氧酸缩合和第二（次级）周期性；第七章对 p 区元素卤化物的小结；第八章介绍软硬酸碱理论和化学反应系统化；第九章介绍缺陷和非整比化合物；第十章从周期表角度介绍镧系元素性质。附录中保留了对学习溶液中离子反应有一定帮助的附录二（反应平衡常数的某些运用）和附录三（常见阳离子的基本性质和鉴定）（18 种阳离子的系统分析）。书中还对某些热点问题，如环境污染、生命体内微量元素；某些新进展，如冠醚等作了简单介绍。

北京大学化学学院姚光庆教授参与讨论本书第 2 版编写计划，修改第九章并撰写了“缺陷与非整比化合物”。

本书编写过程得到北京大学化学学院许多老师及应用化学系唐任寰教授、南京大学魏元训教授的关心和支持，在此一并表示谢意。

对于书中疏漏，望读者批评指正。

作　者

1999 年 7 月于北京大学化学学院

编 者 的 话

（第 1 版）

本书是为大学化学系一年级学生编写的无机化学课程教科书。它的内容和《普通化学原理》（华彤文、杨骏英编，北京大学出版社）相衔接，构成一套普通化学教材。

全书按元素在元素周期表中的位置分为十章，各章内容均侧重于叙述元素及其重要化合物的基本性质及反应规律。为加深学生对元素性质的理解并培养学生的自学能力，书中注重酸碱反应、沉淀反应、氧化还原反应及配位反应在元素性质部分的应用，同时也兼顾到化学热力学和物质结构等理论在元素性质部分的应用。一些离子的分离和鉴定附在有关章节之后，阳离子系统分析的内容附在书末。

本书在编写过程中曾得到我校化学系普通化学教研室许多同志及南京大学甘兰若、武汉大学张畹蕙、兰州大学张淑民、山东大学蒋本杲、华东师范大学武佛衡、科学出版社赵世雄、高等教育出版社王世显等同志的关心和支持，也得到了北京大学出版社赵学范、李彦奇同志的热情帮助，谨向他们表示谢意。

限于我们的水平及成书时间仓促，书中一定有不少疏漏，望读者批评指正。

严宣申　王长富

于北京大学化学系

目　　录

第一章　元素概论

1.1　地壳的组成

1.2　元素的存在和单质的提取

1.3　周期表的主、副族，典型元素和十八族

本章简要介绍地壳的组成、元素的存在和提取、元素周期表中主副族的划分及主族元素的某些性质。

1.1　地壳的组成

地壳是指围绕地球的大气圈(atmosphere)、水圈(hydrosphere)及地面以下 16 km 内的岩石圈(lithosphere)。大气圈重 5.1×10^{18} kg，水圈重 1.2×10^{21} kg，岩石圈为 1.6×10^{22} kg，后者占地壳总重量的 93%。

大气圈的组成列于表 1-1。

表 1-1　接近海平面的干洁空气的组成

组　分	体积分数/(%)	组　分	体积分数/(%)	组　分	体积分数/(%)
N_2	78.09	CH_4	0.00015	O_3	0.000002
O_2	20.94	Kr	0.00010	NH_3	0.000001
Ar	0.93	H_2	0.00005	$(CH_3)_2CO$	0.0000001
CO_2	0.0318	N_2O	0.000025	NO_2	0.0000001
Ne	0.0018	CO	0.000010	SO_2	0.00000002
He	0.00052	Xe	0.000008	Pb	1.3×10^{-11}

水圈中含有 O、H、Cl、Na、Mg 等 60 余种元素，其中 O 的质量分数为 85.89%，H 为 10.82%。虽然某些元素在水圈中的含量极少，如 U 只占 1.5×10^{-7}%，但总量很大，约 2×10^{12} kg，许多国家开展了从海水中提取 U 的工作。

地壳中各元素分布常用质量分数或原子分数表示，前者叫质量 Clarke 值，后者是原子 Clarke 值。表 1-2 为部分元素的原子 Clarke 值，表 1-3 列出部分元素的质量 Clarke 值。

表 1-2　地壳中部分元素的原子 Clarke 值

元　素	原子 Clarke 值/(%)	元　素	原子 Clarke 值/(%)	元　素	原子 Clarke 值/(%)
O	53.8	Fe	1.64	C	0.048
Si	18.2	Mg	1.60	Mn	0.032
H	13.5	K	0.80	N	0.027
Al	5.55	Ti	0.16	S	0.027
Na	2.26	P	0.07	F	0.025
Ca	1.67	Cl	0.054		

表 1-3　地壳中部分元素的质量 Clarke 值

元　素	质量 Clarke 值/(%)	元　素	质量 Clarke 值/(%)	元　素	质量 Clarke 值/(%)
O	48.6	Sr	0.015	Gd	6.5×10^{-4}
Si	26.3	V	0.015	Be	6×10^{-4}
Al	7.73	Ni	0.010	Pr	5.5×10^{-4}
Fe	4.75	Zn	0.008	Sc	5×10^{-4}
Ca	3.45	Cu	0.007	As	5×10^{-4}
Na	2.74	Li	0.0065	Hf	4.5×10^{-4}
K	2.47	Ce	0.004	Dy	4.5×10^{-4}
Mg	2.00	Sn	0.004	U	4×10^{-4}
H	0.76	Co	0.004	Ar	3.6×10^{-4}
Ti	0.42	Y	0.0028	Cs	3.2×10^{-4}
Cl	0.14	Nd	0.0024	Yb	2.7×10^{-4}
P	0.11	Nb	0.002	Er	2.5×10^{-4}
C	0.087	La	0.0018	Br	2.5×10^{-4}
Mn	0.085	Pb	0.0016	Ta	2×10^{-4}
F	0.072	Th	0.0015	Ho	1.1×10^{-4}
S	0.048	Ga	0.0015	Eu	1×10^{-4}
Ba	0.040	B	0.001	Sb	1×10^{-4}
N	0.030	W	0.001(?)	Tb	9×10^{-5}
Rb	0.028	Mo	7.5×10^{-4}	Lu	7.5×10^{-5}
Zr	0.020	Ge	7×10^{-4}	Hg	5×10^{-5}
Cr	0.018	Sm	6.5×10^{-4}	Tl	3×10^{-5}

若按体积计，氧占地壳的 90%。地壳中分布多的一些元素，如 C、O、H、N、K、Na、Mg、Ca、Fe、P 及 S，也是人体内含量最多的元素。

1.2　元素的存在和单质的提取

由表 1-3 可知，O 和 Si 两种元素的总质量约占地壳的 75%。含量较多的前 12 种元素，即从 O 到 P 的总质量占地壳的 99.5%，其余 80 种元素仅占 0.5%。可见，元素在地壳中的分布很不均匀。习惯上把地壳中含量少或分布稀散的元素叫**稀有元素**(rare elements)，如 Mo、W、Pt、Ga、Ge 等。事实上，有些元素在地壳中的含量并不少，如 Ti，只是由于冶炼困难，在相当长的时间里影响了人们对它的了解和应用，被列入稀有元素。有些元素如 B、Au 的含量虽少，但因硼矿较为集中，Au 早已被人们所认识，而把它们归入普通元素。显然，关于普通元素和稀有元素的划分是相对的。目前所谓的稀有元素(约占元素总数的 2/3)，是指到 20 世纪 40 年代时人们较不熟悉的元素。

在地壳中除少数元素以单质存在外，如稀有气体、O_2、N_2、S、C、Au、Pt 系等，其余元素均以化合态存在，化合态中最主要的是氧化物(含氧酸盐)和硫化物两类。前者叫**亲石元素**(lithophile elements)，后者叫**亲硫元素**(chalcophile elements)。图 1-1 是周期表中各元素在地壳中的主要存在形式。

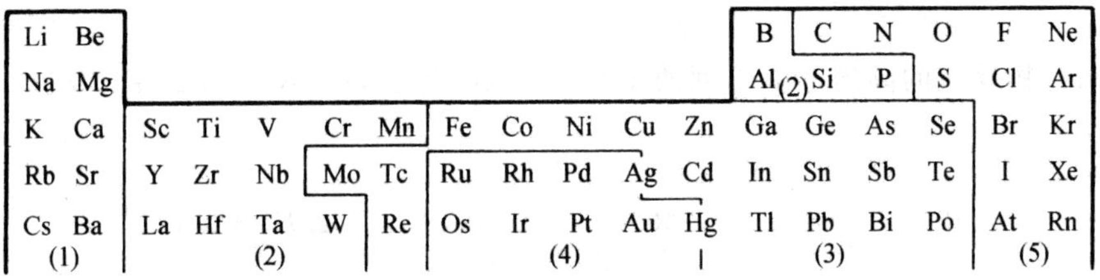

图 1-1　元素在地壳中的主要存在形式

(1) 以卤化物、含氧酸盐存在，电解还原法制备其单质；

(2) 以氧化物或含氧酸盐存在，电解还原或化学还原法制备其单质；

(3) 主要以硫化物形态存在，先在空气中氧化成氧化物、硫酸盐，而后还原成单质；

(4) 能以单质存在于自然界；

(5) 以阴离子存在，有些以单质存在于自然界

从图 1-1 可知，集中在元素周期表右半边的金属元素 Mo、Fe、Co、Ni、Cu、Ag、Zn、Cd、Hg、Ga、In、Tl、Pb、Sb、Bi 等都是亲硫元素。在这些金属硫化物矿中常杂有在周期表中与主体元素邻近的金属阳离子以及 Se^{2-}、Te^{2-}，如硫化铜矿中含 Zn、Se 等。由于许多金属硫化物矿有金属光泽，常把它们叫作辉某矿，如辉钼矿 MoS_2、辉锑矿 Sb_2S_3。

我国 W、Mo、Sn、Sb、Hg、Pb、Zn、Fe、S、Cu、Mn、Ni、Nb、RE(稀土)、Ti 等的储量均居世界前列。

有三类制备单质的方法：机械分离法和热分解法、电解法、化学还原法。

1. 机械分离法和热分解法

机械分离法适用于以单质状态存在并具有特殊物理性质元素的分离。如利用重力淘洗黄金，液态空气分馏制 O_2 和 N_2。

热分解法主要用于某些高纯单质的制备。如将粗 Zr 和 I_2 在装有灼热钼丝的密闭管中加热到600 ℃生成气态 ZrI_4，后者于1800 ℃分解为 Zr(高纯，淀积在钼丝上)和 I_2(循环使用)。

$$\text{Zr(粗)} + 2I_2 \xlongequal{600\ ℃} ZrI_4 \xlongequal{1800\ ℃} \text{Zr(纯)} + 2I_2$$

利用 CO 和粗 Ni 反应精制 Ni 的反应式为

$$\text{Ni(粗)} + 4CO \xlongequal{50\ ℃} Ni(CO)_4 \xlongequal{200\ ℃} \text{Ni(纯)} + 4CO$$

2. 电解法

用电解法可制备活泼的金属单质和非金属单质。如电解 NaOH 水溶液制得 H_2 和 O_2，电解 NaCl 水溶液制得 H_2 和 Cl_2，电解金属熔融盐制备 Li、Na、Mg、Al 等活泼金属，电解水溶液得 Zn 等。

3. 化学还原法

用还原剂(R)还原氧化物(MO)、氯化物(MCl_n)等为单质叫化学还原法。先讨论还原氧

化物。

还原氧化物反应的倾向可由下列两个反应判断，若 $\Delta_r G_m^\ominus(RO) \ll \Delta_r G_m^\ominus(MO)$，能发生还原反应。

$$R(s) + \frac{1}{2}O_2(g) \longrightarrow RO(s) \qquad \Delta_r G_m^\ominus(RO) = \Delta_r H_m^\ominus - T\Delta_r S_m^\ominus$$

$$M(s) + \frac{1}{2}O_2(g) \longrightarrow MO(s) \qquad \Delta_r G_m^\ominus(MO) = \Delta_r H_m^\ominus - T\Delta_r S_m^\ominus$$

还原氧化物的还原剂有 Al、Mg、C（→CO、CO_2）、CO、H_2，它们和 O_2 反应的焓变、熵变数据如下：

$$2Al(s) + \frac{3}{2}O_2(g) \longrightarrow Al_2O_3(s) \quad \Delta_r H_m^\ominus = -1670\ kJ \cdot mol^{-1},\quad \Delta_r S_m^\ominus = -315\ J \cdot (K \cdot mol)^{-1} \qquad ①$$

$$Mg(s) + \frac{1}{2}O_2(g) \longrightarrow MgO(s) \quad \Delta_r H_m^\ominus = -602\ kJ \cdot mol^{-1},\quad \Delta_r S_m^\ominus = -97\ J \cdot (K \cdot mol)^{-1} \qquad ②$$

$$CO(g) + \frac{1}{2}O_2(g) \longrightarrow CO_2(g) \quad \Delta_r H_m^\ominus = -283\ kJ \cdot mol^{-1},\quad \Delta_r S_m^\ominus = -87\ J \cdot (K \cdot mol)^{-1} \qquad ③$$

$$C(s) + \frac{1}{2}O_2(g) \longrightarrow CO(g) \quad \Delta_r H_m^\ominus = -110.5\ kJ \cdot mol^{-1},\quad \Delta_r S_m^\ominus = 89\ J \cdot (K \cdot mol)^{-1} \qquad ④$$

$$C(s) + O_2(g) \longrightarrow CO_2(g) \quad \Delta_r H_m^\ominus = -393.5\ kJ \cdot mol^{-1},\quad \Delta_r S_m^\ominus = 3\ J \cdot (K \cdot mol)^{-1} \qquad ⑤$$

$$H_2(g) + \frac{1}{2}O_2(g) \longrightarrow H_2O(g) \quad \Delta_r H_m^\ominus = -242\ kJ \cdot mol^{-1},\quad \Delta_r S_m^\ominus = -44\ J \cdot (K \cdot mol)^{-1} \qquad ⑥$$

以上诸反应的 $\Delta_r H_m^\ominus$ 相差很大，但 $\Delta_r S_m^\ominus$ 却有规律：反应前后气态物差 $\frac{1}{2}$ mol，$\Delta_r S_m^\ominus \approx 90$ J·(K·mol)$^{-1}$。①式差 $-\frac{3}{2}$ mol，$\Delta_r S_m^\ominus = -315$ J·(K·mol)$^{-1}$；②、③ 式均差 $-\frac{1}{2}$ mol，$\Delta_r S_m^\ominus$ 为 -97 J·(K·mol)$^{-1}$、-87 J·(K·mol)$^{-1}$；④式差 $\frac{1}{2}$ mol，$\Delta_r S_m^\ominus = 89$ J·(K·mol)$^{-1}$；⑥式差 $-\frac{1}{2}$ mol，$\Delta_r S_m^\ominus$ 仅为 -44 J·(K·mol)$^{-1}$[主要是 $S_m^\ominus(H_2O) = 189$ J·(K·mol)$^{-1}$，数值较小之故]；⑤式不差，$\Delta_r S_m^\ominus$ 仅为 3 J·(K·mol)$^{-1}$。因此，若固定反应中气态物差值，$\Delta_r S_m^\ominus$几为定值。如

$$\frac{a}{b}M(s) + \frac{1}{2}O_2(g) \longrightarrow \frac{1}{b}M_aO_b(s) \quad \Delta_r S_m^\ominus \approx -90\ J \cdot (K \cdot mol)^{-1} \qquad ⑦$$

若反应前后气态物差 1 mol，则为

$$\frac{2a}{b}M(s) + O_2(g) \longrightarrow \frac{2}{b}M_aO_b(s) \qquad \Delta_r S_m^\ominus \approx -180\ J \cdot (K \cdot mol)^{-1}$$

不同温度下还原氧化物反应的倾向，可由 $\Delta G^\ominus = \Delta H^\ominus - T\Delta S^\ominus$ 判断。若以 $\Delta G^\ominus$ 和 T 为变量作图，$\Delta S^\ominus$为直线的斜率。若各物按⑦式反应时，$\Delta S^\ominus$几为定值，它们的 $\Delta G^\ominus$-T 直线互相平行，得 Ellingham 图(图 1-2)。因此，可用参考书上所列 298 K 的数据判断在其他温度下反应的倾向(前提是：参与反应各物的物态应和 298 K 时物态相同)。如

$$SO_2(g) + \frac{1}{2}O_2(g) \longrightarrow SO_3(g) \qquad \Delta_r H_m^\ominus = -101.274 + 0.00924T\ (在\ 673 \sim 973\ K\ 间)$$

可认为 $\Delta_r H_m^\ominus$ "不随温度"改变。若物态和 298 K 时不同,尤其是从固态、液态变为气态,则 $\Delta_r H_m^\ominus$、$\Delta_r S_m^\ominus$ 和 298 K 时的差值较大。如

$$Mg(g)+\frac{1}{2}O_2(g) = MgO(s)$$

$$\Delta_r H_m^\ominus = -752.2 \text{ kJ} \cdot \text{mol}^{-1},$$

$$\Delta_r S_m^\ominus = -225 \text{ J} \cdot (\text{K} \cdot \text{mol})^{-1}$$

和②式有显著的差值。在高于 Mg 的沸点(1378 K)时,Mg(g)和 O_2 反应的熵减(代数值)显著,所以,随温度升高,$\Delta_r G_m^\ominus$(代数值)增大很快(图 1-2 中 MgO 的折线后半部分)。

下面讨论具体的还原氧化物的反应。

(1) 铝作还原剂(铝热法)

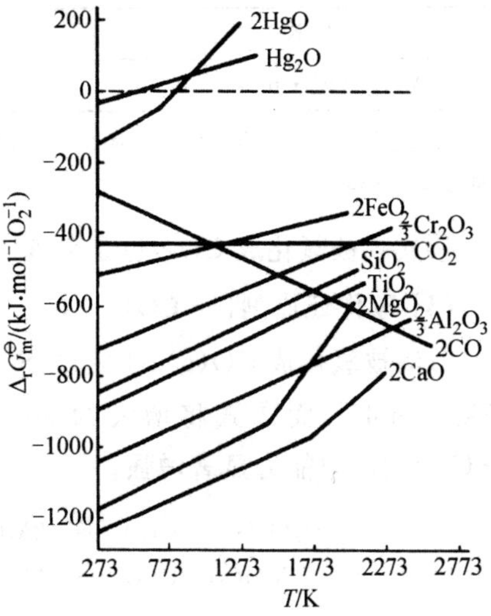

图 1-2　氧化物 Ellingham 图

$$2Al(s)+M_2O_3(s) = Al_2O_3(s)+2M(s) \qquad \Delta_r G_m^\ominus = \Delta_r G_{m①}^\ominus - \Delta_r G_{m⑦}^\ominus$$

因①式和⑦式的 $\Delta_r S_m^\ominus$ 相近,故铝热法的 $\Delta_r G_m^\ominus$ 主要取决于 $\Delta_r H_{m①}^\ominus - \Delta_r H_{m⑦}^\ominus$。$Fe_2O_3$、$Cr_2O_3$ 的 $\Delta_f H_m^\ominus$ 分别为 $-822 \text{ kJ} \cdot \text{mol}^{-1}$ 和 $-1128 \text{ kJ} \cdot \text{mol}^{-1}$(均大于 $-1670 \text{ kJ} \cdot \text{mol}^{-1}$),故 Al 能充分还原 Fe_2O_3、Cr_2O_3。

②式 $\Delta_r H_m^\ominus = -602 \text{ kJ} \cdot \text{mol}^{-1}$,故 Mg 是比 Al 更强的还原剂[①]。

③式 $\Delta_r H_m^\ominus = -283 \text{ kJ} \cdot \text{mol}^{-1}$,CO 能还原 Fe_2O_3。因 $-283 \text{ kJ} \cdot \text{mol}^{-1}$ 仅略小于[②] $-274 \text{ kJ} \cdot \text{mol}^{-1}$,还原反应不完全,所以高炉气中有 CO。

$$Fe_2O_3+3CO = 2Fe+3CO_2 \qquad \Delta_r H_m^\ominus = -27 \text{ kJ} \cdot \text{mol}^{-1}, \qquad \Delta_r S_m^\ominus = 12 \text{ J} \cdot (\text{K} \cdot \text{mol})^{-1}$$

总之,Al、Mg、CO 还原氧化物的反应主要取决于焓变,即焓变是反应的动力。

(2) 氢作还原剂

⑥式的 $\Delta_r H_m^\ominus = -242 \text{ kJ} \cdot \text{mol}^{-1}$,故能还原 PbO、CuO($\Delta_f H_m^\ominus$ 分别为 $-219 \text{ kJ} \cdot \text{mol}^{-1}$、$-155 \text{ kJ} \cdot \text{mol}^{-1}$)。

$$H_2(g)+MO(s) = H_2O(g)+M(s)$$

⑥式、⑦式均为熵减过程,升温(设为 1000 K)$\Delta_r G_{m⑥}^\ominus$ 增大 44 kJ·mol^{-1},$\Delta_r G_{m⑦}^\ominus$ 增大更多($\approx$ 90 kJ·mol^{-1})。从效果上看,形成 $H_2O(g)$,反应在高温下相对较强,因此在高温时 H_2 可能还原某些(在室温不可能被 H_2 还原的)氧化物。如

$$WO_3+3H_2 = W+3H_2O(g) \qquad \Delta_r H_m^\ominus = 114 \text{ kJ} \cdot \text{mol}^{-1}, \qquad \Delta_r S_m^\ominus = 120 \text{ J} \cdot (\text{K} \cdot \text{mol})^{-1}$$

这个反应的 $\Delta_r G_m^\ominus$ 值随温度升高而减小。

---

① 按 $\frac{1}{2}$ mol O_2 参与反应计,①式 $\Delta_r H_m^\ominus = \dfrac{-1670 \text{ kJ} \cdot \text{mol}^{-1}}{3} = -556 \text{ kJ} \cdot \text{mol}^{-1}$。

② 按 $\frac{1}{2}$ mol O_2 参与反应计,Fe_2O_3 的 $\Delta_f H_m^\ominus = \dfrac{-822 \text{ kJ} \cdot \text{mol}^{-1}}{3} = -274 \text{ kJ} \cdot \text{mol}^{-1}$。

T/K	300	600	950	1000
$\Delta_r G_m^\ominus$/(kJ·mol^{-1})	78	42	0*	−6

* $\Delta_r G_m^\ominus = -RT\ln K$，当 $\Delta_r G_m^\ominus = 0$ 时 $K=1$，对上式$[H_2O]^3/[H_2]^3=1$。这表明，950 K 时正、逆反应"势均力敌"；>950 K 时，正反应占优势。

③式碳被氧化成 CO_2，也是熵变、焓变协同的结果。

(3) 碳作还原剂(→ CO)

若碳被氧化成 CO(g)，④式 $\Delta_r S_m^\ominus$ 为正值，在高温下，设为 1000 K，④式的 $\Delta_r G_m^\ominus$ 将减小 89 kJ·mol^{-1}，而⑦式将增大约 90 kJ·mol^{-1}，两者相差约 180 kJ·mol^{-1}，即高温下碳(→CO)的还原能力显著增强。

$$M_2O_3(s)+3C(s) \xlongequal{\quad} 2M(s)+3CO(g) \qquad (M 为 Sb、Bi)$$

$$MO(s)+C(s) \xlongequal{\quad} M(g)+CO(g) \qquad (M 为易气化的 Mg、Zn、Cd)$$

C(→CO)作还原剂主要取决于熵变，即反应的动力为 $\Delta_r S_m^\ominus$。

上述还原氧化物反应的"三种动力"，也适于讨论还原氟化物、氯化物、硫化物等。

● 焓变为动力的反应(相当于上述铝热法)：

因 KF、CaF_2 非常稳定($\Delta_f H_m^\ominus$ 分别为−594 kJ·mol^{-1}、−1215 kJ·mol^{-1})，所以可用 K、Ca 还原 ScF_3、ThF_4($\Delta_f H_m^\ominus$ 分别为−1540 kJ·mol^{-1}、−1996 kJ·mol^{-1})等。

$$3Ca+2ScF_3 \xlongequal{\quad} 3CaF_2+2Sc \quad \Delta_r H_m^\ominus=-565\ kJ\cdot mol^{-1}$$

因 NaCl、$MgCl_2$ 稳定，所以可用 Na、Mg 还原 $TiCl_4$(g)、$BaCl_2$($\Delta_f H_m^\ominus$ 依次为−411 kJ·mol^{-1}、−642 kJ·mol^{-1}、−763 kJ·mol^{-1}、−512 kJ·mol^{-1})等。

同理，Fe 能还原 Sb_2S_3、HgS($\Delta_f H_m^\ominus$ 依次为−95 kJ·mol^{-1}、−150 kJ·mol^{-1}、−58 kJ·mol^{-1})等。

$$3Fe+Sb_2S_3 \xlongequal{\quad} 2Sb+3FeS \quad \Delta_r H_m^\ominus=-135\ kJ\cdot mol^{-1}$$

● 还原卤化物也可以从以下两式判断，动力是焓变、熵变的协同(即前述 H_2 还原 WO_3)。

$$M(s)+X_2(g) \xlongequal{\quad} MX_2(s) \qquad \Delta_r S_m^\ominus(MF_2)\approx-160\ J\cdot(K\cdot mol)^{-1}, \quad \Delta_r S_m^\ominus(MCl_2)\approx-170\ J\cdot(K\cdot mol)^{-1}$$

$$H_2(g)+X_2(g) \xlongequal{\quad} 2HX(g) \quad \Delta_r G_m^\ominus(HF)=-538000-16T, \qquad \Delta_r G_m^\ominus(HCl)=-184000-10T$$

H_2 能还原 $CuCl_2$、CuF_2($\Delta_f H_m^\ominus$ 分别为−219 kJ·mol^{-1}、−531 kJ·mol^{-1})等①。

● 熵变为动力的反应实例：

$$2Fe(s)+2NaOH(l) \xlongequal{\quad} 2FeO(s)+2Na(g)+H_2(g)$$

$$Na(l)+KCl \xlongequal{\quad} NaCl+K(g)$$

前者生成物中有 3 mol 气态物(熵值大)，后者是 K 比 Na 易挥发。

实际选用还原剂时，还应注意以下两个问题：尽可能选用价廉的还原剂，如 La 的还原性强于 Mg、Al，一般选用后两者；不能选用能和产物反应的还原剂，如 C 能还原 WO_3，但 C 和 W

① 因 H_2S 的 $\Delta_f H_m^\ominus$ 仅−20.2 kJ·mol^{-1}，不能用 H_2 还原硫化物。同理，因 CCl_4、COX_2、COS 等本身不够稳定，不能用 C、CO 还原氯化物、硫化物。

生成碳化钨，而不用 C 还原 WO_3。

1.3 周期表的主、副族，典型元素和十八族

1. 主、副族的划分

根据原子外围电子排布，把仅有最外层未填满的元素叫主族(main groups)元素，其他为副族(sub groups)元素。把第二、第三周期的元素叫典型元素(typical elements)。如 O、S 为典型元素，Se、Te、Po 为主族，ⅥA；Cr、Mo、W 为副族，ⅥB(本书取这种划分法)。

主、副族的另一种分类法是根据“最高价阳离子”电子排布及某种化合物稳定性规律。如第三周期 S 及第四周期 Cr、Se 的原子和“M^{6+}”的电子构型为

S	$2s^2 2p^6 3s^2 3p^4$	“S^{6+}”	$2s^2 2p^6$
Cr	$3s^2 3p^6 3d^5 4s^1$	“Cr^{6+}”	$3s^2 3p^6$
Se	$3s^2 3p^6 3d^{10} 4s^2 4p^4$	“Se^{6+}”	$3s^2 3p^6 3d^{10}$

它们的三氧化物的 $\Delta_f H_m^\ominus$ 依次为：SO_3，$-395.2\ kJ \cdot mol^{-1}$；$CrO_3$，$-590.8\ kJ \cdot mol^{-1}$；$MoO_3$，$-753\ kJ \cdot mol^{-1}$；$WO_3$，$-840\ kJ \cdot mol^{-1}$；$SeO_3$，$-172.9\ kJ \cdot mol^{-1}$；$TeO_3$，$-348.1\ kJ \cdot mol^{-1}$。“$S^{6+}$”和“$Cr^{6+}$”都是 8e(电子)构型，$SO_3$、$CrO_3$、$MoO_3$、$WO_3$ 稳定性顺序增强，因此把 Cr、Mo、W 定为主族，ⅥA；把 Se、Te、Po 定为副族，ⅥB(请注意，两种不同划分法中，Ⅰ、Ⅱ主、副族是相同的)。

两种不同划分法并存了相当长时间。1970 年 IUPAC① 推荐第二种划分法(即 Cr、Mo、W 为主族)，强化了文献中关于主、副族的不确定性。1989 年 IUPAC 无机化学命名委员会决定用十八族周期表，其中碱金属为 1 族，依序右移到稀有气体为 18 族。

2. 主族元素的某些性质

单质的物理性质包括密度、熔点、沸点、导电性等。在常况下单质以气态存在的有 11 种：H_2、O_2、N_2、F_2、Cl_2、He、Ne、Ar、Kr、Xe、Rn，以液态存在的是 Br_2、Hg，其余都是固态。固态单质有共价晶体(如金刚石)、分子晶体(如硫)及金属晶体(如钠)。对于结构单元相同的主族元素，如卤素都是双原子分子，稀有气体都是单原子分子，分子间以 van der Waals 力相结合，所以它们的熔点、沸点随相对分子质量增大而升高。而ⅥA 族单质于常况下，氧为 O_2，硫为 S_8，碲则是“巨型分子”，它们的结构单元不同，因此不宜简单地按结构单元相同的ⅦA 族、ⅧA 族那样进行比较(虽然ⅥA 族单质的熔点、沸点也是从上到下逐渐升高的)。

固态单质的密度(同族内大体上)从上到下依次增大(ⅡA 族有例外)。总的看来，不宜将主族单质的各种物理性质概括为一种统一的规律。

1 mol 单质晶体所占的体积叫摩尔体积($mL \cdot mol^{-1}$)。摩尔体积的大小在一定程度上是单质晶体中质点间结合力弱强的反映。在同一周期中ⅠA 族和零族的摩尔体积较大，表明这些晶体中质点间的作用力较弱，它们的熔点、沸点相对较低。摩尔体积最小的单质在各周期的

---

① IUPAC 为 International Union of Pure and Applied Chemistry(国际纯粹与应用化学联合会)的缩写。

中部，如第二周期的 C、第三周期的 Si，它们的熔点都较高。

由热化学循环可知金属(M)在水溶液中金属离子化倾向：

$$M(s) \longrightarrow M^{n+}(aq) + ne$$

能量是升华能、电离能及水合能的代数和(参考第二章第 1 节)。

$$M(s) \xrightarrow{\text{升华}} M(g) \xrightarrow{\text{电离}} M^{n+}(g) \xrightarrow{\text{水合}} M^{n+}(aq)$$

电离能只是决定过程能量的因素之一，而不是唯一的因素。同理，非金属单质形成水合阴离子的能量是解离能、电子亲和能和水合能的总和。电子亲和能是决定过程能量的因素之一，也不是唯一的因素(参考第三章第 2 节)。

$$\frac{1}{2}X_2(g) \xrightarrow{\text{解离}} X(g) \xrightarrow{\text{亲和}} X^-(g) \xrightarrow{\text{水合}} X^-(aq)$$

若反应生成离子化合物，则需注意晶格能。如 Na、Mg 和 O_2 生成 Na_2O、MgO。因 MgO 的晶格能($3929\ kJ \cdot mol^{-1}$)远大于 Na_2O 的晶格能($2425\ kJ \cdot mol^{-1}$)，使 MgO 的 $\Delta_f H_m^\ominus$($-602\ kJ \cdot mol^{-1}$)低于 Na_2O($-416\ kJ \cdot mol^{-1}$)，而 NaCl($\Delta_f H_m^\ominus = -411\ kJ \cdot mol^{-1}$)低于 $MgCl_2$($-642\ kJ \cdot mol^{-1}$)。因此，不宜简单地说：Na 参与反应的倾向比 Mg 强。

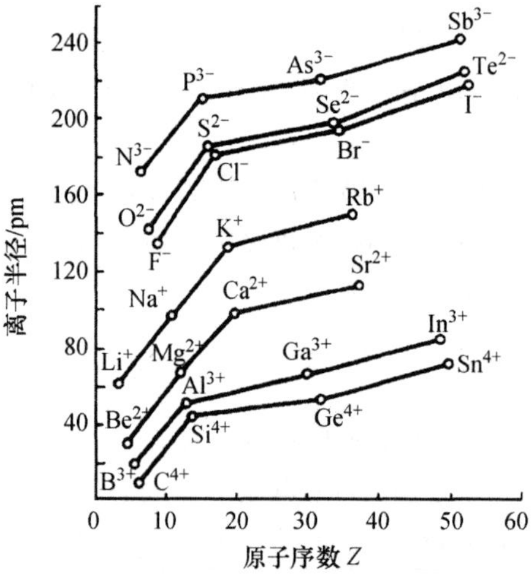

图 1-3　离子半径和原子序数图

主族元素简单离子的性质，都同它们的“化合价”和离子半径、离子构型有关。简单阴离子除 H^- 外，均为 8 电子构型。主族元素简单阳离子的电子构型则有 2 电子(如 Li^+，Be^{2+})、8 电子(如 Na^+)、18 电子(如 Ga^{3+})及(18＋2)电子(如 Pb^{2+})。同族、同价离子的性质则与半径有关。现将某些主族元素的离子半径和原子序数的关系绘于图 1-3。其中：

(1) 第二周期 Li^+、Be^{2+}、B^{3+}、C^{4+}、N^{3-}、O^{2-}、F^- 的离子半径分别比第三周期 Na^+、Mg^{2+}、Al^{3+}、Si^{4+}、P^{3-}、S^{2-}、Cl^- 的离子半径小得多，因此可以预料：Li^+、Be^{2+} 化合物和同族其他阳离子形成的同类化合物在性质上有显著的差别；同理，F^-(O^{2-}、N^{3-})化合物的性质和其他卤化物(硫化物、磷化物)的性质也有明显差别。就是说，第二周期各元素的性质较为特殊。

(2) K^+、Rb^+、Cs^+；Ca^{2+}、Sr^{2+}、Ba^{2+}；Cl^-、Br^-、I^-；S^{2-}、Se^{2-}、Te^{2-}；P^{3-}、As^{3-}、Sb^{3-} 等各组元素的离子价、构型相同，半径相近，因此可以预料，各组元素的相应化合物的性质比较相似，而且在本组内(按周期表)从上到下性质变化较为规律。

一般说来，主族元素的金属性从上到下顺序增强，这一规律对于ⅠA、ⅡA、ⅥA、ⅦA 族元素特别明显，但对ⅢA、ⅣA、ⅤA 三族元素均有例外。如ⅢA 族 Ga 的金属性弱于 Al，ⅣA 族中形成 Sn^{2+}(aq)的倾向稍强于 Pb^{2+}(aq)。

习　题

1. 试述元素在地壳中存在的主要化合物。

2. 简述制备单质的三类方法。

3. 写出 Al 和 Fe_2O_3、Fe 和 Sb_2S_3 反应的 $\Delta_r H_m^\ominus$、$\Delta_r S_m^\ominus$，说明改变温度对这两个反应完全程度的影响。

4. 根据附录中单质及化合物的 $\Delta_f H_m^\ominus$ 和 $S_m^\ominus$ 值，计算下列两个反应

$$ZnO(s)+C(s) = Zn(g)+CO(g)$$

$$MgO(s)+C(s) = Mg(g)+CO(g)$$

在什么温度下 $\Delta_r G_m^\ominus$ 为零？

5. 如何选择 H_2 还原 WO_3 反应的温度？在约 2000 K 时，H_2 能否还原 MgO？

6. 已知：Al 能还原 CaO、$CaCl_2$ 制得 Ca。

(1) 下列哪个反应式和实际还原反应相符？

$$3CaO+2Al = 3Ca+Al_2O_3$$

$$4CaO+2Al = 3Ca+Ca(AlO_2)_2$$

(2) 说出发生正向反应的原因。

$$3CaCl_2+2Al = 3Ca+2AlCl_3$$

7. 为什么定向爆破有钢筋的建筑物用到铝热剂？

8. 举两例说明氟化物性质和其他卤化物不同。

9. 分别举两例说明锂、镁化合物分别和钠、钾化合物，钙、锶、钡化合物在性质上的差别。

第二章　碱族元素和碱土族元素

周期表ⅠA族(1族)包括锂(lithium)、钠(sodium)、钾(potassium)、铷(rubidium)、铯(caesium)及钫(francium)6种金属，统称为**碱金属**(alkali metal)。

ⅡA族(2族)包括铍(berylium)、镁(magnesium)、钙(calcium)、锶(strontium)、钡(barium)及镭(radium)等。由于CaO、SrO、BaO兼有碱性和土性(难熔融)，所以又称为**碱土金属**(alkaline earth metal)。

2.1　单质的性质

ⅠA、ⅡA族金属的某些性质列于表2-1、2-2。它们都是低熔点、低硬度的轻金属。熔点最低的是铯，为28.5℃，低于人的体温。除铍、镁外，两族金属的Moh硬度①均小于2，能用刀切割。金属密度都小于5 g·cm^{-3}，最轻的是锂，为0.53 g·cm^{-3}。

表2-1　碱族元素的一些性质

	Li	Na	K	Rb	Cs
密度/(g·cm^{-3})	0.53	0.97	0.86	1.53	1.90
Moh硬度	0.6	0.4	0.5	0.3	0.2
熔点/℃	180.54	97.8	63.2	39.0	28.5
沸点/℃	1347	881.4	756.5	688	705
相对导电性(Hg=1)	11	21	14	8	5
金属半径/pm	123	154	203	216	235
M^+离子半径/pm	60	95	133	148	169

① Moh硬度分10级：1级滑石，2级石膏，3级方解石，4级萤石，5级磷灰石，6级正长石，7级石英，8级黄晶，9级刚玉，10级金刚石。金刚石能在1～9级物质上刻痕，刚玉能在1～8级物质上刻痕，其余类推。

表 2-2 碱土族元素的一些性质

	Be	Mg	Ca	Sr	Ba
密度/(g·cm^{-3})	1.85	1.74	1.55	2.63	3.62
Moh 硬度	4	2.5	2	1.8	
熔点/℃	1287	649	839	768	727
沸点/℃	2500	1105	1494	1381	(1850)
相对导电性(Hg=1)	5.2	21.4	20.8	4.2	
金属半径/pm	88.9	136.4	173.6	191.4	198.1
M^{2+} 离子半径/pm	31	65	99	113	135

两族元素原子的价电子都是 s 电子，所以又称 s 区元素。它们都易失去电子分别形成 M^+、M^{2+}。金属半径和离子半径在同周期元素中都较大。Li^+、Be^{2+} 半径明显小于同族其他的阳离子，所以 Li^+、Be^{2+} 化合物的性质和本族其他元素相应化合物的性质有明显的区别，某些化合物还有明显的共价性。此外，K^+、Rb^+、Cs^+；Ca^{2+}、Sr^{2+}、Ba^{2+} 每组离子的价数、离子构型相同，半径也相近，所以 K^+、Rb^+、Cs^+ 相应化合物的性质，Ca^{2+}、Sr^{2+}、Ba^{2+} 相应化合物的性质较为相似，而 Na^+ 和 K^+，Mg^{2+} 和 Ca^{2+} 相应化合物性质的差别较为明显。

金属有很强的活泼性，都能同卤素、氧及活泼非金属发生反应，大多数能与氢、水作用，还能从化合物中置换出其他金属。

	ⅠA 族	ⅡA 族
$M+X_2 \longrightarrow$	MX	MX_2(X 为卤素)
$M+S \longrightarrow$	M_2S	MS
$M+H_2 \longrightarrow$	MH	MH_2(除 Be、Mg 外)
$M+N_2 \longrightarrow$	Li_3N	M_3N_2(Mg、Ca、Sr、Ba)
$M+H_2O \longrightarrow$	MOH	$M(OH)_2$(Ca、Sr、Ba)
$M+TiCl_4 \longrightarrow$	$Ti+NaCl$	$Ti+MgCl_2$
$M+O_2 \longrightarrow$	M_2O(Li)	MO
	M_2O_2(Na)	MO_2(Ca、Sr、Ba)
	MO_2(K)	

卤化物中，LiCl 有明显的共价性，$BeCl_2$ 为共价化合物。

碱金属和碱土金属能直接同氢反应生成离子型氢化物，如 NaH、CaH_2。这些氢化物中的 H^- 离子，能和 H_2O 反应生成 H_2，如

$$NaH+H_2O = NaOH+H_2\uparrow$$

$$CaH_2+2H_2O = Ca(OH)_2+2H_2\uparrow$$

CaH_2 是**生氢剂**(hydrogenite)，1 kg CaH_2 与水反应生成 1070 dm^3 H_2(STP)。此外，它们还能生成一些复合氢化物，如氢化铝锂 $LiAlH_4$。氢化物和复合氢化物都是重要的还原剂。

两族金属的卤化物、氧化物的 $\Delta_f G_m^{\ominus}$ 值都比较小，所以可用 Na、Mg 还原 $TiCl_4$，Mg 还原氧化物。

在水溶液中，金属离子化是指金属失去电子成为水合阳离子的倾向(就是大家熟悉的**电极反应**)。

$$M(s) \Longrightarrow M^{n+}(aq) + ne$$

金属的离子化倾向可由热化学循环讨论。

$$
\begin{array}{ccc}
M(g) & \xrightarrow{\Delta_i G_m^{\ominus}(M)} & M^+(g) \\
\uparrow \Delta_s G_m^{\ominus}(M) & & \downarrow \Delta_h G_m^{\ominus}(M^+) \\
M(s) + H^+(aq) & \Longrightarrow & M^+(aq) + \frac{1}{2}H_2(g) \\
\uparrow \Delta_h G_m^{\ominus}(H^+) & & \downarrow \frac{1}{2}\Delta_d G_m^{\ominus}(H_2) \\
H^+(g) & \xleftarrow{\Delta_i G_m^{\ominus}(H)} & H(g)
\end{array}
$$

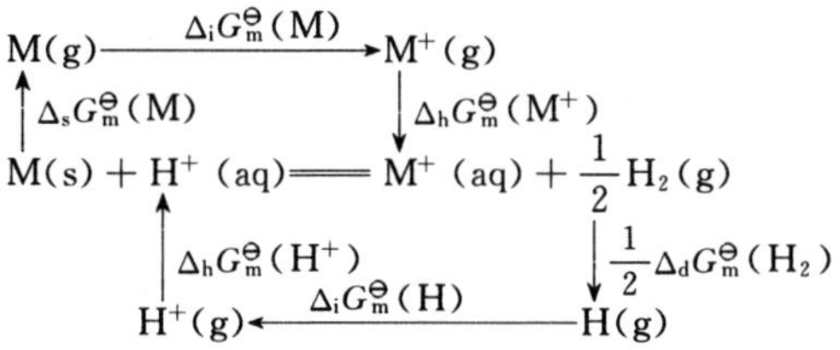

角标 s、i、d、h 分别表示升华(sublimation)、电离(ionization)、解离(dissociation)、水合(hydration)。

$$M(s) \Longrightarrow M^+(aq) + e \qquad \Delta_r G_m^{\ominus}(M) = \Delta_s G_m^{\ominus} + \Delta_i G_m^{\ominus} + \Delta_h G_m^{\ominus}$$

$$H^+(aq) + e \Longrightarrow \frac{1}{2}H_2(g) \qquad \Delta_r G_m^{\ominus}(H) = -\left(\frac{1}{2}\Delta_d G_m^{\ominus} + \Delta_i G_m^{\ominus} + \Delta_h G_m^{\ominus}\right)$$

$\Delta_r G_m^{\ominus}(M)$ 是前一过程自由能变的代数和，$\Delta_r G_m^{\ominus}(H)$ 是后一过程的自由能变的代数和。假定 $M(s)$ 和 $H^+(aq)$ 相作用的能量全部做有用功，则反应的自由能变和电池的电动势关系为

$$\Delta_r G_m^{\ominus} = \Delta_r G_m^{\ominus}(M) + \Delta_r G_m^{\ominus}(H) = -nFE^{\ominus}$$

现以锂为例，$Li(s) \Longrightarrow Li^+(aq) + e$ 过程(298 K)的自由能变为

$$\Delta_r G_m^{\ominus}(Li) = (128.0 + 523.0 - 510.5) \text{ kJ} \cdot \text{mol}^{-1} = 140.5 \text{ kJ} \cdot \text{mol}^{-1}$$

已知 $\Delta_r G_m^{\ominus}(H) = -431.7 \text{ kJ} \cdot \text{mol}^{-1}$，所以总反应的自由能变为

$$\Delta_r G_m^{\ominus} = (140.5 - 431.7) \text{ kJ} \cdot \text{mol}^{-1} = -291.2 \text{ kJ} \cdot \text{mol}^{-1}$$

则 $\qquad E^{\ominus}(Li^+/Li) = -\Delta G^{\ominus}/(nF) = (291.2/96.5) \text{V} = 3.02 \text{ V}$

$Li^+(aq) + e \Longrightarrow Li(s)$ 电极反应的电势应是上述 $Li(s) \Longrightarrow Li^+(aq) + e$ 电势值的负值：

$$E^{\ominus}(Li^+/Li) = -3.02 \text{ V}$$

导致 $E^{\ominus}(Li^+/Li)$ 值小的主要原因是 $Li^+(g)$ 水合释能大。同理，ⅡA 族 $M^{2+}(g)$ 水合释能大，一定程度上补偿 $M(g)$ 电离吸能大，致使 $E^{\ominus}(M^{2+}/M)$ 值也较小。碱金属、某些碱土金属的电极电势见表2-3。

表 2-3　碱金属、碱土金属的电极电势

	Li	Na	K	Rb	Cs	Ca	Sr	Ba
$\Delta_s G_m^{\ominus}/(\text{kJ} \cdot \text{mol}^{-1})$	128.0	77.8	61.1	54.0	51.1	142.7	110.1	143.1
$\Delta_i G_m^{\ominus}/(\text{kJ} \cdot \text{mol}^{-1})$	523.0	497.9	418.4	404.6	377.4	1736.4	1615.0	1472.8
$\Delta_h G_m^{\ominus}/(\text{kJ} \cdot \text{mol}^{-1})$	−510.5	−410.0	−336.0	−314.6	−282.4	−1589.9	−1422.6	−1318.0
$\Delta_r G_m^{\ominus}(M)/(\text{kJ} \cdot \text{mol}^{-1})$	140.5	165.7	143.5	144	146.1	289.2	302.4	297.9
$\Delta_r G_m^{\ominus}(H)/(\text{kJ} \cdot \text{mol}^{-1})$	−431.7	−431.7	−431.7	−431.7	−431.7	−431.7×2	−431.7×2	−431.7×2
$\dfrac{\Delta_r G_m^{\ominus}(H) + \Delta_r G_m^{\ominus}(M)}{(\text{kJ} \cdot \text{mol}^{-1})}$	−291.2	−266.0	−288.2	−287.7	−285.6	−574.2	−561	−565.5
计算 $E^{\ominus}/\text{V}$	−3.02	−2.76	−2.99	−2.98	−2.96	−2.98	−2.91	−2.93
标准电势 $E^{\ominus}/\text{V}$	−3.03	−2.713	−2.925	−2.925	−2.923	−2.87	−2.89	−2.91

若将锂、钠、钾分别投入水中，锂和水的反应速率较钠、钾慢。实验事实表明电极电势（金属离子化倾向）是热力学范畴的问题，而速率快慢则是反应动力学的问题，不能把两者混为一谈。

其他金属的离子化倾向，可用同法判断（表 2-4）。

表 2-4　某些金属的离子化倾向

	Al	Zn	Fe	Sn	Pb	Cu	Hg
$\Delta_s H_m^\ominus/(kJ \cdot mol^{-1})$	314	131	405	301	194	341	61, (l)→(g)
$\Delta_i H_m^\ominus/(kJ \cdot mol^{-1})$	5140	2639	2320	2121	2166	2704	2817
$\Delta_h H_m^\ominus/(kJ \cdot mol^{-1})$	−4660	−2044	−1920	−1554	−1480	−2100	−1854
$\Delta_r H_m^\ominus/(kJ \cdot mol^{-1})$	794	726	805	868	880	954	1024
$E^\ominus/V$	−1.66	−0.76	−0.44	−0.14	−0.126	0.34	0.845

*　用 $\Delta_r H_m^\ominus$ 判断，和 $\Delta_r G_m^\ominus$ 数值相差约 5%，无碍于判断金属成水合离子倾向的顺序。

四周期 Zn 位于 Fe 之后，电离能（I_1+I_2）Zn 比 Fe 多吸 319 kJ · mol^{-1}，升华焓 Zn 比 Fe 少吸 274 kJ · mol^{-1}，水合焓 Zn^{2+}(g) 比 Fe^{2+}(g) 多释 124 kJ · mol^{-1}，三者代数和 Zn 离子化过程比 Fe 离子化过程少吸 79 kJ · mol^{-1}，所以 Zn 离子化强于 Fe。又 Hg(l)→Hg(g) 吸能（金属中）最少，而 Hg 的电离能（I_1=1007 kJ · mol^{-1}）居于金属之首，但 Hg 的离子化倾向并不是最弱者。另一方面，位于五、六周期偏左的难升华金属 Nb(772 kJ · mol^{-1})、Ta(774 kJ · mol^{-1})、Mo(651 kJ · mol^{-1})、W(844 kJ · mol^{-1})、Re(791 kJ · mol^{-1})、Ru(669 kJ · mol^{-1})、Os(728 kJ · mol^{-1})……的离子化倾向都较弱。

2.2　单质的制备

1. 电解法

一般用电解熔盐的方法制备 Li、Na、Mg、Ca。图 2-1 是制钠用的 Downs 电解槽示意图。图中 A 为石墨阳极，K 为阴极，D 为阴阳极间网状隔膜，钟罩 H 下连接环形槽 R。

阳极反应：　$2Cl^- - 2e = Cl_2\uparrow$

阴极反应：　$2Na^+ + 2e = 2Na$

电解反应：　$2NaCl = 2Na + Cl_2\uparrow$

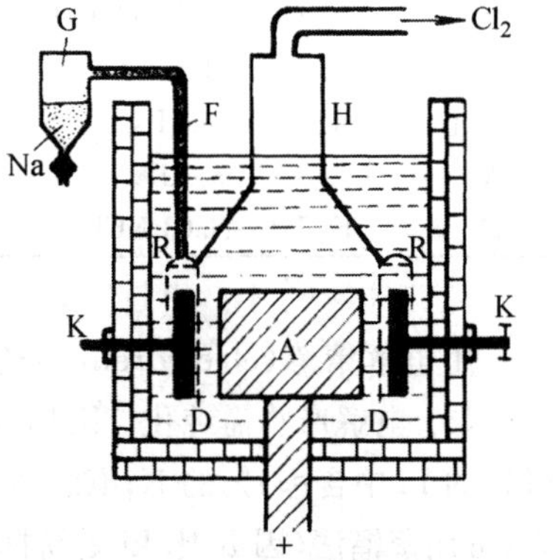

图 2-1　Downs 电解槽

阴极室电解生成的金属钠密度小于熔盐而聚于环形槽 R 内，经导管 F 流入收集器 G 内。阳极室电解生成的氯，由钟罩 H 导出，经氯压机把它压缩成液氯，储入钢瓶。

下面以电解制钠为例，讨论熔盐电解中的几个问题。

(1) 适当的电解质。NaCl 的熔点较高（801 ℃），为降低电解温度，通常加助熔剂（利用凝固点下降的性质）。因此熔盐电解质常是混合熔盐（表 2-5）。如：电解制铝的电解质为 Al_2O_3、Na_3AlF_6 及其他物质混合的熔盐。

表 2-5　某些盐和混合盐的熔融温度

盐	盐的熔点/℃	电解质熔盐的摩尔比	熔盐温度/℃
LiCl	614	Li : KCl≈1 : 1	400～500
NaCl	801	$NaCl : CaCl_2 = 4 : 6$	580
$MgCl_2$	708	$MgCl_2$: KCl≈1 : 2	400～450

(2) 电解生成的金属能溶解于熔盐，溶解了的金属可能和空气反应，另一方面，逐渐扩散到阳极区的金属将和阳极产物 Cl_2 反应，降低了电流效率。若金属溶解度大，甚至得不到金属产物。如不能用电解 KCl 的方法制备 K 是因为：K 的溶解度大；在熔盐温度下 K 易挥发；K 易和空气中 O_2 生成 KO_2，反应时易爆炸。

加助熔剂降低熔盐温度可减弱上述影响。金属在熔盐中溶解度数据列于表 2-6。

表 2-6　某些金属在熔盐中的溶解度

金属和熔融盐	温度/℃	溶解度/(mol%)*
Na 在熔融 NaCl 中	811	2.8
	1000	33.0
K 在熔融 KCl 中	800	7.6
Mg 在熔融 $MgCl_2$ 中	800	1.08
Sr 在熔融 $SrCl_2$ 中	1000	24.6
Ba 在熔融 $BaCl_2$ 中	1050	30.6

* 此处 mol%为金属在熔融盐中的物质的量(摩尔)分数。

表 2-7　熔盐电解制备(electrowinning)金属(已工业生产)

金属	电解质	作业温度/℃	阳极材料	阴极材料
Li	LiCl-KCl	420～430	石墨	钢
Na	$NaCl-CaCl_2$	580～590	石墨	钢
	NaCl-NaF-KCl	600～680	石墨	钢
Be	$BeCl_2$-NaCl-KCl	500	石墨	钢、镍
Mg	$MgCl_2-NaCl-KCl-CaCl_2$	660～700	石墨	碳钢
Ca	$CaCl_2$-KCl	780～810	石墨	钢
稀土	$RECl_3$-NaCl-KCl	850	石墨	钼
Al	$Al_2O_3-Na_3AlF_6$	960	石墨	铝
Ti	K_2TiF_6-NaCl-KCl	700～940	石墨	钢

用电解精炼(electrorefine)还能得纯铝。

(3) 电解产物需纯化。因加入助熔剂的量较大，阴极产物往往不纯。如电解 LiCl-KCl 熔盐得到的 Li 中含≈1%的 K；电解 $NaCl-CaCl_2$ 熔盐得到的 Na 中含少量 Ca……为除去产物中的杂质，可用蒸馏法(因 K 比 Li 更易挥发)，或过滤法(Na 的熔点远低于 Ca，过滤液 Na 除 Ca)。

2. 化学还原法

化学还原法制活泼金属已如前述，如高温下用 C 还原 MgO、Na_2CO_3 制 Na、Mg，主要动力是熵变。

$$MgO+C = Mg(s)+CO(g) \qquad \Delta_r H_m^{\ominus}=642\ kJ\cdot mol^{-1}, \qquad \Delta_r S_m^{\ominus}=314\ J\cdot(K\cdot mol)^{-1}$$

$$Na_2CO_3+2C = 2Na(g)+3CO(g) \qquad \Delta_r H_m^{\ominus}=1246\ kJ\cdot mol^{-1}, \qquad \Delta_r S_m^{\ominus}=753\ J\cdot(K\cdot mol)^{-1}$$

由于 K、Rb、Cs 较易挥发，可在适当温度下用 Na 还原它们的氯化物以制备 K、Rb、Cs。

$$Na(l)+MCl(l) = NaCl(l)+M(g) \quad (M 为 K、Rb、Cs)$$

在850 ℃(1123 K)时，Na 还原 KCl 反应的

$$\Delta_r G_m^{\ominus}=6.6\ kJ\cdot mol^{-1}=-RT\ln K, \qquad K=p(K)/p(Na)=0.458$$

将 Na 和 K 经回流，可得纯 K。

Rb、Cs 挥发性强于 Na，所以它们的卤化物能被 Na 还原得相应金属。

2.3 氧化物，过氧化物，超氧化物，臭氧化物

ⅠA、ⅡA 族金属的氧化物、过氧化物、超氧化物、臭氧化物均为离子型化合物。形成“高”氧化物的倾向及化合物的稳定性因相对原子质量增大而加强。

1. 氧化物

Li 和ⅡA 族金属在 O_2 中燃烧得氧化物(oxide)。

$$4Li+O_2 = 2Li_2O$$

$$2M+O_2 = 2MO \quad (M 为 Be、Mg、Ca、Sr、Ba)$$

Na 还原 Na_2O_2，K 等还原 KNO_3 得相应氧化物。

$$2Na+Na_2O_2 = 2Na_2O$$

$$2MNO_3+10M = 6M_2O+N_2\uparrow \quad (M 为 K、Rb、Cs)$$

MCO_3、$M(NO_3)_2$ 热分解得氧化物。

$$MCO_3 = MO+CO_2\uparrow$$

除 BeO 为两性外，其他氧化物均显碱性。Li_2O 溶于水的速率慢于 Na_2O、K_2O。CaO、SrO、BaO 和水的反应很剧烈。

$$CaO+H_2O = Ca(OH)_2 \qquad \Delta_r H_m^{\ominus}=-64.0\ kJ\cdot mol^{-1}$$

2. 过氧化物

ⅠA、ⅡA 族金属(除铍外)都能形成离子型过氧化物(peroxide)。

干燥、除去 CO_2 的空气和熔 Na 反应得 Na_2O_2。一定条件下，SrO、BaO 和 O_2 反应生成 MO_2。

$$2SrO+O_2(2\times10^7\ Pa) \xrightarrow{350\sim400\ ℃} 2SrO_2$$

$$2BaO+O_2(常压) \xrightarrow{500\sim550\ ℃} 2BaO_2$$

BaO_2 比 SrO_2 稳定，分解 $p(O_2)=10^5$ Pa 的温度分别为840 ℃和357 ℃。

Na_2O_2 和 H_2O 反应得 H_2O_2，后者在碱性条件下部分分解释 O_2。Na_2O_2 与 CO_2 反应释 O_2，被用作供氧剂。Na_2O_2 兼有碱性和氧化性，被用作熔矿剂。如

$$2Fe(CrO_2)_2+7Na_2O_2 \xlongequal{} 4Na_2CrO_4+Fe_2O_3+3Na_2O$$

3. 超氧化物

O_2 通入 Na、K、Rb、Cs 的液氨溶液，K、Rb、Cs 在过量 O_2 中燃烧均得超氧化物(superoxide)。加压 O_2 和 Na_2O_2 反应得 NaO_2。

$$M+O_2 \xlongequal{NH_3(l)} MO_2 \qquad (\text{M 为 Na、K、Rb、Cs})$$

$$Na_2O_2+O_2(1.5\times10^7\,Pa) \xlongequal[100h]{500\ ℃} 2NaO_2$$

$Ca(O_2)_2$、$Sr(O_2)_2$、$Ba(O_2)_2$ 由相应过氧化氢合物在真空下加热生成，$Ba(O_2)_2$ 最为稳定。

碱金属超氧化物和 H_2O、CO_2 反应释 O_2，被用作供氧剂。

$$2MO_2+2H_2O \xlongequal{} H_2O_2+O_2\uparrow+2MOH$$

$$4MO_2+2CO_2 \xlongequal{} 2M_2CO_3+3O_2\uparrow$$

如在 5.943 m^3 宇宙飞船中，850 g KO_2 可供一人呼吸 12 小时(KO_2 的利用率为 99.8%)。

4. 臭氧化物①

O_3 通入 K 的液氨液，O_3 和氢氧化物反应均能得臭氧化物(ozonide)。

$$M+O_3 \xlongequal{NH_3(l)} MO_3 \qquad (\text{M 为 K、Rb、Cs})$$

$$3MOH+2O_3 \xlongequal{} 2MO_3+MOH\cdot H_2O+\frac{1}{2}O_2 \qquad (\text{M 为 K、Rb、Cs})$$

臭氧化物与 H_2O 反应释 O_2。

$$4MO_3+2H_2O \xlongequal{} 4MOH+5O_2\uparrow$$

2.4 氢 氧 化 物

$Be(OH)_2$ 显两性，$Mg(OH)_2$ 为中强碱，其余 MOH、$M(OH)_2$ 均为强碱。

氢氧化物碱性强弱可由“M^{n+}”的离子势 $\phi=Z/r$(Z 为电荷数，r 为离子半径)判断，ϕ 值小，MOH 按碱式电离；ϕ 值大，MOH 按酸式电离得 MO^- 与 H^+。表 2-8 列出 ⅠA、ⅡA 族 M^{n+} 的离子势及 $M(OH)_n$ 的酸碱性。

---

① 过氧离子、超氧离子、臭氧离子半径依次增大，分别和ⅠA、ⅡA 族中大阳离子形成的化合物最稳定(参考第三章第 7 节)。

表 2-8　ⅠA、ⅡA 族 M^{n+} 的离子势及 $M(OH)_n$ 的酸碱性

	Li^+	Na^+	K^+	Rb^+	Cs^+	Be^{2+}	Mg^{2+}	Ca^{2+}	Sr^{2+}	Ba^{2+}
Z	1	1	1	1	1	2	2	2	2	2
r/pm	60	95	133	148	169	31	65	99	113	135
$\sqrt{\phi}$	0.13	0.10	0.087	0.082	0.077	0.25	0.18	0.14	0.13	0.12
$M(OH)_n$ 酸碱性	强碱	强碱	强碱	强碱	强碱	两性	中强碱	强碱	强碱	强碱

根据以上结果可得出判断 $M(OH)_n$ 酸碱性的经验值(适于 8e 构型的 M^{n+})：$\sqrt{\phi}<0.22$ 为碱性；介于 0.22～0.32 的为两性；>0.32 的为酸性。

$Ca(OH)_2$、$Sr(OH)_2$、$Ba(OH)_2$ 的第一步电离很完全，所以是强碱，$M(OH)^+$ 电离则是部分的，$Ca(OH)^+$ 的 $K_b=5.0\times10^{-2}$，$Ba(OH)^+$ 的 $K_b=2.3\times10^{-1}$。

电解碱金属氯化物水溶液可得氢氧化物。如电解 NaCl 水溶液得 NaOH，具体有隔膜法、汞阴极法及离子膜法。

1. 隔膜法

隔膜法电解 NaCl 水溶液的电极反应式为：

阳极(石墨)反应：　$2Cl^- - 2e = Cl_2\uparrow$

阴极(铁)反应：　$2H^+ + 2e = H_2\uparrow$

电解反应：　$2NaCl + 2H_2O = 2NaOH + H_2\uparrow + Cl_2\uparrow$

电解液是浓 NaCl 液(≈320 g·L^{-1})，在阳极区电解释 Cl_2 后经隔膜进入阴极室。电解时 NaOH 含量逐渐增大，NaCl 含量相应下降，自阴极室流出的是 NaCl(≈200 g·L^{-1})和 NaOH(≈140 g·L^{-1})混合液。蒸发此混合液，随 NaOH 含量增大，NaCl 溶解度下降，当 NaOH 浓度达 50%时，NaCl 仅 0.91%，相当于 14 g·L^{-1}。

【附】　已试验成功，把阴极反应(通入 O_2)改为

$$\frac{1}{2}O_2 + H_2O + 2e = 2OH^-$$

则电解可节约 28%～35%电能。

2. 汞阴极法

以 Hg 为阴极(阳极材料，阳极反应同隔膜法)，还原得到的 Na 即溶于 Hg 成钠汞齐(含约 0.2% Na)，$Na(Hg)_n$。将 $Na(Hg)_n$ 从电解槽导出，使之和热水反应得 NaOH(较纯)、H_2 及 Hg(循环使用)。

$$2Na(Hg)_n + 2H_2O = 2NaOH + H_2 + nHg$$

汞阴极法制得 NaOH 的纯度较高，缺点是存在 Hg 污染。目前采用封闭式电解槽，每生产 1 t (吨)NaOH，仅损失几克 Hg。

3. 离子膜法

用阳离子膜(只允许阳离子通过)隔离阴极室和阳极室(图 2-2)。阳离子膜为高分子化合物,如 $R—SO_3^-$ Na^+,$R—SO_3^-$ 为固定基团,Na^+ 为对离子。电解时往阳极室加NaCl溶液,电解,释 Cl_2,Na^+ 经阳离子膜进入阴极室。往阴极室加水,电解,释 H_2,得 NaOH。

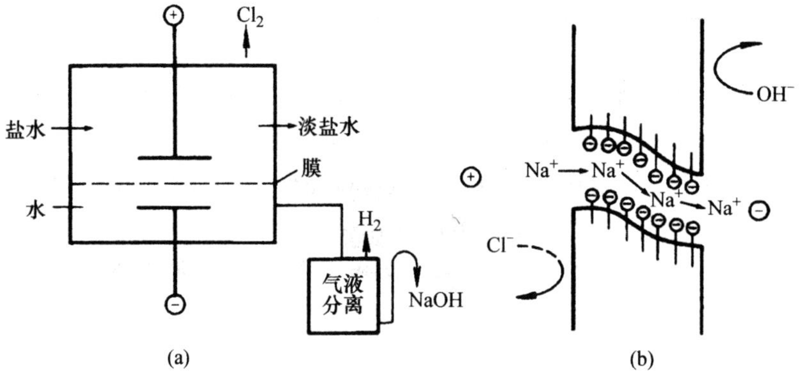

图 2-2 离子膜法(a),电解时阳离子膜(b)示意图

以上 3 种方法中以离子膜法最为先进,对比数据列于表 2-9。

表 2-9 从生产角度对比电解 NaCl 液的 3 种方法

	隔膜法	汞阴极法	离子膜法
投 资	100	90~100	75~85
能 耗	100	85~95	75~80
运转费	100	100~105	85~95

制备 $Ca(OH)_2$,常以 $CaCO_3$ 为原料,热分解成 CaO,和 H_2O 化合成 $Ca(OH)_2$。

2.5 盐 类

绝大多数碱金属的盐类易溶于水,常见的微溶盐有:LiF、Li_2CO_3、Li_3PO_4;$Na[Sb(OH)_6]$(锑酸钠)、$NaZn(UO_2)_3(Ac)_9$(醋酸铀酰锌钠);$KHC_4H_4O_6$(酒石酸氢钾)、$KClO_4$(高氯酸钾)、K_2PtCl_6(六氯合铂酸钾)、$KB(C_6H_5)_4$(四苯硼酸钾)、$K_2Na[Co(NO_2)_6]$(六硝基合钴酸钠钾);Rb_2SnCl_6(六氯合锡酸铷)等。

【附】 NH_4^+ 的半径和 K^+ 相近,所以 NH_4^+ 盐溶解性和相应 K^+ 盐相近。

ⅡA 族金属的氯化物、硝酸盐易溶于水,碳酸盐等难溶。总的看来,AB_2 型化合物可溶,AB 型化合物难溶(表 2-10)。

表 2-10　ⅡA族金属化合物的溶解度(20 ℃,g/100 g H_2O)和溶度积*

	Mg^{2+}	Ca^{2+}	Sr^{2+}	Ba^{2+}
OH^-**	1.8×10^{-11}*	0.165	0.41(0 ℃)	3.89
F^-**	6.3×10^{-9}*	4.0×10^{-11}*	3.2×10^{-9}*	1.6×10^{-6}*
Cl^-	54.5	74.5	52.9	35.7
Br^-	96.5	143	102.4	125(0 ℃)
NO_3^-	84.7(40 ℃)	129.3	70.5	9.2
CO_3^{2-}	1.0×10^{-5}*	2.5×10^{-9}*	1.6×10^{-9}*	5.1×10^{-9}*
$C_2O_4^{2-}$	7.9×10^{-6}*	2.5×10^{-9}*	1.6×10^{-7}*	1.6×10^{-7}*
SO_3^{2-}	1.25	1.0×10^{-4}*	4.0×10^{-3}*	1.0×10^{-3}*
SO_4^{2-}	44.5	9.1×10^{-6}*	2.5×10^{-7}*	1.1×10^{-10}*

*　为溶度积。

**　MF_2、$Ca(OH)_2$ 难(微)溶原因,请参考 HSAB。

碱金属离子半径,依 Li^+、Na^+、K^+、Rb^+、Cs^+ 的顺序逐渐增大,形成水合盐的倾向递减。约有 3/4 的 Li^+、Na^+ 盐是含水的,1/4 的 K^+ 盐为水合盐,Rb^+、Cs^+ 的水合盐极少。ⅡA 族金属的盐中,水合盐居多。有些水合盐,如 $Na_2SO_4\cdot10H_2O$、$Na_2S_2O_3\cdot5H_2O$ 分别于32.4 ℃、48 ℃熔融(溶于结晶水)。其中 $Na_2SO_4\cdot10H_2O$、$Na_2S\cdot9H_2O$ 被用作储热剂——白天太阳照射时 $Na_2SO_4\cdot10H_2O$、$Na_2S\cdot9H_2O$ 熔融吸热,夜间冷却结晶释热。

1. Na^+盐和 K^+盐在性质上的差别

(1) 多数 Na^+ 的强酸盐的水溶度大于相应 K^+ 盐。

(2) 水合 Na^+盐比水合 K^+ 盐数目多。

(3) Na^+盐的吸潮能力强于相应 K^+ 盐,所以一般不用 $NaClO_3$ 代替 $KClO_3$ 作炸药。

(4) 生理作用不同。人体细胞内 K^+ 浓度比 Na^+ 大,细胞液中则相反,细胞液中 Na^+ 的浓度约是细胞内的 100 倍。人体内含 Na^+ 约 70～120 g,K^+ 为 160～200 g。植物只需要钾(所以要施钾肥)而不需要钠。表 2-11 列出了钠、钾的一些水合盐的结晶水数及其溶解度。

表 2-11　钠、钾的一些水合盐的结晶水数和溶解度(0 ℃,g/100 g H_2O)

	$Cr_2O_7^{2-}$		SO_4^{2-}		NO_3^-		I^-		CO_3^{2-}	
	结晶水数	溶解度	结晶水数	溶解度	结晶水数	溶解度	结晶水数	溶解度	结晶水数	溶解度
Na^+	2	183	10	12.0	0	73	2	158.7	10	18.9
K^+	0	5.0	0	7.35	0	13.3	0	127.5	2	52.5

2. 从硫酸盐矿中提取锶、钡

地壳中能提取锶、钡的矿主要以硫酸盐存在,如 $SrSO_4$(天青石)、$BaSO_4$(重晶石)。这些 MSO_4 都是难溶盐,从中提取锶、钡的方法有:

(1) 使之转化为难溶弱酸盐(这一步反应叫沉淀转化),再将后者溶于强酸得相应盐。如使 $SrSO_4$ 转化为更难溶解的 $SrCO_3$。

$$
\begin{array}{lll}
 & SrSO_4 \rightleftharpoons Sr^{2+} + SO_4^{2-} & K_{sp} = 2.5 \times 10^{-7} \\
+) & Sr^{2+} + CO_3^{2-} \rightleftharpoons SrCO_3 & 1/K_{sp} = 1/(1.6 \times 10^{-9}) \\
\hline
 & SrSO_4 + CO_3^{2-} \rightleftharpoons SrCO_3 + SO_4^{2-} & K = 156
\end{array}
$$

$SrSO_4$ 和 CO_3^{2-} 反应的平衡常数，$K=[SO_4^{2-}]/[CO_3^{2-}]=156$。当用浓 Na_2CO_3 液和 $SrSO_4$(s)作用时，转化为更难溶的 $SrCO_3$。

若使 $BaSO_4$ 转化为溶解度稍大的 $BaCO_3$，转化反应就不完全。转化反应的平衡常数为

$$
\begin{array}{lll}
 & BaSO_4 \rightleftharpoons Ba^{2+} + SO_4^{2-} & K_{sp} = 1.1 \times 10^{-10} \\
+) & Ba^{2+} + CO_3^{2-} \rightleftharpoons BaCO_3 & 1/K_{sp} = 1/(5.1 \times 10^{-9}) \\
\hline
 & BaSO_4 + CO_3^{2-} \rightleftharpoons BaCO_3 + SO_4^{2-} & K = 0.022
\end{array}
$$

$K=0.022$ 表明：从难溶物转化为溶解度稍大的盐的反应倾向较小。因此，必须用饱和 Na_2CO_3 溶液和 $BaSO_4$(s)进行多次转化才能达到目的。

(2) 硫酸钡是制备其他钡化合物的原料，通常在高温下用C还原 $BaSO_4$ 为 BaS，再使后者溶于强酸得相应的钡盐。

$$BaSO_4(s) + 4C(s) = BaS(s) + 4CO(g)$$

$$BaS(s) + 2HCl = BaCl_2 + H_2S\uparrow$$

3. 水解

除 Be^{2+} 外，Li^+、Mg^{2+} 也能水解，但水解能力不强，其他 Ⅰ A、Ⅱ A 族阳离子水解极弱。$LiCl \cdot H_2O$、$MgCl_2 \cdot 6H_2O$ 晶体受热发生水解。

$$LiCl \cdot H_2O \xlongequal{\triangle} LiOH + HCl\uparrow$$

$$MgCl_2 \cdot 6H_2O \xlongequal{\triangle} Mg(OH)Cl + 5H_2O\uparrow + HCl\uparrow$$

因此不能用加热脱水的方法使这些水合盐转化为无水盐，而要在 HCl 气氛下加热或和 NH_4Cl(s)混合加热，或用干法由相应单质直接合成无水盐。

4. 含氧酸盐的热稳定性

Ⅰ A、Ⅱ A 族金属含氧酸盐对热都比较稳定，碱金属含氧酸盐的稳定性更高。对于同种含氧酸盐，金属离子势 ϕ 值越大，分解温度越低。如1000 ℃时 Li_2CO_3 明显分解为 Li_2O 和 CO_2，而在 1000 ℃下其他 Ⅰ A 族的 M_2CO_3 分解极少；$Z=2$ 的碱土金属碳酸盐比碱金属碳酸盐的分解温度低。

一般酸式盐的热稳定性低于相应正盐。如 Na_2CO_3(熔点851 ℃)、K_2CO_3(熔点891 ℃)熔化时分解很少，而 $NaHCO_3$ 于112 ℃，$KHCO_3$ 于163 ℃分解为 M_2CO_3、CO_2 及 H_2O。

5. 硬水

含有 Ca^{2+}、Mg^{2+}、HCO_3^- 的水，叫**暂时硬水**。暂时硬水受热时 $M(HCO_3)_2$ 转化为 MCO_3 沉淀，使暂时硬水得到软化。

$$Ca^{2+} + 2HCO_3^- \xlongequal{\triangle} CaCO_3\downarrow + CO_2\uparrow + H_2O$$

含 Ca^{2+}、SO_4^{2-} 的水，叫**永久硬水**，软化的方法是往永久硬水中加 Na_2CO_3，使 Ca^{2+} 沉淀为 $CaCO_3$，即

$$Ca^{2+} + CO_3^{2-} \xlongequal{} CaCO_3 \downarrow$$

水的硬度是水质的一项重要指标，通常以含 Mg^{2+}、Ca^{2+} 的量来表示。我国的硬度标准是：1 L 水中含 MgO、CaO 总量相当于 10 mg CaO，则这种水定为 1°。例如，1 L 某水样中含 CaO 100 mg、MgO 50 mg，通过计算：

$$\text{CaO：} 100/10 = 10^\circ$$

$$\text{MgO：} 50 \times \frac{M_r(\text{CaO})}{M_r(\text{MgO})} \times \frac{1}{10} = 50 \times \frac{56}{40} \times \frac{1}{10} = 7^\circ$$

知此水样硬度为 17°。

按水硬度的不同，通常将水分为以下 5 种：

0～4°	4°～8°	8°～16°	16°～30°	>30°
很软水	软　水	中硬水	硬　水	很硬水

6. 冠醚(crown ether)

20 世纪 60 年代以来合成了一系列聚醚配合物。18-冠-6($C_{12}H_{24}O_6$)是由 18 个(C,O)原子成环，其中 6 个 O 原子处于(近似)同一平面，6 个 ／‾＼ (即 ／CH_2—CH_2＼)位于平面之上。15-冠-5($C_{10}H_{20}O_5$)、18-冠-6($C_{12}H_{24}O_6$)中 5 个、6 个 O 原子间(近似)平面的空腔分别为 92 pm、145 pm。它们能分别"选择性"地和 Li^+、Na^+、K^+ 成配合物。M^+(犹如头)嵌入 O 原子形成的环(犹如冠围)。／CH_2—CH_2＼ 有规则地在其上部，犹如皇冠(图 2-3)。

冠醚配合物中的选择性也可由反应焓变体现：如 18-冠-6 和 K^+ 形成配合物的 $\Delta_r H_m^\ominus = -25.98\ \text{kJ} \cdot \text{mol}^{-1}$。半径和 K^+ 相近的 Ba^{2+} 和 18-冠-6 配成配合物的 $\Delta_r H_m^\ominus = -31.73\ \text{kJ} \cdot \text{mol}^{-1}$，而 18-冠-6 与半径较小的 Na^+ 配位的 $\Delta_r H_m^\ominus$ 仅为 $-9.42\ \text{kJ} \cdot \text{mol}^{-1}$。把选择性比为"分子识别"，则冠醚为"主"，据选择性与作为"客体"的底物分子的配位作用创立"主客体化学"(host-quest chemistry)。同时又合成以 O 和 N(s)为配位原子穴状大二环、三环、四环的穴醚(cryptand)配体。以上化合物在催化、酶模型、免疫、遗传等过程中都有重大意义。在此领域中作出重大贡献的三位学者C. Pederson，D. J. Cram，J. M. Lehn 共同获得 1987 年 Nobel 化学奖。

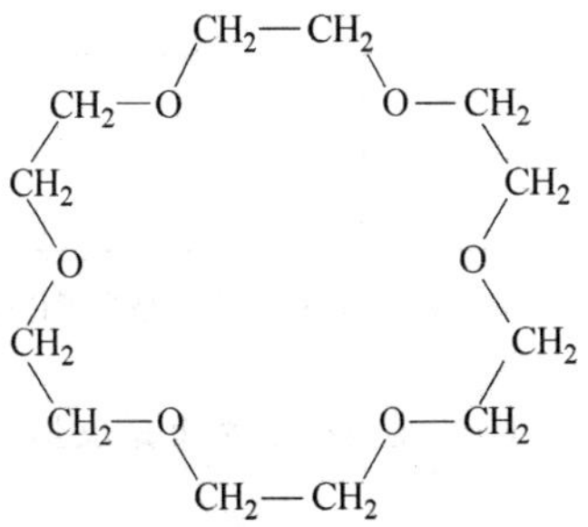

图 2-3　$C_{12}H_{24}O_6$ 结构图

参与光合作用的叶绿素中的 Mg^{2+} 也处于环(由 4 个 N 原子)的中间(参考第九章第 9 节)。

2.6 锂、铍的特性及对角线规律

锂、铍化合物性质分别和本族其他元素化合物在性质上有明显的差别。锂、铍的特殊性主要是"离子半径"小及是 2 个电子离子之故。锂和镁，铍和铝的性质有明显的相似性——对角线相似。

1. 锂、铍的某些特性

锂、铍的熔点、硬度分别高于同族其他金属，导电性相对较弱(表 2-1、表 2-2)。

锂化合物的特性：如

$$2LiOH \xlongequal{红热} Li_2O + H_2O\uparrow$$

而ⅠA 族其他 MOH 不分解；LiH 加热到900 ℃还很稳定，而 NaH 于350 ℃就明显分解；Li^+ 的水合能大，所以 $E^\ominus(Li^+/Li)$ 小；锂的水合盐数目多于其他碱金属水合盐。

和ⅡA 族金属化合物相比，铍化合物分解温度低，易水解，某些化合物具有共价性。

2. 锂和镁的相似性

(1) 锂、镁在氧气中燃烧生成氧化物。

$$4Li + O_2 \xlongequal{} 2Li_2O$$

$$2Mg + O_2 \xlongequal{} 2MgO$$

而钠、钾在氧气中燃烧生成过氧化物和超氧化物(Na_2O_2 和 KO_2)。

(2) 锂、镁的氟化物、碳酸盐、磷酸盐均难(或微)溶于水，其他碱金属相应化合物为易溶盐。表2-12列出锂、镁氟化物、碳酸盐、磷酸盐的溶解度。

表 2-12 室温下锂、镁氟化物、碳酸盐、磷酸盐的溶解度/(g/100 g H_2O)

	Li^+	Mg^{2+}	Na^+ *
F^-	0.26	0.0087	4.22
CO_3^{2-}	1.31	0.0094	21.5
PO_4^{3-}	0.039	0.661	11

* 列出 Na 的相应盐是为了比较。

(3) 锂、镁直接和氮反应生成氮化物，而其他碱金属不能直接和氮作用。

$$6Li + N_2 \xlongequal{} 2Li_3N$$

$$3Mg + N_2 \xlongequal{} Mg_3N_2$$

(4) 水合锂、镁氯化物晶体受热发生水解。

(5) 某些锂、镁盐具有共价性，如 $LiCH_3$、$Mg(CH_3)_2$ 具有极性，而 $NaCH_3$ 是离子型化合物。

(6) ⅠA 族中只有锂能直接和碳生成 Li_2C_2，镁和碳生成 Mg_2C_3。

3. 铍和铝的相似性

(1) 氧化物和氢氧化物均为两性，ⅡA 族其他 $M(OH)_2$ 均显碱性。Be^{2+}、Al^{3+} 均有较强的水解倾向。

(2) 无水氯化物 $BeCl_2$、$AlCl_3$ 是共价物，易生成聚合体，易升华，溶于乙醇、乙醚等有机溶剂。ⅡA 族其他元素的 MCl_2 为离子型化合物，熔融态能导电。

(3) 铍、铝和冷、浓硝酸接触，表面易钝化。其他ⅡA 族金属易和硝酸反应。

2.7 Na^+、K^+、NH_4^+、Mg^{2+}、Ca^{2+}、Ba^{2+} 混合溶液中离子的分离和鉴定

个别碱金属盐是微溶物，如：被用来鉴定 Na^+ 的 $NaSb(OH)_6$（锑酸钠），白色沉淀；用来鉴定 K^+ 的 $K_2NaCo(NO_2)_6$（六亚硝酸钴钠钾）是亮黄色沉淀。ⅡA 族金属难溶盐较多，钙盐中以 CaC_2O_4 的溶解度最小，被用来鉴定 Ca^{2+}；钡盐中 $BaCrO_4$ 溶解度小且显黄色，被用来鉴定 Ba^{2+}；鉴定 Mg^{2+} 则用镁试剂（对硝基偶氮间苯二酚），它是一种有机染料，被 $Mg(OH)_2$ 吸附后显特征的天蓝色。

用 $(NH_4)_2CO_3$ 试剂① 可以把 Na^+、K^+、NH_4^+ 和 Ca^{2+}、Sr^{2+}、Ba^{2+} 分成两组，后一组为 MCO_3 沉淀。定性分析上把 Ca^{2+}、Sr^{2+}、Ba^{2+} 叫碳酸铵组。用 $(NH_4)_2CO_3$ 作沉淀剂时，$MgCO_3$ 沉淀不完全。为使 Mg^{2+} 易于鉴定，可加入一定量 NH_4^+ 盐促进 CO_3^{2-} 水解，以降低 $[CO_3^{2-}]$，使 Mg^{2+} 不能以 $MgCO_3$ 沉淀析出，而和 Na^+、K^+ 一起留在溶液中。定性分析上把 Na^+、K^+、Mg^{2+}、NH_4^+ 叫作易溶组。

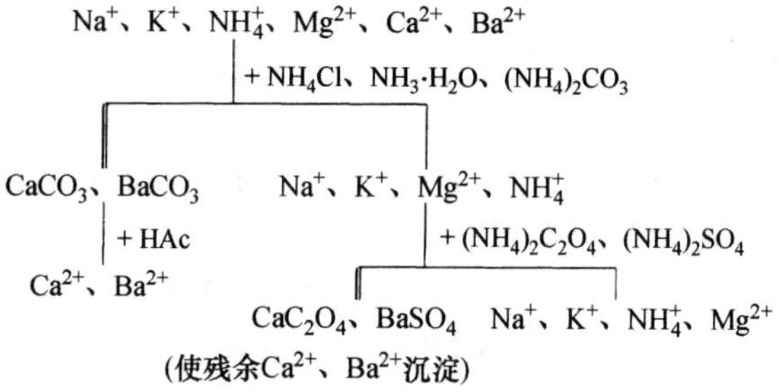

图 2-4　6 种离子分离步骤示意图

Na^+、K^+、Ca^{2+}、Ba^{2+}、Mg^{2+} 5 种离子分离后的鉴定反应如下：

$$Na^+ + Sb(OH)_6^- \longrightarrow NaSb(OH)_6\downarrow（白）$$

$$2K^+ + Na^+ + Co(NO_2)_6^{3-} \longrightarrow K_2NaCo(NO_2)_6\downarrow（亮黄）$$

$$Ca^{2+} + C_2O_4^{2-} \longrightarrow CaC_2O_4\downarrow（白）$$

$$Ba^{2+} + CrO_4^{2-} \longrightarrow BaCrO_4\downarrow（黄）$$

$$Mg^{2+} + 2OH^- + 镁试剂 \longrightarrow Mg(OH)_2（吸附染料）（天蓝色）$$

由于在分离过程中用了 NH_4^+ 盐试剂，所以 NH_4^+ 的鉴定需用原溶液。原溶液和 NaOH

---

① 市售 $(NH_4)_2CO_3$ 试剂是 NH_2COONH_4 和 NH_4HCO_3 的混合物，其水溶液受热时前者转化为 $(NH_4)_2CO_3$，反应式为：$NH_2COONH_4 + H_2O = (NH_4)_2CO_3$。

反应，用 pH 试纸鉴定逸出的 NH_3。

掌握实验条件是做好鉴定反应的关键。最重要的实验条件有：

(1) 溶液的酸度。用 $KSb(OH)_6$ 鉴定 Na^+ 的反应若在酸性条件下进行，得到锑酸，$HSb(OH)_6$是白色胶状沉淀，而不是 $NaSb(OH)_6$ 晶体。用 $Na_3Co(NO_2)_6$ 鉴定 K^+ 需在弱酸、弱碱中进行，因为在强酸中配体将分解 $2NO_2^- + 2H^+ \longrightarrow NO + NO_2 + H_2O$，而在强碱液中生成$Co(OH)_3$沉淀。

(2) 反应的温度。大多数离子鉴定反应是在常温下进行的。加热常常是为了：加快反应速率；使生成的沉淀聚沉；使粉细沉淀陈化为较大的"颗粒"；使沉淀溶解，或驱赶气体。

(3) 溶液的浓度。在定性分析实验中为使鉴定反应能顺利进行，通常把被鉴定的离子溶液（叫试液）配成一定的浓度，约 10 $mg \cdot mL^{-1}$，大体上相当于离子浓度为 0.1 $mol \cdot L^{-1}$。

2.8 焰色反应

把某些金属或它们的盐置于无色火焰中灼烧，若火焰呈现特殊颜色，叫**焰色反应**。几种ⅠA、ⅡA 族金属氯化物的焰色和光谱线列于表 2-13。

表 2-13 几种ⅠA、ⅡA 族金属氯化物的焰色和光谱线

	LiCl	NaCl	KCl	$CaCl_2$	$SrCl_2$	$BaCl_2$
焰　　色	红	黄	紫	橙红	深红	绿
灵敏光谱线 的波长/nm	610.4 670.8	588.9 589.5	404.4 404.7	714.9 732.6	707.0 687.8	553.5 577.8

处于激发态的原子（或离子）经过 $10^{-8} \sim 10^{-10}$ s，电子从高能态跃迁到低能态，并以光能形式释放相应的能量而形成光谱线。同种原子中的电子具有多种能级状态，能级间的差值又不相同，所以每种原子有许多条光谱线。其中谱线强度大的往往是分析的光谱灵敏线。

钾盐中往往含有少量钠盐。实验证明，当钾盐中含有 $1/10^5$ 的钠盐时，就会在焰色中看到钠的黄色。为消除钠对钾焰色的干扰，一般需用蓝色钴玻璃片滤光。

习　　题

1. 完成并配平下列反应方程式：

$Li + O_2 \longrightarrow$　　　　$Na + O_2 \longrightarrow$

$K + O_2 \longrightarrow$　　　　$NaCl + H_2O \xrightarrow{电解}$

$Ca(HCO_3)_2 \xrightarrow{\triangle}$　　　　$MgCl_2 \cdot 6H_2O \xrightarrow{\triangle}$

2. 写出并配平下列过程的反应方程式：

(1) 由 NaCl 制 NaOH　　　　(2) 由 NaCl 制 Na

(3) 由 CaH_2 制 H_2　　　　(4) 由 $SrSO_4$ 制 $SrCl_2$

(5) 由 $BaSO_4$ 制 $BaCl_2$　　　　(6) 由粗 $CaCO_3$ 制纯 $CaCO_3$

3. 碱金属的第一电离能和标准电势值参见表 2-3。

(1) 为什么锂的电离能最大，而标准电势最小？

(2) $E^{\ominus}(Li^+/Li)$值最小，能否说明 Li 和 H_2O 反应最剧烈？

4. (1) 计算下列两个反应的焓变和熵变：

$$BaCO_3(s) = BaO(s) + CO_2(g)$$
$$BaCO_3(s) + C(s) = BaO(s) + 2CO(g)$$

(2) 为什么发生第二个反应，温度反而低？

(3) 若 $MgCO_3$ 也能发生以上两个反应，何者温度高？

5. 等体积混合 0.10 mol·L^{-1} $CaCl_2$ 和 0.10 mol·L^{-1} $NaHCO_3$，有无 $CaCO_3$ 生成？

6. 有一份白色固体混合物，其中含有 KCl、$MgSO_4$、$BaCl_2$、$CaCO_3$ 中的几种。根据下列实验现象判断混合物中有哪几种化合物？

(1) 混合物溶于水，得透明澄清溶液；

(2) 对溶液做焰色反应，通过钴玻璃观察到紫色；

(3) 向溶液中加碱，产生白色胶状沉淀。

7. 欲标定一份 HCl 溶液的浓度，准确称取 0.2045 g Na_2CO_3 溶于水，以甲基红为指示剂，用 HCl 溶液滴定到终点，消耗了 39.42 mL。求 HCl 溶液的浓度(mol·L^{-1})。

8. $BaCl_2$ 溶液中含少量 $FeCl_3$ 杂质，用 $Ba(OH)_2$ 或 $BaCO_3$ 调节溶液的 pH，均可把 Fe^{3+} 沉淀为 $Fe(OH)_3$ 而除去。为什么？

9. 用平衡常数说明：Mg^{2+} 和 $NH_3 \cdot H_2O$ 的反应是否完全？ $Mg(OH)_2$ 和 NH_4Cl 的反应是否完全？

10. 用镁试剂鉴定 Mg^{2+} 时，问 Na^+、K^+、NH_4^+、Ca^{2+}、Ba^{2+} 中哪几种离子可能有干扰？如何消除干扰？

11. 锂盐的哪些性质和其他碱金属盐有显著的区别？

12. 如何分离 Na 中的 Ca，Li 中的 K？

13. 根据 Ca^{2+}、Sr^{2+}、Ba^{2+} 化合物性质推测 $Ra(OH)_2$ 的碱性和溶解度、$RaCO_3$ 和 $RaSO_4$ 的溶解度，并和手册上查到的数据核对。

14. 工业上用 $CaSO_4$、NH_3 及 CO_2 间的反应制 $(NH_4)_2SO_4$。

(1) 写出反应方程式并计算反应的平衡常数；

(2) 原料中的 CO_2（在有 NH_3 时）起什么作用？

15. 实验证实：在 1 mol·L^{-1} HCl 中 $CaSO_4$ 明显溶解，而 $BaSO_4$ 不溶。请用反应平衡常数解释之。

16. 分析某水样，其中含 Ca^{2+} 为 80 mg·L^{-1}，Mg^{2+} 为 20 mg·L^{-1}。问这种水的硬度是多大？

17. 为除去溶液中的 Mg^{2+}，有人提出一个建议：加 NaOH 使溶液的 pH=12 以沉淀 $Mg(OH)_2$，再加 Na_2CO_3 溶液使残余 Mg^{2+} 沉淀为 $MgCO_3$。请评价这个建议。

18. 用 $Na_3Co(NO_2)_6$ 鉴定 K^+，若在强碱介质中反应，可能有 $Co(OH)_3$ 沉淀；若在强酸性中鉴定，配位体 NO_2^- 会分解。请判断 $Na_3Co(NO_2)_6$ 稳定性如何？

19. 下列反应在空气中于什么温度下进行？

$$BaO + \frac{1}{2}O_2 = BaO_2$$

20. 早期电解熔融 NaOH 制 Na，写出反应方程式。为什么此法的理论电流效率仅为 50%？

21. 下列各种水合物可作储(太阳)能材料。它们的熔温及熔融吸热量分别为：$Na_2SO_4 \cdot 10H_2O$ 于32.4℃熔化吸 69 kJ·mol^{-1}；$Na_2HPO_4 \cdot 12H_2O$ 于36.1℃熔融吸 100 kJ·mol^{-1}；$Na_2S_2O_3 \cdot 5H_2O$ 于48℃熔融吸50 kJ·mol^{-1}。为什么主要选用 $Na_2SO_4 \cdot 10H_2O$？

22. 以 MgO 为原料制 Mg 的两种反应(方程式)为：

(1) $$MgO(s) + C(s) = Mg(g) + CO(g)$$

(2) $$MgO(s) + C(s) + Cl_2 = MgCl_2(s) + CO(g)$$

$$MgCl_2(l) \xlongequal{\text{电解}} Mg + Cl_2\uparrow$$

为什么目前主要用方法(2)?

23. 作为化学电源，锂电池应用较广。如和铅蓄电池比较，请从锂的摩尔质量、电池的输出电压说明锂电池的优点。

24. 已知：

$$CaO(s)+H_2O(l) \xlongequal{} Ca(OH)_2(s) \qquad \Delta_r H_m^\ominus=-64.0\ kJ\cdot mol^{-1}$$

$$Ca(OH)_2(s) \xlongequal{H_2O} Ca(OH)_2(aq) \qquad \Delta_r H_m^\ominus=-11.7\ kJ\cdot mol^{-1}$$

请估计：$CaO(s)$转化为 $Ca(OH)_2(s)$或 $Ca(OH)_2(aq)$时，“可利用的释能”何者大?

25. 由 $BaSO_4+H^+ \xlongequal{} HSO_4^-+Ba^{2+}$ $K=1.8\times10^{-8}$知 $BaSO_4$ 不溶于 H_2SO_4。文献报道，室温 $BaSO_4$ 在浓 H_2SO_4 溶液中的溶解度为 16 g $BaSO_4$/L，为什么?

26. 600℃加热 100.00 mg $LiNO_3$，剩余固态物质量为 21.6 mg。350℃加热 KNO_3，失重 15.8%，请写出这两个反应的方程式。

第三章 卤族元素

元素周期表中ⅦA族(17族)包括氟(fluorine)、氯(chlorine)、溴(bromine)、碘(iodine)和放射性元素砹(astatine)。因为它们都易形成盐,所以称为卤素(halogen)。卤素的性质列于表3-1。

表 3-1 卤素的某些性质

	F	Cl	Br	I
相对原子质量	19.00	35.45	79.90	126.9
外围电子构型	$2s^2 2p^5$	$3s^2 3p^5$	$4s^2 4p^5$	$5s^2 5p^5$
熔点/℃	−219.62	−100.98	−7.2	113.5
熔化热/(kJ·mol⁻¹)	0.5	6.4	10.5	15.7
沸点/℃	−188.14	−34.67	58.78	184.35
气化热/(kJ·mol⁻¹)	6.5	20.4	30.0	41.8
解离能/(kJ·mol⁻¹)	157.7	238.1	189.1	148.9
溶解度(g/100 g H_2O)(20℃)	分解	0.732	3.58	0.029
分配系数,$c(CCl_4)/c(H_2O)$(0℃)	—	20	27	85.5
电子亲和能/(kJ·mol⁻¹)	−338.9	−354.8	−330.5	−301.7
电离能/(kJ·mol⁻¹)	1681.0	1251.1	1139.9	1008.4
电负性	3.98	3.16	2.96	2.66
X^- 水合能/(kJ·mol⁻¹)	−506.3	−368.2	−334.7	−292.9
$X_2 + 2e = 2X^-$, $E^\ominus$/V	2.87	1.3595	1.08	0.535

3.1 卤素的物理性质

F_2、Cl_2、Br_2、I_2 都是非极性分子,分子间作用力逐渐增强,熔、沸点依次升高。常况下,F_2 是浅黄色气体,Cl_2 是黄绿色气体,Br_2 是红棕色液体,I_2 是紫黑色晶体。卤素单质易溶于非极性或弱极性溶剂①中，而不易溶于强极性溶剂中(表 3-2)。

表 3-2　碘在几种溶剂中的溶解度/(g/100 g 溶剂)及溶液颜色

溶　剂	H_2O	C_2H_5OH(95%)	C_2H_5OH	C_6H_6	CCl_4
溶解度	0.030^{25*}	9.45^{0}	20.5^{15}	16.46^{25}	2.91^{25}
溶液颜色	浅黄褐	褐	褐	红褐	紫

* 溶解度右上角标表示温度。如 0.030^{25}，表示25 ℃ 100 g 水中能溶 0.030 g I_2。

碘溶于碱性(Lewis 碱)极弱的溶剂时，I_2 分子中电子对偏移极微弱，溶液显紫色，如碘在 CCl_4 中。随着溶剂碱性的增强，I_2 和溶剂间的作用由弱增强，溶液显红色、褐色乃至黄褐色。

基于卤素单质在水和某些有机溶剂中溶解情况的差别，可以用和水不互溶的有机溶剂如 CCl_4、CS_2 萃取溶解在水中的卤素单质。如把 CCl_4 和碘水一起振荡，达平衡后 I_2 在 CCl_4 层中浓度($c(CCl_4)$)和在水层中浓度($c(H_2O)$)之比为一个定值(K_D)，叫**分配系数**(distribution coefficient)。K_D随温度而变，而卤素浓度对 K_D影响较小。如25 ℃ I_2 在 CCl_4 和 H_2O 中的K_D值见表 3-3。

表 3-3　25 ℃时 I_2 在 CCl_4 和 H_2O 中的 K_D 值

$c(CCl_4)/(mol\cdot L^{-1})$	0.02	0.04	0.06	0.08	0.10
K_D	85.1	85.2	85.6	86.0	87.5

室温下，I_2 在 CS_2 和 H_2O 中的 $K_D=586$。

K_D值越大，萃取效率越高。如25 ℃时用等体积 CCl_4、CS_2 萃取水溶液中的 I_2 后，残留在水层中的 I_2 只有原先的 1/86、1/587。0 ℃时，Cl_2、Br_2 在 CCl_4 和 H_2O 中的 K_D分别为 20、27。

X_2(F_2 除外)溶于水发生的反应为 $X_2+H_2O = H^++X^-+HXO$，室温 X_2 饱和液的物理参数列于下表：

	Cl_2	Br_2	I_2
饱和液浓度/$(mol\cdot L^{-1})$	0.092	0.2141	0.0013
X_2 浓度/$(mol\cdot L^{-1})$	0.062	0.21	0.0013
$[H^+]=[X^-]=[HXO]/(mol\cdot L^{-1})$	0.030	1.15×10^{-3}	6.4×10^{-6}
$X_2+H_2O = H^++X^-+HXO$ 的 K	4.2×10^{-4}	7.2×10^{-9}	2.0×10^{-13}

卤素中 Cl_2 最难解离，I_2 最易解离(表 3-4)。

表 3-4　Cl_2、Br_2、I_2 在不同温度下的解离度

解离度	1%	10%	50%
Cl_2	1940 ℃	2270 ℃	2610 ℃
Br_2	1100 ℃	1320 ℃	1560 ℃
I_2	845 ℃	1060 ℃	1310 ℃

① “相似相溶”是定性的规律，不表明非极性溶质(如 I_2)在非极性溶剂(如 CCl_4)中溶解度最大。

氟、碘只有一种天然同位素；氯、溴各有两种天然同位素，它们分别是^{35}Cl和^{37}Cl（丰度分别为75.77%，24.23%），^{79}Br（50.54%）和^{81}Br（49.46%）。人工合成的^{131}I（半衰期$t_{1/2}=8.141$ d）是医疗上常用的放射性同位素。

3.2 卤素的化学性质

F_2是最活泼的非金属，除He、Ne、Ar、Kr、O_2及N_2外能和所有单质化合。Cl_2、Br_2能和大多数单质化合，但反应不如F_2剧烈。I_2活泼性最差，甚至不能直接和S化合。卤素主要表现为氧化性的反应有：

（1）和单质化合：

$$H_2+X_2 = 2HX \qquad 2Al+3X_2 = 2AlX_3$$

（2）置换反应：

$$Cl_2+2Br^- = 2Cl^-+Br_2 \qquad I_2+H_2S \xlongequal{\text{水液}} 2HI+S$$

（3）与低氧化态化合物反应：

$$CO+Cl_2 = COCl_2 \qquad PCl_3+Cl_2 = PCl_5$$

（4）有碳时和氧化物反应：

$$MgO+C+Cl_2 = MgCl_2+CO$$

（5）自氧化还原反应：

$$Cl_2+2OH^- = Cl^-+OCl^-+H_2O$$

（6）和烃反应

$$CH_4+Cl_2 = CH_3Cl+HCl$$
$$C_2H_4+Br_2 = C_2H_4Br_2$$

现就以上性质讨论几个问题。

1. 均裂和异裂

在光照下H_2和Cl_2的反应始于Cl_2共价键等性裂解——均裂(homolysis)。

$$Cl_2 \xlongequal{h\nu} Cl+Cl \qquad Cl+H_2 = HCl+H \qquad H+Cl_2 = HCl+Cl \quad \cdots\cdots$$

而X_2(除F_2外)和H_2O反应时，共价键发生不等性裂解——异裂(heterolysis)。

$$X:X+H_2O = HOX+HX$$

形成HOX(在碱性介质中为OX^-)和X^-。

一般在强极性溶剂或有强极性物(含OH^-)存在时，X_2较易发生异裂，在高温或高能(如光照射)下易发生均裂。

大家熟知烯键和Br_2的加成反应始于Br_2的异裂，“Br^+”撞开双键，与其负性部分结合，

Br^- 则和正性部分结合。加成反应后两个 Br 是等同的。

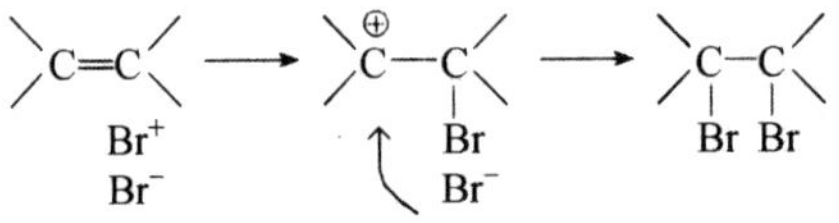

举上例是想说明:均裂和异裂是反应过程,不能由此确定产物中卤素的键合情况。

2. 卤素和其他单质间化学反应的倾向①

卤素和其他单质间发生化学反应,可以形成离子型(以 NaX 为例)、共价型(以 HX 为例)两类化合物。现按热化学循环讨论这两个反应的倾向。

(1) 生成离子型卤化物显然和卤素原子的亲和能值有关。F、Cl、Br、I 的亲和能依次为 $-339\ \mathrm{kJ\cdot mol^{-1}}$、$-355\ \mathrm{kJ\cdot mol^{-1}}$、$-331\ \mathrm{kJ\cdot mol^{-1}}$、$-302\ \mathrm{kJ\cdot mol^{-1}}$,其中 Cl 亲和电子释放能量最多,但实际上 F 参与化学反应的倾向远强于 Cl、Br、I。

下面以生成 NaX 离子型化合物为例:

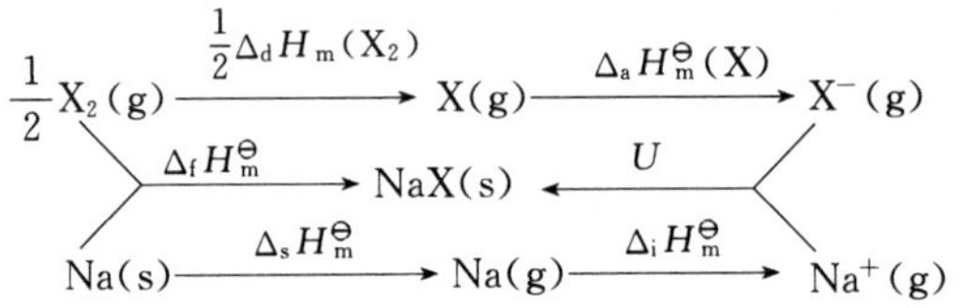

$$\Delta_f H_m^\ominus = \Delta_s H_m^\ominus + \Delta_i H_m^\ominus + \frac{1}{2}\Delta_d H_m(X_2) + \Delta_a H_m^\ominus(X) + U$$

有关数据列于表 3-5 中。

表 3-5 NaX 的 $\Delta_f H_m^\ominus$、$\Delta_f G_m^\ominus$

	NaF	NaCl	NaBr	NaI
X^- 半径/pm	133	181	196	220
$U/(\mathrm{kJ\cdot mol^{-1}})$	−916.3	−778.2	−740.6	−690.4
$\Delta_f H_m^\ominus/(\mathrm{kJ\cdot mol^{-1}})$	−569.0	−411.0	−360.0	−288.0
$\Delta_f G_m^\ominus/(\mathrm{kJ\cdot mol^{-1}})$	−541.0	−384.0	−347.7	−237.2

由于 F_2 的解离能(吸热)低及 NaF 晶格能(放热)远高于其他 NaX,所以氟化物比其他卤化物稳定得多。

(2) 共价型卤化物的稳定性主要和它们的键能(BE)有关。下面以 H_2 和 X_2 反应为例:

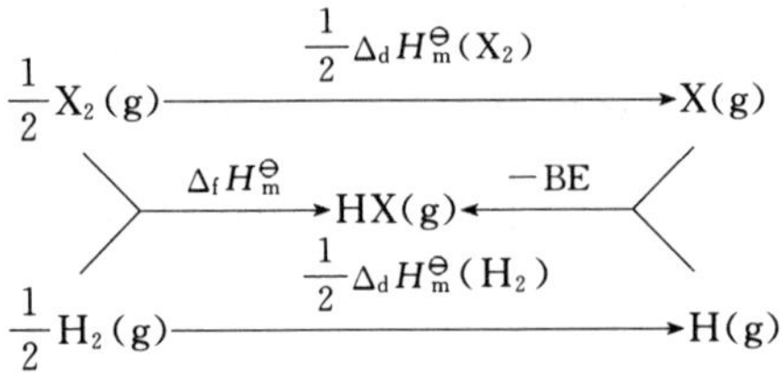

① 单质的活泼性和化学反应的条件有关,所以这里用"倾向",是从化学平衡角度讨论性质。

$$\Delta_f H_m^\ominus = \frac{1}{2}\Delta_d H_m^\ominus(H_2) + \frac{1}{2}\Delta_d H_m^\ominus(X_2) - BE$$

有关键能列于表 3-6。由键能知：共价型氟化物比其他卤化物稳定得多。

表 3-6　共价型卤化物的键能/($kJ\cdot mol^{-1}$)

	HX	BX_3	CX_4
F	565	613.1	485.3
Cl	428	456.0	327.2
Br	362	376.6	284.5
I	295	272.0	213.4

综上所述，在同类型的反应中，氟参与反应的倾向远强于其他卤素，氟化物远较其他卤化物稳定，而且其性质常和其他卤化物不同。

(3) 置换反应焓变

$$\frac{1}{2}Cl_2 + NaBr = NaCl + \frac{1}{2}Br_2$$

$\Delta_r H_m^\ominus$ 由三部分求得：① $\frac{1}{2}X_2$ 解离能之差：$\frac{1}{2}Cl_2$ 多吸[(238.1－189.1)$kJ\cdot mol^{-1}\div 2$]＝24.5 $kJ\cdot mol^{-1}$；②X 亲和能之差：Cl 多释(－354.5 $kJ\cdot mol^{-1}$＋330.5 $kJ\cdot mol^{-1}$)＝－24.0 $kJ\cdot mol^{-1}$；③NaX 晶格能之差：NaCl 多释(－778.2 $kJ\cdot mol^{-1}$＋740.6 $kJ\cdot mol^{-1}$)＝－37.6 $kJ\cdot mol^{-1}$。①＋②＋③总和为负值，表明置换反应是释热过程。若氯置换溴反应中金属氧化态不变，因①和②仅差 0.5 $kJ\cdot mol^{-1}$，可认为正向反应的 $\Delta_r H_m^\ominus$ 主要取决于晶格能之差。

共价化合物间置换反应：

$$\frac{1}{2}Cl_2 + HBr = HCl + \frac{1}{2}Br_2$$

氯化物的键能显著大于相应溴化物，所以正向反应是释热过程。置换反应也可发生在不同族元素之间，如

$$F_2 + H_2O(g) = 2HF + \frac{1}{2}O_2 \qquad 2HCl + \frac{1}{2}O_2 = H_2O(g) + Cl_2$$

HF、$H_2O(g)$、HCl 的 $\Delta_f H_m^\ominus$ 依次为－268.6 $kJ\cdot mol^{-1}$、－242 $kJ\cdot mol^{-1}$、－92.3 $kJ\cdot mol^{-1}$。又如

$$TiCl_4(g) + O_2 = TiO_2(s) + 2Cl_2(g) \quad \Delta_r H_m^\ominus = -148.9\ kJ\cdot mol^{-1},\quad \Delta_r S_m^\ominus = -41\ J\cdot(K\cdot mol)^{-1}$$

3. 二元卤化物

若元素只有一种氧化态，如 Na、Mg 等和 X_2 反应，形成相应稳定的卤化物 NaX、MgX_2。对多氧化态元素，和 X_2 反应的产物可按分步反应讨论：即先生成低氧化态卤化物并释热，接着是在热的条件下低氧化态卤化物和卤素反应的倾向。若高氧化态卤化物 $\Delta_f H_m^\ominus$ 显著小于(代数值)低氧化态卤化物，则在有适量 X_2 存在时生成高氧化态卤化物。因为该元素低氧化态卤化物和相应 X_2 反应，也易形成高氧化态卤化物。如

$$PbF_2(s)+F_2(g) = PbF_4(s) \quad \Delta_r H_m^\ominus=-266.9\ kJ\cdot mol^{-1},\ \Delta_r S_m^\ominus=-176\ J\cdot(K\cdot mol)^{-1}$$

若高氧化态卤化物的 $\Delta_f H_m^\ominus$ 仅略小于低氧化态卤化物，即使在有过量 X_2 时，主要产物也视温度而定。

$$PCl_3(g)+Cl_2(g) = PCl_5(g) \quad \Delta_r H_m^\ominus=-88\ kJ\cdot mol^{-1},\quad \Delta_r S_m^\ominus=-181\ J\cdot(K\cdot mol)^{-1}$$

$\Delta_r G_m^\ominus=0$ 时，$T=(88000/181)$ K=486 K (213 ℃)。即当反应温度明显高于 486 K 时，产物以 PCl_3 为主；冷却到反应温度明显低于 486 K 时，PCl_3 将和(余)Cl_2 结合成 PCl_5。

若高氧化态卤化物易气化(熵增)，而低氧化态卤化物不易挥发，即使在 M 过量时，也易生成高氧化态卤化物。如通 Cl_2 入熔融 Sn 得 $SnCl_4(g)$，Cl_2 和 Fe 反应也能形成 $FeCl_3(g)$。

4. 转化为相对不稳定的卤化物——偶联反应

前述 $TiCl_4$($\Delta_f H_m^\ominus=-763\ kJ\cdot mol^{-1}$)和 O_2 置换生成 TiO_2($\Delta_f H_m^\ominus=-912\ kJ\cdot mol^{-1}$)，其逆反应不可能自发进行，但当有 C 时，可和 O_2 生成 CO、CO_2，这样就从焓变、熵变两方面促进反应进行。

$$TiO_2(s)+2Cl_2(g)+C(s) = TiCl_4(g)+CO_2(g)$$

$$\Delta_r H_m^\ominus=-244.6\ kJ\cdot mol^{-1},\quad \Delta_r S_m^\ominus=44\ J\cdot(K\cdot mol)^{-1}$$

$$TiO_2(s)+2Cl_2(g)+2C(s) = TiCl_4(g)+2CO(g)$$

$$\Delta_r H_m^\ominus=-72.1\ kJ\cdot mol^{-1},\quad \Delta_r S_m^\ominus=221\ J\cdot(K\cdot mol)^{-1}$$

从本节 2 之(3)和 4 的讨论中可知，置换反应的实质是单质和化合物反应生成更稳定的化合物。当要生成相对不稳定化合物时，需加入另一种反应物，从焓变或(和)熵变两方面促进反应进行——偶联(coupling)反应①。例如，Al_2O_3($-1670\ kJ\cdot mol^{-1}$)能量低于 $AlCl_3$($-695\ kJ\cdot mol^{-1}$)，可发生下列偶联反应：

$$Al_2O_3+3Cl_2+3C = 2AlCl_3+3CO$$

3.3 卤素的制备

卤族元素在自然界中主要以卤化物形式存在。常见的氟化物有：萤石(CaF_2)、氟磷灰石[$Ca_5(PO_4)_3F$]、冰晶石(Na_3AlF_6)等；氯以氯化钠为主；海水中含少量溴(65 $\mu g\cdot g^{-1}$)和碘(0.05 $\mu g\cdot g^{-1}$)。智利硝石中含有约 0.05%～0.1%以 $NaIO_3$、$Ca(IO_3)_2$ 存在的碘。此外，废油井卤水中含有约 20～30 $\mu g\cdot g^{-1}$的碘。

1. 氟的制备

氟是最强的非金属，所以用电解法制备。用石墨作阳极，钢或软钢作阴极，电解质是 KF·

---

① 某物参与体系中发生的两个反应，则两个反应是偶联的。若反应 A+B = M+D $\Delta_r G_m^\ominus \gg 0$，极难发生正向反应，另一反应 M+R = S+F $\Delta_r G_m^\ominus \ll 0$，正向反应极为完全，两式相加得 A+B+R = D(目标产物)+S+F $\Delta_r G_m^\ominus$(值)显著减小，有可能发生正向的偶联反应。

nHF。

$$\text{阳极反应：}\quad 2F^- - 2e = F_2$$
$$\text{阴极反应：}\quad 2HF_2^- + 2e = H_2 + 4F^-$$
$$\text{电解反应：}\quad 2HF_2^- = H_2 + F_2 + 2F^-$$

电解质溶液的组成是 KF·13HF～KF·HF，相应电解温度为－80～250℃。常用的是 KF·(1.8～2.0) HF。如一种电解液的组成是 82%的 KF·HF、3% LiF 及 14.3% HF，电解温度为 95～100℃。电解过程要不断补充 HF。

F_2 和 Cu、Ni 等作用，在金属表面形成一层氟化物，从而阻碍反应进行。所以用铜、镍铜合金或中碳钢[含碳质量分数，即 w(C)为 0.3%～0.6%]作为制电解槽的材料。因为产物 H_2 和 F_2 相遇会爆炸，所以要把阴、阳极隔开。镍、镍铜合金或钢也用来制造储 F_2 容器及输送 F_2 的管道。

由于 F_2 的制备和储运有诸多不便，人们常用 BrF_5(沸点40.5℃)或 $IF_7 \cdot AsF_5$(固态)的热分解方法制取少量 F_2 供实验用。

$$BrF_5(g) \xrightarrow{>500\,℃} BrF_3(g) + F_2(g)$$
$$IF_7 \cdot AsF_5 + 2KF \xrightarrow{>200\,℃} KIF_6 + KAsF_6 + F_2$$

【附】 自 1886 年首次电解制得 F_2 以来，人们尝试以化学法制 F_2，终于在 20 世纪 80 年代完成。化学法制 F_2 的反应式为

$$K_2MnF_6 + 2SbF_5 \xrightarrow{150\,℃} 2KSbF_6 + MnF_3 + \frac{1}{2}F_2$$

SbF_5 是强 Lewis 酸，从 K_2MnF_6 夺取 KF 成 $KSbF_6$，另一产物 MnF_4 分解为 MnF_3 和 F_2。和上述 BrF_5、$IF_7 \cdot AsF_5$ 不同的是，制 K_2MnF_6、SbF_5 不必用单质 F_2。反应式如下：

$$2KMnO_4 + 2KF + 10HF + 3H_2O_2 = 2K_2MnF_6 + 8H_2O + 3O_2$$
$$SbCl_5 + 5HF = SbF_5 + 5HCl$$

2. 氯的制备

既可以用电解法，也可以用化学(氧化)法来制备氯。

工业上用电解 NaCl 水溶液的方法制 Cl_2，阳极上发生的反应是

$$2Cl^- - 2e = Cl_2$$

电解质溶液中可被氧化的组分有 OH^-、Cl^-，它们的电势为

$$O_2 + 2H_2O + 4e = 4OH^- \qquad E^\ominus = 0.40\ \text{V}(\text{pH}=14), E = 0.81\ \text{V}(\text{pH}=7)$$
$$Cl_2 + 2e = 2Cl^- \qquad E^\ominus = 1.36\ \text{V}$$

按 $E^\ominus(E)$值判断，应该是 OH^- 在阳极上先放电，但当用石墨作阳极时，却是 Cl^- 放电。原来，电极电势是平衡态的数据，是在只有微量电流(10^{-8}～10^{-9} A)通过时测定的。而实际电解不是平衡态，电极表面附近的离子浓度或低于或高于溶液中的浓度，以及其他因素导致实际电解时的电势和平衡态电势间有一差值，此差值叫超电势(over voltage)。电解产物为气体时，超

电势常较大。超电势的大小还与气体的种类、电解质的性质和浓度、电极材料及其表面情况、电流密度和电解温度有关。

现将25 ℃时 Cl_2、O_2 在石墨电极上的超电势列于表 3-7 和表 3-8。

表 3-7　Cl_2 在石墨电极上的超电势(25 ℃)

电流密度/($A\cdot m^{-2}$)	400	1000	2000	5000
超电势/V	0.186	0.251	0.298	0.417

表 3-8　1 $mol\cdot L^{-1}$ KOH 中 O_2 在石墨电极上的超电势(25 ℃)

电流密度/($A\cdot m^{-2}$)	100	200	1000	2000
超电势/V	0.896	0.963	1.091	1.142

由于 Cl_2 在石墨电极上的超电势比 O_2 低得多，所以主要是 Cl^- 在石墨电极上放电。

电解过程中石墨阳极有损耗，约损失 2.7～3.6 kg 石墨/1000 kg Cl_2。阳极寿命一般约半年。20 世纪 70 年代起用 RuO_2-TiO_2 涂层为阳极，不仅提高了电流效率(1%～2%)、Cl_2 的纯度(不含 CO_2)，且寿命长达 8 年，被誉为“尺寸稳定的电极”(dimension stable electrode，DSE)。

实验室常用 $KMnO_4$、$K_2Cr_2O_7$、MnO_2 和 HCl 反应制少量 Cl_2。

$$2KMnO_4+16HCl \longrequal 2KCl+2MnCl_2+5Cl_2+8H_2O \quad E^\ominus=(1.49-1.36)V=0.13\ V$$

$$K_2Cr_2O_7+14HCl = 2KCl+2CrCl_3+3Cl_2+7H_2O \quad E^\ominus=(1.33-1.36)V=-0.03\ V$$

$$MnO_2+4HCl = MnCl_2+Cl_2+2H_2O \quad E^\ominus=(1.23-1.36)V=-0.13\ V$$

由 $E^\ominus$可知：$KMnO_4$ 和一般浓度 HCl 反应；$K_2Cr_2O_7$ 需和较浓 HCl(>6 $mol\cdot L^{-1}$)反应；MnO_2 和浓 HCl(>8 $mol\cdot L^{-1}$)反应。对于后两者 $E^\ominus$略小于零的反应，需借增大反应物浓度之助，才能使反应发生。

3. 溴的制备

工业规模从海水提 Br_2 的方法为，先通 Cl_2 氧化预先经酸化海水中的 Br^-：

$$Cl_2+2Br^- = 2Cl^-+Br_2$$

继而通空气、水蒸气将 Br_2 吹出，和吸收剂作用转化为溴化物，达到浓集的作用，然后再通 Cl_2 转化成 Br_2。发生的反应如下：

$$Cl_2+H_2O = H^++Cl^-+HOCl \quad k(\text{速率常数})=5\times10^{14}$$

$$HOCl+Br^- = HOBr+Cl^- \quad k=2.95\times10^{-3}$$

$$HOBr+H^++Br^- = Br_2+H_2O \quad K=4.4\times10^{8}$$

由第三式知，加酸有利反应进行。一般海水 pH=8.1，生产 1 t(吨)Br_2 需 2 t 浓 H_2SO_4。由下列副反应方程式知：Cl_2 氧化 Br^-时需过量 15%。

$$Cl_2+Br^- \rightleftharpoons Cl^-+BrCl$$

$$Cl_2+Br_2 \rightleftharpoons 2BrCl$$

$$BrCl+Cl^- \rightleftharpoons BrCl_2^-$$

$$Br_2+Br^- \rightleftharpoons Br_3^-$$

目前从海水中提取的溴约占溴的世界年产量的 1/3 左右。它是制照相感光剂、药剂及农药的原料，还曾被用于生产汽油抗爆剂。

4. 碘的制备

大量的碘富集于海藻灰中，用水浸取后浓缩，再向浓缩液中加 MnO_2 和 H_2SO_4，即得到 I_2。

$$MnO_2+2I^-+4H^+ = Mn^{2+}+I_2+2H_2O$$

20 世纪 60 年代以来，从废矿井卤水中提取碘的量已超过世界年产量的一半以上。

智利硝石母液中含有一定量的 $NaIO_3$，向其母液中加 $NaHSO_3$，也能制得碘。

$$2IO_3^-+5HSO_3^- = I_2+2SO_4^{2-}+3HSO_4^-+H_2O$$

碘主要用来制造照相感光剂、药物、饲料添加剂等。碘缺乏病影响发育、智力等，主要措施是采用食用加碘盐[KIO_3、$Ca(IO_3)_2$、KI 等]。

3.4 卤化氢的制备和性质　氢卤酸

1. 卤化氢的制备

制备 HX 有 3 种方法。

(1) 用高沸点酸(H_2SO_4、H_3PO_4)和卤化物作用制备 HX。如

$$CaF_2+H_2SO_4 \xlongequal{\triangle} CaSO_4+2HF\uparrow$$

$$NaCl+H_2SO_4 \xlongequal{\triangle} NaHSO_4+HCl\uparrow$$

因 Br^-、I^- 有还原性，要用“没有氧化性”的 H_3PO_4。

$$NaBr+H_3PO_4 \xlongequal{\triangle} NaH_2PO_4+HBr\uparrow$$

$$NaI+H_3PO_4 \xlongequal{\triangle} NaH_2PO_4+HI\uparrow$$

(2) 卤素直接和氢反应生成卤化氢。如

$$Cl_2(g)+H_2(g) = 2HCl(g) \qquad \Delta_f H_m^\ominus=-184.6\ kJ\cdot mol^{-1}$$

虽然 F_2 和 H_2 的反应极为完全，但因反应非常剧烈，制备 F_2 很困难以及 H_2 和 I_2 反应的产率不高，所以不用这个方法制 HF、HI。

(3) 磷和溴、碘反应。P 和 Br_2、I_2 反应生成 PBr_3、PI_3，生成物水解成亚磷酸 H_3PO_3 和 HBr、HI。

$$2P+3X_2+6H_2O = 2H_3PO_3+6HX$$

加热，HBr、HI 即从溶液中逸出。

总之，制 HF 用(1)法；制大量 HCl 用(2)法，制少量 HCl 用(1)法；制 HBr、HI 则用(3)法。此外，HCl 还是某些反应的副产物，如

$$CH_4+Cl_2 = CH_3Cl+HCl$$

2. 卤化氢的性质

HX 是共价化合物。表 3-9 列出卤化氢的性质。HF、HCl、HBr、HI 分子中键的极性依次减弱，分子间作用力依 HCl、HBr、HI 顺序增大，它们的熔点、气化热依次升高。HF 分子间有氢键(图 3-1)，它的熔点、气化热高于 HCl(图 3-2 和图 3-3)。固态、液态及(温度不太高)气态 HF 中都有氢键，气态中有 HF、$(HF)_6$ 及痕量 $(HF)_2$。固态 HF 中氢键的平均键能为 27.8 $kJ \cdot mol^{-1}$，约比冰中氢键键能(18.8 $kJ \cdot mol^{-1}$)大 50%。

表 3-9 卤化氢的某些性质

	HF	HCl	HBr	HI
熔点/℃	−33.55	−114.22	−86.88	−50.80
熔化热/($kJ \cdot mol^{-1}$)	19.6	2.0	2.4	2.9
沸点/℃	−19.51	−85.05	−66.73	−35.36
气化热/($kJ \cdot mol^{-1}$)	30.1	16.2	17.6	19.8
$\Delta_f H_m^\ominus$/ ($kJ \cdot mol^{-1}$)	−268.6	−92.3	−36.2	25.9
$\Delta_f G_m^\ominus$/($kJ \cdot mol^{-1}$)	−270.7	−95.3	−53.2	1.3
键能/($kJ \cdot mol^{-1}$)	565	428	362	295
偶极矩/D	1.91	1.07	0.828	0.448
溶解度/(g/100 g H_2O)	混溶	42.02^{20}	65.88^{25}	71^{0}

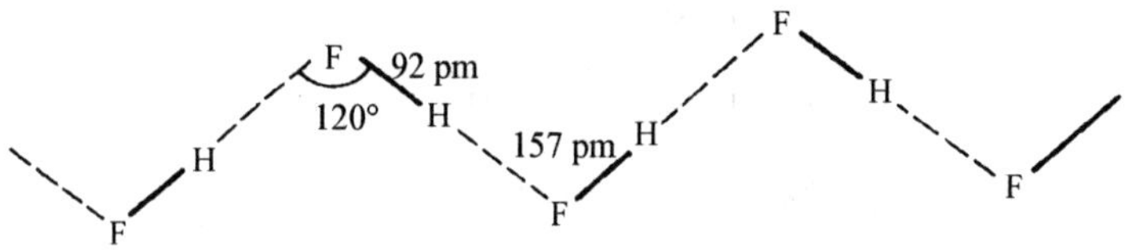

图 3-1 固态 HF 中的氢键

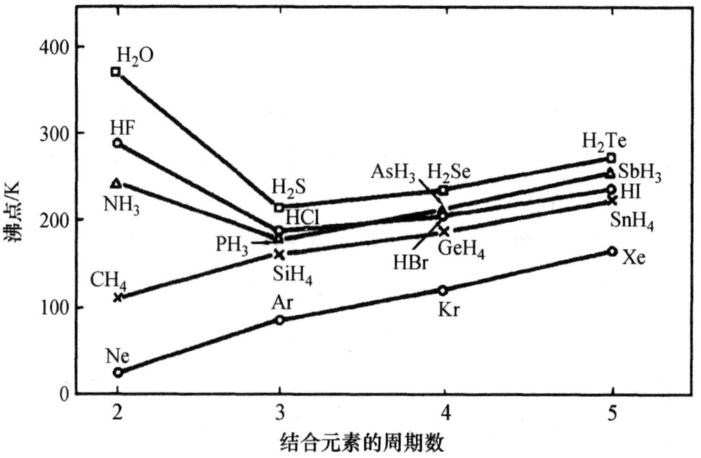

图 3-2 非金属氢化物的沸点

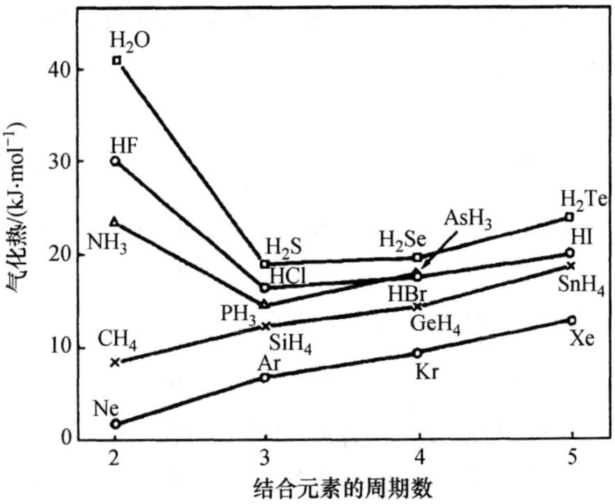

图 3-3　非金属氢化物的气化热

由于 F_2 极活泼而 HF 又很稳定，所以 F_2 和 H_2、N_2H_4（联氨，又称肼）的反应极为完全，且可获得 3500～4000 K 高温，故 F_2 被用作火箭氧化剂。

$$F_2(g) + H_2(g) = 2HF(g) \qquad \Delta_r H_m^\ominus = -537.2\ kJ \cdot mol^{-1}$$

$$2F_2(g) + N_2H_4(g) = 4HF(g) + N_2(g) \qquad \Delta_r H_m^\ominus = -1167.5\ kJ \cdot mol^{-1}$$

与此相反，HI 的 $\Delta_f G_m^\ominus$ 为正值（$1.3\ kJ \cdot mol^{-1}$），不稳定，在300 ℃以上明显分解，600 ℃时有 19.1% HI 分解。

3. 卤化氢的水溶液——氢卤酸(hydrohalic acid)

HX 的水溶液分别叫氢氟酸、氢氯酸（盐酸）、氢溴酸、氢碘酸，除 HF 外都是强酸，酸性依 HF 到 HI 序增强。

氢卤酸电离倾向可由卤化氢在水中电离的自由能变 $\Delta G_{(7)}^\ominus$ 值作出判断。其各步过程的 $\Delta G^\ominus$ 列于表 3-10。

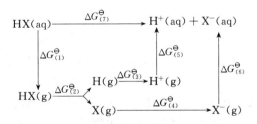

$$HX(aq) \xrightarrow{\Delta G_{(7)}^\ominus} H^+(aq) + X^-(aq)$$

$$HX(aq) \xrightarrow{\Delta G_{(1)}^\ominus} HX(g) \xrightarrow{\Delta G_{(2)}^\ominus} H(g) + X(g)$$

$$H(g) \xrightarrow{\Delta G_{(3)}^\ominus} H^+(g) \xrightarrow{\Delta G_{(5)}^\ominus} H^+(aq)$$

$$X(g) \xrightarrow{\Delta G_{(4)}^\ominus} X^-(g) \xrightarrow{\Delta G_{(6)}^\ominus} X^-(aq)$$

表 3-10　HX 电离各步过程的 $\Delta G^\ominus/(kJ \cdot mol^{-1})$

	HF	HCl	HBr	HI
$\Delta G_{(1)}^\ominus$	25.1	−4.2	−4.2	−4.2
$\Delta G_{(2)}^\ominus$	535.1	404.5	338.9	272.0
$\Delta G_{(3)}^\ominus$	1309.6	1309.6	1309.6	1309.6
$\Delta G_{(4)}^\ominus$	−330.5	−347.3	−326.4	−297.1
$\Delta G_{(5)}^\ominus + \Delta G_{(6)}^\ominus$	−1522.6	−1405.4	−1376.1	−1338.5
$\Delta G_{(7)}^\ominus$	16.7	−42.8	−58.2	−58.2
HX 的 K_a	8.0×10^{-4}	3.2×10^{7}	1.5×10^{10}	1.5×10^{10}

由以上 $\Delta G^{\ominus}_{(7)}$ 值（$=-RT\ln K_a$）可知：HF 是弱酸，而其他 HX 均为强酸。

HF 在水溶液中有两个平衡：

$$HF \rightleftharpoons H^+ + F^- \qquad K=7.2\times10^{-4}$$
$$HF + F^- \rightleftharpoons HF_2^- \qquad K=5.2$$

HF 区别于其他 HX 的一个特性是，随着浓度增大，HF_2^- 增多，当浓度>5 mol·L^{-1}时，HF 已是"相当强的弱酸"了。

HF 和 SiO_2 反应生成 SiF_4，所以可用 HF 刻蚀玻璃。

$$SiO_2 + 4HF \longrightarrow SiF_4 + 2H_2O$$

也正是这个原因，HF 必须用塑料质或内层涂蜡的容器储存。

HCl 是常用的强酸。由于氯化物溶解速度快及 Cl^- 能和许多金属离子配位（络合），所以 HCl 在和 Al、Zn 等作用时，常较稀 H_2SO_4 更为剧烈。如

Zn 和 H_2SO_4 反应： $Zn + H_2SO_4 \longrightarrow ZnSO_4 + H_2\uparrow$

Zn 和 HCl 反应： $Zn + 2H^+ + 4Cl^- \longrightarrow ZnCl_4^{2-} + H_2\uparrow$

HCl 越浓，则它和 Al、Zn 等金属的反应越剧烈。

习惯上把质量分数 $w<12.2\%$ 的 HCl 叫稀盐酸，$w>24\%$ 的叫浓盐酸。市售试剂盐酸的密度为 1.19，w 为 37%，相当于 12 mol·L^{-1}。

HBr、HI 是强酸，因为它们易被氧化，通常要盛放在棕色瓶中。HI 溶液中被氧化生成的 I_2 可加少量 Cu 屑除去（Cu 和 I_2 作用生成 CuI 沉淀而被除去）。

实验室中可利用以下反应制备少量 HBr 和 HI（过滤除去生成的 S）：

$$X_2(aq) + H_2S(aq) \longrightarrow 2HX(aq) + S \quad (X=Br、I)$$

3.5 金属卤化物和拟卤化物

1. 金属卤化物

所有金属都能形成卤化物，按键型可分为离子型和共价型卤化物。活泼金属和较活泼金属的低氧化态卤化物都是离子型的，如 NaCl、$BaCl_2$、$LaCl_3$、$FeCl_2$ 等；大多数高氧化态的金属卤化物为共价型卤化物，如 $AlCl_3$、$FeCl_3$、$SnCl_4$ 等；部分金属的卤化物中，有些是离子型的（如 AlF_3），有些是共价型的（如 AlI_3）。总的看来，氟以离子态和金属离子结合得最多，碘最少。

某元素的 4 种卤化物若全是离子型的，则氟化物熔点最高，如 NaX 的熔点依次为993 ℃、803 ℃、747 ℃、661 ℃；若全部是共价型（有限）分子，碘化物熔点最高，如 PX_3 熔点依次为 −151.5 ℃、−112 ℃、−40 ℃、61 ℃；若轻卤素化合物是离子型，重卤素化合物是共价型（有限）分子，则熔点由高→低→高，如 AlX_3 的熔点依次为1291 ℃（升华）、190 ℃（升华）、97.5 ℃、191 ℃。

2. 金属卤化物的溶解度

F^- 半径和 Cl^- 有明显差值，而 Cl^-、Br^-、I^- 半径差值小，故氟化物和其他卤化物的溶解性

有明显的差别(表 3-11)。

表 3-11　卤化物溶解性

卤化物都可溶	Na^+、K^+、NH_4^+
氟化物难溶、氯化物可溶	Mg^{2+}、Ca^{2+}、Sr^{2+}、Ba^{2+}、La^{3+}
氟化物可溶,氯化物难溶	Ag^+
卤化物都不易溶	Pb^{2+}

(1) 氯化物可溶,溴、碘化物也可溶,且往往溶得更多(表 3-12)。

(2) 氯化物难溶,溴、碘化物更难溶(表 3-12)。

表 3-12　氯、溴、碘化物溶解度/(g/100 g H_2O)(20 ℃)、溶度积

	Cl^-	Br^-	I^-
K^+	34.0	65.2	144
Ca^{2+}	74.5	143	209
Zn^{2+}	209	446	485
Ag^+	1.8×10^{-10}	5.0×10^{-13}	8.9×10^{-17}
Pb^{2+}	2.0×10^{-4}	6.3×10^{-6}	1.3×10^{-8}

常用的可溶性氟化物为 NaF、KF、NH_4F。NH_4F 显酸性(因 NH_4^+ 酸性强),要用塑料瓶盛放。

3. 形成配(络)离子

卤离子能和多数金属离子形成配离子。

$$M^{3+}+6F^- = MF_6^{3-} \qquad (M=Al、Fe)$$
$$M^{3+}+4Cl^- = MCl_4^- \qquad (M=Al、Fe)$$
$$M^{2+}+4Cl^- = MCl_4^{2-} \qquad (M=Cu、Zn)$$

因此,应注意 X^- 和 M^{n+} 间可能的配位作用。如 Fe^{3+} 和 F^- 形成无色配离子;难溶 AgX 等能和 X^- 形成溶解度稍大的配离子。

$$AgX+(n-1)X^- = AgX_n^{(n-1)-} \qquad (X=Cl、Br、I,\ n=2,3,4)$$
$$PbCl_2+2Cl^- = PbCl_4^{2-}$$
$$HgI_2+2I^- = HgI_4^{2-}$$

在用卤离子沉淀这些阳离子时,必须注意“适量”。如用 Cl^- 沉淀 Ag^+ 时,当$[Cl^-]\approx10^{-3}$ mol・L^{-1}时,AgCl 沉淀最完全;$[Cl^-]>10^{-3}$ mol・L^{-1}时,因生成 $AgCl_2^-$、$AgCl_3^{2-}$ 而使 Ag^+ 沉淀不完全。其他,如不活泼金属 Cu 能置换浓 HCl 中的氢,HI 溶液能溶解 HgS 等,都和形成卤配离子有关。

$$2Cu+6HCl = 2CuCl_3^{2-}+4H^++H_2\uparrow$$
$$HgS+2H^++4I^- = HgI_4^{2-}+H_2S$$

应该指出：氟配离子的配位数、稳定性常常和其他卤配离子不同。如 F^- 和 Al^{3+}、Fe^{3+} 形成的配离子的配位数为 6，而相应氯配离子的配位数为 4，而且不够稳定；Hg^{2+} 和 F^- 形成的配离子不稳定，而其他 X^- 和 Hg^{2+} 形成的配离子却相当稳定(参考第八章第 3 节软硬酸碱，HSAB)。

4. 拟卤素

一些"由两个或多个非金属原子所组成的负一价阴离子"，如 CN^-(氰根)、SCN^-(硫氰酸根)、OCN^-(氰酸根)……因它们的性质和卤离子相似，所以叫**拟卤离子**。目前已知的有十几种，较重要的是 CN^-、OCN^-、SCN^- 及 N_3^-(叠氮酸根)。相应的中性分子叫**拟卤素**(pseudohalogen)，如 $(CN)_2$、$(SCN)_2$。拟卤素的性质也和 X_2 相似。

(1) 拟卤素易挥发。如 $(CN)_2$ 的熔、沸点分别为 −27.9 ℃、−21.17 ℃。

(2) 拟卤素的氢化物溶于水显弱酸性。如 HCN(氢氰酸)、HOCN(氰酸)、HSCN(硫代氰酸)。

(3) 拟卤素在水或碱性介质中发生歧化反应。如

$$(CN)_2 + 2OH^- = CN^- + OCN^- + H_2O$$

(4) 形成拟卤配离子。如 $Fe(NCS)^{2+}$、$Ag(CN)_2^-$、$Hg(CN)_4^{2-}$、$Fe(CN)_6^{3-}$。CN^- 能和 Au^+、Cd^{2+}、Cu^+ 等阳离子形成配离子。

(5) 拟卤化物中的 Ag(Ⅰ)、Hg(Ⅰ)、Pb(Ⅱ)盐为难溶物。

(6) 拟卤离子具有还原性，它们的电势为

$$(SCN)_2 + 2e = 2SCN^- \qquad E^\ominus = 0.77\ V$$

$$(CN)_2 + 2H^+ + 2e = 2HCN \qquad E^\ominus = 0.37\ V$$

$$HCN + SO_4^{2-} + 8H^+ + 6e = HSCN + 4H_2O \qquad E^\ominus = 0.42\ V$$

由 $E^\ominus$ 值知，SCN^- 可被 Cl_2、Br_2 氧化，而 CN^- 能被 I_2 氧化。SCN^- 和 1∶1 H_2SO_4 反应的方程式为

$$SCN^- + 2H_2SO_4 + H_2O = COS + NH_4^+ + 2HSO_4^-$$

这类反应和卤素间的置换反应相同，被用来制备某些拟卤素。

$$Pb(SCN)_2 + Br_2 = PbBr_2 + (SCN)_2$$

$$2SCN^- + MnO_2 + 4H^+ = Mn^{2+} + (SCN)_2 + 2H_2O$$

5. 金属卤化物的制法

金属卤化物的制法有 4 种：

(1) 金属和卤素间直接化合，产物是无水卤化物。如

$$Mg + Cl_2 = MgCl_2$$

Cl_2 和具有多种氧化态的金属反应，得到易挥发的、较高氧化态的金属氯化物。如

$$Sn + 2Cl_2 = SnCl_4$$

$$2Fe + 3Cl_2 = 2FeCl_3$$

(2) 金属氧化物和碳、氯或 CCl_4 反应制备无水氯化物叫氯化法(参考本章第 2 节)。

$$TiO_2 + 2C + 2Cl_2 \longequal TiCl_4 + 2CO$$

$$2BeO + CCl_4 \longequal 2BeCl_2 + CO_2$$

(3) 金属或金属氧化物、碳酸盐和氢卤酸作用得无水或含结晶水的卤化物。

$$Zn + 2HCl \longequal ZnCl_2 + H_2 \uparrow$$

$$MgO + 2HCl \longequal MgCl_2 + H_2O$$

$$Bi_2O_3 + 6HF \longequal 2BiF_3 + 3H_2O$$

$$CaCO_3 + 2HCl \longequal CaCl_2 + CO_2 + H_2O$$

(4) 复分解反应制备难溶的无水卤化物。

$$AgNO_3 + NaCl \longequal AgCl + NaNO_3$$

$$Hg(NO_3)_2 + 2KI \longequal HgI_2 + 2KNO_3$$

卤化物应用极广，举例如下：全氟烃能溶 O_2，用作人造血；氟化物玻璃透明度比硅酸盐玻璃强百倍，受辐射不易变暗，用于光纤通信，比目前硅基纤维强百倍；含 0.1% SrF_2 的牙膏能抑制乳酸杆菌生长；AgBr 是感光剂；AgI 用于人工降雨。

3.6 卤素的含氧酸及其盐

兹将已知的卤素含氧酸列于表 3-13。

表 3-13 卤素的含氧酸

	F	Cl	Br	I
次卤酸	(HOF)	HOCl	HOBr	HOI
亚卤酸	—	$HClO_2$	$HBrO_2$	HIO_2
卤　酸	—	$HClO_3$	$HBrO_3$	HIO_3
高卤酸	—	$HClO_4$	$HBrO_4$	H_5IO_6，HIO_4

1. 不同氧化态含氧酸的命名法

把常见含氧酸的通式写成 H_mXO_n，X 的氧化态是 $(2n-m)$，叫**正酸**（命名时常略去正字）。组成比 H_mXO_n 多一个"O"或氧化态高于 $(2n-m)$ 的含氧酸叫**高某酸**；组成比正酸少一个"O"或氧化态低于 $(2n-m)$ 的叫**亚某酸**；组成又比亚酸少一个"O"或元素的氧化态低于亚酸的叫**次某酸**（表 3-14）。

表 3-14 不同氧化态含氧酸的命名和实例

分子式	成酸元素的氧化态	名　称	实　　例		
H_mXO_{n+1}	组成中多一个"O"	过某酸*			H_2SO_5
	$2n-m+2$	高某酸*		$HClO_4$	
$H_{m-1}XO_n$	$2n-m+1$	高某酸	$HMnO_4$		
H_mXO_n	$2n-m$	正某酸	H_2MnO_4	$HClO_3$	H_2SO_4
H_mXO_{n-1}	$2n-m-2$	亚某酸	H_2MnO_3	$HClO_2$	H_2SO_3
H_mXO_{n-2}	$2n-m-4$	次某酸		HClO	H_2SO_2

* 我国命名法对 per-的规定：凡结构中有过氧键的译为过某酸，没有过氧键的译为高某酸。

0 ℃时 F_2 通过潮湿的表面可得 HOF。

$$F_2+H_2O \xlongequal{0\,℃} HOF+HF \quad \Delta_r H_m^{\ominus}=-98.2\ kJ\cdot mol^{-1}, \quad \Delta_r G_m^{\ominus}=-85.7\ kJ\cdot mol^{-1}(298\ K)$$

室温时，在聚四氟乙烯(teflon)容器中，1.33×10^4 Pa 下，HOF 分解，$t_{1/2}=30$ min。HOF 遇 H_2O 易分解。

$$HOF+H_2O = HF+H_2O_2$$

1971 年首次得到 HOF，化学式和 HOCl 相同。

2. 次卤酸(hypohalous acid)及其盐

卤素溶于水发生歧化反应生成 HX 和 HOX。

$$X_2+H_2O = HX+HOX$$

HOCl 是弱酸，$K_a=3.4\times10^{-8}$。如往氯水溶液中加入能和 HCl 作用的 Ag_2O、HgO 或 $CaCO_3$，则可制得较纯的 HOCl 水溶液。

$$2Cl_2+Ag_2O+H_2O = 2AgCl\downarrow+2HOCl$$
$$2Cl_2+2HgO+H_2O = HgO\cdot HgCl_2\downarrow+2HOCl$$
$$2Cl_2+CaCO_3+H_2O = Ca^{2+}+2Cl^-+CO_2\uparrow+2HOCl$$

因 HOX 不稳定，所以至今尚未制得纯的 HOX。如将 Cl_2O 溶于水，只能得较浓($>5\ mol\cdot L^{-1}$)的 HOCl 溶液。

X_2 和碱液作用生成 X^- 和 OX^-。

$$X_2+2OH^- = X^-+OX^-+H_2O$$

HOX 和 OX^- 都不稳定，且具有氧化性。漂白粉的漂白作用就是由 OCl^- 引起的。

HOX 和 OX^- 都容易分解，其分解速度和溶液的浓度、pH 及温度有关。分解反应为

$$2HOX = 2H^++2X^-+O_2 \quad 或 \quad 2OX^- = 2X^-+O_2$$
$$3HOX = 3H^++2X^-+XO_3^- \quad 或 \quad 3OX^- = 2X^-+XO_3^-$$

HOX 分解速度比 OX^- 还要快，光照、加热、加酸都能促进分解。空气中的 CO_2 也能促进漂白粉起漂白作用。

在次卤酸盐中次氯酸盐比较稳定，但尚未制得纯的次氯酸盐(成品中含 Cl^- 和 ClO_3^-)。次溴酸盐在低于0 ℃时尚能稳定存在，而次碘酸盐极不稳定，在室温下很快就歧化分解了。

3. 亚氯酸(chlorous acid)及其盐

$HClO_2$ 的酸性强于 HOCl，$K_a=1.0\times10^{-2}$，不稳定，分解释出 ClO_2。

$$11HClO_2 = 4ClO_2+4ClO_3^-+3Cl^-+7H^++2H_2O$$

$NaClO_2$ 比相应酸重要，在中性液中加热到150 ℃还是稳定的，在碱性液中加热发生下列反应：

$$3ClO_2^- = 2ClO_3^-+Cl^-$$

$NaClO_2$ 被用来漂白高级织物(不会降低织物强度),制消毒饮水的 ClO_2。

4. 卤酸(halic acid)及其盐

$HClO_3$、$HBrO_3$ 是强酸,HIO_3 是中强酸,$K_a=0.16$。X_2 或 OX^- 在碱性介质中发生歧化反应,都能得到卤酸盐和卤化物。

$$3X_2+6OH^- \longrightarrow 5X^-+XO_3^-+3H_2O$$

室温下,$K(Cl)=2.6\times10^{74}$,$K(Br)=2.2\times10^{47}$,$K(I)=5.6\times10^{28}$。I_2 和碱的反应速率比 Cl_2 和碱的反应速率快。表 3-15 列出 $3OX^- \longrightarrow 2X^-+XO_3^-$ 的反应速率和平衡常数。

表 3-15　$3OX^- \longrightarrow 2X^-+XO_3^-$ 的反应速率和平衡常数(室温)

X	Cl	Br	I
平衡常数	3×10^{26}	8×10^{14}	5×10^{23}
反应速率	20 ℃慢,75 ℃快	20 ℃中速,40 ℃快	室温很快

X_2 在 KOH 中的歧化产物 KXO_3 的溶解度远小于 KX,所以低温下 KXO_3 可从溶液中以晶体析出来。MXO_3 的溶解度见表 3-16(MIO_3 溶得最少)。

表 3-16　MXO_3 的溶解度/(g/100 g H_2O)(0 ℃)

	Na^+	K^+	Ba^{2+}	Ag^+	Pb^{2+}	Zn^{2+}
ClO_3^-	81.9	3.3	19.2	10^{15}	171^{18}	652
BrO_3^-	27.5	3.1	0.3	0.16^{20}	1.38	100
IO_3^-	2.5	4.74	0.008	0.0039^{15}	0.0012	0.877

X_2 和碱的反应中只有 1/6 的 X_2 变成 XO_3^-,很不经济,对于价格较贵的 Br_2、I_2 尤其不经济,所以常用强氧化剂如 HNO_3 氧化 I_2,以制备 HIO_3。

$$3I_2+10HNO_3 \longrightarrow 6HIO_3+10NO+2H_2O$$

卤酸盐最重要的性质是氧化性和热分解性。XO_3^- 在酸性介质中能氧化 X^- 而生成 X_2。

$$XO_3^-+5X^-+6H^+ \longrightarrow 3X_2+3H_2O$$

室温下 BrO_3^- 和 Br^-,IO_3^- 和 I^- 的反应既快又完全,都是定量的反应。所以 $KBrO_3$、KIO_3 是分析化学中常用的氧化剂(基准试剂)。ClO_3^- 和 Cl^- 的反应不完全(且有副产物 ClO_2 生成)。此反应和 X_2 在碱液中歧化为 XO_3^-、X^- 互为逆反应(K 值列于表 3-17)。以下讨论以正或逆反应为主的 pH 分界值的方法:

表 3-17　XO_3^--X^-,X_2 歧化反应的平衡常数(298 K)

	Cl	Br	I
$XO_3^-+5X^-+6H^+\longrightarrow$	2.0×10^{9}	2.3×10^{36}	6.4×10^{55}
$3X_2+6OH^-\longrightarrow$	2.6×10^{74}	2.2×10^{47}	5.6×10^{28}

(1) 酸性介质中,$XO_3^-+5X^-+6H^+ \longrightarrow 3X_2+3H_2O$ 反应的平衡常数为

$$\frac{[X_2]^3}{[XO_3^-][X^-]^5[H^+]^6}=K$$

移项
$$\frac{[X_2]^3}{[XO_3^-][X^-]^5}=K[H^+]^6$$

当$[H^+]^6K=1$时，可认为正、逆反应倾向“相当”。分别把 K 代入并把$[H^+]$换算成 pH，得 Cl、Br、I 的值依次为 1.55、6.05、9.30。即在 pH<1.55 时，ClO_3^- 氧化 Cl^- 占优势；pH>1.55 时，Cl_2 歧化占优势(Br、I 的相应 pH 分别为 6.05、9.30)。

(2) 由两个电势值讨论。

$$XO_3^-+6H^++5e \longrightarrow \frac{1}{2}X_2+3H_2O \qquad E_1=E_1^{\ominus}+\frac{0.059}{5}\lg\frac{[XO_3^-][H^+]^6}{[X_2]^{\frac{1}{2}}}$$

$$X_2+2e \longrightarrow 2X^- \qquad E_2=E_2^{\ominus}+\frac{0.059}{2}\lg\frac{[X_2]}{[X^-]^2}$$

因 HXO_3、HX 均为强酸，所以，不论是在酸性还是碱性条件下，$[XO_3^-]$、$[X^-]$均可为单位浓度，$[X_2]$为标准浓度。在 $E_1=E_2$ 时(表示正、逆反应倾向相同)求得的 pH 同上。

(3) 由 E-pH 图讨论。

$$X_2+2e \longrightarrow 2X^-$$

的电势不随 pH 改变，在 E-pH 图中为一水平线(图3-4中虚线)。

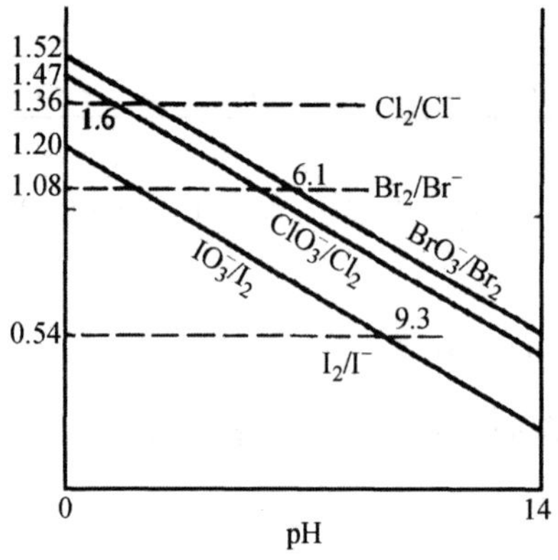

图 3-4 XO_3^-、X_2/X^- 的 E-pH 图

$$XO_3^-+6H^++5e \longrightarrow \frac{1}{2}X_2+3H_2O$$

$$E=E^{\ominus}+\frac{0.059}{5}\lg\frac{[XO_3^-][H^+]^6}{[X_2]^{\frac{1}{2}}}$$
$$=E^{\ominus}+\frac{0.059}{5}\lg\frac{[XO_3^-]}{[X_2]^{\frac{1}{2}}}+\frac{0.059}{5}\lg[H^+]^6$$
$$=E^{\ominus}+\frac{0.059}{5}\lg\frac{[XO_3^-]}{[X_2]^{\frac{1}{2}}}-0.0708\text{pH}$$

因 HXO_3 是强酸，$[XO_3^-]$不随 pH 改变，设为单位浓度，$[X_2]$为标准浓度，则等号右边第一、二项为定值，E 仅随pH 改变(直线方程中 pH 为斜率)。pH=0 时为 $E_a^{\ominus}$，pH=14 时为 $E_b^{\ominus}$，$E_a^{\ominus}-E_b^{\ominus}=0.99$ V。作 E-pH 图(图3-4)。图中 3 个 XO_3^--X_2、X_2-X^- 线的交点 pH(此时 $E_1=E_2$)同上。

以上三个方法的共同点是：HX、HXO_3 都是强酸，所以$[XO_3^-]$、$[X^-]$不随 pH 改变。

事实上 HIO_3 不是强酸，在以 $E_a^{\ominus}$ 为“起始物”讨论时

$$HIO_3+5H^++5e \longrightarrow \frac{1}{2}I_2+3H_2O$$

$$E=1.20+\frac{0.059}{5}\lg\frac{[HIO_3][H^+]^5}{[I_2]^{\frac{1}{2}}}$$

随 pH 增大，HIO_3 电离并以 IO_3^- 型体存在：

$$HIO_3 \rightleftharpoons H^+ + IO_3^- \qquad K = \frac{[H^+][IO_3^-]}{[HIO_3]}$$

把$[HIO_3] = \dfrac{[H^+][IO_3^-]}{K}$代入$E$的计算式,第二项为

$$\frac{0.059}{5} \lg \frac{[IO_3^-][H^+]^6}{K[I_2]^{\frac{1}{2}}}$$

和$IO_3^- + 6H^+ + 5e \rightleftharpoons \frac{1}{2}I_2 + 3H_2O$的 Nernst 方程相当,算式分母上多了$K$,弱酸的$K < 1$,则$\dfrac{1}{K} > 1$,$\lg \dfrac{1}{K}$为正值。即因 pH 增大,除上述差 0.99 V 外,还多一项$\dfrac{0.059}{5} \lg \dfrac{1}{0.16} = 0.0094 = 0.01$,所以对$IO_3^- \text{-} I_2$:

$$E_a^{\ominus} - E_b^{\ominus} = (1.20 - 0.20)V = 1.00\ V \quad (\text{即}\ 0.99\ V + 0.01\ V = 1.00\ V)$$

【附】 卤素的电势图

酸性介质($E_a^{\ominus}/V$):

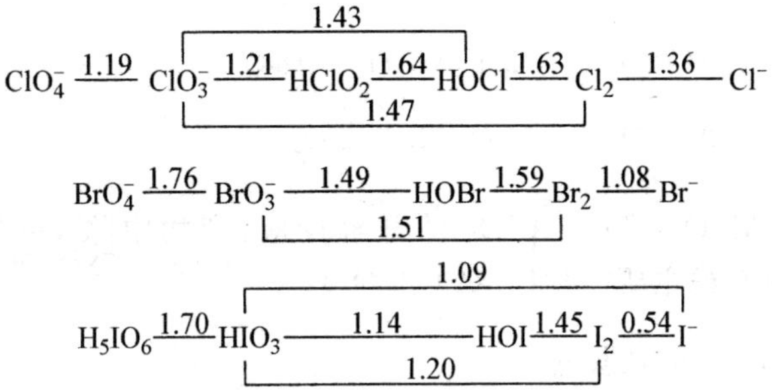

$$ClO_4^- \xrightarrow{1.19} ClO_3^- \overset{\displaystyle\overset{1.43}{\overbrace{}}}{\underset{\underset{1.47}{\underbrace{}}}{\xrightarrow{1.21} HClO_2 \xrightarrow{1.64} HOCl}} \xrightarrow{1.63} Cl_2 \xrightarrow{1.36} Cl^-$$

$$BrO_4^- \xrightarrow{1.76} BrO_3^- \underset{\underset{1.51}{\underbrace{}}}{\xrightarrow{1.49} HOBr} \xrightarrow{1.59} Br_2 \xrightarrow{1.08} Br^-$$

$$H_5IO_6 \xrightarrow{1.70} HIO_3 \overset{\displaystyle\overset{1.09}{\overbrace{}}}{\underset{\underset{1.20}{\underbrace{}}}{\xrightarrow{1.14} HOI}} \xrightarrow{1.45} I_2 \xrightarrow{0.54} I^-$$

碱性介质($E_b^{\ominus}/V$):

$$ClO_4^- \xrightarrow{0.36} ClO_3^- \underset{\underset{0.48}{\underbrace{}}}{\xrightarrow{0.33} ClO_2^- \xrightarrow{0.66} OCl^-} \overset{\displaystyle\overset{0.89}{\overbrace{}}}{\xrightarrow{0.40} Cl_2} \xrightarrow{1.36} Cl^-$$

$$BrO_4^- \xrightarrow{0.93} BrO_3^- \underset{\underset{0.52}{\underbrace{}}}{\xrightarrow{0.54} OBr^-} \overset{\displaystyle\overset{0.76}{\overbrace{}}}{\xrightarrow{0.45} Br_2} \xrightarrow{1.08} Br^-$$

$$H_3IO_6^{2-} \xrightarrow{0.7} IO_3^- \underset{\underset{0.20}{\underbrace{}}}{\xrightarrow{0.14} OI^-} \overset{\displaystyle\overset{0.49}{\overbrace{}}}{\xrightarrow{0.45} I_2} \xrightarrow{0.54} I^-$$

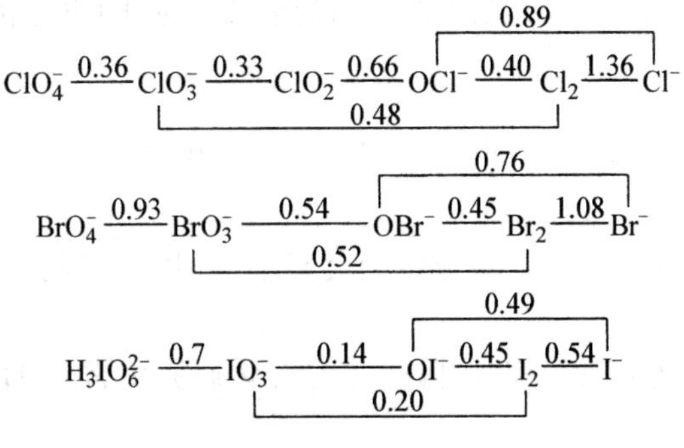

卤酸盐热分解有 3 种类型:

$$4MXO_3 \rightleftharpoons 3MXO_4 + MX \qquad \qquad ①$$

$$2MXO_3 \rightleftharpoons 2MX + 3O_2 \qquad \qquad ②$$

$$4MXO_3 \rightleftharpoons 2X_2 + 5O_2 + 2M_2O \qquad \qquad ③$$

反应①是歧化反应。如无催化剂时,$KClO_3$受热时的反应为

$$4KClO_3 \xlongequal{470\,℃} 3KClO_4 + KCl$$

但 $KBrO_3$、KIO_3 热分解得不到相应的高卤酸盐。这是因为 $KBrO_4$ 的分解温度(>270 ℃)低于 $KBrO_3$ 的分解温度(390 ℃)。

反应②是大家所熟悉的分解反应。

$$2KClO_3 \xlongequal{MnO_2} 2KCl + 3O_2$$

卤酸盐热分解难易程度及分解产物常和(组成中)阳离子的离子势 ϕ 有关。ϕ 值大,热分解的温度低。如 $KClO_3$ 的热分解温度为390 ℃,而 $LiClO_3$ 为270 ℃,$AgClO_3$ 也于270 ℃时开始分解。

若金属氧化物能量低于相应金属卤化物,则按③式分解。如

$$4Al(ClO_3)_3 \longequal 2Al_2O_3 + 6Cl_2 + 15O_2$$

$$2Mg(BrO_3)_2 \longequal 2MgO + 2Br_2 + 5O_2$$

事实上,卤酸盐的热分解反应很复杂,因阳离子种类、加热温度而异。如

$$8Pb(ClO_3)_2 \xlongequal{} 7PbO_2 + PbCl_2 + \frac{11}{2}Cl_2 + 3ClO_2 + 14O_2$$

$$2NH_4ClO_3 \xlongequal{90\,℃} N_2 + Cl_2 + O_2 + 4H_2O$$

$$2LiClO_3 \xlongequal{} Li_2O + Cl_2 + \frac{5}{2}O_2$$

即使是大家很熟悉的 MnO_2 催化 $KClO_3$ 的分解反应,产物中除 O_2 外,还有 Cl_2、ClO_2 等(MnO_2 催化 $KClO_3$ 分解的主要产物是 KCl 和 O_2)。

4. 高卤酸(perhalic acid)及其盐

(1) 高氯酸(perchloric acid)及其盐

$HClO_4$ 是极强的无机酸。市售试剂是 70%的溶液。浓 $HClO_4$ 溶液不稳定,受热分解。

$$4HClO_4 \xlongequal{} 2Cl_2 + 7O_2 + 2H_2O$$

浓 $HClO_4$(>70%)遇有机物后受击即发生爆炸,因此使用时务必小心。掉在桌面上的 $HClO_4$ 务必用湿抹布擦去。

高氯酸盐则比较稳定,$KClO_4$ 的热分解温度高于 $KClO_3$,因此英国曾把用 $KClO_4$ 制成的炸药叫"安全炸药"。

ClO_4^- 很不容易和金属阳离子配位,因此在配合物研究中常用 $HClO_4$、$NaClO_4$ 溶液作恒定离子强度的介质。

高氯酸盐中除 K^+、Rb^+、Cs^+ 盐外,都易溶解于水(表 3-18)。分析化学中用 ClO_4^- 检出 K^+、Rb^+、Cs^+。

表 3-18 高氯酸盐的溶解度

M	Na	K	Rb	Ag
$MClO_4$ 溶解度/(g/100 g H_2O)(25 ℃)	209.6	2.062	1.338	540.0

$Mg(ClO_4)_2$ 是吸湿能力很强的干燥剂，用它作干燥剂有两个优点：脱湿能力强，与 $Mg(ClO_4)_2$ 平衡的水汽为 0.002 mg·dm^{-3}（与硅胶干燥剂平衡的水汽为 0.03 mg·dm^{-3}）；吸湿后的 $Mg(ClO_4)_2$ 经加热脱水，又能重复使用。

(2) 高溴酸(perbromic acid)及其盐

$KBrO_4$ 于 1968 年才被制得：

$$^{83}SeO_4^{2-} = ^{83}BrO_4^- + \beta \qquad (t_{1/2}=22.5\ \text{min})$$

$$^{83}BrO_4^- = ^{83}Kr + 2O_2 + \beta \qquad (t_{1/2}=2.39\ \text{h})$$

【附】 目前是用 F_2 或 XeF_2 在低温下氧化 BrO_3^- 的方法制备 BrO_4^-。

$$NaBrO_3 + XeF_2 + H_2O = NaBrO_4 + Xe + 2HF \qquad (\text{产率 }10\%)$$

$$NaBrO_3 + F_2 + 2NaOH = NaBrO_4 + 2NaF + H_2O \qquad (\text{产率 }20\%)$$

和 $HClO_4$ 相似，$HBrO_4$ 也是极强的酸，但更不稳定，越浓越容易分解，目前制得的最大浓度是 55%。高溴酸盐的溶解情况和高氯酸盐相仿，即 K^+、Rb^+、Cs^+ 的 BrO_4^- 盐微溶。

在 3 种高卤酸盐中，BrO_4^--BrO_3^- 的电势最高($E^{\ominus}=1.76$ V)。但在室温下 $HBrO_4$ 的氧化性不易表现，要加热到100 ℃时反应才较明显。在 0.14 mol·L^{-1}溶液中，BrO_4^- 和 $H_2{}^{18}O$ 交换"O"，于93 ℃，经 19 天交换<7%(6 mol·L^{-1}溶液中 ClO_4^- 和 $H_2{}^{18}O$ 交换"O"，于100 ℃时，经 100 年交换 50%，所以 $HClO_4$ 更不易表现氧化性)。

(3) 高碘酸(periodic acid)及其盐

H_5IO_6 是弱酸，$K_1=5.1\times10^{-4}$、$K_2=4.9\times10^{-9}$、$K_3=2.5\times10^{-12}$。100 ℃真空脱水得偏高碘酸(metaperiodic acid)HIO_4。

目前已制得二取代盐 $Ag_2H_3IO_6$、三取代盐 $Na_3H_2IO_6$ 及五取代盐 Na_5IO_6，可见其结构为 $OI(OH)_5$。

在酸性介质中，H_5IO_6 定量氧化 Mn^{2+}。

$$5H_5IO_6 + 2Mn^{2+} = 2MnO_4^- + 5HIO_3 + 6H^+ + 7H_2O$$

5. 卤素含氧酸根的结构

在含氧酸根中，Cl、Br 均以 sp^3 杂化轨道和 O 结合，在 O_2Cl^- 中，Cl 上有两对孤对电子，而 ClO_4^- 中没有孤对电子(图 3-5)。H_5IO_6 中 I 以 sp^3d^2 杂化轨道成键。

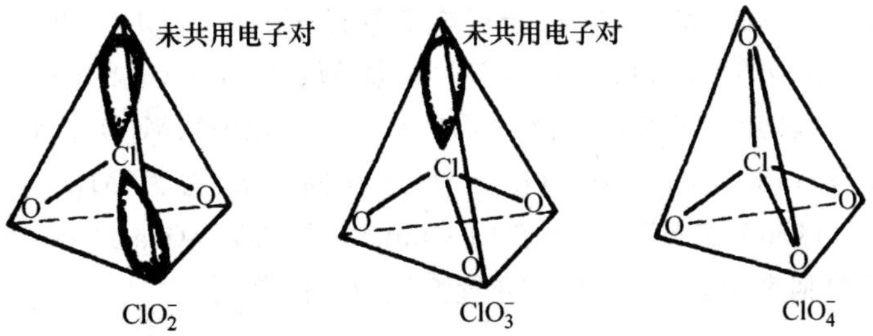

图 3-5 氯的含氧酸根的结构

含氧酸根的键长、键角值因阳离子不同而异。如在不同的亚氯酸盐中，d(Cl—O)最短的为 155 pm，最长为 162 pm。总的规律是：(X)氧化态低时，X—O 键长较长。

	ClO_2^-	ClO_3^-	ClO_4^-	BrO_3^-	BrO_4^-	IO_3^-	IO_4^-
d(X—O)/pm	155～162	146～148	145	154～189	161	181	179

3.7 非金属含氧酸盐的热分解反应

1. 非金属含氧酸盐的热分解产物

一般从热力学、动力学两个方面讨论化学反应。发生热分解反应时，可认为已满足对动力学的要求，因此可从热力学判断反应产物——产物能量低。表 3-19 列出一些金属氧化物、氯化物、溴化物的 $\Delta_f H_m^\ominus$ 值。下面先讨论卤素含氧酸盐。

表 3-19 氧化物、氯化物、溴化物的 $\Delta_f H_m^\ominus$/(kJ · mol^{-1})

	Li	Na	K	Ca	Mg	Al	Zn	Pb	Cu	Ag
氧化物*	−596	−416	−362	−636	−602	−1670	−348	−219	−155	−31
氯化物	−409	−411	−436	−795	−642	−695	−416	−359	−219	−127
溴化物	−350	−360	−392	−675	−518	−526	−327	−277	−141	−99.5

* 应在 M 的摩尔数相同的情况下比较，即 $\Delta_f H_m^\ominus\left(\frac{1}{2}M_2O\right)$ 和 $\Delta_f H_m^\ominus(MCl)$ 比。

Li、Na、K、Ca、Ba、Co、Cd、Hg(Ⅱ)、Ag 的氯化物更稳定，所以它们的 $M(ClO_3)_n$、$M(ClO_4)_n$ 热分解固态产物为氯化物。

$$MClO_3 \longrightarrow MCl+\frac{3}{2}O_2 \qquad MClO_4 \longrightarrow MCl+2O_2$$

Al、Fe(Ⅲ)等的氧化物更稳定，则热分解固态产物为 M_2O_n 和 Cl_2、O_2(后两者可视为 Cl_2O_5、Cl_2O_7 热分解产物)。

$$M(ClO_4)_n \longrightarrow \frac{1}{2}M_2O_n+\frac{n}{2}Cl_2+\frac{3.5n}{2}O_2$$

MgO 和 $MgCl_2$ 的能量相近，故热分解固态产物中兼有 MgO、$MgCl_2$。如600 ℃ $Mg(ClO_4)_2$ 热分解残留固体中含 MgO(93.4%)、$MgCl_2$(6.1%)及 $Mg(ClO_4)_2$(0.5%)。

同理，$M(BrO_3)_n$ 热分解的固态产物为MBr_n(Na、K、Ag…)、M_2O_n[Mg、Al、Fe(Ⅲ)…]，或兼有 MBr_n 和 M_2O_n(Pb、Cu)。$M(IO_3)_n$ 热分解固态产物为 MI_n(KI，$\Delta_f H_m^\ominus=-328$ kJ · mol^{-1})或 M_2O_n[CaO，$\Delta_f H_m^\ominus=-636$ kJ · mol^{-1}，而 $\Delta_f H_m^\ominus(CaI_2)=-535$ kJ · mol^{-1}]。

氧化物和氯化物何者更稳定，可从下列置换反应方向判断：

$$MO(s)+Cl_2(g) = MCl_2(s)+\frac{1}{2}O_2(g)$$

因正向反应是熵减过程，所以只有当 $\Delta_f H_m^\ominus(MCl_n)$（的代数值）显著小于 $\Delta_f H_m^\ominus(M_2O_n)$，正向反应才能进行；反之，将按逆向进行；MgO、$MgCl_2$ 的 $\Delta_f H_m^\ominus$ 相近，分别为 $-602\ kJ \cdot mol^{-1}$、$-642\ kJ \cdot mol^{-1}$，正、逆反应倾向均不占明显优势。同理，可按

$$MO(s)+X_2 \xlongequal{} MX_2(s)+\frac{1}{2}O_2$$

判断溴（碘）化物和氧化物何者更为稳定。

因 MO 明显比相应金属硫化物、氮化物、磷化物、碳化物稳定，故硫酸盐、硝酸盐、磷酸盐、碳酸盐等热分解生成 MO 和相应酸酐。反应通式为

$$MAO_n(s) \xlongequal{} MO(s)+AO_{n-1}(\text{酸酐})$$

（1）硫酸盐

$$CuSO_4 \xlongequal{600\ ℃} CuO+SO_3 \qquad CaSO_4 \xlongequal{\approx 1200\ ℃} CaO+SO_2+\frac{1}{2}O_2$$

后者气态产物可认为是 SO_3 在高温（≈750 ℃时，SO_3 分解反应的 $K=1$）分解为 SO_2 和 O_2 之故。

$$HgSO_4 \xlongequal{} Hg+SO_3+\frac{1}{2}O_2$$

可认为是 HgO 热分解之故。

$$2FeSO_4 \xlongequal{480\ ℃} Fe_2O_3+SO_3+SO_2$$

是 SO_3 氧化 FeO 之故。就是说，用上述通式判断反应产物时，尚需注意 MO、AO_{n-1} 对热的稳定性及相互间可能发生的氧化还原反应。

（2）硝酸盐

除 $NaNO_3$、KNO_3 在温度不很高时生成 MNO_2 和 O_2 外，可认为其他 $M(NO_3)_2$ 均生成 MO 和 N_2O_5。N_2O_5 在高于室温时显著分解。

$$N_2O_5 \xlongequal{} 2NO_2+\frac{1}{2}O_2 \quad (\text{摩尔比为 } 4:1)$$

如

$$2Zn(NO_3)_2 \xlongequal{} 2ZnO+4NO_2+O_2$$

若分解温度高于500 ℃$\left(NO_2 \xlongequal{} NO+\frac{1}{2}O_2 \text{ 的 } K_p=1\right)$，气态产物为 NO 和 O_2；更高温度下（>1000 ℃），NO 分解为 N_2 和 O_2，如

$$2MNO_3 \xlongequal{} M_2O+N_2+\frac{5}{2}O_2 \quad (\text{M 为 Na、K})$$

$AgNO_3$ 等热分解的固态产物为 Ag（因 Ag_2O 对热不稳定）等。若 MO 有还原性（MnO、FeO、SnO），将被 NO_2、O_2 氧化，如 $Fe(NO_3)_2$ 热分解得 Fe_2O_3。

（3）碳酸盐

$$MCO_3 \xlongequal{} MO+CO_2$$

CO_2 分解(为 CO 和 O_2 的)温度>2300 ℃,故热分解气态产物以 CO_2 为主。如

$$Ag_2CO_3 \xlongequal{} 2Ag + CO_2 + \frac{1}{2}O_2$$

若 MO 有强还原性,可能被 CO_2 氧化。如

$$3MnCO_3 \xlongequal{} Mn_3O_4 + CO + 2CO_2$$

磷酸盐热分解温度高,较难发生热分解。

【附】 铵盐(不限于含氧酸盐)热分解温度显著低于相应钠、钾盐。铵盐(NH_4B)热分解起因于 NH_4^+ 的质子转移,即 $NH_4B \longrightarrow NH_3 + HB$,如 $NH_4Cl \longrightarrow NH_3 + HCl$。$B^-$(酸根)亲和 H^+ 倾向强,易发生 H^+ 转移,热分解温度低,如 $(NH_4)_3PO_4$、$(NH_4)_2HPO_4$、$NH_4H_2PO_4$;$(NH_4)_2S$、NH_4HS 等在各系列中热分解温度依序升高。

高温下,NH_3 有还原性。若 HB 有氧化性,将发生氧化还原反应。如

$$NH_4NO_2 \xlongequal{} N_2 + 2H_2O$$

$$(NH_4)_2Cr_2O_7 \xlongequal{} Cr_2O_3 + N_2 + 4H_2O$$

再者,因 NH_4B 热分解为 NH_3 和 HB,则可判断 NH_4Cl 分别和 $Ca(OH)_2$、Fe、FeO、$CuCl_2$ 反应的产物:和 $Ca(OH)_2$ 反应,相当于 HCl 作用,生成 $CaCl_2$ 和 NH_3;和 Fe、FeO 反应,相当于 HCl 作用,生成 $FeCl_2$、NH_3(与 Fe 反应,还生成 H_2);和 $CuCl_2$ 反应,NH_3 把 $CuCl_2$ 还原为 CuCl。

2. 含氧酸盐热分解温度(高低)定性判断

(1) 比较 $MgCO_3$、$CaCO_3$ 热分解反应的温度

$MgCO_3$、$CaCO_3$ 等的热分解反应式均为

$$MCO_3(s) \xlongequal{} MO(s) + CO_2(g)$$

它们的 $\Delta_r S_m^\ominus$ 相近,因此反应 $\Delta_r G_m^\ominus$ 差值主要取决于 $\Delta_r H_m^\ominus$ 的差值。热分解反应的 $\Delta_r H_m^\ominus$ 由热化学循环判断:

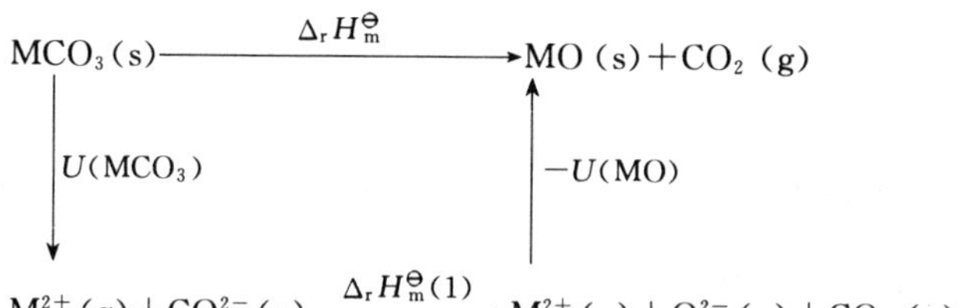

$$\Delta_r H_m^\ominus = U(MCO_3) - U(MO) + \Delta_r H_m^\ominus(1)$$

$\Delta_r H_m^\ominus(1)$ 为 $CO_3^{2-}(g) \longrightarrow O^{2-}(g) + CO_2(g)$ 的焓变,在比较 $MgCO_3$、$CaCO_3$ 热分解的 $\Delta_r H_m^\ominus$ 时,$\Delta_r H_m^\ominus(1)$ 相同。故两个反应 $\Delta_r H_m^\ominus$ 差值取决于 MCO_3、MO 晶格能的差值。MgO、CaO 均为 NaCl 结构,$r(Mg^{2+})$ 小,所以晶格能大,MgO 稳定,因此 $MgCO_3$ 热分解吸热量小,分解温度低。同理,$r(Ca^{2+})$ 比 $r(Sr^{2+})$ 小,$r(Sr^{2+})$ 又比 $r(Ba^{2+})$ 小,所以 $CaCO_3$ 热分解温度低,$BaCO_3$ 热分解温度高。

(2) 其他含氧酸盐的热分解温度判断

设含氧酸盐为 MAO_n，在比较某种含氧酸盐热分解温度时，同(1)，因 $\Delta_r H_m^\ominus(2)$ 相同而相消，所以由(1)可知 $Mg(NO_3)_2$、$MgSO_4$ 等的热分解温度分别低于 $Ca(NO_3)_2$、$CaSO_4$……，Ca^{2+} 盐又低于 Sr^{2+} 盐……

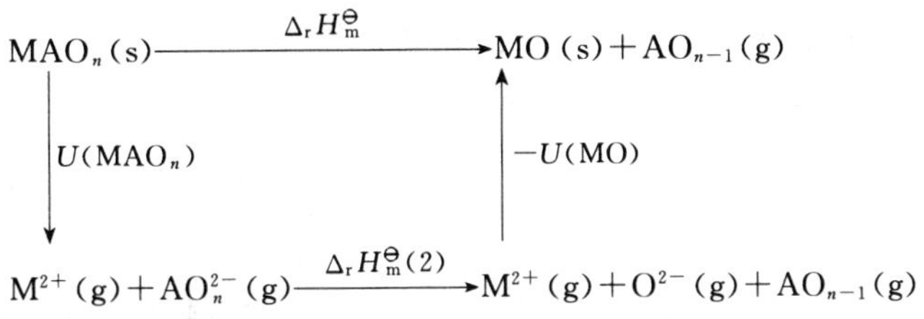

表 3-20 列出某些化合物的晶格能。

表 3-20　某些化合物的晶格能/($kJ \cdot mol^{-1}$)

晶格能	Mg	Ca	Sr	Ba	晶格能	Li	Na	K	Rb
$U(MO)$	3929	3477	3209	3042	$U(M_2O)$	2895	2519	2329	2146
$U(MCO_3)$	3180	2840	2720	2615	$U(M_2O_2)$	2592	2309	2114	2008
$U(MSO_4)$	2971	2689	2577	2409	$U(MO_2)$	879	799	703	678

若强调 $r(AO_n^-)$ 比 $r(O^{2-})$ 大，则上述规律可表述为：小阴离子(如 O^{2-})和小阳离子(如 Mg^{2+})组成的化合物(如 MgO)能量低，相对稳定，即热分解反应吸热量少，分解温度低；大阴离子(如 CO_3^{2-})和大阳离子(如 Ba^{2+})组成的化合物(如 $BaCO_3$)，热分解吸热量多，分解温度高。

(3) 其他化合物热分解温度定性判断

若在热分解反应前后，阳离子的价数、半径不变，而阴离子由大变小，影响到晶格能，进而影响分解温度。然而阴离子半径的大小是相对的，如 O_2^{2-}、O_2^- 比 O^{2-} 大，所以(半径小的 Li^+) Li_2O_2、LiO_2 热分解温度低于相应 Na、K 的化合物(碱金属在 O_2 中燃烧的主要产物分别是 Li_2O、Na_2O_2、KO_2)。

$$Li_2O_2 = Li_2O+\frac{1}{2}O_2 \quad \Delta_r H_m^\ominus=39\ kJ \cdot mol^{-1}, \quad \Delta_r S_m^\ominus=108\ J \cdot (K \cdot mol)^{-1}$$

$$Na_2O_2 = Na_2O+\frac{1}{2}O_2 \quad \Delta_r H_m^\ominus=125\ kJ \cdot mol^{-1}, \quad \Delta_r S_m^\ominus=109\ J \cdot (K \cdot mol)^{-1}$$

同理，一定温度下 BaO 和空气中 O_2 生成 BaO_2，而 SrO 需和高压 O_2 反应，才能生成 SrO_2。又如，有 KO_3，但无 LiO_3；溶液中 $I^- + I_2 = I_3^-$，然而只有 KI_3 晶体，却无 LiI_3(可认为在常温下，"LiO_3、LiI_3 已经分解了")。

3.8　互卤化物和多卤化物

1. 互卤化物(interhalogen)

卤素相互间形成的化合物叫**互卤化物**，通式为 XY_n。其中 X 为较重的卤素，$n=1,3,5,7$。$n=1$ 时，Y 为 F、Cl、Br；$n=3$ 时，Y 为 F、Cl；$n \geq 5$ 时，Y 为 F。表 3-21 给出卤素及互卤化物的平均键能。

互卤化物都是卤素原子间以共价键相互结合而成的“有限分子”，所以熔点、沸点都较低。

两种卤素以等摩尔互相反应生成 XY。如

$$Cl_2 + I_2 \xlongequal{\quad} 2ICl$$

但产物不纯，XF 尤其不纯。这是因为互卤化物的键能（除个别外）均在 200 kJ · mol^{-1}左右，XY 易发生歧化反应，过程中键“增多”，因此键能“净增”。如

	5IF(g)	══	$2I_2(g)$	+	$IF_5(g)$
键能/(kJ · mol^{-1})	277.8×5		148.9×2		267.8×5

过程中增加了 2 个共价键，键能净增 247.8 kJ。另一方面，高氧化态互卤化物于高温分解为单质及低氧化态卤化物是熵增过程，升温有利于高氧化态卤化物的分解反应，因此 IF 转化为 IF_5 的反应温度不能高。某些高氧化态卤化物分解反应具有实际意义，如利用 BrF_5 热分解性质制备少量 F_2。

表 3-21　卤素及互卤化物的平均键能/(kJ · mol^{-1})

XY	F_2	ClF	BrF	IF	Cl_2	BrCl	Br_2	ICl	IBr	I_2
键能	157.7	249.0	249.4	277.8	238.1	215.9	189.1	207.9	175.3	148.9
XY_3		ClF_3	BrF_3	IF_3						
键能		172.4	201.3	≈272						
XY_5		ClF_5	BrF_5	IF_5						
键能		142.3	187.0	267.8						
XY_7				IF_7						
键能				231						

和卤素相同，XY 的主要用途是作卤化剂。如 ClF 和烯类（双键）化合物的加成，和四氟化硫 SF_4 的反应如下：

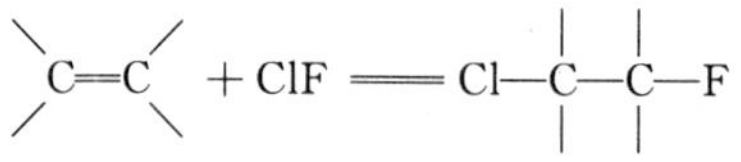

$$SF_4 + ClF \xlongequal{\quad} SF_5Cl$$

XY_3、XY_5、XY_7 的结构见表 3-22。

表 3-22　XY_3、XY_5、XY_7 的结构*

互卤化物	XY_3	XY_5	XY_7
X 的杂化轨道	sp^3d	sp^3d^2	sp^3d^3
分子构型	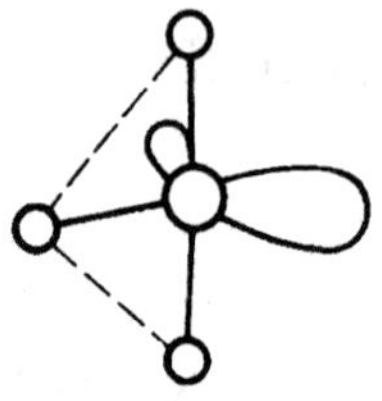	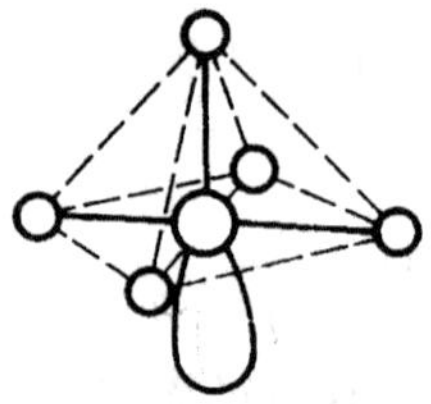	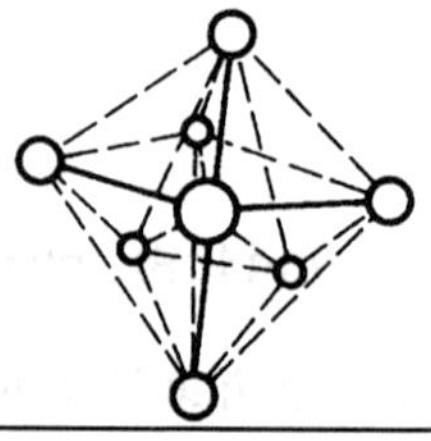

* 为孤对电子。

2. 多卤化物(polyhalide)

I_2 在水中的溶解度很小，但在 KI 溶液中由于生成 I_3^- 而溶解量大增。

$$I_2 + I^- \xlongequal{} I_3^-$$

其他卤素(包括 XY)和卤离子间也能发生类似的反应。

$$Br_2 + Br^- \xlongequal{} Br_3^-$$

$$ICl + Br^- \xlongequal{} IBrCl^-$$

I_3^-、Br_3^-、$IBrCl^-$ 都是多卤离子，其通式为 $X_mY_nZ_p^-$。$m+n+p$ 之和为 3、5、7、9，X、Y、Z 可以是同种、也可以是不同种的卤素。其中 I_3^- 等为线形结构，重卤素处于结构的中心位置。表 3-23 给出 $X^- + YZ \xlongequal{} XYZ^-$ 的形成常数。

表 3-23 $X^- + YZ \xlongequal{} XYZ^-$ 的形成常数(25 ℃)

Cl_3^-	0.01	Br_3^-	17.8	I_3^-	725
ICl_2^-	166	IBr_2^-	370	$IBrCl^-$	435
I_2Cl^-	1.66	I_2Br^-	12.2	Br_2Cl^-	1.47

3.9 卤离子的分离和鉴定

1. Cl^-、Br^-、I^- 的鉴定

主要是根据 AgX 的难溶性及 Br^-、I^- 的还原性进行鉴定。

(1) Cl^- 的鉴定

试液用 HNO_3 酸化，再加 $AgNO_3$ 溶液得白色 AgCl 沉淀。离心分离弃去溶液，沉淀经洗涤后，加 2 mol・L^{-1} $NH_3 \cdot H_2O$ 溶解(AgBr 微溶，AgI 不溶)。再往溶解后的溶液中加 HNO_3，如有白色沉淀生成，可确证原试液中有 Cl^-。

$$Ag^+ + Cl^- \xlongequal{} AgCl$$

$$AgCl + 2NH_3 \cdot H_2O \xlongequal{} Ag(NH_3)_2^+ + Cl^- + 2H_2O$$

$$Ag(NH_3)_2^+ + Cl^- + 2H^+ \xlongequal{} AgCl + 2NH_4^+$$

(2) Br^-、I^- 的鉴定

往含有 Br^-、I^- 的少量溶液中加 1 mL CCl_4，然后滴加氯水，边加边搅拌。开始 CCl_4 层出现紫色，示有 I_2 生成。随后褪为无色，最后变为黄褐色，示有 Br_2 生成。

$$Cl_2 + 2I^- \xlongequal{} 2Cl^- + I_2\text{(紫色)}$$

$$5Cl_2 + I_2 + 6H_2O \xlongequal{} 10HCl + 2HIO_3\text{(无色)}$$

$$Cl_2 + 2Br^- \xlongequal{} 2Cl^- + Br_2\text{(黄褐色)}$$

(3) 混合离子溶液中 Cl^-、Br^-、I^- 的鉴定

要在 Cl^-、Br^-、I^- 混合溶液中分别检出各种离子，务必注意其他离子以及卤离子彼此间的干扰。如用 Ag^+ 检出 Cl^- 时，CO_3^{2-}、PO_4^{3-}、SO_4^{2-} 等有干扰，生成浅黄色 Ag_2CO_3、白色 Ag_2SO_4 沉淀和黄色 Ag_3PO_4 沉淀。同时，Br^-、I^- 也会生成浅黄色 AgBr 和黄色 AgI 沉淀而干扰 Cl^- 的检出。因此，就要控制反应条件，消除干扰。图 3-6 绘出 Cl^-、Br^-、I^- 分离步骤简图。

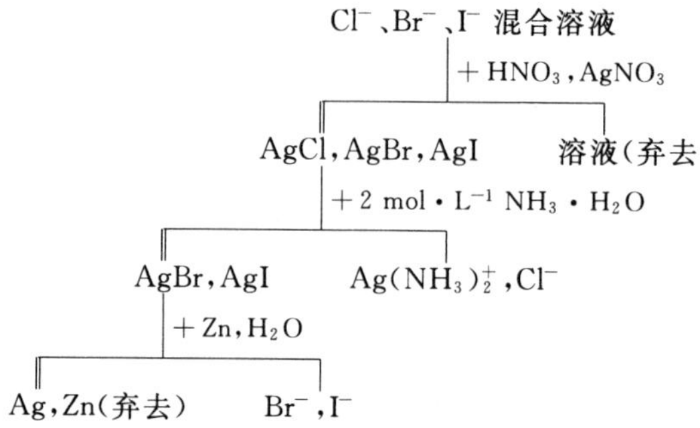

图 3-6　Cl^-、Br^-、I^- 分离步骤简图

向酸化了的试液中加足量 $AgNO_3$，使生成 AgCl、AgBr、AgI 沉淀。经分离和用水洗涤后，往沉淀上加 2 mol·L^{-1} $NH_3 \cdot H_2O$ 并充分搅拌，取出上层溶液加适量 HNO_3，若析出白色 AgCl 沉淀，确证原试液中有 Cl^-。把未溶沉淀加少量 Zn 粉和水混合，充分搅拌后静置。取出上层清液按前述 Br^-、I^- 检出步骤进行实验。

$$Zn + 2AgX = ZnX_2 + 2Ag$$

混合离子溶液的酸化是为了排除 CO_3^{2-}、PO_4^{3-}、SO_4^{2-} 的干扰。

2. 卤化银溶于氨水的计算

先计算 AgCl 在 $NH_3 \cdot H_2O$ 中的溶解量(参考附录二“反应平衡常数的某些运用”)。

$$AgCl + 2NH_3 \cdot H_2O = Ag(NH_3)_2^+ + Cl^- + 2H_2O \quad K = 2.0 \times 10^{-3}$$

(1) 求溶解 AgCl 所需 $NH_3 \cdot H_2O$ 的浓度

求和溶解后$[Ag(NH_3)_2^+] = 0.10$ mol·L^{-1}平衡的 $NH_3 \cdot H_2O$ 的浓度(设为 x mol·L^{-1})。

$$\begin{array}{lllll} AgCl + 2NH_3 \cdot H_2O & = & Ag(NH_3)_2^+ + & Cl^- + 2H_2O & K = 2.0 \times 10^{-3} \\ \quad\quad x & & 0.10 & 0.10 & \end{array}$$

解得　$x = 2.2$，　$[NH_3 \cdot H_2O] = 2.2$ mol·L^{-1}

2.2 mol·L^{-1}是平衡浓度，而生成 0.10 mol·L^{-1}的 $Ag(NH_3)_2^+$ 时消耗了 0.20 mol·L^{-1} $NH_3 \cdot H_2O$，所以 $NH_3 \cdot H_2O$ 的起始浓度为 2.4 mol·L^{-1}。上面计算结果表明：AgCl 能溶于约 2 mol·L^{-1}的 $NH_3 \cdot H_2O$ 中。请注意，初始为 2.4 mol·L^{-1}，实际用去了 0.20 mol·L^{-1}，仅用了约 1/10，这是一个不完全的反应($K \approx 10^{-3}$)。

(2) 求 AgCl 在$[NH_3 \cdot H_2O] = 2.0$ mol·L^{-1}(平衡浓度)中的溶解度(设为 y mol·L^{-1})

$$\begin{array}{lllll} AgCl + 2NH_3 \cdot H_2O & = & Ag(NH_3)_2^+ + & Cl^- + 2H_2O & K = 2.0 \times 10^{-3} \\ \quad\quad 2.0 - 2y & & y & y & \end{array}$$

解得　　　$y=8.9\times10^{-2}$，　$[Ag(NH_3)_2^+]=8.9\times10^{-2}\ mol\cdot L^{-1}$

计算结果也表明：AgCl 能溶于约 2 $mol\cdot L^{-1}$的 $NH_3\cdot H_2O$ 中。

关于计算大致就是以上两种类型，即由平衡态求始态[即(1)]和由始态求平衡态[即(2)]。下面再举几个实例。

【例 1】 计算和$[Ag(NH_3)_2^+]=0.010\ mol\cdot L^{-1}$(习惯规定溶解量的下限)、$[Cl^-]=0.010\ mol\cdot L^{-1}$平衡的$[NH_3\cdot H_2O]$。

解 设平衡时$[NH_3\cdot H_2O]$为 x $mol\cdot L^{-1}$

$$\begin{array}{llll} AgCl+2NH_3\cdot H_2O & = Ag(NH_3)_2^+ & +Cl^- +2H_2O & K=2.0\times10^{-3} \\ \quad x & \quad 0.010 & \quad 0.010 & \end{array}$$

解得　　　$x=0.22$，　$[NH_3\cdot H_2O]=0.22\ mol\cdot L^{-1}$

计算结果表明：AgCl 在约 0.2 $mol\cdot L^{-1}$ $NH_3\cdot H_2O$ 中有一定的溶解度。

【例 2】 计算 AgBr 在 $NH_3\cdot H_2O$ 中的溶解量。

解　$AgBr+2NH_3\cdot H_2O = Ag(NH_3)_2^+ +Br^- +2H_2O$　　$K=5.5\times10^{-6}$

计算结果列于表 3-24(计算从略)。

表 3-24　AgBr 在 $NH_3\cdot H_2O$ 中的溶解量

$[NH_3\cdot H_2O]$	与$[NH_3\cdot H_2O]$平衡的$[Ag(NH_3)_2^+]$	备　注
4.3 $mol\cdot L^{-1}$	10^{-2} $mol\cdot L^{-1}$	AgBr 溶于浓 $NH_3\cdot H_2O$
2 $mol\cdot L^{-1}$	4.7×10^{-3} $mol\cdot L^{-1}$	AgBr 微溶于 2 $mol\cdot L^{-1}$ $NH_3\cdot H_2O$

AgI 的溶度积更小，它和 $NH_3\cdot H_2O$ 反应式和平衡常数为

$$AgI+2NH_3\cdot H_2O = Ag(NH_3)_2^+ +I^- +2H_2O\quad K=9.8\times10^{-10}$$

K 值太小($\approx10^{-9}$)，可认为 AgI 不溶于 $NH_3\cdot H_2O$。文献报道：室温 AgI 在 20%氨水中溶解度为 $4.7\times10^{-4}\ mol\cdot L^{-1}$(小于习惯规定溶解量下限 $10^{-2}\ mol\cdot L^{-1}$)，所以说 AgI 不溶于 $NH_3\cdot H_2O$(不是绝对不溶)。

3. 计算 Zn 还原 AgBr、AgI 的电动势

由 $Ag^+ +e = Ag$，$E^\ominus=0.80$ V 计算 AgX 被还原为 Ag 的标准电势。

在 AgCl 的饱和溶液中，设$[Cl^-]=1.0\ mol\cdot L^{-1}$，则$[Ag^+]=K_{sp}/(1.0\ mol\cdot L^{-1})$，代入 Nernst 方程求 $E^\ominus$：

$$E=E^\ominus+\frac{0.059}{1}\lg[Ag^+]=0.22\ V$$

即　　　$AgCl+e = Ag+Cl^-$　　$E^\ominus=0.22$ V

同法可求得　　　$AgBr+e = Ag+Br^-$　　$E^\ominus=0.07$ V

$AgI+e = Ag+I^-$　　$E^\ominus=-0.15$ V

已知 $E^\ominus(Zn^{2+}/Zn)=-0.76$ V，此值小于-0.15 V，所以 Zn 能把 AgBr、AgI 还原为 Ag 和 Br^-、I^-。

请注意，电动势($E^\ominus$)只表明氧化还原反应完全的程度，不要把它和反应速率混为一谈。

如 Cl_2 和 Br^-、I^- 的反应：

$$Br^-、I^- \xrightarrow[(1)]{Cl_2} Br^-、I_2 \xrightarrow[(2)]{Cl_2} Br^-、HIO_3 \xrightarrow[(3)]{Cl_2} Br_2、HIO_3$$

过程(1)　　$E^\ominus_{(1)}=(1.36-0.54)\,V=0.82\ V$

过程(2)　　$E^\ominus_{(2)}=(1.36-1.20)\,V=0.16\ V$

过程(3)　　$E^\ominus_{(3)}=(1.36-1.08)\,V=0.28\ V$

其中 $E^\ominus_{(2)}<E^\ominus_{(3)}$，但过程(2)先发生。

以上估算有助于判断反应能否发生及反应完全程度。需要指出，由于引用数据不尽相同，如 AgCl 引用 $K_{sp}=1.6\times10^{-10}$ 的计算结果和引用 $K_{sp}=1.8\times10^{-10}$ 的结果差 12%；计算中又未考虑离子活度的影响（M^+A^- 型电解质，$0.1\ mol\cdot L^{-1}$ 的活度系数小于 0.8；$M^{2+}A^{2-}$ 型电解质，$0.1\ mol\cdot L^{-1}$ 的活度系数小于 0.3），同时计算中也未考虑副反应……，所以上述判断结果只能是半定量的。显然，在较稀溶液中，计算结果和实际情况较为一致，而在较浓的溶液中，两者相差甚多。对于很浓的溶液，如浓 H_2SO_4、浓 HNO_3，则不能用稀溶液中的数据去判断。如

$$SO_4^{2-}+4H^++2e = H_2SO_3+H_2O \qquad E^\ominus=0.17\ V$$

$$Br_2+2e = 2Br^- \qquad E^\ominus=1.08\ V$$

$E^\ominus=(0.17-1.08)\,V=-0.91\ V$。按说，即使是浓 H_2SO_4（$18\ mol\cdot L^{-1}$）也不可能氧化 Br^-，但事实是浓 H_2SO_4 能和 KBr 反应生成 Br_2 和 SO_2。

习　　题

1. 如何制备 Cl_2、F_2、HCl 及 HF？

2. 以 KCl 为原料如何制备 $KClO_3$？

3. 说明 I_2 易溶于 CCl_4、KI 溶液的原因。

4. 哪些常见的金属氯化物难溶于水？

5. 完成并配平下列反应方程式：

$KMnO_4+NaCl+H_2SO_4 \longrightarrow$

$KClO_3+HCl \longrightarrow$

$KClO_3(s) \xrightarrow{\text{无催化剂}}$

$FeBr_2+Cl_2$(过量) $\longrightarrow$

$I_2+Cl_2+H_2O \longrightarrow$

$NaBr+H_2SO_4$(浓) $\longrightarrow$

$NaI+H_2SO_4$(浓) $\longrightarrow$

$AgI+Zn \longrightarrow$

$I_2+KOH \xrightarrow{\triangle}$

6. 写出 HF 腐蚀玻璃的反应方程式。为什么不能用玻璃容器盛 NH_4F 溶液？

7. 用 Cl_2 氧化 Br^- 得 Br_2，如何除去产物中的 Cl_2？

8. 写出下列两种从废气中除去 Cl_2 的反应方程式：

(1) 废气通入 NaOH 溶液；

(2) 废气通入有铁屑的 $FeCl_2$ 溶液。

9. 写出次氯酸钠、亚氯酸钠、高碘酸、高溴酸的化学式。

10. 已知 $ClO_3^-+6H^++5e = \frac{1}{2}Cl_2+3H_2O$ 的 $E^\ominus_a=1.47\ V$，求：

$ClO_3^-+3H_2O+5e = \frac{1}{2}Cl_2+6OH^-$ 的 $E^\ominus_b$。

11. 为什么不活泼的银能从 HI 中置换出 H_2，铜能从浓 HCl 中置换出 H_2？

12. 把氯水滴加到 Br^-、I^- 混合液中的现象是先生成 I_2，I_2 被氧化成 HIO_3，最后生成 Br_2。

(1) 写出有关的反应方程式；

(2) 有人说："电动势大的化学反应一定先发生。"你认为如何？

13. (1) 向含 Br^-、Cl^- 的混合溶液中滴加 $AgNO_3$ 溶液。当 AgCl 开始沉淀时，溶液中$[Br^-]/[Cl^-]$的比值是多大？

(2) 向含 I^-、Cl^- 的溶液中滴加 $AgNO_3$ 溶液，当 AgCl 开始沉淀时，溶液中$[I^-]/[Cl^-]$有多大？

14. 今有 $KClO_3$ 和 MnO_2 的混合物 5.36 g，加热完全分解后剩余 3.76 g。问开始混合物中有多少 $KClO_3$？

15. (1) 若 10^{-4} mol AgCl 溶于 1 cm^3 $NH_3 \cdot H_2O$。问此 $NH_3 \cdot H_2O$ 的浓度($mol \cdot L^{-1}$)最低值是多大？

(2) 10^{-4} mol AgI 溶于 10 cm^3 $Na_2S_2O_3$ 溶液。求 $Na_2S_2O_3$ 浓度($mol \cdot L^{-1}$)的最低值。

(3) 计算 AgCl 在 0.10 $mol \cdot L^{-1}$ $NH_3 \cdot H_2O$ 中的溶解量。

(4) 计算 AgI 在 2.0 $mol \cdot L^{-1}$ $Na_2S_2O_3$ 溶液中的溶解量。

16. 分离 Cl^-、Br^- 离子的方法是：加足量 $AgNO_3$ 溶液使它们沉淀，经过滤、洗涤后，往沉淀上加足量 2 $mol \cdot L^{-1}$ $NH_3 \cdot H_2O$，AgCl 溶，而 AgBr 微溶。如起始时$[Cl^-]$为$[Br^-]$的 500 倍，问能否用这个方法分离 Cl^- 和 Br^-？

17. (1) 什么叫互卤化物？写出互卤化物的通式及 IF_3、IF_5、IF_7 中 I 的杂化轨道和分子的立体构型。

(2) 什么叫多卤化物？写出最重要的多卤离子的化学式。

18. 举出 3 种拟卤素。举例说明它们和卤素的相似性。

19. 根据卤素的性质推测 87 号元素 At 的性质。

(1) HAt 水溶液是强酸还是弱酸？

(2) At^- 的还原性。

20. 已知 $HOCl \xrightarrow{1.63\ V} Cl_2 \xrightarrow{1.36\ V} Cl^-$ ，$OCl^- \xrightarrow{0.40\ V} Cl_2 \xrightarrow{1.36\ V} Cl^-$ 。问：

(1) 在酸性还是碱性介质中 Cl_2 将发生歧化反应？歧化反应的 K 值有多大？

(2) 在酸性还是碱性介质中 OCl^- 和 Cl^- 反应生成 Cl_2？反应的 K 值有多大？

21. 氧化还原反应通式为

$$Ox_1 + R_2 \longrightarrow R_1 + Ox_2 \quad (\text{R 还原型，Ox 氧化型})$$

若规定完全反应的起点是，生成物浓度是反应物浓度的 100 倍(平衡时)，即 $K=10^4$。

(1) 请根据 $nFE^\ominus = RT\ln K$ 计算，298 K 时 $n=1,2,3$ 和 $K=10^4$ 的相应 $E^\ominus$ 值。

(2) 根据 $E^\ominus$ 说明：实验室制 Cl_2 时，必须使 MnO_2 和浓 HCl 反应；$K_2Cr_2O_7$ 和一定浓度的 HCl 反应；$KMnO_4$ 和一般浓度的 HCl 反应。

22. 固态 $KClO_3$ 受热，在360 ℃时出现一吸热过程，500 ℃时出现一放热反应，580 ℃时再次发生一放热反应并显著失重，770 ℃时又发生一吸热过程。请说出和 4 个热效应相应的过程。

23. ClO_2 被用来消毒饮用水。制备 ClO_2 的反应为使 Cl_2 通过 $NaClO_2$。请写出相应的方程式。

24. CaCl(OCl)和 CO_2 的反应方程式为

$$2CaCl(OCl) + CO_2 + H_2O \longrightarrow CaCO_3 + CaCl_2 + 2HOCl$$

此反应不能表明 H_2CO_3 的 K_{a_1} 比 $K_a(HOCl)$大，为什么？

25. 由电势知：在酸性条件下，BrO_3^- 氧化 I^- 的反应最完全。若 BrO_3^- 过量，得什么产物？若 I^- 过量，主要生成什么？

26. 文献报道：ClO_2 消毒饮用水的效率是用 Cl_2 消毒的 2.63 倍。如何理解？

27. 碘缺乏病(IDD)影响人的发育和智力。食用含碘的食盐可治疗 IDD。以前往食盐中加 NaI，目前主要加碘酸盐，如 $Ca(IO_3)_2$。为什么？

28. 有人认为：某溶质(如 I_2)在两种不混溶溶剂(如 CCl_4 和 H_2O)中的溶解度之比就是分配系数。请根据表 3-2 的数据评价此观点。

29. 由 $HOCl \rightleftharpoons H^+ + OCl^-$ $K_i = 3.4 \times 10^{-8} = \frac{[H^+][OCl^-]}{[HOCl]}$，经取对数、移项，得

$$pH = 7.47(\text{即 } pK_i) + \lg \frac{[OCl^-]}{[HOCl]}$$

设[HOCl]比[OCl^-]大 100 倍以上，认为 HOCl“未电离”；又[OCl^-]比[HOCl]大 100 倍以上，认为“全是”OCl^-。请以[HOCl]和[OCl^-]总量为纵坐标——如[HOCl]=[OCl^-]，则[HOCl]为 0.50 $mol \cdot L^{-1}$，[OCl^-]也是 0.50 $mol \cdot L^{-1}$——pH 为横坐标作图。

第四章　氧 族 元 素

氧族(16 族)包括氧(oxygen)、硫(sulfur)、硒(selenium)、碲(tellurium)及钋(polonium)等 5 种元素。硫、硒、碲是硫属(chalcogen)元素。本章重点讨论氧、硫及其特征化合物的性质。

4.1　氧 和 臭 氧

1. 氧分子的结构

两个 O 原子结合成有磁性的 O_2。结合时 O 原子的 5 个原子轨道即 1s、2s 及 3 个 2p 组合成 10 个分子轨道：$\sigma_{1s}\sigma_{1s}^*\sigma_{2s}\sigma_{2s}^*\sigma_{2p}\pi_{2p}\pi_{2p}\pi_{2p}^*\pi_{2p}^*\sigma_{2p}^*$。排布在前 4 个轨道上的 8 个电子对成键贡献不大，其余 8 个电子排布为 $\sigma_{2p}^2\pi_{2p}^2\pi_{2p}^2\pi_{2p}^{*1}\pi_{2p}^{*1}$。基态 O_2 中 2 个电子自旋平行分占 2 个反键 π 轨道，即 O_2 中有一个 σ 键、2 个三电子 π 键。如 2 个电子自旋相反分占或在一个 π^* 上，能量较高，见表4-1。

表 4-1　单线态*、三线态* 氧分子的结构

π_{2p}^*电子排布	自旋量子组合量	符　号	比基态能量高 /($kJ \cdot mol^{-1}$)	寿命/s
↑　↓ 激发态	$2S+1=1$	$^1\Sigma_g^+(^1O_2)$	155	10^{-9}
↑↓ __ 激发态	$2S+1=1$	$^1\Delta_g(^1O_2)$	92	$10^{-5} \sim 10^{-6}$
↑　↑ 基　态	$2S+1=3$	$^3\Sigma_g^-(^3O_2)$	—	—

*　光谱项把 $2S+1$ 值为 1 的态叫单线态，值为 3 的叫三线态。

通 Cl_2 入碱性 H_2O_2 液，生成 O_2 并伴随有红色光。

$$H_2O_2 + OCl^- \xlongequal{} {}^1O_2(^1\Sigma_g^+) + Cl^- + H_2O$$

$^1O_2$ 转化为 $^3O_2$，相差的能量以光能释放。

单线态氧在生命体中不断生成和猝灭，发生着有利和有害的作用。

目前主要是从液态空气获得较大量的 O_2。两种新的方法是：因 O_2 有磁性（N_2 无磁性），在磁场作用下可自空气中富集 O_2；膜分离富集空气中 O_2，如经 25 μm 厚乙基纤维素均质膜一次（级）分离 O_2 占 33%，五级分离得含 91% 的 O_2。

2. 氧的性质

氧族元素的某些性质列于表 4-2。

O_2 的沸点是 90.1777 K，被用作低温的温标。作温标用的 O_2 由 $KMnO_4$ 热分解制得（因 MnO_2 催化 $KClO_3$ 热分解产物不纯）。

表 4-2 氧族元素的性质

	O	S	Se	Te
相对原子质量	16.00	32.07	78.96	127.60
外围电子排布	$2s^2 2p^4$	$3s^2 3p^4$	$4s^2 4p^4$	$5s^2 5p^4$
熔点/℃	−218.4	112.8（菱）	217	452
熔化热/（$kJ \cdot mol^{-1}$）	0.44	2.85	10.46	35.82
沸点/℃	−183.0	444.6	684.9	1390
气化热/（$kJ \cdot mol^{-1}$）	6.78	19.25	95.5	114.1
E(g)的生成热/（$kJ \cdot mol^{-1}$）	249.2	277.8	202.4	199.2
第一亲和能/（$kJ \cdot mol^{-1}$）	−141.0	−200.4	−195.0	−190.1
第二亲和能/（$kJ \cdot mol^{-1}$）	780.7	590.4	420.5	—
电离能/（$kJ \cdot mol^{-1}$）	1313.8	999.98	941.4	870.3
电负性	3.44	2.58	2.55	2.1

(1) 溶解度

O_2 是非极性分子，在弱（或非）极性溶剂中的溶解量稍大于在水中的溶解量。如 25 ℃时 1 cm^3 CCl_4、C_6H_6、$(CH_3)_2CO$、$(C_2H_5)_2O$ 中分别能溶解 0.302、0.223、0.280、0.455 cm^3 O_2。而20 ℃时 1 cm^3 水溶解 O_2 0.0308 cm^3，50 ℃降为 0.0208 cm^3（均已换算成标准状态）。在电解质溶液中 O_2 的溶解量更低一些。O_2 在水中的溶解量虽小，但却能维持水中动物的生命。O_2 在动物血液中的溶解量也不大，但因有携 O_2 物质，在一定条件下和 O_2 发生可逆性结合，所以血液中的 O_2 量大大增加。哺乳动物血液中含 15%～30%（体积分数）的 O_2，低等动物血液中含 5%～10%（体积分数）的 O_2。人血液中的携 O_2 物质是血红蛋白。

目前，河流、湖泊因污染而导致水中含氧量的减小，已经引起人们的普遍关注。有关水中氧量的两种指标是：生化需氧量（biochemical oxygen demond, BOD）和化学需氧量（chemical oxygen demond, COD）。BOD 是指天然水中有机物氧化（碳→CO_2，氢→H_2O，氧→H_2O，氮→NO_3^-）需要的氧量。测定 BOD 的方法：将已知体积水样与一定体积已知氧含量的 NaCl 标准溶液混匀、20 ℃密闭保持 5 天后，分析消耗掉的 O_2 量，即 BOD。污水中有机物含量“大”，即 BOD 大。在极端情况下，BOD 大于周围可获得的 O_2 量，鱼就不能生存，发生腐烂。另一种测定方法是：已知体积水样和一定量 $K_2Cr_2O_7$ 反应，测定反应后 $K_2Cr_2O_7$ 的残留量，可得 BOD。对于同一种水样，用前法测得的 BOD 常为后法的 85％～90％。

测定 COD 的方法：把一定体积水样和 $MnSO_4$ 液、NaOH 液混合（密闭），水中 O_2 把 $Mn(OH)_2$ 氧化成 $MnO(OH)_2$，而后加入酸化的 KI，最后生成的 I_2 量用已知浓度的 $Na_2S_2O_3$ 滴定。计算得 COD$\left(\frac{1}{2}O_2 \text{ 相当于 } 2Na_2S_2O_3\right)$。

$$Mn^{2+} + \frac{1}{2}O_2 + 2OH^- = MnO(OH)_2$$

$$MnO(OH)_2 + 2KI + 2H_2SO_4 = MnSO_4 + K_2SO_4 + 3H_2O + I_2$$

$$I_2 + 2Na_2S_2O_3 = 2NaI + Na_2S_4O_6$$

(2) 负氧化态型体

除在个别情况下形成 O_2^+（双氧基，dioxygenyl，如 $O_2^+SbF_6$）外，主要是得电子成负氧化态型体。

从能量角度看：

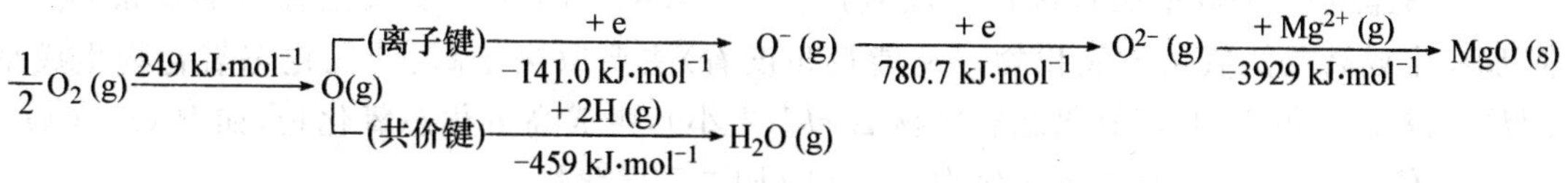

和卤族中 F 和 Cl 的关系相似，形成离子型化合物时，O(g) 第一、第二亲和能之和（$-141.0\ kJ \cdot mol^{-1} + 780.7\ kJ \cdot mol^{-1} = 639.9\ kJ \cdot mol^{-1}$）虽大于 S（为 $390.0\ kJ \cdot mol^{-1}$），但从离子晶体氧化物的晶格能（MgS 晶格能为 $3347\ kJ \cdot mol^{-1}$）得到补偿；形成共价键时，氧化合物的键能更大（如 H_2S 平均键能为 $363\ kJ \cdot mol^{-1}$）。所以氧化物较硫化物稳定。

动力学证据表明：O_2 得电子常是逐个逐个结合，最终成“O^{2-}”。其电势（单位：V）为：

pH=0

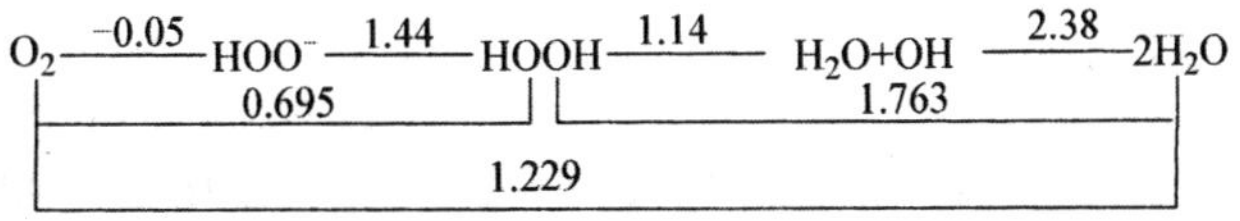

pH=7

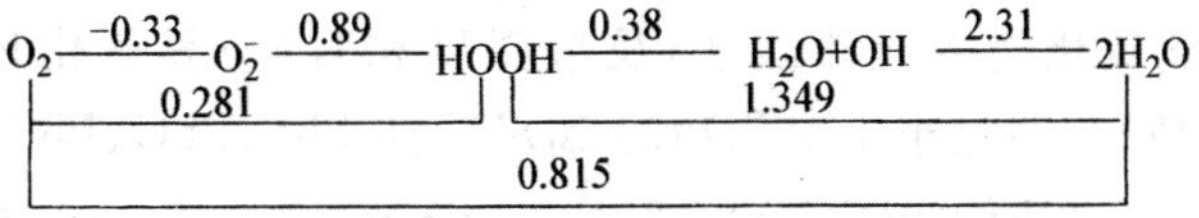

pH=14

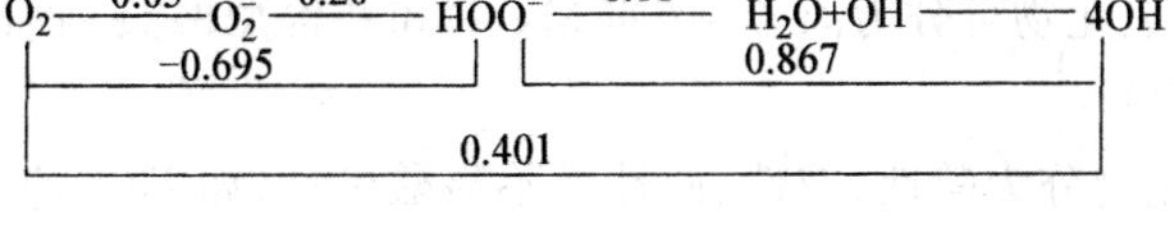

O_2^-（超氧离子，superoxide ion）的强氧化性在生物体内有杀伤作用，超氧化物歧化酶（superoxide dismutase，SOD）使之转化为氧化性较弱的 O_2 和 O_2^{2-}。空气中负氧离子（O_2^-、O_2^{2-}）促进人体中脑、肝、肾等组织氧化过程加快，起到保健作用。市场上有负氧离子发生器商品出售。大气质量指标之一是负氧离子数。

O_2^+、O_2、O_2^-、O_2^{2-} 型体中 π_{2p}^* 上电子数依次由 1 增大为 4，所以 O_2^+ 键能最大，O_2^{2-} 最小（表 4-3）。

表 4-3 氧分子、氧分子离子的键参数

化学式	π_{2p}^* 电子	键级	键能/($kJ \cdot mol^{-1}$)	键长/pm	磁性
O_2^+	↑ _	2.5	626	112.3	顺
O_2	↑ ↑	2.0	498	120.7	顺
O_2^-	↑↓ ↑	1.5	398	128	顺
O_2^{2-}	↑↓ ↑↓	1.0	126	149	反

3. 氧化物

（1）氧能和大多数单质直接化合成氧化物，如 MgO、Al_2O_3。多氧化态的单质和 O_2（过量）反应生成高或低氧化态氧化物，（从能量角度看）主要取决于高、低氧化态氧化物生成焓 $\Delta_f H_m^\ominus$ 之差。差值大的（高氧化态氧化物 $\Delta_f H_m^\ominus$ 更小），生成高氧化态氧化物，如 P_4O_{10}、CO_2、SnO_2；差值小的，生成低氧化态氧化物，如 SO_2（同二元卤化物）。

（2）氧化大多数非金属元素和含氢的化合物，其产物和反应条件有关。如 H_2S、CH_4 在限量 O_2 中反应得 S、C，和过量 O_2 反应得 SO_2、CO_2；NH_3 和 O_2 反应生成 N_2，在 Pt-Rh 催化下得 NO。

（3）氧化低氧化态化合物生成高氧化态化合物。如 $CO \xrightarrow{O_2} CO_2$，$SO_2 \xrightarrow{O_2} SO_3$，因高氧化态氧化物生成焓（代数值）低于相应低氧化态氧化物。若高氧化态氧化物的 $\Delta_f H_m^\ominus$（代数值）更大，如 $SeO_2(s)$、$SeO_3(s)$ 的 $\Delta_f H_m^\ominus$ 依次为 $-230\ kJ \cdot mol^{-1}$、$-173\ kJ \cdot mol^{-1}$，则下列熵减反应不能发生：

$$SeO_2(s) + \frac{1}{2}O_2(g) \xlongequal{\quad} SeO_3(s) \quad \Delta_r H_m^\ominus = 57\ kJ \cdot mol^{-1}$$

（需用 H_2O_2 和 SeO_2 反应制 SeO_3。）

（4）氧化硫化物生成硫酸盐（反应温度相对低）和氧化物（反应温度高），是因为产物 $\Delta_f H_m^\ominus$（代数值）均明显小于硫化物的 $\Delta_f H_m^\ominus$，如 PbS、PbO、$PbSO_4$ 的 $\Delta_f H_m^\ominus$ 依次为 $-92.7\ kJ \cdot mol^{-1}$、$-219.2\ kJ \cdot mol^{-1}$ 和 $-811.2\ kJ \cdot mol^{-1}$。在高温下即使生成硫酸盐，也会（因熵增）发生热分解反应，产物为 MO 和 SO_3 或 SO_2、O_2。

按键型，氧化物可分为离子型（如 MgO）和共价型两类，后者又分有限分子（如 CO_2）和无限分子（如 SiO_2）。

常将氧化物分为酸性、碱性、两性及不显酸碱性（如 NO、CO）等 4 种。

关于氧化物的酸碱性规律，有以下三点可循：

(1) 同周期元素最高氧化态氧化物，从左到右，碱性(以 B 表示)依次减弱，而酸性(以 A 表示)逐渐增强。如

Na_2O	MgO	Al_2O_3	SiO_2	P_4O_{10}	SO_3	Cl_2O_7
B	B	AB	A	A	A	A

(2) 同族元素同氧化态氧化物的碱性从上到下依次增强。如

N_2O_3	P_4O_6	As_4O_6	Sb_2O_3	Bi_2O_3
A	A	AB	AB	B

(3) 有多种氧化态的元素，其氧化物的酸性依氧化态升高的顺序增强。如

MnO	MnO_2	MnO_3	Mn_2O_7
B	AB	A	A

在低氧化态的金属氧化物中，若金属阳离子是 8e 构型，则大多数是离子型氧化物；若金属阳离子为 18e 构型，则其氧化物不是典型的离子型化合物，如 Ag_2O。高氧化态的金属氧化物及非金属氧化物均为共价型化合物，如 OsO_4。

可溶性离子型氧化物溶于水显碱性。如

$$Na_2O + H_2O = 2NaOH$$

因为

$$O^{2-} + H_2O = 2OH^- \quad K \approx 10^{22}$$

高氧化态氧化物受热分解成相应低氧化态的氧化物(熵增过程)。

$$2CrO_3 = Cr_2O_3 + \frac{3}{2}O_2$$

$$2NO_2 = 2NO + O_2$$

其中 Mn_2O_7、CrO_3、Cl_2O_7 遇有机物燃烧，XeO_4 极易分解甚至爆炸。因此常用某些高氧化态的氧化物(和含氧酸)作氧化剂。

高氧化态氧化物的键能低于相应低氧化态氧化物的键能，如 SO_2、SO_3($PbCl_2$、$PbCl_4$)的平均键能依次为 532 kJ·mol^{-1}、469 kJ·mol^{-1}(304 kJ·mol^{-1}、243 kJ·mol^{-1})。而分解反应是熵增过程，因此前者受热易分解。这个性质和卤族中高氧化态卤化物受热分解为低氧化态卤化物(甚至成金属)相似。这是高氧化态二元氧化物、氯化物的一个共性。

生成氧化物的方法很多，较重要的有以下 3 种：

(1) 单质和 O_2 直接化合。如

$$C + O_2 = CO_2$$

(2) 金属氢氧化物加热脱水。如

$$Mg(OH)_2 \xlongequal{\triangle} MgO + H_2O\uparrow$$

(3) 金属含氧酸盐的热分解。如

$$CaCO_3 = CaO + CO_2$$

4. 臭氧(ozone)

O_3 是 O_2 的同素异形体,因有特殊气味得名。

大气中有少量 O_3,其总量相当于在地球表面覆盖 3 mm 厚的 O_3 层。它主要集中在离地面 20～40 km 同温层(20 km 处 O_3 为 2×10^{-7})。

近地面大气中 O_3 的含量随季节、地区而变。雷雨季节最多,可高达 7×10^{-8};冬天最少,降为 2×10^{-8}。一般空气中的 O_3 在 $(1\sim30)\times10^{-9}$ 之间。接近地面空气中的 O_3 被尘埃等催化分解为 O_2。污染引起的光化学烟雾,已被证明和地表 O_3 有关。

$$2O_3(g) = 3O_2(g) \qquad \Delta_r G_m^\ominus = -326.8\ \mathrm{kJ \cdot mol^{-1}}$$

X 射线发射、电器放电、蓄电池充电、某些电解反应、过氧化物分解、F_2 和 H_2O 的作用等,都有 O_3 生成。制备 O_3 是用静放电的方法:使 O_2(或空气)通过高频电场,即有部分 O_2 转化为 O_3,生成物中 O_3 的体积分数可高达 15%～16%,通常为 9%～11%。

O_3 有很强的氧化性,它和 I^- 的反应被用来鉴定 O_3 和测定 O_3 的含量。

$$O_3 + 2I^- + H_2O = O_2 + I_2 + 2OH^-$$

其电势(单位: V)如下:

pH=0 $\qquad$ pH=14

$$O_3 \xrightarrow{2.08} O_2 \qquad\qquad O_3 \xrightarrow{1.25} O_2$$

用 O_3 处理废水的效率高且不易引起二次污染。[当空气中 O_3 含量达 $(1\sim2)\times10^{-6}$ 时,会引起头疼等症状,对人体有害。]

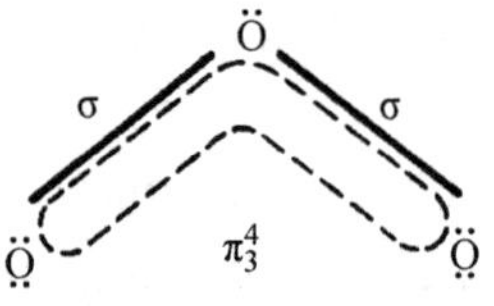

图 4-1 O_3 分子的结构

O_3 是折线形分子(图 4-1)。位于中间的 O 以 sp^2 杂化轨道分别和 2 个 O 原子成 σ 键,此外还有离域的 π_3^4(三中子四电子 π 键)。它是单质分子中唯一有极性的物质,虽然偶极矩不大,$\mu=0.49$ D。键长127.8 pm,键角 116.8°。

碱金属、碱土金属都能形成臭氧化物:MO_3(M 为 K、Rb、Cs)及 $M(O_3)_2$(M 为 Ca、Sr、Ba)。臭氧化物均不稳定(其中大阳离子的臭氧化物相对稳定些),易分解释放 O_2,遇水也能释放 O_2。

$$2KO_3 = 2KO_2 + O_2$$
$$4KO_3 + 2H_2O = 4KOH + 5O_2$$

O_3^- 也是折线形的,$d(O—O)=119$ pm,$\angle OOO=100°$。

4.2 过 氧 化 氢

过氧化氢(hydrogen peroxide)俗称双氧水。市售试剂是约 30%的水溶液,消毒用 3%的 H_2O_2 溶液(1 体积溶液完全分解释放 10 体积 O_2,在医学上曾被称为“十体积水”)。

1. 乙基蒽醌法制过氧化氢

用 O_2 氧化乙基蒽醇为乙基蒽醌和 H_2O_2，分出 H_2O_2 后以 Pt 或 Ni 作催化剂通入 H_2，还原乙基蒽醌为乙基蒽醇。过程只消耗 H_2 和 O_2（典型"零排放"的"绿色化学工艺"）。

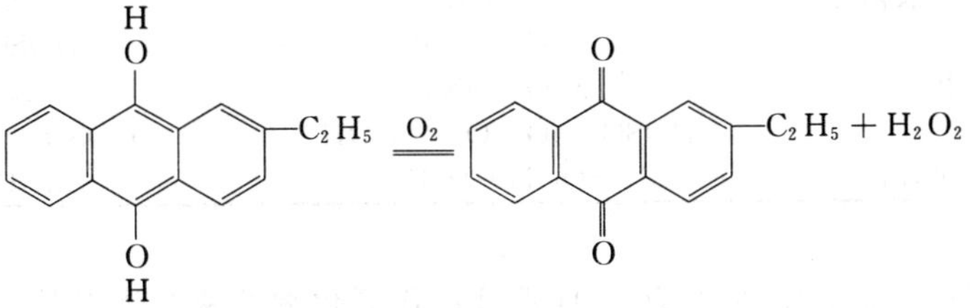

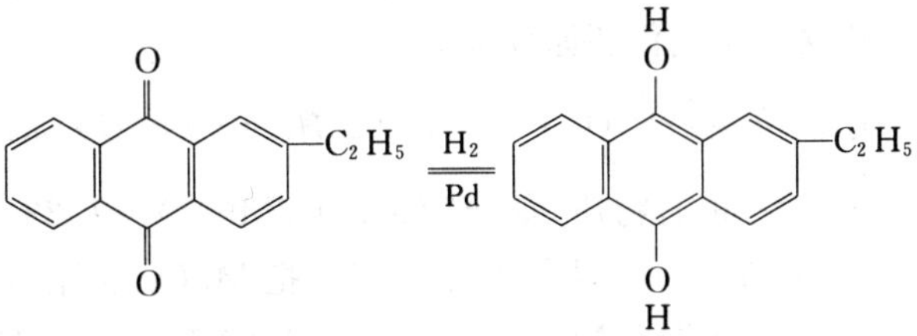

减压蒸馏 H_2O_2 水溶液，可得较浓的 H_2O_2 溶液，最高质量分数达 98%。后者经分级结晶(fractional crystallization)或有机溶剂萃取，可得纯 H_2O_2。光照(320～380 nm)、受热、杂质都能促进 H_2O_2 分解。为此，需要将 H_2O_2 保存在阴凉处，有时还要加一些阻化剂，如锡酸钠 $Na_2Sn(OH)_6$。

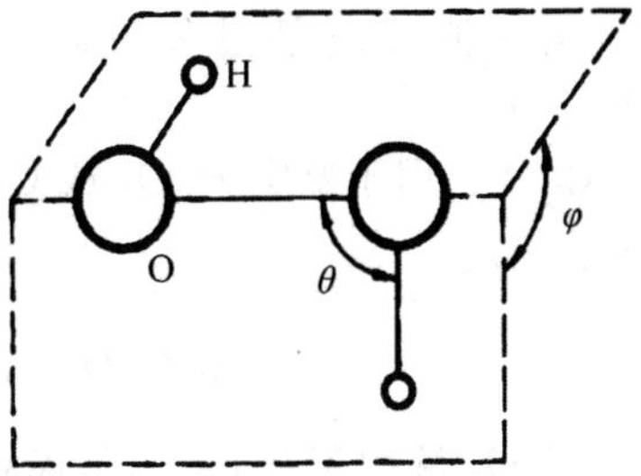

图 4-2　H_2O_2 的结构

有报道：H_2 和 O_2 在催化剂作用下化合成 H_2O_2。

工业上多数 H_2O_2 由乙基蒽醌法生产。以前制 H_2O_2 的方法是：电解 $KHSO_4$ 得 $K_2S_2O_8$（过二硫酸钾），后者在水中分解得 H_2O_2。

电解　$$2HSO_4^- = H_2 + S_2O_8^{2-}$$

分解　$$S_2O_8^{2-} + 2H_2O = 2H^+ + 2SO_4^{2-} + H_2O_2$$

H_2O_2 的结构见图 4-2，键参数见表 4-4。HO—OH、HOO—H 键能分别为 204.2 kJ · mol^{-1}、374.9 kJ · mol^{-1}。

表 4-4　H_2O_2 的键参数

H_2O_2	固　态	气　态
d(O—O)/pm	145.3	147.5
d(O—H)/pm	98.8	95.0
θ/(°)	102.7	94.8
φ/(°)	90.2	111.5

2. 性质

H_2O_2 的性质(表 4-5)是结构中 OH 和 O—O 的体现。前者和 H_2O 中 OH 相似，能电离、被取代、成 H_2O_2 合物。

表 4-5 过氧化氢和水的某些性质

	H_2O_2	H_2O
电离常数 K_1	1.55×10^{-12}	1.6×10^{-16}
20 ℃，K_2	$\approx10^{-25}$	$\approx10^{-38}$
沸点/℃	150.2	100
过氧化氢化物和氢氧化物	Na—OOH	Na—OH
	$HOSO_2$—OOH	$HOSO_2$—OH
过氧化物和氧化物	NaO—ONa	NaONa
	$HOSO_2$—O—O—SO_2OH	$HOSO_2$—O—SO_2OH
过氧化氢合物和水合物	$NaOOH\cdot H_2O_2$	$LiOH\cdot H_2O$

H_2O_2 的主要性质是氧化性(1.76 V)(常被用作氧化剂的两个优点是：氧化性强，不引入杂质)、还原性(0.68 V)及发生自氧化还原反应。

$$2H_2O_2(aq) = 2H_2O(l)+O_2(g) \quad \Delta_r H_m^{\ominus}=-196\ kJ\cdot mol^{-1}$$

电势介于 1.76 V 和 0.68 V 之间的物质，如 $E^{\ominus}(MnO_2/Mn^{2+})=1.23$ V，$E^{\ominus}(Fe^{3+}/Fe^{2+})=0.77$ V，是分解 H_2O_2 的催化剂。一种观点认为：H_2O_2 把 MnO_2 还原为 Mn^{2+}(1.23 V−0.68 V=0.55 V)，Mn^{2+} 再被 H_2O_2 氧化为 MnO_2(1.76 V−1.23 V=0.53 V)……

另一种反应是过氧键转移，如与 $K_2Cr_2O_7$ 生成具有特征蓝紫色的 CrO_5，结构为

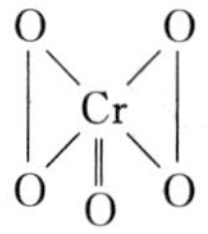

(用于鉴定 H_2O_2 或 $Cr_2O_7^{2-}$)。

$$K_2Cr_2O_7+4H_2O_2+H_2SO_4 = 2CrO_5+K_2SO_4+5H_2O$$

H_2O_2 液中若有 Fe^{2+}，是极强的氧化剂——Fenton 试剂。对 Fenton 试剂强氧化性的一种解释是

$$Fe^{2+}+H_2O_2 = Fe^{3+}+OH^-+OH(\text{自由基})$$

$$OH+H_2O_2 = HO_2+H_2O$$

$$HO_2+H_2O_2 = O_2+H_2O+OH$$

$$Fe^{2+}+OH = Fe^{3+}+OH^- \quad (\text{断链反应})$$

因 OH 极活泼，氧化反应快，直到 Fe^{2+} 全部转变成 Fe^{3+} 为止。

4.3 硫的存在和同素异形体

1. 存在

自然界硫分布很广，以 3 种形态存在：单质硫、硫化物和硫酸盐。常见金属硫化物矿有闪锌矿 ZnS、方铅矿 PbS、黄铁矿 FeS_2、辉锑矿 Sb_2S_3 等。常见硫酸盐矿有石膏 $CaSO_4$、天青石 $SrSO_4$、重晶石 $BaSO_4$。海水中所含 0.09%的硫主要是以 SO_4^{2-} 物种存在。火山附近常有单质硫的矿床。我国有大量硫化物矿和硫酸盐矿。此外，各种蛋白质中含 0.8%～2.4%化合态

的硫，一般煤中含 1%～3%的硫，石油中也含有硫。

2. 同素异形体(allotrope)

由 S_8 分子(图 4-3)组成的单质硫有斜方(orthorhombic)硫和单斜(monoclinic)硫两种(图 4-4)，两者的转变温度为95.4 ℃，但转变速率并不快，在100 ℃加热斜方硫，转变反应经数小时尚未完成。因此，可以分别测定斜方硫和单斜硫的熔点(分别是 112.8 ℃和119 ℃)。斜方硫为黄色，密度为 2.06 $g\cdot cm^{-3}$；单斜硫为浅黄色，密度为 1.96 $g\cdot cm^{-3}$。

$$\text{S(斜方)} \underset{<95.4\,℃}{\overset{>95.4\,℃}{\rightleftharpoons}} \text{S(单斜)} \qquad \Delta_f H_m^{\ominus}=0.398\ \text{kJ}\cdot\text{mol}^{-1}$$

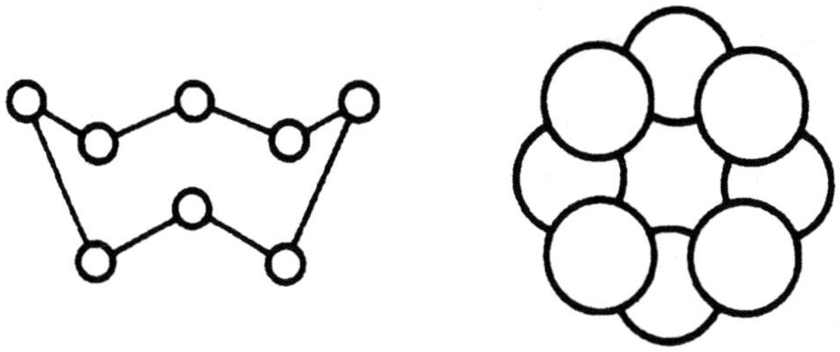

图 4-3 S_8 分子结构

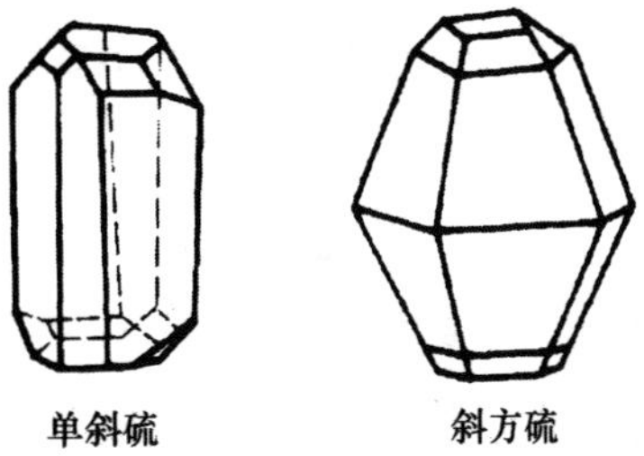

图 4-4 斜方硫和单斜硫

熔融硫加热到160 ℃时，S_8 开环并形成很长的链(190 ℃时，长链中有 10^6 个硫原子)，熔融硫的颜色变深，黏度增大，在约200 ℃时黏度最大，高于250 ℃黏度明显下降。290 ℃以上时有 S_6 生成，最终于444.6 ℃沸腾。

把加热到约200 ℃的熔融硫迅速倒入冷水，便得弹性硫。室温下弹性硫转变为斜方硫的速度很慢，完全转变需一年以上的时间。

气态硫中有 S_8、S_6、S_4 及 S_2，温度升高 S_8 减少，S_2 增多。约于2000 ℃时，S_2 开始解离为 S。S_2 迅速冷却到－196 ℃，得紫色顺磁性固体。可见，S_2(核间距 188.9 pm，而 S—S 单键键长为 205 pm)的结构和 O_2 相似。

晶体硫(由 S_8 分子构成)可溶于非极性溶剂(如 CS_2、CCl_4)或弱极性溶剂(如 $CHCl_3$、C_2H_5OH)。单斜硫的溶解度大于斜方硫，弹性硫难溶。(为什么?)

硫能和多数金属直接化合生成相应的硫化物。硫和非金属作用生成共价型硫化物。如

$$2Al+3S = Al_2S_3 \qquad Fe+S = FeS \qquad Hg+S = HgS$$

$$S+Cl_2 = SCl_2 \qquad H_2+S = H_2S$$

4.4 硫化氢和金属硫化物

1. 硫化氢(hydrogen sulfide)和氢硫酸(hydrosulfuric acid)

一般用金属硫化物和无氧化性酸反应制备 H_2S。

$$FeS+2H^+ = Fe^{2+}+H_2S$$

若用 HCl，则生成的 H_2S 气体中杂有少量 HCl 气体；若用稀 H_2SO_4，则产物中杂有少量 SO_2 和 H_2（因合成的 FeS 中含有少量 Fe）。少量 HCl(g) 可用水吸收除去，气态 H_2S 液化后可除去 H_2，H_2O 可被 P_4O_{10} 吸收除去。

加热时，H_2 和 S 化合成 H_2S。反应不完全，但易提纯。

$$H_2(g)+S(s) \longrightarrow H_2S(g) \qquad \Delta_r G_m^\ominus(298K)=-33.0\ kJ\cdot mol^{-1}$$

H_2S 是具有臭鸡蛋气味、有毒的气体，空气中 H_2S 含量达 0.05% 时，就能闻到其气味。H_2S 在空气中燃烧时火焰呈蓝色。

$$2H_2S+O_2 \longrightarrow 2S+2H_2O$$
$$2H_2S+3O_2 \longrightarrow 2SO_2+2H_2O$$

H_2S 是强还原剂，能和许多氧化剂如 Cl_2、Br_2、浓 H_2SO_4 反应。

$$H_2SO_4+H_2S \longrightarrow SO_2+S+2H_2O$$
$$Br_2+H_2S \longrightarrow S+2HBr$$

H_2S 能和 Ag 作用，生成黑色 Ag_2S（仅限于表层）和 H_2。

$$2Ag+H_2S \longrightarrow Ag_2S+H_2$$

H_2S 易溶于水，温度不同时它的溶解度分别是，1 体积水能溶 4.65(0℃)、3.44(10℃)、2.61(20℃)体积的 H_2S。常温下，饱和 H_2S 溶液的浓度约为 0.1 $mol\cdot L^{-1}$（请记住这个浓度）。

H_2S 的水溶液叫**氢硫酸**，它是一个二元弱酸。

$$H_2S \rightleftharpoons H^+ +HS^- \qquad K_1=1.3\times10^{-7}$$
$$HS^- \rightleftharpoons H^+ +S^{2-} \qquad K_2=7.1\times10^{-15}$$

空气中的 O_2 能把它氧化成 S。因此，氢硫酸溶液在空气中放置一段时间后变混浊。Br_2、I_2 和 $H_2S(aq)$ 反应被用于制备少量 HBr、HI 水液。

$$X_2+H_2S \longrightarrow 2HX+S \quad (X\ 为\ Br、I，过滤除\ S)$$

H_2S 为折线形分子，键长 135 pm，键角为 92°21′（气态）。熔点、沸点低于 H_2O（因氢键）、H_2Se（因分子间力）。

2. 金属硫化物(metal sulfide)

最常用的制备硫化物的方法是：单质和硫化合，如

$$Hg+S \longrightarrow HgS$$

还原硫酸盐，如

$$Na_2SO_4+4C \longrightarrow Na_2S+4CO$$

金属盐溶液和 $H_2S(aq)$ 反应，如

$$Cu^{2+}+H_2S \longrightarrow CuS+2H^+$$

硫化物的组成、性质均和相应氧化物相似。如

H_2S	$NaSH$	Na_2S	As_2S_3	As_2S_5	Na_2S_2
H_2O	$NaOH$	Na_2O	As_2O_3	As_2O_5	Na_2O_2
	碱性	碱性	两性，还原性	酸性	碱性，氧化性

同周期、同族以及同种元素硫化物，它们的酸碱性变化规律都和氧化物相同(只是氧化物的碱性、酸性均强于相应的硫化物)。

同周期元素最高氧化态硫化物从左到右酸性增强。如第五周期中 Sb_2S_5 的酸性强于 SnS_2。

同族元素硫化物(氧化态相同)从上到下酸性减弱，碱性增强。如 As_2S_5 的酸性强于 Sb_2S_5；Sb_2S_3 为两性，Bi_2S_3 为碱性。

同种元素的硫化物中，高氧化态硫化物的酸性强于低氧化态硫化物的酸性。如 As_2S_5、Sb_2S_5 的酸性分别强于 As_2S_3、Sb_2S_3。

碱金属(包括 NH_4^+)的硫化物易溶于水，Al_2S_3 等硫化物在水中分解，其余金属硫化物都是难溶物。各种硫化物在水溶液中均发生不同程度的水解作用。如 0.10 mol·L^{-1} Na_2S 溶液的水解度为 94%；Al_2S_3 完全水解为 $Al(OH)_3$ 和 H_2S；即使是难溶硫化物，如 PbS，其溶解的部分也明显水解，所以 PbS 饱和溶液中$[Pb^{2+}] \neq [S^{2-}]$，也就不能按 $K_{sp}=x^2$ 进行计算。

常用的可溶性硫化物试剂是 Na_2S 和 $(NH_4)_2S$，其溶液的水解度、pH 及$[S^{2-}]$见表 4-6。

表 4-6

	水解度	pH	$[S^{2-}]/(mol \cdot L^{-1})$
0.10 mol·L^{-1} Na_2S	94%	≈13.0	6×10^{-3}
0.10 mol·L^{-1} $(NH_4)_2S$	≈100%	9.26	1.3×10^{-6}

这两种试剂都很容易被空气中的 O_2 氧化，所以其中常含有多硫化物。通常把这两种试剂储存在棕色瓶中。

$$2S^{2-}+O_2+2H_2O = 2S+4OH^-$$

$$S^{2-}+xS = S_{x+1}^{2-}\text{(多硫离子)}$$

难溶硫化物有两个特点：

① 许多金属的最难溶化合物常是硫化物，因此被用于从溶液中除 M^{n+}；

② 各种金属硫化物的溶度积相差较大，所以常利用难溶硫化物沉淀来分离金属阳离子。

表 4-7 给出某些难溶化合物的溶度积。

表 4-7 某些难溶化合物的溶度积(室温)

	Mn^{2+}	Zn^{2+}	Cd^{2+}	Pb^{2+}	Hg^{2+}
$K_{sp}(M(OH)_2)$	4.0×10^{-14}	1.2×10^{-17}	2.5×10^{-14}	2.5×10^{-16}	4.2×10^{-22}
$K_{sp}(MCO_3)$	7.9×10^{-11}	1.4×10^{-10}	2.5×10^{-14}	1.6×10^{-15}	—
$K_{sp}(MS)$	2×10^{-15}	2×10^{-22}	8×10^{-27}	1×10^{-28}	4×10^{-53}

氢硫酸和大多数常见的金属阳离子作用生成相应的硫化物，然而反应完全程度却和金属种类、溶液的浓度、pH 等因素有关。下面讨论难溶硫化物的沉淀和溶解。

(1) 持续把 H_2S 通入含 M^{2+} 溶液(H_2S 饱和溶液的浓度为 0.10 $mol \cdot L^{-1}$),计算 MS 的生成和 H^+ 浓度的关系。

设溶液中 M^{2+} 的起始浓度为 0.10 $mol \cdot L^{-1}$,若完全沉淀后残留的$[M^{2+}] \leqslant 10^{-5}$ $mol \cdot L^{-1}$,则溶液中同时有 0.20 $mol \cdot L^{-1}$的 H^+ 生成。

	M^{2+}	$+H_2S$	$=\!=\!= MS+2H^+$	$K=K_1K_2/K_{sp}$
起始浓度/($mol \cdot L^{-1}$)	0.10	0.10		
平衡浓度/($mol \cdot L^{-1}$)	10^{-5}	0.10	0.20	

代入平衡常数关系式

$$K=\frac{[H^+]^2}{[M^{2+}][H_2S]}=\frac{0.20^2}{10^{-5}\times 0.10}=\frac{9.2\times 10^{-22}}{K_{sp}}$$

则

$$K_{sp}=2.3\times 10^{-26}$$

计算结果说明:当向含 M^{2+} 的溶液中持续通 H_2S,对于 $K_{sp} \leqslant 2.3\times 10^{-26}$ 的 MS,能沉淀完全,如 CdS、PbS、CuS、HgS;对于 $K_{sp}>10^{-26}$ 的 MS,在以上条件下或沉淀不完全[如 ZnS,$K=9.2\times 10^{-22}/(2\times 10^{-22})=4.6$],或不沉淀(如 MnS,$K=4.6\times 10^{-7}$)。

把 H_2S 通入含 Zn^{2+} 的溶液(Zn^{2+} 的起始浓度为 0.10 $mol \cdot L^{-1}$),其沉淀的部分可由下列关系式求得。如有 x $mol \cdot L^{-1}$的 Zn^{2+} 转化为沉淀:

$$\begin{array}{llll} Zn^{2+} + & H_2S & =\!=\!= ZnS+2H^+ & K=4.6 \\ 0.10-x & 0.10 & \quad\quad 2x & \end{array}$$

解得

$$x=0.064$$

即有 64%的 Zn^{2+} 沉淀,剩余$[Zn^{2+}]=0.036$ $mol \cdot L^{-1}$。Zn^{2+} 沉淀不完全。

(2) 欲使不沉淀或沉淀不完全的 MS 沉淀完全,措施是降低生成物 H^+ 的浓度,使平衡右移而沉淀完全。设完全沉淀后溶液中的$[Zn^{2+}]$、$[Mn^{2+}]$为 10^{-5} $mol \cdot L^{-1}$,求与之平衡的$[H^+]$。

$$\begin{array}{lll} M^{2+} & +H_2S & =\!=\!= MS+2H^+ \\ 10^{-5} & 0.10 & \quad\quad [H^+] \end{array}$$

对于 ZnS,$K=4.6$,解得$[H^+]=2.1\times 10^{-3}$ $mol \cdot L^{-1}$;对于 MnS,$K=4.6\times 10^{-7}$,解得$[H^+]=6.8\times 10^{-7}$ $mol \cdot L^{-1}$。

由计算结果可知:加 NaAc 或适量 $NH_3 \cdot H_2O$ 可使溶液中$[H^+]<2.1\times 10^{-3}$ $mol \cdot L^{-1}$,这样 ZnS 可以沉淀完全;欲使 MnS 完全沉淀,需保持溶液的$[H^+]<6.8\times 10^{-7}$ $mol \cdot L^{-1}$,因此需加适量 $NH_3 \cdot H_2O$,或用$(NH_4)_2S$、Na_2S 代替 H_2S 作沉淀剂。

调节溶液酸度使溶度积不太小的 MS 沉淀完全,需要注意两点:①一般不用 NaOH 溶液调节 pH。因若溶液的 pH 控制不当,将有氢氧化物,如 $Mn(OH)_2$ 生成,随即转化为更难溶的 $MnO(OH)_2$。②当溶液$[H^+] \leqslant 6.8\times 10^{-7}$ $mol \cdot L^{-1}$时,溶液中$[H_2S]$已明显低于 0.1 $mol \cdot L^{-1}$,故若再按$[H_2S]=0.1$ $mol \cdot L^{-1}$计算,其结果将和实验事实有较大的差别。

(3) 增大溶液的$[H^+]$,可使哪些 MS 溶解或使哪些 MS 不能沉淀?

设 M^{2+} 的起始浓度为 0.10 $mol \cdot L^{-1}$,则 MS 不能沉淀的$[H^+]$为

$$M^{2+} + H_2S = MS + 2H^+$$
$$\phantom{M^{2+}}0.10 \quad 0.10 \qquad\qquad [H^+]$$

对于 ZnS，$K = 4.6$，解得 $[H^+] = 0.2\ \text{mol} \cdot L^{-1}$。

因此，在 $c(H^+) \geqslant 0.3\ \text{mol} \cdot L^{-1}$ 时通 H_2S 入 Zn^{2+} 液，不产生沉淀，而 $K_{sp} < 10^{-26}$ 的 PbS、CdS、CuS、HgS 等能完全沉淀，这样就能使 Pb^{2+}、Cu^{2+}、Cd^{2+}、Hg^{2+} 等和 Zn^{2+}、Mn^{2+} 离子分离。

(4) 难溶 MS 的溶解

如 CdS 溶于 HCl 的反应。设 CdS 完全溶解后，$[Cd^{2+}] = [H_2S] = 0.10\ \text{mol} \cdot L^{-1}$，求与之平衡的 $[H^+]$。

$$CdS + 2H^+ = Cd^{2+} + H_2S \qquad K = K_{sp}/(K_1 K_2) = 8.7 \times 10^{-6}$$
$$[H^+] \quad\;\; 0.10 \quad 0.10$$

解得 $[H^+] = 34\ \text{mol} \cdot L^{-1}$，大于浓 HCl($12\ \text{mol} \cdot L^{-1}$)的浓度，因此判断为 CdS 不溶于 HCl。然而事实是，CdS 能溶于约 $2\ \text{mol} \cdot L^{-1}$ HCl。其原因是，以上计算未考虑 Cd^{2+} 和 Cl^- 间的配位作用。

$$Cd^{2+} + 2Cl^- = CdCl_2 \qquad \beta_2 = 3.2 \times 10^2$$

因此，CdS 和 HCl 反应的平衡常数及相应计算如下：

$$CdS + 2H^+ + 2Cl^- = CdCl_2 + H_2S$$
$$[H^+]\ [Cl^-] \quad\;\; 0.10 \quad 0.10$$
$$K = K_{sp}\beta_2/(K_1 K_2) = 2.8 \times 10^{-3}$$

解得 $[H^+] = 2.4\ \text{mol} \cdot L^{-1}$，计算值和实验结果基本相符。

同理，PbS 能溶于约 $2.5\ \text{mol} \cdot L^{-1}$ HCl，若不考虑 Pb^{2+} 和 Cl^- 间的配位作用，按 MS 溶解反应计算的 $[H^+] = 300\ \text{mol} \cdot L^{-1}$。

总之，在用 HCl 时要充分注意 Cl^- 和 M^{n+} 间的配位作用。

下面再看 HgS 和 HCl、HI 反应的平衡常数。

$$HgS + 2H^+ + 4X^- = HgX_4^{2-} + H_2S$$
$$K = \frac{K_{sp}\beta_4}{K_1 K_2}, \quad K(Cl) = 5.3 \times 10^{-17}, \quad K(I) = 3.2 \times 10^{-2}$$

由 K 值判断，HgS 能溶于一定浓度的 HI，而不溶于 HCl。

【附】 若硫化物的化学式是 M_2S、M_2S_3 或 MS_2，则可按下列平衡关系式进行计算：

$$M_2S + 2H^+ = 2M^+ + H_2S \qquad K = K_{sp}/(K_1 K_2)$$
$$M_2S_3 + 6H^+ = 2M^{3+} + 3H_2S \qquad K = K_{sp}/(K_1 K_2)^3$$
$$MS_2 + 4H^+ = M^{4+} + 2H_2S \qquad K = K_{sp}/(K_1 K_2)^2$$

和酸性、两性氧化物同碱作用能生成含氧酸盐相似，具有酸性、两性的硫化物也能和碱性硫化物作用生成硫代酸盐。如

$$As_2S_5 + 3Na_2S = 2Na_3AsS_4\text{（硫代砷酸钠）}$$
$$SnS_2 + S^{2-} = SnS_3^{2-}\text{（硫代锡酸钠）}$$
$$HgS + S^{2-} = HgS_2^{2-}$$

3. 多硫化氢和多硫化物

和氧能生成过氧化物相似，硫也能生成多硫化氢 H_2S_x（氢和硫的二元化合物叫硫烷，sulphane，目前 x 最大值已超过 8）及多硫化物 M_2S_x。H_2S_x 和 H_2S 性质间的关系跟 H_2O_2 和 H_2O 性质间的关系相似，即 H_2S_x 的沸点高于 H_2S，稳定性比 H_2S 差，其水溶液的酸性较氢硫酸强（表 4-8）。

碱金属多硫化物 M_2S_x（x＝2～6，个别 x 可高达 9），如 Na_2S_x 颜色随 x 增大由无色变为黄色、红色。由可溶性硫化物 S^{2-} 和 S 作用形成 S_x^{2-}。

表 4-8 H_2S_x 的某些性质

	H_2S	H_2S_2	H_2S_3	H_2S_4	H_2S_5
$\Delta_f H_m^\ominus/(kJ \cdot mol^{-1})$	−20.1	−17.6	−14.8	−12.0	−9.9
沸点/℃	−60.75	70	170	240	285
电离常数，pK_1	6.9	5.0	4.2	3.8	3.5
pK_2	14.1	9.7	7.5	6.3	5.7
20 ℃，密度/$(g \cdot cm^{-3})$		1.334	1.491	1.582	1.644

碱土金属也能形成多硫化物，较为常见的是 MS_4。

多硫化物中 Na_2S_2 是脱毛剂，CaS_4 是杀虫剂。

多硫化物也具有氧化性，但氧化能力弱于过氧化物。

$$S_2^{2-} + 2e = 2S^{2-} \qquad E^\ominus = -0.48\ V$$
$$HO_2^- + H_2O + 2e = 3OH^- \qquad E^\ominus = 0.87\ V$$

它能氧化 As(Ⅲ)、Sb(Ⅲ)、Sn(Ⅱ)的硫化物，或把这些金属的硫代亚酸盐氧化为硫代酸盐。相应的反应式和电极电势为

$$AsS_4^{3-} + 2e = AsS_3^{3-} + S^{2-} \qquad E^\ominus < -0.6\ V$$
$$SbS_4^{3-} + 2e = SbS_3^{3-} + S^{2-} \qquad E^\ominus = -0.60\ V$$
$$SnS_3^{2-} + 2e = SnS + 2S^{2-} \qquad E^\ominus < -0.6\ V$$
$$MS_3^{3-} + S_2^{2-} = MS_4^{3-} + S^{2-} \qquad (M = As、Sb)$$
$$SnS + S_2^{2-} = SnS_3^{2-}$$

多硫化物和酸反应生成 H_2S_x，后者分解为 H_2S 和 S。

$$M_2S_x + 2H^+ = 2M^+ + (x-1)S\downarrow + H_2S\uparrow$$

久置试剂 Na_2S、$(NH_4)_2S$ 遇酸发生混浊，就是因为其中所含多硫化物发生了上述反应。

4.5 二氧化硫、亚硫酸及其盐

1. 二氧化硫(sulfur dioxide)

SO_2 是具有刺激性和恶臭的无色气体，较易液化(沸点－10.02℃)，液态 SO_2 是一种非水溶剂，自电离式为

$$2SO_2 \rightleftharpoons SO^{2+} + SO_3^{2-}$$

制备 SO_2 的方法很多，如硫或硫化物的燃烧(工业法)、亚硫酸盐与酸反应(实验室法)、硫酸盐被还原等。

$$S + O_2 = SO_2$$
$$4FeS_2 + 11O_2 = 2Fe_2O_3 + 8SO_2$$
$$Na_2SO_3 + H_2SO_4 = Na_2SO_4 + SO_2 + H_2O$$
$$2CaSO_4 + C = 2CaO + 2SO_2 + CO_2$$

制备纯 SO_2，需用 Cu 和浓 H_2SO_4 反应。

$$Cu + 2H_2SO_4 = CuSO_4 + SO_2 + 2H_2O$$

气态 SO_2 为折线形分子，键角 119.5°，键长 d(S—O)＝143.2 pm，这个键长比 S═O 双键键长(149 pm)短。关于 SO_2 的键型，目前有以下两种具有代表性的观点：

(1) S 原子以 sp^2 杂化轨道和 2 个 O 原子的 p 轨道形成 2 个 σ 键，此外还有 1 个 π_3^4 键，见图 4-5(a)(SO_2 和 O_3 是等电子体)。

(2) 共振结构如图 4-5(b)所示。

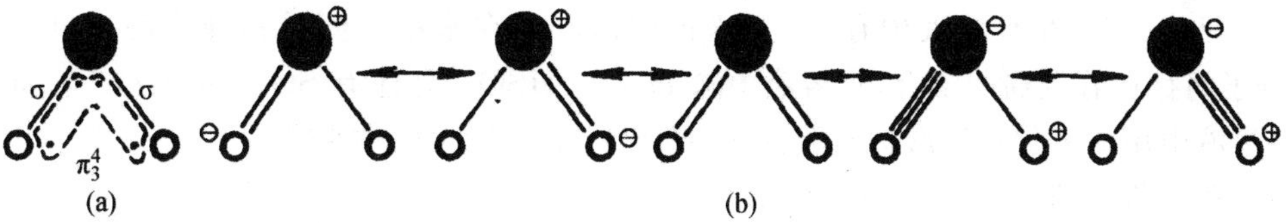

图 4-5 SO_2 的结构

SO_2 既有氧化性，又有还原性，而以还原性为主，能被 O_2、Cl_2 氧化，分别生成 SO_3、SO_2Cl_2。

$$2SO_2 + O_2 = 2SO_3$$
$$SO_2 + Cl_2 = SO_2Cl_2$$

生成 SO_3 反应的平衡常数(K_p)和温度的关系见表 4-9。

表 4-9 不同温度下 $SO_2 + \frac{1}{2}O_2 = SO_3$ 的 K_p

温度/℃	400	450	500	550	600	650	1000
K_p	442	137	50.0	20.5	9.37	4.68	0.167

硫酸工业中制备 SO_3 是在450 ℃以上，并用 Pt 或 V_2O_5 作催化剂的条件下进行的。

空气中 SO_2 若溶于水滴(含 Fe^{3+}、Mn^{2+} 或 Mg^{2+} 等物具催化作用)，或在光(290～400 nm)照射下经 12 小时，最多 2 天就被氧化。

SO_2 和强还原剂，如 H_2S、H_2、CO 反应时显氧化性。

$$SO_2 + 2H_2S = 3S + 2H_2O$$

$$SO_2 + 2H_2 \xlongequal{>1000\ ℃} S + 2H_2O$$

$$SO_2 + 2CO \xlongequal{>1000\ ℃} S + 2CO_2$$

第一个反应于室温有湿气或较高温下发生。当温度达300 ℃，后两个反应已进行得相当快。

SO_2 能和某些有色物质形成无色的加合物，所以 SO_2 被用来漂白纸浆、草编制品等。

SO_2 是一种气态污染物，燃烧煤、石油产物时都有 SO_2 排出。空气中的 SO_2 既对动植物有毒害作用，又腐蚀建筑物。目前大致有 3 种除去废气中 SO_2 的方法：其一是将 SO_2 氧化成 SO_3 制 H_2SO_4，适用于处理 SO_2 含量不太小的废气。其二是在溶液中借催化剂将 SO_2 氧化、吸收，使其生成 $CaSO_4$、$MgSO_4$ 或 $(NH_4)_2SO_4$ 等。$CaSO_4$ 可作填料，$(NH_4)_2SO_4$ 可作肥料，$MgSO_4$ 经 C 还原生成 MgO 和 SO_2，MgO 可以循环使用。

$$Mg(OH)_2 \xrightarrow{SO_2} MgSO_3 \xrightarrow{O_2} MgSO_4$$

$$2MgSO_4 + C = 2MgO + 2SO_2 + CO_2$$

第三种方法是在高温(>1000 ℃)下用 CO 将 SO_2 还原为单质硫。

2. 亚硫酸(sulfurous acid)及亚硫酸盐(sulfite)

SO_2 易溶于水：20 ℃，100 cm^3 水能溶解 SO_2 3937 cm^3，相当于 1.6 $mol \cdot L^{-1}$；100 ℃为 1877 cm^3 SO_2。其水溶液是亚硫酸溶液。H_2SO_3 是二元弱酸($K_1 = 1.3 \times 10^{-2}$，$K_2 = 6.3 \times 10^{-8}$)。“亚硫酸”只在水溶液中存在(光谱证明)，SO_2 在水中主要是物理溶解，SO_2 分子和 H_2O 分子间存在着较弱的结合，水溶液中除 H_3O^+、HSO_3^- 外还有 SO_3^{2-} 和 $S_2O_5^{2-}$。低温下，在乙醚溶液中用酸酸化亚硫酸盐实验证明，H_2SO_3 是“短命的中间物”。

市售亚硫酸试剂中含 SO_2 量不少于 6%。

亚硫酸形成两系列盐：正盐和酸式盐。制亚硫酸钠的方法是：先使 SO_2 和一半用量的 NaOH 反应生成 $NaHSO_3$，然后 $NaHSO_3$ 再和另一半量的 NaOH 反应得 Na_2SO_3(这是因为不能称量气态反应物)。

$$NaOH + SO_2 = NaHSO_3$$

$$NaHSO_3 + NaOH = Na_2SO_3 + H_2O$$

除碱金属及铵的亚硫酸盐易溶于水外，其他金属的亚硫酸盐均难(或微)溶于水，但都能溶于强酸。许多金属的亚硫酸氢盐的溶解度大于相应正盐。亚硫酸氢钙 $Ca(HSO_3)_2$ 能溶解木质素，被用于造纸工业。因 HSO_3^- 溶液中有下列平衡存在：

$$2HSO_3^- = S_2O_5^{2-} + H_2O$$

因此，不能用加热浓缩的方法制备亚硫酸氢盐。

SO_3^{2-} 和 $S_2O_5^{2-}$ 的结构如图 4-6 所示。

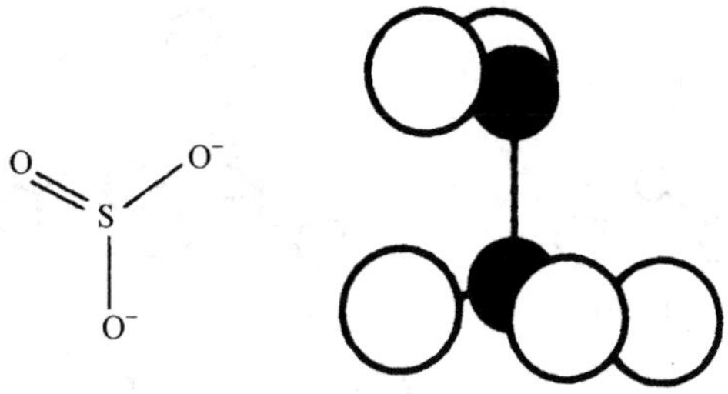

SO_3^{2-}　　　　$S_2O_5^{2-}$

图 4-6　SO_3^{2-} 和 $S_2O_5^{2-}$ 的结构

和 SO_2 相同，亚硫酸及其盐也是以还原性为主，只是当遇到强还原剂时，才表现出氧化性。

$$2MnO_4^- + 5SO_3^{2-} + 6H^+ = 2Mn^{2+} + 5SO_4^{2-} + 3H_2O$$

$$H_2SO_3 + 2H_2S = 3S + 3H_2O$$

在某些情况下，H_2SO_3 被氧化或被还原的产物因所用还原剂、氧化剂的不同而异。如

$$SO_3^{2-} + S = S_2O_3^{2-}$$

$$2MnO_2 + 3H_2SO_3 = MnSO_4 + MnS_2O_6 + 3H_2O$$

$$H_2SO_3 + 2HSO_3^- + Zn = S_2O_4^{2-} + ZnSO_3 + 2H_2O$$

$S_2O_3^{2-}$、$S_2O_4^{2-}$、$S_2O_6^{2-}$ 分别叫硫代硫酸根、连二亚硫酸根、连二硫酸根。

【附】　硫元素的电势图

酸性介质($E_a^\ominus$/V)：

$$S_2O_8^{2-} \xrightarrow{2.00} SO_4^{2-} \xrightarrow{-0.22} S_2O_6^{2-} \xrightarrow{0.57} H_2SO_3 \xrightarrow{0.40} S_2O_3^{2-} \xrightarrow{0.50} S \xrightarrow{0.14} H_2S$$

SO_4^{2-} — H_2SO_3：0.17；H_2SO_3 — S：0.45

碱性介质($E_b^\ominus$/V)：

$$S_2O_8^{2-} \xrightarrow{2.00} SO_4^{2-} \xrightarrow{-0.93} SO_3^{2-} \xrightarrow{-0.58} S_2O_3^{2-} \xrightarrow{-0.74} S \xrightarrow{-0.48} S^{2-}$$

SO_3^{2-} — S^{2-}：−0.59；SO_3^{2-} — S：−0.66

SO_3^{2-} 作为配位体可和 Mn^{2+}、Zn^{2+}、Cd^{2+}、Hg^{2+}、Mg^{2+} 等阳离子配位，生成 $M_2^{I}[M(SO_3)_2]$ 和 $M^{II}[M(SO_3)_2]$。式中 M^I 为 Na^+、K^+、Ag^+。

4.6　三氧化硫、硫酸及硫酸盐

1. 三氧化硫(sulfur trioxide)

SO_2 和 O_2 反应(>450 ℃，在 Pt 或 V_2O_5 催化下)得 SO_3。

SO_3(g)为平面正三角形分子(图 4-7)，d(S—O) = 142 pm，于41.5 ℃冷凝成含 SO_3、$(SO_3)_3$ 及其他型体的无色、低黏度液体。固态 SO_3 有 α(似冰，S_3O_9)、β 和 γ(后两者为似石棉结构，SO_3 链)型 3 种，其生成焓见表 4-10。

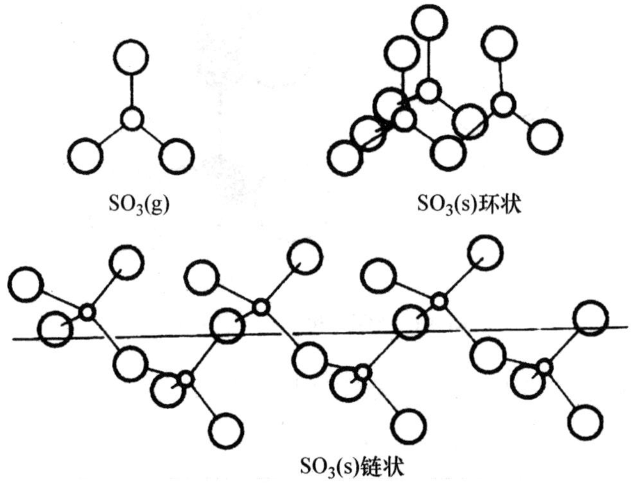

图 4-7　$SO_3(g)$、$SO_3(s)$的结构

表　4-10

	$SO_3(l)$	α-$SO_3(s)$	β-$SO_3(s)$	γ-$SO_3(s)$
$\Delta_f H_m^{\ominus}/(kJ \cdot mol^{-1})$	−437.9	−462.4	−447.6	−447.4

SO_3 有氧化性，高温能把 HBr、P 分别氧化成 Br_2、P_4O_{10}。SO_3 具有酸性，和碱或碱性氧化物作用生成相应的盐。SO_3 和 H_2O 结合成 H_2SO_4。SO_3 溶于 H_2SO_4 得发烟硫酸(fuming sulfuric acid)，以 $H_2SO_4 \cdot xSO_3$ 表示其组成。发烟硫酸的试剂有含 SO_3 20%～25%和50%～53%的两种。

2. 硫酸(sulfuric acid)

纯 H_2SO_4 和市售浓 H_2SO_4(约 18 $mol \cdot L^{-1}$)都是油状液体，后者是常用的高沸点酸。

H_2SO_4 的水合能比其他酸大得多，所以稀释时必须非常小心，**一定要把浓 H_2SO_4 加入水中，边加边搅拌**。浓 H_2SO_4 具有很强的脱水性(使碳水化合物炭化)和吸湿性(作干燥剂)。顺便提及：5 g 葡萄糖和 5 cm^3 浓 H_2SO_4 于85 ℃反应，得 320 cm^3 气体，经 $KMnO_4$ 液减为 250 cm^3(SO_2，占 22%)，又经 NaOH 液降为 208 cm^3(CO_2，占 13%)，余为 CO(65%)。浓 H_2SO_4 和淀粉反应的产物相同，就是说，浓 H_2SO_4 脱水时还伴随化学反应——H_2SO_4 的氧化性。

H_2SO_4 为强酸是指第一步电离，HSO_4^- 只有部分电离($K = 1.0 \times 10^{-2}$)，在 H_2SO_4 溶液中 HSO_4^- 的电离被 H_2SO_4 电离生成的 H^+ 所抑制，所以电离度减小。如在 0.10 $mol \cdot L^{-1}$ H_2SO_4 中，HSO_4^- 的电离度只有 10%，而 0.10 $mol \cdot L^{-1}$ $NaHSO_4$ 溶液中 HSO_4^-(此时没有 H^+ 起抑制电离的作用)的电离度为 27%。

热的浓 H_2SO_4 是氧化剂，可和许多金属或非金属作用而被还原为 SO_2 或 S。

$$2H_2SO_4(浓) + S = 3SO_2 + 2H_2O$$

Al、Fe、Cr 在冷、浓 H_2SO_4 中发生钝化。稀 H_2SO_4 溶液和较活泼金属反应生成 H_2。Pb 和 H_2SO_4 作用，因表面生成难溶的 $PbSO_4$ 而使反应中断，但 Pb 能和浓 H_2SO_4(≥75%)反应，因生成了较易溶解的 $Pb(HSO_4)_2$。

H_2SO_4 的用途很广，过去常用它的年产量作为衡量一个国家工业发展水平的依据之一。

3. 硫酸盐(sulfate)

(1) 酸式硫酸盐或硫酸氢盐(hydrogen sulfate)

常见的酸式硫酸盐有 $NaHSO_4$、$KHSO_4$。酸式硫酸盐具备以下两个特性：

①能溶于水的盐因 HSO_4^- 部分电离而使溶液显酸性。

②固态盐受热脱水生成焦硫酸盐。

$$NaSO_3\boxed{OH+H}OSO_3Na \xlongequal{\triangle} Na_2S_2O_7+H_2O\uparrow$$

因此在某些实验中可用 $NaHSO_4$ 代替 $Na_2S_2O_7$。

(2) 硫酸盐

除 Sr^{2+}、Ba^{2+}、Pb^{2+} 的硫酸盐难溶，Ca^{2+}、Ag^+ 的硫酸盐微溶外，其他硫酸盐都易溶。此外，硫酸盐有以下 4 个性质：

① 大多数硫酸盐含有结晶水，如 $CuSO_4\cdot5H_2O$，$CaSO_4\cdot2H_2O$，$MSO_4\cdot7H_2O$(M^{2+} 为 Mg^{2+}、Fe^{2+}、Zn^{2+})。含结晶水的硫酸盐除个别外，如 $CaSO_4\cdot2H_2O$，一般都易溶于水。

② 易形成复盐(double salt)。$M_2^ISO_4$ 和 $M^{II}SO_4$ 或 $M_2^{III}(SO_4)_3$ 形成 $M_2^ISO_4\cdot M^{II}SO_4\cdot6H_2O$($M^I=NH_4^+$、$K^+$，$M^{II}=Mg^{2+}$、$Mn^{2+}$、$Fe^{2+}$)，或 $M_2^ISO_4\cdot M_2^{III}(SO_4)_3\cdot24H_2O$($M^I=Li^+$、$Na^+$、$K^+$、$NH_4^+$，$M^{III}=Al^{3+}$、$Cr^{3+}$、$Fe^{3+}$、$V^{3+}$ 等)。前一类中最重要的是 Mohr 盐，$(NH_4)_2SO_4\cdot FeSO_4\cdot6H_2O$；后一类中最常见的是铝明矾和铁明矾。

SO_4^{2-} 也能作为配位体形成配合物，如 $K_3[Ir(SO_4)_3]\cdot H_2O$、$[CoSO_4(NH_3)_5]Br$ 等。但 SO_4^{2-} 作为配位体形成配合物的能力弱于 SO_3^{2-}。

③ 正盐和酸式盐相互间的转化。酸式盐和碱作用生成正盐。

$$NaHSO_4+NaOH = Na_2SO_4+H_2O$$

反之，硫酸盐，尤其是难溶硫酸盐又能转化为溶解度稍大于正盐的酸式硫酸盐。难溶硫酸盐溶于酸的反应式和平衡常数为

$$MSO_4+H^+ = M^{2+}+HSO_4^- \quad K=K_{sp}/K_a$$

将 $CaSO_4$、$SrSO_4$……的 K_{sp} 和 HSO_4^- 的 $K_a=1.0\times10^{-2}$ 代入，再由平衡常数求出和 $[M^{2+}]=0.10\ mol\cdot L^{-1}$ 或 $0.010\ mol\cdot L^{-1}$，$[HSO_4^-]=0.10\ mol\cdot L^{-1}$ 或 $0.010\ mol\cdot L^{-1}$ 平衡的 $[H^+]$。计算结果列于表 4-11。

表 4-11

	$CaSO_4$	$SrSO_4$	$PbSO_4$	$BaSO_4$
20 ℃，溶度积	9.1×10^{-6}	2.5×10^{-7}	1.6×10^{-8}	1.1×10^{-10}
MSO_4 和 H^+ 反应的 K	9.1×10^{-4}	2.5×10^{-5}	1.6×10^{-6}	1.1×10^{-8}
与$[M^{2+}]=[HSO_4^-]=0.10\ mol\cdot L^{-1}$ 平衡的$[H^+]/(mol\cdot L^{-1})$	10	(400)*	(6300)*	(9.1×10^5)*
与$[M^{2+}]=[HSO_4^-]=0.010\ mol\cdot L^{-1}$ 平衡的$[H^+]/(mol\cdot L^{-1})$	1.0	4.0	(63)*	(9.1×10^2)*

* ( )内为计算值，是不可能达到的。

计算结果表明：溶解度较大的 $CaSO_4$ 和 $SrSO_4$ 可溶于强酸。溶解的本质是，难溶弱酸盐（因 HSO_4^- 只有部分电离，所以硫酸盐不应是强酸盐）溶于强酸。难溶弱酸盐在相对强酸中的溶解情况取决于难溶弱酸盐溶解形成弱酸的 K_a 及难溶弱酸盐 K_{sp} 的大小。如 H_2S 的 K_a 远小于 HSO_4^- 的 K_a，而相对说来溶度积比 ZnS 大得多的 $BaSO_4$ 却不溶于酸。由此可以推测，因难溶磷酸盐、碳酸盐、草酸盐相应酸的 K_a 都比 HSO_4^- 的 K_a 小得多，因此，这些难溶盐应该比难溶硫酸盐更易溶于强酸。就某种弱酸盐而言，显然溶度积较大的易溶于强酸。如 $CaSO_4$ 比 $BaSO_4$ 易溶，ZnS 比 HgS 易溶。

所谓"$BaSO_4$ 不溶于酸"是指 $BaSO_4$ 在酸中的溶解度很小，不能把它理解为 $BaSO_4$ 在酸中的溶解度和在水中完全一样。

④ 硫酸盐受热分解为金属氧化物、SO_3、SO_2 及 O_2。其分解温度和阳离子的电子构型及 ϕ 值有关，见表 4-12。

表 4-12

	$MgSO_4$	$CaSO_4$	$SrSO_4$
离子势 ϕ	0.031	0.020	0.018
分解温度/℃	895	1149	1374

同族，等价金属硫酸盐的热分解温度从上到下升高。

若同种元素能形成几种硫酸盐，则高氧化态（ϕ 大）硫酸盐的分解温度低。如 $Mn_2(SO_4)_3$ 和 $MnSO_4$ 的分解温度分别为300 ℃和755 ℃，$Fe_2(SO_4)_3$ 的分解温度低于 $FeSO_4$ 的分解温度。

若金属阳离子的价数相同、半径相近，则 8e 构型比 18e 构型阳离子硫酸盐的分解温度高。如 Ca^{2+} 和 Cd^{2+}，K^+ 和 Ag^+ 的价数相同、半径相近，但 $CdSO_4$ 的分解温度（816 ℃）低于 $CaSO_4$，Ag_2SO_4 的分解温度低于 K_2SO_4。

当有 P_4O_{10}、SiO_2 存在时，硫酸盐（如 $CaSO_4$）的热分解温度有所降低，这是因为生成了在高温下更为稳定的 $Ca_3(PO_4)_2$、$CaO \cdot nSiO_2$（又是偶联反应）。

$$6CaSO_4 + P_4O_{10} = 2Ca_3(PO_4)_2 + 6SO_2 + 3O_2$$

$$CaSO_4 + nSiO_2 = CaO \cdot nSiO_2 + SO_2 + \frac{1}{2}O_2$$

后一反应中的 SO_2 被用来制 H_2SO_4，而另一生成物 $CaO \cdot nSiO_2$ 经加工可制成水泥。

4. 焦硫酸(pyrosulfuric acid)及焦硫酸盐

发烟硫酸 $H_2SO_4 \cdot xSO_3$，当 $x=1$ 时，其组成为 $H_2S_2O_7$，叫**焦硫酸**。至今尚未制得纯的焦硫酸。

化学命名法规定：2 个正酸分子脱去 1 个水分子的产物叫**焦酸**。

$$2H_2SO_4 = H_2S_2O_7 + H_2O$$

可以认为焦酸及其盐中含有较正酸及其盐为多的酸性氧化物，如 $K_2S_2O_7$ 可写成 $K_2SO_4 \cdot SO_3$。因此焦酸盐可以和碱性氧化物反应。

$$3K_2S_2O_7 + Fe_2O_3 \xrightarrow{\triangle} Fe_2(SO_4)_3 + 3K_2SO_4$$

焦硫酸盐在分析化学中用作熔矿剂就是基于这个性质。显然，可用 $KHSO_4$ 代替 $K_2S_2O_7$。

焦硫酸盐，如 $K_2S_2O_7$ 溶于水有两个热效应：开始溶解是吸热(endothermic)过程；约 3 分钟时由于 $S_2O_7^{2-}$ 水解而有明显的放热(exothermic)效应。

$$S_2O_7^{2-} + H_2O = 2HSO_4^-$$

由于 $S_2O_7^{2-}$ 在水中水解，因此不能配制焦硫酸盐溶液待用。

顺便提及：缩合酸的酸性强于正酸。

5. 过硫酸及其盐

可以认为过硫酸是 H_2O_2 的衍生物，用磺基—SO_3H 取代 H—O—O—H 分子中的 1 个 H，得 HO—O—SO_3H，叫**过一硫酸**(peroxomonosulfuric acid)；取代 2 个 H，得 HSO_3—O—O—SO_3H，叫**过二硫酸**(peroxodisulfuric acid)。

过二硫酸盐可用电解 HSO_4^- 的方法制备。常用的过二硫酸盐试剂有 $(NH_4)_2S_2O_8$ 和 $K_2S_2O_8$ 两种。因 $S_2O_8^{2-}(aq)$ 容易分解，所以一般用它的固体。$S_2O_8^{2-}$ 的分解是一级反应。

$$S_2O_8^{2-} + H_2O = 2HSO_4^- + \frac{1}{2}O_2$$

$$v = kc(S_2O_8^{2-})$$

其不同温度下的速率常数见表 4-13。温度高，分解速率快。固态过二硫酸盐分解速率慢得多。

表 4-13

温度/℃	70	80	90
k/min^{-1}	0.0016	0.0065	0.0161

$S_2O_8^{2-}$ 在酸性介质中分解成过一硫酸 H_2SO_5，后者进一步分解成 H_2SO_4 和 H_2O_2。用 $S_2O_8^{2-}$ 水解制 H_2O_2 就基于这个性质。

过二硫酸盐的电势很高，$E^\ominus(S_2O_8^{2-}/SO_4^{2-}) = 2.00$ V，是强氧化剂(多余的 $S_2O_8^{2-}$ 在酸性介质中受热分解)。在 $AgNO_3$ 催化剂作用下，$S_2O_8^{2-}$ 能把 Mn^{2+} 氧化成 MnO_4^-。

$$5S_2O_8^{2-} + 2Mn^{2+} + 8H_2O = 10SO_4^{2-} + 2MnO_4^- + 16H^+$$

用 $S_2O_8^{2-}$ 作氧化剂，氧化速率有快有慢。$S_2O_8^{2-}$ 和 I^- 的反应速率不快，但和 Fe^{2+} 的反应速率却很快。

$$S_2O_8^{2-} + 2Fe^{2+} = 2SO_4^{2-} + 2Fe^{3+}$$

$$v = 500 \times c(S_2O_8^{2-}) \times c(Fe^{2+}) \quad (13\ ℃)$$

4.7 硫的其他含氧酸及其盐

1. 硫代硫酸(thiosulfuric acid)及其盐

至今尚未制得纯的硫代硫酸 $H_2S_2O_3$，但其盐如 $Na_2S_2O_3 \cdot 5H_2O$ 却极有用。$S_2O_3^{2-}$ 的构

型和 SO_4^{2-} 相似，均为四面体形，可认为它是 SO_4^{2-} 中的一个"O"被"S"所取代的产物，所以叫硫代硫酸盐(thiosulfate)。

亚硫酸盐和硫反应生成硫代硫酸盐。

$$Na_2SO_3 + S = Na_2S_2O_3$$

$Na_2S_2O_3 \cdot 5H_2O$ 又称**大苏打**或**海波**，48 ℃熔融(溶于结晶水)。它有以下 3 个主要性质：

(1) 遇酸分解为 SO_2 和 S。

$$S_2O_3^{2-} + 2H^+ = SO_2 + S + H_2O$$

同时有一个副反应(速率较慢)：

$$5S_2O_3^{2-} + 6H^+ = 2S_5O_6^{2-}(\text{连五硫酸盐}) + 3H_2O$$

定影液遇酸失效原因之一，就是因为发生了上述反应。

(2) 具有还原性。如和 Cl_2 的反应：

$$S_2O_3^{2-} + 4Cl_2 + 5H_2O = 2HSO_4^- + 8H^+ + 8Cl^-$$

$$S_2O_3^{2-} + Cl_2 + H_2O = SO_4^{2-} + S + 2H^+ + 2Cl^-$$

纺织工业上先用 Cl_2 作纺织品的漂白剂，而后再用 $S_2O_3^{2-}$ 作脱(去织物上残留的)氯剂，就是利用了上述反应。由上述反应知，生成物因 $S_2O_3^{2-}$ 和 Cl_2 的相对量不同而异。

$S_2O_3^{2-}$ 和 I_2 生成连四硫酸盐的反应则是定量进行的：

$$I_2 + 2S_2O_3^{2-} = S_4O_6^{2-} + 2I^-$$

所以 $Na_2S_2O_3$ 是定量测定 I_2 的试剂。

(3) 作为配位体，$S_2O_3^{2-}$ 和 Ag^+、Cd^{2+} 等形成配离子。如

$$Ag^+ + 2S_2O_3^{2-} = Ag(S_2O_3)_2^{3-} \qquad \beta_2 = 4 \times 10^{13}$$

$S_2O_3^{2-}$ 和金属阳离子形成单基配位或双基配位的配离子。

"标记原子"实验证明：$S_2O_3^{2-}$ 中的两个硫原子是不同的。用 ^{35}S 和 SO_3^{2-} 反应生成硫代硫酸根，后者和足量的 $AgNO_3$ 反应得硫代硫酸银沉淀，接着分解为硫化银。^{35}S 在硫化银中，而另一产物 H_2SO_4 中却无 ^{35}S。

$$^{35}S + SO_3^{2-} = {}^{35}SSO_3^{2-}$$

$$^{35}SSO_3^{2-} + 2Ag^+ = Ag_2{}^{35}SSO_3 \downarrow (\text{白})$$

$$Ag_2{}^{35}SSO_3 + H_2O = Ag_2{}^{35}S + H_2SO_4$$

按照计算氧化态的习惯，$S_2O_3^{2-}$ 中每个 S 都是"+2"。

2. 连二亚硫酸(dithionous acid)及其盐

$H_2S_2O_4$ 是二元弱酸，$K_1 = 4.5 \times 10^{-1}$，$K_2 = 3.5 \times 10^{-3}$ (25 ℃)。它的盐比酸稳定。连二

亚硫酸钠 $Na_2S_2O_4 \cdot 2H_2O$ 是染料工业上常用的还原剂，俗称**保险粉**。

$$2SO_3^{2-} + 2H_2O + 2e = S_2O_4^{2-} + 4OH^- \quad E^{\ominus} = -1.12\ V$$

可用 Zn-Hg 齐还原亚硫酸氢钠制备连二亚硫酸钠。

$$2HSO_3^- + H_2SO_3 + Zn = ZnSO_3 + S_2O_4^{2-} + 2H_2O$$

再加石灰水以除去过量的亚硫酸盐，而后在 NaCl 溶液中结晶得 $Na_2S_2O_4 \cdot 2H_2O$。为防止氧化，必须在缺 O_2 的条件下制备。

$S_2O_4^{2-}$ 的结构如图 4-8 所示。d(S—S) = 238.9 pm，d(S—O) = 151.5 pm，∠OSO = 100°。

图 4-8 $S_2O_4^{2-}$ 的结构

$Na_2S_2O_4$ 在无 O_2 条件下，即使是固体，也发生歧化反应（有少量水时，歧化反应速度加快）。

$$2M_2S_2O_4 + H_2O = M_2S_2O_3 + 2MHSO_3$$

固体 $M_2S_2O_4$ 受热发生分解反应。

$$2M_2S_2O_4 = M_2S_2O_3 + M_2SO_3 + SO_2$$

在酸性或碱性条件下也会发生分解反应，总之 $M_2S_2O_4$ 不稳定。

$S_2O_4^{2-}$（硫的氧化态为+3）的还原能力很强，能把 MnO_4^-、IO_3^-、I_2、H_2O_2、O_2 还原，还能把 Cu(Ⅰ)、Ag(Ⅰ)、Pb(Ⅱ)、Bi(Ⅲ)、Sb(Ⅲ)等还原为金属。

3. 连二硫酸(dithionic acid)及其盐

连二硫酸盐 $M_2S_2O_6$ 中硫的氧化态为+5，可用氧化剂氧化 SO_2 来制备。

$$2MnO_2 + 3H_2SO_3 \xlongequal{0\ ℃} MnSO_4 + MnS_2O_6 + 3H_2O$$

室温下，$M_2S_2O_6$ 比较稳定。

$H_2S_2O_6$ 的溶液可用 BaS_2O_6 和 H_2SO_4 反应制得。

$$BaS_2O_6 + H_2SO_4 = H_2S_2O_6 + BaSO_4$$

但至今尚未制得纯 $H_2S_2O_6$。稀的 $H_2S_2O_6$ 溶液比较稳定，较浓的溶液于50 ℃时发生歧化反应。

$$H_2S_2O_6 = H_2SO_4 + SO_2$$

多数连二硫酸盐易溶于水。固体 $M_2S_2O_6$ 受热歧化分解为 MSO_4 和 SO_2。连二硫酸盐

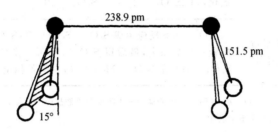

和其他连硫酸盐的性质见表 4-14。

表 4-14　连二硫酸盐和其他连硫酸盐*

连硫酸盐	连二硫酸盐	连三硫酸盐	连四硫酸盐	连五硫酸盐	连六硫酸盐
化学式	$M_2S_2O_6$	$M_2S_3O_6$	$M_2S_4O_6$	$M_2S_5O_6$	$M_2S_6O_6$
结　构	两端都是—SO_3^-，如连三硫酸根 $^-O_3S—S—SO_3^-$				
硫的氧化态	+5	+3.3	+2.5	+2.0	+1.7
制　备	MnO_2 氧化 SO_2	SO_2 被还原或和氧化态低于 +4 的硫的化合物反应，如 $3SO_2+2K_2S_2O_3 = 2K_2S_3O_6+S$；或低氧化态硫的化合物被氧化剂氧化，如 $2S_2O_3^{2-}+I_2 = S_4O_6^{2-}+2I^-$			
常温下性质	稳定，不易被氧化或还原	$S_3O_6^{2-}$ 和 S 反应生成 $S_4O_6^{2-}$、$S_5O_6^{2-}$ 等；$S_xO_6^{2-}$(x=4、5、6)中的 S 可被碱一个个除去，最后得 $S_3O_6^{2-}$；$S_3O_6^{2-}$ 被 CN^-"脱硫"生成 SO_4^{2-} 和 $S_2O_3^{2-}$，而不是 $S_2O_6^{2-}$；$M_2S_xO_6$($x \geqslant 3$)不稳定			

*　连硫酸盐的通式为 $M_2S_xO_6$，x=3 叫连三硫酸盐，x=4 叫连四硫酸盐……从形式上看，它们和连二硫酸盐相似，但性质、制法的差别很明显，因此对比于本表中。

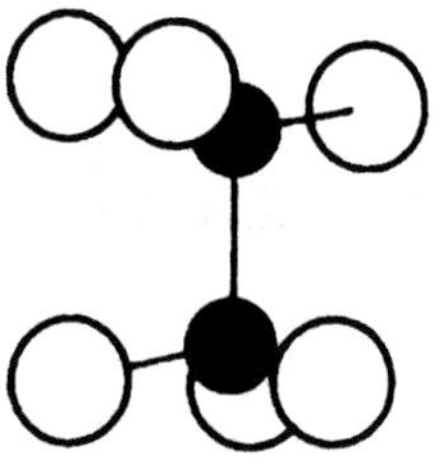

图 4-9　$S_2O_6^{2-}$ 的结构

相对说来，$M_2S_2O_6$ 不易被氧化，只有强氧化剂，如 Cl_2、$Cr_2O_7^{2-}$、MnO_4^- 能把它氧化成硫酸盐；和强还原剂，如 Na-Hg 齐作用，它被还原成亚硫酸盐。

$$S_2O_6^{2-}+Cl_2+2H_2O = 2SO_4^{2-}+4H^++2Cl^-$$

$$S_2O_6^{2-}+2Na = 2SO_3^{2-}+2Na^+$$

$S_2O_6^{2-}$ 的结构如图 4-9 所示。d(S—S) = 215 ~ 216 pm，d(S—O)=145 pm，∠OSO=103°。

4. 硫的含氧酸根的结构与命名

(1) 中心硫原子周围的氧(硫)原子数有 3 和 4 两种。前者叫**亚硫酸根** SO_3^{2-}；后者叫**硫酸根** SO_4^{2-}。S 取代 SO_4^{2-} 中 O 的产物叫**硫代硫酸根** $S_2O_3^{2-}$。

(2) 凡结构中含有 S—S 键的叫**连酸根**，其盐叫**连酸盐**(不包括硫代硫酸盐)。若两端的硫原子均和 3 个氧原子结合，叫连某硫酸盐，如连二硫酸盐 $M_2S_2O_6$。若两端的硫原子均和 2 个氧原子结合，叫连某亚硫酸盐，目前只有连二亚硫酸盐 $M_2S_2O_4$。

(3) 凡结构中有—O—O—键的叫**过硫酸盐**。如 $K_2S_2O_8$ 叫过二硫酸钾，H_2SO_5 叫过一硫酸。

(4) 凡结构中 2 个磺基—SO_3^- 通过 O 相连的，叫**焦硫酸盐**。如 $K_2S_2O_7$(请注意：$S_2O_5^{2-}$ 叫焦亚硫酸根，实际是 $O_2S—SO_3^{2-}$)。

以上硫的各种含氧酸根的结构如图 4-10 所示。

硫的各种含氧酸之间的关系图示如下：

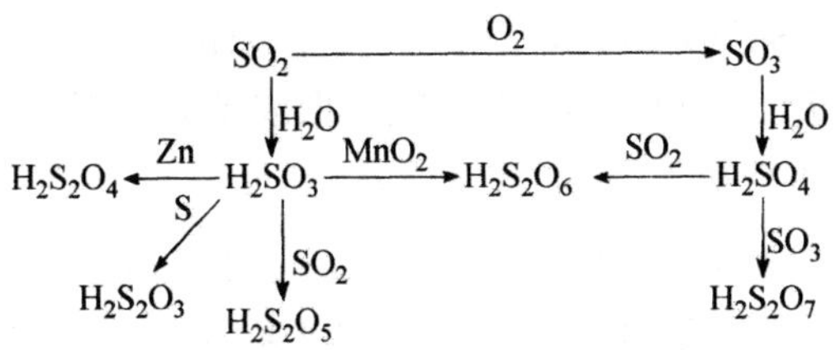

SO_2
O_2
SO_3
H_2O
H_2O
Zn
MnO_2
SO_2
$H_2S_2O_4$
H_2SO_3
$H_2S_2O_6$
H_2SO_4
S
SO_2
SO_3
$H_2S_2O_3$
$H_2S_2O_5$
$H_2S_2O_7$

$$H_2O_2 \xrightarrow{SO_3} H_2SO_5 \xrightarrow{SO_3} H_2S_2O_8$$

$$H_2S \xrightarrow{SO_3} H_2S_2O_3 \xrightarrow{SO_3} H_2S_2O_6$$

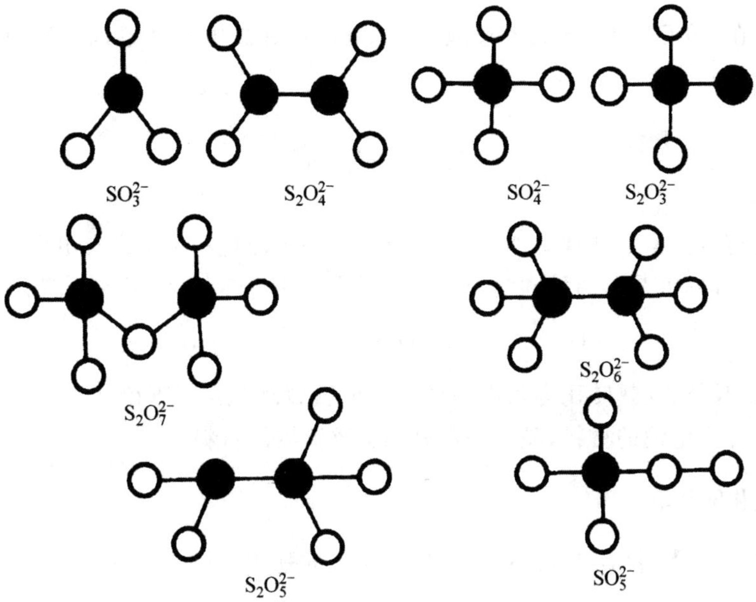

SO_3^{2-}
$S_2O_4^{2-}$
SO_4^{2-}
$S_2O_3^{2-}$
$S_2O_6^{2-}$
$S_2O_7^{2-}$
$S_2O_5^{2-}$
SO_5^{2-}

图 4-10 硫的各种含氧酸根的结构

4.8 硫的卤化物

硫和卤素(除碘外)可以直接化合成卤化硫。

$$S+2F_2 = SF_4$$
$$S+3F_2 = SF_6$$
$$2S+X_2 = S_2X_2 \quad (X=Cl、Br)$$

表 4-15 列出一些硫的卤化物。

表 4-15 硫的卤化物

S_2X_2	SX_2	SX_4	S_2X_{10}	SX_6
S_2F_2	SF_2	SF_4	S_2F_{10}	SF_6
S_xCl_2 *	SCl_2	SCl_4		
S_2Br_2				

* $x=2\sim8$。

卤化硫分子中S—X间都是共价键，它们是S以二配位（如S_2X_2、SX_2）、四配位（S以sp^3d杂化轨道和X成键）及六配位（S以sp^3d^2杂化轨道形成S_2F_{10}、SF_6）形成的化合物。卤化硫的熔、沸点都较低，许多卤化硫较易水解，且水解很完全。

$$SCl_4+3H_2O = H_2SO_3+4H^++4Cl^-$$

$$5S_2F_2+6H_2O = 6S+10HF+H_2S_4O_6$$

但SF_6、S_2F_{10}却不易水解，虽然其水解反应的自由能变很小，水解反应倾向极为完全。目前认为，不易水解的原因是SF_6中的S已达最高成键数（6）且S—F键稳定。

$$SF_6(g)+3H_2O(g) = SO_3(g)+6HF(g) \qquad \Delta_rG_m^\ominus=-200.8\ kJ\cdot mol^{-1}$$

SF_6极为稳定，在400 ℃和KOH也不反应，500 ℃和O_2在放电条件下也无作用。所以SF_6被用作气体绝缘材料。

4.9 硒、碲

硒、碲都是分散元素。黄铁矿、闪锌矿中有硒。许多硫化物矿中含有更少量的碲。

硒有无定形和六方晶形两种同素异形体。无定形硒呈红色，可用SO_2还原SeO_2制得。

$$SeO_2+2SO_2+2H_2O = Se+2SO_4^{2-}+4H^+$$

无定形硒是不良导体，受热转化为六方晶形灰色金属型硒。光照下硒的导电能力比在暗处大几千倍，故被用作光电池的材料，晶体硒也是制造整流器的材料。

1. 硒化氢和碲化氢

虽然Se和H_2可直接合成H_2Se，但H_2Se、H_2Te却主要是用金属硒化物、碲化物和水或酸的作用制得的。

$$Se+H_2 \xlongequal{400\ ℃} H_2Se$$

$$Al_2Te_3+6H^+ = 2Al^{3+}+3H_2Te$$

H_2Se、H_2Te都是无色、极难闻的气体，它们的$\Delta_fG_m^\ominus$分别为71.1 kJ · mol^{-1}、138.5 kJ · mol^{-1}，可见H_2Se、H_2Te都不稳定。依H_2O、H_2S、H_2Se、H_2Te顺序稳定性显著减弱。

H_2Se、H_2Te的水溶液是氢硒酸和氢碲酸。25 ℃，10^5 Pa下饱和溶液中，H_2Se的浓度为0.084 mol · L^{-1}，H_2Te为0.09 mol · L^{-1}，其酸性均比H_2S强。

$$H_2S \quad K_1=1.3\times10^{-7},\ K_2=7.1\times10^{-15}$$

$$H_2Se \quad K_1=1.3\times10^{-4},\ K_2=10^{-11}$$

$$H_2Te \quad K_1=2.3\times10^{-3},\ K_2=1.6\times10^{-11}$$

H_2Se、H_2Te均为折线形分子，键角依次为91°、89°30′。

硒、碲能形成硒化物、碲化物及多硒化物（Na_2Se_6）、多碲化物（Na_2Te_6）。

硒的毒性较大，几乎和砒霜相近。碲也有毒性，但较硒弱。

2. 二氧化硒、二氧化碲、亚硒酸、亚碲酸

Se 和 HNO_3(6 mol·L^{-1})作用生成 H_2SeO_3(亚硒酸,selenous acid),后者于50 ℃脱水生成白色 SeO_2 固体。用升华法(315 ℃)可提纯 SeO_2。亚碲酸(tellurous acid)更易脱水,故 Te 和 HNO_3 作用得白色 TeO_2 固体。

SeO_2 和 SO_2 不同,以氧化性为主,能氧化 H_2S、I^-(生成 S、I_2 及 Se),甚至空气中的有机尘埃也能部分还原 SeO_2 成 Se,而使 SeO_2 固体略带红或紫色。和强氧化剂,如 F_2、浓 H_2O_2、熔融 Na_2O_2、$KMnO_4$ 作用生成 SeO_2F_2、H_2SeO_4 及 M_2SeO_4(硒酸盐)。TeO_2 在受热时能被 H_2 还原为单质,在 H_2SO_4 介质中被 30% H_2O_2 氧化成碲酸 H_6TeO_6。

酸性介质($E_a^\ominus$/V):

$$SeO_4^{2-} \xrightarrow{1.15} H_2SeO_3 \xrightarrow{0.74} Se \xrightarrow{-0.40} H_2Se$$

$$H_6TeO_6 \xrightarrow{1.02} TeO_2 \xrightarrow{0.53} Te \xrightarrow{-0.72} H_2Te$$

碱性介质($E_b^\ominus$/V):

$$SeO_4^{2-} \xrightarrow{0.05} SeO_3^{2-} \xrightarrow{-0.366} Se \xrightarrow{-0.92} Se^{2-}$$

$$TeO_4^{2-} \xrightarrow{0.07} TeO_3^{2-} \xrightarrow{-0.42} Te \xrightarrow{-1.14} Te^{2-}$$

固体 SeO_2 在空气中吸湿生成 H_2SeO_3。H_2SeO_3、H_2TeO_3 都是二元弱酸,其酸性比 H_2SO_3 弱。H_2SeO_3 的 $K_1 = 2.4 \times 10^{-3}$、$K_2 = 4.8 \times 10^{-9}$,H_2TeO_3 的 $K_1 = 2 \times 10^{-3}$,$K_2 = 10^{-8}$。$TeO(OH)_2$还能发生碱式电离。

$$TeO(OH)_2 = TeO(OH)^+ + OH^- \qquad K = 10^{-11}$$

3. 三氧化硒、三氧化碲、硒酸、碲酸

SeO_3 是白色固体,极易吸水成硒酸 H_2SeO_4(selenic acid)。SeO_3 可用 SO_3 和 K_2SeO_4 或 H_2O_2(30%)和 Se、SeO_2 或 SeO_3^{2-} 作用制得。

$$K_2SeO_4 + nSO_3 = K_2S_nO_{3n+1} + SeO_3$$

$$Se + 3H_2O_2 = H_2SeO_4 + 2H_2O$$

但不能用像 SO_2 和 O_2 作用制备 SO_3 那样,以

$$SeO_2(s) + \frac{1}{2}O_2(g) = SeO_3(s)$$

反应制 SeO_3[因 $\Delta_f H_m^\ominus(SeO_3) = -173\ kJ \cdot mol^{-1} > \Delta_f H_m^\ominus(SeO_2) = -230\ kJ \cdot mol^{-1}$]。无水 H_2SeO_4 极易潮解和溶解于水,浓溶液的浓度为 99%。H_2SeO_4 稀水溶液的酸性和 H_2SO_4 相近,其第一步电离是完全的,第二步的电离常数为 1.1×10^{-2}(25 ℃)。但 H_2SeO_4 的氧化性强于 H_2SO_4,它不但能氧化 H_2S、SO_2、I^-、Br^-,而且中等浓度(50%)的 H_2SeO_4 还能氧化 Cl^-。

$$H_2SeO_4 + 2Cl^- + 2H^+ = SeO_2 + Cl_2 + 2H_2O$$

H_2SeO_4、$HSeO_4^-$、SeO_4^{2-}、SeO_3 都不如相应硫的化合物稳定(表 4-16)。

表 4-16 水溶液中 Se(Ⅳ,Ⅵ)和 S(Ⅳ,Ⅵ)某些化合物的 $\Delta_f G_m^\ominus$

	$HSeO_4^-$	H_2SeO_3	HSO_4^-	H_2SO_3
$\Delta_f G_m^\ominus/(kJ \cdot mol^{-1})$	−452.7	−425.9	−752.9	−538.0
$\Delta_f G_m^\ominus$ 差值/$(kJ \cdot mol^{-1})$	26.8		214.9	
	SeO_4^{2-}	SeO_3^{2-}	SO_4^{2-}	SO_3^{2-}
$\Delta_f G_m^\ominus/(kJ \cdot mol^{-1})$	−441.1	−373.8	−742.0	−485.8
$\Delta_f G_m^\ominus$ 差值/$(kJ \cdot mol^{-1})$	67.3		256.2	

由 Se(Ⅵ)和 Se(Ⅳ)含氧酸(根)$\Delta_f G_m^\ominus$ 的值及差值可知,Se(Ⅵ)含氧酸(根)不如 S(Ⅵ)含氧酸(根)稳定。然而硒酸盐的许多性质,如组成、含结晶水的数目、溶解性等都和硫酸盐相似(表 4-17),甚至 $Na_2SeO_4 \cdot 10H_2O$ 的熔化温度(30.3 ℃)也和 $Na_2SO_4 \cdot 10H_2O$(32.4 ℃)相近。

表 4-17 某些硫酸盐和硒酸盐的溶解度(25 ℃)

硒酸盐	溶解度 g/100 g H_2O	硫酸盐	溶解度 g/100 g H_2O
$CaSeO_4 \cdot 2H_2O$	7.39	$CaSO_4 \cdot 2H_2O$	0.21
$BaSeO_4$	0.008	$BaSO_4$	0.00024
$MgSeO_4 \cdot 7H_2O$	29.87*	$MgSO_4 \cdot 7H_2O$	36.4
$Na_2SeO_4 \cdot 10H_2O$	57.88	$Na_2SO_4 \cdot 10H_2O$	28.0
K_2SeO_4	112.09	K_2SO_4	12.04
Rb_2SeO_4	158.9	Rb_2SO_4	50.9
$CuSeO_4 \cdot 5H_2O$	43	$CuSO_4 \cdot 5H_2O$	20.68

* 为8 ℃的溶解度。

SeO_4^{2-} 和 SO_4^{2-} 一样,都是四面体构型,d(Se—O)=161 pm,和 d(S—O)=151 pm 相近,所以硫、硒相应盐的晶形相同。

碲酸 H_6TeO_6 是白色固体,水溶液是弱酸,$K_1=6.8\times10^{-7}$,$K_2=4.1\times10^{-11}$。能生成二取代盐 $Na_2H_4TeO_6$、三取代盐 $Ag_3H_3TeO_6$ 及六取代盐 Zn_3TeO_6。由于它的弱酸性及能形成六取代盐,所以碲酸的化学式是 H_6TeO_6 或 $Te(OH)_6$,而不是 $H_2TeO_4 \cdot 2H_2O$。这和ⅦA 族中 H_5IO_6 及其盐和其他高卤酸(盐)有明显区别是一样的。

H_6TeO_6 中,Te 以 sp^3d^2 杂化轨道成键。$Te(OH)_6$ 是八面体构型。第五周期位于碲前后元素所形成的最高氧化态的含氧酸(根)的组成和 $Te(OH)_6$ 相似,都是六配位的化合物。它们是 $Sn(OH)_6^{2-}$、$Sb(OH)_6^-$、$Te(OH)_6$、$IO(OH)_5$、$XeO_2(OH)_4$(高氙酸)。

H_6TeO_6 受热脱水形成中间产物$(H_2TeO_4)_n$,最后生成黄色 TeO_3。

$$n\ H_6TeO_6 \xrightarrow{100\sim200\ ℃} (H_2TeO_4)_n \longrightarrow n\ TeO_3$$

H_6TeO_6 也有较强的氧化性,能把 Cl^- 氧化成 Cl_2,其氧化能力介于 H_2SO_4 和 H_2SeO_4 之间(这个性质又和卤素中高碘酸相似)。

4.10 S^{2-}、SO_3^{2-}、$S_2O_3^{2-}$ 的分离和鉴定

当 S^{2-}、SO_3^{2-}、$S_2O_3^{2-}$ 共存时，S^{2-} 会妨碍 SO_3^{2-}、$S_2O_3^{2-}$ 的检出，$S_2O_3^{2-}$ 也会干扰 SO_3^{2-} 的检出，因此要预先进行分离。

首先用亚硝酰五氰合铁酸钾 $K_2[Fe(CN)_5NO]$ 检出 S^{2-}。

$$[Fe(CN)_5NO]^{2-} + S^{2-} \Longrightarrow [Fe(CN)_5(NOS)]^{4-}\text{（紫色液）}$$

当确证有 S^{2-} 存在后，往试液中加 $CdCO_3$ 固体，使 S^{2-} 成为 CdS 沉淀。

$$CdCO_3 + S^{2-} \Longrightarrow CdS\downarrow + CO_3^{2-} \qquad K = \frac{K_{sp}(CdCO_3)}{K_{sp}(CdS)} = 3.1\times 10^{12}$$

K 值很大，表示反应完全，加 $CdCO_3$ 可将 S^{2-} 除尽。经离心分离除去残渣（过量 $CdCO_3$ 和 CdS）。把滤液分成两份。一份加 HCl 并加热，如试液中有 $S_2O_3^{2-}$，则有乳白色 S 生成；另一份加 $SrCl_2$ 溶液，若生成白色 $SrSO_3$ 沉淀，离心分离，弃去溶液，用 HCl 溶解沉淀后，加 $BaCl_2$ 溶液和 H_2O_2 或溴水，则有白色 $BaSO_4$ 生成。这样就证明了原试液中有 SO_3^{2-} 存在。

$$SO_3^{2-} + Ba^{2+} + H_2O_2 \Longrightarrow BaSO_4\downarrow + H_2O$$

如果试液中没有 S^{2-}，则可直接鉴定 $S_2O_3^{2-}$ 和 SO_3^{2-}。

下面再介绍几种单独检出 S^{2-}、SO_3^{2-} 及 $S_2O_3^{2-}$ 的方法。

(1) S^{2-} 的检出

往试液中加 HCl，用湿 $Pb(Ac)_2$ 试纸在试管口检试。若试纸变黑（PbS），证明原试液中有 S^{2-}。

$$Pb(Ac)_2 + H_2S \Longrightarrow PbS + 2HAc$$

实验过程中有时会发现，试液酸化后变混浊，这是因为 S^{2-} 中含有 S_x^{2-}（是 S^{2-} 被 O_2 氧化成 S，再和 S^{2-} 反应形成），后者遇酸分解，有 S 生成之故。

(2) $S_2O_3^{2-}$ 的检出

往试液中加适量 $AgNO_3$ 溶液。最初生成白色 $Ag_2S_2O_3$ 沉淀，随即变成棕色，最后成黑色 Ag_2S 沉淀。

$$2Ag^+ + S_2O_3^{2-} \Longrightarrow Ag_2S_2O_3\downarrow\text{（白）}$$
$$Ag_2S_2O_3 + H_2O \Longrightarrow Ag_2S\text{（黑）} + SO_4^{2-} + 2H^+$$

进行这个检出反应时，若所加 $AgNO_3$ 量太少，则生成较稳定的 $Ag(S_2O_3)_2^{3-}$。因此，必须加适量的 $AgNO_3$。

(3) SO_3^{2-} 的检出

直接检出 SO_3^{2-} 是困难的，因为 SO_3^{2-} 溶液中常含有 SO_4^{2-}（原有或 SO_3^{2-} 被氧化生成的）。因此，若把 H_2O_2 和 $BaCl_2$ 直接加入试液，即使得到白色沉淀，仍不能证明原试液中有 SO_3^{2-}。所以检出 SO_3^{2-} 的步骤和现象是：

$$\text{试液} \xrightarrow{Sr^{2+}} \text{白色沉淀} \xrightarrow{HCl} \text{溶液} \xrightarrow{H_2O_2 + BaCl_2} \text{白色沉淀}$$

习　题

1. 什么叫同素异形体？氧、硫各有哪些同素异形体？

2. 用分子轨道式表示 O_2、F_2 的结构。

3. 完成并配平下列反应方程式。

$H_2S+SO_2 \longrightarrow$

$Cu+H_2SO_4$(浓)$\longrightarrow$

$S+H_2SO_4$(浓)$\longrightarrow$

$H_2S+H_2SO_4$(浓)$\longrightarrow$

$(NH_4)_2S_2O_8+MnSO_4+H_2O \xrightarrow{(\ \ )}$

$Na_2S_2O_3+HCl \longrightarrow$

$KHSO_4(s)+Al_2O_3(s) \longrightarrow$

$ZnS(s)+CuSO_4(aq) \longrightarrow$

$KMnO_4+H_2O_2+H_2SO_4 \longrightarrow$

$H_2O_2+KI+H_2SO_4 \longrightarrow$

$Al_2S_3+H_2O \longrightarrow$

$KMnO_4+Na_2SO_3+H_2SO_4 \longrightarrow$

$HgS+HNO_3+HCl \longrightarrow$

4. 为什么不能较长期保存硫化氢水？长期放置的 Na_2S 或$(NH_4)_2S$，为什么颜色会变深？

5. 怎样鉴定 O_3 和 H_2O_2？写出有关反应的方程式。

6. 制备氧化物有哪几种方法？

7. 请用实验证明 Na_2O、BaO、Al_2O_3、Cr_2O_3、CrO_3、SiO_2 分别是酸性、碱性或两性的化合物。

8. (1) 往$[Cu^{2+}]=0.10\ mol \cdot L^{-1}$溶液中通 H_2S 达饱和，CuS 沉淀完全否？

(2) 通 H_2S 达饱和，使溶液中 Zn^{2+} 以 ZnS 完全沉淀。问溶液的 pH 应是多少？

(3) 欲使 Fe^{2+} 和 H_2S 反应，完全转化为 FeS，溶液的 pH 是多少？

(4) 某溶液中含有 Fe^{2+}、Zn^{2+} 及 Cu^{2+}，它们的起始浓度都是 $0.10\ mol \cdot L^{-1}$。向溶液中通 H_2S 以分离这 3 种离子，如何控制溶液的酸度？

9. 若溶液中含有 Cu^{2+}、Zn^{2+}，它们的浓度都是 $0.10\ mol \cdot L^{-1}$。问通 H_2S 达饱和，能否使这两种离子均以 MS 完全沉淀？如沉淀不完全，请计算有百分之几的离子转化为 MS 沉淀？

10. 写出下列物质的化学式：焦硫酸钾、过一硫酸、碲酸、连二亚硫酸钠、海波、保险粉。

11. 如何制备$(NH_4)_2S_2O_8$ 和 $Na_2S_2O_3$？$Na_2S_2O_3$ 有何特性？

12. 往某溶液中加酸得白色乳状 S 和 SO_2。问原溶液中可能含有哪几种含硫的化合物？

13. 往一份溶液中加酸后得白色乳状 S。问原溶液中可能含有哪几种含硫的化合物？

14. 比较 H_2O、Na_2O、Na_2O_2 和 H_2S、Na_2S、Na_2S_2 的性质。

15. (1) 少量 $Na_2S_2O_3$ 溶液和 $AgNO_3$ 溶液反应生成白色沉淀。沉淀物随即变为棕色，最后变成黑色。写出反应方程式。

(2) 写出过量 $Na_2S_2O_3$ 溶液和 $AgNO_3$ 溶液反应的方程式。

16. 固体 Na_2SO_3 中常含 Na_2SO_4，应该怎样从 Na_2SO_3 中分别检出 SO_3^{2-} 和 SO_4^{2-}？

17. 已知室温下 $Cu(IO_3)_2$ 的 $K_{sp}=1.1\times10^{-7}$，室温下往 100 mL $Cu(IO_3)_2$ 饱和溶液中加足量酸化了的 KI 溶液得 I_2 $\left(\text{是 } IO_3^- \text{ 和 } I^-，Cu^{2+}+2I^- \Longrightarrow CuI+\frac{1}{2}I_2 \text{ 反应的产物}\right)$。再用 $Na_2S_2O_3$ 溶液滴定 I_2。如 $Na_2S_2O_3$ 的浓度为 $0.110\ mol \cdot L^{-1}$，问需要用多少 mL 溶液？

18. 往某含硫化合物溶液中加少量硫黄粉，不久硫即消失。原溶液中可能含 S^{2-}，或 SO_3^{2-}，或 S^{2-} 和 SO_3^{2-}。请设计实验，判断原溶液中究竟含有哪些含硫的化合物？

19. 通 SO_2 入 H_2SeO_3 溶液，得到什么产物？写出反应方程式。

20. 根据 MS 溶度积和溶解度(s)的关系式 $K_{sp}=s\times s$，由 HgS 的溶度积计算 HgS 的溶解度。请判断这种算法错在何处。

21. 试比较硫、硒、碲的氢化物、氧化物、含氧酸及其盐的性质。

22. 写出氧化态为＋2、＋4、＋6 的硫、硒的卤化物各一种。

23. 如何除去工业废气中的 SO_2？

24. 已知 $CaCO_3$、CaC_2O_4 和 $BaSO_4$ 的溶度积相近。请判断哪种能溶于 HAc？哪种能溶于稀的强酸？哪种不易溶于酸？

25. 某些矿井中含有 H_2S(设其他组分不易参加氧化还原反应)。如何把 H_2S 转化为单质硫？

26. 根据 H_2O 和 H_2O_2、H_2S 和 H_2S_2 的电离常数和稳定性，推测并比较 NH_3 和 N_2H_4 的碱性和稳定性。查出相应数据，并与推断结果加以比较。

27. 根据 $HBrO_4$(H_2SeO_4)的酸性和 $HClO_4$(H_2SO_4)相似，前者的氧化性强于后者，推断和比较 H_3PO_4 和 H_3AsO_4 的酸性和氧化性。查出相应数据，以便与推断结果核对。

28. S 分别在空气、O_2 中燃烧，产物中 $p(SO_3)/[p(SO_3)+p(SO_2)]$，前者为 5%～6%，后者为 2%～3%。请说明为什么在 O_2 中燃烧时，产物中 $p(SO_3)$分数小？

29. 某天然水含 0.001%(质量分数)有机物(以 $C_6H_{10}O_5$ 表示)。设水中细菌能把有机物氧化成 CO_2、H_2O。问在此水中鱼类能否正常生长？(已知常温、常压下 O_2 溶解度为 $0.0092\ g\cdot L^{-1}$)

30. 从猪血中提取并制成的 SOD 复合酶，在25 ℃时活性减半(即 $t_{1/2}$)需时 109.2 d。求活性减为 10%所需的时间(设活性下降为一级反应)。

31. $E^{\ominus}(H_2SO_3/S)=0.45\ V$，而 $E^{\ominus}(SO_4^{2-}/H_2SO_3)=0.17\ V$，表明 H_2SO_3 氧化性(被还原为 S)强于稀 H_2SO_4(被还原为 H_2SO_3)，请举一实例。

32. 两份质量相同的 Na_2SO_3，一份溶于水显碱性，另一份经强热(加热过程质量不变)并冷却后溶于水，溶液碱性显著强于前者，为什么？

第五章 氮族元素

氮族(15 族)包括氮(nitrogen)、磷(phosphorus)、砷(arsenic)、锑(antimony)、铋(bismuth)共 5 种元素,后 4 种元素叫磷属(pnicogen)。表 5-1 列出氮族元素的某些性质。

表 5-1 氮族元素的某些性质

	N	P	As	Sb	Bi
相对原子质量	14.01	30.97	74.92	121.76	208.98
外围电子构型	$2s^2 2p^3$	$3s^2 3p^3$	$4s^2 4p^3$	$5s^2 5p^3$	$6s^2 6p^3$
熔点/℃	−209.86	44.1(白)	817	630.5	271.3
熔化热/($kJ \cdot mol^{-1}$)	0.36	0.63	27.7	19.8	10.9
沸点/℃	−195.8	280	613	1380	1560
气化热/($kJ \cdot mol^{-1}$)	2.8	12.4	144.3	67.9	151.5
电离能/($kJ \cdot mol^{-1}$)	1402.9	1061.5	964.8	833.5	772.0
亲和能/($kJ \cdot mol^{-1}$)	−58	−75	−58	−59	33
电负性	3.04	2.19	2.18	2.05	2.02

5.1 氮

1. 氮分子的结构

标准状态下 1 dm^3 N_2 重 1.2506 g。N_2 微溶于水,0 ℃ 1 mL 水仅能溶解0.023 mL 的 N_2。

N 原子外围电子是 $2s^2 2p^3$,当 2 个 N 原子结合成 N_2 时,形成 1 个 σ 键和 2 个 π 键(图5-1)。N_2 的键能为

$$\left.\begin{array}{ll} N \equiv N & 941.7\ kJ \cdot mol^{-1} \\ N = N & 418.4\ kJ \cdot mol^{-1} \end{array}\right\} 差\ 523.3\ kJ \cdot mol^{-1}$$

$$\left.\begin{array}{ll} N = N & 418.4\ kJ \cdot mol^{-1} \\ N - N & 154.8\ kJ \cdot mol^{-1} \end{array}\right\} 差\ 263.6\ kJ \cdot mol^{-1}$$

N_2 的总键能为 941.7 kJ · mol^{-1}，断第一个 π 键需 523.3 kJ · mol^{-1}的能量，第二个 π 键只要 263.6 kJ · mol^{-1}就可断开，最后一个 σ 键的键能为 154.8 kJ · mol^{-1}。可见，N_2 之所以稳定，不仅因为其总键能大，还由于断第一个 π 键时需较大的能量。实验证明，3000 ℃ 时只有 0.1% N_2 解离。因此可把 N_2 当作保护气氛用。

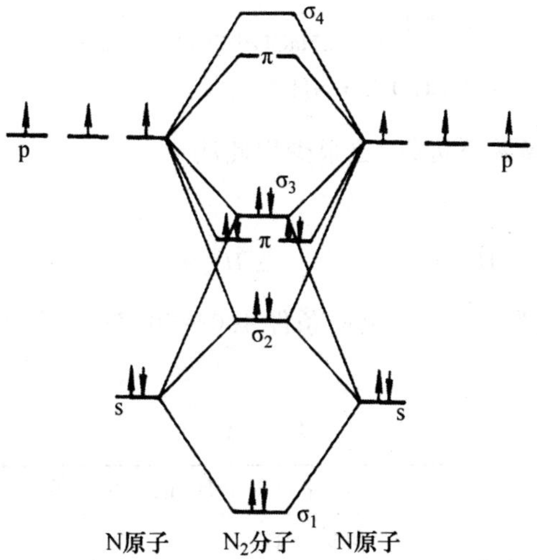

图 5-1　N_2 的分子轨道

N_2 只能和少数金属，如 Li、Mg、Ca、Sr、Ba、Ti 等直接化合生成 Li_3N、Mg_3N_2、TiN 等。

2. 氮的固定

把空气中的 N_2 转化为可利用的氮化合物，叫**固氮**(nitrogen fixation)。

(1) 电弧(arc)法

N_2 和 O_2 通过电弧得 1%～2% NO。

$$\frac{1}{2}N_2(g)+\frac{1}{2}O_2(g) = NO \qquad \Delta_r H_m^{\ominus}=90.4\ \text{kJ}\cdot\text{mol}^{-1}$$

有廉价电力的地区能用此法。有关数据参见表 5-2。

表　5-2

温度/K	298	1000	1500	2033	3000
K_p	7.3×10^{-16}	8.9×10^{-5}	3.3×10^{-3}	2.2×10^{-2}	1.2×10^{-1}

(2) 氰氨基(cyanamide)法

纯 N_2 和 CaC_2 反应。

$$CaC_2(s)+N_2(g) = CaCN_2(s)+C(s) \qquad \Delta_r H_m^{\ominus}=-304.2\ \text{kJ}\cdot\text{mol}^{-1}$$

$$CaCN_2(s)+3H_2O(l) = CaCO_3(s)+2NH_3$$

因制 CaC_2 需大量电能：

$$CaO(s)+3C(s) = CaC_2(s)+CO \quad \Delta_r H_m^{\ominus}=506.9\ kJ\cdot mol^{-1}$$

及需纯 N_2（>99.8%），成本太高，很少用此法。

（3）氰化物（cyanide）法

以 Na_2CO_3、C、N_2 为原料于 400～500 ℃生成 NaCN，NaCN 水解为 HCOONa 和 NH_3。

$$Na_2CO_3+4C+N_2 \xrightarrow{Fe(催化剂)} 2NaCN+3CO \quad \Delta_r H_m^{\ominus}=579.5\ kJ\cdot mol^{-1}$$

$$NaCN+2H_2O = HCOONa+NH_3$$

因需用 Na_2CO_3 及反应在高温下进行，也很少用此法。

（4）合成氨

$$N_2+3H_2 = 2NH_3 \quad \Delta_r H_m^{\ominus}=-92.4\ kJ\cdot mol^{-1}$$

原料气中 N_2 与 H_2 摩尔比为 1∶2.8，反应条件 400～500 ℃，p 为 3.04×10^7 Pa。有关数据参见表5-3。

表 5-3

	平衡时 NH_3 的摩尔分数/(%)			
	1.01×10^6 Pa	5.07×10^6 Pa	1.01×10^7 Pa	3.04×10^7 Pa
400 ℃	3.85	15.27	25.12	47.00
500 ℃	1.21	5.56	10.61	26.44

（5）温和条件下固定氮

Allen(1965)用 N_2H_4 还原 $RuCl_3\cdot3H_2O$ 制 $Ru(NH_3)_6^{2+}$，意外地得到第一个含 N_2 的配合物 $[Ru(NH_3)_5(N_2)]Cl_2$。目前已知含 N_2 配合物数以百计，可由 N_2 直接合成，如

$$[Ru(NH_3)_5(H_2O)]Cl_2+N_2 \longrightarrow [Ru(NH_3)_5(N_2)]Cl_2+H_2O$$

Van Tamelen(1969)把 N_2 转化为 NH_3 的反应式为

$$Ti(OR)_4+2Na \longrightarrow Ti(OR)_2+2NaOR \quad (R 为烷基)$$

$$Ti(OR)_2+N_2 \longrightarrow Ti(OR)_2(N_2)$$

$$Ti(OR)_2(N_2)+4Na \longrightarrow 氮化物$$

$$氮化物+ROH \longrightarrow Ti(OR)_4+NH_3$$

从 20 世纪 60 年代开始，人们仿生物固氮（根瘤菌）方法，在常温、常压下固氮。固氮研究的主要原理是：夺去 N_2 中成键轨道的电子，或向 N_2 的反键轨道加电子[如上述配离子 $Ru(NH_3)_5(N_2)^{2+}$]。已测定了固氮酶的结构。

1995 年用 Mo 的配合物和 N_2 结合，并使后者成为 N^{3-} 化合物。

3. 氮的成键特征

同卤族的氟、氧族的氧一样，氮在形成化合物时表现出不同于本族其他元素的两个特征。

(1) 氮在化合物中的最大共价数为 4，这是因为第二周期元素只能以 2s2p 轨道成键，如 NH_4^+。第三周期元素的原子则能以 3s3p3d 轨道成键，其最大配位数为 6，如 SF_6、PF_6^-、SiF_6^{2-}。

氮的最高氧化态含氧酸的组成和磷、砷不同，分别是 HNO_3、H_3PO_4、H_3AsO_4。

(2) 氮氮间能以重键结合成化合物，如偶氮(—N═N—)、叠氮(N_3^-)化合物；而磷、砷、锑、铋等同种原子间不易形成具有重键的、稳定的化合物。这是因为第二周期元素的原子较小，原子间 2p 轨道重叠较多，可形成较稳定的 $\pi_{p\text{-}p}$ 键(图 5-2)，如 C≡C、N≡N、C≡N 中既有 σ 键，又有 π 键。第三周期元素原子较大，相互间 3p 轨道间重叠较少，不易成稳定的 $\pi_{p\text{-}p}$ 键。

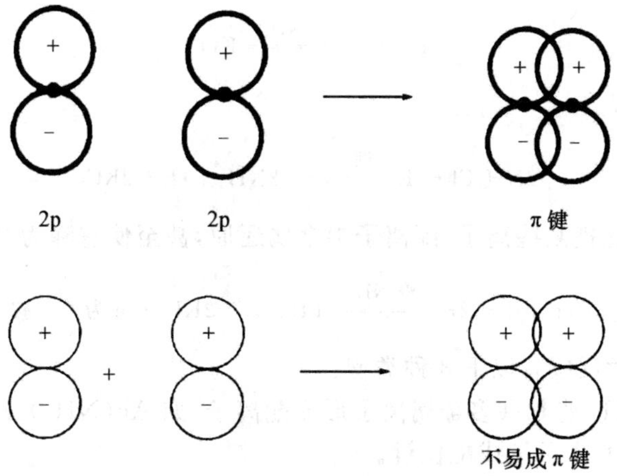

图 5-2 p-p 轨道重叠

5.2 氨及铵盐

1. 氨

氨(ammonia)是具有臭味的无色气体。因 NH_3 分子间有氢键，所以其熔点(−77.74 ℃)、沸点(−33.42 ℃)高于同族的膦(PH_3)。它的熔化热，尤其是气化热较高，分别为 5.66 和 23.35 kJ · mol^{-1}，故液态氨是制冷剂。液氨的密度为 0.7253 g · cm^{-3}(−70 ℃)、0.6777 g · cm^{-3}(−30 ℃)。NH_3 的临界温度为132.9 ℃，临界压力为 1.14×10^7 Pa。

(1) 液氨和水一样，有许多相似的性质。

电离	$2NH_3 \longrightarrow NH_4^+ + NH_2^-$	$2H_2O \longrightarrow H_3O^+ + OH^-$
碱	KNH_2	KOH
酸	NH_4Cl	H_3OCl
中和	$NH_4^+ + NH_2^- \longrightarrow 2NH_3$	$H_3O^+ + OH^- \longrightarrow 2H_2O$
碱式盐	$Mg(NH_2)Cl$	$Mg(OH)Cl$
溶剂合物	$CaCl_2 \cdot 2NH_3$	$CaCl_2 \cdot 2H_2O$

(2) 液氨的介电常数为 26.7(水为 80.4)，是强极性溶剂，能溶解许多无机盐。如25 ℃时，(加压下)100 g 液氨能溶解 390 g NH_4NO_3、206.8 g AgI。

(3) 液氨能溶解碱金属，其稀溶液呈蓝色，浓溶液为青铜色。溶液的导电能力强于任何电解质溶液，而和金属相近。碱金属液氨溶液的颜色与碱金属种类无关，表明是氨合电子

$e(NH_3)_x$ 显示的。① 钠在液氨溶液中放置时，蓝色逐渐褪去(伴随着释 H_2)，蒸发褪色后的溶液得白色 $NaNH_2$(氨基钠)。

$$2M+2NH_3 = 2MNH_2+H_2$$

碱金属液氨溶液是"产生电子"的试剂。液氨溶液中的电子氨合物在参加反应时又有两种情况，即不引起和引起某些物质化学键裂解。不引起化学键裂解的反应如

$$K+O_2 \xrightarrow{\text{液 } NH_3} KO_2$$

引起化学键裂解的反应是

$$2NH_4Cl+2K \xrightarrow{\text{液 } NH_3} 2NH_3+H_2+2KCl$$

碱金属液氨溶液能把某些离子、配离子中金属还原，甚至使它降为"0"氧化态。如

$$[Pt(en)_2]I_2+2K \xrightarrow{\text{液 } NH_3} Pt(en)_2+2KI \quad (\text{en 为乙二胺})$$

(4) 氨参与的化学反应有以下 3 种类型：

① 加合反应。NH_3 能和许多金属离子形成配离子，如 $Ag(NH_3)_2^+$、$Cu(NH_3)_4^{2+}$ 等，都是 NH_3 上孤对电子和中心离子形成配位键。

NH_3 上有一孤对电子是 Lewis 碱，能和具有空轨道的 Lewis 酸，如 BF_3 加合。

$$F_3B+:NH_3 = F_3B:NH_3$$

NH_3 极易溶于水，生成水合物 $NH_3 \cdot H_2O$，后者部分电离生成 NH_4^+ 和 OH^-。

$$NH_3 \cdot H_2O = NH_4^+ + OH^- \quad K=1.8\times10^{-5}(25\ ℃)$$

NH_3 和酸加合生成相应的铵盐。如

$$NH_3(g)+HCl(g) = NH_4Cl(s) \quad \Delta_r H_m^\ominus=-176.9\ kJ\cdot mol^{-1}$$

铵盐一般都是无色晶体(若阴离子为无色)，易溶于水。NH_4^+ 和 Na^+ 的电子数相等，其半径(143 pm)和 K^+(133 pm)、Rb^+(148 pm)更为相近，所以许多铵盐和相应钾盐、铷盐是类质同晶体，它们的溶解度相近。能沉淀 K^+ 的试剂往往也能使 NH_4^+ 沉淀，因此，NH_4^+ 干扰 K^+ 的检出。如 NH_4^+ 和 $Na_3[Co(NO_2)_6]$ 作用，生成 $(NH_4)_2Na[Co(NO_2)_6]$ 黄色沉淀；又，$KB(C_6H_5)_4$ 和 $NH_4B(C_6H_5)_4$ 都是白色固体。

② 被氧化的反应。NH_3 和 O_2 反应生成 N_2 或 NO。

$$4NH_3+3O_2 = 2N_2+6H_2O \qquad \Delta_r H_m^\ominus=-1268\ kJ\cdot mol^{-1}$$

$$4NH_3+5O_2 \xrightarrow{Pt\text{-}Rh} 4NO+6H_2O \qquad \Delta_r H_m^\ominus=-907\ kJ\cdot mol^{-1}$$

其他氧化剂，如 Cl_2、Br_2、HOCl……，也都能氧化 NH_3。如

$$3X_2+8NH_3 = N_2+6NH_4X \quad (X=Cl、Br)$$

高温下，NH_3 是强还原剂，能还原某些氧化物、氯化物……

① $e(H_2O)_y$ 的 $t_{1/2}$ 为 10^{-4} s。

$$3CuO + 2NH_3 \xlongequal{\quad} 3Cu + N_2 + 3H_2O$$

$$6CuCl_2 + 2NH_3 \xlongequal{\quad} 6CuCl + N_2 + 6HCl$$

③ 取代反应。NH_3 中 3 个 H 可被某些原子或原子团取代，生成 $—NH_2$（氨基化物，amide）、$=NH$（亚胺化物，imide）和 $\equiv N$（氮化物，nitride）。如 $COCl_2$（光气）和 NH_3 反应，生成 $CO(NH_2)_2$（尿素，urea）。

$$COCl_2 + 4NH_3 \xlongequal{\quad} CO(NH_2)_2 + 2NH_4Cl$$

又如 $HgCl_2$ 和 $NH_3 \cdot H_2O$ 反应，生成白色难溶的 $HgNH_2Cl$（氨基氯化汞）。

这类反应是有 NH_3 参与的复分解反应，叫**氨解**（ammonolysis）。

现将“氮”和“氧”的相应化合物列在下面，以资比较：

KNH_2	KOH	;	CH_3NH_2	CH_3OH
$Ca(NH_2)_2$	$Ca(OH)_2$	;	H_2NNH_2	$HOOH$
$PbNH$	PbO	;	P_3N_5	P_2O_5
$Hg(NH_2)Cl$	$Hg(OH)Cl$	;	$CaCN_2$	$CaCO_3$
Ca_3N_2	CaO	;	NH_2Cl	$HOCl$

总之，在相应化合物中 $—NH_2$ 相当于 $—OH$，$=NH$、$\equiv N$ 相当于 $=O$。

在加热条件下，NH_3 和许多金属反应生成氮化物（就像水蒸气和金属反应生成氧化物一样）。

$$3Mg + 2NH_3 \xlongequal{\quad} Mg_3N_2 + 3H_2 \quad (Mg + H_2O \xlongequal{\quad} MgO + H_2)$$

因此，NH_3 被用来制备金属氮化物（钢铁就是用 NH_3 进行氮化的——使表层变硬）。

许多重金属的氨基化物、亚胺化物及氮化物易爆炸，所以在制取或使用这些化合物时必须十分小心。如 $Ag(NH_3)_2^+$ 放置会转化成有爆炸性的 Ag_2NH 和 Ag_3N，所以 $Ag(NH_3)_2^+$ 用毕后要及时处理。

2. 肼（hydrazine，N_2H_4）和羟胺（hydroxyamine，NH_2OH）

NH_3 中一个 $—H$ 被 $—NH_2$、$—OH$ 取代得肼 H_2NNH_2、羟胺 H_2NOH。

肼是吸热化合物，$\Delta_f H_m^\ominus = 50.6\ kJ \cdot mol^{-1}$，$\Delta_f G_m^\ominus(298\ K) = 149.2\ kJ \cdot mol^{-1}$，结构为

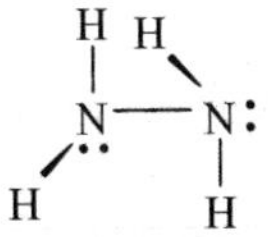
(旁式)

$\angle HNH = 108°$，$\angle NNH = 112°$，旁式角 $\approx 95°$，$d(N—N) = 145\ pm$，$d(N—H) = 102.2\ pm$。在碱性条件下，OCl^- 氧化 NH_3 得 N_2H_4。

$$2NH_3 + OCl^- \xlongequal{\quad} N_2H_4 + Cl^- + H_2O$$

分子中含有 $—\ddot{N}H_2$ 及 $\diagup\ddot{N}—\ddot{N}\diagdown$ 决定了肼的性质。$—\ddot{N}H_2$ 是 Lewis 碱，能接受 H^+。从 N 的氧化态为 -2 可知，N_2H_4 碱性弱于 NH_3，$K_{b_1} = 8.5 \times 10^{-7}$，$K_{b_2} = 8.9 \times 10^{-16}$（25 ℃），可形成两系列盐，$N_2H_5Cl$、$N_2H_6Cl_2$。肼作为单基配体形成配合物，如 $CoCl_2$ 与无水 N_2H_4 成

$Co(N_2H_4)_6Cl_2$。$\diagup\ddot{N}-\ddot{N}\diagdown$ 键能不大，能发生氧化还原反应，以还原性更为显著。N_2H_4 能和 O_2 反应，被用来除去锅炉水中 O_2 以减缓腐蚀，$N_2H_4+O_2 = N_2+2H_2O$，N_2H_4 和 O_2 的摩尔质量相"同"，1 kg N_2H_4 可除去 100 000 t 沸水中的 $O_2(0.01\times10^{-6})$。N—N 键能为 247 $kJ\cdot mol^{-1}$，仅为 N≡N 键能的 26%，当 N_2H_4 被氧化为 N_2 时释大量热，是高能燃料。第二次世界大战时，(德)以 $N_2H_4\cdot H_2O$(30%)＋CH_3OH(57%)＋H_2O(13%，降低燃烧温度)＋$K_3Cu(CN)_4$(0.11%，催化剂)为燃料，H_2O_2(80%)为氧化剂发射火箭。发射 Apollo 的燃料是 $N_2H_3(CH_3)$ 和 $N_2H_2(CH_3)_2$(摩尔比为 1∶1)，氧化剂是 N_2O_4 或 O_2、H_2O_2、HNO_3，甚至 F_2。

羟胺 H_2NOH，也可以被看成是 H_2O_2 中一个—OH 被—NH_2 取代的产物：

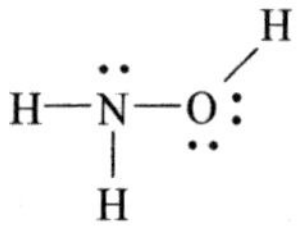

性质介于 HOOH 和 H_2NNH_2 之间。$H_2\ddot{N}$—接受 H^+ 的能力弱于 N_2H_4，$K_b=6.6\times10^{-9}$。兼有氧化性和还原性，更常被用作还原剂。如

$$2NH_2OH+2AgBr = 2Ag+N_2+2HBr+2H_2O$$
$$2NH_2OH+4AgBr = 4Ag+N_2O+4HBr+H_2O$$
$$2NH_3OH^+ +4Fe^{3+} = N_2O+4Fe^{2+}+6H^+ +H_2O$$

因分子中含有 N—O 键($d=147$ pm，单键键长)，所以被氧化的产物有 N_2、N_2O(和 N_2H_4 被氧化不同)。

羟胺是白色固体物，熔点为32 ℃，应保存在约0 ℃，以防分解。它在酸性、碱性条件下的分解方程式为：

碱性条件　　$3NH_2OH = NH_3+N_2+3H_2O$

酸性条件　　$4NH_2OH = 2NH_3+N_2O+3H_2O$

3. 铵盐

铵盐的溶解性和钾盐相近，然而铵盐有明显的水解性能且对热不如相应钾盐稳定(参考含氧酸盐热分解)，如 NH_4HS 于24 ℃的平衡气压 $p(NH_3)=p(H_2S)=3.1\times10^4$ Pa。

鉴定 NH_4^+ 的两种方法是：

(1) 在试液中加碱并加热，用湿的 pH 试纸检试逸出气体中的 NH_3：

$$NH_4^+ +OH^- \xlongequal{\triangle} NH_3\uparrow +H_2O$$

(2) 用 Nessler 试剂(K_2HgI_4 的 KOH 溶液)检试。这个反应因试剂量和 NH_4^+ 相对量不同，可生成几种不同颜色的沉淀：

$2HgI_4^{2-}+NH_3+3OH^- =$ 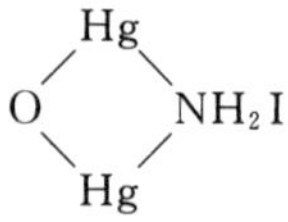 $\downarrow$(褐)$+7I^-+2H_2O$

$$2HgI_4^{2-} + NH_3 + 2OH^- == \underset{I-Hg}{\overset{HO-Hg}{\diagdown}} NH_2I\downarrow(深褐) + 6I^- + H_2O$$

$$2HgI_4^{2-} + NH_3 + OH^- == \underset{I-Hg}{\overset{I-Hg}{\diagdown}} NH_2I\downarrow(红棕) + 5I^- + H_2O$$

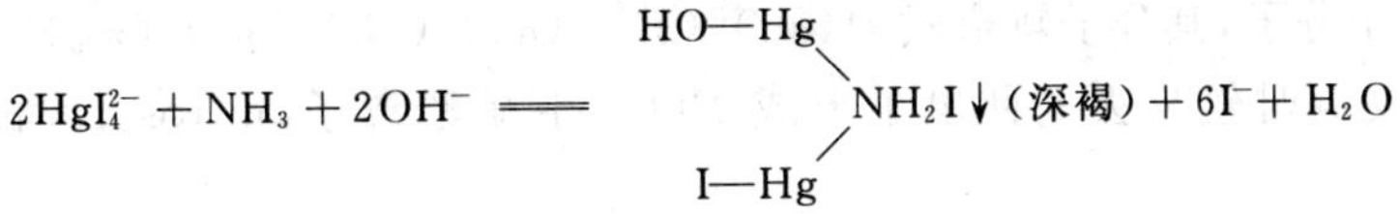

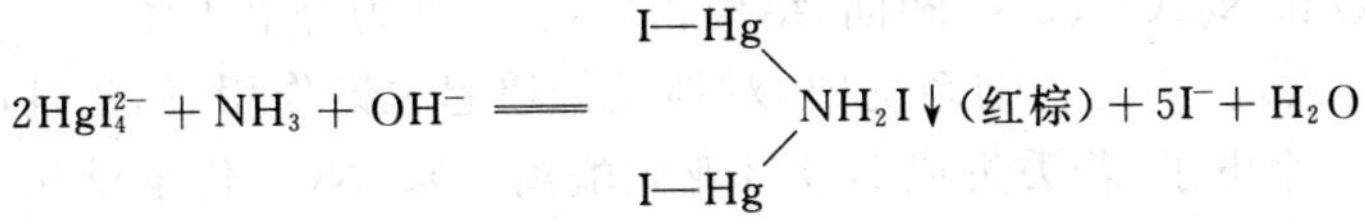

若含 NH_4^+ 试液中有 Fe^{3+}、Co^{2+}、Ni^{2+}、Cr^{3+}、Ag^+ 等离子,则将和试剂生成有色的氢氧化物沉淀(这些离子的存在,都干扰 NH_4^+ 的检出)。

5.3 氮的氧化物、含氧酸及其盐

1. 氮的氧化物

氮和氧能结合成多种化合物,如 N_2O、NO、N_2O_3、NO_2、N_2O_4、N_2O_5。表 5-4 列出它们的性质和结构。

表 5-4 氮的氧化物的物理性质和结构

化学式	性 状	熔点/℃	沸点/℃	结 构
N_2O	无色有甜味气体,易溶于水	-90.86	-88.48	π_3^4 :N—N—O: π_3^4
NO	无色气体,液态蓝色,固态无色	-163.6	-151.8	:N—O:
N_2O_3	蓝色固体,浅蓝色液体	-110.7	3(分解)	O∥N=N—O∥O
NO_2 N_2O_4	红棕色气体(NO_2),无色气体(N_2O_4)	-11.2 (N_2O_4)	21.15	π_3^3 :O—N—O: N / O O
N_2O_5	无色固体	32.4 (升华)		O O N—O—N O O

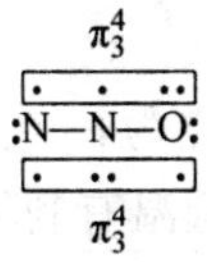

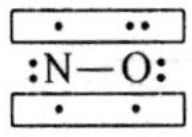

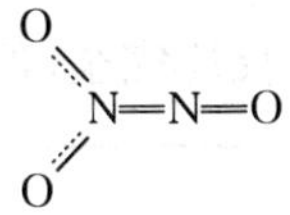

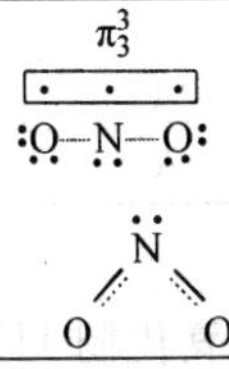

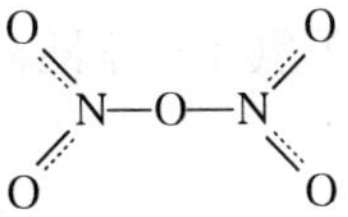

一般含有单电子的分子叫自由基,不稳定,如 Cl·。NO 和 NO_2 中都含有单电子,NO_2 为红棕色,而 NO 既是无色气体又较稳定,因此有人把 NO、NO_2 叫作"长命的自由基"。常温下 NO 缔合,$2NO == N_2O_2$,结构测定无色固态 NO 中也有缔合分子(见右图)。

N ---- O ∥ ∥ 112 pm O ---- N 240 pm

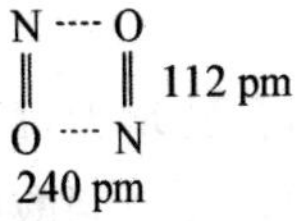

NO 是单电子分子，其分子轨道式为$(\sigma_{1s})^2(\sigma_{1s}^*)^2(\sigma_{2s})^2(\sigma_{2s}^*)^2(\sigma_{2p})^2(\pi_{2p})^4(\pi_{2p}^*)^1$。$\pi^*$ 轨道上有一个电子，反应时较易丢失此电子形成 NO^+（亚硝酰离子，nitrosyl），相应的化合物如 $NO^+HSO_4^-$。

NO^+ 的电子数和 N_2、CO、CN^- 相同，结构相似，它们互为等电子体。

近期研究 NO 发现，它是生物系统中，对神经传递起关键作用、高活性的简单分子。NO 分子中 π^* 轨道上一个电子，若丢失成 NO^+（亚硝酰离子）。NO^+ 化学键比 NO 强，键长反而短了9 pm。NO 对人体的作用有两面性。在神经细胞内产生 NO 会损伤神经细胞，而在血管内皮细胞中产生 NO 则可舒张血管，调节血压（硝化甘油的药理作用被认为和这个性质有关）。在生物体内，NO 很快地和 O_2^- 生成 ONO_2^-（过氧亚硝酸根），后者和 CO_2 或 HCO_3^- 发生快反应生成$[ONO_2CO_2]^-$……亚硝酸还原酶还原 NO_2^- 生成 NO。$Na_2Fe(CN)_5(NO)$被用于治疗高血压症（原因至今不详）。1992 年美国 *Science* 杂志年终评选一种在研究上取得突出进展的当年的分子（molecule of the year）为 NO。Murad 等三位学者最早提出 NO 在人体中有独特功能（近年来此领域研究有很大进展），并荣获 1998 年 Nobel 生理学与医学奖。

NO 是吸热化合物，$\Delta_f H_m^\ominus = 90.4\ kJ \cdot mol^{-1}$，$\Delta_f G_m^\ominus(298\ K) = 86.7\ kJ \cdot mol^{-1}$，是热力学不稳定的。在 10 MPa（100 bar，1 bar$=10^5$ Pa）下，30～50 ℃范围内发生歧化反应。

$$3NO = N_2O + NO_2$$

NO 和 O_2 反应是释热过程。

$$2NO + O_2 = 2NO_2 \quad \Delta_r H_m^\ominus = -113\ kJ \cdot mol^{-1}$$

此反应特点为：

（1）低温有利于 NO 氧化。

温度/K	293	373	473	673	773
K_p	1.24×10^{14}	1.82×10^{8}	7.42×10^{4}	12.3	1

（2）反应完全（低温），但速率不快。

	NO 转化所需时间/s		
	50%	90%	98%
30 ℃	12.4	248	2830
90 ℃	25.3	508	5760

NH_3 氧化制 HNO_3 过程中，这是一个“慢”反应。

（3）氧化速率随温度上升而减慢（极个别的实例）。一种观点是：这个反应分两步进行。

聚合 $$2NO = (NO)_2 \quad K_p' = p((NO)_2)/p^2(NO)$$

氧化 $$(NO)_2 + O_2 = 2NO_2 \quad dp(NO_2)/dt = k_p' p((NO)_2) \cdot p(O_2)$$

聚合于瞬间完成，把 $p((NO)_2) = K_p' p^2(NO)$代入氧化速率式得

$$dp(NO_2)/dt = k_p' K_p' p^2(NO) \cdot p(O_2) = k_p p^2(NO) \cdot p(O_2)$$

温度升高，k_p'增大，K_p'下降更快，故 k_p 减小。

N_2O_3 是亚硝酸酐，极易分解为 NO 和 NO_2。25 ℃、1.01×10^5Pa 下平衡体系中含 10%

N_2O_3，100 ℃时只有 1.2%。

NO_2 是单(奇)电子分子，易聚合成无色 N_2O_4。低于21.15 ℃完全转化成液态 N_2O_4；21.15 ℃液态体系中含 99.9%的 N_2O_4，气相中的 N_2O_4 为 84.1%；135 ℃时气相中只有约 1%的 N_2O_4；约150 ℃时 N_2O_4 完全解离为 NO_2。

NO_2 和 H_2O 反应生成 HNO_3。

$$3NO_2 + H_2O \longrightarrow 2HNO_3 + NO \quad \Delta_r H_m^{\ominus} = -136\ \mathrm{kJ \cdot mol^{-1}}$$

N_2O_5 是硝酸酐，其固体由 $NO_2^+NO_3^-$ 构成。NO_2^+ 是硝酰(nitryl)，它和 CO_2、N_2O、OCN^-、N_3^- 互为等电子体，都是线形结构。N_2O_5 溶于水生成 HNO_3。

工业尾气中含有各种氮的氧化物(主要是 NO 和 NO_2，以 NO_x 表示)，燃料燃烧、汽车尾气中也都有 NO_x 生成。现已确证化学烟雾的形成也和 NO_x 有关。处理废气中 NO_x 的方法之一是，通入适量 NH_3，反应生成无毒的 N_2。

$$NO_x + NH_3 \longrightarrow N_2 + H_2O$$

2. 亚硝酸(nitrous acid)及其盐

HNO_2 是弱酸，$K_a = 5.1 \times 10^{-4}$。等摩尔 NO_2 和 NO 溶于冰水得 HNO_2；若溶于碱，则得亚硝酸盐(nitrite)。

$$NO + NO_2 + H_2O \longrightarrow 2HNO_2$$
$$NO + NO_2 + 2OH^- \longrightarrow 2NO_2^- + H_2O$$

HNO_2 放置，逐渐分解为 HNO_3 和 NO。

$$3HNO_2 \longrightarrow HNO_3 + 2NO + H_2O$$

目前尚未制得纯 HNO_2，但其盐和酯却相当稳定。

碱和碱土族元素(包括铵)的亚硝酸盐都是白色晶体(略带黄色)，易溶于水，受热时比较稳定(铵盐除外)。重金属的亚硝酸盐微溶于水，热分解的温度低，如 $AgNO_2$ 于100 ℃开始分解。

MNO_2 兼有氧化性和还原性，以氧化性为主。如在酸性介质中 NO_2^- 能将 I^- 定量氧化成 I_2(分析化学中用这个反应测定 NO_2^- 的含量和制备少量 NO)。

$$2NO_2^- + 2I^- + 4H^+ \longrightarrow 2NO + I_2 + 2H_2O$$

遇强氧化剂，如 MnO_4^-、OCl^- 被氧化成 NO_3^-。

$$2MnO_4^- + 5NO_2^- + 6H^+ \longrightarrow 2Mn^{2+} + 5NO_3^- + 3H_2O$$

NO_2^- 作为配位体能和许多金属离子，如 Fe^{2+}、Co^{2+}、Cr^{3+}、Cu^{2+}、Pt^{2+} 等形成配离子，其中较重要的是 $Co(NO_2)_6^{3-}$，它是鉴定 K^+ 的试剂。作为配位体，若"NO_2"以 O 和中心离子配位，—ONO，命名时叫亚硝酸根，如$[Co(NO_2)(NH_3)_5]SO_4$ 硫酸亚硝酸根·五氨合钴(Ⅲ)；若以 N 配位，—NO_2 叫硝基，如 $Na_3[Co(NO_2)_6]$六硝基合钴(Ⅲ)酸钠。当配位原子不清楚时，命名法规定叫亚硝酸根。

NO_2^- 和 O_3 互为等电子体，结构相似，键角为 115°，键长为 123 pm。

3. 硝酸(nitric acid)及其盐

实验室用 $NaNO_3$ 和浓 H_2SO_4 作用制备 HNO_3。

$$NaNO_3 + H_2SO_4 \xlongequal{} NaHSO_4 + HNO_3 \uparrow$$

工业上是用 NH_3 为原料，以 Pt-Rh 为催化剂制备 HNO_3。NH_3 被氧化成 NO(仅需 0.002 s)，NO 又被 O_2 氧化成 NO_2，再被 H_2O 吸收，生成 HNO_3，最后尾气中的 NO_x 量>0.4%。

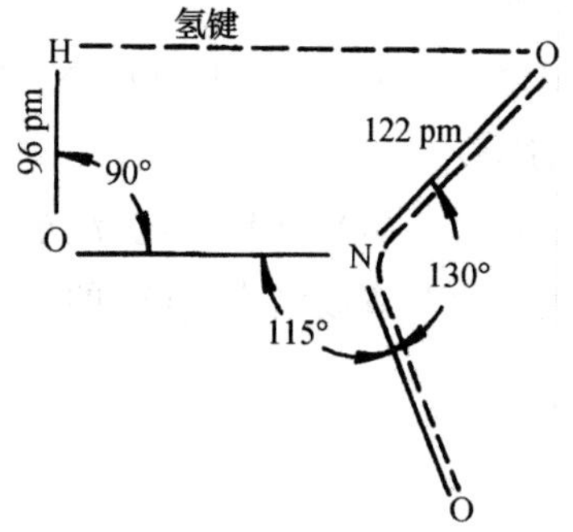

图 5-3　HNO_3 分子结构

发烟硝酸的质量分数为 93%，密度 $1.5\ g\cdot cm^{-3}$，相当于 $22\ mol\cdot L^{-1}$。试剂(浓)硝酸的质量分数为 68%，密度 $1.4\ g\cdot cm^{-3}$，相当于 $15\ mol\cdot L^{-1}$(沸点：120.5 ℃)。

HNO_3 受热、见光都能分解，所以要把浓硝酸保存在阴凉处。

$$4HNO_3 \xlongequal{} 4NO_2 + O_2 + 2H_2O$$

纯 HNO_3 的密度为 $1.524\ g\cdot cm^{-3}$，熔点 −40.1 ℃，沸点80 ℃。气态 HNO_3 的结构见图 5-3。HNO_3 分子是平面结构，其中 N 原子以 sp^2 杂化轨道和 3 个 O 原子的 p 轨道形成 3 个 σ 键，此外，N 原子和 2 个 O 原子间形成一个 π_3^4 键。HNO_3 分子中还有一个内氢键。

浓 HNO_3 具有强氧化性，能把 C、S 氧化成 CO_2、H_2SO_4，而本身被还原为 NO、NO_2。

$$4HNO_3 + 3C \xlongequal{} 3CO_2 + 4NO + 2H_2O$$

$$6HNO_3 + S \xlongequal{} H_2SO_4 + 6NO_2 + 2H_2O$$

除不活泼的金属如 Au、Pt、Ta、Rh、Ir 外，所有金属都能和 HNO_3 反应。在这些反应中金属有 3 种情况：

(1) Fe、Cr、Al 和冷、浓 HNO_3 作用，在金属表面形成一层不溶于冷、浓 HNO_3 的保护膜——钝化，从而阻碍反应进行。

(2) Sn、As、Sb、Mo、W 等和浓 HNO_3 作用生成含水的氧化物或含氧酸，如 β-锡酸 $SnO_2\cdot xH_2O$、砷酸 H_3AsO_4。

(3) 其余金属和 HNO_3 作用都生成可溶性硝酸盐，如 $Cu(NO_3)_2$。

因 HNO_3 浓度不同，被还原成 NO_2、HNO_2、NO。稀 HNO_3 和较活泼金属反应，除上述还原产物外，还有 N_2O、N_2、NH_4^+ 和 H_2 生成。

$$M + HNO_3(12\sim16\ mol\cdot L^{-1}) \longrightarrow NO_2\ \text{为主}$$

$$M + HNO_3(6\sim8\ mol\cdot L^{-1}) \longrightarrow NO\ \text{为主}$$

$$M + HNO_3(\approx2\ mol\cdot L^{-1}) \longrightarrow N_2O\ \text{为主}$$

$$M(\text{活泼}) + HNO_3(<2\ mol\cdot L^{-1}) \longrightarrow NH_4^+\ \text{为主}$$

$$M(\text{活泼}) + HNO_3 \longrightarrow H_2$$

事实上，不同浓度的 HNO_3 被还原的产物都不是单一的，只是在某浓度时以某种还原产物为主而已。如足量的 Fe 和 100 mL 不同浓度的 HNO_3 溶液反应后得到的 NO、N_2O、N_2 及 NH_3 的体积(单位：cm^3)和体积分数(括号内值)汇于表 5-5。

表 5-5　足量铁和硝酸反应的产物(100 ℃,66.7 kPa)

$c(HNO_3)/(mol \cdot L^{-1})$	NO	N_2O	N_2	NH_3
1.77	32.0 (51.7%)	2.5 (4.0%)	13.3 (21.5%)	14.0(22.7%)
3.41	39.0 (57.6%)	2.5 (3.7%)	8.0 (11.8%)	18.2 (26.9%)
4.17	83.0 (88%)	2.5 (2.7%)	5.8 (6.2%)	3.0 (3.2%)
5.32	90.0 (93.7%)	1.5 (1.6%)	3.5 (3.6%)	1.0 (1.0%)

【附】　氮的电势图

酸性介质($E_a^\ominus$/V):

$$NO_3^- \xrightarrow{0.79} NO_2 \xrightarrow{1.07} HNO_2 \xrightarrow{0.996} NO \xrightarrow{1.59} N_2O \xrightarrow{1.77} N_2 \xrightarrow{-1.87} NH_3OH^+ \xrightarrow{1.35} NH_4^+$$

(NO_3^- — NO: 0.96;NO_3^- — HNO_2: 0.94;HNO_2 — N_2O: 1.29)

碱性介质($E_b^\ominus$/V):

$$NO_3^- \xrightarrow{-0.86} NO_2 \xrightarrow{0.88} NO_2^- \xrightarrow{-0.46} NO \xrightarrow{0.76} N_2O \xrightarrow{0.94} N_2 \xrightarrow{-3.04} NH_2OH \xrightarrow{0.42} NH_3$$

(NO_3^- — NO_2^-: 0.01;NO_2^- — N_2O: 0.15)

金属和浓 HNO_3 的反应一旦发生后速率就很快,这是因为过程中有 HNO_2 生成。如 Cu 和浓 HNO_3 反应,开始生成的 NO_2 溶于水形成 $HNO_2$①,它再和 Cu 反应,速率就大大加快。

$$2NO_2 + H_2O = HNO_2 + H^+ + NO_3^-$$

$$Cu + 2HNO_2 + 2H^+ = Cu^{2+} + 2NO + 2H_2O$$

$$2NO + 4H^+ + 4NO_3^- = 6NO_2 + 2H_2O$$

若加入能除去 HNO_2 的物质,如 H_2O_2、$CO(NH_2)_2$ 等,就能使 Cu 和 HNO_3 的反应速率减慢。

$$CO(NH_2)_2 + 2HNO_2 = 2N_2 + CO_2 + 3H_2O$$

实际工作中常用含有 HNO_3 的混合酸,较重要的有:

(1) 1 体积浓 HNO_3 和 3 体积浓 HCl 的混合液叫**王水**(aqua regia)。它具有强氧化性(HNO_3)和强配位性(Cl^-),所以能溶解 Au、Pt 等。

$$Au + HNO_3 + 4HCl = HAuCl_4 + NO + 2H_2O$$

用王水洗涤玻璃仪器的效果很好,因王水不稳定,要现用现配。

(2) 浓 HNO_3 和 HF 的混合液也兼有氧化性和配位性,它能溶解(连王水都溶解不了的)铌(Nb)、钽(Ta)。

$$M + 5HNO_3 + 7HF = H_2MF_7 + 5NO_2 + 5H_2O \quad (M = Nb、Ta)$$

(3) 浓 HNO_3 和浓 H_2SO_4 的混合液是硝化剂,浓 H_2SO_4 是脱水剂。如

① HNO_2 的氧化性、氧化反应速率均强于 HNO_3。与此类似,H_2SO_3 的氧化性、氧化速率比 H_2SO_4 强,如 $H_2SO_3 + 2H_2S = 3S + 3H_2O$;$HClO_3$ 的氧化性、氧化速率也强于 $HClO_4$。

$$C_6H_6 + HNO_3 \xrightarrow{H_2SO_4} C_6H_5NO_2 + H_2O$$

硝酸盐都易溶，它们可由 HNO_3 和金属单质、金属氧化物或碳酸盐反应生成。绝大多数硝酸盐都是离子型化合物，只有个别硝酸盐是共价型化合物，如在非水溶剂(液态 NO_2)中制得的无水 $Cu(NO_3)_2$。

结构测定得知：$NaNO_3$ 中的 NO_3^- 是平面三角形，键长 124 pm，这个值介于 N—O 单键键长(136 pm)和 N═O 双键键长(118 pm)之间。目前认为 NO_3^- 中的 N 以 sp^2 杂化轨道和 3 个 O 的 p 轨道形成 3 个 σ 键及 1 个 π_4^6 键(图 5-4)。

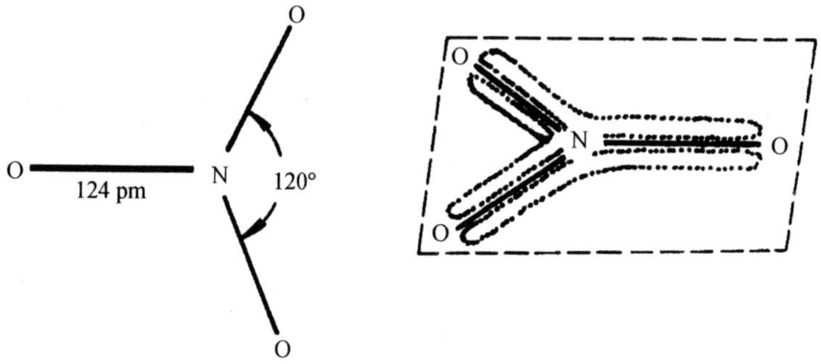

图 5-4　NO_3^- 的结构

NO_3^- 的配位能力并不强，如生成 $MnNO_3(CO)_5$。

硝酸盐中除 Tl^+、Ag^+ 盐见光分解外，常温下(固体或水溶液)都比较稳定。固体硝酸盐受热发生分解释 O_2 反应被用于制炸药：KNO_3 ∶ C ∶ S＝6 ∶ 1 ∶ 1 或 6 ∶ 2 ∶ 1(质量比)。

$$2KNO_3 + S + 3C = K_2S + N_2 + 3CO_2$$

硝酸盐热分解的产物和金属离子有关(按电位序)。

$$2MNO_3 = 2MNO_2 + O_2 \qquad (M 位于 Mg 前)$$
$$2M(NO_3)_2 = 2MO + 4NO_2 + O_2 \qquad (M 位于 Mg\sim Cu 间)$$
$$2MNO_3 = 2M + 2NO_2 + O_2 \qquad (M 位于 Cu 后)$$

此外，还有一些特殊情况，如 $LiNO_3$ 热分解产物是 Li_2O 而不是 $LiNO_2$；$Sn(NO_3)_2$、$Fe(NO_3)_2$ 热分解产物是被氧化生成的 SnO_2、Fe_2O_3，而不是 SnO、FeO。

【附】　等电子原理

Langmuir(1919)提出，CO 和 N_2，CO_2 和 N_2O 两对分子，它们含相同原子数和电子数，结构相同，物理性质(熔点、沸点、临界温度和压强、溶解度)相近，称为同电子等排体(isostere)。Grimm(1925)提出，下列四组物质间互换：—CH_3、—NH_2、—OH、—F；═CH_2、═NH、═O；≡CH、≡N；═C═、═$\overset{+}{N}$═，构型(忽略 H)不变。如

$$CH_3-CH_2-CH_3,\quad CH_3-NH-CH_3,\quad CH_3-O-CH_3$$

键角相近，依次为 109.5°、110.5°、111.5°。综合前两者观点，等电子原理(isoelectronic principle)是："重原子(除 H、He、Li 外)数相同、电子数相同的物质，其重原子构型往往相同。"

下面介绍常见、重要的等电子体。

(1) 二原子 10 电子(10/2)的等电子体：N_2、CO、C_2^{2-}、C_2H_2、CN^-、NO^+，都有 1 个 σ 键、2 个 π 键。

(2) 三原子 16 电子(16/3)等电子体：CO_2、N_2O、NO_2^+、OCN^-、SCN^-、C_3H_4(丙二烯)、N_3^-(叠氮酸根)、$BeCl_2$(g)等，都是直线构型，位于中间的原子以 sp 杂化轨道和两边原子成键。

(3) 18/3 等电子体：O_3、SO_2、NO_2^-，都是折线构型，位于中间的原子以 sp^2 杂化轨道和两边原子成键。

(4) 22/3 等电子体：I_3^-、Br_3^- 等，都是直线构型，中间的原子以 sp^3d 杂化轨道(有 3 对孤对电子)成键。

按 Grimm 观点，(2)中 OCN^-，O 若被 X"取代"得卤化氰，XCN 也是直线构型；(3)中 NO_2^-，若 O 依次被 NH_2、Cl、CH_3 取代，分别成 $ONNH_2$(亚硝胺，nitroso amine，是致癌物)、NOCl(亚硝酰氯)、$ONCH_3$，它们互为等电子体；(4)中 I_3^- 和 XeF_2 互为等电子体。

(5) 24/4 等电子体：BO_3^{3-}、BF_3、CO_3^{2-}、$COCl_2$、$CO(NH_2)_2$、$CO(CH_3)_2$、NO_3^-、SO_3(g)，均为平面三角构型，位于中间的原子以 sp^2 杂化轨道和 3 个原子成键。

(6) 26/4 等电子体：ClO_3^-、BrO_3^-、IO_3^-、XeO_3、SO_3^{2-}、SeO_3^{2-}、TeO_3^{2-} 等，都是三角锥构型，位于中间的原子以 sp^3 杂化轨道与相邻 3 个原子成键。

(7) 32/5 等电子体：CX_4、CX_nY_{4-n}(X、Y 均为卤素)、$B(OH)_4^-$、BF_4^-、ClO_4^-、SO_4^{2-}、SO_2Cl_2、HO_3SCl、PO_4^{3-}、$POCl_3$、SiX_4、SiO_4^{4-} 等，都是四面体构型，位于中间的原子以 sp^3 杂化轨道和相邻 4 个原子成键。

(8) 30/6 等电子体：C_6H_6、$B_3N_3H_6$(环硼氮烷，俗称无机苯)，构型相同，物理性质相近。

(9) 34/6 等电子体：B_2F_4、$C_2O_4^{2-}$、N_2O_4 等，6 个原子在同平面上。

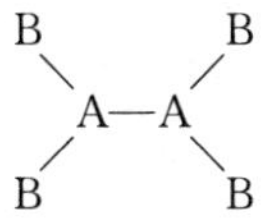

其中 A 原子以 sp^2 杂化轨道成键。

……

等电子原理也适用于某些固态物质结构：如 20 世纪 80 年代作催化剂载体用的 $AlPO_4$ 和 SiO_2($SiSiO_4$)、BPO_4 等互为等电子体。取金刚石结构的物质(Grimm-Sommerfeld 化合物)见下表。

CC	BN	BeO	
SiSi	AlP	ZnS	
GeGe	GaAs	ZnSe	CuBr
SnSn	InSb	CdSe	AgI

然而，CO_2 和 SiO_2 构型毫不相似，因 SiO_2 中 Si 原子以 s、p、d 轨道参与成键，而 CO_2 中 C 只有 s、p 轨道成键。成键轨道不同，物质构型也不同。类似例子还有$(CH_3)_2O$ 和$(SiH_3)_2O$(键角 142°)，$(CH_3)_3N$(三角锥)和$(SiH_3)_3N$(平面三角构型)……不是等电子体。再者，SiO_3^{2-} 是 SiO_4^{4-} 以两个角相连成长链状结构的化学式，SiO_3^{2-} 不可能是 CO_3^{2-}(单独离子)的等电子体。

5.4 磷

1. 同素异形体

磷的同素异形体有白(或黄)磷、红磷及黑磷 3 种。

将磷蒸气迅速冷却即得白磷，因带黄色又称黄磷，在 CS_2 溶液中重结晶可得外形美丽的晶体，密度 1.8 g·cm^{-3}，熔点44.1℃，沸点280.5℃。燃点34℃，在空气中能自燃，因此要保存在水中。白磷由 P_4 非极性分子(图 5-5)构成，能溶于非(弱)极性溶剂，如 CS_2、C_6H_6、$(C_2H_5)_2O$ 等。

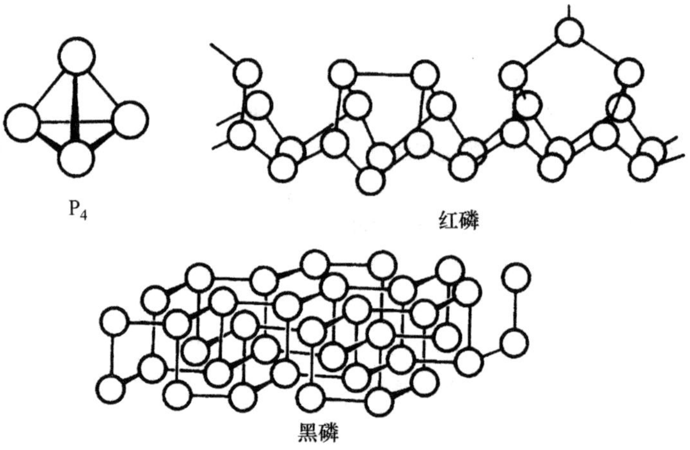

图 5-5　P_4 分子和红磷、黑磷的结构

目前已知的红磷至少有 6 种，其中两种已被确定。红磷比白磷稳定，燃点高，室温下不易和 O_2 反应，也不溶于有机溶剂。白磷在光或 X 射线照射下转变成红磷。

黑磷是以白磷为原料在较高温(220 ℃)、高压(1.216×10^9 Pa)下制成的，其结构和石墨相似，不溶于有机溶剂。1965 年利用催化剂(Hg)在常压下合成了黑磷。

同素异形体相互间转化都有热效应。一般转化速率较慢，有时还不完全，所以可用间接方法求同素异形体相互间转化的热效应。

$$P_4(\text{白磷})+5O_2 = P_4O_{10} \qquad \Delta_r H_m^{\ominus}=-2983.2\ \text{kJ}\cdot\text{mol}^{-1}$$

$$-)\ 4P(\text{红磷})+5O_2 = P_4O_{10} \qquad \Delta_r H_m^{\ominus}=-2954.0\ \text{kJ}\cdot\text{mol}^{-1}$$

$$P_4(\text{白磷}) = 4P(\text{红磷}) \qquad \Delta_r H_m^{\ominus}=-29.2\ \text{kJ}\cdot\text{mol}^{-1}$$

2. 制备

用 $Ca_3(PO_4)_2$、SiO_2 及 C 为原料，在电炉中加热制磷。反应于1150 ℃ 开始，至1450 ℃ 完成。生成的磷蒸气在水面下冷凝得白磷。

$$Ca_3(PO_4)_2(s)+5C+3SiO_2(s) = 3CaSiO_3(l)+P_2(g)+5CO(g)$$

所得粗磷经真空蒸馏或在 N_2 气氛下蒸馏，或在有机溶剂中分级结晶，均可得纯磷。

3. 化学性质

磷原子价电子构型为 $3s^23p^3$。在已经知道的各种含磷化合物中，磷的常见配位数有 3、4、5、6 等几种。磷的成键特征列于表 5-6 中。

表 5-6　磷的成键特征

化合物中磷的配位数	3	4	5	6
成键轨道	p^3(包括 sp^3)	sp^3	sp^3d	sp^3d^2
分子构型	三角锥	四面体	三角双锥	八面体
实　例	PH_3、PCl_3	$POCl_3$、$OP(OH)_3$	PCl_5、PF_5	PF_6^-

P 以 sp^3 杂化轨道形成的化合物，能以 P—O—P、P—N—P 相连成链状、环状等结构，所以磷化合物的数目非常多。

白磷在空气中燃烧生成 P_4O_6 和 P_4O_{10}，O_2 充分时，生成物以 P_4O_{10} 为主。

磷和卤素、硫都能直接化合，生成相应的化合物。

$$2P+3X_2 = 2PX_3 \qquad (PX_3+X_2 = PX_5)$$

$$4P+3S = P_4S_3 \qquad (P_4S_6、P_4S_{10})$$

白磷和碱作用，发生歧化反应，生成膦和次磷酸盐。

$$P_4+3NaOH+3H_2O = PH_3(\text{膦})+3NaH_2PO_2$$

和碱作用发生歧化反应是许多非金属单质的通性。如

卤族：
$$X_2+2OH^- = X^-+OX^-+H_2O$$

$$3X_2+6OH^- \overset{\triangle}{=} 5X^-+XO_3^-+3H_2O$$

硫：
$$3S+6OH^- = 2S^{2-}+SO_3^{2-}+3H_2O$$

这是(不太强)共价键在 OH^- 存在时发生的异裂反应。如 P_4 和 OH^- 的反应过程如下：

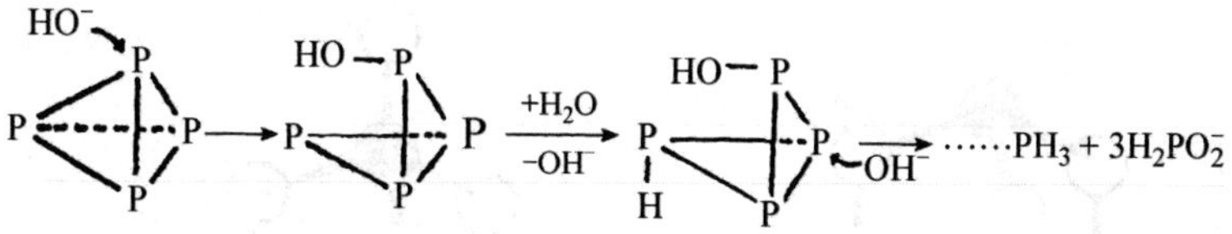

4. 磷化氢

常见的磷的氢化物有 PH_3(phosphine)、P_2H_4(二膦，diphosphine)。因它们的 $\Delta_f H_m^\ominus$ 均为正值(分别是 18.2 和 66.9 kJ · mol⁻¹)，所以不能用单质间直接化合的方法来制备。白磷和碱作用或金属磷化物和酸反应生成 PH_3。PH_3 能在空气中燃烧，一般方法制备得到的 PH_3(燃点39 ℃)中含有 P_2H_4，在空气中易自燃。

$$PH_3+2O_2 = H_3PO_4$$

PH_3 在水中的溶解度小于 NH_3，17 ℃ 100 mL 水能溶 26 mL PH_3。PH_3 水溶液的 $K_a=10^{-29}$，$K_b=10^{-28}$，微显碱性。因为 PH_3 的碱性远弱于 NH_3，所以它不易形成 PH_4^+(鏻，phosphoniun)盐。和强酸生成的盐也没有相应铵盐稳定(表 5-7)。

表 5-7　$AH_3+HX = AH_4X$ 的 $\Delta H_f^\ominus$/(kJ · mol⁻¹)

	HCl	HBr	HI
PH_3	−62.8	−96.2	−100.4
NH_3	−176.9	−167.4	−159.0

PH_3 为三角锥构型，键角 93.6°，键长 141.9 pm。被用作还原剂、配位体，如 $BF_3(PH_3)$。

5. 毒性

白磷是剧毒物，对人的致死量为 0.1 g。1 m^3 空气中磷蒸气的允许含量不得超过 0.1 mg。

不能用手直接拿白磷。若皮肤接触了白磷，可在接触处涂 0.2 mol·L^{-1} $CuSO_4$ 溶液。若不慎内服了白磷，应立即饮一杯约含 0.25 g $CuSO_4$ 的溶液。

PH_3 的毒性极强，空气中含量为 2×10^{-6}(体积分数)时，即能闻到气味并引起中毒。按每天工作 8 小时计算，空气中 PH_3 的最高允许含量必须 $<0.3\times10^{-6}$(体积分数)。用活性炭吸附或氧化剂(如 $K_2Cr_2O_7$)氧化 PH_3，都能消除其毒性。AlP、Zn_3P_2 和空气中水汽反应生成 PH_3，因此要密封保存。这个性质被用作粮食仓库的烟熏消毒剂。

$$AlP+3H_2O = Al(OH)_3+PH_3\uparrow$$

5.5 磷的氧化物、含氧酸及其盐

1. 磷的氧化物

常见的磷的氧化物有 P_4O_6 ($\Delta_f H_m^\ominus=-1130$ kJ·mol^{-1})、P_4O_{10} ($\Delta_f H_m^\ominus=-3012.4$ kJ·mol^{-1})。它们的结构见图 5-6。

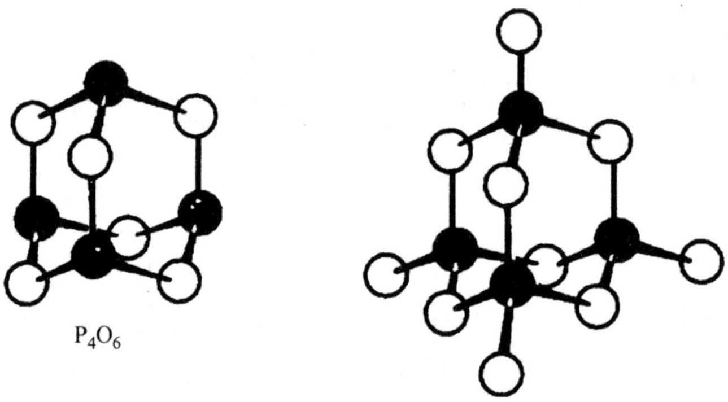

图 5-6 P_4O_6、P_4O_{10} 的结构

P_4O_{10} 和 H_2O 的亲和力极强，是最强的化学干燥剂。P_4O_{10} 和少量水作用生成 HPO_3(偏磷酸)，和过量水作用生成 H_3PO_4。

$$P_4O_{10}+2H_2O = 4HPO_3$$
$$P_4O_{10}+6H_2O = 4H_3PO_4$$

但生成 H_3PO_4 的速率并不快，在酸性和加热的条件下，反应速率大大加快。

醇分子中的 OH、氨中的 NH_2 和水中的 OH 相似，所以 P_4O_{10} 能和醇、液氨反应。如

$$P_4O_{10}+6C_2H_5OH = 2C_2H_5O\overset{\overset{\displaystyle O}{\|}}{P}(OH)_2+2(C_2H_5O)_2\overset{\overset{\displaystyle O}{\|}}{P}OH$$

P_4O_6 是亚磷酸酐，溶于冷水的最终产物是 H_3PO_3(亚磷酸)。但和热水，因 H_3PO_3 发生歧化反应，生成 PH_3、P、H_3PO_4 及其他产物。有 O_2 时，P_4O_6 逐渐转化为 P_4O_{10}，在空气中加热，燃烧生成 P_4O_{10}。P_4O_6(无 O_2 时)加热到210 ℃，分解为 P_2O_4 和 P(红)。Cl_2、Br_2 能氧化 P_4O_6，150 ℃时 S 也能和 P_4O_6 反应。总之，P_4O_6 有水解、歧化及还原等性质。

磷的氧化物，除 P_4O_6、P_4O_{10}外，还有 P_2O_4、P_4O_7、P_4O_8、P_4O_9 等。

2. 磷的含氧酸

按磷在含氧酸中氧化态由低到高的顺序看，有 H_3PO_2（次磷酸）、H_3PO_3 及 H_3PO_4。在氧化态为Ⅴ的磷的含氧酸中，因“含水量”的不同，又有正、偏、焦磷酸之分。根据化学命名法：

1“分子”正酸－1“分子”水＝1“分子”偏酸

如 $H_3PO_4 - H_2O$ ═══ HPO_3（偏磷酸，metaphosphoric acid）

2“分子”正酸－1“分子”水＝1“分子”焦酸

如 $2H_3PO_4 - H_2O$ ═══ $H_4P_2O_7$（焦磷酸，pyrophosphoric acid）

表 5-8 列出磷的含氧酸的电离常数。

表 5-8 磷的含氧酸的电离常数（室温）

	K_1	K_2	K_3	K_4
H_3PO_2	1.0×10^{-2}	—	—	—
H_3PO_3	5.0×10^{-2}	2.5×10^{-7}	—	—
H_3PO_4	7.6×10^{-3}	6.3×10^{-8}	4.4×10^{-13}	—
$H_4P_2O_7$	3.0×10^{-2}	4.4×10^{-3}	2.5×10^{-9}	5.6×10^{-10}
HPO_3	10^{-1}	—	—	—

H_3PO_2（P 的氧化态为Ⅰ）是一元酸，H_3PO_3（P 的氧化态为Ⅲ）是二元酸，它们的分子中有 H 和 P 直接相连，所以它们的酸性并不比氧化态为Ⅴ的正磷酸弱（一般含氧酸酸性因成酸元素氧化态升高而增强）。

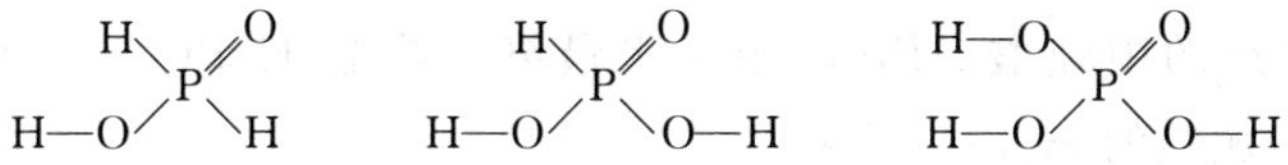

$H[H_2PO_2]$　　$H_2[HPO_3]$　　$H_3[PO_4]$

通常某元素同一氧化态的含氧酸中，焦酸、偏酸的酸性强于正酸。如 HPO_3、$H_4P_2O_7$ 的酸性强于 H_3PO_4；又如 $H_2Cr_2O_7$ 的酸性强于 H_2CrO_4，它们的 K_2分别为 2.3×10^{-3}和 3.2×10^{-7}。

3. 次磷酸（hypophosphorous acid）及其盐

H_3PO_2 于26.5 ℃熔融，常温下比较稳定，升温到140 ℃分解。极易溶于水。是强还原剂，能把 Ag^+ 还原为 Ag，把 Cu（Ⅱ）还原为 Cu（Ⅰ）和 Cu。室温下不和空气中氧反应，在碱性介质中加热到100 ℃分解生成 H_2，碱越浓，分解速率越快。

$$H_2PO_2^- + OH^- \xlongequal{} HPO_3^{2-} + H_2$$

碱金属、碱土金属及多数重金属的次磷酸盐都能溶于水。次磷酸盐也是强还原剂，最重要的是 $NaH_2PO_2 \cdot H_2O$，它用于钢及其他表面化学镀镍①。

① 化学镀镍就是用还原剂还原金属盐并使生成的金属牢固地淀积在被镀物的表面上，如

$$H_2PO_2^- + Ni^{2+} + H_2O \xlongequal{} HPO_3^{2-} + Ni + 3H^+$$

4. 亚磷酸(phosphorous acid)及其盐

干燥 Cl_2 通入熔磷得 PCl_3，使 PCl_3 在浓 HCl 溶液中水解并蒸出 HCl，得 H_3PO_3。

$$2P+3Cl_2 = 2PCl_3$$
$$PCl_3+3H_2O = H_3PO_3+3HCl$$

固体 H_3PO_3 于 71.7～73.6℃熔融，易吸湿潮解，极易溶于水，25℃饱和溶液的浓度为 82.64%。H_3PO_3 及其浓溶液受热发生歧化反应。

$$4H_3PO_3 = 3H_3PO_4+PH_3\uparrow$$

因此由 PCl_3 水解制得 H_3PO_3 中含有 H_3PO_4。制备纯 H_3PO_3 的方法是

$$Na_2HPO_3+Pb(Ac)_2 = PbHPO_3\downarrow+2NaAc$$
$$PbHPO_3+H_2S = H_3PO_3+PbS\downarrow$$

H_3PO_3 是二元弱酸，能形成酸式盐(如 $NaH_2PO_3\cdot2.5H_2O$)和正盐(如$Na_2HPO_3\cdot5H_2O$)。碱金属的亚磷酸盐易溶于水，而 $BaHPO_3$ 难溶。

H_3PO_3 是强还原剂，能还原 Ag^+ 为 Ag，还原热浓 H_2SO_4 为 SO_2，60～70℃还原 H_2SO_3 为 S，而 H_3PO_3 被氧化成 H_3PO_4。

$$H_3PO_3+2Ag^++H_2O = H_3PO_4+2Ag+2H^+$$
$$H_3PO_3+H_2SO_4(浓) = H_3PO_4+SO_2+H_2O$$
$$H_3PO_3+2HgCl_2+H_2O = H_3PO_4+Hg_2Cl_2+2H^++2Cl^-$$

5. 磷酸(phosphoric acid)及其盐

H_3PO_4 是高沸点的中强酸。P_4O_{10} 溶于水最终产物是 H_3PO_4。HNO_3(密度 1.2 g·cm^{-3})和白磷作用生成纯的 H_3PO_4 溶液。

$$3P_4+20HNO_3+8H_2O = 12H_3PO_4+20NO$$

市售试剂 H_3PO_4 溶液的浓度为 85%，密度为 1.7 g·cm^{-3}，相当于 15 mol·L^{-1}。

浓 H_3PO_4 溶液导电能力并不强，逐渐稀释时，溶液电导率随之增强；继续稀释，电导率又减弱。在稀释过程中有一个电导率最大的浓度范围，45%～47%(室温)。(H_2SO_4 于约 32% 时，溶液的电导率最强。)

磷酸有三系列的盐：一取代盐(如 NaH_2PO_4)、二取代盐(如 Na_2HPO_4)及三取代盐(如 Na_3PO_4)。碱金属磷酸盐(除锂外)易溶于水，其他金属的磷酸盐均难溶于水。

(1) 钠的磷酸盐

H_3PO_4 和 NaOH 作用，控制溶液的 pH 为 4.2～4.6，浓缩得 $NaH_2PO_4\cdot2H_2O$ 晶体；如控制溶液的 pH≈9.2，浓缩得 $Na_2HPO_4\cdot12H_2O$ 晶体。

NaH_2PO_4 水溶液中有释 H^+、得 H^+ 两个平衡。

$$H_2PO_4^-+H_2O = HPO_4^{2-}+H_3O^+\quad K_{a_2}=6.3\times10^{-8}$$
$$H_2PO_4^-+H_2O = H_3PO_4+OH^-\quad K_{h_3}=1.3\times10^{-12}$$

因 $K_{a_2} > K_{h_3}$，显酸性。

溶液 pH 计算如下：NaH_2PO_4 溶液中$[Na^+]$应等于$[H_3PO_4]$、$[H_2PO_4^-]$及$[HPO_4^{2-}]$的总和——物料平衡；从电荷角度看，溶液中阳离子总量（$[Na^+]+[H^+]$）等于阴离子总量（$[OH^-]+[H_2PO_4^-]+2[HPO_4^{2-}]$）——电荷平衡。

物料平衡 $[Na^+]=[H_3PO_4]+[H_2PO_4^-]+[HPO_4^{2-}]$

电荷平衡 $[Na^+]+[H^+]=[OH^-]+[H_2PO_4^-]+2[HPO_4^{2-}]$

两式相减，得

$$[H^+]+[H_3PO_4]=[OH^-]+[HPO_4^{2-}]$$

将各项用和$[H^+]$、$[H_2PO_4^-]$有关的计算式代入

$$[H^+]+\frac{[H^+][H_2PO_4^-]}{K_{a_1}}=\frac{K_w}{[H^+]}+\frac{K_{a_2}[H_2PO_4^-]}{[H^+]}$$

$$[H^+]=\sqrt{\frac{K_{a_1}K_{a_2}[H_2PO_4^-]+K_{a_1}K_w}{[H_2PO_4^-]+K_{a_1}}}$$

一般$[H_2PO_4^-]>K_{a_1}$，$K_{a_1}K_{a_2}[H_2PO_4^-]>K_{a_1}K_w$。若两者相差在 20 倍以上，$[H_2PO_4^-]+K_{a_1}\approx[H_2PO_4^-]$，$K_{a_1}K_{a_2}[H_2PO_4^-]+K_{a_1}K_w\approx K_{a_1}K_{a_2}[H_2PO_4^-]$，则

$$[H^+]\approx\sqrt{K_{a_1}K_{a_2}}=2.2\times10^{-5}\ mol\cdot L^{-1}$$

Na_2HPO_4 溶液中 HPO_4^{2-} 得质子倾向强于失质子倾向，溶液显碱性。

$$HPO_4^{2-}+H_2O \rightleftharpoons H_2PO_4^-+OH^- \quad K_{h_2}=1.6\times10^{-7}$$
$$HPO_4^{2-}+H_2O \rightleftharpoons PO_4^{3-}+H_3O^+ \quad K_{a_3}=4.4\times10^{-13}$$

溶液中的$[H^+]$约为（推导如上，从略）

$$[H^+]\approx\sqrt{K_{a_2}K_{a_3}}^{①}=1.7\times10^{-10}\ mol\cdot L^{-1}$$

H_3PO_4 和 NaOH 作用，控制 pH＞13，得正盐。常温下晶体组成为 $Na_3PO_4\cdot12H_2O$，＞70 ℃为 $Na_3PO_4\cdot6H_2O$，＞100 ℃是 $Na_3PO_4\cdot0.5H_2O$。

Na_3PO_4 在溶液中因 PO_4^{3-} 得质子而显碱性。0.10 $mol\cdot L^{-1}$ Na_3PO_4 溶液的 pH＝12.6。

(2) 磷酸的铵盐和钙盐

磷酸的铵盐有 $NH_4H_2PO_4$、$(NH_4)_2HPO_4$、$(NH_4)_3PO_4$ 三种。将 NH_3 通入 80%的 H_3PO_4 溶液至 pH 为 3.8～4.5，冷却得到 $NH_4H_2PO_4$ 晶体；将 2 mol NH_3 通入 1 mol 80%的 H_3PO_4 溶液，冷却得 $(NH_4)_2HPO_4$ 晶体；在有过量 NH_3 的条件下形成 $(NH_4)_3PO_4$。$(NH_4)_3PO_4$ 是弱酸的铵盐，对热不稳定。三种铵盐的热分解温度为

$NH_4H_2PO_4$	$(NH_4)_2HPO_4$	$(NH_4)_3PO_4$
170 ℃	140 ℃	30 ℃

① 由此推广，对于 NaH_2A 和 NaHA，溶液的$[H^+]\approx\sqrt{K_{a_1}K_{a_2}}$；对于 Na_2HA，溶液的$[H^+]\approx\sqrt{K_{a_2}K_{a_3}}$。

由于$(NH_4)_2HPO_4$遇热易分解及分解产物之一是H_3PO_4，它能催化纤维炭化，所以被用作纤维的"阻燃剂"。

磷酸的钙盐也有$Ca(H_2PO_4)_2$、$CaHPO_4$及$Ca_3(PO_4)_2$三种，它们在水中的溶解度依次减小。若用$CaCl_2$溶液和Na_2HPO_4溶液反应，可生成难溶的$Ca_3(PO_4)_2$($K_{sp}=1.0\times10^{-25}$)；与Na_3PO_4溶液反应，则生成羟基磷酸钙[$Ca_5(PO_4)_3(OH)$]，在有F^-时转化为氟磷灰石[$Ca_5(PO_4)_3F$]。

$Ca_3(PO_4)_2$和H_2SO_4作用生成$Ca(H_2PO_4)_2$和$CaSO_4\cdot2H_2O$的混合物，即过磷酸钙肥料。

$$Ca_3(PO_4)_2+2H_2SO_4+4H_2O = Ca(H_2PO_4)_2+2CaSO_4\cdot2H_2O$$

NaH_2PO_4(KH_2PO_4)和Na_2HPO_4(K_2HPO_4)按不同比例混合，可配制一定 pH 的缓冲溶液(buffer solution)。

6. 偏磷酸盐、焦磷酸盐及聚磷酸盐

固态酸式磷酸盐受热脱水生成偏磷酸盐、焦磷酸盐及聚磷酸盐，如

$$NaH_2PO_4 \xrightarrow{169\ ℃} Na_2H_2P_2O_7 \xrightarrow{240\ ℃} NaPO_3\text{(偏磷酸钠)}$$

$$2Na_2HPO_4 = Na_4P_2O_7\text{(焦磷酸钠)}+H_2O$$

$$2Na_2HPO_4+NaH_2PO_4 = Na_5P_3O_{10}\text{(三聚磷酸钠)}+2H_2O$$

实际上酸式磷酸盐的热分解产物很复杂。产物因酸式盐的种类、用量及反应温度而异。

各种磷酸盐的结构单元都是[PO_4]四面体，互相以角氧相连成链状或环状物，见图 5-7。

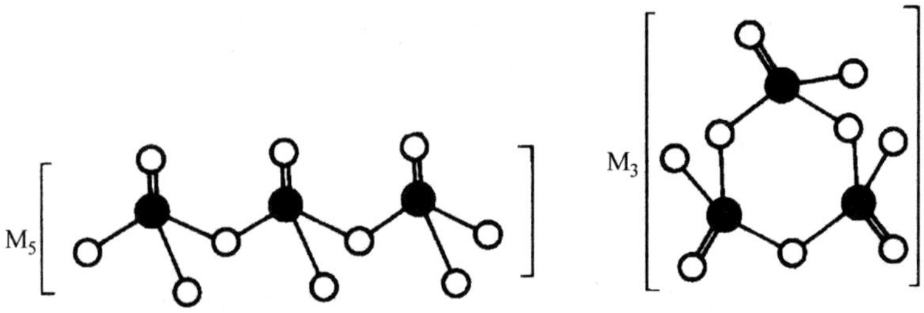

图 5-7　聚磷酸盐的结构

(1) 环偏磷酸盐

3 个和 4 个[PO_4]相连的为环偏磷酸盐(如$M_3P_3O_9$)。

(2) 链状磷酸盐

2 个[PO_4]以角氧相连成焦磷酸盐，3 个[PO_4]以角氧相连成三聚磷酸盐($M_5P_3O_{10}$)。许多个，如 1000 个[PO_4]以角氧相连成链状的聚磷酸盐(polyphosphates)，它的化学式近似地和$(MPO_3)_{1000}$相当(MPO_3为偏磷酸盐)。

P_4O_{10}和聚磷酸盐中的P—O—P键可被水解，最终生成磷酸盐。如严格控制实验条件，可得中间物。0 ℃，P_4O_{10}和水反应得偏磷酸HPO_3(环状，如$H_4P_4O_{12}$)，常温下水解速率很慢，约需 1 年才能完全转化成H_3PO_4。若在酸性或碱性介质中加热，水解速率大大加快。如浓度为 1% 的$P_3O_{10}^{5-}$，水解生成$P_2O_7^{4-}$和HPO_4^{2-}反应的$t_{1/2}=6$ h(100 ℃)，$t_{1/2}=60$ h(70 ℃)。

$$P_4O_{10} + 2H_2O \longequal 4HPO_3$$

$$P_3O_{10}^{5-} + H_2O \longequal P_2O_7^{4-} + H_2PO_4^-$$

$$P_2O_7^{4-} + H_2O \longequal 2HPO_4^{2-}$$

焦、聚磷酸盐能和许多金属离子配位(表 5-9)，因此这些盐被用作软水剂，或配制无氰电镀液。

表 5-9　某些配离子的稳定常数

	Na^+	Mg^{2+}	Ca^{2+}
$P_3O_{10}^{5-}$	6.2×10^2	4×10^8	1.3×10^8
$P_2O_7^{4-}$	2×10^2	1.6×10^7	6.1×10^6

在洗涤剂中加入适量 $Na_5P_3O_{10}$ 作为软水剂是从 20 世纪 40 年代开始的。使用含磷软水剂后所排放的废水中含有磷酸盐，在河湖中积累成“肥水”，污染环境。

7. 磷酸和磷酸根的结构

H_3PO_4 的结构见图 5-8。P—O 键长为 152 pm 和 157 pm。分子中 P 以 sp^3 杂化轨道和 O 形成 σ 键。实测 P—O 键长比其共价单键的半径加和值(171 pm)短，因此可以想象，P 上的 d 轨道也参与成键。

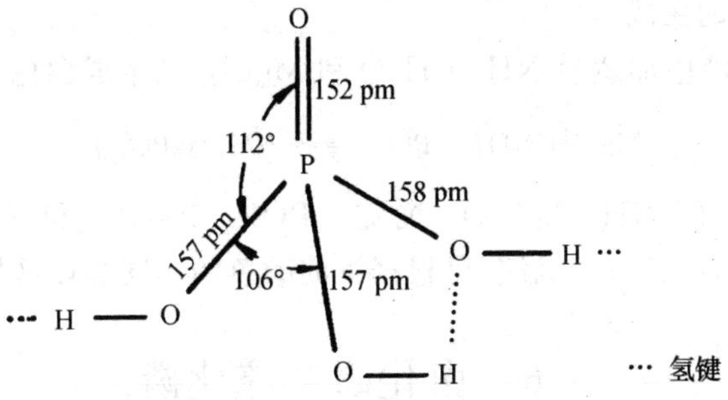

图 5-8　H_3PO_4 分子结构

PO_4^{3-} 是四面体构型，P—O 键长为 154 pm，介于单键键长和双键键长(150 pm)之间。目前认为(一种观点)：P 原子除以 sp^3 杂化轨道分别和 4 个 O 原子的 p_x 轨道成 4 个 σ 键外，P 原子中的 $d_{x^2-y^2}$、d_{z^2} 还分别和 4 个 O 原子的 p_y、p_z 轨道重叠，形成 2 个 π_5^8 键(图 5-9)。

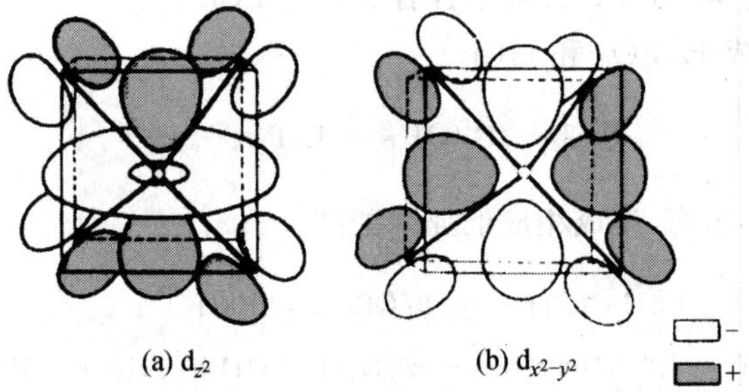

图 5-9　PO_4^{3-} 中 2 个五中心 π 键

ClO_4^-、SO_4^{2-}、SiO_4^{4-} 和 PO_4^{3-} 互为等电子体，结构相同。即其中的 Cl、S、Si 也是以 sp^3 杂化轨道和 4 个 O 原子成 σ 键，此外还有 2 个 π_5^8 键。键长数据见表 5-10。

表 5-10　第三周期 MO_4 的键长

	SiO_4^{4-}	PO_4^{3-}	SO_4^{2-}	ClO_4^-
M—O 单键键长/pm	176	171	169	168.5
实测 M—O 键长/pm	163	154	149	145

8. 磷酸根的鉴定

(1) 黄色钼磷酸铵的生成

含 PO_4^{3-} 试液和适量 HNO_3 及过量饱和$(NH_4)_2MoO_4$ 溶液混合，加热得黄色钼磷酸铵沉淀。

$$PO_4^{3-}+3NH_4^+ +12MoO_4^{2-}+24H^+ = (NH_4)_3PO_4 \cdot 12MoO_3 \cdot 6H_2O\downarrow +6H_2O$$

鉴定反应最好在 1.8～2.3 $mol \cdot L^{-1}$的 HNO_3 中进行。

黄色钼磷酸铵能溶于碱、氨水、醋酸铵或草酸铵溶液。组成、颜色和外形都和钼磷酸铵相似的钼砷酸铵也能溶于碱和氨水，但不溶于醋酸铵和草酸铵溶液。由此可以区别 PO_4^{3-} 和 AsO_4^{3-}。

(2) 白色磷酸镁铵的生成

在含 HPO_4^{2-} 的试液中加适量 $NH_3 \cdot H_2O$ 和 $MgCl_2$，则生成白色 NH_4MgPO_4 沉淀。

$$Mg^{2+}+NH_4^+ +PO_4^{3-} = NH_4MgPO_4\downarrow$$

AsO_4^{3-} 也有类似的白色 NH_4MgAsO_4 沉淀。PO_4^{3-}、AsO_4^{3-} 和 $AgNO_3$ 分别生成黄色 Ag_3PO_4 沉淀和暗红色 Ag_3AsO_4 沉淀，可根据沉淀颜色的不同加以区别和确证。

5.6　卤化磷和硫化磷

重要的卤化磷有 PX_3 和 PX_5 两种。

1. 三卤化磷(phosphorus trihalide)

磷和适量的 Cl_2 作用生成 PCl_3，其中含有少量的 PCl_5。

PCl_3 极易水解，生成 H_3PO_3 和 HCl。

$$PCl_3+3HOH = H_3PO_3+3HCl$$

PCl_3 和有羟基的酚或醇作用，生成相应的亚磷酸酯。

$$PCl_3+3HOC_6H_5 = P(OC_6H_5)_3+3HCl$$

$$PCl_3+3C_2H_5OH = (C_2H_5O)_2POH+C_2H_5Cl+2HCl$$

以上 3 个反应都是 HOH、HOR 中的 OH、OR 取代了 PCl_3 的 Cl。

PX_3 中 P 原子以 sp^3 杂化轨道和 3 个 X 原子的 p 轨道成 σ 键，P 原子上还有一对孤对电子，所以 PX_3 是电子对给予体。如 PCl_3 和缺电子的 BBr_3 间以 σ 配键结合成 Cl_3PBBr_3 加合物，PF_3 是强配体。PCl_3 易被 O_2、Cl_2 所氧化。

$$Cl_3P + BBr_3 = Cl_3PBBr_3$$

$$PCl_3 + \frac{1}{2}O_2 = POCl_3$$

$$PCl_3 + Cl_2 = PCl_5$$

2. 五卤化磷(phosphorus pentahalide)

三卤化磷和卤素反应得五卤化磷(PI_5 除外)。

$$PCl_3 + Cl_2 = PCl_5$$

因为 P 和 Cl_2 的反应是放热的，而 PCl_5 在高温下又会解离(300℃，PCl_5 完全分解)，所以制 PCl_5、PBr_5 分两步进行，即先合成 PX_3，经适当"冷却"后，再和 X_2 反应生成 PX_5。

表 5-11 列出三卤化磷和五卤化磷的一些性质。

表 5-11　三卤化磷、五卤化磷的熔、沸点和键长、键角

	PF_3	PCl_3	PBr_3	PI_3	PF_5	PCl_5	PBr_5
熔点/℃	−151.5	−93.6	−41.5	61.2	−93.7	167	>100 分解
沸点/℃	−101.8	76.1	173.2	>200 分解	−84.5	160(升华)	106 分解
键长/ pm	154.6	203.9	218	243	153(平面) 158(顶端)	204(平面) 208(顶端)	220(PBr_4^+)
键角/(°)	96.3	100	101.5	102	90,120	90,120	

和 PX_3 相似，PX_5 极易水解及和醇类反应。

$$PCl_5 + H_2O = POCl_3 + 2HCl$$

$$POCl_3 + 3H_2O = H_3PO_4 + 3HCl$$

$$PCl_5 + ROH = POCl_3 + RCl + HCl \quad (R\text{ 为烷基})$$

PX_5 是由 P 以 sp^3d 杂化轨道分别和 X 原子成键，PX_5 是三角双锥构型(图 5-10)。

PCl_5 也能和缺电子的氯化物，如 BCl_3、$AlCl_3$、$GaCl_3$ 形成加合物，$PCl_5 \cdot BCl_3$、$PCl_5 \cdot AlCl_3$、$PCl_5 \cdot GaCl_3$。这些加合物和 PCl_3 的加合物之区别在于，它们都是离子型化合物，如 $[PCl_4]^+[AlCl_4]^-$，而 PCl_3 的加合物是以共价键相互结合的。

PCl_5 的晶体由 $[PCl_4]^+[PCl_6]^-$ 组成，而 PBr_5 的晶体是由 $[PBr_4]^+Br^-$ 组成的。PF_5 是分子晶体。

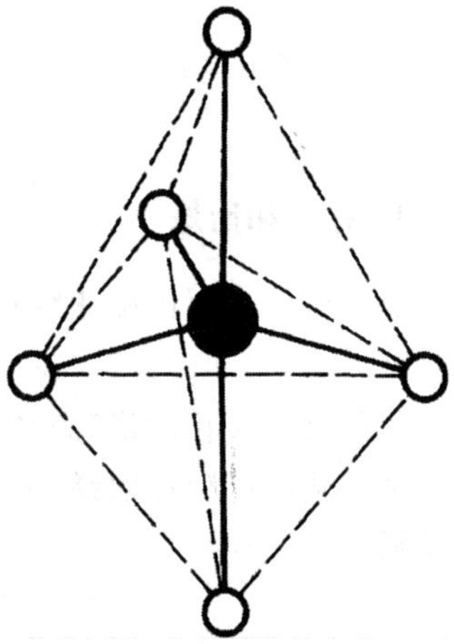

图 5-10　PCl_5 的结构

3. 硫化磷(phosphorus sulfide)

较重要的硫化磷有 P_4S_3、P_4S_5、P_4S_7 及 P_4S_{10} 等 4 种。P_4S_3 是制火柴的原料。P_4S_{10} 是润滑油添加剂、杀虫剂。它们都是以 P_4 四面体为结构基础的，即 4 个 P 原子保持原先在 P_4 四面体中的相对位置，而 S 连接在 P—P 之间和顶端（表 5-12）。

表 5-12　硫化磷的一些性质

	P_4S_3	P_4S_5	P_4S_7	P_4S_{10}
熔点/℃	174	170～220	308	288
沸点/℃	408	—	523	514
颜　色	黄	亮黄	浅黄	黄
$d/(g\cdot cm^{-3})$	2.03(17℃)	2.17(25℃)	2.19(17℃)	2.09(17℃)
$\frac{溶解度}{g/100\ g\ CS_2}$				
(17℃)	100	≈10	0.029	0.222
(0℃)	27.0	—	0.005	0.182
结　构	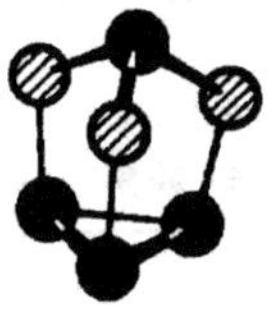	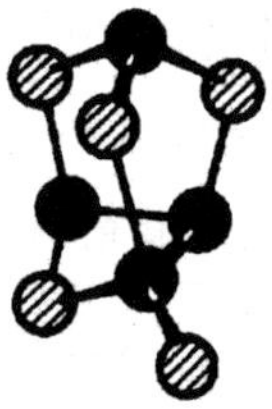	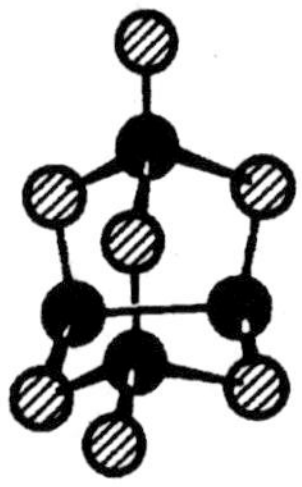	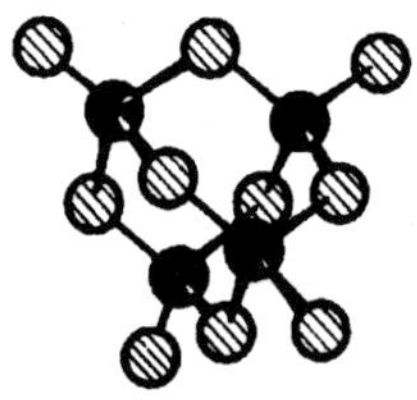

硫化磷水解反应比卤化磷复杂得多，如 P_4S_3（因有 P—P 键）水解生成 PH_3、H_2、H_3PO_2、H_3PO_3 及 H_2S；P_4S_7（因有 P—P 键）水解生成 PH_3、H_3PO_2、H_3PO_3、H_3PO_4 及 H_2S；P_4S_{10} 水解生成 H_3PO_4 和 H_2S。

5.7　砷、锑、铋

1. 存在和冶炼

砷、锑、铋主要以硫化物存在于自然界。如雌黄（As_2S_3）、雄黄（As_4S_4）、砷硫铁矿（FeAsS）、辉锑矿（Sb_2S_3）和辉铋矿（Bi_2S_3）。此外，许多硫化物矿，如黄铁矿（FeS_2）、闪锌矿（ZnS）中也含有少量的砷。氧化砷俗称砒霜，氧化铋叫铋华。我国锑的蕴藏量居于世界首位。

从硫化锑（铋）提取锑（铋）的过程是，先将矿石在空气中焙烧成氧化物，然后用碳把它还原为单质。如

$$2Sb_2S_3 + 9O_2 = 2Sb_2O_3 + 6SO_2$$

$$Sb_2O_3 + 3C = 2Sb + 3CO$$

也可用 Fe 直接把 Sb_2S_3 还原为 Sb。

$$Sb_2S_3 + 3Fe = 2Sb + 3FeS$$

焙烧硫化物矿时，其中的砷转化为 As_2O_3。As_2O_3 易升华而逸入空气，对空气造成污染。

2. 性质

砷、锑、铋的主要化学性质见表 5-13。

表 5-13　砷、锑、铋的主要化学性质

反应物	As	Sb	Bi
NaOH	$As(OH)_4^-$	—	—
HNO_3	H_3AsO_4	$HSb(OH)_6$	$Bi(NO_3)_3$
H_2SO_4	$AsOHSO_4$	$SbOHSO_4$	$Bi_2(SO_4)_3$
Cl_2	$AsCl_3$	$SbCl_5$	$BiCl_3$
O_2	As_2O_3、As_2O_5	Sb_2O_4	Bi_2O_3
Mg	Mg_3As_2	Mg_3Sb_2	Mg_3Bi_2
S	As_2S_5	Sb_2S_5	Bi_2S_3

砷有金属型灰砷及由 As_4 构成的黄砷、斜方砷等同素异形体。黄砷不稳定，易被氧化，能溶于 CS_2，在光照下转变为灰砷。常温下斜方砷是稳定的。

迅速冷却锑蒸气得黄锑。在 HCl 介质中电解 $SbCl_3$，在阴极得到含氢的锑，因易爆炸，故叫**炸锑**。

铋的熔点是271.3 ℃，熔态铋凝成固态时，体积胀大 3.33%，熔锑凝固时体积也略有增大。

砷、锑、铋的金属性比磷强，所以只能和较活泼的金属（如镁）形成砷、锑、铋化物。

3. 氢化物

砷、锑、铋氢化物的某些性质见表 5-14。砷、锑、铋氢化物的 $\Delta_f H_m^\ominus$ 均为正值，且依次增大，表明按 AsH_3、SbH_3、BiH_3 顺序稳定性减弱。

表 5-14　砷、锑、铋氢化物的一些性质

	AsH_3，胂	SbH_3，䏲	BiH_3，鉍
熔点/℃	−116.9	−88	—
沸点/℃	−62.9	−18.4	—
$\Delta_f H_m^\ominus/(kJ \cdot mol^{-1})$	66.4	145.1	277.8
键长/pm	152	171	—
键角/(°)	91.8	91.3	—

砷、锑、铋同镁的化合物和酸作用生成相应的氢化物。

$$Mg_3E_2 + 6HCl \xlongequal{\quad} 3MgCl_2 + 2EH_3 \qquad (E = As、Sb、Bi)$$

用某些强还原剂还原砷、锑、铋的化合物，也能得到氢化物。如用 KBH_4 还原 $NaAsO_2$ 得到胂，产率达 59%；还原 $KSb(C_4H_4O_6)_2$ 生成䏲，产率为 51%；$LiAlH_4$ 于−100 ℃还原 $BiCl_3$ 生成鉍，但产率只有 1%。

EH_3 受热分解，少量 BiH_3 在液 N_2 温度下能稳定存在，但在室温下只能存在几分钟。加热时 AsH_3 分解为单质。若分解生成的 As 淀积在玻璃上有金属光泽，叫**砷镜**。

$$2AsH_3 \xlongequal{\approx 300\ ℃} 2As + 3H_2$$

利用砷镜反应能检出 0.007 mg 的砷。Marsh 试砷法：含砷的酸性溶液和 Zn 反应得 AsH_3，后者受热分解得砷镜。

EH_3 是强还原剂。AsH_3 能还原 $AgNO_3$ 为 Ag。

$$2AsH_3 + 12AgNO_3 + 3H_2O \longrightarrow As_2O_3 + 12HNO_3 + 12Ag\downarrow$$

这一反应也用以检出微量的 As，检出限量为 0.005 mg，叫 Gutzeit 法。

现将ⅦA、ⅥA、ⅤA 族元素氢化物水溶液的性质小结如下：

(1) 酸碱性。这三族元素氢化物的酸性从上到下依次增强。

氮族元素氢化物具有碱性。NH_3 易形成 NH_4^+ 盐，PH_3 只能和强酸形成 PH_4^+ 盐，AsH_3 很难形成 AsH_4^+（钟，arsonium）盐。

(2) 还原性。这三族元素氢化物的还原性从上到下依次增强；在气相合成反应中 PH_3、AsH_3 是很重要的试剂，如合成 GaAs，$GaCl_3 + AsH_3 \longrightarrow GaAs + 3HCl$。同周期内从左到右（元素）氢化物的还原性减弱。除 HF、H_2O 及 HCl 外，其他氢化物都被用作还原剂。

(3) 毒性。这三族元素的氢化物中除 H_2O 外，都有毒性，所以在制备和使用它们时要采取必要的防护措施。

酸性增强 →（从左到右）
还原性减弱（从左到右）

碱性增强（↑，从下到上）			酸性增强、还原性增强（↓，从上到下）
NH_3	H_2O	HF	
PH_3	H_2S	HCl	
AsH_3	H_2Se	HBr	
SbH_3	H_2Te	HI	

4. 氧化物及其水合物

砷、锑、铋的氧化物有 E_2O_3、E_2O_4 及 E_2O_5 三种。在常态下，砷、锑的三氧化物是双分子 As_4O_6、Sb_4O_6（和 P_4O_6 相似），它们在较高的温度下解离为 As_2O_3、Sb_2O_3。

$$As_4O_6 \xlongequal{180\ ℃，微量水} 2As_2O_3$$

$$Sb_4O_6 \xlongequal{600\ ℃} 2Sb_2O_3$$

As_4O_6 是以酸性为主的两性氧化物，Sb_4O_6 则是以碱性为主的两性氧化物，而 Bi_2O_3 是碱性氧化物。

As_2O_3 在水中的溶解度和酸的浓度有关。25 ℃ 100 g 水能溶解 2.16 g As_2O_3。在稀 HCl 溶液中的溶解度略有降低，在约 3 mol · L^{-1} HCl 中降到最低，为 1.56 g/100 g(3 mol · L^{-1} HCl 中)。随 HCl 继续增浓，因生成氯合砷(Ⅲ)配离子而使 As_2O_3 溶解度增大。它在中性或稀酸性的溶液中，无疑是以 $As(OH)_3$ 存在[虽 $As(OH)_3$ 未被分离过]。在碱性介质中，光谱数据证明它以 $AsO(OH)_2^-$、$AsO_2(OH)^{2-}$、AsO_3^{3-} 存在。

H_3AsO_3 是两性物，25 ℃ $K_a \approx 6\times10^{-10}$，$K_b \approx 10^{-14}$。碱金属的亚砷酸盐易溶于水，碱土金属盐难溶。市售试剂是亚砷酸钠。

偏亚砷酸钠 $NaAsO_2$ 是三角锥（AsO_3）共用角氧的链状结构，链间有 Na^+；难溶的

Ag_3AsO_3 则是正亚砷酸银。

氢氧化锑是以碱性为主的两性物，其盐一般以偏、聚酸盐存在，如 $NaSbO_2$、$NaSb_3O_5 \cdot H_2O$ 及 $Na_2Sb_4O_7$。在酸性介质中以 Sb^{3+} 存在，随 pH 升高有锑氧阳离子存在，到一定 pH 得碱式盐沉淀。

$$SbCl_3 + H_2O \longrightarrow SbOCl\downarrow + 2H^+ + 2Cl^-$$

$Bi(OH)_3$ 是碱性氢氧化物，溶于酸成 Bi(Ⅲ)盐，随溶液 pH 升高，在碱式盐[如 $Bi(NO_3)_3 + H_2O \longrightarrow BiONO_3\downarrow + 2H^+ + 2NO_3^-$]沉淀前，溶液中有聚合铋氧阳离子存在。已被确证的为$Bi_6(OH)_{12}^{6+}$(在 $HClO_4$ 溶液中)，其结构是 6 个 Bi 位于八面体的 6 个顶点，12 个 OH 位于八面体的 12 根棱边上(图 5-11)。

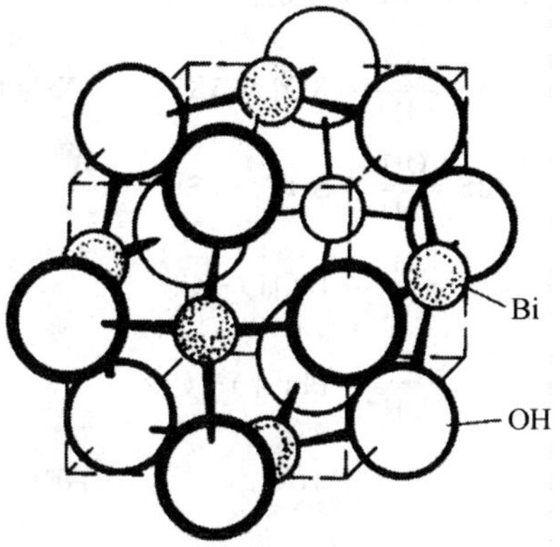

图 5-11　$Bi_6(OH)_{12}^{6+}$ 的结构

As(Ⅲ)、Sb(Ⅲ)、Bi(Ⅲ)在溶液中不发生歧化反应，而和 H_3PO_3 性质不同。

E_2O_5 及其水合物的酸性强于相应 E_2O_3 及其水合物。

As_2O_5 可由 As_2O_3 和 O_2 化合(加压)或 H_3AsO_4 脱水生成。

$$As_2O_3 + O_2(\text{加压}) \longrightarrow As_2O_5$$

$$\underset{(H_3AsO_4 \cdot 2H_2O)}{As_2O_5 \cdot 7H_2O} \xrightarrow{-30\,℃} \underset{(2H_3AsO_4 \cdot H_2O)}{As_2O_5 \cdot 4H_2O} \xrightarrow{36\,℃} \underset{(H_5As_3O_{10})}{As_2O_5 \cdot \frac{5}{3}H_2O} \xrightarrow{170\,℃} As_2O_5$$

As_2O_5 易潮解，极易溶于水，20℃ 100 g H_2O 能溶 230 g As_2O_5。As_2O_5 溶于水或 H_3AsO_3 被 HNO_3 氧化得 H_3AsO_4。H_3AsO_4 是三元酸(其 K 值和 H_3PO_4 相近)，$pK_1 = 2.2$，$pK_2 = 6.9$，$pK_3 = 11.5$(25℃)。

酸式盐 MH_2AsO_4 受热脱水成偏砷酸盐，如 $NaAsO_3$(和 $NaPO_3$ 相似)；$KAsO_3$ 为 $(KAsO_3)_3$，其中含有环状 $As_3O_9^{3-}$ 的结构。

锑酸为六配位体，$HSb(OH)_6$，和第五周期元素的化合物 $H_2Sn(OH)_6$、$Te(OH)_6$、$IO(OH)_5$、$XeO_2(OH)_4$ 互为等电子体。其钠、钾盐的溶解度都不大，$NaSb(OH)_6$ 的溶解度更小，所以定性分析中用 $KSb(OH)_6$ 检定 Na^+。由 SbO_6 结构单元共用角、棱成 $M^{I}SbO_3$、$M^{III}SbO_4$、$M_2^{II}Sb_2O_7$。

Bi_2O_5 是否存在至今尚无定论，但 $NaBiO_3$ 确实存在。

在酸性介质中，强氧化剂能把 As(Ⅲ)氧化成 As(Ⅴ)、Sb(Ⅲ)氧化成 Sb(Ⅴ)，但不容易氧化 Bi(Ⅲ)，也就是说，在酸性介质中，Bi(Ⅴ)的氧化性强于 As(Ⅴ)、Sb(Ⅴ)。如在酸性介质中，As(Ⅴ) 只能把 I^- 氧化成 I_2，而 Bi(Ⅴ)不仅能氧化 Cl^-，而且还能把 Mn^{2+} 氧化成 MnO_4^-。

在微酸、近中性、微碱性介质中，I_2 氧化 As(Ⅲ)为 As(Ⅴ)，而在强酸性介质中 As(Ⅴ)能氧化 I^- 为 I_2。

$$H_3AsO_4 + 2HI \longrightarrow H_3AsO_3 + I_2 + H_2O$$

这个氧化还原反应的电势 $E^\ominus = E^\ominus(H_3AsO_4/H_3AsO_3) - E^\ominus(I_2/I^-) = 0.56\ V - 0.54\ V = 0.02\ V$，$E^\ominus$ 值很小，表明正逆反应都不完全。若降低$[H^+]$，则反应按逆向进行，当$[H^+] \leqslant 10^{-9}\ mol \cdot L^{-1}$时，$I_2$ 把 As(Ⅲ)定量地氧化成 As(Ⅴ)。

酸度影响氧化还原反应的方向是普遍性规律。如

$$3X_2 \underset{H^+}{\overset{OH^-}{\rightleftharpoons}} XO_3^- + 5X^- \qquad (X 为 Cl、Br、I)$$

$$3S \underset{H^+}{\overset{OH^-}{\rightleftharpoons}} SO_3^{2-} + 2S^{2-}$$

$$Bi(Ⅴ) + 2Cl^- \underset{OH^-}{\overset{H^+}{\rightleftharpoons}} Bi(Ⅲ) + Cl_2$$

$$Pb(Ⅳ) + 2Cl^- \underset{OH^-}{\overset{H^+}{\rightleftharpoons}} Pb(Ⅱ) + Cl_2$$

【附】 磷、砷、锑、铋的电势图

酸性介质($E_a^\ominus$/V)：

$$H_3PO_4 \xrightarrow{-0.276} H_3PO_3 \xrightarrow{-0.50} H_3PO_2 \xrightarrow{-0.51} P \xrightarrow{-0.065} PH_3$$

$$H_3PO_3 \xrightarrow{-0.50} P$$

$$H_3AsO_4 \xrightarrow{0.56} H_3AsO_3 \xrightarrow{0.248} As \xrightarrow{-0.60} AsH_3$$

$$Sb_2O_4 \xrightarrow{0.58} SbO^+ \xrightarrow{0.21} Sb \xrightarrow{-0.51} SbH_3$$

$$Bi_2O_5(?) \xrightarrow{1.6} Bi^{3+} \xrightarrow{0.32} Bi \xrightarrow{-0.8} BiH_3$$

碱性介质($E_b^\ominus$/V)：

$$PO_4^{3-} \xrightarrow{-1.12} HPO_3^{2-} \xrightarrow{-1.57} H_2PO_2^- \xrightarrow{-2.05} P \xrightarrow{-0.89} PH_3$$

$$HPO_3^{2-} \xrightarrow{-1.73} P$$

$$AsO_4^{3-} \xrightarrow{-0.67} As(OH)_4^- \xrightarrow{-0.68} As \xrightarrow{-1.43} AsH_3$$

$$Sb(OH)_6^- \xrightarrow{(-0.40)} Sb(OH)_4^- \xrightarrow{(-0.66)} Sb \xrightarrow{(-1.34)} SbH_3$$

$$BiO_2 \xrightarrow{0.55} Bi_2O_3 \xrightarrow{-0.46} Bi$$

难溶的 $NaBiO_3$ 在酸性介质中是强氧化剂，分析上用它检出 Mn^{2+}。

$$5NaBiO_3 + 2Mn^{2+} + 14H^+ \longrightarrow 2MnO_4^- + 5Bi^{3+} + 5Na^+ + 7H_2O$$

Sb(Ⅴ)的氧化性仅稍强于As(Ⅴ)，在酸性介质中能把I^-氧化成I_2。

$$Sb(OH)_6^- + 2I^- + 6H^+ \xlongequal{} Sb^{3+} + I_2 + 6H_2O$$

5. 卤化物

砷、锑、铋和卤素作用生成EX_3和EX_5两类卤化物(表5-15)。

表5-15 砷、锑、铋卤化物的$\Delta_f H_m^\ominus$和熔、沸点

	AsF_3	$AsCl_3$	$AsBr_3$	AsI_3
颜色、状态(25℃)	无色液体	无色液体	浅黄色晶体	红色晶体
熔点/℃	−5.95	−16.2	31.2	140.4
沸点/℃	62.8	103.2	221	371
$\Delta_f H_m^\ominus/(kJ \cdot mol^{-1})$	−913.4	−286.6	−195.0	−58.2
	SbF_3	$SbCl_3$	$SbBr_3$	SbI_3
颜色、状态(25℃)	无色晶体	白色(潮解)晶体	白色(潮解)晶体	红色晶体
熔点/℃	290	73.4	96.0	170.5
沸点/℃	≈345	223	288	401
$\Delta_f H_m^\ominus/(kJ \cdot mol^{-1})$	−908.8	−382.2	−259.8	−96.2
	BiF_3	$BiCl_3$	$BiBr_3$	BiI_3
颜色、状态(25℃)	浅灰粉末	白色(潮解)晶体	金黄色(潮解)晶体	绿黑色晶体
熔点/℃	725～730	233.5	219	408.6
沸点/℃	—	441	462	542
$\Delta_f H_m^\ominus/(kJ \cdot mol^{-1})$	—	−379.1	−276.1	−150
	AsF_5 *	SbF_5	$SbCl_5$	BiF_5
熔点/℃	−79.8	−8.3	4	154.4
沸点/℃	−52.8	141	140(分解)	230
$\Delta_f H_m^\ominus/(kJ \cdot mol^{-1})$	−1238	—	−440	—

* 1976年于−105℃，用紫外线辐照$AsCl_3$和Cl_2得$AsCl_5$(−50℃分解)。

EX_3均易水解并释热。

$$PCl_3(l) + 3H_2O(l) \xlongequal{} H_3PO_3(aq) + 3HCl(aq) \qquad \Delta_r G_m^\ominus(298\ K) = -228.4\ kJ \cdot mol^{-1}$$
$$AsCl_3(l) + 3H_2O(l) \xlongequal{} H_3AsO_3(aq) + 3HCl(aq) \qquad -27.6\ kJ \cdot mol^{-1}$$
$$SbCl_3(s) + H_2O(l) \xlongequal{} SbOCl\downarrow + 2HCl(aq) \qquad -36.8\ kJ \cdot mol^{-1}$$
$$BiCl_3(s) + H_2O(l) \xlongequal{} BiOCl\downarrow + 2HCl(aq) \qquad -15.5\ kJ \cdot mol^{-1}$$

必须在相应酸溶液中配制SbX_3、BiX_3的溶液。又由于Bi^{3+}和Cl^-形成$BiCl_4^-$ ($\beta_4 = 2\times10^7$)，所以也能在NaCl溶液中配制$BiCl_3$的溶液。

【附】 $Sb(NO_3)_3$和$Bi(NO_3)_3$水解生成$EONO_3$沉淀，也应该在HNO_3溶液中配制这两种溶液。

6. 硫化物

砷、锑、铋的硫化物有E_2S_3及As_2S_5、Sb_2S_5。

砷、锑、铋和硫于 500～900 ℃按化合量反应生成相应的硫化物，或往 E(Ⅲ)的酸性溶液中通入 H_2S，得到 E_2S_3。用后一种方法制备 As_2S_5、Sb_2S_5，必须在较浓的 HCl 介质中进行。

从电极电势看，在酸性介质中 As(Ⅴ)、Sb(Ⅴ)能氧化 H_2S。因此，往酸性的As(Ⅴ)、Sb(Ⅴ)溶液中通 H_2S，所得 E_2S_5 中总含有 As_2S_3、Sb_2S_3 及 S。若用 S_x^{2-}（碱性介质）氧化 As_2S_3、Sb_2S_3 为硫代酸盐 AsS_4^{3-}、SbS_4^{3-}，经纯化后加酸，得到纯 As_2S_5 和 Sb_2S_5。

$$E_2S_3 + (NH_4)_2S_x \longrightarrow (NH_4)_3ES_4 \qquad (E = As、Sb)$$
$$2(NH_4)_3ES_4 + 6HCl = E_2S_5\downarrow + 6NH_4Cl + 3H_2S \qquad (E = As、Sb)$$

硫化砷、硫化锑具有酸性，可溶于碱或碱性硫化物，如 Na_2S、$(NH_4)_2S$ 中。As_2S_3、Sb_2S_3 具有还原性，可被 S_x^{2-} 氧化。

$$E_2S_3 + 8NaOH = 2NaE(OH)_4 + 3Na_2S$$
$$E_2S_3 + Na_2S = 2NaES_2$$
$$E_2S_5 + 16NaOH = 2Na_3EO_4 + 5Na_2S + 8H_2O$$
$$E_2S_5 + 3Na_2S = 2Na_3ES_4$$
$$E_2S_3 + S_x^{2-} \longrightarrow ES_4^{3-}$$

Sb_2S_3、Bi_2S_3 具有碱性，能溶于酸。

$$E_2S_3 + 6H^+ = 2E^{3+} + 3H_2S$$

7. 砷、铋的鉴定

如前所述，砷镜反应可被用来鉴定砷：于玻璃容器内，在酸性介质中用锌把砷(Ⅲ或Ⅴ)还原为 AsH_3，AsH_3 经过受热的玻璃管壁分解，生成的砷附于玻璃表面——砷镜。也可用生成钼砷酸铵 $(NH_4)_3AsO_4 \cdot 12MoO_3 \cdot 6H_2O$ 黄色沉淀鉴定砷。

$$AsO_4^{3-} + 3NH_4^+ + 12MoO_4^{2-} + 24H^+ = (NH_4)_3AsO_4 \cdot 12MoO_3 \cdot 6H_2O + 6H_2O$$

铋的鉴定方法是：在碱性介质中用 Sn(Ⅱ)还原 Bi(Ⅲ)为 Bi。

$$2Bi^{3+} + 3Sn(OH)_3^- + 9OH^- = 2Bi\downarrow + 3Sn(OH)_6^{2-}$$

反应"立即"生成黑色沉淀，证明是 Bi(Ⅲ)[若缓慢生成黑色沉淀，则是 Sb(Ⅲ)]。

8. p 区元素最高氧化态含氧酸的酸性和氧化性小结

p 区元素最高氧化态含氧酸的电极电势($E^\ominus$)列于表 5-16。

第四周期元素最高氧化态水合氧化物和第三周期元素对应含氧酸的酸性相近，其中 $Ga(OH)_3$的酸性略强于 $Al(OH)_3$；第四周期元素最高氧化态水合氧化物的氧化性(按 $E^\ominus$值)强于第三周期元素的对应含氧酸。总之，p 区中，第四周期元素的正氧化态化合物的性质比较特殊。这种"特殊性"和第四周期 p 区元素原子的次外电子层是 18e 构型有关。

第六周期最高氧化态化合物的氧化能力比第五周期对应元素含氧酸强得多，如"Bi_2O_5"、PbO_2 的 $E^\ominus$值分别高于 $HSb(OH)_6$、$H_2Sn(OH)_6$。第六周期元素的这种"特殊性"和 $6s^2$ 的稳定性(惰性电子对)有关。到 80 号 Hg 为止，内层电子已填满了 4f、5d，所以 Hg 的电离能相当大，$I_1 = 1007\ kJ \cdot mol^{-1}$，和稀有气体 Rn 的 I_1($1037.2\ kJ \cdot mol^{-1}$)相近，因此 Hg 以后第六周期元素的 $6s^2$ 电子对也比较稳定，所以最高氧化态化合物的氧化能力较强。

总之，在考虑同族元素从上到下的性质递变时，(p 区)第二、四、六周期元素最高氧化态的化合物常表现出“特殊性”。化学上把这种现象叫“次级周期性”(参考第六章第 9 节)。

表 5-16　p 区元素最高氧化态水合氧化物及其电势

族 周期	ⅢA $E^{\ominus}_{[E(Ⅲ)/E]}$	ⅣA $E^{\ominus}_{[E(Ⅳ)/E(Ⅱ)]}$	ⅤA $E^{\ominus}_{[E(Ⅴ)/E(Ⅲ)]}$	ⅥA $E^{\ominus}_{[E(Ⅵ)/E(Ⅳ)]}$	ⅦA $E^{\ominus}_{[E(Ⅶ)/E(Ⅴ)]}$
二	$H_3BO_3^*$(−0.87)	H_2CO_3(−0.110)	HNO_3(0.94)	—	—
三	$Al(OH)_3$(−2.31)	H_4SiO_4(−0.86)	H_3PO_4(−0.28)	H_2SO_4(0.17)	$HClO_4$(1.19)
四	$Ga(OH)_3$(−1.22)	$GeO_2\cdot xH_2O^{**}$(−0.3)	H_3AsO_4(0.56)	H_2SeO_4(1.15)	$HBrO_4$(1.76)
五	$In(OH)_3$(−0.43)***	$H_2Sn(OH)_6$(0.15)	$HSb(OH)_6$(0.58)	H_6TeO_6(1.06)	H_5IO_6(1.70)
六	$Tl(OH)_3$(1.26)***	PbO_2(1.46)	Bi_2O_5(?)(1.6)	PoO_3(≈1.5)	—

*　H_3BO_3 酸根为 $B(OH)_4^-$；

**　$GeO_2\cdot xH_2O$ 的酸根为 $Ge(OH)_6^{2-}$；

***　是 $In^{3+}(Tl^{3+})+2e = In^+(Tl^+)$ 在 1 mol·L^{-1} $HClO_4$ 中的电势。

习　　题

1. 为什么常用 NH_3(而不用 N_2)作为制备含氮化合物的原料?

2. 使 500 m^3(STP)的 NH_3 转化为 HNO_3，问能得到密度为 1.4 g·cm^{-3}、64%的 HNO_3 多少千克?

3. 铵盐和钾盐的晶型相同、溶解度相近，有哪些性质不同?

4. 如何除去 NH_3 中的水汽? 如何除去液 NH_3 中的微量水?

5. 金属和 HNO_3 作用，就金属而言有几种类型? 就 HNO_3 被还原产物而言，有什么特点?

6. 略述金属硝酸盐热分解类型。写出 $Al(NO_3)_3$、$Fe(NO_3)_2$ 的热分解产物。

7. 如何制备少量的 NO_2、NO?

8. NO 和 $FeSO_4$ 反应生成 $Fe(NO)SO_4$(棕色环反应)，可用来鉴定 NO_2^- 和 NO_3^-。为什么鉴定 NO_3^- 要用浓 H_2SO_4，而鉴定 NO_2^- 可用 CH_3COOH?

9. 略述铵盐的热稳定性，以及它们的分解温度、产物和铵盐中酸根性质间的关系。举例说明。

10. 完成并配平下列反应方程式：

$NH_4Cl+NaNO_2 \longrightarrow$

$Ba(NH_2)_2 \longrightarrow$

$(NH_4)_2Cr_2O_7(s) \longrightarrow$

$KMnO_4+NaNO_2+H_2SO_4 \longrightarrow$

$NaNO_2+KI+H_2SO_4 \longrightarrow$

$Ca_3(PO_4)_2+H_2SO_4$(过量)$\longrightarrow$

$P_4+NaOH+H_2O \longrightarrow$

$AsCl_3+Zn+HCl \longrightarrow$

$Sb_2S_5+(NH_4)_2S \longrightarrow$

$NaBiO_3+MnSO_4+H_2SO_4 \longrightarrow$

$(NH_4)_3SbS_4+HCl \longrightarrow$

$Bi(OH)_3+Cl_2+NaOH \longrightarrow$

$NaH_2PO_4(s) \xrightarrow{\triangle}$

$Na_2HPO_4(s) \xrightarrow{\triangle}$

$NaH_2PO_4(s)+Na_2HPO_4(s) \xrightarrow{\triangle}$

11. (1) 分别往 Na_3PO_4 溶液中加过量 HCl、H_3PO_4、CH_3COOH 或通入过量 CO_2，问这些反应将生成磷酸还是酸式磷酸盐?

(2) 分别往 Na_3PO_4 溶液中加等物质的量浓度(mol·L^{-1})、等体积的 HCl、H_2SO_4、H_3PO_4、CH_3COOH，问各生成什么产物?

12. (1) 计算 0.10 mol·L^{-1} KH_2PO_4、K_2HPO_4、K_3PO_4 溶液的 pH。

(2) 计算 KH_2PO_4 和等体积、等物质的量浓度($mol \cdot L^{-1}$)K_2HPO_4 混合溶液的 pH。

(3) 计算 K_2HPO_4 和等体积、等物质的量浓度($mol \cdot L^{-1}$)K_3PO_4 混合溶液的 pH。

(4) 计算 KH_2PO_4 和等体积、等物质的量浓度($mol \cdot L^{-1}$)K_3PO_4 混合溶液的 pH。

13. 计算纯 KH_2PO_4 晶体中 P_2O_5、K_2O 的质量分数。

14. 说出生成黄色钼磷酸铵的条件。

15. 某溶液中含有 PO_4^{3-} 或 AsO_4^{3-} 或 PO_4^{3-} 和 AsO_4^{3-}。请用实验判别以上 3 种情况。

16. 用 H_3PO_4 溶解某些金属的矿石,主要利用了 H_3PO_4 的什么性质?

17. 如何配制 Sb(Ⅲ)、Bi(Ⅲ)溶液?

18. 用 $KSb(OH)_6$ 鉴定 Na^+ 时,对溶液的酸度有什么要求?

19. 如何鉴定 Bi^{3+}?

20. 把 H_2S 通入含 As(Ⅴ)的酸性溶液,可得 As_2S_5 和少量 As_2S_3、S;把 H_2S 通入含 Sb(Ⅴ)的酸性溶液中,得 Sb_2S_5、Sb_2S_3、S。写出有关反应的方程式。

21. 在酸性溶液中 Bi(Ⅴ)能氧化 Cl^- 为 Cl_2,Sb(Ⅴ)只能把 I^- 氧化成 I_2。

(1) 写出有关反应的方程式。

(2) 以上事实能否说明 Bi(Ⅴ)的氧化性强于 Sb(Ⅴ)?

22. Sb_2S_3 能溶于 Na_2S 或 Na_2S_2,而 Bi_2S_3 既不能溶于 Na_2S,也不能溶于 Na_2S_2。请根据以上事实比较 Sb_2S_3、Bi_2S_3 的酸碱性和还原性。

23. As_2S_3、Sb_2S_3 具有酸性,因此能溶于碱和 Na_2S。写出有关反应的方程式。

24. 设法分离下列两对离子:Sb^{3+} 和 Bi^{3+};PO_4^{3-} 和 SO_4^{2-}。

25. 欲滴加 $AgNO_3$ 溶液于含 PO_4^{3-} 和 Cl^- 的混合溶液中,以分离 PO_4^{3-} 和 Cl^-。设 $[PO_4^{3-}]=0.10\ mol \cdot L^{-1}$,计算 Ag_3PO_4 开始沉淀时 $[PO_4^{3-}]/[Cl^-]$ 的比值。这个方法能否将 Cl^- 和 PO_4^{3-} 分离完全?

26. 举出两种制备 As_2S_5 的方法。

27. 20 ℃用 $P_4O_{10}(s)$ 干燥过的气体中残余水汽为 $0.000025\ g \cdot dm^{-3}$。计算残余水汽的分压。

28. 画出 $P_3O_9^{3-}$ 的结构式。

29. 画出 PF_5、PF_6^- 的几何构型。

30. 用电极电势说明下列两个事实:在酸性介质中,Bi(Ⅴ)氧化 Cl^- 为 Cl_2;在碱性介质中,Cl_2 可将 Bi(Ⅲ)氧化成 Bi(Ⅴ)。

31. 牙齿表层羟基磷酸钙 $Ca_5(PO_4)_3(OH)$($K_{sp}=6.8\times10^{-37}$)遇氟转化为氟磷酸钙 $Ca_5(PO_4)_3F$($K_{sp}=1.0\times10^{-60}$),若有 30%转化可有效保护牙齿,使用含氟牙膏可满足此要求,但长期摄入"过量"F^-[我国建议:$4\ mg(F^-) \cdot (L \cdot d)^{-1}$]有碍健康。请提出往牙膏中加氟的方案。

32. 50 ℃时对 NO 气迅速加压到 1.01×10^7 Pa。若反应在恒容容器中进行,压力迅速下降,降到低于原先的 66%。请解释这个过程。

33. 在生物化学中把三磷酸腺苷(ATP)叫作储能化合物。请说明原因。

34. 大鼠口服 As_2O_3 的 LD_{50}(致死量为 50%)为 $293\ mg \cdot kg^{-1}$(体重);口服 $NaAsO_2$ 的 LD_{50} 为 $24\ mg \cdot kg^{-1}$(体重);单质砷基本上无毒。请说明砷的毒性和哪些因素有关。

35. 查得

$$N_2 = N_2^+ + e \qquad \Delta_r H_m^\ominus = 1503\ kJ \cdot mol^{-1}$$

$$NO = NO^+ + e \qquad \Delta_r H_m^\ominus = 894\ kJ \cdot mol^{-1}$$

$$O_2 = O_2^+ + e \qquad \Delta_r H_m^\ominus = 1164\ kJ \cdot mol^{-1}$$

为什么 NO 电离吸热量最小?

第六章　碳族元素

碳族(14 族)元素包括碳(carbon)、硅(silicon)、锗(germanium)、锡(tin)、铅(lead)等 5 种元素。其中碳、硅是非金属，锗、锡、铅是金属，也有人把硅、锗叫作准金属(metalloid)。碳族元素的性质见表 6-1。

表 6-1　碳族元素的某些性质

	C	Si	Ge	Sn	Pb
相对原子质量	12.01	28.09	72.59	118.69	207.2
外围电子构型	$2s^2 2p^2$	$3s^2 3p^2$	$4s^2 4p^2$	$5s^2 5p^2$	$6s^2 6p^2$
熔点/℃	3652(升华)	1410	937.4	231.89	327.5
熔化热/($kJ \cdot mol^{-1}$)	—	46.4	31.8	7.2	4.8
沸点/℃	4827	2355	2830	2260	1744
气化热/($kJ \cdot mol^{-1}$)	711.3	(439.2)	334.4	290.4	179.4
亲和能/($kJ \cdot mol^{-1}$)	−122	−120	−116	−121	−100
电离能/($kJ \cdot mol^{-1}$)	1086.4	786.5	762.2	708.6	715.5
电负性	2.55	1.90	2.01	1.96	2.33

6.1　碳

碳在自然界分布很广。以单质存在的有金刚石、石墨，以化合态存在的有石油、碳酸盐等。动、植物体内也有碳。据估算，生物界和海洋中的含碳总量达 8×10^{16} kg，大气中的含碳量达 6×10^{14} kg。

碳有 ^{12}C、^{13}C、^{14}C 三种主要的同位素。天然碳化合物中 ^{12}C 占 98.892%(原子分数)，^{13}C 占 1.108%(原子分数)。

^{14}C 是在宇宙射线影响下形成的，^1_0n 和 N 反应生成 $^{14}_6C$。

$$^{14}_7N+^1_0n \longrightarrow ^{14}_6C+^1_1H$$

^{14}C 是放射性元素，它的半衰期为 5720 年。

$$^{14}_6C \longrightarrow ^{14}_7N+\beta^-$$

^{14}C 参与自然界碳的循环而不断进入生物体内，生物体"死亡"后就只发生 ^{14}C 的蜕变。因此，测定某些物质中 ^{14}C 含量的方法用于考古学和地球化学的研究，可推算形成这些"物质"的年代（适于 500～50000 年）。

1. 同素异形体

碳的同素异形体有石墨、金刚石和球碳（以 C_{60} 为代表）等 3 种。

金刚石（diamond）是每个碳原子均以 sp^3 杂化轨道和相邻 4 个碳原子以共价键结合而成的晶体（图 6-1），键长 154 pm，键能 347.3 kJ · mol^{-1}。在所有物质中它的硬度最大（Moh 硬度 10。1991 年报道，由 ^{13}C 构成的金刚石更硬），在所有单质中它的熔点最高。密度 3.514 g · cm^{-3}，不导电。对大多数试剂表现惰性。

石墨（graphite）是每个碳原子以 sp^2 杂化轨道和相邻的 3 个碳原子连接成的层状结构。键长 142 pm，层间距离 335 pm（为分子间作用力距离）（图 6-2）。层间为自由电子，所以石墨能导电，层间容易滑动，质软，密度为 2.22 g · cm^{-3}。

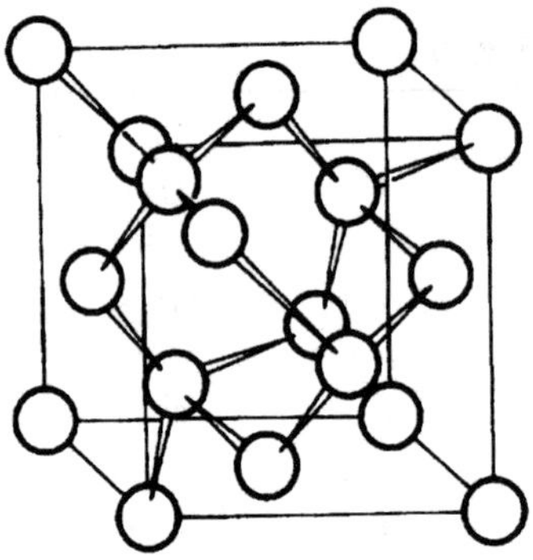

图 6-1　金刚石的结构

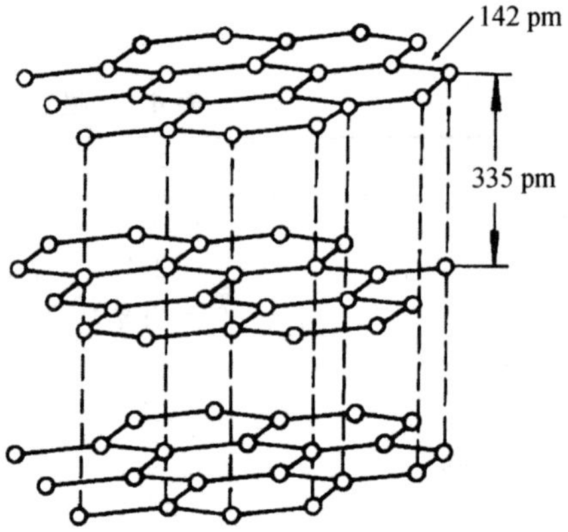

图 6-2　石墨的结构

由石墨和金刚石的燃烧热可知，石墨比金刚石稳定。金刚石转变为石墨的 $\Delta_r G_m^\ominus$ 为负值，但室温下这个转变反应的速率很慢，当温度高达1500 ℃（隔绝空气条件下）时，转化速率大为加快。相反，由于石墨比金刚石轻，故在高温（1200～2700 ℃）和高压（≈1.520×10^9 Pa）下，用 Fe、Cr 或 Pt 作催化剂，石墨可转化为金刚石。

$$\begin{array}{lr}
C(石)+O_2(g) \longrightarrow CO_2(g) & \Delta_r G_m^\ominus=-394.4\ kJ\cdot mol^{-1} \\
-)\ C(金)+O_2(g) \longrightarrow CO_2(g) & \Delta_r G_m^\ominus=-397.3\ kJ\cdot mol^{-1} \\
\hline
C(石) \longrightarrow C(金) & \Delta_r G_m^\ominus=2.9\ kJ\cdot mol^{-1}
\end{array}$$

球碳(fullerenes)是球形而不饱和的纯碳分子,是由几十甚至上百个碳原子组成的封闭体系,目前研究以 C_{60}(图 6-3)为主,其次是 C_{70} 和 C_{84}。C_{60} 中碳原子组成 12 个五元环面、20 个六元环面。每个碳原子参与形成 2 个六元环和 1 个五元环,3 个 σ 键键角之和为 348°,∠CCC 平均为 116°。碳原子的杂化轨道介于 sp^2(石墨)和 sp^3(金刚石)之间,为 $sp^{2.28}$,即每个 σ 键近似含有 s 成分 30.5%、p 成分 69.5%,垂直球面的 π 轨道 s 成分 8.8%、p 成分 91.2%。

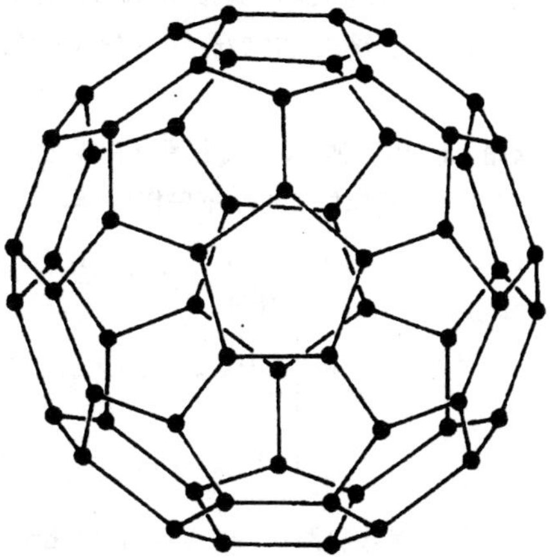

图 6-3　C_{60} 的结构

此外,(1968 年)于 2000 ℃、0.013 Pa 下得白色六方结构的碳,理论密度为 3.43 g·cm^{-3};(1972 年)于 2300 ℃ 在 Ar 气氛(0.013～10^5 Pa)下,得 C(Ⅳ)结构,密度>2.9 g·cm^{-3}。

2. 碳的成键特征

化合物中 C 原子的配位数,有:

1		CO	
2	线形	CO_2、CS_2、HCN、C_2H_2、OCN^-	(sp)
	折线形	CH_2、CX_2	(sp^2)
3	平面三角	CO_3^{2-}、$COCl_2$、CH_3^+	(sp^2)
	三角锥	CH_3^-	(sp^3)
4	四面体	CH_4、CX_4	(sp^3)①
5	$Al_2(CH_3)_6$、$C_2B_4H_6$(构型和 Al_2Cl_6 同,参考第七章第 3 节)		
6	$C_2B_{10}H_{12}$(2 个 C 原子取代"B_{12}"中 2 个 B 原子)		
7	$(LiCH_3)_4$		
8	Be_2C(反 CaF_2 结构)		

配位数≥5 的结构中有多中心键。如 $Al_2(CH_3)_6$(构型同 Al_2Cl_6),桥 CH_3 与 2 个 Al 成三中心(Al、C、Al)二电子(3c-2e)键。

3. 活性炭的吸附性

由于固体表面质点有剩余价键,表面有吸附性(adsorption)。显然,吸附量和表面积成正比。活性炭的比表面(指 1 g 物质的表面积)可高达 1000 m^2·g^{-1},被用作制糖业的脱色剂、脱气剂及某些药物中的吸附剂。

吸附分为物理吸附和化学吸附,都是释热过程。**物理吸附**在固态表面上气态分子间的距离很近,相当于该物质处于液态时的距离。因此,临界温度高的气体(如 Cl_2)较易和吸附剂

① $C(2s^22p^2) \xrightarrow{\text{杂化}} sp^3$ 吸收 402 kJ·mol^{-1} 能量。

（如炭）发生物理吸附，而临界温度低的物质（如 O_2）较难。**化学吸附**是指在吸附剂和吸附质间发生一定程度键合的情况。一般化学吸附的热效应比物理吸附热效应大。

【附1】 因石油、天然气资源将在煤之前耗竭，可能会出现煤化学的复兴。作为能源和化工原料，煤的气化在过去已经和今后必将起重要作用。

$$煤 \begin{cases} \xrightarrow[能源]{CaO} CaC_2 \xrightarrow{H_2O} C_2H_2 & Ⓐ \\ \xrightarrow[氢化]{+H_2} -(CH_2)_n- \xrightarrow{精制} 脂肪、芳香及其他物 & Ⓑ \\ \xrightarrow{气化} CO+H_2 \xrightarrow{合成} 脂肪、芳香及其他物 & Ⓒ \end{cases}$$

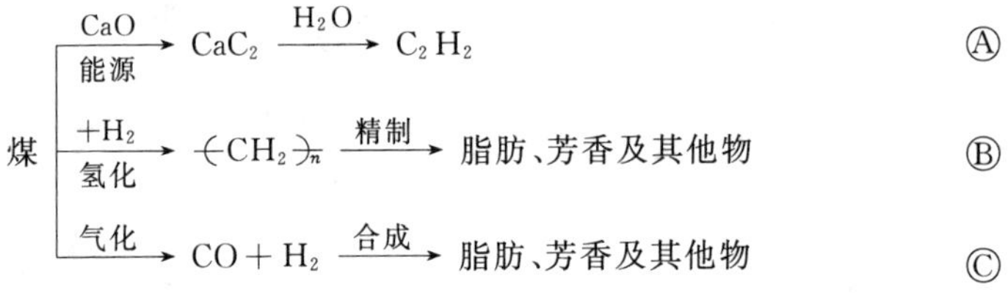

Ⓐ CaC_2 是经典路线，由 C_2H_2 合成化学产品。在电力价廉的南非再次引起重视。

Ⓑ 轻度加 H_2，煤的外形不变；重度加 H_2，成为液态燃料。

Ⓒ CO 和 H_2 在催化剂作用下合成不同的产品，煤的气化大致有以下几个反应：

①	$C(s)+H_2O(g) = CO(g)+H_2(g)$	$\Delta_r H_m^{\ominus}=131.5 \text{ kJ} \cdot \text{mol}^{-1}$	
②	$C(s)+CO_2(g) = 2CO(g)$	$\Delta_r H_m^{\ominus}=172.5 \text{ kJ} \cdot \text{mol}^{-1}$	
③	$C(s)+2H_2(g) = CH_4(g)$	$\Delta_r H_m^{\ominus}=-74.9 \text{ kJ} \cdot \text{mol}^{-1}$	
④	$C(s)+\frac{1}{2}O_2(g) = CO(g)$	$\Delta_r H_m^{\ominus}=-110.5 \text{ kJ} \cdot \text{mol}^{-1}$	
⑤	$CO(g)+H_2O(g) = CO_2(g)+H_2(g)$	$\Delta_r H_m^{\ominus}=-41.0 \text{ kJ} \cdot \text{mol}^{-1}$	
⑥	$CO(g)+3H_2(g) = CH_4(g)+H_2O(g)$	$\Delta_r H_m^{\ominus}=35.6 \text{ kJ} \cdot \text{mol}^{-1}$	

①、②、④、⑤、⑥是气化的主要反应，其中④燃烧释热和吸热反应①、②的相互关系维持煤的自热气化过程。

【附2】 20 世纪 50 年代末首次以人造丝为原料制得碳纤维，以其轻和高强度迅速受到重视，一定程度上推动了宇航业的发展。以后聚丙烯腈 $-(CH_2-CH(CN))_n-$、沥青为原料，脱去其中的 O、N、H 及部分 C 制造石墨纤维。下面以聚丙烯腈丝为例。

$$-(CH_2-CH)_n- \xrightarrow[\substack{预氧热处理, \\ 释 NH_3、HCN、\\ CO、CO_2、\\ H_2O、\\ C_nH_{2n+2}}]{200\sim300℃} 耐燃纤维 \xrightarrow[\substack{炭化处理 \\ 释 NH_3、\\ HCN、CO、\\ CO_2、N_2、\\ H_2}]{800\sim1500℃} 碳纤维 \xrightarrow[\substack{石墨化处理 \\ 释 HCN、N_2、H_2}]{2000\sim3000℃} 石墨纤维$$

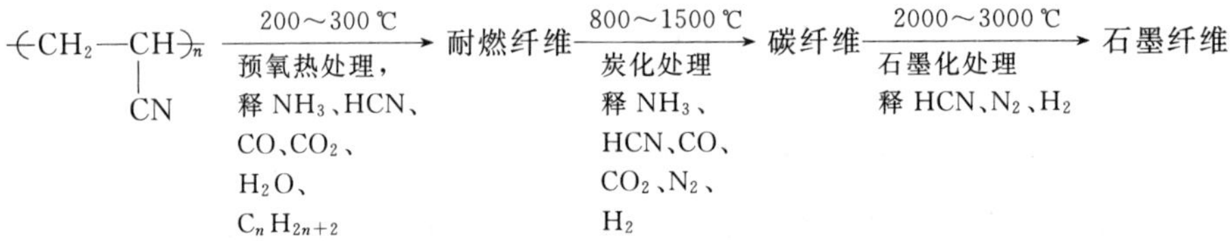

H/C 比	1	0.6～0.8	≈0	0
N/C 比	0.33	0.3～0.31	0.02～0.04	0
O/C 比	0	0.07～0.15	0.007	0
吸湿率/(%)	1～2	5～10	<0.1	<0.1
电阻率/($\Omega \cdot$ cm)	>10^{12}	>10^{10}	$10^{-2}\sim10^{-3}$	7×10^{-4}
d/(g $\cdot$ cm^{-3})	1.17	1.3～1.5	1.6～1.8	1.6～2.0

6.2 碳的氧化物、碳酸及其盐

1. 一氧化碳(carbon monoxide)

碳在氧气不充分的条件下燃烧，生成无色有毒的 CO。实验室用浓 H_2SO_4 脱去 HCOOH 中的 H_2O，以制备少量 CO。

$$HCOOH \xlongequal{H_2SO_4,\triangle} CO\uparrow + H_2O$$

CO 和 N_2、CN^-、NO^+ 等互为等电子体，CO 分子中有三重键，1 个 σ 键和 2 个 π 键。CO 的(总)键能大于 N_2 的(总)键能(表 6-2)，但 CO 比 N_2 容易参加化学反应。原因有二：

(1) CO 分子中 C 上的一对电子(比 N_2)容易还原金属氧化物并和金属发生配位反应。

$$Fe_2O_3(s)+3CO(g) \xlongequal{} 2Fe(s)+3CO_2(g) \qquad \Delta_r H_m^\ominus = -26.8\ kJ \cdot mol^{-1}$$

$$Fe(s)+5CO(g) \xlongequal{} Fe(CO)_5(l) \qquad \Delta_r H_m^\ominus = -233.5\ kJ \cdot mol^{-1}$$

(2) CO 中第一个 π 键的键能比 N_2 中的小很多，因此 CO 的第一个键易断。

表 6-2　CO、N_2 的键能/($kJ \cdot mol^{-1}$)

		A—B		A═B		A≡B
CO	键　能	357.7		798.9		1071.9
	键能差值		441.2		273	
N_2	键　能	154.8		418.4		941.7
	键能差值		263.6		523.3	

血红蛋白(haemoglobin)担负着人体血液中输送 O_2 的功能，而 CO 和血红蛋白的结合能力是 O_2 和血红蛋白结合能力的 210 倍。CO 和血红蛋白结合就破坏其输 O_2 功能，当空气中 CO 的体积分数达 0.1%时，将会引起中毒。

用含碳的化合物作燃料，废气中含有一定量 CO，用催化剂(Pt)可使 CO 和 O_2 生成 CO_2，我国用稀土氧化物作催化剂的效果也很好。

CO 通过 $PdCl_2$ 溶液生成黑色沉淀 Pd，这个反应可用来检出 CO。

$$CO+PdCl_2+H_2O \xlongequal{} Pd+CO_2+2HCl$$

除去混合气体(如合成氨的原料气)中的少量 CO(可使合成氨催化剂中毒)，可以用 $Cu(NH_3)_2^+$ 溶液吸收。

CO 主要用作化工原料、燃料及制备羰基化合物，如 $Fe(CO)_5$。

人类向大自然排放大量的 CO。

2. 二氧化碳(carbon dioxide)

大气中 CO_2 的体积分数为 0.039%(工业革命前为 0.028%，1958 年为 0.0315%)。人呼出的气体中约含 CO_2 4%，燃油废气中 CO_2 所占体积分数高达 13%；某些发酵过程也生成 CO_2。

5.3×10^5 Pa、−56.6 ℃ CO_2 凝为干冰，常压下干冰于−78.5 ℃升华。临界温度为31 ℃，钢瓶内盛的是液态 CO_2，略高于31 ℃的 CO_2（一定压强下）气是超流体，能溶解某些物质，随着气压下降，释出原先溶解物质（CO_2 能反复使用），被用来提取某些物质。这种新兴的超流体提取法和原先用有机溶剂提取相比，优点是提取物（最终）不含 CO_2（前者含少量残留有机溶剂）。

CO_2 是线形非极性分子 O═C═O，键长为 116.3 pm，它和 N_3^-、N_2O、NO_2^+、OCN^- 等互为等电子体。

CO_2 溶于水，100 g H_2O 在常压、0 ℃下溶解 0.385 g CO_2，40 ℃时溶解0.097 g，60 ℃时溶解0.058 g。室温下，$p(CO_2)=10^5$ Pa，饱和 CO_2 溶液的浓度为 0.03～0.04 mol·L^{-1}。

CO_2 不助燃，用它制造干冰灭火器，但不能用它扑灭燃着的 Mg。因

$$CO_2(g)+2Mg(s) \xlongequal{\quad} 2MgO(s)+C(s) \qquad \Delta_r H_m^\ominus=-811\ \text{kJ}\cdot\text{mol}^{-1}$$

CO_2 与 $Ca(OH)_2$ 或 $Ba(OH)_2$ 溶液的反应，被用来鉴定 CO_2 或除去气体中的 CO_2。由于 $Ba(OH)_2$ 的溶解度比 $Ca(OH)_2$ 大，碱性也强，所以用 $Ba(OH)_2$ 吸收 CO_2 的效果更好。

$$CO_2+M(OH)_2 \xlongequal{\quad} MCO_3+H_2O \quad (M=Ca、Ba)$$

碳和氧之间有 3 个反应，它们的 $\Delta_r H_m^\ominus$、$\Delta_r G_m^\ominus$、$\Delta_r S_m^\ominus$ 列于表 6-3。图 6-4 是它们的 $\Delta_r G_m^\ominus$-T 图。(a)生成 CO_2 反应的 $\Delta_r S_m^\ominus$ 很小，反应的 $\Delta_r G_m^\ominus$"基本上不随温度改变"，是一条几乎与横坐标平行的直线；(b)生成 CO 反应的 $\Delta_r S_m^\ominus$ 为较大的正值，故 $\Delta_r G_m^\ominus$ 值因温度上升而减小（代数值）；(c)生成 CO_2 反应的 $\Delta_r S_m^\ominus$ 是较小的负值，温升 $\Delta_r G_m^\ominus$ 值增大。三线交于 983 K。高于此温，(b)反应倾向大；低于此温，(c)反应倾向大。在高温下，碳（还原剂）被氧化成 CO。如

$$MgO(s)+C(s) \xlongequal{\approx 2000\ ℃} Mg(g)+CO(g) \qquad (Zn、Cd 同)$$

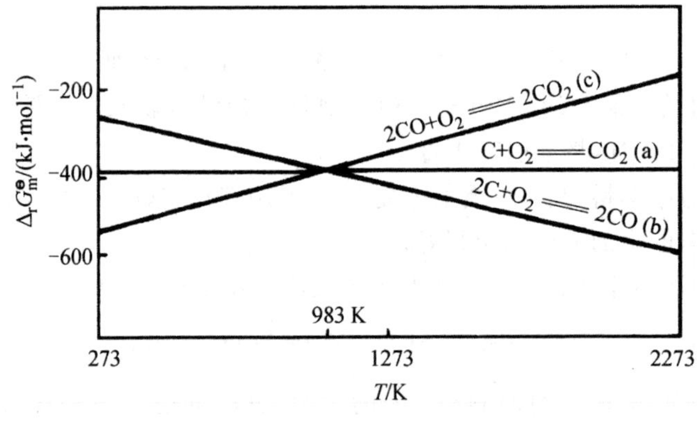

图 6-4　C 和 O_2 反应的 $\Delta_r G_m^\ominus$-T 关系图

表 6-3　碳和氧反应的 $\Delta_r H_m^\ominus$、$\Delta_r G_m^\ominus$ 及 $\Delta_r S_m^\ominus$

		$\frac{\Delta_r H_m^\ominus}{\text{kJ}\cdot\text{mol}^{-1}}$	$\frac{\Delta_r G_m^\ominus}{\text{kJ}\cdot\text{mol}^{-1}}$	$\frac{\Delta_r S_m^\ominus}{\text{kJ}\cdot(\text{K}\cdot\text{mol})^{-1}}$
(a)	$C(s)+O_2(g) \xlongequal{\quad} CO_2(g)$	−393.5	−395.4	0.003
(b)	$2C(s)+O_2(g) \xlongequal{\quad} 2CO(g)$	−221.0	−274.6	0.179
(c)	$2CO(g)+O_2(g) \xlongequal{\quad} 2CO_2(g)$	−566.0	−514.2	−0.173

实验事实是：≈500 ℃，C 和过量 O_2 反应，产物几乎全是 CO_2；≈1000 ℃，过量 C 和 O_2 反应，产物几乎全是 CO。

3. 碳酸(carbonic acid)

习惯上把 CO_2 的水溶液叫**碳酸**，而纯的碳酸至今尚未制得。H_2CO_3 是二元弱酸，$K_1=4.2\times10^{-7}$，$K_2=5.6\times10^{-11}$。碳酸溶液中仅有极少部分的 CO_2 成为 H_2CO_3，绝大部分是 CO_2 的水合物，其平衡常数为

$$CO_2+H_2O \rightleftharpoons H_2CO_3 \qquad K=1.8\times10^{-3}$$

因此，H_2CO_3 真正的电离常数应是

$$\begin{array}{lll} & CO_2+H_2O \rightleftharpoons H^+ + HCO_3^- & K_1=4.2\times10^{-7} \\ -) & CO_2+H_2O \rightleftharpoons H_2CO_3 & K=1.8\times10^{-3} \\ \hline & H_2CO_3 \rightleftharpoons H^+ + HCO_3^- & K=2.4\times10^{-4} \end{array}$$

因 $K=2.4\times10^{-4}$，所以有人认为它是中强酸，而一般所谓碳酸是弱酸，是假定溶解了的 CO_2 完全转化为 H_2CO_3。

4. 碳酸盐——正盐和酸式盐

正盐中除碱金属(不包括 Li^+)、铵及铊(Tl^+)盐外，都难溶于水。许多金属的酸式碳酸盐的溶解度稍大于正盐，其溶解度和 $p(CO_2)$ 有关。$p(CO_2)$ 大，下列反应向右移动；$p(CO_2)$ 小(或升温)，平衡向左移动。

$$MCO_3+H_2CO_3 \rightleftharpoons M(HCO_3)_2$$

自然界的钟乳石就是这样形成的。暂时硬水加热软化，就是因为生成了碳酸盐沉淀。$CaCO_3$、$BaCO_3$ 的溶解度见表 6-4。

表 6-4　$CaCO_3$、$BaCO_3$ 在不同 $p(CO_2)$ 下的溶解度/($g\cdot L^{-1}$ H_2O，18 ℃)

$p(CO_2)$/Pa	0	1.40×10^4	1.44×10^4	9.95×10^4
$CaCO_3$	0.013	0.223	0.533	1.086
$BaCO_3$	0.024	0.233	0.916	1.857

钠、钾酸式碳酸盐溶解度小于相应正盐，20 ℃ 时溶解度依次为 9.6 g/100 g H_2O、33.2 g/100 g H_2O、21.5 g/100 g H_2O、110.5 g/100 g H_2O。

$NaHCO_3$ 俗称小苏打，溶液$[H^+]\approx\sqrt{K_1K_2}$，pH≈8.3，显碱性。$Na_2CO_3$ 俗称纯碱，显碱性。

Na_2CO_3 溶液和金属盐的溶液反应时，可能生成正盐、碱式盐或氢氧化物。究竟生成何种沉淀，则和金属碳酸盐、氢氧化物的溶解度有关。若碳酸盐溶解度小于相应的氢氧化物，则生成正盐；若两者的溶解度相近，则生成碱式碳酸盐①；若氢氧化物的溶解度很小，则生成氢氧化物沉淀。下面介绍一种判断方法：

Na_2CO_3 溶液中$[CO_3^{2-}]$、$[HCO_3^-]$、$[OH^-]$见表 6-5。

---

① 碱式盐组成因制备反应条件不同而异，如碱式碳酸镁的化学式为 $xMgCO_3\cdot yMg(OH)_2\cdot zH_2O$，其中 $x=1\sim4$，$y=0\sim1$，$z=0\sim8$，如 $4MgCO_3\cdot Mg(OH)_2\cdot 8H_2O$，通常以 $Mg_2(OH)_2CO_3$ 表示。

表 6-5 Na_2CO_3 溶液中各物种的浓度/($mol \cdot L^{-1}$)

$c(CO_3^{2-})$	$[CO_3^{2-}]$	$[OH^-]$,$[HCO_3^-]$
1.0	1.0	1.4×10^{-2}
0.10	0.10	4.5×10^{-3}
1.0×10^{-2}	8.6×10^{-3}	1.4×10^{-3}
1.0×10^{-3}	6.3×10^{-4}	3.7×10^{-4}

等体积混合 0.20 $mol \cdot L^{-1}$ Na_2CO_3 液和 0.20 $mol \cdot L^{-1}$ MCl_2 液，混合液中$[M^{2+}]=0.10\ mol \cdot L^{-1}$、$[CO_3^{2-}]=0.10\ mol \cdot L^{-1}$、$[OH^-]=4.5\times10^{-3}\ mol \cdot L^{-1}$，相应离子浓度乘积$[M^{2+}]\cdot[CO_3^{2-}]=10^{-2}$，$[M^{2+}]\cdot[OH^-]^2=2.0\times10^{-6}$。比较离子浓度乘积和 K_{sp}，可判断沉淀成分(表 6-6)。

表 6-6

M^{2+}	$K_{sp}(MCO_3)$	$K_{sp}(M(OH)_2)$	沉淀物
Ca^{2+}	$2.5\times10^{-9}(<10^{-2})$	$5.5\times10^{-6}(>2.0\times10^{-6})$	$CaCO_3$(Sr^{2+}、Ba^{2+}、Ag^+同)
Mg^{2+}	$1.0\times10^{-5}(<10^{-2})$	$1.8\times10^{-11}(<2.0\times10^{-6})$	$Mg_2(OH)_2CO_3$(Zn^{2+}、Cu^{2+}……同)
Fe^{3+}		4×10^{-38}	$Fe(OH)_3$(Al^{3+}、Cr^{3+}同)

上述判断方法简单，但不要把碱式盐误认为是 $M(OH)_2$ 和 MCO_3 的混合物。如：$Cu_2(OH)_2CO_3$受热(<100 ℃)不分解，而 $Cu(OH)_2$ 在≈80 ℃时分解为 CuO。

如果用 $NaHCO_3$ 溶液代替 Na_2CO_3 溶液作沉淀剂，则 0.10 $mol \cdot L^{-1}$ $NaHCO_3$ 溶液中的$[OH^-]$降为 $2\times10^{-6}\ mol \cdot L^{-1}$。按以上方法判断结果如下：

$M^{2+}+HCO_3^- \longrightarrow MCO_3\downarrow$ （M^{2+}为 Ca^{2+}、Sr^{2+}、Ba^{2+}、Mg^{2+}、Cd^{2+}、Mn^{2+}、Ni^{2+}、Ag^+）

$M^{2+}+HCO_3^- \longrightarrow M_2(OH)_2CO_3\downarrow$ （M^{2+}为 Cu^{2+}、Zn^{2+}、Be^{2+}、Co^{2+}……）

$M^{3+}+HCO_3^- \longrightarrow M(OH)_3\downarrow$ （M^{3+}为 Fe^{3+}、Cr^{3+}、Al^{3+}）

若用由 CO_2 饱和的 $NaHCO_3$ 溶液作为沉淀剂，因溶液中的$[CO_3^{2-}]$、$[OH^-]$又低于 $NaHCO_3$ 溶液，和 Be^{2+}、Co^{2+}、Zn^{2+}生成 MCO_3 沉淀。

若用 CO_2 饱和溶液作沉淀剂，溶液中的$[OH^-]$和$[CO_3^{2-}]$更小了，因此，只能和 $Pb(Ac)_2$ 溶液反应生成 $PbCO_3$ 沉淀。

$$Pb(Ac)_2+CO_2+H_2O = PbCO_3\downarrow+2HAc$$

请注意：至今尚未制得 Cu^{2+} 和 Hg^{2+} 的正碳酸盐；另外，生产上常用 NH_4HCO_3 或 $CO(NH_2)_2$代替钠盐作沉淀剂。其优点有二：

① NH_4HCO_3 溶液和 $NaHCO_3$ 溶液相比，$[OH^-]$相近，而 NH_4HCO_3 溶液中$[CO_3^{2-}]$略小，仍能生成 MCO_3 沉淀；

② 夹杂在沉淀中的 NH_4^+，在受热时易被除去，而 Na^+ 较难被除去。

【例 1】 计算 0.10 $mol \cdot L^{-1}$ NH_4HCO_3 溶液中的$[OH^-]$(设为 $y\ mol \cdot L^{-1}$)、$[CO_3^{2-}]$(设为 $z\ mol \cdot L^{-1}$)及$[NH_3\cdot H_2O]$(设为 $x\ mol \cdot L^{-1}$)。

$$\begin{array}{ccccc} NH_4^+ & +HCO_3^- & +H_2O = & NH_3\cdot H_2O & +H_2CO_3 \qquad K=1.2\times10^{-3} \\ 0.10-x & 0.10-x & & x & x \end{array}$$

解得　　$x=3.3\times10^{-3}$，　$[NH_3\cdot H_2O]=3.3\times10^{-3}\ mol\cdot L^{-1}$

则　　$[NH_4^+]=[HCO_3^-]=0.097\ mol\cdot L^{-1}\approx0.10\ mol\cdot L^{-1}$

代入

$$\begin{array}{lll} NH_3\cdot H_2O \rightleftharpoons & NH_4^+ & +OH^- \qquad K=1.8\times10^{-5} \\ 3.3\times10^{-3} & 0.10 & y \end{array}$$

解得　　$y=5.9\times10^{-7}$，　$[OH^-]=5.9\times10^{-7}\ mol\cdot L^{-1}$

即　　pOH=6.2，　pH=7.8

代入

$$\begin{array}{lll} HCO_3^- \rightleftharpoons & H^+ & +CO_3^{2-} \qquad K_2=5.6\times10^{-11} \\ 0.10 & 1.7\times10^{-8} & z \end{array}$$

解得　　$z=3.3\times10^{-4}$，　$[CO_3^{2-}]=3.3\times10^{-4}\ mol\cdot L^{-1}$

$CO(NH_2)_2$ 水溶液受热转化为"$(NH_4)_2CO_3$"溶液。

$$CO(NH_2)_2+2H_2O = (NH_4)_2CO_3$$

"$(NH_4)_2CO_3$"是弱酸弱碱盐，水解度大，水溶液中的$[OH^-]$、$[CO_3^{2-}]$均低于同浓度的 Na_2CO_3 溶液，而稍大于同浓度的 $NaHCO_3$ 溶液。

【例 2】 计算 $0.10\ mol\cdot L^{-1}$"$(NH_4)_2CO_3$"溶液中的$[OH^-]$和$[CO_3^{2-}]$(设为 $x\ mol\cdot L^{-1}$)。

$$\begin{array}{llll} NH_4^+ & +CO_3^{2-} & +H_2O \rightleftharpoons NH_3\cdot H_2O & +HCO_3^- \qquad K=10 \\ 0.10+x & x & 0.10-x & 0.10-x \end{array}$$

解得　　$x=0.008$，　$[CO_3^{2-}]\approx0.008\ mol\cdot L^{-1}$

又设平衡时$[H^+]=y\ mol\cdot L^{-1}$，则

$$\begin{array}{lll} HCO_3^- \rightleftharpoons & H^+ & +CO_3^{2-} \qquad K_2=5.6\times10^{-11} \\ 0.092 & y & 0.008 \end{array}$$

解得　　$y=6.4\times10^{-10}$，　$[H^+]=6.4\times10^{-10}\ mol\cdot L^{-1}$，　pH=9.2

市售碳酸铵试剂，实际上是 NH_4HCO_3 和 NH_2COONH_4(氨基甲酸铵)等摩尔的混合物。后者在水溶液中受热转化为碳酸铵。

$$NH_2COONH_4+H_2O = (NH_4)_2CO_3$$

碱金属碳酸盐和某些难溶碳酸盐作用生成碳酸复盐，其中有些复盐是难溶物，如 Mg^{2+}、Ca^{2+}、RE(稀土)的碳酸复盐；有些碳酸复盐易溶，如由 Ti^{4+}、Th^{4+}、Ce^{4+}、Ag^+ 等所形成的 $Na_6[M(CO_3)_5]$和 $K_2CO_3\cdot Ag_2CO_3$ 等复盐。

碳酸盐受热分解为金属氧化物和二氧化碳。现按非金属含氧酸盐热分解所得产物的不同，总结为以下四类：

(1) 生成金属氧化物和非金属氧化物，且反应可逆，如

$$CaCO_3 = CaO+CO_2$$
$$Fe_2(SO_4)_3 = Fe_2O_3+3SO_3$$

(2) 生成 O_2 和另一种盐，反应不可逆，如

$$2NaNO_3 = 2NaNO_2+O_2$$
$$2KClO_3 = 2KCl+3O_2$$

(3) 产物中非金属氧化物和金属氧化物发生氧化还原反应，如

$$2FeSO_4 \xlongequal{} Fe_2O_3 + SO_2 + SO_3$$

$$3MnCO_3 \xlongequal{} Mn_3O_4 + CO + 2CO_2$$

(4) 生成一种中间产物——碱式含氧酸盐,如

$$8PbCO_3 \xlongequal{274\ ℃} 3PbO \cdot 5PbCO_3 + 3CO_2 \uparrow$$

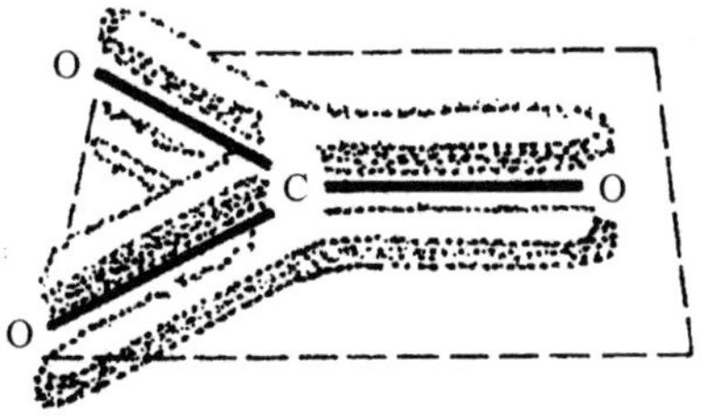

图 6-5　CO_3^{2-} 结构

NH_4HCO_3 容易分解。在 12～16 ℃露天放置1 d、10 d、15 d,分别损失 3.5%、18.0%、26.1%;若20 ℃放置,损失依次为 8.9%、74.1%、77.3%。所以要密封保存。

CO_3^{2-} 呈平面三角形,其中碳原子以 sp^2 杂化轨道和 3 个氧原子的 p 轨道成 3 个 σ 键,它的另一个 p 电子和 3 个氧原子上的 3 个 p 轨道形成一个 π_4^6 键(图 6-5)。CO_3^{2-}、NO_3^-、BO_3^{3-} 及 BF_3 互为等电子体。

5. 碳酸根的鉴定

试液用酸酸化,用 $Ba(OH)_2$ 溶液吸收逸出的气体,若生成白色沉淀,证明试液中可能有 CO_3^{2-}。这种方法对 CO_3^{2-}、HCO_3^- 都有效,因此无法判别原试液中究竟是 CO_3^{2-} 还是 HCO_3^-。

6.3　碳的卤化物和硫化物

1. 四卤化碳(carbon tetrahalide)

四卤化碳的性质见表 6-7。

表 6-7　四卤化碳的某些性质

	CF_4	CCl_4	CBr_4	CI_4
熔点/℃	−183.5	−22.92	90.1	171
沸点/℃	−128	76.72	189.5	—
$\Delta_f H_m^\ominus/(kJ \cdot mol^{-1})$	−679.9(g)	−139.5(l)	−160(l)	—
X_3C—X 键能/$(kJ \cdot mol^{-1})$	485	327	285	213
C—X 键长/pm	135	177	194	214

F_2 和 CCl_2F_2(二氟二氯甲烷)或 $CHClF_2$(二氟一氯甲烷)反应,得到极为稳定的 CF_4。

$$F_2 + CCl_2F_2 \xlongequal{} CF_4 + Cl_2$$

Cl_2 和 CS_2 反应或 Cl_2 对 CH_4 的取代反应,均生成 CCl_4。

$$3Cl_2 + CS_2 \xlongequal{} CCl_4 + S_2Cl_2$$

CCl_4 用作灭火剂。因它能和燃着的 Na 作用生成 NaCl,所以不能用它扑灭燃着的 Na。最近报道,控制反应条件,Na 和 CCl_4 反应得金刚石。

CF_4 的水解倾向很大,但水解速率极慢,即使把 CF_4 通入熔融 NaOH,也未见水解(SF_6 同)。

$$CF_4(g)+2H_2O(g) \Longrightarrow CO_2(g)+4HF(g) \qquad \Delta_r G_m^\ominus=-385\ kJ \cdot mol^{-1}$$

除 CX_4 外，还有混合卤化碳 CX_nY_{4-n}。其中最重要的是作冷冻剂的氟氯甲烷 CCl_nF_{4-n}，它具有无毒、不燃、不爆炸等优点。因它能破坏高空 O_3 层，故其用途受到限制。

卤氧化碳 COX_2（X＝F、Cl、Br）又称碳酰卤（carbonyl halide），其中以 $COCl_2$（光气，phosgene）为最重要。工业上制备光气的反应式为

$$CO+Cl_2 \Longrightarrow COCl_2$$

$COCl_2$ 水解生成 CO_2 和 HCl。有机化学中用它作氯化剂。$COCl_2$ 剧毒，用时务必小心。

2. 二硫化碳(carbon disulfide)

在600 ℃把 S 蒸气和 CH_4 通过催化剂（硅胶或氧化铝）制备 CS_2。

$$4S+CH_4 \Longrightarrow CS_2+2H_2S$$

CS_2 是易挥发、易燃的无色液体，是常用的有机溶剂。

和 CO_2 相同，CS_2 也是线形分子（S═C═S），其偶极矩为零，是吸热化合物。$\Delta_f G_m^\ominus=65.1\ kJ \cdot mol^{-1}$，高于150 ℃时明显水解。

$$CS_2+2H_2O \Longrightarrow CO_2+2H_2S$$

CS_2 和 Na_2S 反应得到 Na_2CS_3（硫代碳酸钠，sodium thiocarbonate）。H_2CS_3（硫代碳酸）是用固体 $BaCS_3$ 和冰冷的 HCl（$5\ mol \cdot L^{-1}$）反应生成的。它是高折射的油状物，易分解为 CS_2 和 H_2S。和 CO_3^{2-} 一样，CS_3^{2-} 也是平面三角构型，但不够稳定。

6.4 硅

在地壳中硅的含量仅次于氧，分布很广，主要以二氧化硅和硅酸盐形态存在。

1. 制备

SiO_2 和 C 混合在电炉中加热得 Si(96%～97%)。

$$SiO_2(s)+2C(s) \Longrightarrow Si(s)+2CO(g) \qquad \Delta_r H_m^\ominus=690\ kJ \cdot mol^{-1}, \quad \Delta_r S_m^\ominus=361\ J \cdot (K \cdot mol)^{-1}$$

SiH_4 热分解得多晶硅。

$$SiH_4(g) \xlongequal{\triangle} Si(s)+2H_2(g)$$

超纯 Si 制法：$SiCl_4$ 经分馏提纯后，用 Na 或 Mg 还原得纯 Si，熔成条状，经区域熔融得仅含 10^{-9}～10^{-10}，甚至 10^{-12} 杂质的 Si（掺杂后用作半导体）。

Si 能把太阳能转化为电能。目前制硅方法是用 Na 还原 Na_2SiF_6。

$$Na_2SiF_6+4Na \Longrightarrow 6NaF+Si$$

这是一个强放热过程，可借反应释热使反应持续进行（同铝热法）。

2. 性质

晶体硅的结构同金刚石。O_2、H_2O 仅和 Si 发生微弱反应，可能是形成几个原子厚度的

SiO_2 之故。低于900 ℃不和 O_2 反应；950～1160 ℃与 O_2 反应生成无定形 SiO_2，温度高、速率快。1400 ℃与 N_2 成 SiN、Si_3N_4。600 ℃与 S(g)，1000 ℃与 P(g)反应。Si 和 X_2 生成 SiX_4。

除 HNO_3 和 HF 混合酸外，不和酸发生明显的反应，却能溶于碱，和热浓碱反应速率快。

$$Si + 2OH^- + H_2O = SiO_3^{2-} + 2H_2\uparrow$$

SiO_2 和过量的 C 在电炉中反应生成 SiC(金刚砂)。

$$SiO_2(s) + 3C(s) = SiC(s) + 2CO(g)\uparrow$$

β-SiC 结构同金刚石，质硬，被用作磨料，是最稳定硅的二元化合物。和碱、O_2 的反应式为

$$SiC + 2NaOH + 2O_2 = Na_2SiO_3 + CO_2 + H_2O$$

此性质被用来溶解(除去)SiC。

3. 成键特点

和 C 仅能以 s 和 p 轨道成共价键不同，第三周期的 Si 有 d 轨道参与成键，如以 sp^3d^2 形成 SiF_6^{2-}，或 d 轨道参与形成离域 π 键，如 SiO_4^{4-}。d 轨道参与成键的“证据”——键能、键长数据见表 6-8。

表 6-8 碳、硅某些二元化合物的键能、键长

		—H	—F	—Cl	—Br	—I	—O
键能/($kJ\cdot mol^{-1}$)	C—	411	485	327	285	213	358
	Si—	318	565	381	310	234	452
键长/pm	C—	109	135	177	194	214	143
	Si—	148	157	202	216	244	166
键长差/pm		39	22	25	22	30	23

在上列碳、硅二元化合物中，C—H、Si—H 中除 σ 键外不可能有其他键合，所以 C—H 键能大于 Si—H，两者键长差值也大。另一方面，因为其他(所列)硅的二元化合物的键能大于相应碳的二元化合物，并且两者键长差值显著短于 39 pm，表明除 σ 键外还有其他键合——d 轨道参与成键的证据(参考第五章第 4 节)。

6.5 硅的氢化物和卤化物

1. 硅烷

和碳能形成碳烷相似，硅能形成硅烷 Si_nH_{2n+2}，n 可高达 15。SiH_4 叫甲硅烷(monosilane)，它的制备反应如下：

$$Mg_2Si + 4HCl = SiH_4 + 2MgCl_2$$

实际产物除甲硅烷外，还有乙硅烷、丙硅烷、丁硅烷及戊硅烷。

用 $LiAlH_4$ 还原 $SiCl_4$ 或 Si_2Cl_6，得 SiH_4 或 Si_2H_6。

$$SiCl_4 + LiAlH_4 = SiH_4\uparrow + LiCl + AlCl_3$$

SiH_4 的结构和 CH_4 相同(H 的电负性大于 Si,一般认为硅烷中 H 显负性,碳烷中碳显负性),是吸热化合物,$\Delta_f H_m^\ominus=32.6\ kJ \cdot mol^{-1}$,所以 SiH_4 容易分解成 Si(多晶)和 H_2。SiH_4 极易和 O_2 作用生成 SiO_2(粉状),后者俗称白炭黑;极易和 H_2O 反应。

$$SiH_4 \xlongequal{500℃} Si + 2H_2 \qquad \Delta_r H_m^\ominus = -34\ kJ \cdot mol^{-1}$$

$$SiH_4 + 2O_2 = SiO_2 + 2H_2O \qquad \Delta_r H_m^\ominus = -1518\ kJ \cdot mol^{-1}$$

$$SiH_4 + 2H_2O = SiO_2 + 4H_2 \qquad \Delta_r H_m^\ominus = -374\ kJ \cdot mol^{-1}$$

2. 卤化硅

卤化硅是共价型化合物,迄今人们研究最多的是 SiF_4 和 $SiCl_4$。卤化硅的性质见表 6-9。

表 6-9 卤化硅的一些性质

	SiF_4	$SiCl_4$	$SiBr_4$	SiI_4
熔点/℃	−90.3	−70.4	5.4	120.5
沸点/℃	−95.7(升华)	57.0	155	287.5
$\Delta_f H_m^\ominus/(kJ \cdot mol^{-1})$	−1548.1(g)	−609.6(g)	−397.9(g)	−132.2(s)
$X_3Si—X$ 键能/$(kJ \cdot mol^{-1})$	565	381	310	234
键长/pm	157	202	216	244

(1) 氟化硅

HF 和 SiO_2 生成 SiF_4。

$$SiO_2 + 4HF = SiF_4 + 2H_2O$$

若所用 HF 是由浓 H_2SO_4 和 CaF_2 生成的,则浓 H_2SO_4 还有抑制 SiF_4 水解的作用。在真空条件下,300~350 ℃热分解 $BaSiF_6$ 得纯 SiF_4。

$$BaSiF_6 = BaF_2 + SiF_4 \uparrow$$

SiF_4 的水解反应是可逆的。

$$SiF_4 + 2H_2O \rightleftharpoons SiO_2 + 4HF$$

在气相中,SiF_4 水解时,如水量很少,则生成氟硅酸$(H_3O)_2SiF_6$(或 H_2SiF_6)。

$$3SiF_4 + 6H_2O = 2(H_3O)_2SiF_6 + SiO_2$$

因 SiF_4 易挥发,又易水解放出 HF,从而使氟的污染范围扩大。在制造过磷酸钙肥料时,因磷矿粉中含氟和硅,所以排放的废气中有 SiF_4 和 HF,污染环境。除去废气中 SiF_4 的方法是使之和水或 Na_2CO_3 溶液作用,生成 H_2SiF_6 或微溶的 Na_2SiF_6。

$$3SiF_4(g) + 2Na_2CO_3 + 2H_2O = 2Na_2SiF_6 \downarrow + H_4SiO_4 + 2CO_2$$

SiF_4 易和 F^- 形成配离子。

$$SiF_4 + 2F^- = SiF_6^{2-} \qquad \Delta_r H_m^\ominus = -130.5\ kJ \cdot mol^{-1}$$

气态 H_2SiF_6 易分解为 HF 和 SiF_4,室温下有约 50%分解。H_2SiF_6 的溶液是强酸,目前只制得了 60%的溶液。溶液对玻璃有显著的腐蚀作用,它的钠、钾盐微溶于水,但在沸水中完全水解为硅酸和氢氟酸。

$$Na_2SiF_6 + 2H_2O = 2NaF + SiO_2 + 4HF$$

(2) 氯化硅

300 ℃,Si 和 Cl_2 作用生成 $SiCl_4$,常温下 $SiCl_4$ 是液态。它极易水解生成 HCl 和 SiO_2,并在空气中冒烟,是烟雾剂。

$$SiCl_4 + 2H_2O = SiO_2 + 4HCl$$

大量生产 $SiCl_4$ 的方法是将 SiO_2、Cl_2 和焦炭混合加热。

$$SiO_2 + 2C + 2Cl_2 = SiCl_4 + 2CO$$

6.6 二氧化硅和硅酸盐

1. 二氧化硅(silica)

石英、砂子的主要成分都是 SiO_2。SiO_2 是由 Si 和 O 组成的巨型分子。常温下,石英的溶解度为 7×10^{-5} mol·L^{-1},无定形 SiO_2 的溶解度为 2×10^{-3} mol·L^{-1}。SiO_2 和 HF、HCl 作用的 $\Delta_r G_m^\ominus$ 为

$$SiO_2(s) + 4HX(g) = SiX_4(g) + 2H_2O(g)$$

$$\Delta_r G_m^\ominus(HF) = -92.82\ kJ\cdot mol^{-1}, \quad \Delta_r G_m^\ominus(HCl) = 138.87\ kJ\cdot mol^{-1}$$

所以 SiO_2 只和 HF 反应,生成能量低的 SiF_4。

SiO_2 和碱反应得到硅酸盐。当溶液的 pH=13~14 时,SiO_2 和碱反应的速率较快;若和熔融碱反应,速率更快。Na_2CO_3 和 SiO_2 混合共热,生成硅酸钠。

$$SiO_2 + 2OH^- = SiO_3^{2-} + H_2O$$

$$SiO_2 + Na_2CO_3 = Na_2SiO_3 + CO_2\uparrow$$

反应中 SiO_2 起"酸"的作用。SiO_2 和某些含氧酸盐之间可以发生类似于和 Na_2CO_3 的反应(都生成易挥发物——熵增加)。

$$Na_2SO_4 + SiO_2 = Na_2SiO_3 + SO_3$$

$$2KNO_3 + SiO_2 = K_2SiO_3 + NO_2 + NO + O_2$$

SiO_2 和碱性氧化物反应生成相应的硅酸盐。

$$NiO + SiO_2 \xrightarrow{600\sim900\ ℃} NiSiO_3$$

$$CaO + SiO_2 = CaSiO_3$$

2. 硅酸(silicic acid)及其盐

(1) 硅酸

目前已知的硅酸有 5 种:$SiO_2\cdot3.5H_2O$、$SiO_2\cdot2H_2O$(即 H_4SiO_4,正硅酸)、$SiO_2\cdot1.5H_2O$(即 $H_6Si_2O_7$)、$SiO_2\cdot H_2O$(即 H_2SiO_3,偏硅酸)及 $SiO_2\cdot0.5H_2O$(即 $H_2Si_2O_5$)。通常以 H_2SiO_3 和 $MSiO_3$ 表示硅酸及硅酸盐。

$0\,℃$，$SiCl_4$ 于 $pH=2\sim3$ 的水溶液中水解，得 H_4SiO_4。

$$SiCl_4 + 4H_2O = H_4SiO_4 + 4HCl$$

制得 H_4SiO_4 溶液的浓度可高达 $0.1\ mol\cdot L^{-1}$，相当于含 0.6% 的 SiO_2。

低于15℃，在快搅拌下使 $80\%\ H_2SO_4$ 和 Na_2SiO_3 反应生成 H_2SiO_3。H_4SiO_4 和丙酮混合也得 H_2SiO_3。

$$Na_2SiO_3 + H_2SO_4 = H_2SiO_3 + Na_2SO_4$$

H_2SiO_3 是二元弱酸，$K_1=4.2\times10^{-10}$，$K_2=10^{-12}$。它和碱反应生成硅酸钠，当溶液的 $pH\approx14$ 时，以 SiO_3^{2-} 形式存在；当 pH 在 $10.9\sim13.5$ 之间时，主要以 $Si_2O_5^{2-}$ 存在；$pH<10.9$ 时，缩合成较大的离子；pH 再低，则以硅酸凝胶析出，$pH=5.8$ 时，胶凝速率最快。

（2）硅酸盐

常见可溶性硅酸盐有 Na_2SiO_3 和 K_2SiO_3。Na_2SiO_3 水溶液俗称水玻璃。

可溶性硅酸盐和酸、二氧化碳或铵盐溶液作用生成硅酸。

$$SiO_3^{2-} + 2H^+ = H_2SiO_3$$
$$SiO_3^{2-} + 2CO_2 + 2H_2O = H_2SiO_3 + 2HCO_3^-$$
$$SiO_3^{2-} + 2NH_4^+ = H_2SiO_3 + 2NH_3$$

硅酸盐的种类繁多，绝大多数都是由 $[SiO_4]$ 四面体以角氧相连而成（个别硅酸盐中的 $[SiO_4]$ 以棱相连）（图 6-6）。

表 6-10 列出一些环状、链状、层状和骨架结构的硅酸盐的组成。

表 6-10　一些硅酸盐矿石的结构

Si—O 基团	矿石名称	矿石组成
单个硅酸根，SiO_4^{4-}	镁橄榄石	Mg_2SiO_4
2 个硅酸根，$Si_2O_7^{6-}$	异极矿	$Zn_4(Si_2O_7)(OH)_2\cdot2H_2O$
3 个 SiO_4^{4-} 成环，$Si_3O_9^{6-}$	硅灰石	$Ca_3(Si_3O_9)$
6 个 SiO_4^{4-} 成环，$Si_6O_{18}^{12-}$	绿宝石	$Be_3Al_2(Si_6O_{18})$
SiO_4^{4-} 成长链，$[SiO_3]_n^{2n-}$	透辉石	$CaMg(SiO_3)_2$
SiO_4^{4-} 成双链，$[Si_4O_{11}]_n^{6n-}$	透闪石	$Ca_2Mg_5(Si_4O_{11})_2(OH)_2$
SiO_4^{4-} 成层状，$[Si_2O_5]_n^{2n-}$	白云母	$KAl_2(AlSi_3O_{10})(OH)_2$
骨架状	石　英	SiO_2

硅酸盐结构的共同点是：

① 每个 $[SiO_4]$ 四面体中 Si 和 O 的原子数比是 $1:4$，化学式为 SiO_4^{4-}；

② 两个 $[SiO_4]$ 以角氧相连，Si 和 O 的原子数比是 $1:(3+1\times0.5)=1:3.5$，化学式为 $Si_2O_7^{6-}$；

③ $[SiO_4]$ 以 2 个角氧分别和其他 2 个 $[SiO_4]$ 相连成环状或长链状结构，Si 和 O 原子数之比为 $1:(2+2\times0.5)=1:3$，化学式为 SiO_3^{2-}；

④ $[SiO_4]$ 以角氧相连成双链，化学式为 $[Si_4O_{11}]_n^{6n-}$；

⑤ $[SiO_4]$ 分别以 3 个角氧和其他 3 个 $[SiO_4]$ 相连成层状结构，化学式为 $[Si_2O_5]_n^{2n-}$；

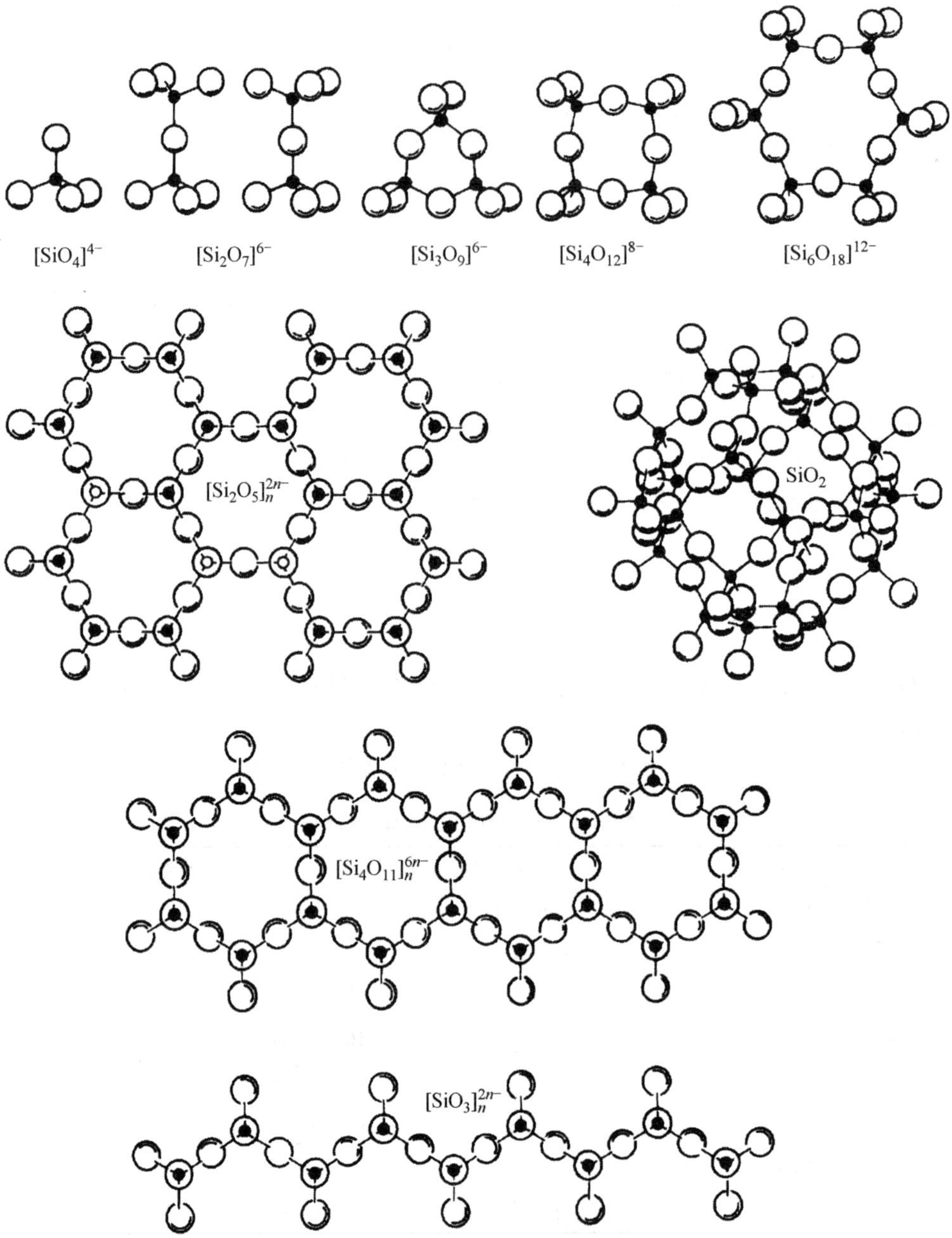

图 6-6　硅酸盐的结构

⑥ 每个$[SiO_4]$分别以 4 个角氧和其他 4 个$[SiO_4]$相连成骨架状结构，化学式为 SiO_2。

硅酸盐在链之间、片(层)之间则以离子间静电引力结合。因其结合力没有 Si—O 间的强，所以易从链间(如石棉)、层间(如云母)一条条、一片片撕开。

由于 Al 也能形成$[AlO_4]$四面体。因此，Al 可以局部取代硅酸盐中 Si 的位置而成为铝硅酸盐。当 Al 取代 Si 时，酸根的负电荷增多，需相应阳离子电荷与之平衡。Al 取代 Si 的数目可高达 50%(原子)。如长石($KAlSi_3O_8$)和灰长石($CaAl_2Si_2O_8$)可被看成是 SiO_2 中 25%和

50%(原子)的 Si 被 Al 取代的产物。

天然**沸石**是铝硅酸盐,组成为 $NaCa_{0.5}(Al_2Si_5O_{14})\cdot 10H_2O$。它是一种具有多孔结构的铝硅酸盐,其中有许多笼状空穴,内孔径在 0.66～1.16 nm 之间,加热经真空脱水干燥成干燥剂,用于干燥气体或溶剂。

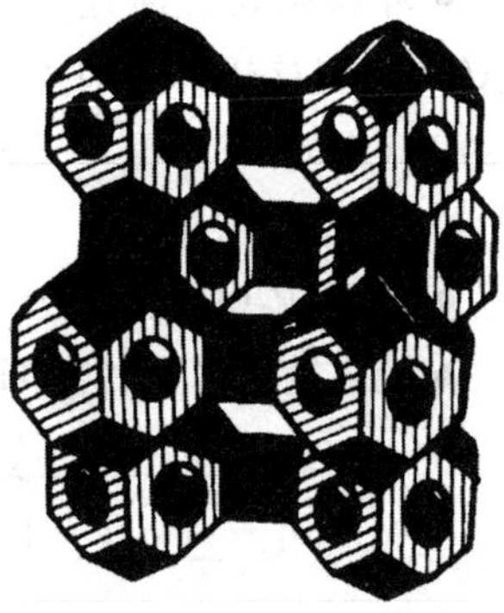
图 6-7 分子筛结构

一种人工合成的铝硅酸盐称**分子筛**(图 6-7)。其比表面很大,约为 500～1000 $m^2\cdot g^{-1}$,且孔径均匀,具有较强的机械强度和对热的稳定性,用于干燥气体和作催化剂。

分子筛是由$[AlO_4]$和$[SiO_4]$通过角氧相连成环而组成的物质。常见的是四元、六元环。由 8 个六元环和 6 个四元环构成 β 笼。β 笼共有 24 个顶角,顶角全由 Si 或 Al 占据,每条边中有一个 O 原子。β 笼相互间进一步结合成分子筛。如 8 个 β 笼通过四元环结合成 A 型分子筛,所围成的笼叫 α 笼。不同孔径的分子筛被用来分离各种大小不同的气体。

3. 含氧酸(酸式盐)缩合的规律

(1) 含氧酸(酸式盐)

缩合前提是必须有—OH,如

$$\begin{array}{c}O\\|\\O\text{—}A\text{—}OH\\|\\O\end{array} + \begin{array}{c}O\\|\\HO\text{—}A\text{—}O\\|\\O\end{array} \longrightarrow \begin{array}{c}O\qquad\ O\\|\qquad\ \ |\\O\text{—}A\text{—}O\text{—}A\text{—}O\\|\qquad\ \ |\\O\qquad\ O\end{array}$$

就是说,当含氧酸(酸式含氧酸根)含有—OH 时,才有可能发生缩合。分子(离子)中若含有多个—OH,则可能发生多次缩合。

① 只发生一次缩合,如

$$2HNO_3 \xrightarrow{-H_2O} N_2O_5$$

$$2CrO_4^{2-} + 2H^+ = Cr_2O_7^{2-} + H_2O$$

$$2H_2SO_4 \xrightarrow{-H_2O} H_2S_2O_7$$

$$\begin{array}{c}O\qquad\ O\\|\qquad\ \ |\\O\text{—}A\text{—}O\text{—}A\text{—}O\\|\qquad\ \ |\\O\qquad\ O\end{array}$$

结构中有$A\text{—}O_{桥}$和$A\text{—}O_{端}$之分(端,t,terminal;桥,b,bridge),前者键长更长,极少数∠AOA 为 180°,如 $Sc_2Si_2O_7$ 中 $Si_2O_7^{6-}$;大多数键角小于 180°,如 $S_2O_7^{2-}$ 中的 $d(S\text{—}O_{端})=143$ pm,$d(S\text{—}O_{桥})=161$ pm,∠SOS=123°。

② 发生两次缩合(以角相连)

- 有限链。2 个 $AO_2(OH)_2$ 脱 1 个 H_2O 分子得 HO_3AOAO_3H,即 $H_2A_2O_7$;3 个 $AO_2(OH)_2$脱 2 个 H_2O 得 $HO_3AOA(O_2)OAO_3H$,即 $H_2A_3O_{10}$;4 个 $AO_2(OH)_2$ 脱 3 个 H_2O 得 $H_2A_4O_{13}$……n 个 $AO_2(OH)_2$ 脱$(n-1)$个 H_2O……
- 无限链。当 n 很大时,$n\approx n-1$,可认为 n 个 $AO_2(OH)_2$ 脱 n 个 H_2O 得化学式为 AO_3

的物质，如 SO_3(s)，CrO_3(s)，$NaPO_3$ 中的 PO_3^-，Na_2SiO_3 中的 SiO_3^{2-}。

● 环状结构。前述(3 脱 2)$HO_3AOA(O_2)OAO_3H$、(4 脱 3)$HO_3AOA(O_2)OA(O_2)OAO_3H$，若首尾再脱 H_2O 得 A_3O_9，如 S_3O_9(s)、$Na_3P_3O_9$ 中 $P_3O_9^{3-}$，及 A_4O_{12}，如 $Na_4P_4O_{12}$ 中的 $P_4O_{12}^{4-}$。

③ 发生三次缩合

● 环 $H_3P_3O_9$ 和 $(HO)_3PO$ 脱 3 个 H_2O，得 P_4O_{10}，为笼状构型(参见图 5-6)。

● 无限链间再脱一次 H_2O，得双链或层状结构。

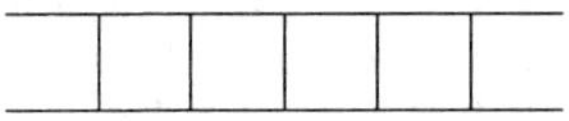

双链

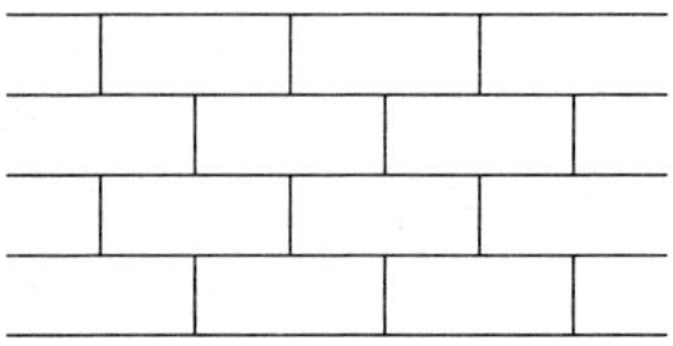

层状结构

④ 发生四次缩合

层状结构间再次脱 H_2O 成骨架状结构，如 SiO_2。

(2) 缩合反应的条件

① 用 P_4O_{10}、H_2SO_4(浓)脱 H_2O，如

$$2HClO_4 \xrightarrow[P_4O_{10}]{-H_2O} Cl_2O_7$$

② 加热脱 H_2O，如

$$2KHSO_4 \xrightarrow[\triangle]{-H_2O} K_2S_2O_7$$

$$NaH_2PO_4 \xrightarrow[\triangle]{-H_2O} NaPO_3$$

$$2Na_2HPO_4 \xrightarrow[\triangle]{-H_2O} Na_4P_2O_7$$

③ 调节 pH。

$$2CrO_4^{2-} + 2H^+ \longrightarrow Cr_2O_7^{2-} + H_2O$$

由①所得产物，极易与 H_2O 反应并释热，如 Cl_2O_7 剧烈和 H_2O 反应，Cl_2O_7 量多时，还可能发生爆炸。由③所得产物，增大 pH 可使 $Cr_2O_7^{2-}$ 转化为 CrO_4^{2-}。由②所得产物和 H_2O 反应速率可能很快(如 $K_2S_2O_7$，约 3 min)、慢(如 KPO_3，约 1 年)或极慢。

(3) 缩合反应的普遍性

现举数例如下：

① 一磷酸腺苷(AMP)转化为二磷酸腺苷(ADP)，再转化为三磷酸腺苷(ATP)是含氧酸缩合、吸热过程，把生物体内的能量储存起来。需要时，ATP 转化为 ADP，甚至 AMP 释出能量。生物化学中把三磷酸称为储能键或高能键。

② 无机橡胶、硅油$(CH_3)_2SiCl_2$水解生成$(CH_3)_2Si(OH)_2$，接着互相缩H_2O成链状结构的硅油。按一定比例混合$(CH_3)_3SiCl$、$(CH_3)_2SiCl_2$、CH_3SiCl_3，水解成$(CH_3)_3SiOH$、$(CH_3)_2Si(OH)_2$、$CH_3Si(OH)_3$，三者互相缩合，$(CH_3)_3SiO$在端部，$(CH_3)_2SiO_2$成链，CH_3SiO_3参与成链和交链(链与链间脱水)成无机橡胶。

③ 如果把H_2O叫小分子，那么脱除其他小分子的反应，如酯化、成肽键、硝化、缩聚、磺化、脱H_2……都可归纳为缩合反应，且可判断缩合产物的结构。

总之，"分子间"缩去小分子，成有限链、无限链、环状结构，层状结构，骨架状结构。而"分子内"缩去小分子形成重键，如

$$C_2H_5OH \xrightarrow{-H_2O} C_2H_4$$

或成环状结构，如

$$H_2N(CH_2)_5COOH \xrightarrow{-H_2O} \overline{HN(CH_2)_5CO}$$

6.7 锗、锡、铅

锗、锡、铅都是金属，它们的氧化态有Ⅱ、Ⅳ两种，能以+2价阳离子形式存在。$M(OH)_2$、$M(OH)_4$均具两性。Ge(Ⅳ)、Sn(Ⅳ)化合物比较稳定，而Pb(Ⅳ)的无机化合物具有强氧化性。

【附】 ⅣA族元素的电势图

酸性介质($E_a^\ominus$/V)：

$$CO_2 \xrightarrow{-0.116} CO \xrightarrow{0.51} C \xrightarrow{0.13} CH_4$$
$$CO_2 \xrightarrow{-0.49} H_2C_2O_4$$

$$SiO_2 \xrightarrow{-0.86} Si \xrightarrow{0.102} SiH_4$$
$$SiF_6^{2-} \xrightarrow{-1.2} Si$$

$$GeO_2 \xrightarrow{-0.3} Ge^{2+} \xrightarrow{0.0} Ge \xrightarrow{<-0.3} GeH_4$$

$$Sn^{4+} \xrightarrow{0.15} Sn^{2+} \xrightarrow{-0.136} Sn$$

$$PbO_2 \xrightarrow{1.455} Pb^{2+} \xrightarrow{-0.126} Pb$$
$$PbO_2 \xrightarrow{1.685} PbSO_4 \xrightarrow{-0.356} Pb$$

碱性介质($E_b^\ominus$/V)：

$$CO_3^{2-} \xrightarrow{-1.01} HCOO^- \xrightarrow{-0.52} C \xrightarrow{-0.70} CH_4$$

$$SiO_3^{2-} \xrightarrow{-1.73} Si \xrightarrow{-0.73} CH_4$$

$$HGeO_3^- \xrightarrow{-1.0} Ge \xrightarrow{<-1.1} GeH_4$$

$$Sn(OH)_6^{2-} \xrightarrow{-0.90} Sn(OH)_3^- \xrightarrow{-0.91} Sn$$

$$PbO_2 \xrightarrow{0.28} PbO \xrightarrow{-0.54} Pb$$

1. 存在和冶炼

锗是分散元素，重要的矿石有硫银锗锡矿 $Ag_8(Sn,Ge)S_6$、硫银锗矿 Ag_8GeS_6。褐煤中含 0.005%～0.1%的锗，某些无烟煤的煤灰中含锗量高达 4%～7.5%，故煤灰是提取锗的主要原料。

处理含锗矿石的方法是先使锗成 $GeCl_4$，经精馏提纯后，$GeCl_4$ 水解成 GeO_2，再用 H_2 把 GeO_2 还原为 Ge。后用区域熔融法获得超纯锗。超纯锗是制造半导体的材料。

自然界的锡矿主要以锡石 SnO_2 存在。我国云南个旧锡矿闻名于世。矿石经氧化焙烧，使矿石中所含 S、As 变成挥发性物质而被除去，其他杂质转化成金属氧化物。用酸溶解那些可和酸作用的金属氧化物，分离后得 SnO_2，再用 C 还原得 Sn。

$$SnO_2(s)+2C(s) = Sn(s)+2CO(g)$$

铅主要以方铅矿(PbS)存在于自然界。把经过浮选的方铅矿，在空气中焙烧转化成 PbO，再用 CO 还原得 Pb。

$$2PbS + 3O_2 = 2PbO + 2SO_2$$
$$PbO + CO = Pb + CO_2$$

粗铅经电解精制得纯度为 99.995%的铅，区域熔融可得 99.9999%的高纯铅。

2. 性质

锗是具有金属光泽的灰白色金属，比较硬，常温下不和空气中的氧反应，高温下能与氧反应生成二氧化锗 GeO_2。锗不和稀 HCl、稀 H_2SO_4 反应，但能被浓 H_2SO_4 氧化，和浓 HNO_3 反应生成水合二氧化锗 $GeO_2 \cdot xH_2O$。在有 H_2O_2 存在时，Ge 和碱液作用生成锗酸盐。

锡是银白色的金属，较软。它有 3 种同素异形体，即灰锡(α 锡)、白锡(β 锡)及脆锡。灰锡是粉末状的，β 锡低于18 ℃转化为 α 锡，但转变速率极慢，约于－48 ℃转变速率很快。α 锡本身就是这个转变反应的催化剂，因此一经转变，速率大为增快。锡制品长期处于低温而毁坏，就是 β 锡转变为 α 锡的缘故。这一现象叫作锡疫(tin disease)。

$$\text{灰锡}(\alpha\text{锡}) \xrightleftharpoons{18\,℃} \text{白锡}(\beta\text{锡}) \xrightleftharpoons{161\,℃} \text{脆锡}$$

常温下锡表面有一层保护膜，所以它在空气中和水中都是稳定的，把锡镀在铁皮的表面，成品就是马口铁(tin)。

锡的重要化学性质如下：

$$Sn + O_2 = SnO_2$$
$$Sn + 2X_2 = SnX_4 \qquad \text{(室温 Sn 和 }Cl_2\text{、}Br_2\text{ 反应)}$$
$$Sn + 2HCl = SnCl_2 + H_2$$
$$Sn + 4HNO_3 = SnO_2 + 4NO_2 + 2H_2O \qquad [\text{稀 }HNO_3\text{，生成 }Sn(NO_3)_2]$$
$$Sn + 2OH^- + 4H_2O = Sn(OH)_6^{2-} + 2H_2\uparrow$$

锡和稀 HCl、稀 H_2SO_4 反应，生成 Sn(Ⅱ)化合物；和氧化性酸(浓 HNO_3、浓 H_2SO_4)作用，生成 Sn(Ⅳ)化合物。Sn(Ⅳ)化合物比 Sn(Ⅱ)化合物稳定(表 6-11)。

锡能形成许多合金，其中为人们所熟悉的是青铜(Cu-Sn 合金)和焊锡(Pb-Sn 合金)。锡有 10 种天然同位素，相对原子质量为 118.71。

表 6-11　一些 Sn(Ⅱ)、Sn(Ⅳ)的 $\Delta_f G_m^\ominus$、$\Delta_f H_m^\ominus$

	Sn^{2+}(aq)	Sn^{4+}(aq)	$SnCl_2$(s)	$SnCl_4$(l)
$\Delta_f H_m^\ominus/(kJ \cdot mol^{-1})$	−10.0	—	−349.8	−545.2
$\Delta_f G_m^\ominus/(kJ \cdot mol^{-1})$	−26.3	2.7	−302.1	−474.1
	SnO(s)	SnS(s)	SnF_6^{2-}(aq)	$Sn(OH)_6^{2-}$(aq)
$\Delta_f H_m^\ominus/(kJ \cdot mol^{-1})$	−286.2	−77.8	−1986.1	—
$\Delta_f G_m^\ominus/(kJ \cdot mol^{-1})$	−257.3	−82.4	−1757.3	−1299.1

铅是很软的重金属，用手指甲能在铅上刻痕。铅能挡住 X 射线，所以可用铅制造防护(X 射线)用品，如铅玻璃、铅围裙及铅罐。常温下，在空气中铅表面形成一层碱式碳酸盐，保护底层金属不被氧化。

$E^\ominus(Pb^{2+}/Pb) = -0.126$ V，按电势判断，Pb 能和稀酸反应生成铅盐和 H_2。但由于 H_2 在铅上的超电势及在铅表面形成难溶物，如 $PbCl_2$、$PbSO_4$，阻碍反应继续进行。因此，铅可作耐酸材料。200 ℃以下，H_2SO_4 对 Pb 的腐蚀甚微。然而 HNO_3 和 HAc 能溶解 Pb。前者是因为 HNO_3 的氧化性和 $Pb(NO_3)_2$ 的可溶性，后者是因为 Pb^{2+} 和 Ac^- 作用生成可溶性稳定配离子$Pb(Ac)^+$。有 O_2 时，Pb 和 HAc 反应较完全。

Pb 在无氧水中的溶解度很小，24 ℃为 1.5×10^{-6} mol · L^{-1}，在有 O_2 时溶解度增大。以前用铅管输送饮用水引起铅中毒就是这个原因。若水中有 SiO_3^{2-}、CO_3^{2-} 等，使 Pb 表面生成 $Pb_2(OH)_2CO_3$ 等，阻碍内层 Pb 和 H_2O 的接触，此后可忽略 Pb 的溶解量。Pb 溶于浓碱，得 $Pb(OH)_3^-$ 和 H_2。

$$Pb + OH^- + 2H_2O = Pb(OH)_3^- + H_2$$

铅合金的种类极多，其中铅锑合金用以制造蓄电池的极板。

所有可溶铅盐和铅蒸气都有毒，空气中铅的最高允许含量为 0.15 mg · m^{-3}。倘若发生铅中毒，应注射 EDTA-HAc 的钠盐溶液，使铅形成稳定的配离子，从尿中排出而解毒。

6.8　锡、铅的化合物

1. 氧化物和氢氧化物

锡、铅的重要氧化物有 SnO、SnO_2、PbO、PbO_2 及 Pb_3O_4。

加热 $Sn(OH)_2$ 的悬浊液得红色、不稳定的 SnO。Sn 或 SnO 在空气中加热得极浅黄色的 SnO_2，冷时呈白色。SnO 被氧化成 SnO_2 的过程中生成 Sn_2O_3、Sn_3O_4 及 Sn_5O_6。在无氧的条件下加热 SnO，歧化分解为 SnO_2 和 Sn。

在 Sn(Ⅱ)或 Sn(Ⅳ)酸性溶液中加 NaOH 溶液，生成 $Sn(OH)_2$ 或 $Sn(OH)_4$ 白色胶状沉淀，它们都是两性物质，前者以碱性为主，后者以酸性为主。

Sn^{2+} 盐溶液和适量碱作用生成 $Sn(OH)_2$，和过量碱生成亚锡酸盐。

$$Sn^{2+} + 2OH^- = Sn(OH)_2$$
$$Sn(OH)_2 + OH^- = Sn(OH)_3^-$$

如果使用的是浓强碱，则部分 $Sn(OH)_3^-$ 歧化为 $Sn(OH)_6^{2-}$ 和 Sn(浅黑色)。

$$2Sn(OH)_3^- = Sn(OH)_6^{2-} + Sn$$

Sn^{4+} 盐溶液和碱液反应或 $SnCl_4$ 水解都得 α-锡酸。

$$SnCl_4 + 6H_2O = H_2Sn(OH)_6 + 4HCl$$

至今尚未制得纯 $H_2Sn(OH)_6$，但其盐已被制得，如 $M_2Sn(OH)_6$(M 为 Na、K)，$MSn(OH)_6$(M 为 Ca、Sr)。

Sn 和浓 HNO_3 作用得到不溶于酸的 β-锡酸，$SnO_2 \cdot xH_2O$。

α-锡酸是含水二氧化锡，$SnO_2 \cdot xH_2O$，它既能和酸也能和碱作用。生成的 α-锡酸放置时间越长，就越难和酸反应。目前认为 α-锡酸和 β-锡酸都是含水二氧化锡，只是它们的含水量、质点大小与表面性质不同。另一种观点认为：α-锡酸是非晶体，β-锡酸是晶体。

经高温灼烧过的 SnO_2 不再能和酸、碱(液)反应，但却能溶于熔融碱生成锡酸盐。

Pb 在空气中加热生成 PbO，它有红色和黄色两种晶体，红色 PbO 于488 ℃ 转化为黄色 PbO。

$Pb(Ac)_4$ 水解、Pb_3O_4 和 HNO_3 反应、NaOCl 氧化 $Pb(Ac)_2$ 均得到 PbO_2，其中用 $Pb(Ac)_4$ 水解所得 PbO_2 最纯。

$$Pb(Ac)_4 + 2H_2O = PbO_2 + 4HAc$$
$$Pb_3O_4 + 4HNO_3 = PbO_2 + 2Pb(NO_3)_2 + 2H_2O$$
$$Pb(Ac)_2 + NaOCl + 2NaOH = PbO_2 + 2NaAc + NaCl + H_2O$$

PbO_2 是褐色固体，受热分解为 Pb(Ⅱ)和 Pb(Ⅳ)的混合氧化物，高于550 ℃ 分解为 PbO。

$$PbO_2 \xrightarrow{375\ ℃} Pb_2O_3 \xrightarrow{>375\ ℃} Pb_3O_4 \xrightarrow{550\ ℃} PbO$$

PbO_2 是强氧化剂，能分别把 Cl^-、Mn^{2+} 氧化成 Cl_2、MnO_4^-。

$$PbO_2 + 4HCl = PbCl_2 + Cl_2 + 2H_2O$$
$$5PbO_2 + 2Mn^{2+} + 4H^+ = 5Pb^{2+} + 2MnO_4^- + 2H_2O$$

铅蓄电池的负极材料是 Pb，正极材料是 PbO_2，蓄电池放电反应为

$$PbSO_4 + 2e = Pb + SO_4^{2-} \qquad E^\ominus = -0.356\ V$$
$$PbO_2 + 3H^+ + HSO_4^- + 2e = PbSO_4 + 2H_2O \qquad E^\ominus = 1.685\ V$$
$$PbO_2 + Pb + 2H^+ + 2HSO_4^- \underset{充电}{\overset{放电}{=\!=\!=}} 2PbSO_4 + 2H_2O \qquad E^\ominus = 2.041\ V$$

Pb_3O_4 俗称红铅，是铅酸亚铅 $Pb_2[PbO_4]$。和 HNO_3 作用生成 $Pb(NO_3)_2$ 和 PbO_2。

$Pb(OH)_2$ 是以碱性为主的两性物，能形成 Pb^{2+} 和 $Pb(OH)_3^-$。

PbO_2 和熔融碱作用生成铅酸盐，早期曾认为它的化学式为 $M_2PbO_3 \cdot 3H_2O$，以后由于对所谓的 $K_2PbO_3 \cdot 3H_2O$ 盐进行脱水试验，发现它比一般水合含氧酸盐（$\cdot nH_2O, n>3$）脱水要难，又经结构测定知道它和 $K_2[Sn(OH)_6]$ 相似，确定它是 $K_2[Pb(OH)_6]$。

2. 硫化物

锡、铅的重要硫化物有 SnS、SnS_2 及 PbS。

将 H_2S 通入 Sn(Ⅱ)盐溶液得暗棕色 SnS 沉淀，它能溶于中等浓度的 HCl 和多硫化铵 $(NH_4)_2S_x$ 中，后者生成硫代锡酸盐。

$$SnS + 2H^+ + 3Cl^- = SnCl_3^- + H_2S\uparrow$$

$$SnS + S_2^{2-} = SnS_3^{2-}$$

SnS 在空气中加热生成 SnO_2。

SnS_2 是黄色固体，俗称**金粉**。H_2S 通入 Sn(Ⅳ)盐溶液得 SnS_2 沉淀，Sn 和 S 直接反应也生成 SnS_2。前法得到的 SnS_2 溶于热的 HCl，而后法合成的 SnS_2 难溶于酸。SnS_2 可用升华法提纯。

$$SnS_2 + 4H^+ + 6Cl^- = SnCl_6^{2-} + 2H_2S\uparrow$$

SnS_2 具有酸性，所以能和 S^{2-}、碱生成硫代锡酸盐，也能和碱作用。

$$SnS_2 + S^{2-} = SnS_3^{2-}$$

$$3SnS_2 + 6OH^- = 2SnS_3^{2-} + Sn(OH)_6^{2-}$$

将 H_2S 通入 Pb(Ⅱ)盐溶液，得黑色 PbS 沉淀。PbS 能溶于 HCl、HNO_3，但不和 S^{2-} 反应。

$$PbS + 2H^+ + 4Cl^- = PbCl_4^{2-} + H_2S\uparrow$$

$$3PbS + 2NO_3^- + 8H^+ = 3Pb^{2+} + 3S + 2NO\uparrow + 4H_2O$$

PbS 是半导体材料，晶体中若 S 过剩是 p 型，若 Pb 过剩则是 n 型的。

3. 卤化物

锡、铅的卤化物有 SnX_2、SnX_4、PbX_2、PbF_4 及 $PbCl_4$，其中以氯化物为最重要。

市售氯化亚锡是二水合物，$SnCl_2 \cdot 2H_2O$。在水中水解生成碱式氯化亚锡 Sn(OH)Cl，所以要在 HCl 中配制 $SnCl_2$ 溶液。$SnCl_2$ 是强还原剂，能把 Fe^{3+} 还原成 Fe^{2+}，Hg^{2+} 还原为 Hg_2Cl_2 或（黑色）Hg。

$$2Fe^{3+} + Sn^{2+} = 2Fe^{2+} + Sn^{4+}$$

$$2Hg^{2+} + Sn^{2+} + 2Cl^- = Hg_2Cl_2\downarrow + Sn^{4+}$$

$$Hg_2Cl_2 + Sn^{2+} = 2Hg\downarrow + Sn^{4+} + 2Cl^-$$

由于空气中的 O_2 能氧化 Sn^{2+} 为 Sn^{4+}，所以要在配制好的 $SnCl_2$ 溶液中加适量锡粒，以保持溶液中以 Sn^{2+} 为主。

$$2Sn^{2+} + O_2 + 4H^+ = 2Sn^{4+} + 2H_2O$$

$$Sn^{4+} + Sn = 2Sn^{2+}$$

$SnCl_2 \cdot 2H_2O$ 和冰醋酸作用得无水 $SnCl_2$。

通 Cl_2 入熔融 Sn 生成 $SnCl_4$。常温下 $SnCl_4$ 是略带浅黄色的液体，极易发生水解，能在空气中冒烟。常温下，稳定的水合物是 $SnCl_4 \cdot 5H_2O$，它是白色不透明、易潮解的固体。

Pb(Ⅱ)盐溶液和 HCl 溶液反应得 $PbCl_2$ 沉淀。$PbCl_2$ 的溶解度随温度升高明显增大，冷却后析出针状晶体。

$PbCl_4$ 是黄色液体，只能在低温下存在，在潮湿空气中因水解而冒烟。

$SnCl_2$、$SnCl_4$、$PbCl_2$ 都能和 Cl^- 形成配离子 $SnCl_3^-$、$SnCl_6^{2-}$、$PbCl_4^{2-}$。实际上卤配离子的组成，因卤离子的种类及其浓度不同而异。如 $PbCl_2$ 和中等浓度 HCl 生成 $PbCl_4^{2-}$ 而使 $PbCl_2$ 溶解，在 11 $mol \cdot L^{-1}$ HCl 中，则有 $PbCl_6^{4-}$ 存在。

Sn^{2+} 和 X^- 形成配离子的稳定性次序是 $F^- \gg Cl^- > Br^-$，而 Pb(Ⅱ)和 X^- 形成配离子的稳定性次序是 $I^- > Br^- > Cl^- \gg F^-$。

4. 铅(Ⅱ)的其他盐

(1) 重要的易溶 Pb(Ⅱ)盐有 $Pb(NO_3)_2$ 和 $Pb(Ac)_2$。

Pb 或 PbO 和 HNO_3 作用生成 $Pb(NO_3)_2$，溶液中有 $Pb(NO_3)^+$。

$$Pb^{2+} + NO_3^- = Pb(NO_3)^+ \qquad K = 15.1$$

PbO 溶于 HAc 得 $Pb(Ac)_2 \cdot 3H_2O$ 晶体，它极易溶于水，1 mL 冷水溶 0.6 g，沸水能溶 2 g。因为 $Pb(Ac)_2$ 有甜味，所以叫铅糖。溶解了的 Pb^{2+} 和 Ac^- 有明显的配位作用。

$$Pb^{2+} + Ac^- = PbAc^+ \qquad \beta_1 = 145$$

$$Pb^{2+} + 2Ac^- = Pb(Ac)_2 \qquad \beta_2 = 810$$

$$Pb^{2+} + 3Ac^- = Pb(Ac)_3^- \qquad \beta_3 = 2950$$

$Pb(Ac)_2$ 溶液因吸收空气中的 CO_2 而生成白色 $PbCO_3$ 沉淀。

(2) 铅(Ⅱ)的其他难溶盐有白色 $PbSO_4$、白色 $PbCO_3$ 和黄色 $PbCrO_4$。

Pb^{2+} 盐溶液和 SO_4^{2-} 作用生成白色 $PbSO_4$ 沉淀，难溶于水，但能溶于浓 H_2SO_4、HNO_3（≈3 $mol \cdot L^{-1}$）和饱和 NH_4Ac 溶液。

$$PbSO_4 + H_2SO_4 = Pb(HSO_4)_2$$

$$PbSO_4 + HNO_3 = HSO_4^- + Pb(NO_3)^+$$

$$PbSO_4 + 3Ac^- = Pb(Ac)_3^- + SO_4^{2-}$$

黄色 $PbCrO_4$ 的生成在分析化学中常被用来鉴定 Pb^{2+}。它和其他黄色难溶铬酸盐的区别是能溶于碱（表 6-12）。

$$PbCrO_4 + 3OH^- = Pb(OH)_3^- + CrO_4^{2-}$$

表 6-12 几种难溶黄色铬酸盐的溶解性

试 剂	$PbCrO_4$	$BaCrO_4$	$SrCrO_4$	生成物
HNO_3	溶	溶	溶	M^{2+} 和 $Cr_2O_7^{2-}$
HAc	不溶	不溶	溶	Sr^{2+} 和 $Cr_2O_7^{2-}$
NaOH	溶	不溶	不溶	$Pb(OH)_3^-$ 和 CrO_4^{2-}

6.9　第二(次级)周期性

在学习卤族、氧族、氮族元素性质时知，随相对原子质量增大，同族元素的某些性质不是“单调地”增强或减弱，而是呈现锯齿状改变。

1. 实验事实(以第三、四周期最高氧化态含氧酸及其盐为例)

(1) 相似性

① 酸性相近，即 $HBrO_4$ 和 $HClO_4$ 同为极强酸；H_2SeO_4 和 H_2SO_4 是强酸，$HSeO_4^-$ 和 HSO_4^- 的 K_a 相近；H_3AsO_4 和 H_3PO_4 的三级电离常数相近。

② 最高氧化态含氧酸盐溶解性(指可溶、难溶)相近。如 $KBrO_4$ 和 $KClO_4$ 溶解度都较小，$BaSeO_4$ 和 $BaSO_4$，Ag_3AsO_4 和 Ag_3PO_4 均为难溶物。

(2) 相异性

① $HBrO_4$、H_2SeO_4、H_3AsO_4 及其盐的稳定性分别低于 $HClO_4$、H_2SO_4、H_3PO_4 及其盐。如 $HBrO_4$ 能氧化 Mn^{2+} 为 MnO_4^-，H_2SeO_4(≈50%)氧化 Cl^- 为 Cl_2，H_3AsO_4 氧化 I^- 为 I_2；直到 1968 年首次合成 $MBrO_4$，不能用 O_2 和 SeO_2 反应合成 SeO_3，1976 年首次合成 $AsCl_5$……

② 生成焓。表 6-13 列出某些氧化物、氯化物的生成焓。

表 6-13　某些氧化物、氯化物的生成焓/($kJ \cdot mol^{-1}$)

N_2O_5	$P_4O_{10}/2$	$As_4O_{10}/2$	Sb_2O_5	Bi_2O_5
−41.8	−1506	−914.6	−980.7	—
CO_2	SiO_2	GeO_2	SnO_2	PbO_2
−393.5	−859.4	−589.9	−580.7	−276.7
B_2O_3	Al_2O_3	Ga_2O_3	In_2O_3	Tl_2O_3
−1263.6	−1670	−1079.5	−930.9	−353.6
CCl_4	$SiCl_4$	$GeCl_4$	$SnCl_4$	$PbCl_4$
−139.5	−640.2	−569.0	−545.2	−330
BCl_3	$AlCl_3$	$GaCl_3$	$InCl_3$	$TlCl_3$
−395.4	−695.4	−524.7	−537.2	−351.5
$BeCl_2$ *	$MgCl_2$	$CaCl_2$	$SrCl_2$	$BaCl_2$
−511.7	−642	−795	−828	−860

* 列出 $BeCl_2$ 等是为了比较。

最高氧化态氧化物、氯化物形成时释热规律：(同族内)第二周期到第三周期明显增多，第三周期到第四周期显著减少，第四周期到第五周期改变不大，第五周期到第六周期又是显著少。表现为第二、四、六周期元素“特殊”，这种现象被称为第二周期性或次级周期性。如 SiH_4 易水解，而 CH_4、GeH_4 不易水解；—C—X 、—Ge—X 能被(Zn+HCl)还原为 —A—OH ，而 —Si—X 、—Sn—X 不能被(Zn+HCl)还原。$HBrO_4$ 能氧化 Mn^{2+} 为 MnO_4^-($HClO_4$ 不能)；H_2SeO_4(50%)能氧化 Cl^- 为 Cl_2(H_2SO_4 不能)；H_3AsO_4 能氧化 I^- 为 I_2(H_3PO_4 不能)……

2. 对第二周期性的两种观点

(1) 影响元素化学性质的是原子最外层(同主族元素是相同的)、次外层电子排布。第二周期元素的次外层为 2e,屏蔽作用(相对)较小,使外层 2s、2p 不易电离;第四周期(p 区)元素的次外层为 18e,屏蔽[主要是($n-1$)d,相对于 8e]作用较小,使 $4s^2$ 比较稳定;第六周期(p 区)元素外数第三层为 32e(4f 收缩),使 $6s^2$ 成"惰性电子对"。因此,氮族元素第四电离能 I_4、碳族元素的 I_3、硼族元素的 I_2(都是失 s^2 电子)较大(表 6-14),所以它们的最高氧化态化合物稳定性差。

(2) 形成共价化合物,应和轨道杂化、键能有关。由键能至少能说明第四、六周期元素最高氧化态化合物不够稳定(表 6-14)。

表 6-14a　碳族元素某些性质

	C	Si	Ge	Sn	Pb
电离能 $I_3/(kJ\cdot mol^{-1})$	4621	3232	3302	2943	3082
$I_2/(kJ\cdot mol^{-1})$	2353	1577	1537	1412	1450
$(I_3-I_2)/(kJ\cdot mol^{-1})$	2268	1655	1765	1531	1632
杂化能 $s^2p^2\rightarrow sp^3/(kJ\cdot mol^{-1})$	404	399	502	474	≈607
MCl_4 键能/$(kJ\cdot mol^{-1})$	327	381	349	323	≈243

表 6-14b　硼族元素某些性质

	B	Al	Ga	In	Tl
电离能 $I_2/(kJ\cdot mol^{-1})$	2427	1817	1979	1821	1971
$I_1/(kJ\cdot mol^{-1})$	801	578	579	556	589
$(I_2-I_1)/(kJ\cdot mol^{-1})$	1626	1239	1400	1265	1382
杂化能 $s^2p^1\rightarrow sp^2/(kJ\cdot mol^{-1})$	345	347	454	418	541
MCl_3 键能/$(kJ\cdot mol^{-1})$	456	421	354	328	272

6.10　环境污染简介

环境污染引起广泛关注始于 20 世纪 50 年代,1952 年 12 月 5～8 日英国伦敦处于高压冷空气控制下,雾大、无风,地面空气不能逸散,工厂、家庭排烟使大气中 SO_2 量高达 3.8 $mg\cdot m^{-3}$、烟尘 4.5 $mg\cdot m^{-3}$。居民呼吸困难,中毒死亡者约 4000 人……20 世纪 70 年代以来,国际上对环境问题日益重视,并把环境与人口、粮食、资源列为人类面临的四大挑战。

本节简要介绍大气污染、水污染及其防治。

1. 大气污染

大气污染是指有害物质造成的空气污染,包括氮氧化物 NO_x、SO_2、CO、氟氯烃、多环芳烃等发生的光化学烟雾，O_3 层的破坏，酸雨及温室效应等。

(1) 臭氧层的破坏

在离地面 20～50 km 同温层有一 O_3 层，太阳光透过同温层发生下列光化学反应：

$$O_2 \xrightarrow[(\lambda<242\ nm)]{h\nu} O+O$$

$$O+O_2 \longrightarrow O_3$$

$$O_3 \xrightarrow[(\lambda=220\sim320\ nm)]{h\nu} O_2+O$$

把太阳射到地球上约 5％的短紫外线转化为对动植物无害的能量。

1986 年测得南极上空出现 O_3 层空洞，以后又测得北极上空有 900 km^2 O_3 层空洞。早在 20 世纪 70 年代初，就有人提出氟氯烃、NO_x 破坏 O_3 层的问题。

① 氮氧化物。主要是地表土壤细菌、海洋细菌生物释放，超音速飞机在同温层排放尾气，地面机动车排气，工厂排气，核爆炸……产生 NO_x。按说 NO 很不稳定，但常温下分解速率及和 O_2 反应速率都很慢，所以较易进入同温层并发生如下光化学反应：

$$\begin{aligned} O_3 &\longrightarrow O_2+O \\ NO+O_3 &\longrightarrow NO_2+O_2 \\ +)\quad NO_2+O &\longrightarrow NO+O_2 \\ \hline 2O_3 &\longrightarrow 3O_2 \end{aligned}$$

净结果是 NO 消耗 O_3 和 O 后又复原了（NO 也可能源于 $N_2O \overset{h\nu}{=\!=} NO+N$……），即为链式反应。

② 氟氯烃。氟氯烃是人工合成，曾大量用作制冷剂、烟雾剂、溶剂等有化学惰性而无毒的化合物，进入同温层后，在短紫外线作用下发生如下反应：

$$CCl_2F_2 \xrightarrow{h\nu} CClF_2+Cl$$

$$Cl+O_3 \longrightarrow ClO+O_2$$

$$ClO+O \longrightarrow Cl+O_2$$

后两个反应的净结果是破坏 O_3 分子（提出破坏 O_3 层机理的三位科学家获 1995 年 Nobel 化学奖）。

国际上订立了保护臭氧层的公约，减少、最终（2010 年）限制氟氯烃的生产和使用。另一方面积极研制氟氯烃的代用品。

③ 治理氮氧化物。氮氧化物（自然排放源无法控制）主要研究和改进燃烧（温度越高，燃烧时空气过量，生成 NO 越多）措施。一种典型的思路是二次燃烧，即第一次只满足燃烧所需 90％～95％ O_2，而后再在过量 O_2（空气）中进行第二次燃烧。实际结果，电厂排 NO 量下降了约 90％。

(2) 温室效应

能吸收地表红外辐射的气体，如 CO_2、H_2O、CH_4、N_2O、O_3 等被称为温室气体。若不存在大气层，地表长波辐射无阻挡地射向太空，地表温度将在 −22～26 ℃之间，而不是现在的15 ℃上下。但温室气体不断积累，地表温度将明显升高，给气候等带来严重的影响

(表 6-15)。

表 6-15　温室气体对气温变暖的影响

温室气体	体积分数* /10^{-6}	年增长率/(%)	对气候变暖的贡献/(%)
CO_2	353	0.5	49
CH_4	1.72	0.9	18
氟氯烃	0.0008	4.0	14
N_2O	0.31	0.25	6

*　数据为 1990 年测量。

对地表气温变暖影响最大的是氟氯烃,温室气体含量最大的是 CO_2。1997 年国际会议商讨控制 CO_2 的排放量,引起了广泛的关注。

(3) 酸雨

pH<5.6 的降水(空气中 CO_2 溶于水,溶液的 pH≈5.6)是酸雨,主要是化石燃料,冶炼硫化物矿,机动车排放的 SO_2、NO_x,经反应生成 H_2SO_4、HNO_3。大气中经光化学产生的 HO、HO_2 可把 SO_2、NO_x 氧化成相应的酸。如

$$HO_2 + SO_2 = HO + SO_3$$
$$HO + NO_2 = HNO_3$$

酸雨对水生物、建筑、桥梁、工业设备……都将造成严重的后果。我国西南、中南地区均发生过严重的酸雨危害。

我国酸雨主要是燃煤(含硫)造成的,其中硫和氮的比明显高于发达国家。一个艰巨的任务是煤的脱硫(以 FeS_2、硫酸盐及有机硫形态存在)。我国大城市机动车增多,空气中 NO_x 含量已明显上升。

2. 水污染

随着现代工、农业的发展,大量的有毒物质未经处理即排入江河湖海,已成为举世瞩目的问题。

镉、汞、铅、铬、酚对人体危害很大。1953 年在日本水俣湾的水俣镇发现一种病的症状:手脚麻木,听觉失灵,运动失调,严重者疯癫以至死亡。1959 年才发现是一家工厂把含汞废水、废渣排入水俣湾,经鱼虾(食物链)进入人体而中毒。目前把这类病叫水俣病。在 20 世纪 60 年代前尚未认识到镉的毒性,后来发现镉中毒者的症状为浑身疼痛、骨骼缩小。铬(Ⅳ)已被证实致癌,砷是人们熟悉的毒物。

化肥和其他营养物质(含洗衣粉中的多磷酸盐)排入水体,使局部水体富营养化,造成藻类疯长,藻类死亡后腐烂分解,大量消耗水中溶解氧量(D. O.),使鱼类死亡。

海上石油钻探、海运事故已对海洋生态系统构成严重威胁。

近年提出了许多和环境有关的新学科。如"绿色工艺"指少排放,甚至零排放的节能低耗工艺;"工业生态学"是指通过减少原料消耗、改善生产程序以保护环境的新学科。如甲基丙烯酸甲酯是年产量超过 1 000 000 t 的高分子单体,旧法合成反应是

$$(CH_3)_2CO + HCN \longrightarrow (CH_3)_2C(OH)CN$$
$$(CH_3)_2C(OH)CN + CH_3OH + H_2SO_4 \longrightarrow CH_2{=}C(CH_3)COOCH_3$$

20 世纪 90 年代新法的反应是

$$CH_3C{\equiv}CH + CO + CH_3OH \longrightarrow CH_2{=}C(CH_3)COOCH_3$$

此法没有副产物，原料利用率高，是较理想的生产方法。

在改进生产工艺、治理污染等方面，有许多是化学家的任务。

习　　题

1. 比较金刚石和石墨的结构和性质。怎样测定金刚石和石墨相互间转化的能量？

2. 写出下列 3 种物质的等电子体：CO、CO_2、$Sn(OH)_6^{2-}$。

3. 如何判别酸式盐溶液的酸碱性？计算 0.10 mol·L^{-1} $NaHCO_3$ 溶液的 pH。

4.
$$2CO_2 + Na_2SiO_3 + 2H_2O \xlongequal{\quad} H_2SiO_3 + 2NaHCO_3$$
$$Na_2CO_3 + SiO_2 \xlongequal{\quad} Na_2SiO_3 + CO_2\uparrow$$

前一个反应是 CO_2 和 Na_2SiO_3 反应生成 H_2SiO_3，后一个反应是 SiO_2 从 Na_2CO_3 中置换出 CO_2。请解释原因。

5. 完成并配平下列反应方程式：

$C + H_2SO_4(浓) \longrightarrow$

$Na_2CO_3 + Al_2(SO_4)_3 + H_2O \longrightarrow$

$NaHCO_3 + Al_2(SO_4)_3 \longrightarrow$

$Sn(OH)_3^- + Bi^{3+} + OH \longrightarrow$

$SnCl_2 + FeCl_3 \longrightarrow$

$Sn(OH)_3^- \xrightarrow{浓碱}$

$CuSO_4 + Na_2CO_3 + H_2O \longrightarrow$

$Pb_3O_4 + HNO_3 \longrightarrow$

$Pb_3O_4 + HCl(浓) \longrightarrow$

$Sn + HNO_3(浓) \longrightarrow$

$Pb + HNO_3 \longrightarrow$

6. 写出 Si 和 NaOH 作用的反应方程式。

7. 写出 SiO_2 和 HF 反应的方程式。为什么强酸 HCl 反而不和 SiO_2 反应？

8. 如何配制 $SnCl_2$ 溶液？为什么要往 $SnCl_2$ 溶液中加锡粒？溶液中加锡粒后在放置过程中，溶液里的 $c(Sn^{2+})$ 和 $c(H^+)$ 如何改变？

9. 画出 2 个[SiO_4]以角氧相连，3 个[SiO_4]以角氧相连成环状的结构，并写出它们的化学式。

10. 铅为什么能耐 H_2SO_4、HCl 的腐蚀？铅能耐浓 H_2SO_4、浓 HCl 腐蚀吗？为什么？

11. Pb(Ⅱ)有哪些常见的难溶盐？在什么条件下才能得到这些盐？

12. (1) 在酸性溶液中 PbO_2、$NaBiO_3$ 是强氧化剂，都能把 Cl^- 氧化成 Cl_2。写出反应方程式。

(2) 应在什么介质中制备 PbO_2、$NaBiO_3$？写出反应方程式。

13. 已知 $PbO_2 + 4H^+ + 2e \xlongequal{\quad} Pb^{2+} + 2H_2O$　$E^\ominus = 1.46$ V 和 $PbSO_4$ 的 $K_{sp} = 1.6\times10^{-8}$，求反应

$PbO_2 + 4H^+ + SO_4^{2-} + 2e \xlongequal{\quad} PbSO_4 + 2H_2O$ 的 $E^\ominus$。

14. (1) 写出蓄电池充电、放电过程的化学方程式。

(2) 根据电池内 H_2SO_4 的浓度可以判断充电、放电程度吗？

15. 怎样分离 Sn^{2+} 和 Pb^{2+}？怎样分离 SnS 和 PbS?

16. 除去酒中酸味的一种方法是：把烧热的铅投入酒中，加盖。不久酸味消失，并具有甜味。

(1)写出有关的化学反应方程式；

(2)评价这种方法。

17. Sn 能置换 Pb^{2+}，请计算达平衡时溶液中[Sn^{2+}]/[Pb^{2+}]值。

18. 为什么 Sn 和 HCl(aq)作用生成 $SnCl_2$；而 Sn 和 Cl_2 作用，即使 Sn 过量也生成 $SnCl_4$？

19. (1) 根据存在 MF_6^{2-}(M 为 Si、Ge、Sn、Pb)，而不存在 CF_6^{2-} 的事实，能否说明ⅣA 族中除碳外其他元素成键时都有 d 轨道参与？

(2) 举出ⅤA～ⅥA 族元素的类似性质(指生成 MF_6^{n-})，并推测ⅢA 族元素 B(Ⅲ)和 F^-、Al^{3+} 和 F^- 结合时的最大配位数。写出它们的化学式。

20. 如何制备 α-锡酸和 β-锡酸？这两种锡酸的化学性质有何不同？

21. (1) 怎样制备硫代锡酸盐？

(2) 怎样分离 $PbCrO_4$ 和 $PbSO_4$？怎样分离 $PbCrO_4$ 和 $BaCrO_4$？

22. 写出 $SiCl_4$、SiF_4 的水解方程式。两者有何不同？

23. 曾经使用过的泡沫灭火剂包括 $Al_2(SO_4)_3$ 浓溶液和 $NaHCO_3$ 浓溶液(还有起泡剂等)。请评价下述建议：

(1) 用固体 $NaHCO_3$ 代替 $NaHCO_3$ 的浓溶液；

(2) 用价格更便宜的 Na_2CO_3(和 $NaHCO_3$ 等浓度、等体积的)溶液代替 $NaHCO_3$ 溶液。

24. (1) C、Si、H 的电负性依次为 2.5、1.8、2.1。请说出 CH_4、SiH_4 的区别。

(2) SiH_4 与 HCl 反应生成 SiH_3Cl、SiH_2Cl_2 和 H_2，而 CH_3Cl、CH_2Cl_2 是由 CH_4 与 Cl_2 反应的产物。请说明 CH_4、SiH_4 的区别。

25. 25 ℃ $PbCl_2$ 在 HCl(aq)中溶解度如下表所列：

$c(HCl)/(mol \cdot L^{-1})$	0.50	1.00	2.04	2.90	4.02	5.16	5.78
$10^3c(PbCl_2)/(mol \cdot L^{-1})$	5.10	4.91	5.21	5.90	7.48	10.81	14.01

如何理解 $PbCl_2$ 溶解度先降后升？

26. 由 $SiCl_4$ 水解性质可推知 $SiCl_4$ 氨解、醇解性。请写出氨解、醇解方程式。

27. 正常人血液的 pH 在 7.36～7.44 间，当血液中$[HCO_3^-]/[H_2CO_3]$比值为 20/1 时 pH=7.40(为简化起见，忽略其他对 pH 有影响的因素)。若血液中$[H_2CO_3]$增大或(和)$[HCO_3^-]$减少，使 pH<7.36 为酸血症(反之，为碱血症)。治疗酸血症的两种方法是：注射 $NaHCO_3$ 液或$(CH_2OH)_3CNH_2$ 液。在疗效相同时，后者注射量显著小于 $NaHCO_3$ 注射量(均按 mol 计)，请说明其原因。

28. $PbSO_4$($K_{sp}=1.6\times10^{-8}$)为难溶物，不能溶于 $HClO_4$(≈3 $mol \cdot L^{-1}$)，却能溶于约 3 $mol \cdot L^{-1}$ HNO_3。为什么？

第七章　硼族元素

硼族(13族)包括硼(boron)、铝(aluminium)、镓(gallium)、铟(indium)、铊(thallium)等5种元素。铝在地壳中的含量仅次于氧、硅,镓、铟、铊都是稀散元素。硼族元素的性质见表7-1。

表 7-1　硼族元素的某些性质

	B	Al	Ga	In	Tl
相对原子质量	10.81	26.98	69.72	114.82	204.37
外围电子构型	$2s^2 2p^1$	$3s^2 3p^1$	$4s^2 4p^1$	$5s^2 5p^1$	$6s^2 6p^1$
熔点/℃	2177	659	29.78	156.6	303.3
熔化热/($kJ \cdot mol^{-1}$)	22.2	10.7	5.6	3.3	4.3
沸点/℃	3658	2327	2250	2070	1453
气化热/($kJ \cdot mol^{-1}$)	538.9	293.7	256.1	226.4	162.1
亲和能/($kJ \cdot mol^{-1}$)	−23	−44	−36	−34	−50
电离能/($kJ \cdot mol^{-1}$)	800.6	577.6	578.8	558.3	589.3
电负性	2.04	1.61	1.81	1.78	2.04
密度/($g \cdot cm^{-3}$)(20℃)	2.5	2.699	5.907	7.31	11.85
$E^{3+} + 3e = E, E^\ominus/V$	—	−1.66	−0.52	−0.34	0.72
$E^{+} + e = E, E^\ominus/V$	—	—	—	−0.25	−0.336

7.1　硼

地壳中含硼量为1×10^{-5},它主要以含氧化合物的形式存在。硼的含氧酸盐中按含硅与否分为两类:硼硅酸盐,如黄晶 $CaO \cdot B_2O_3 \cdot 2SiO_2$;不含硅的硼酸盐,如硼砂 $Na_2B_4O_7 \cdot 5H_2O$、方硼石 $2Mg_3B_8O_{15} \cdot MgCl_2$ 等。

1. 制备

在加压下,用碱溶液分解硼镁矿得硼酸钠,后者用酸处理得硼酸,或用酸处理硼砂也得到硼酸。硼酸受热脱水得氧化硼,再用镁等还原剂还原氧化硼得硼。

由于制备单质硼所用硼的化合物不同,还原法有4种:

(1) 金属或其他还原剂(如 Na、Mg、Zn、CaC_2 等) 还原 B_2O_3、BX_3。如

$$B_2O_3(s)+3Mg(s) \xlongequal{} 2B(s)+3MgO(s) \qquad \Delta_r G_m^\ominus=-526.4\ kJ\cdot mol^{-1}$$

此法制得产物中所含氧化物、硼化物杂质，在用酸处理时被溶解，硼纯度可达 95%以上。Al 也能还原 B_2O_3，因在高温下生成的 Al_2O_3 不易溶解及生成 AlB_{12}（黑色），所以不用 Al 作还原剂。

BCl_3 被 Na、Zn 还原。此外，CaC_2 还原 B_2O_3，CaH_2 还原 BF_3 都能得到硼。

(2) 电解还原：800 ℃ 在 KCl-KF 熔剂中电解 KBF_4 得硼（纯度 95%）。

(3) H_2 还原 BBr_3。

$$BBr_3+\frac{3}{2}H_2 \xlongequal{} B+3HBr$$

$$\Delta_r H_m^\ominus=78.0\ kJ\cdot mol^{-1},\quad \Delta_r S_m^\ominus=83\ J\cdot(K\cdot mol)^{-1}$$

为使熵增反应进行，必须加热：① 密闭容器中借电弧加热；② 在加热管中进行反应；③ 在热 Ta 丝上反应（产物纯度达 99.9%）。H_2 还原 BCl_3 反应的 $\Delta_r H_m^\ominus=118.5\ kJ\cdot mol^{-1}$，$\Delta_r S_m^\ominus=81\ J\cdot(K\cdot mol)^{-1}$，需在较高温（≈1300 K）下进行。

(4) BBr_3、BI_3 热分解。

$$2BBr_3 \xlongequal{1000\sim1300\ ℃,\ Ta} 2B+3Br_2$$

$$2BI_3 \xlongequal{800\sim1000\ ℃,\ Ta} 2B+3I_2$$

2. 性质

天然硼含 ^{10}B（相对原子质量 10.012939）和 ^{11}B（相对原子质量 11.009305）两种同位素。$^{11}B/^{10}B$ 原子数之比为 3.92～4.31，即 ^{11}B 的丰度为 79.7%～81.2%（原子分数）。目前硼的相对原子质量为 10.811，是按 ^{10}B 的相对丰度为 19.8%，^{11}B 为 80.2%（原子分数）得到的。^{10}B 和 ^{11}B 的热中子吸收截面完全不同，^{10}B 很大而 ^{11}B 很小，因此必须在分离 ^{10}B 和 ^{11}B 后才能将 ^{10}B 用于核反应堆中。

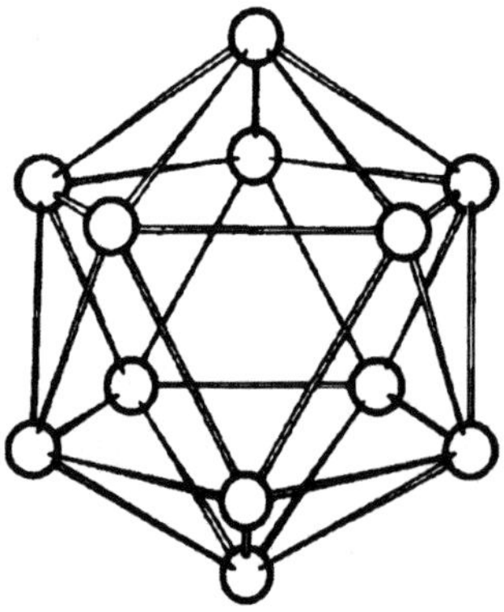

图 7-1　B_{12} 的正二十面体

硼的熔、沸点很高，晶体硼的硬度（在单质中）仅次于金刚石。

α-菱形硼的结构单元为 B_{12}，是正二十面体（icosahedron），每个 B 原子和 5 个 B 原子相连，$d(B—B)=177$ pm（图 7-1）。

常温下，B 和 F_2 反应，加热时 B 和 Cl_2、Br_2、I_2 反应。B 和 O_2 的亲和力很强，$\Delta_f H_m^\ominus(B_2O_3)=-1264\ kJ\cdot mol^{-1}$。

除 H_2、Te 及稀有气体外，B 能直接和所有的非金属反应，也能与许多金属生成硼化物，如 MB_6（M 为 Ca、Sr、Ba、La）。

B 只能和有氧化性的酸反应。1∶1 的热 HNO_3 能把 B 氧化成 H_3BO_3。其他，如浓 HNO_3 和 30% H_2O_2 的混合溶液、浓 H_2SO_4 和 H_2CrO_4 的混合溶液、浓 H_2SO_4 和浓 HNO_3（体积比为 2∶1），都能溶解 B。但碱溶液和熔融碱（<500 ℃）都不和 B 作用。

硼原子的半径小，电离能又大（800.6 kJ·mol⁻¹），主要以共价键和其他原子相连。B 原子的外围电子构型是 $2s^22p^1$，易以 sp^2 杂化轨道成键，成平面三角构型，如 BF_3、$B(OH)_3$。若

B 以 sp^3 杂化轨道成键，尚缺一对电子，故是缺电子(deficient electrons)体，是 Lewis 酸，易和 Lewis 碱反应成加合物。如 $(HO)_3B \leftarrow OH$、$F_3B \leftarrow NH_3$，在形成的化合物中 B 是四面体构型。

3. 氧化硼、硼酸和硼砂

单质 B 在空气中加热或 H_3BO_3 受热脱水都生成 B_2O_3。

B_2O_3 是白色固体，常见的有无定形(密度为 1.844 g·cm^{-3})、晶体(2.460 g·cm^{-3})两种，晶体比较稳定。

$$B_2O_3(\text{无定形}) = B_2O_3(\text{六方晶}) \quad \Delta_r H_m^\ominus = -19.2\ \text{kJ}\cdot\text{mol}^{-1}$$

熔融的 B_2O_3 能和许多金属氧化物，如 M_2O(M 为 Li、Na、K、Rb、Cs、Cu、Ag、Tl)、M_2O_3(M 为 As、Sb、Bi)完全互溶，或和其他金属氧化物部分互溶，均生成玻璃状硼酸盐。这些硼酸盐中有的具有特征的颜色，如 $NiO \cdot B_2O_3$ 显绿色；有些具有特殊的用途，如 Li、Be 和 B 的氧化物所组成的玻璃可作 X 射线仪器的窗。

600 ℃时，B_2O_3 和 NH_3 反应生成白色的氮化硼 BN。BN 和 CC 是等电子体，其结构分别和石墨、金刚石相似，熔点也很高，约3000 ℃(加压下)。

B_2O_3 极易吸水，无定形 B_2O_3 和水作用生成晶体 H_3BO_3 的 $\Delta_r H_m^\ominus$ 为 -38.2 kJ·mol^{-1}。因此，100 g B_2O_3 和 125 g H_2O 化合所释放的热量，可使 H_3BO_3 溶液的温度升高到沸点。

B_2O_3 和 H_2O 结合成硼酸，其中常见的有(正)硼酸 H_3BO_3、偏硼酸 HBO_2 及四硼酸 $H_2B_4O_7$ 等 3 种。H_3BO_3 受热脱水首先生成 HBO_2，而后转化成无定形 B_2O_3。

H_3BO_3 是六角片状的白色晶体，密度 1.46 g·cm^{-3}，强酸和硼酸盐反应生成 H_3BO_3。H_3BO_3 中 B 以 sp^2 杂化轨道分别和 3 个 O 结合成平面三角形结构。在 H_3BO_3 晶体中，OH 间以氢键相连(图 7-2)。B—O、O—H、O—H···O 键长依次为 136 pm、97 pm、272 pm，∠OBO＝120°，∠BOH为 126°、114°，层间距为 318 pm。

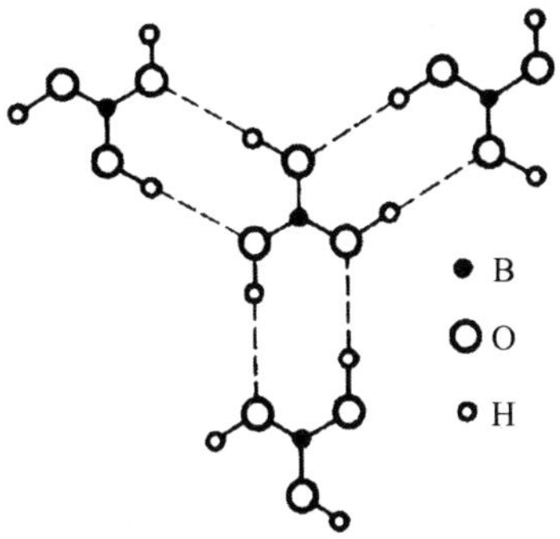

图 7-2　H_3BO_3(固)的结构

H_3BO_3 易溶于水，溶解热为 21.6 kJ·mol^{-1}，溶解度随温升而增大，如0 ℃、50 ℃、100 ℃饱和液的质量分数依次为2.70%、10.24%、27.53%。H_3BO_3 也易溶于有 OH 的有机溶剂，如 25 ℃，100 g CH_3OH、C_2H_5OH 分别能溶 22.7 g、11.8 g H_3BO_3。

H_3BO_3 是 Lewis 酸。

$$H_3BO_3 + H_2O = B(OH)_4^- + H^+ \qquad K_a = 5.8 \times 10^{-10}$$

碱金属硼酸盐易溶于水,其他硼酸盐都难溶。溶解了的硼酸根明显水解,如 $0.10\ mol \cdot L^{-1}$ 硼酸钠的水解度为 0.76%。H_3BO_3 和多元醇,如甘露醇 $CH_2OH(CHOH)_4CH_2OH$、丙三醇(即甘油)$C_3H_5(OH)_3$ 结合,其酸性增强,K_a 增大到 5.5×10^{-5}。硼酸和多元醇的反应式为

$$B(OH)_3 + 2\ \overset{|}{\underset{OHOH}{\overset{|}{C}-\overset{|}{C}}} \rightleftharpoons \left[\begin{array}{c} -\overset{|}{C}-O \quad O-\overset{|}{C}- \\ B \\ -\overset{|}{C}-O \quad O-\overset{|}{C}- \end{array}\right]^- + H_3O^+ + 2H_2O$$

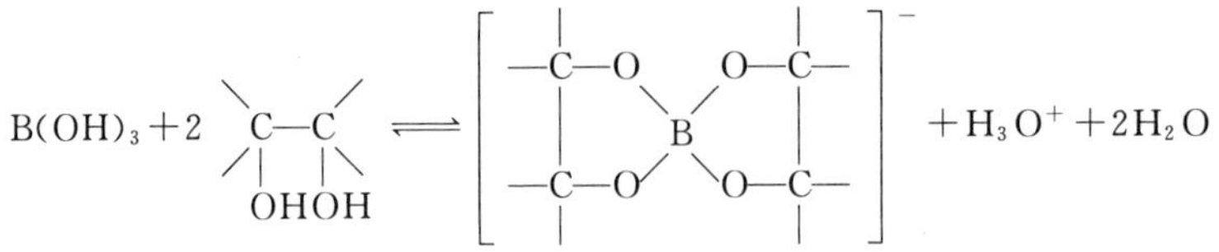

硼酸和单元醇反应生成可挥发、易燃的硼酸酯[$B(OCH_3)_3$ 的沸点为 $68.5\,℃$]。

$$B\overset{OH}{\underset{OH}{\overset{|}{-}OH}} + \overset{H}{\underset{H}{\overset{H}{-}}}\overset{OR}{\underset{OR}{\overset{OR}{-}}} \xrightarrow{\text{浓 } H_2SO_4} B\overset{OR}{\underset{OR}{\overset{|}{-}OR}} + 3H_2O$$

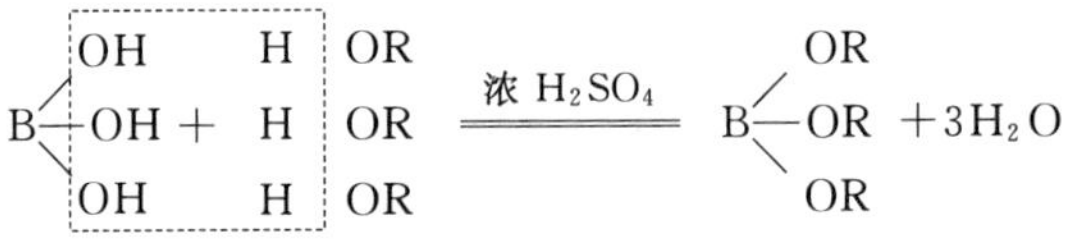

硼酸酯燃烧时呈绿色火焰。这个特性被用来鉴定硼的化合物。硼酸酯容易生成,但也很容易水解,所以在进行以上反应时需用浓 H_2SO_4 吸水,以抑制硼酸酯的水解。

$HB(OH)_4$ 溶液和 HF 作用时,F 能逐个取代 $HB(OH)_4$ 中的 OH,形成一、二、三、四氟硼酸。

$$HB(OH)_4 \xrightarrow{+HF} HBF(OH)_3 \xrightarrow{+HF} HBF_2(OH)_2 \xrightarrow{+HF} HBF_3(OH) \xrightarrow{+HF} HBF_4$$

综上所述,硼酸参与化学反应时 B 原子的配位数或是 3,如 $B(OR)_3$;或是 4,如 $HB(OH)_4$、HBF_4;还可能既有 3、又有 4,如硼砂。

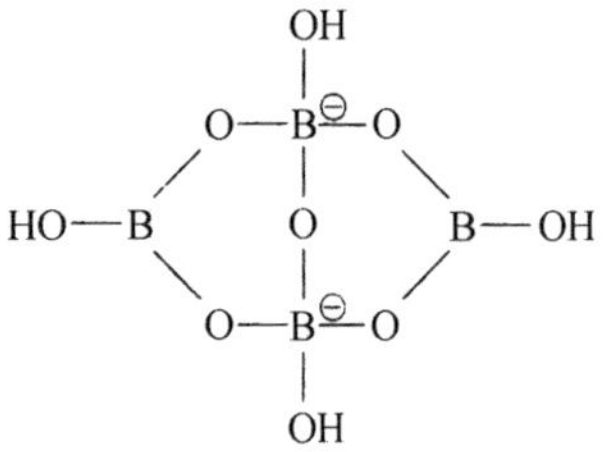

图 7-3 $B_4O_5(OH)_4^{2-}$ 的结构

$H_2B_4O_7$(四硼酸)是缩合酸,它的酸性比硼酸强,$K_1=1.5\times10^{-7}$。在 H_3BO_3 溶液中有少量 $H_2B_4O_7$ 存在。如在 0.10 和 $0.60\ mol \cdot L^{-1}$ 的 H_3BO_3 溶液中,$H_2B_4O_7$ 的浓度分别为 6×10^{-6} 和 $3.5\times10^{-5}\ mol \cdot L^{-1}$。

硼砂是最常见的四硼酸盐,因含水量不同而有 $Na_2B_4O_5(OH)_4 \cdot 8H_2O$ 和 $Na_2B_4O_5(OH)_4 \cdot 3H_2O$ 两种。$B_4O_5(OH)_4^{2-}$ 的结构见图 7-3。$Na_2B_4O_5(OH)_4 \cdot 8H_2O$ 是易风化的单斜晶体,$350\sim400\,℃$ 脱水成 $Na_2B_4O_7$,后者于 $878\,℃$ 熔融。若把 $Na_2B_4O_7$ 视为由 2 mol $NaBO_2$ 和 1 mol B_2O_3 组成的化合物 $2NaBO_2 \cdot B_2O_3$,因 B_2O_3 具酸性,能和许多金属氧化物反应生成 $M(BO_2)_n$。

$$Na_2B_4O_7 + NiO \Longrightarrow 2NaBO_2 \cdot Ni(BO_2)_2$$
$$\text{(绿色)}$$

许多 $M(BO_2)_n$ 具有特征颜色,被用来鉴定 M^{n+}——硼砂珠试验。硼砂用于焊药(消除金属表面氧化物)、搪瓷(生成有色硼酸盐)也是基于这个性质。

硼砂易溶于水,溶解度的温度系数也很大(表 7-2),所以可用重结晶法提纯。在 $60\,℃$ 以上析出 $Na_2B_4O_5(OH)_4 \cdot 3H_2O$,低于 $60\,℃$ 析出 $Na_2B_4O_5(OH)_4 \cdot 8H_2O$ 晶体。

表 7-2 硼砂的溶解度

温度/℃	10	50	100
溶解度/(g/100 g H_2O)	1.6	10.6	52.5

纯硼砂溶液是一级标准的缓冲溶液，20 ℃时，其 pH＝9.24（溶液的 pH 随温度变化不大）。这是因为 $B_4O_5(OH)_4^{2-}$ 水解生成等摩尔的 H_3BO_3 和 $B(OH)_4^-$。

$$B_4O_5(OH)_4^{2-}+5H_2O = 2H_3BO_3+2B(OH)_4^-$$

$B(OH)_4^-$ 是弱酸根，遇酸成 H_3BO_3，因此硼砂和强酸反应生成 H_3BO_3；反之，H_3BO_3 和适当浓度的碱反应生成硼砂。

4. 硼酸盐的结构

硼酸盐种类繁多，这些盐的硼酸根中 B 原子有三配位和四配位两种。下面介绍其连接方式（请和硅酸盐相比较）：

（1）含有单个 BO_3^{3-}、BO_4^{5-} 的硼酸盐，如稀土元素（RE）的硼酸盐 $(RE)BO_3$ 和硼酸钽 $TaBO_4$。

（2）2 个硼酸根以角氧相连：

① 2 个 BO_3^{3-} 连接成 $B_2O_5^{4-}$，如 $Mg_2B_2O_5$、ThB_2O_5，叫**焦硼酸盐**；

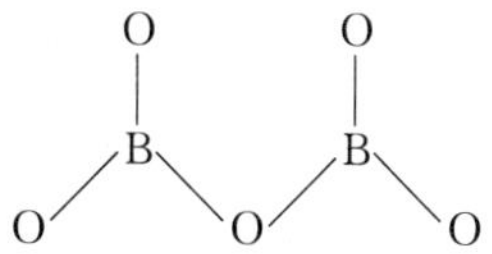

② 2 个 $B(OH)_4^-$ 连接成 $[(HO)_3BOB(OH)_3]^{2-}$，如 $Mg[(HO)_3BOB(OH)_3]$。

（3）3 个硼酸根相连：

① 3 个 BO_3^{3-} 相连成环状结构，其中 3 个 B 和 3 个 O 连成六元环，如 $Na_3B_3O_6$、$K_3B_3O_6$，习惯上把它们的化学式写成 $NaBO_2$、KBO_2，叫**偏硼酸盐**；

② 3 个 BO_4^{5-} 相连成六元环；

③ BO_3^{3-} 和 BO_4^{5-} 相连成环。

（4）4 个硼酸根相连，最重要的是硼砂。

凡 4 个或 4 个以上硼酸根相连时，绝大多数是 B 原子以三配位酸根和四配位酸根与 O 原子结合形成的结构。

硼酸盐结构中，硼和端氧键长 $d(B—O_{端})$＝120 pm 最短。BO_3 中桥氧 $d(B—O_{桥})$＝136.6 pm稍长，BO_4 中 $d(B—O)$＝147.5 pm 最长。

5. 卤化硼

卤素都能和硼生成三卤化硼，是平面三角形分子。纯的 BX_3 都是无色的，然而 BBr_3、BI_3 在光照射下因部分分解而显浅黄色。表 7-3 列出三卤化硼的性质。

表 7-3　三卤化硼的某些性质

	BF_3	BCl_3	BBr_3	BI_3
熔点/℃	−127.1	−107	−46	49.9
沸点/℃	−99	12.5	91.3	210
$\Delta_f H_m^\ominus$/(kJ·mol^{-1})	−1110.4	−395.4	−186.6	—
键能/(kJ·mol^{-1})	613.1	456	377	267
键长/pm	130	175	195	210
B 和 X 单键键长和/pm	152	187	199	—

实测 B—X 键长均短于 B 和 X 单键键长之和，表明除 σ 键外还有 π_4^6 键，BF_3 中最强、BBr_3 中极弱。B—F 键能大于所有单键的键能。（顺便提及，SiF_4 稳定原因之一，除 σ 键外还有 π_5^8 键。Si—F 实测键长比 Si 和 F 单键键长之和短了 21 pm。）

硼砂、HF 和 H_2SO_4 作用可制得 BF_3。

$$Na_2B_4O_7 + 12HF \xlongequal{} Na_2O(BF_3)_4 + 6H_2O$$

$$Na_2O(BF_3)_4 + 2H_2SO_4 \xlongequal{} 4BF_3 + 2NaHSO_4 + H_2O$$

BCl_3、BBr_3 可用卤化法制备。

$$B_2O_3 + 3C + 3Cl_2 \xlongequal{} 2BCl_3 + 3CO$$

用这个方法制得的 BBr_3 中含有 Br_2，后者可加 Hg（生成 Hg_2Br_2）除去。

现将 BX_3 的性质叙述于下：

(1) 水解。BF_3 于水中生成 BF_4^-、$BF_3(OH)^-$、$BF_2(OH)_2^-$、$BF(OH)_3^-$ 及 $B(OH)_4^-$ 等，其他 BX_3 水解生成 $B(OH)_3$ 和 HX（BX_3 的水解性质和 SiX_4 相似）。

(2) BX_3 是缺电子化合物，可形成一系列的加合物。如 H_2O 和 BF_3 生成 H_2OBF_3，即 $H[BF_3(OH)]$（熔点，6 ℃）；BF_3 和 HF 形成 HBF_4。BCl_3 只在个别情况下生成 BCl_4^-。

HBF_4 是强酸，能形成 MBF_4 盐。常温下 BF_4^- 的水解速率很慢。

$$BF_4^- + 3H_2O \xlongequal{} H_3BO_3 + 3HF + F^- \quad K = 2.5 \times 10^{-10}$$

碱金属氟硼酸盐的水溶液显酸性，就是由于 BF_4^- 部分水解生成 HF 和 H_3BO_3 之故。同理，新配制的 $Ca(BF_4)_2$ 溶液是澄清的，放置一段时间后因生成 CaF_2（$K_{sp} = 4.0 \times 10^{-11}$）而变混浊。

BF_3 和 NH_3 结合成较稳定的 H_3NBF_3，生成物在真空中升华，于125 ℃分解成氟硼酸铵及氮化硼。

$$H_3N + BF_3 \xlongequal{} H_3NBF_3$$

$$4H_3NBF_3 \xlongequal{\triangle} 3NH_4BF_4 + BN$$

其他 BX_3 也都能和过量 NH_3 反应，加热分解成 BN。

$$2BX_3 + 9NH_3 \xlongequal{\text{过量 } NH_3} B_2(NH)_3 + 6NH_4X \quad \text{（与水解相似）}$$

$$B_2(NH)_3 \xlongequal{\triangle} 2BN + NH_3 \quad \text{（与脱水相似）}$$

(3) BX_3 相互间反应生成混合卤化硼 BX_nY_{3-n}（X、Y 均为卤素）①。

$$BCl_3 + BBr_3 \xlongequal{} BBrCl_2 + BBr_2Cl$$

$$BF_3 + BCl_3 \xlongequal{} BClF_2 + BCl_2F$$

第二个反应的 $K = 0.53$。

(4) BX_3 作催化剂。BF_3、BCl_3 是许多有机反应，如烯烃聚合，烷烃、烯烃异构化的催化剂。如

$$RX\text{（卤代烃）} + BF_3 \xlongequal{} R^+ + BF_3X^-$$

---

① ⅤA 族、ⅣA 族某些元素的卤化物相互间反应，也能生成相应的混合卤化物，如 $PBrCl_2$。

$$R^+ + PhH(芳烃) \longrightarrow PhR + H^+$$

因 BF_3、BCl_3 是缺电子的 Lewis 酸，能和 RX 形成 BF_3X^-、BCl_3X^-，而对上述 Friedel-Craft 反应起催化作用。

6. 硼氢化物

硼氢化物叫硼烷(borane)。目前已知的硼烷有 B_2H_6、B_5H_9、B_4H_{10}、B_8H_{16}、B_8H_{18} 等。多数硼烷的组成是 B_nH_{n+4}、B_nH_{n+6}，少数为 B_nH_{n+8}、B_nH_{n+10}。此外还有阴离子，如 BH_4^-、$B_6H_6^{2-}$ 等。

硼烷的命名原则同碳烷，即分子中 B 原子数目在 10 以下者用天干(甲、乙、丙……)作词头，如乙硼烷 B_2H_6、丁硼烷 B_4H_{10}。戊硼烷有 B_5H_9、B_5H_{11} 两种，为了区别，命名时标出硼烷中的氢原子数目，前者称为戊硼烷-9，后者称为戊硼烷-11。

硼烷是吸热化合物，所以硼不能和氢直接化合。早期是用 Mg_3B_2(由 Mg 和 B_2O_3 反应制得)和酸作用制取硼烷。

$$Mg_3B_2 + H_3PO_4 \longrightarrow Mg_3(PO_4)_2 + B_4H_{10}$$

再由丁硼烷转化为乙硼烷。这个方法的缺点是：具有活性的 Mg_3B_2 较难制备；Mg_3B_2 和酸作用生成丁硼烷的产率太低，消耗掉 2 mol Mg_3B_2 仅得 0.005 mol B_4H_{10}。目前用 NaH 或 $NaBH_4$ 还原 BX_3 的方法制备乙硼烷，其优点是产率高，产物较纯。

$$3NaBH_4 + 4BF_3 \xlongequal{50\sim70\ ℃} 3NaBF_4 + 2B_2H_6$$

(1) 硼烷的性质

兹将硼烷的某些性质列于表 7-4。

表 7-4 硼烷的某些性质

	B_2H_6	B_4H_{10}	B_5H_9	B_5H_{11}	B_6H_{10}
名 称	乙硼烷	丁硼烷	戊硼烷-9	戊硼烷-11	己硼烷
熔点/℃	−164.85	−120	−46.8	−122	−62.3
沸点/℃	−92.50	18	60.0	65	108
溶解性	溶于乙醚	溶于苯	溶于苯	—	溶于苯
水 解	室温下很快	室温下缓慢	90 ℃下 3 天，水解尚未完全	—	90 ℃下 16 小时，水解尚未完全
$\Delta_f H_m^\ominus/(kJ \cdot mol^{-1})$	31.38(g)	57.74(g)	32.60(l)	66.94(l)	71.13(l)

硼氢化合物如 B_2H_6 在空气中极易燃烧，生成稳定的 B_2O_3 和 H_2O，燃烧热为 2153 $kJ \cdot mol^{-1}$ 很大，其热值是等质量碳氢化合物(C_2H_6 燃烧热为 1560 $kJ \cdot mol^{-1}$)的 1.6 倍。

乙硼烷也能被氯气氧化，生成 BCl_3 和 HCl。

$$B_2H_6(g) + 6Cl_2(g) = 2BCl_3(l) + 6HCl(g) \quad \Delta_r H_m^\ominus = -1376\ kJ \cdot mol^{-1}$$

但 B_2H_6 和 Br_2、I_2 作用则不同，主要生成卤代乙硼烷 B_2H_5X(X=I、Br)。

B_2H_6 极易水解并释放大量热，因此曾有人认为 B_2H_6 可作为水下燃料。

$$B_2H_6 + 6H_2O \longequal 2H_3BO_3 + 6H_2$$

硼烷 B_2H_6 很毒，在空气中的最高允许浓度是 $10^{-5}\%$，比剧毒的 HCN（$10^{-3}\%$）和 $COCl_2$（$10^{-4}\%$）的最高允许浓度还低得多，因此使用硼烷时必须十分小心。

在乙醚中 B_2H_6 和 NaH 直接反应，生成 $NaBH_4$。

$$2NaH + B_2H_6 \longequal 2NaBH_4$$

$LiBH_4$、$NaBH_4$ 是有机化学中的"万能还原剂"。BH_4^- 能和许多金属离子结合成化合物，如 $Be(BH_4)_2$、$Al(BH_4)_3$、$Zr(BH_4)_4$、$U(BH_4)_4$ 等。其中 $U(BH_4)_4$ 被认为是可能用来分离 ^{235}U 和 ^{238}U 的化合物。

（2）硼烷的结构

最简单的硼烷是乙硼烷 B_2H_6。（甲硼烷 BH_3 至今尚未制得，但实验已经证明它在有 B_2H_6 参与的某些反应过程中存在。）

B_2H_6 的分子结构见图 7-4。其中 2 个 B 原子和 4 个 H 原子（端，t，terminal）在同一个平面上，还有一个 H 原子（桥，b，bridge）在平面之上，另一个 H 原子（桥）在平面之下。B 原子以 sp^3 杂化轨道和 H 成键，它和同平面上的 2 个 H 原子分别成 σ 键，键长为 119 pm，中间的 B—H—B 是三中心二电子键，以 3c-2e 表示之，即平面上、下各有一个 3c-2e 键，键长为 133 pm。

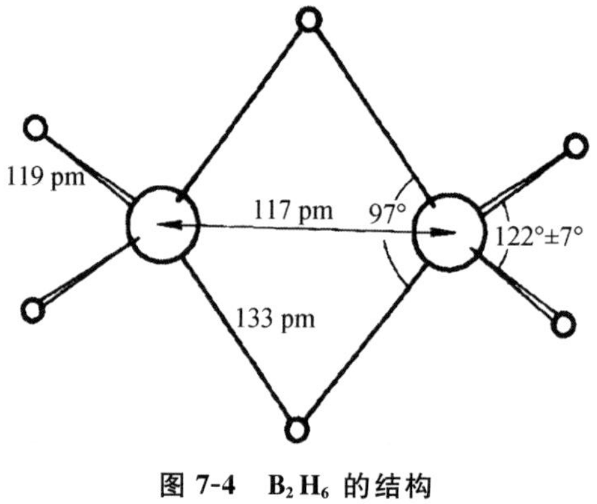

图 7-4　B_2H_6 的结构

硼烷的结构很复杂，Lipscomb 根据结构特点，归纳硼烷的 4 种成键要素为：

① 末端 B—H 键，即正常的 σ 键；

② B—H—B 的 3c-2e 键，以 B/H\B 表示；

③ B—B 的 2c-2e 键，正常的 σ 键；

④ B—B—B 的 3c-2e 键，又有开式和闭式两种（图 7-5）。

B_4H_{10} 的分子结构如图 7-6 所示。有 6 个 σ(B—H) 键，4 个 3c-2e B—H—B 闭式键，1 个 σ(B—B) 键。

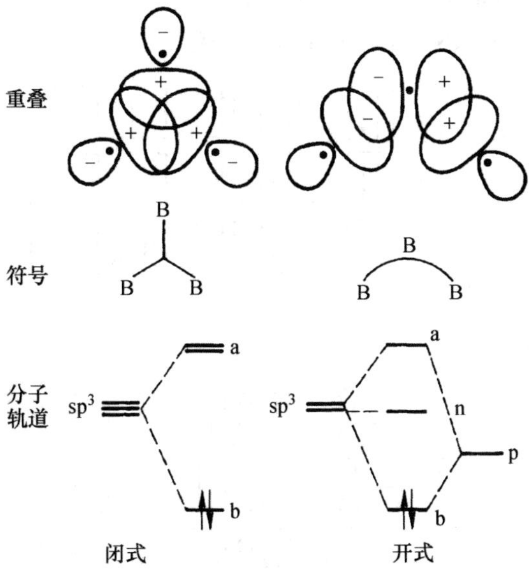

图 7-5　B—B—B 的三中心二电子键

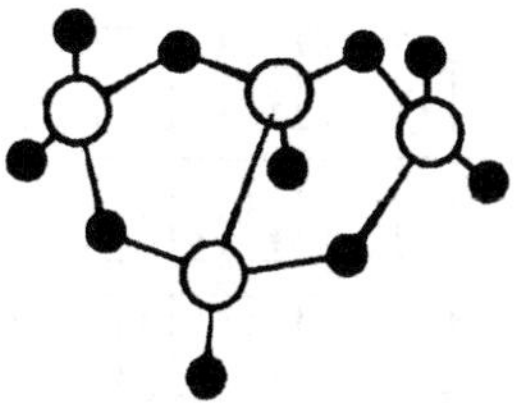
图 7-6　B_4H_{10} 的结构

7.2　p 区元素卤化物(有限分子)

p 区元素卤化物中 A—X 是以单键为主,因此可由 A 中单电子数(基态和杂化态)确定组成。

1. 组成

(1) 互卤化物

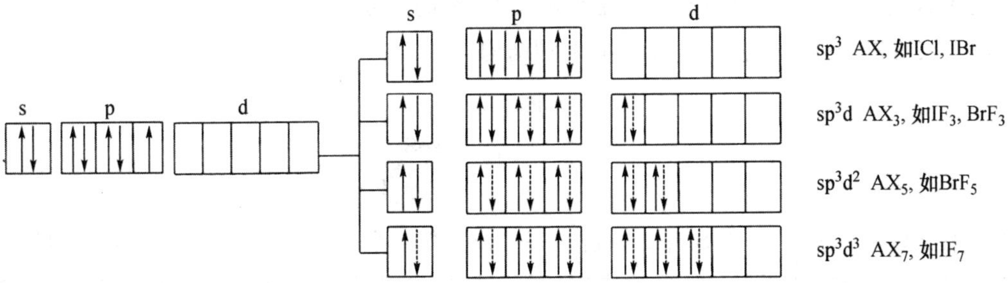

AX_n，X 为轻卤素，A 为重卤素，n 为 1、3、5、7。

(2) 硫属(chalcogen，指 S、Se、Te、Po)元素卤化物

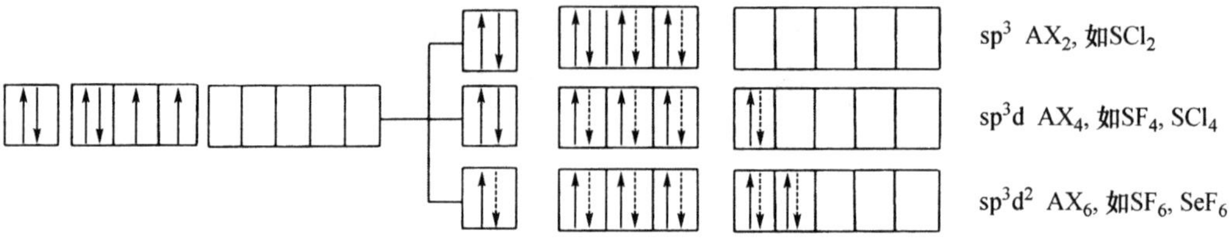

AX_n 中 n 为 2、4、6。

(3) 氮族元素卤化物

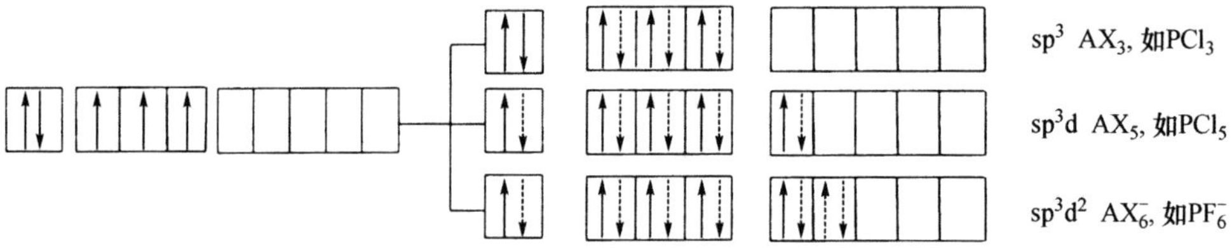

AX_n 分子，其 $n=3$、5。PF_5 作为 Lewis 酸，与 F^- 结合成 PF_6^-。

(4) 碳族元素卤化物

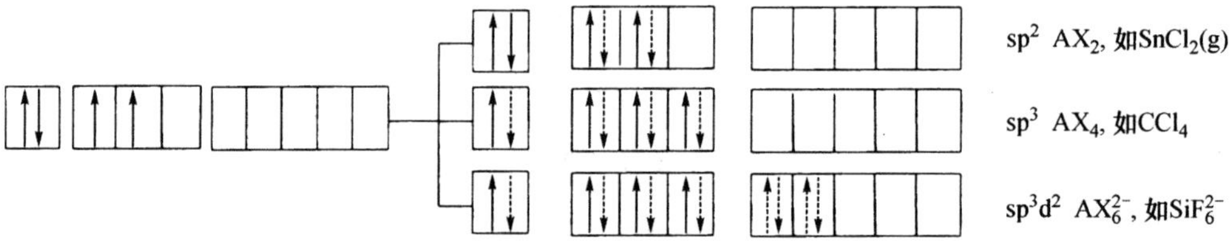

AX_n 分子，其 $n=2$、4。SiF_4 为 Lewis 酸，和 2 个 F^- 成 SiF_6^{2-}。

(5) 硼族元素卤化物

以 sp^2 杂化轨道和 X 成 AX_3，如 BCl_3、$AlCl_3(g)$；以 sp^3 杂化轨道成键，如 Al_2Cl_6。缺电子的 AX_3 为 Lewis 酸，能和 F^- 结合，如生成 AlF_6^{3-}、BF_4^-。

实际上还有 S_2F_{10}、P_2Cl_4、B_2Cl_4 等。S_2F_{10} 中，每个 S 原子和 5 个 F 原子、另一个 S 原子成键，总键数为 6，和 AX_6 中 $n=6$ 同；P_2Cl_4 中，每个 P 原子和 2 个 Cl、另一个 P 原子结合，总键数为 3，和 AX_3 中 $n=3$ 同；B_2Cl_4 中，每个 B 原子和 2 个 Cl 原子、另一个 B 原子成键，总键数为 3，和 AX_3 相符；再如 S_2Cl_2 结构为 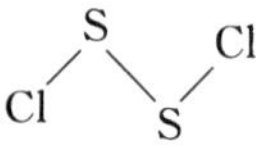，S 的配位数为 2，和 AX_2 相符……就是说，如把上述 AX_n 中 n 视为配位数，则不难理解 S_2F_{10} 等的组成。

两个较特殊的卤化物是：① S_2F_2 有两种结构

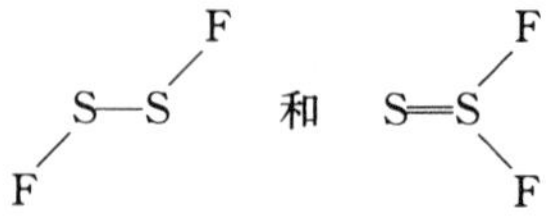

前者 S 配位数为 2；后者一个 S 有 2 个键，另一个 S 有 4 个键，仍分别和 AX_2、AX_4 相符。在 KF 存在时，前者转化为后者，因总键能(多了一根 S—S键)增大。② I_2Cl_6 中 I 以 sp^3d^2 杂化

轨道成键，8 个原子在同一平面上，每个 I 在平面上下各有 1 对孤对电子。

由以上杂化轨道不难理解，稀有气体氟化物组成为：$XeF_2(sp^3d)$、$XeF_4(sp^3d^2)$、XeF_6。

2. 结构

可借中心原子用以成键的杂化轨道及孤对电子认识卤化物构型。

(1) AlF_6^{3-}、SiF_6^{2-}、PF_6^-、SF_6、BrF_5、XeF_4 等，中心原子均以 sp^3d^2 杂化轨道成键。前四者为八面体构型；BrF_5 中有 1 对孤对电子，为变形四方锥构型；XeF_4 中有 2 对孤对电子，为平面四方构型。

(2) 中心原子以 sp^3d 杂化轨道成键的 $PCl_5(g)$ 为三角双锥构型；SF_4 中有 1 对孤对电子，ClF_3 中有 2 对孤对电子，XeF_2 中有 3 对孤对电子，构型依次为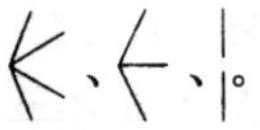。

(3) 中心原子以 sp^3 杂化轨道成键的 CCl_4 是正四面体构型，PCl_3 为三角锥构型，SCl_2 为折线构型。Al_2Cl_6 中 Al 也是四面体（但不是正四面体）构型。

(4) 中心原子以 sp^2 杂化轨道成键的 BCl_3、$AlCl_3(g)$ 是平面三角构型，$SnCl_2(g)$ 是折线构型。

3. 卤化物水解

卤化物 AX_n 水解时，A^{n+} 和（H_2O 中）OH^-，X^- 和（H_2O 中）H^+ 结合。因 HCl、HBr、HI 均为强酸，故 ACl_n、ABr_n、AI_n 水解反应的“主要动力”是 A^{n+} 和 OH^- 的结合。

(1) A^{n+} 水解倾向由弱到强，产物依次为

$$\text{碱式盐}\quad MgCl_2 \xrightarrow{+H_2O} Mg(OH)Cl$$

$$\text{氢氧化物}\quad AlCl_3 \xrightarrow{+H_2O} Al(OH)_3$$

$$\text{含氧酸}\quad SiCl_4 \xrightarrow{+H_2O} H_4SiO_4$$

若把 PCl_5 视为酸（HCl）和碱（H_3PO_4）作用的产物，不难知道 PCl_5 的水解产物。其他例如

$$PCl_5 + 4H_2O = H_3PO_4 + 5HCl$$

$$PCl_3 + 3H_2O = H_3PO_3 + 3HCl$$

$$SCl_4 + 2H_2O = SO_2(H_2O\text{ 多时成 }H_2SO_3) + 4HCl$$

$$IF_5 + 3H_2O = HIO_3 + 5HF$$

……

若遇到（按上述规律写出的）“产物”不稳定，还可能发生氧化还原反应。如 IF_3 按“规律”生成 HIO_2，后者将发生自氧化还原反应，即

$$5IF_3 + 9H_2O = 3HIO_3 + I_2 + 15HF$$

同理

$$2Se_2Cl_2 + 2H_2O = SeO_2 + 3Se + 4HCl$$

$$XeF_4 + 2H_2O = \frac{1}{3}Xe + \frac{2}{3}XeO_3 + 4HF$$

也有发生氧化还原反应的，如 XeF_2 水解方程式为

$$XcF_2 + H_2O = Xe + \frac{1}{2}O_2 + 2HF$$

可认为前两种情况下“H_2XeO_2”、“H_2XeO_3”不稳定，而 XeO_3 是稳定的(是 IO_3^- 的等电子体)。

(2) SiF_4、$SiCl_4$ 水解速率相差大。其原因为：Si 是第三周期元素，d 轨道可参与成键，H_2O 进攻(d 轨道)。

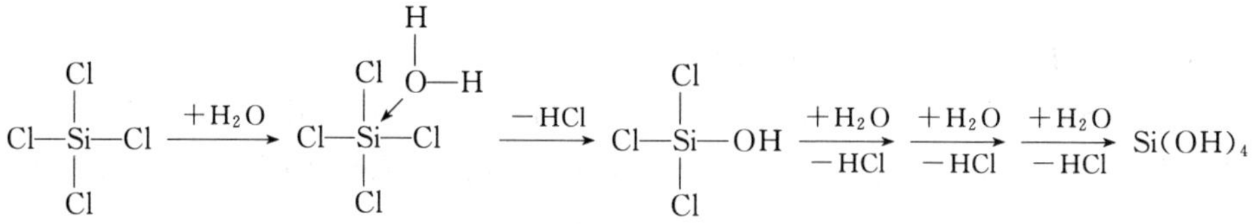

经 4 次 $+H_2O$ 和 $-HCl$，水解完成。和 $SiCl_4$ 不同，SiF_4 中除 σ 键外还有较强 π_5^8 键，即 2 个 d 轨道已被占用，不易被 H_2O 进攻，所以水解慢。[$SiCl_4$ 仅有弱的 π 键，一个证据是 Si—Cl 实际键长比 Si 和 Cl 单键键长之和短 13 pm，而 Si—F 实际键长比 Si 和 F 单键键长之和短 21 pm。因此 $\Delta_f H_m^\ominus(SiF_4)$ 明显小于 $\Delta_f H_m^\ominus(SiCl_4)$。]

CF_4、SF_6 水解反应极为完全(热力学平衡)，但实际水解速率为零，是由于 C—F、S—F 键能大，化合物中 C 上 4 个轨道，S 上 6 个轨道均已占满之故。同理，SeF_6 水解速率很慢。

7.3 铝

铝在地壳中分布很广。在火成岩中由 Al—O 结合形成的矿物的质量分数占 59.5%。单独的氧化铝矿有铝矾土、薄水铝矿(α-$Al_2O_3 \cdot H_2O$)、刚玉(Al_2O_3)等，和硅酸盐结合在一起的有长石。高岭土中含铝约 20%，蒙脱土中含铝约 11%。

1. 提取

工业上提取铝分两步进行：先从铝矾土中提取 Al_2O_3，然后电解 Al_2O_3 制 Al。

在加压下用 NaOH 溶液和铝矾土反应得 $NaAl(OH)_4$。

$$Al_2O_3(\text{铝矾土}) + 2NaOH + 3H_2O \xlongequal{\quad} 2NaAl(OH)_4$$

经沉淀，过滤，弃去红泥(含铁、钛、矾化合物等)。往滤液中通 CO_2 生成 $Al(OH)_3$ 沉淀。

$$NaAl(OH)_4 + CO_2 \xlongequal{\quad} Al(OH)_3 + NaHCO_3$$

经过滤，洗涤，干燥，灼烧得 Al_2O_3。

电解反应所用的电解质熔液是由 Al_2O_3、冰晶石 Na_3AlF_6(2%～8%)及约 10% CaF_2(降低电解质熔融温度)组成。电解温度 960～980 ℃，阳极是石墨，阴极是熔融铝，槽电压 4.5～7.0 V，产物 Al 的纯度>99%。电解反应式为

$$\text{阴极反应：}\quad 4Al^{3+} + 12e \xlongequal{\quad} 4Al$$

$$\text{阳极反应：}\quad 6O^{2-} - 12e \xlongequal{\quad} 3O_2$$

由于阳极产物 O_2 和阳极材料石墨反应生成碳的氧化物，而消耗电极(生产 1000 kg Al 约耗 600 kg 碳)，电解过程中需不断补充 Al_2O_3。

2. 性质

铝是银白色轻金属，密度为 2.699 $g \cdot cm^{-3}$，是重要的金属材料。在 20～300 ℃ 间铝的膨

胀系数为钢的 2 倍。纯铝的导电能力较强，是等体积铜的 64%，由于铝的资源比铜丰富，又比铜轻，所以在许多场合用铝代铜作导线用。

一般铝表面有一层氧化物保护膜，最厚的氧化物保护膜达 10 nm。氧化物保护膜可被 NaCl、NaOH所蚀。氧化物保护膜受蚀露出底层铝后，能被 $HgCl_2$ 溶液腐蚀，生成疏松的氧化铝，似白绒毛，"毛"长可达 1～2 cm。

用铝壶煮的水，含 Al 216 $\mu g \cdot L^{-1}$（铁壶煮的水中仅含 Al 25～29 $\mu g \cdot L^{-1}$）。

纯铝(99.95%)在冷浓 HNO_3、H_2SO_4 中呈钝态，因此可用铝罐储运浓 HNO_3。但铝能和稀酸、碱溶液反应。

$$2Al + 6H^+ \longrightarrow 2Al^{3+} + 3H_2\uparrow$$

$$2Al + 2OH^- + 6H_2O \longrightarrow 2Al(OH)_4^- + 3H_2\uparrow$$

Al 和 HCl 作用得到 $AlCl_3 \cdot 6H_2O$ 晶体；而 Al 和 Cl_2 或干燥的 HCl(g)反应，则得到具有挥发性的无水 $AlCl_3$。受热时，Al 和一些非金属，如 B、Si、P、As、S、Se、Te 直接反应生成相应的化合物，在2000 ℃和 C 生成浅黄色的 Al_4C_3。

$$4Al + 3C \longrightarrow Al_4C_3 \qquad \Delta_r G_m^\ominus = -211.3\ kJ \cdot mol^{-1}$$

铝是强还原剂，能还原金属氧化物——铝热法。

$$2Al(s) + Cr_2O_3(s) \longrightarrow Al_2O_3(s) + 2Cr(s) \qquad \Delta_r H_m^\ominus = -541\ kJ \cdot mol^{-1}$$

$$4Al(s) + 3SiO_2(s) \longrightarrow 2Al_2O_3(s) + 3Si(s) \qquad \Delta_r H_m^\ominus = -761\ kJ \cdot mol^{-1}$$

3. 氢氧化物和氧化物

$Al(OH)_3$ 是白色、以碱性为主的两性氢氧化物。

$$Al(OH)_3(s) \longrightarrow Al^{3+}(aq) + 3OH^-(aq) \qquad K_{sp(b)} = 3.0 \times 10^{-33}$$

$$Al(OH)_3(s) + H_2O(l) \longrightarrow H^+(aq) + Al(OH)_4^-(aq) \qquad K_{sp(a)} = 2 \times 10^{-11}$$

$Al(OH)_3$ 溶于酸成铝盐，溶于碱成铝酸盐。

Al^{3+} 易水解，所以易溶铝的强酸盐溶液均显酸性。当 pH<3 时，Al^{3+} 的水解甚微，主要以 $Al(H_2O)_6^{3+}$ 存在。$Al(H_2O)_6^{3+}$ 的水解反应式和平衡常数如下：

$$Al(H_2O)_6^{3+} \longrightarrow Al(H_2O)_5(OH)^{2+} + H^+ \qquad K = 1.3 \times 10^{-5}$$

如果溶液中有足量的 $NH_3 \cdot H_2O$、CO_3^{2-}，则 Al^{3+} 生成 $Al(OH)_3$ 沉淀。

因 H_3AlO_3 的酸性很弱，所以 $Al(OH)_4^-$ 的水解能力较 Al^{3+} 为强。加热 $Al(OH)_4^-$ 溶液，因 H_2O 电离度增大及 $Al(OH)_3$ 的 K_{sp} 又小，所以有 $Al(OH)_3$ 析出。

$$Al(OH)_4^- \xlongequal{\triangle} Al(OH)_3\downarrow + OH^-$$

铝酸盐晶体中有 $Al(OH)_6^{3-}$，如 $M_3[Al(OH)_6]_2$（M 为 Ca、Sr）。无水铝酸盐如 $MgO \cdot Al_2O_3$（即 $MgAl_2O_4$）、$FeO \cdot Al_2O_3$（即 $FeAl_2O_4$）需用熔融法制取。

$$MO + Al_2O_3 \longrightarrow MAl_2O_4$$

MAl_2O_4 称**铝尖晶石**。尖晶石(spinal)是 M^{2+} 和 M^{3+} 组成的一类氧化物，其中 M^{2+} 为

Mg^{2+}、Fe^{2+}，M^{3+} 为 Al^{3+}、Fe^{3+}、Cr^{3+} 。

加热氢氧化铝，可脱水生成氧化铝的各种变体。在 450～500 ℃ 脱水生成 $\gamma\text{-}Al_2O_3$ 和 $\eta\text{-}Al_2O_3$，>900 ℃ 生成 $\alpha\text{-}Al_2O_3$。

$$\gamma\text{-}Al_2O_3(s) = \alpha\text{-}Al_2O_3(s) \qquad \Delta_r H_m^{\ominus} = -20\ kJ \cdot mol^{-1}$$

γ-和 $\eta\text{-}Al_2O_3$ 既能溶于酸又能溶于碱，它们的比表面很大，为 200～600 $m^2 \cdot g^{-1}$，用作催化剂载体，用于色谱柱、离子交换。$\alpha\text{-}Al_2O_3$ 不溶于酸，只能用 $K_2S_2O_7$ 使之转化为可溶性的硫酸盐。

$$Al_2O_3 + 3K_2S_2O_7 = 3K_2SO_4 + Al_2(SO_4)_3$$

铝铵矾，$(NH_4)_2SO_4 \cdot Al_2(SO_4)_3 \cdot 24H_2O$，热分解生成 Al_2O_3，可用此反应制成单晶。含少量 Cr_2O_3 的 Al_2O_3 单晶，是制红宝石激光器的材料。Al_2O_3 的硬度很大，俗称**刚玉**，熔点也高，可用作磨料或制成刚玉坩埚。

4. 卤化铝

AlX_3 中 AlF_3 的性质较为特殊，它是白色难溶（$K_{sp} = 1.0 \times 10^{-15}$）的离子型化合物，$Al^{3+}$ 和 F^- 较易形成配离子。

$$Al^{3+} + 6F^- = AlF_6^{3-} \qquad \beta_6 = 7.0 \times 10^{19}$$

冰晶石 Na_3AlF_6 就是氟铝酸盐。

和其他 AlX_3 的性质相比，AlF_3 常显"惰性"。例如它不易和浓 H_2SO_4 作用，和熔融碱的反应速率也较慢。其他 AlX_3 均易溶于水。

固态 $AlCl_3$ 为离子结构，液态、气态为共价物。固态 $AlCl_3$ 受热时密度、热能改变如下：

$$AiCl_3(s)（六配位）\ 2.44\ g \cdot cm^{-3} \xrightarrow[（升华）]{117\ kJ \cdot mol^{-1}} \frac{1}{2}(Al_2Cl_6)（四配位） \xrightarrow{63\ kJ \cdot mol^{-1}} AlCl_3(g)$$

$$AiCl_3(s)（六配位）\ 2.44\ g \cdot cm^{-3} \xrightarrow[（熔融）]{35\ kJ \cdot mol^{-1}} \frac{1}{2}(Al_2Cl_6)\ 液态体积比固体增大 85\%，电导降为 0 \quad 1.31\ g \cdot cm^{-3}$$

温度不高时，三种气态卤化铝均为二聚分子（如下图所示），$d(Al—Cl_{桥}) = 225$ pm，$d(Al—Cl_{端}) = 207$ pm，$\angle AlClAl = 101°$，$\angle Cl_{桥}AlCl_{桥} = 79°$，$\angle Cl_{端}AlCl_{端} = 118°$。

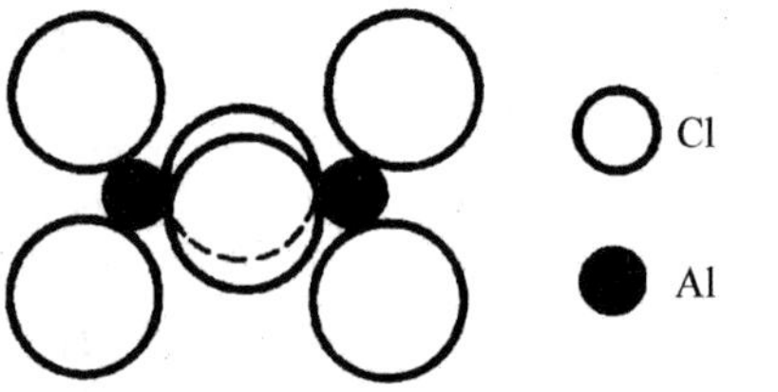

Al_2Br_6、Al_2I_6 解离能分别为 59 $kJ \cdot mol^{-1}$（$AlBr_3$）、50 $kJ \cdot mol^{-1}$（AlI_3）。

无水 AlX_3（AlF_3 除外）都是缺电子体，是典型的 Lewis 酸，可以和 Lewis 碱加合。如丁胺 $C_4H_9NH_2$ 和 $AlCl_3$ 加合成 $C_4H_9NH_2 \cdot AlCl_3$。$AlCl_3$ 也是 Friedel-Craft 反应的催化剂，其催化机理和 BF_3 相似。

$$RCl + AlCl_3 \rightleftharpoons [R^+ \ AlCl_4^-] \xlongequal{PhH} RPh + HCl + AlCl_3$$

$$RCOCl(\text{酰氯}) + AlCl_3 \rightleftharpoons [RCO^+ \ AlCl_4^-] \xlongequal{PhH} RCOPh + HCl + AlCl_3$$

熔融 $AlCl_3$、$AlBr_3$ 和金属卤化物作用得 $MAlCl_4$、$MAlBr_4$（M 为 Na、K、Ag、Zn……）。含 AlI_4^- 的化合物不稳定。

含水卤化铝 $AlCl_3 \cdot 6H_2O$、$AlBr_3 \cdot 6H_2O$ 及 $AlI_3 \cdot 6H_2O$，可用 Al_2O_3 和氢卤酸作用制得。因为 Al^{3+} 易水解，所以卤化铝水合物加热脱水得到的是 Al_2O_3 和 HX。

7.4 铝盐和铝的配合物

通常用 Al、Al_2O_3 或 $AlCl_3$ 为原料以制备各种铝盐。铝盐的种类很多，性质各异。多数铝盐都含结晶水。

1. 磷酸铝

Al^{3+} 盐溶液和碱金属磷酸盐溶液作用生成白色胶状 $AlPO_4 \cdot xH_2O$ 沉淀，$K_{sp} = 3.87 \times 10^{-11}$（25 ℃），它能溶于强酸溶液。$AlPO_4$ 和 SiO_2、$AlAsO_4$、BPO_4 互为等电子体。可作耐火材料，特制的 $AlPO_4$ 被用作催化剂载体、吸附剂。

2. 易溶铝盐

强酸和某些羧酸的铝盐都易溶于水，这些盐常含有结晶水，如 $Al_2(SO_4)_3 \cdot nH_2O$（n=27，18，16，10，室温 $n=18$）、$Al(NO_3)_3 \cdot nH_2O$（n=9，8，6，室温 $n=9$）、$Al(ClO_4)_3 \cdot nH_2O$（n=15，9，8，6，3）。含结晶水的铝盐受热时，因 Al(Ⅲ) 的水解作用生成相应的碱式盐或 Al_2O_3。

$$Al(ClO_4)_3 \cdot 15H_2O \xrightarrow{178\ ℃} Al(OH)(ClO_4)_2$$

$$Al(NO_3)_3 \cdot 9H_2O \xrightarrow{500 \sim 700\ ℃} Al_2O_3$$

铝盐在水溶液中水解生成碱式盐，温度越高，水解越明显。

$$Al(NO_3)_3 \xrightarrow{100 \sim 150\ ℃} Al(OH)_2NO_3(\text{可溶})$$

铝的弱酸盐的水解更为明显，易生成碱式盐或 $Al(OH)_3$。$Al(Ac)_3$ 是染色工业上的媒染剂，就是利用 $Al(Ac)_3$ 水解生成 $Al(OH)_3$（使染料吸附在织物上）的性质。

由于铝盐易水解，所以在制备铝盐时需保持酸过量，这一点在制备铝的弱酸盐时尤其重要。如 $AlCl_3$ 和 $(CH_3CO)_2O$ 作用得白色 $Al(Ac)_3$；$Al(OH)_3$ 和 HAc 作用得白色 $Al(OH)(Ac)_2$；$Al(OH)_3$ 和稀 HAc 溶液反应得白色 $Al(OH)_2Ac$。

因 $Al_2(SO_4)_3$ 的溶解度大及 Al^{3+} 水解，浓溶液用在泡沫灭火器中，使用时它和 $NaHCO_3$ 溶液作用生成 $Al(OH)_3$ 和 CO_2（顺便提及，炸油条、明矾净水时也发生了这个反应）。

$$Al^{3+} + 3HCO_3^- \xlongequal{} Al(OH)_3 \downarrow + 3CO_2$$

3. 复盐和配合物

$Al_2(SO_4)_3$ 溶液和 M_2SO_4 溶液混合生成溶解度较小的铝明矾，$M_2SO_4 \cdot Al_2(SO_4)_3 \cdot 24H_2O$。温度不太高时，明矾的溶解度低于相应简单盐的溶解度(表 7-5)。

表 7-5　硫酸铝、钾明矾的溶解度

温度/℃	0	30	100
$\dfrac{m(Al_2(SO_4)_3)}{g/100\ g\ H_2O}$	31.2	40.5	82.1
$\dfrac{m(K_2SO_4 \cdot Al_2(SO_4)_3)}{g/100\ g\ H_2O}$	3.0	8.4	154

明矾(alum)是 $M^{I}_2SO_4 \cdot M^{III}_2(SO_4)_3 \cdot 24H_2O$ 一类复盐的总称。其中 M^{I} 是 Li、Na、K、Rb、Cs、NH_4、Tl；M^{III} 为 Al、Fe、Cr、V、Co、Mn、Rh、Ir；SO_4^{2-} 也可被 SeO_4^{2-} 取代。

Al^{3+} 能和许多配体结合成配合物，其配位数是 4 或 6，后者如 AlF_6^{3-}、$Al(OH)_6^{3-}$、$Al(H_2O)_6^{3+}$。

Al^{3+} 和多元弱酸根能形成较稳定的配离子。

$$Al^{3+} + 3C_2O_4^{2-} = Al(C_2O_4)_3^{3-} \qquad \beta = 6.2\times10^{16}$$

$$Al^{3+} + Y^{4-} = AlY^{-} \quad (Y^{4-} = EDTA) \qquad \beta = 2.0\times10^{16}$$

Al^{3+} 和 NO_3^- 只形成稳定性很差的 $Al(NO_3)_4^-$。

7.5 镓、铟、铊

1. 性质

镓、铟、铊都是比铅还要软的金属。液态镓的温度范围(熔点、沸点相差2220 ℃)是所有单质中最大的，所以用液态镓充填在石英管中做成的温度计，测量温区大。已经证实液态镓中有 Ga_2，所以其密度($6.09\ g \cdot cm^{-3}$)大于固态镓的密度($5.94\ g \cdot cm^{-3}$)。Ga 和 As、Sb 作用生成的 GaAs、GaSb 是半导体材料。

镓是分散元素，通常以提取 Al 或 Zn 的“废弃物”为原料。如在用碱处理铝矾土(一般铝矾土中含约 0.003%的 Ga)时，镓转化为可溶的 $Ga(OH)_4^-$。由于 $Ga(OH)_3$ 的酸性强于 $Al(OH)_3$，以及 $Ga(OH)_3$ 的 K_{sp}(1×10^{-34})和 $Al(OH)_3$ 的 K_{sp}(1.3×10^{-33})相近，因此在通 CO_2 时，$Al(OH)_4^-$ 先于 $Ga(OH)_4^-$ 和 CO_2 作用，生成 $Al(OH)_3$ 沉淀。$Al(OH)_3$ 于 pH=10.6时沉淀，而 $Ga(OH)_3$ 沉淀的 pH=9.7，控制 pH 可使 $Al(OH)_3$ 沉淀而 $Ga(OH)_4^-$ 仍留在溶液中。这样 $Ga(OH)_4^-$ 就在溶液中富集，最后可得约 0.2% Ga_2O_3(是提取 Ga 的原料)。

Ga 的性质和 Al 的性质较为相似。Ga 的金属性稍弱于 Al，表面也有一层氧化物保护膜。纯 Ga 和稀酸的作用很慢，但和热 HNO_3、王水或碱液的作用却很快。室温下，Ga 和 O_2 的作用不明显，加热时反应速度加快。

室温下，Ga 和 X_2（I_2 除外）就能作用，加热时 Ga 能和 S、Se、Te、P、As、Sb 作用生成相应的化合物，但不和 H_2 直接反应。

2. 氢氧化物和氧化物

$Ga(OH)_3$ 是两性氢氧化物，其酸性略强于 $Al(OH)_3$。$K_a=1.4\times10^{-7}$[$Al(OH)_3$ 为 2×10^{-11}]，$K_{sp(b)}=1.4\times10^{-34}$[和 $Al(OH)_3$ 相近]。$Ga(OH)_3$ 能溶于 $NH_3\cdot H_2O$，而 $Al(OH)_3$ 难溶。$Ga(OH)_3$ 受热生成 Ga_2O_3，低温生成 α-Ga_2O_3，380 ℃成 β-Ga_2O_3。

In^{3+} 和碱溶液作用得胶状 $In(OH)_3$ 沉淀。20 ℃，$In(OH)_3$ 的溶解度为 3.7×10^{-4} $mg\cdot L^{-1}$。于170 ℃脱水生成 In_2O_3。

In_2O_3 能溶于酸，但不溶于碱。

$$In_2O_3+6H^+ \longrightarrow 2In^{3+}+3H_2O$$

Tl 和 Ga、In 不同，只有 Tl_2O_3 而没有 $Tl(OH)_3$。25 ℃它的溶解度为 2.5×10^{-5} $mg\cdot L^{-1}$。加热到100 ℃，Tl_2O_3 开始分解为 Tl_2O 和 O_2。

Ga 不易生成低价化合物，即使生成也不如 Tl^+ 稳定，但比 Al^+ 要稳定得多。如

$$Ga_2O_3+4Ga \xrightarrow{\text{真空},500\,℃} 3Ga_2O$$

$$GaCl_3+2Ga \xrightarrow{800\,℃} 3GaCl$$

Ga_2O 是暗棕色粉末，能在室温下稳定存在（Al_2O 极难生成，即使生成了，在室温下也完全分解）。GaCl 在室温下遇水汽分解为 Ga 和 $GaCl_3$（Al 和 $AlCl_3$ 在高温下也能生成 AlCl，后者在室温下完全分解）。

TlOH（还有 Tl_2CO_3）可溶于水，水溶液显碱性。Tl(Ⅰ)的这个性质和碱金属（Tl^+ 的半径和 Rb^+、Cs^+ 相近）化合物相似。

3. 卤化物

镓、铟各有 4 种三卤化物，室温下铊有 TlF_3、$TlCl_3$ 和 4 种一卤化物。卤化物中 MF_3 是离子型化合物，其余主要是共价型化合物。

表 7-6　GaX_3、InX_3 及 TlX 的 $\Delta_f H_m^\ominus/(kJ\cdot mol^{-1})$

	F	Cl	Br	I
$\Delta_f H_m^\ominus(GaX_3)$	−1163.2(s)	−524.7(s)	−386.6(s)	−214.2(s)
$\Delta_f H_m^\ominus(InX_3)$	—	−537.2(s)	−403.8(s)	−230.1(s)
$\Delta_f H_m^\ominus(TlX)$	−138.1(g)	−205.0(s)	−172.4(s)	−124.3(s)

和铝相似，GaF_3 也能形成 M_3GaF_6 配合物（M 为 Na、K、NH_4^+）。气态氯化镓是二聚物 Ga_2Cl_6；无水 $GaCl_3$ 也可作 Friedel-Craft 反应的催化剂。镓盐可和水结合成相应的水合物。

InX_3 能和水作用形成水合物，如 $InCl_3\cdot4H_2O$、$InBr_3\cdot5H_2O$。$InCl_3$ 能和碱金属氯化物形成氯配合物，如 K_3InCl_6；Tl(Ⅲ)和 Cl^- 的配离子有 $TlCl_4^-$、$TlCl_5^{2-}$ 和 $TlCl_6^{3-}$ 三种。

TlX（X 为 Cl、Br、I）为难溶物，见光分解。这些性质和 Ag 相似。

4. 其他盐

镓盐的溶解度和铝盐相似，易溶镓盐一般含结晶水。镓盐受热分解，其分解温度稍低于相应铝盐，如 $Ga_2(ClO_4)_3 \cdot 9H_2O$ 于120 ℃失水，175 ℃分解为碱式盐；$Ga_2(C_2O_4)_3 \cdot 4H_2O$ 于170～180 ℃失水，195 ℃分解为 Ga_2O_3。$Ga_2(SO_4)_3 \cdot 18H_2O$ 也能形成矾，如 $(NH_4)_2SO_4 \cdot Ga_2(SO_4)_3 \cdot 24H_2O$。

铟盐也含有结晶水，但所含结晶水的数目比相应铝、镓盐少，如 $In(NO_3)_3 \cdot 4.5H_2O$、$In_2(C_2O_4)_3 \cdot 6H_2O$。成矾的能力不及铝、镓。

铊(Ⅲ)盐只能在浓酸介质中制得，如 $Tl(HCOO)_3$、$Tl(Ac)_3$、$Tl(NO_3)_3$ 等都要在相应浓酸中才能得到其晶体。

总的来说，可溶性 Tl(Ⅰ)化合物的性质和碱金属盐相似，只是含结晶水的数目较少或不含结晶水，如 Tl_2CO_3、Tl_2SO_4 都不含结晶水；不溶性 Tl(Ⅰ)盐和相应 Ag(Ⅰ)盐相似，如 TlX(除 TlF 外)、TlSCN、Tl_2CrO_4、Tl_2S 等都是难溶物。

	TlF	TlCl	TlBr	TlI	Tl_2S	TlSCN
溶解度/(g/100 g H_2O)	80^{15}	0.325^{20}	0.0577^{25}	0.006^{20}	0.038^{20}	0.315^{20}

前述镓酸酸性强于铝酸，镓形成低氧化态化合物倾向强于铝；Tl(Ⅰ)比 Tl(Ⅲ)稳定等，都是第二周期性的体现。

习　题

1. 如何制备单质硼？几种制法各有何特点？

2. 举例说明缺电子化合物的特性及用途。

3. 举例说明吸热化合物的不稳定性。

4. 简述铝和各种酸的作用，并写出有关的反应方程式。

5. 完成并配平下列反应方程式：

$NaAl(OH)_4 + CO_2 \longrightarrow$

$NaGa(OH)_4 + CO_2 \longrightarrow$

$NaAl(OH)_4 + NH_4Cl \longrightarrow$

$NaAl(OH)_4 + AlCl_3 \longrightarrow$

$Al + HNO_3$(热、浓)$\longrightarrow$

$AlCl_3 + Na_2S + H_2O \longrightarrow$

$Na_2B_4O_7 + H_2SO_4 + H_2O \longrightarrow$

6. 如何使高温灼烧过的 Al_2O_3 转化为可溶性的 Al(Ⅲ)盐？

7. 写出用 ROH(醇)和浓 H_2SO_4 检验硼酸的反应式。如果原溶液中是 $Na_2B_4O_5(OH)_4$，能否发生上述反应？

8. 写出用硼砂进行硼砂珠反应的方程式。写出 $Na_4P_2O_7$、$Na_2S_2O_7$ 等焦酸盐类似于硼砂珠反应的方程式。

9. 为什么 $AlCl_3 \cdot 6H_2O$ 不能作 Friedel-Craft 反应的催化剂？

10. 如何制备无水 $AlCl_3$？能否用加热脱去 $AlCl_3 \cdot 6H_2O$ 中水的方法制备无水 $AlCl_3$？

11. Tl(Ⅰ)的哪些化合物的性质和碱金属化合物相似？哪些化合物的性质和 Ag(Ⅰ)盐相似？

12. 有一种 p 区元素，其白色氯化物溶于水后得到透明的溶液。此溶液和碱作用得白色沉淀，沉淀能溶于过量的碱。问这种白色化合物可能是何种元素的氯化物？如何进一步加以确证？

13. 有的地区用 Al(Ⅲ)化合物除去饮用水中的 F^-。这种方法的根据是什么？

14. 为什么硼砂溶液具有缓冲作用？这种缓冲溶液的 pH 是多少？

15. 比较铝和镓的下列性质:金属性、氢氧化物的酸碱性。

16. 请写出 BF_3、BCl_3 的水解反应方程式。两者水解有何不同?

17. “BF_3 是 BO_3^{3-} 的等电子体,结构相同。”你是怎样理解这个问题的?

18. 据报道:以 NaCl(53%)、KCl(40%)、$AlCl_3$(7%)为熔盐液,于 700℃ 电解制 Al 耗电量比电解 Al_2O_3-Na_3AlF_6 少 28%。为什么此法至今尚未工业化?

19. Al_4C_3 水解生成 CH_4 气,AlP 水解生成 PH_3,能否说明原先化合物中有 C^{4-}、P^{3-}?

20. 写出 B_2Cl_4 的等电子体。

21. 为什么能用 Al 还原 $CaCl_2$ 制 Ca?写出反应方程式。

22. Tl(Ⅲ)氧化性较强,所以没有 Tl_2S_3。查文献时却发现有 TlI_3。如何理解?

第八章　铜族元素和锌族元素

元素周期表ⅠB族(11族)包括铜(copper)、银(silver)、金(gold)3种金属元素,ⅡB族(12族)包括锌(zinc)、镉(cadmium)、汞(mercury)3种金属元素。两族合在一起是周期表的ds区。

铜族元素和碱金属元素最外层只有1个s电子,都能形成M(Ⅰ)化合物。铜族元素次外层$(n-1)$d轨道能量和最外层ns能量相差较小,可有1～2个d电子参与成键,因而有Ⅱ、Ⅲ氧化态。常见的高氧化态分别为Cu(Ⅱ)、Ag(Ⅲ)、Au(Ⅲ)。

锌族元素和ⅡA族元素最外电子层都是ns^2,形成M(Ⅱ)化合物。锌族元素次外层$(n-1)$d对核电荷屏蔽不完全,因而电离能大,活泼性不如ⅡA族。

8.1　铜族元素

1. 铜族元素的存在和提取

自然界,铜、银、金有以单质状态存在的矿物,在人类历史上它们是最早被发现的3种金属(发现顺序可能是金、铜、银)。目前已经发现的最大的天然铜块重42×10^3 kg,主要的铜矿是硫化物,如辉铜矿Cu_2S、黄铜矿$CuFeS_2$,其次尚有氧化物矿,如赤铜矿Cu_2O、黑铜矿CuO和孔雀石$Cu_2(OH)_2CO_3$。银多以氯化物,如角银矿AgCl和硫化物Ag_2S矿存在,后者常和方铅矿共生。金以单质形式散存于岩石(岩脉金)或砂砾(冲积金)中,我国山东、黑龙江和新疆等许多地区都有金矿。

金属铜的提炼主要从黄铜矿开始。工艺过程是铜矿$CuFeS_2$经选矿、焙烧,把所得Cu_2S和FeO装入反射炉,按比例加入砂子,使FeO和SiO_2形成$FeSiO_3$(除渣),最后移入转炉,鼓入空气经还原得到粗铜(顶吹)。经精炼得精铜,又经电解得电解铜。化学反应式如下:

焙烧:

$$2CuFeS_2 + O_2 = Cu_2S + 2FeS + SO_2$$
$$2FeS + 3O_2 = 2FeO + 2SO_2$$

除渣:

$$FeO + SiO_2 = FeSiO_3$$

顶吹:

$$2Cu_2S(s)+3O_2(g) = 2Cu_2O(s)+2SO_2(g)$$

$$\Delta_r H_m^\ominus=-766.6\ kJ\cdot mol^{-1},\quad \Delta_r G_m^\ominus=-721.2\ kJ\cdot mol^{-1}$$

$$2Cu_2O(s)+Cu_2S(s) = 6Cu(s)+SO_2(g)$$

$$\Delta_r H_m^\ominus=116.8\ kJ\cdot mol^{-1},\quad \Delta_r G_m^\ominus=78.6\ kJ\cdot mol^{-1}$$

顶吹过程的前一个反应是放热的，后一个反应是吸热的。在转炉中总的反应自由能变为负值，反应能较顺利进行。向炉内鼓入空气将部分 Cu_2S 氧化为 Cu_2O 后，剩余的 Cu_2S 再将 Cu_2O 还原为粗铜，此粗铜又称**泡铜**，一般含 1%～2%的杂质。工业上电解法是在一个盛 $CuSO_4$ 和 H_2SO_4 混合液的电解槽内，以粗铜为阳极，电解铜为阴极进行电解。

阳极反应：　$Cu(粗)-2e = Cu^{2+}$

阴极反应：　$Cu^{2+}+2e = Cu(99.95\%)$

电解过程中原粗铜（阳极）所含杂质金、银、铂、硒等沉在阳极底部，叫作**阳极泥**，阳极泥是提炼贵金属的原料。

从阳极泥提取银、金：首先将和银、金一起沉积的 Cu_2O 用约 50%的 H_2SO_4 处理除去铜，这样得到的粗银中，含有少量的金、铂等贵金属；用电解法以粗银板为阳极，纯银为阴极，$AgNO_3$溶液为电解质，银在阴极析出，铜等杂质留在溶液中，金、铂等沉于槽底。自含银方铅矿得到的铅中提取银，一般采用 Parkes 萃取法。其原理是，高温时银在熔融锌中的浓度比在铅中大 3000 倍，而在400 ℃锌和铅基本不互溶。据此，方铅矿经煅烧还原得到的含银金属铅，使其和金属锌混合熔融后，大部分银转溶在锌中，即用锌自铅中萃取银，再将所得银锌合金用蒸馏法除去锌，然后把得到的粗银加热，使其中残留的少量铅生成 PbO，因而分离出金属银。

把含 Au 矿砂放入 NaCN 溶液，在 O_2（空气）作用下形成 $Au(CN)_2^-$（$\beta_2\approx10^{38}$），而后用 Zn 置换出 Au。

$$4Au+O_2+8CN^-+2H_2O = 4Au(CN)_2^-+4OH^-$$

$$2Au(CN)_2^-+Zn = 2Au+Zn(CN)_4^{2-}$$

2. 单质的物理性质和化学性质

在常温下，铜、银、金都是晶体，纯铜为紫红色，金为黄色，银为银白色。表 8-1 列出它们的某些物理性质。

表 8-1　铜族、锌族单质的某些物理性质

	Cu	Ag	Au	Zn	Cd	Hg
密度/($g\cdot cm^{-3}$)	8.92	10.5	19.3	7.14	8.64	13.55
Moh 硬度	3	2.7	2.5	2.5	2	—
导电性(Hg=1)	58.6	61.7	41.7	16.6	14.4	1
熔点/℃	1083	960.8	1063	419	321	−38.87
沸点/℃	2596	2212	2707	907	767	357

铜族元素都是重金属（$d>5\ g\cdot cm^{-3}$），其中金的密度最大，为 $19.3\ g\cdot cm^{-3}$。它们的硬度较小，在2～3之间，熔、沸点较高。它们有良好的延展性和优良的导电、导热性能，在所有金属中，银导电性最强，铜其次。

铜、银、金也叫钱币金属，很久以前它们就被用于制造钱币和装饰品，此外许多合金被用于生产和生活。表 8-2 列出一些含铜、银、金的合金及其组成。

表 8-2　一些含铜、银、金的合金及其组成

合　金	质量分数 w/(%)	合　金	质量分数 w/(%)
黄铜	60～90 Cu，40～10 Zn	18 开黄金	75 Au，12.5 Ag，12.5 Cu
青铜	70～95 Cu，1～25 Zn，1～18 Sn	14 开黄金	58 Au，14～28 Ag，14～28 Cu
康铜	60 Cu，40 Ni	18 开白金	75 Au，3.5 Cu，16.5 Ni，5 Zn
银币(英)	92.5 Ag，7.5 Cu	汞齐(牙科用)	50 Hg，35 Ag，13 Sn，1.5 Cu，0.5 Zn
银币(美)	90 Ag，10 Cu		
金币(美)	90 Au，10 Cu		

Ag 微溶于水，水中微量的银具杀菌性，杀菌浓度下限为 $2\times10^{-11}\ \mathrm{mol\cdot L^{-1}}$，人们曾用银器盛水。

铜族元素的化学活泼性比相应碱金属明显弱，并按 Cu、Ag、Au 的顺序递减。这种情况显然和它们的外围电子结构有关：

(1) 铜族元素原子的次外层为 18e，由于对核电荷的屏蔽作用较相应碱金属小，所以有效核电荷大，电离能也较大。

(2) 和 8e 层阳离子相比，18e 层阳离子具有较强的极化力，所以 Ⅰ B 族元素阳离子的水合能也较大。

(3) 铜族元素的升华热较相应碱金属大。

从表 8-3 可知：① 铜族金属的电极电势($E^{\ominus}$)较碱金属的高出许多。

表 8-3　铜族、锌族元素的某些性质

	K	Cu	Ca	Zn
$\Delta_s H_m^{\ominus}/(\mathrm{kJ\cdot mol^{-1}})$	90.00	341.08	142.7	130.5
$\Delta_i H_m^{\ominus}/(\mathrm{kJ\cdot mol^{-1}})$	418.9	745.5	1735.2	2639.7
$\Delta_h H_m^{\ominus}/(\mathrm{kJ\cdot mol^{-1}})$	−302.9	−581.6	−1592.4	−2044.3
$\Delta_f G_m^{\ominus}$，M^{n+}(aq)/$(\mathrm{kJ\cdot mol^{-1}})$	−283.26	50.21	−553.04	−147.2
标准电势/V	−2.93	0.52	−2.87	−0.76
	Rb	Ag	Sr	Cd
$\Delta_s H_m^{\ominus}/(\mathrm{kJ\cdot mol^{-1}})$	85.81	289.20	164.01	99.8
$\Delta_i H_m^{\ominus}/(\mathrm{kJ\cdot mol^{-1}})$	403.0	731.0	1613.8	2499.1
$\Delta_h H_m^{\ominus}/(\mathrm{kJ\cdot mol^{-1}})$	−296.23	−475.3	−1444.7	−1805.8
$\Delta_f G_m^{\ominus}$，M^{n+}(aq)/$(\mathrm{kJ\cdot mol^{-1}})$	−282.2	77.11	−557.3	−77.74
标准电势/V	−2.92	0.799	−2.89	−0.403
	Cs	Au	Ba	Hg
$\Delta_s H_m^{\ominus}/(\mathrm{kJ\cdot mol^{-1}})$	79.50	344.3	151.0	60.8
$\Delta_i H_m^{\ominus}/(\mathrm{kJ\cdot mol^{-1}})$	380.74	890.1	1468.2	2816.7
$\Delta_h H_m^{\ominus}/(\mathrm{kJ\cdot mol^{-1}})$	−263.59	—	−1303.7	−1853.5
$\Delta_f G_m^{\ominus}$，M^{n+}(aq)/$(\mathrm{kJ\cdot mol^{-1}})$	−282.04	163.2	−560.7	164.8
标准电势/V	−2.92	1.68	−2.91	0.845

*　$\Delta_i H_m^{\ominus}$ 为电离能，对 Ⅱ A、Ⅱ B 族是第一、二电离能之和。

② 铜族元素形成 $M^{n+}(aq)$ 的倾向随原子序数增大而递减。这种情况和ⅠA 族恰好相反。

铜族元素的最高氧化态大于族号数，这个性质在元素周期表中除镧系、锕系某些元素外是很少的。下面以 Cu 为例说明其原因。Cu 的 4s 能级的能量和 3d 的相近，其第二电离能虽然较高，但 Cu^{2+} 的水合能(绝对值)更大。

$$Cu^{+}(g) \longrightarrow Cu^{2+}(g) + e \qquad \Delta_i H_m^\ominus = 1966\ kJ \cdot mol^{-1}$$

$$Cu^{2+}(g) + aq \longrightarrow Cu^{2+}(aq) \qquad \Delta_h H_m^\ominus = -2100\ kJ \cdot mol^{-1}$$

即从 $Cu^{+}(g)$ 转化为 $Cu^{2+}(aq)$ 过程中，Cu^{2+} 的水合能不仅能补偿第二电离能，而且还有余。就是说当有水合条件时，$Cu^{2+}(aq)$ 能稳定存在(参看本节之 5)。

与 Cu 相似，Ag、Au 的高氧化态出现于配合物中，如 $Ag(C_5H_5N)_4^{2+}$(C_5H_5N 为吡啶)、$AuCl_4^-$，或晶体中，如 Ag_2O_3。

铜族元素的离子(M^+)半径分别和前一周期的碱金属离子半径相近(表 8-4)，但由于它们的离子外围电子结构不同，ⅠB 族元素阳离子极化作用较强，因此铜族元素氢氧化物的碱性弱，阳离子易水解、易形成配离子、易被还原。

表 8-4　ⅠB、ⅡB 和ⅠA、ⅡA 族元素的离子半径

Na^+	95 pm	Cu^+	91 pm	Mg^{2+}	65 pm	Zn^{2+}	74 pm
K^+	133 pm	Ag^+	129 pm	Ca^{2+}	99 pm	Cd^{2+}	97 pm
Rb^+	148 pm	Au^+	137 pm	Sr^{2+}	113 pm	Hg^{2+}	110 pm

铜、银、金的化学性质见表 8-5。

表 8-5　铜族元素的化学性质

化学反应通式(M=Cu、Ag、Au，X=卤素)	说　明
$M+\frac{n}{2}X_2 \longrightarrow MX_n$	与 Cu 作用：$n=2(F_2、Cl_2、Br_2)$，$n=1(I_2)$ 与 Au 作用：$n=3(Cl_2、Br_2)$，$n=1(I_2)$
$4M+O_2 \longrightarrow 2M_2O$	Cu，1000 ℃反应；Ag，在 O_2 压力下
$2M+S \longrightarrow M_2S$	Cu、Ag 除与 S 作用外，还可以与 Se、Te 作用
$M+2H^+ +\frac{1}{2}O_2 \longrightarrow M^{2+}+H_2O$	Cu
$M+4NH_3+\frac{1}{2}O_2+H_2O \longrightarrow M(NH_3)_4^{2+}+2OH^-$	Cu
$2M+2H_2SO_4 \longrightarrow M_2SO_4+SO_2+2H_2O$	Ag，Cu 变为 Cu^{2+}
$M+5H^+ +4Cl^- +NO_3^- \longrightarrow HMCl_4+NO+2H_2O$	Au
$2M+4CN^- +\frac{1}{2}O_2+H_2O \longrightarrow 2M(CN)_2^- +2OH^-$	Cu、Ag、Au

由于铜族元素离子具有 18e 结构，它们既呈现较大的极化作用，又有明显的变形性，因而它们的化学键带有部分的共价性。此外，它们可以形成多种配离子。Cu(Ⅱ)和 Au(Ⅲ)配离子的配位数主要是 4，Cu(Ⅰ)和 Ag(Ⅰ)的配位数为 2、4。铜、银、金的氧化态和立体化学见表 8-6。

表 8-6 铜、银、金的氧化态和立体化学

氧化态,d 电子数	配位数	几何构型	举 例
M(Ⅰ),d^{10}	2	直线形	$CuCl_2^-$、$[Ag(CN)_2]^-$、$[Ag(NH_3)_2]^-$、$[Au(CN)_2]^-$
	4	四面体	$[Cu(CN)_4]^{3-}$、$[Ag(SCN)_4]^{3-}$
M(Ⅱ),d^9	4	正方形	$CuCl_4^{2-}$、$[Ag(py)_4]^{2+}$(py 为吡啶)
	4	畸变四面体	$Cs_2[CuCl_4]$
	6	八面体	$K_2Pb[Cu(NO_2)_6]$
	6	畸变八面体	$CuCl_2$、$K_2[CuF_4]$
M(Ⅲ),d^8	4	正方形	$KCuO_2$、AgF_4^-、$AuBr_4^-$
	6	八面体	K_3CuF_6

3. 重要化合物

铜有Ⅰ、Ⅱ、Ⅲ氧化态,而 Cu(Ⅲ)化合物极少且不重要。铜(Ⅰ)形成许多二元化合物,此外许多含氧酸盐易被水分解。

(1) 氧化铜(Ⅰ)

把 CuCl 和 NaOH 共煮,可以得到棕红色 Cu_2O 沉淀。

$$2CuCl+2OH^- = Cu_2O\downarrow+2Cl^-+H_2O$$

当用碱性 Cu(Ⅱ)盐溶液与还原剂(如葡萄糖)加热析出黄到红色 Cu_2O。此反应在医疗上诊断糖尿病,通常用的 Fehling 试剂是 $CuSO_4$ 液、$KNaC_4H_4O_6$(酒石酸钾钠)和 NaOH 液混合而成,能氧化醛糖,本身被还原为 Cu_2O(红色或黄色)。若与 0.01 mg 葡萄糖反应得 Cu_2O 沉淀,而与 0.001 mg 葡萄糖反应得红色溶液。

(2) 卤化亚铜

卤化亚铜 CuX(X=Cl、Br、I)都是白色难溶的化合物,其溶解度依 Cl、Br、I 顺序减小。

	CuCl	CuBr	CuI
溶解度/($mg\cdot L^{-1}$)(25 ℃)	110	29	0.42
溶度积	2.0×10^{-6}	2.0×10^{-9}	1.1×10^{-12}

拟卤化亚铜也是难溶物,如 CuCN 的 $K_{sp}=3.2\times10^{-20}$,CuSCN 的 $K_{sp}=4.8\times10^{-15}$。

用还原剂还原卤化铜,可以得到卤化亚铜,常用的还原剂有 $SnCl_2$、SO_2、$Na_2S_2O_4$、Cu 等。

$$2CuCl_2+SnCl_2 = 2CuCl\downarrow+SnCl_4$$

$$2CuCl_2+SO_2+2H_2O = 2CuCl\downarrow+H_2SO_4+2HCl$$

$$CuCl_2+Cu+4Cl^- = 2CuCl_3^{2-} \quad CuCl_3^{2-} \xlongequal{H_2O} CuCl+2Cl^-$$

CuI 可由 Cu^{2+} 和 I^- 直接反应制得。

$$2Cu^{2+}+5I^- = 2CuI+I_3^-$$

卤化亚铜(及其他亚铜盐)都是反磁性的化合物,表明 Cu(Ⅰ)中没有未成对电子,因此要用 CuX,而不用 Cu_2X_2 表示其组成。

干燥的 CuX 在空气中比较稳定,但湿的 CuCl 在空气中易发生水解和被空气氧化为

Cu(Ⅱ)化合物。

$$4CuCl+O_2+4H_2O = 3CuO\cdot CuCl_2\cdot 3H_2O+2HCl$$
$$8CuCl+O_2 = 2Cu_2O+4Cu^{2+}+8Cl^-$$

CuX(包括拟卤化亚铜)易和 X^-(包括拟卤离子)形成配离子,其中 $Cu(CN)_4^{3-}$ 极为稳定,$\beta_4=2\times10^{30}$,所以 CuCN 易溶于 KCN 溶液;而 CuX_2^- 的 β_2 较小,所以 CuCl、CuBr、CuI 在相应卤化物溶液中的溶解度比水中只是略为增大一些。

$$CuX+X^- = CuX_2^-$$

	$CuCl_2^-$	$CuBr_2^-$	CuI_2^-
K	6.5×10^{-2}	4.6×10^{-3}	6.3×10^{-4}

实验室中用悬挂涂有 CuI 的纸条检测空气中 Hg 的含量。如于15 ℃在 3 小时内,白色 CuI 不变色,表示空气中的 Hg 低于允许含量($0.1\ mg\cdot m^{-3}$);在 3 小时以内,如变为亮黄至暗红色,可根据变色的时间判断空气中含 Hg 量。

$$4CuI+Hg = Cu_2HgI_4+2Cu$$

此外,在无空气条件下将 Cu 与 S 共热,生成黑色 Cu_2S 晶体。

$$2Cu+S \xlongequal{\triangle} Cu_2S$$

在没有潮气时加热 Cu_2O 和 $(CH_3)_2SO_4$,得到浅灰色 Cu_2SO_4 固体。

$$Cu_2O+(CH_3)_2SO_4 \xlongequal{100\ ℃} Cu_2SO_4+(CH_3)_2O$$

(3) 氧化铜(Ⅱ)和氢氧化铜(Ⅱ)

加热铜(Ⅱ)的碱式碳酸盐、硝酸盐或在氧化气氛下加热铜粉,都能得到黑色的 CuO。

$$Cu_2(OH)_2CO_3 = 2CuO+CO_2+H_2O$$
$$2Cu(NO_3)_2 = 2CuO+4NO_2+O_2$$
$$2Cu+O_2 = 2CuO$$

它不溶于水,但溶于酸中。当在高于900 ℃加热分解为 Cu_2O。加热时 CuO 可被 H_2 或 NH_3 还原为 Cu。

$$3CuO+2NH_3 = N_2+3Cu+3H_2O$$

CuO 在有机分析中作为氧化剂用于测定化合物中的含碳量。

向 $Cu(NH_3)_4^{2+}$ 溶液中加入碱,析出浅蓝色的 $Cu(OH)_2$。$Cu(OH)_2$ 微显两性,以碱性为主,能溶于较浓的强碱形成 $Cu(OH)_4^{2-}$。$Cu(OH)_2$ 溶于较浓 $NH_3\cdot H_2O$ 液,生成深蓝色的 $Cu(NH_3)_4^{2+}$。

$$Cu(OH)_2+4NH_3 = [Cu(NH_3)_4](OH)_2$$

此溶液有溶解纤维的能力,工业上曾用此性质制造人造丝。

(4) 卤化铜

卤化物有无水 CuX_2(CuF_2 白色、$CuCl_2$ 棕色、$CuBr_2$ 黑色)和含结晶水的化合物,如

$CuCl_2 \cdot 2H_2O$(蓝色)。$CuCl_2$ 极易溶于水,其稀溶液呈天蓝色,溶液中除 $Cu(H_2O)_4^{2+}$ 外,还有$CuCl^+$。室温下 0.1 mol·L^{-1} $CuCl_2$ 溶液中 $CuCl^+$ 占阳离子总浓度的 25%。$CuCl_2$ 溶于浓 HCl 呈黄绿色,这是因为除 $Cu(H_2O)_4^{2+}$ 外有黄色配离子 $CuCl_4^{2-}$ 之故。

$CuBr_2$ 溶于 HBr 呈特征的紫色。1 mL溶液中含有 0.05 mg $CuBr_2$(相当于含 Cu 0.014 mg·mL^{-1})即显紫色。这个反应比常用的使 Cu^{2+} 以 CuS 或 $Cu_2[Fe(CN)_6]$沉出并鉴定 Cu^{2+} 的方法还要灵敏。一般认为紫色物为 $CuBr_3^-$。

CuX_2 可用单质 Cu 和 X_2 直接反应,或 HX 和 CuO 反应制得。

$$Cu + Cl_2 = CuCl_2$$

$$CuO + 2HBr = CuBr_2 + H_2O$$

从溶液中得到的是含结晶水的卤化铜,后者加热可得无水盐。

$$CuCl_2 \cdot 2H_2O \xlongequal{\approx 100\ ℃} CuCl_2(\text{棕色}) + 2H_2O$$

高温 CuX_2 分解为 CuX 及 X_2。

$$2CuCl_2 \xlongequal{1000\ ℃} 2CuCl + Cl_2$$

CuF_2 中 Cu—F 键是第四周期过渡元素氟化物中最弱的一个,所以在加热时,CuF_2 被用作氟化剂。如

$$CuF_2 + Mn(\text{或 Ta}) \longrightarrow MnF_2(\text{或 } TaF_5) + Cu$$

	Sc—F	Ti—F	Mn—F	Fe—F	Ni—F	Cu—F
键能/(kJ·mol^{-1})	594	585	458	456	462	365

因 Cu^{2+} 上有一个未成对电子,所以卤化铜都是顺磁性(paramagnetism)物质。

(5) 铜(Ⅱ)含氧酸盐

重要的易溶铜(Ⅱ)盐有 $CuSO_4 \cdot 5H_2O$、$Cu(NO_3)_2 \cdot 3H_2O$ 及 $Cu(CH_3COO)_2 \cdot H_2O$。[难溶铜(Ⅱ)盐有黑色 CuS 及红棕色 $Cu_2Fe(CN)_6$。CuS 沉淀的生成用于从一些混合离子溶液中分离 Cu^{2+};$Cu_2Fe(CN)_6$ 沉淀的生成用作 Cu^{2+} 的鉴定。]

① 硫酸铜 $CuSO_4 \cdot 5H_2O$。俗称胆矾(brochantite)。CuO 和 H_2SO_4 作用可得蓝色晶体 $CuSO_4 \cdot 5H_2O$。其中 4 个分子 H_2O 和 Cu^{2+}配位,另一个 H_2O 分子通过氢键和 SO_4^{2-} 相连,温度升高,逐步脱水。结构如下:

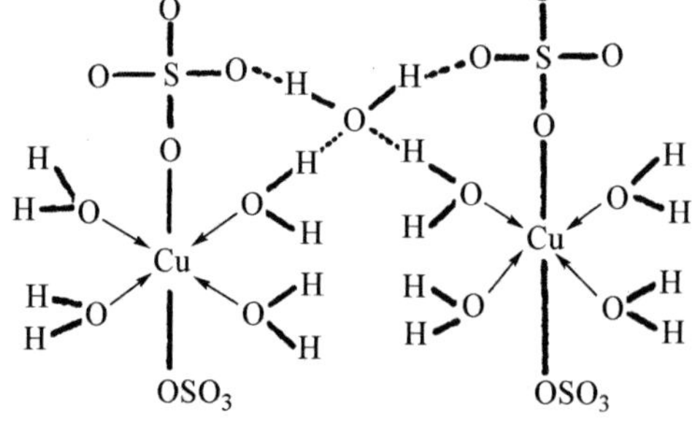

$$CuSO_4 \cdot 5H_2O \xlongequal{102℃} CuSO_4 \cdot 3H_2O + 2H_2O$$

$$CuSO_4 \cdot 3H_2O \xlongequal{113℃} CuSO_4 \cdot H_2O + 2H_2O$$

$$CuSO_4 \cdot H_2O \xlongequal{258℃} CuSO_4 + H_2O$$

高于600℃加热固体 $CuSO_4$，分解为 CuO、SO_3、SO_2 及 O_2。

$CuSO_4 \cdot 5H_2O$ 溶于水，因 Cu^{2+} 水解，溶液显酸性。$CuSO_4$ 溶液浓度从 0.1 mol·L^{-1} 降为0.001 mol·L^{-1}，其水解度从0.048%上升到 0.36%。15℃时 0.1 mol·L^{-1} $CuSO_4$ 溶液的 pH=4.2。用它作原料，可以制其他 Cu(Ⅱ)及 Cu(Ⅰ)盐。用作杀虫剂时，因水溶液显酸性，常加些石灰乳，配成波尔多杀虫液。

$CuSO_4$ 溶液和强碱反应得碱式硫酸盐，其组成随反应条件不同而异。如加恰能使 Cu^{2+} 完全沉淀的 KOH，则得 $CuSO_4 \cdot 3Cu(OH)_2$，此组成和自然界的水硫酸铜矿相同；如用 1∶10 化合量的 NaOH 和 $CuSO_4$ 反应，则得 $CuSO_4 \cdot 4Cu(OH)_2 \cdot 2H_2O$；$Cu(OH)_2$ 和 $CuSO_4$ 溶液共热，得 $2CuSO_4 \cdot 5Cu(OH)_2 \cdot 2H_2O$。

② 醋酸铜 $Cu(CH_3COO)_2 \cdot xH_2O(x=4、1、0)$。CuO 或 $Cu(OH)_2$ 和 CH_3COOH 反应，可得 $Cu(CH_3COO)_2 \cdot H_2O$。

醋酸铜受热分解为 CuO 和醋酸酐。

$$CuO + 2CH_3COOH = Cu(CH_3COO)_2 \cdot H_2O$$

$$Cu(CH_3COO)_2 \xlongequal{\triangle} CuO + (CH_3CO)_2O$$

当有空气或 H_2O_2 存在时，Cu 和 CH_3COOH 作用生成蓝绿色碱式醋酸铜 $Cu(CH_3COO)_2 \cdot Cu(OH)_2$，俗称铜绿。它和 As_2O_3 化合生成剧毒的"巴黎绿" $Cu_3(AsO_3)_2 \cdot Cu(CH_3COO)_2$，可用作杀虫剂和杀菌剂。

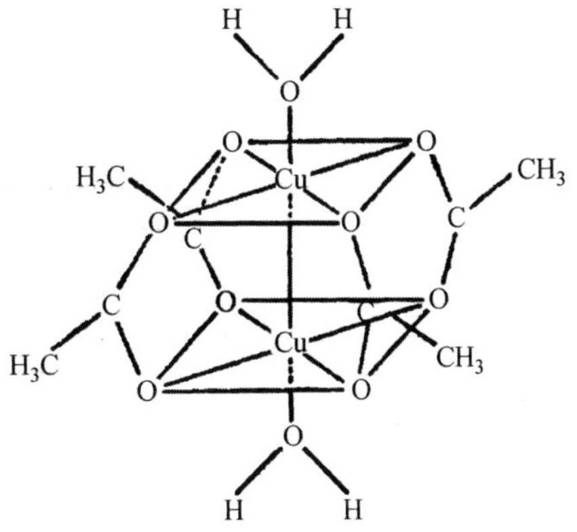

图 8-1 $Cu_2(CH_3COO)_4 \cdot 2H_2O$ 结构

醋酸铜的一水合物是二聚体，即 $Cu_2(CH_3COO)_4 \cdot 2H_2O$。它的结构见图 8-1。其中每个 Cu 原子以 dsp^2 杂化轨道和醋酸根中的"O"以 σ 键结合(197 pm)，接近平面四边形。Cu—Cu 间是以 $3d_{xy}$-$3d_{xy}$ 形成的 δ 键(264 pm)。此外，每个 Cu 原子和一个 H_2O 形成配位键(220 pm)。总起来看，每个 Cu 原子的配位数为 6，是八面体构型。

20 世纪 50 年代以来，发现许多化合物中存在着金属-金属键，$Cu_2(CH_3COO)_4 \cdot 2H_2O$ 就是一例。近年来，还发现有金属-金属重键存在，如 $Cr_2(CH_3COO)_4 \cdot 2H_2O$ 分子中 Cr 和 Cr 间为四重键。

(6) 氧化银(Ⅰ)

强碱液和 Ag^+ 反应，开始可能观察到白色沉淀(AgOH，<－39℃能稳定存在)，随即转化为棕黑色 Ag_2O。Ag_2O 微溶于水，溶液显弱碱性。

$$Ag_2O + H_2O \rightleftharpoons 2Ag^+ + 2OH^-$$

Ag_2O 容易溶解在 $NH_3 \cdot H_2O$ 中生成$[Ag(NH_3)_2]^+$。

$$Ag_2O+4NH_3+H_2O \longrightarrow 2[Ag(NH_3)_2]^+ +2OH^-$$

Ag_2O 在常压下加热，分解放出 O_2 并得到 Ag。

$$Ag_2O(s) \xlongequal{\triangle} 2Ag(s)+\frac{1}{2}O_2(g) \quad \Delta_r H_m^\ominus=30.6\ kJ \cdot mol^{-1}, \quad \Delta_r S_m^\ominus=66.7\ J \cdot (K \cdot mol)^{-1}$$

184 ℃，$p_{O_2}=10^5$ Pa。

(7) 卤化银

Ag^+ 分别和 Cl^-、Br^-、I^- 作用得到难溶 AgCl、AgBr、AgI。由于 AgF 易溶，所以要用 Ag_2O 和 HF 反应制备。

$$Ag^+ + X^- \longrightarrow AgX\downarrow \qquad (X = Cl、Br、I)$$

$$Ag_2O + 2HF \longrightarrow 2AgF + H_2O$$

AgX 的某些性质列于表 8-7 中。

表 8-7　AgX 的某些性质

	AgF	AgCl	AgBr	AgI
熔点/℃	435	455	430	558
沸点/℃	—	1557	1533	1504
颜色	白	白	浅黄	黄
溶解度/$(g \cdot L^{-1})$(25 ℃)	182	0.03	0.0055	5.6×10^{-5}
溶度积	—	1.8×10^{-10}	5.0×10^{-13}	8.9×10^{-17}
$\Delta_f H_m^\ominus/(kJ \cdot mol^{-1})$	−202.92	−127.03	−99.50	−62.38
$\Delta_f G_m^\ominus/(kJ \cdot mol^{-1})$	−184.93	−109.72	−95.94	−66.32
AgX 键长/pm	246	277	288	281*

* AgX 键长均按 NaCl 型结构计算。AgI 是 ZnS 型，高压下 AgI 为 NaCl 型结构，键长为 304 pm。

Ag^+ 有强极化力，而且容易变形，它和易变形的 Cl^-、Br^-、I^- 结合生成的 AgX 有较明显的共价性。判断 AgX 的化学键类型的一种方法是比较它们的键长和共价半径和。

	AgF	AgCl	AgBr	AgI
$(r_{Ag^+}+r_{X^-})$/pm	246	307	321	342
AgX 键长/pm	246	277	288	281
$U/(kJ \cdot mol^{-1})$	920.5	832.6	815.9	778.2
键型	离子	过渡	过渡	共价

AgCl、AgBr、AgI 的实测键长比$(r_{Ag^+}+r_{X^-})$短了许多，可见它们有明显的共价性，并且共价成分依次增大。因此，不难理解 AgF 有很大的溶解度，而 AgCl、AgBr、AgI 为难溶化合物，且它们的溶解度依次减小。

拟卤离子也较易变形，所以 AgCN、AgSCN 等也都是难溶物，它们的 K_{sp} 分别为 1.6×10^{-14}、1.0×10^{-12}。

AgCl、AgBr、AgI 都有感光性(light sensitiveness)，可作感光材料。

$$2AgX \xrightarrow{h\nu} 2Ag + X_2 \qquad (X=Cl、Br、I)$$

把 AgX 的明胶凝胶涂在底片上，曝光时感光部分形成“银核”，在还原剂对苯二酚（俗称显影剂）的作用下还原成 Ag。

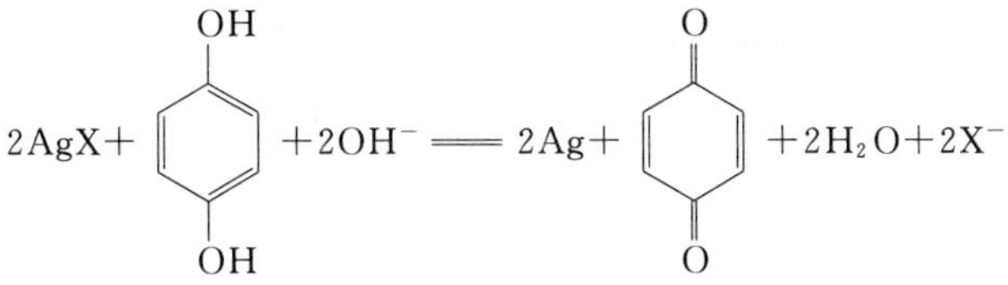

未曝光的 AgX，用 $Na_2S_2O_3$ 溶液（定影液主要成分）溶解得“负像”即底片。

$$AgX + 2S_2O_3^{2-} = Ag(S_2O_3)_2^{3-} + X^-$$

印相时，将负像放在照相纸上进行曝光，经显形、定影，即得“正像”。从废定影液和废胶片回收银具有实际意义。显影液中的银可用铁粉把它置换出来。回收废胶片上银的过程是先焚烧胶片（焚烧胶片时释放 NO_x 等有毒气体），而后从残余物中提银。

AgX（包括拟卤化银）在相应 X^-（包括拟卤离子）溶液中的溶解度比在水中的大，这是因为生成了 AgX_2^-、AgX_3^{2-}、AgX_4^{3-} 之故。如当 $[Cl^-] \approx 10^{-3}\ mol \cdot L^{-1}$ 时，AgCl 溶解度最小；当 $[Cl^-] > 10^{-3}\ mol \cdot L^{-1}$ 时，则 AgCl 的溶解度明显增大。由于 $Ag(CN)_2^-$ 的 $\beta_2 = 1.3 \times 10^{21}$ 很大，所以 AgCN 定量溶于 KCN 液。

加热固体 AgI 至146 ℃时，它能导电。在 340～370 ℃，AgI 是固态电解质（solid electrolyte）。现已确证，146 ℃时，在 AgI 晶体中 I^- 仍然保持原先的位置，而 Ag^+ 可较自由地扩散（相当于 Ag^+ 熔融，而 I^- 未熔），所以固态 AgI 能导电。

(8) 银(Ⅰ)化合物

$AgNO_3$ 和 AgF 是易溶盐。$AgNO_3$ 是制备其他银(Ⅰ)盐的原料。

工业上是将 Ag 和 HNO_3 作用，以制备 $AgNO_3$。

$$Ag + 2HNO_3(浓) = AgNO_3 + NO_2 + H_2O$$
$$3Ag + 4HNO_3(稀) = 3AgNO_3 + NO + 2H_2O$$

若选用浓 HNO_3 和 Ag 作用，反应速率快，但酸耗较大；选用稀 HNO_3，反应速率慢，但酸耗可以降低。生产上选用中等浓度的酸，通常用约 1∶3 的硝酸。

因金属银中常含铜，使产物中含硝酸铜。根据 $Cu(NO_3)_2$ 和 $AgNO_3$ 热分解温度的不同：

$$2AgNO_3 \xrightarrow{444\,℃} 2Ag + 2NO_2 + O_2$$
$$2Cu(NO_3)_2 \xrightarrow{200\,℃} 2CuO + 4NO_2 + O_2$$

将粗产品加热至 200～300 ℃，使 $Cu(NO_3)_2$ 分解，然后用水溶解已加热过的硝酸银，过滤除去 CuO，浓缩得到硝酸银的纯品。另一种除硝酸铜的方法，是向制备溶液中加适量新制的 Ag_2O，使 Cu^{2+} 沉淀为 $Cu(OH)_2$，反应后过滤除去 $Cu(OH)_2$。

$$Cu(NO_3)_2 + Ag_2O + H_2O = 2AgNO_3 + Cu(OH)_2 \downarrow$$

纯 $AgNO_3$ 比较稳定；见光分解，痕量有机物促进其光解。因此，要把 $AgNO_3$（固体或溶液）保存在棕色瓶中。

$AgNO_3$ 和某些试剂反应，得到相应银的难溶化合物，如浅黄色 Ag_2CO_3、黄色 Ag_3PO_4、浅黄色 $Ag_4Fe(CN)_6$、橘黄色$Ag_3Fe(CN)_6$。Ag_2CO_3、Ag_3PO_4 也能见光分解，不过分解速率很慢。

Ag_3PO_4 和 H_3PO_4 一起加热，蒸发生成 Ag_2HPO_4，在有水存在的情况下 Ag_2HPO_4 又很快转变为 Ag_3PO_4 和 H_3PO_4（因此不易得到纯的 Ag_2HPO_4）。

$$3Ag_2HPO_4 = 2Ag_3PO_4 + H_3PO_4$$

4. 配合物

ⅠB 族元素作为配合物中心体，和配位体 L，如 $:OH_2$、$:NH_3$、$:X^-$、$:CN^-$、$:SCN^-$ 等，以配位键结合，M 提供杂化的空轨道。铜族元素阳离子的电子构型中，除 Cu^{2+} 离子为 $(n-1)d^9$ 外，Cu^+、Ag^+ 均为 $(n-1)d^{10}$。因此，大多数铜族元素能以 sp、sp^2、sp^3、sp^3d、sp^3d^2 及 dsp^2（Cu^{2+}）杂化轨道和配位体成键。

铜族元素的阳离子易和 H_2O、NH_3、X^-（包括拟卤离子）等形成配离子（表 8-8）。

表 8-8 铜族元素配离子的结构

配位数	杂化轨道	几何构型	实　例
2	sp	直线形	$Ag(NH_3)_2^+$、$Ag(SCN)_2^-$、$Ag(CN)_2^-$
3	sp^2	三角形	$Cu(CN)_3^{2-}$
4	sp^3	四面体	$Cu(CN)_4^{3-}$
	dsp^2	平面正方形	$Cu(H_2O)_4^{2+}$、$Cu(NH_3)_4^{2+}$

(1) 铜(Ⅰ)配合物

常见的 Cu(Ⅰ)配离子有 $Cu(NH_3)_2^+$、$CuCl_3^{2-}$ 及 $Cu(CN)_4^{3-}$。

$$Cu^+ + 2NH_3 = Cu(NH_3)_2^+ \qquad \beta_2 = 6.3\times10^{10}$$

无色 $Cu(NH_3)_2^+$ 在空气中很快被氧化成深蓝色的 $Cu(NH_3)_4^{2+}$。$Cu(NH_3)_4^{2+}$ 能被 $Na_2S_2O_4$ 定量地还原为无色 $Cu(NH_3)_2^+$。

$$2Cu(NH_3)_4^{2+} + S_2O_4^{2-} + 4OH^- = 2Cu(NH_3)_2^+ + 2SO_3^{2-} + 2NH_3\cdot H_2O + 2NH_3$$

$[Cu(NH_3)_2]Ac$ 用于合成氨工业中的铜洗工序，除去进入合成塔前混合气中的 CO（它能使催化剂中毒）。反应可能是

$$[Cu(NH_3)_2]Ac + CO + NH_3 \underset{\text{减压加热}}{\overset{\text{低温加压}}{\rightleftharpoons}} [Cu(NH_3)_3]Ac\cdot CO \qquad \Delta_r H_m^\ominus = -35\ kJ\cdot mol^{-1}$$

若向含 Cu^{2+} 溶液中加入 CN^-，则溶液的蓝色消失，反应中 Cu^{2+} 将 CN^- 氧化为 $(CN)_2$，而自身被还原为极稳定的 $Cu(CN)_4^{3-}$，$\beta_4 = 2\times10^{30}$。

$$Cu^{2+} + 5CN^- = Cu(CN)_4^{3-} + \frac{1}{2}(CN)_2$$

$Cu(CN)_4^{3-}$ 极稳定，向此溶液通入 H_2S，也无 Cu_2S（$K_{sp} = 2.5\times10^{-50}$）生成。这个性质可以用来进行 Cu^{2+} 和某些离子（如 Cd^{2+}）的分离。

$Cu(CN)_4^{3-}$ 和 $Zn(CN)_4^{2-}$（$\beta_4 = 5.0\times10^{16}$）都很稳定，它们的电势值相近，因此，镀黄铜

(Cu-Zn 合金)的电镀液为 $Cu(CN)_4^{3-}$ 和 $Zn(CN)_4^{2-}$ 的混合液。

$$Cu(CN)_4^{3-} + e \rightleftharpoons Cu + 4CN^- \qquad E^{\ominus} = -1.27\ V$$
$$Zn(CN)_4^{2-} + 2e \rightleftharpoons Zn + 4CN^- \qquad E^{\ominus} = -1.26\ V$$

(2) 铜(Ⅱ)配合物

配合物中 Cu(Ⅱ)常见的配位数为 4。Cu(Ⅱ)以 dsp^2 杂化轨道成键,如 $Cu(H_2O)_4^{2+}$;或 sp^3 杂化轨道成键,如 $CuCl_4^{2-}$。不论哪一种情况,Cu(Ⅱ)配合物都是顺磁性物质。

较常见的铜(Ⅱ)配离子有 $Cu(H_2O)_4^{2+}$、$Cu(NH_3)_4^{2+}$、$CuCl_4^{2-}$、$Cu(en)_2^{2+}$(en 为乙二胺)及 $Cu(EDTA)^{2-}$。

向浅蓝色 $CuSO_4$ 溶液中加入固体 NaCl,溶液由浅蓝变为绿色至黄绿色;若再加入过量 $NH_3 \cdot H_2O$,溶液变为深蓝紫色。这一变化过程及有关配离子的稳定常数如下:

$$Cu(H_2O)_4^{2-} \xrightarrow{NaCl(s)} CuCl_4^{2-} \xrightarrow{NH_3 \cdot H_2O} Cu(NH_3)_4^{2+}$$

颜色	浅蓝	绿	深蓝紫
β_4		1.1×10^5	4.7×10^{12}

由于 $Cu(NH_3)_4^{2+}$ 具有特征的蓝色,曾用于比色法测定 Cu^{2+} 的含量(现多用双环己酮草酰二腙测定 Cu^{2+})。

(3) 银(Ⅰ)配合物

常见的银(Ⅰ)配离子有 $Ag(NH_3)_2^+$、$Ag(S_2O_3)_2^{3-}$ 及 $Ag(CN)_2^-$,它们的稳定性依次增强。这三种配离子和三种难溶卤化银间有以下溶解-沉淀平衡:

$$AgCl \xrightarrow[(2\ mol \cdot L^{-1})]{NH_3 \cdot H_2O} Ag(NH_3)_2^+ \xrightarrow{Br^-} AgBr \xrightarrow[(0.5\ mol \cdot L^{-1})]{Na_2S_2O_3} Ag(S_2O_3)_2^{3-} \xrightarrow{I^-} AgI \xrightarrow{CN^-} Ag(CN)_2^- \xrightarrow{S^{2-}} Ag_2S$$

	AgCl	$Ag(NH_3)_2^+$	AgBr	$Ag(S_2O_3)_2^{3-}$	AgI	$Ag(CN)_2^-$	Ag_2S
K_{sp}	1.8×10^{-10}		5.0×10^{-13}		8.9×10^{-17}		2×10^{-49}
β		1.1×10^7		4×10^{13}		1.3×10^{21}	

$Ag(NH_3)_2^+$ 中 Ag 原子以 sp 杂化轨道和 NH_3 中的 N 配位成线形结构。$Ag(NH_3)_2^+$ 具有氧化性,用以鉴定醛基及在玻璃上化学镀银。

$$2Ag(NH_3)_2^+ + C_6H_{12}O_6 + H_2O = 2Ag\downarrow + C_6H_{12}O_7 + 2NH_3 + 2NH_4^+$$

$Ag(NH_3)_2^+$ 放置过程中逐渐变成具有爆炸性的 Ag_2NH 和 $AgNH_2$,因此切勿将含 $Ag(NH_3)_2^+$ 的溶液长时间放置储存,用毕后必须及时处理。

银氰配离子有 $Ag(CN)_2^-$(Ag 以 sp 杂化轨道成键)和 $Ag(CN)_4^{3-}$($\beta_4 = 5.0\times10^{20}$,Ag 以 sp^3 杂化轨道成键)。电镀工业用 $Ag(CN)_2^-$ 为电解质液镀银,使镀层光洁、致密。因镀液剧毒,近年来国内外对无氰电镀研究较多,目前用的一种电镀液是 $Ag(SCN)_2^-$ 和 KSCN 混合液。

【附】 ⅠB 族元素的电势图

$E_A^{\ominus}/V$

$$Cu^{2+} \frac{0.16}{\quad} Cu^+ \frac{0.52}{\quad} Cu$$
$$AgO^+ \frac{2.1}{\quad} Ag^{2+} \frac{1.98}{\quad} Ag^+ \frac{0.799}{\quad} Ag$$
$$Au^{3+} \frac{1.4}{\quad} Au^+ \frac{1.68}{\quad} Au$$

$E_B^{\ominus}/V$

$$Cu(OH)_2 \frac{-0.08}{\quad} Cu_2O \frac{-0.36}{\quad} Cu$$
$$Ag_2O_3 \frac{0.74}{\quad} AgO \frac{0.57}{\quad} Ag_2O \frac{0.344}{\quad} Ag$$
$$H_2AuO_3^- \frac{0.7}{\quad} Au$$

Cu^+歧化反应 $2Cu^+ \Longrightarrow Cu^{2+} + Cu \quad E^{\ominus} = 0.52\ V - 0.16\ V = 0.36\ V$，即$\frac{[Cu^{2+}]}{[Cu^+]^2} = 1.3 \times 10^6$。溶液中$[Cu^{2+}]$、$[Cu^+]$及$[Cu^{2+}]/[Cu^+]$列于下表：

$[Cu^{2+}]/(mol \cdot L^{-1})$	1.3×10^{-2}	1.3×10^{-4}	1.3×10^{-6}	1.3×10^{-8}	1.3×10^{-10}
$[Cu^+]/(mol \cdot L^{-1})$	10^{-4}	10^{-5}	10^{-6}	10^{-7}	10^{-8}
$[Cu^{2+}]/[Cu^+]$	1.3×10^{2}	13	1.3	0.13	1.3×10^{-2}

当$[Cu^{2+}] > 10^{-6}\ mol \cdot L^{-1}$时，与之平衡的$[Cu^+]$仅是它的$10^{-1}$、$10^{-2}$、$10^{-3}$倍，就是说，即使形成$Cu^+$也会转化为$Cu^{2+}$和Cu，如$Cu_2O + H_2SO_4 \Longrightarrow CuSO_4 + Cu + H_2O$。当$[Cu^+] < 10^{-6}\ mol \cdot L^{-1}$，是与之平衡的$[Cu^{2+}]$的$10^1$、$10^2$、$10^3$倍，因此，制备Cu(Ⅰ)化合物除了把Cu氧化成Cu(Ⅰ)、Cu(Ⅱ)还原为Cu(Ⅰ)外，还要有使$[Cu^+]$降到相当低($< 10^{-6}\ mol \cdot L^{-1}$)的条件——形成难溶物，如CuCl、CuBr、CuI(K_{sp}依次为2.0×10^{-6}、2.0×10^{-9}、1.1×10^{-12})，及稳定的配离子，$CuCl_3^{2-}$、$Cu(NH_3)_2^+$、$Cu(CN)_4^{3-}$(稳定常数依次为2.0×10^5、6.3×10^{10}、2×10^{30})——分别讨论如下：

① Cu和$CuCl_2$在HCl溶液中反应形成$CuCl_3^{2-}$，再加H_2O稀释得CuCl(白色)。

$$Cu + Cu^{2+} + 6Cl^- \Longrightarrow 2CuCl_3^{2-}$$
$$CuCl_3^{2-} \Longrightarrow CuCl + 2Cl^-$$

② 把KI加到$CuSO_4$溶液中，因CuI(白色)是难溶物，$E^{\ominus}(Cu^{2+} + I^-/CuI) = 0.86\ V > E^{\ominus}(I_2/I^-) = 0.54\ V$，发生下列反应：

$$2Cu^{2+} + 5I^- \Longrightarrow 2CuI + I_3^-$$

同理，CuSCN是难溶物($K_{sp} = 4\times10^{-14}$)，$E^{\ominus}(Cu^{2+} + SCN^-/CuSCN) = 0.96\ V > E^{\ominus}((SCN)_2/SCN^-) = 0.77\ V$，发生下列反应：

$$Cu^{2+} + 2SCN^- \Longrightarrow Cu(SCN)_2 \longrightarrow CuSCN + \frac{1}{2}(SCN)_2$$

③ 把NaCN溶液加到$CuSO_4$溶液中形成$Cu(CN)_2^-$，$E^{\ominus}(Cu^{2+} + CN^-/Cu(CN)_2^-) = 1.12\ V > E^{\ominus}((CN)_2/HCN) = 0.37\ V$，发生下列反应：

$$2Cu^{2+} + 6CN^- \Longrightarrow 2Cu(CN)_2^- + (CN)_2$$

④ 已知：$Cu(NH_3)_2^+$($\beta_2 \approx 6.3\times10^{10}$)，$E^{\ominus}(Cu(NH_3)_2^+/Cu + NH_3) = -0.12\ V < E^{\ominus}(O_2/OH^-) = 0.41\ V$，所以能发生下列反应：

$$4Cu + 8NH_3 \cdot H_2O + O_2 \Longrightarrow 4Cu(NH_3)_2^+(\text{无色}) + 6H_2O + 4OH^-$$

无色$Cu(NH_3)_2^+$易被O_2氧化为$Cu(NH_3)_4^{2+}$。

8.2 锌族元素

1. 锌族元素的存在和提取

闪锌矿的化学组成是ZnS，此外还含有CdS、Ga_2S_3、FeS等。大部分镉的原料来自炼锌厂。辰砂的主要成分为 HgS。我国青海、湖南等地区有锌矿，贵州有较大的汞矿。

闪锌矿常用浮选法富集 ZnS(CdS)，然后经焙烧得到 ZnO(CdO)。

$$2MS(s)+3O_2(g) = 2MO(s)+2SO_2(g)$$

$$\Delta_r G^{\ominus}_{m(Zn)} = -840.6\ kJ\cdot mol^{-1},\quad \Delta_r G^{\ominus}_{m(Cd)} = -769.8\ kJ\cdot mol^{-1}$$

生成的 SO_2 可供制造 H_2SO_4。用炭还原 ZnO(CdO)，得到金属单质 Zn(Cd)。

$$MO(s)+C(s) = M(g)+CO(g)$$

$$M=Zn,\ \Delta_r H^{\ominus}_m = 368\ kJ\cdot mol^{-1},\ \Delta_r S^{\ominus}_m = 0.295\ kJ\cdot(K\cdot mol)^{-1}$$

$$M=Cd,\ \Delta_r H^{\ominus}_m = 257.3\ kJ\cdot mol^{-1},\ \Delta_r S^{\ominus}_m = 0.305\ kJ\cdot(K\cdot mol)^{-1}$$

熵增反应需于高温(≈1100 ℃)下进行，此时 Zn(Cd)以蒸气逸出，冷凝得 Zn 粉(颗粒大小在 2～10 μm之间)。因 Cd 的沸点(765 ℃)低于 Zn(907 ℃)，故 Cd 先被蒸出，得到粗 Cd。将粗 Cd 溶于 HCl，用 Zn 置换，可得较纯的 Cd。含杂质的 Zn 经蒸馏，可得纯度为 99.9%的 Zn。

把焙烧得到的 ZnO 溶于稀 H_2SO_4，加 Zn 粉除去杂质(包括 Cd)，电解可得纯度为99.97%的 Zn。区域熔融法可获得纯度为 99.9999%的 Zn。

上面叙述的火法炼锌工艺从 20 世纪 60 年代起已有 80%被湿法所取代。对富集后含铁量高的锌精矿，焙烧温度高于500 ℃ 后就会生成一些铁酸锌 $ZnFe_2O_4$(含铁低的锌矿，生成 $ZnSO_4$、ZnO)，它不溶于稀 H_2SO_4，当用 H_2SO_4 浸取锌时，残渣中一般仍含锌约 20%。为此，用热的中等浓度 H_2SO_4 使 $ZnFe_2O_4$ 溶解得到 $ZnSO_4$ 和 $Fe_2(SO_4)_3$ 溶液，再向此溶液中加碱得到易于析出的黄铁矾以除铁。

$$2Na^+ + 6Fe^{3+} + 4SO_4^{2-} + 12OH^- = 2NaFe_3(SO_4)_2(OH)_6\downarrow$$

过滤后的 $ZnSO_4$ 溶液可用于电解法制备锌。

2. 单质的性质

常况下汞呈液态，它们都是银白色，某些物理常数参见表 8-1。

ⅡB 族元素活泼性比ⅡA 族差，ⅡB 族金属离子具有 18e 层，极化力强，因而它们的化合物共价性比ⅡA 族大，ⅡB 族金属离子形成配合物的倾向也比ⅡA 强得多。此外，两族元素化合物在同族内的变化规律也不尽相同。

(1) 锌族金属的电极电势($E^{\ominus}$)较碱土族金属高很多；ⅡB 族元素形成 M^{n+}(aq)的倾向随原子序数增大而递减，和ⅡA 族恰好相反。

(2) ⅡB 族元素升华热比ⅠB 族元素低很多，故ⅡB 族元素离子化倾向比ⅠB 族元素强。

锌、镉、汞的化学性质见表 8-9。

表 8-9　锌族元素的化学性质

化学反应式	说　明
$M+X_2 = MX_2$	Zn、Cd、Hg
$M+\frac{1}{2}O_2 = MO$	加热时反应，Hg 很慢
$M+S = MS$	加热时反应，室温 Hg 和 S 化合；和 Se、Te 也反应
$M+2H^+ = M^{2+}+H_2$	Zn、Cd

续表

化学反应式	说　明
$M+H_2O = MO+H_2$	高温水蒸气与 Zn 作用
$M+2OH^-+2H_2O = M(OH)_4^{2-}+H_2$	Zn
$3M+8H^++2NO_3^- = 3M^{2+}+2NO+4H_2O$	过量 Hg 存在时形成 Hg_2^{2+}
$M+H_2SO_4 = MSO_4+H_2$	Zn、Cd，热浓 H_2SO_4 能氧化 Hg

本族元素易和氨、胺类、(重)卤离子、氰离子形成配合物，常见配位数为 4 和 6，前者是四面体结构(sp^3 杂化)，后者是八面体结构(sp^3d^2 杂化)。锌、镉、汞的立体化学见表 8-10。

表 8-10　锌、镉、汞的立体化学

配位数	几何构型	举　例
2	直线形	$ZnX_2(g)$、$Hg(CN)_2$、$HgCl_2(g)$
4	四面体	$Zn(CN)_4^{2-}$、$ZnCl_2(s)$、$[Cd(NH_3)_4]^{2+}$、$HgCl_2(s)$
	平面型	$M[EDTA]^{2-}$
6	八面体	$[Zn(NH_3)_6]^{2+}$(固体盐)、$CdCl_2(s)$、$[Hg(en)_3]^{2+}$

3. 重要化合物

(1) 氧化物，氢氧化物和硫化物

在锌、镉、汞易溶盐的溶液中加适量碱，可以沉淀出白色的 $Zn(OH)_2$、$Cd(OH)_2$ 和 HgO(冷溶液中析出为黄色，热溶液中析出为红色)。

$Zn(OH)_2$、$Cd(OH)_2$ 热分解产物是白色 ZnO 和棕红色 CdO。$Zn(OH)_2$、$Cd(OH)_2$ 是难溶物，它们的 K_{sp} 和开始沉淀的 pH 如下：

	$Zn(OH)_2$	$Cd(OH)_2$
K_{sp}	1.2×10^{-17}	2.5×10^{-14}
$c(M^{2+})$ 为 $10^{-2}\,mol\cdot L^{-1}$ 时，沉淀 pH	6.5	8.2

$Zn(OH)_2$ 为两性物，在碱液中生成无色 $Zn(OH)_4^{2-}$。$Cd(OH)_2$ 是碱性氢氧化物，在浓碱液中生成无色 $Cd(OH)_4^{2-}$。如 1 L 5 $mol\cdot L^{-1}$ NaOH 溶液能溶 9.0×10^{-5} mol $Cd(OH)_2$，稍大于在水中的溶解量[$1.2\times10^{-5}\ mol\cdot L^{-1}$(25 ℃)]。HgO 和 Ag_2O 在浓碱液中的溶解度也比在水中稍大，说明$Cd(OH)_2$具有微弱的酸性。这是许多“碱性氢氧化物”的一个通性。

下面以 $Zn(OH)_2$ 为例讨论溶解度(s)和酸度(pH)的关系，即 s-pH 图。

$$\underset{(\text{I})}{Zn^{2+}+2OH^-} \rightleftharpoons Zn(OH)_2 \xrightleftharpoons{+2H_2O} \underset{(\text{II})}{2H^++Zn(OH)_4^{2-}}$$

(Ⅰ)为碱式电离，(Ⅱ)为酸式电离。在酸性溶液中平衡向左移动，得到 Zn^{2+} 盐；在碱性溶液中，平衡向右移动，得到 $Zn(OH)_4^{2-}$。锌盐和锌酸盐在不同离子浓度下，从酸性或从碱性开始生成氢氧化锌就有不同的 pH。将不同离子浓度和对应 pH 作图，就得到氢氧化锌的溶解度和

酸度曲线即 s-pH 图。若溶液中 Zn^{2+} 的起始浓度为 $10^{-2}\ mol\cdot L^{-1}$ 及阳离子沉淀完全后，溶液中 $[Zn^{2+}]$ 为 $10^{-5}\ mol\cdot L^{-1}$。根据溶度积关系式计算，当 Zn^{2+} 离子浓度为 $10^{-2}\sim10^{-5}\ mol\cdot L^{-1}$ 时，生成 $Zn(OH)_2$ 的 pH。

已知氢氧化锌碱式电离的溶度积为

$$K_{sp(b)}=[Zn^{2+}]\cdot[OH^-]^2=1.2\times10^{-17}$$

$$[OH^-]=\sqrt{\frac{K_{sp(b)}}{[Zn^{2+}]}}$$

将 $[OH^-]=K_w/[H^+]$ 代入，并对等号两边取负对数，得

$$pH=14.0-\frac{1}{2}(\lg K_{sp(b)}-\lg[Zn^{2+}])$$

同理，$Zn(OH)_2$ 酸式电离的溶度积为

$$K_{sp(a)}=[H^+]^2[Zn(OH)_4^{2-}]=10^{-29}$$

$$[H^+]=\sqrt{\frac{K_{sp(a)}}{[Zn(OH)_4^{2-}]}}$$

取负对数，得

$$pH=\frac{1}{2}(\lg[Zn(OH)_4^{2-}]-\lg K_{sp(a)})$$

分别将 $[Zn^{2+}]$ 和 $[Zn(OH)_4^{2-}]$ 的不同值代入，计算 $Zn(OH)_2$ 沉淀的对应 pH(表 8-11)。

表 8-11　Zn^{2+}、$Zn(OH)_4^{2-}$ 浓度和有关 pH

$[Zn^{2+}]/(mol\cdot L^{-1})$	10^{-2}	10^{-3}	10^{-4}	10^{-5}
pH	6.5	7.0	7.5	8.0
$[Zn(OH)_4^{2-}]/(mol\cdot L^{-1})$	10^{-2}	10^{-3}	10^{-4}	10^{-5}
pH	13.5	13.0	12.5	12.0

以表 8-11 中数据作图(图 8-2)。从图中看出，$[Zn^{2+}]=10^{-2}\ mol\cdot L^{-1}$ 时开始沉淀的 pH 约为 6.5。当 pH≈8 时，$Zn(OH)_2$ 沉淀完全；往 $Zn(OH)_4^{2-}$ 中加酸，pH=13.5，$Zn(OH)_2$ 开始沉淀；pH=12，$Zn(OH)_2$ 沉淀完全。

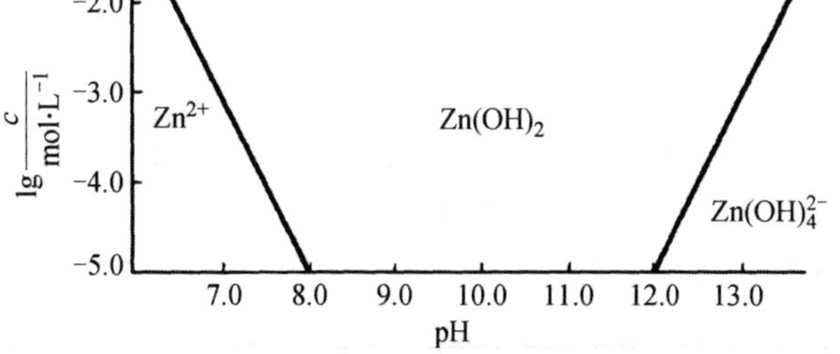

图 8-2　$Zn(OH)_2$ 的 s-pH 图

所有难溶的氢氧化物都有各自的 s-pH 图。如果是两性氢氧化物，则有两条平衡线(图 8-2)；如果是碱性氢氧化物，则只有 M^{n+} 和 $M(OH)_n$ 的平衡线。

除 ZnO 在常况下是白色外，其他氧化物均有颜色。目前认为，由无色离子组成的典型离子化合物，不吸收可见光谱区的光，所以呈无色或白色(如碱金属氧化物)。锌族元素的阳离子均为 18e 构型，半径又比较小，具有较强的离子极化力，而使这些氧化物的化学键具有明显的共价成分——阴离子上的电子云偏向 M^{2+}，导致电子跃迁的能量与可见光的能量相当，使化合物显色。加热时阳离子和阴离子间极化作用加强，所以有些化合物的颜色可能变深，如白色 ZnO 在高温下呈浅黄色，棕红色 CdO 受热变成深灰色(冷却恢复原色)。

下面介绍制备这些氧化物的几种方法：

① 单质和氧直接反应。Zn、Cd 和 O_2，在加热条件下，生成相应氧化物。

$$2M+O_2 \xlongequal{\triangle} 2MO \qquad (M=Zn、Cd)$$

Hg 和 O_2 在 360 ℃ 反应生成 HgO。温度过高 HgO 分解，如 447 ℃ 时 HgO 的分解压达 $p(O_2)=1.01\times10^5$ Pa。

② M^{n+} 和碱反应。Hg^{2+} 和 NaOH 溶液反应生成 HgO。

③ 含氧酸盐热分解。如 Zn^{2+}、Cd^{2+} 的硝酸盐热分解生成相应的 MO。

$$2M(NO_3)_2 \xlongequal{} 2MO+4NO_2+O_2$$

HgO 有一定的氧化性(因 Hg 有毒，一般不用 HgO 作氧化剂)。

$$HgO+SO_2 \xlongequal{} Hg+SO_3$$
$$2P+3H_2O+5HgO \xlongequal{} 2H_3PO_4+5Hg$$

HgO 热分解反应的活化能较大，为 238.5 kJ · mol^{-1}，但 HgO 热分解反应是自催化反应(Hg 是催化剂)，所以 HgO 热分解反应的温度并不高，约450 ℃。许多过渡元素的氧化物都是这个反应的催化剂。

(2) 硫化物

ZnS 是白色，CdS 是黄色，HgS 是黑色，天然辰砂 HgS 呈红色。

可用单质间直接反应或 H_2S 和锌族元素的阳离子反应制备硫化物。

$$M+S \xlongequal{} MS \qquad (M=Zn、Cd、Hg)$$
$$M^{2+}+H_2S \xlongequal{} MS+2H^+ \qquad (ZnS 沉淀不完全)$$

难溶硫化物的共价性比相应氧化物共价性强，硫化物在水中的溶解度很小。硫化物和氧化物若能溶解于酸，则生成 M^{2+} 和 H_2O、H_2S。

$$MS+2H^+ \xlongequal{} M^{2+}+H_2S$$
$$MO+2H^+ \xlongequal{} M^{2+}+H_2O$$

因生成 H_2O 的倾向强于生成 H_2S，所以难溶硫化物比相应氧化物难溶于强酸。如 CuO 溶于较稀的强酸，而 CuS 不溶于浓 HCl；HgO 溶于 HNO_3 或 HCl，而 HgS 不溶于 HNO_3 或 HCl。

硫化物中硫的还原性表现为它和 O_2 反应生成相应的氧化物或硫酸盐。

$$2MS+3O_2 \xlongequal{} 2MO+2SO_2 \quad (M=Zn、Cd)$$
$$ZnS+2O_2 \xlongequal{<700 ℃} ZnSO_4$$

因 ZnS 的 K_{sp} 不很小，所以 ZnS 能溶于碱生成 $Zn(OH)_4^{2-}$。

$$ZnS+4OH^- = Zn(OH)_4^{2-}+S^{2-}$$

铜、锌族元素硫化物中以 HgS 的溶解度为最小，它只能溶于王水或 HCl 和 KI 的混合物（参考第四章第 4 节）。HgS 的另一特性是能溶于 Na_2S 溶液。

$$HgS+S^{2-} = HgS_2^{2-} \qquad K=3.8$$

因此可以用加 Na_2S 的方法把 HgS 从铜、锌族元素硫化物中分离出来。

纯的 ZnS（掺少量激活剂，如 Ag）用以作荧光屏材料。

(3) 卤化物

锌的 4 种卤化物性质见表 8-12。

表 8-12　ZnX_2 的某些性质

	ZnF_2	$ZnCl_2$	$ZnBr_2$	ZnI_2
熔点/℃	872	275	394	446
沸点/℃	1500	756	702	>700 分解
颜色	白	白	白	白
$\Delta_f H_m^\ominus/(kJ \cdot mol^{-1})$	−764.41	−415.89	−327.06	−209.12
$\Delta_f G_m^\ominus/(kJ \cdot mol^{-1})$	−713.5	−369.28	−310.2	−209.24
溶解度/(g/100 g H_2O)	1.62^{20}	432^{25}	447^{20}	432^{18}
气态 ZnX_2 的结构	线形	线形	线形	线形

① 卤化锌。锌和卤素间直接反应，氢卤酸和 ZnO 或 $ZnCO_3$ 反应，均可得 ZnX_2。

$$Zn+X_2 = ZnX_2 \qquad (X=Cl、Br、I)$$

$$ZnO+2HX = ZnX_2+H_2O$$

氟化锌从溶液中析出时含 4 个结晶水，低压下加热，$ZnF_2 \cdot 4H_2O$ 部分脱水，高温下发生水解反应。

$$ZnF_2(s)+H_2O(g) \rightleftharpoons ZnO(g)+2HF(g)$$

部分脱水的 ZnF_2 可用作（中等强度的）氟化剂。无水 ZnF_2 是离子型化合物，它的熔点高于其他的卤化锌。

$ZnCl_2 \cdot H_2O$ 是易潮解、极易溶于水的物质。在稀的 $ZnCl_2$（$<1\ mol \cdot L^{-1}$）水溶液中它完全电离，在较浓的水溶液中则有 $ZnCl_2$、$ZnCl_3^-$ 及 $ZnCl_4^{2-}$。浓溶液具有明显的酸性，如 6 $mol \cdot L^{-1}$ $ZnCl_2$ 溶液的 pH≈1。加热浓缩 $ZnCl_2$ 的水溶液，水解生成 Zn(OH)Cl 和 HCl。欲得无水 $ZnCl_2$，可将含水 $ZnCl_2$ 和 $SOCl_2$（氯化亚砜）一起加热。

$$ZnCl_2 \cdot xH_2O+xSOCl_2 = ZnCl_2+2xHCl+xSO_2$$

【附】 由含水卤化物制备无水物的 3 种类型

直接加热：

$$MCl_2 \cdot xH_2O \xlongequal{\triangle} MCl_2+xH_2O \qquad (M=Ca、Sr、Ba)$$

这种方法只适用于 M^{2+} 水解能力很弱的 $MCl_n \cdot xH_2O$，如 $CaCl_2 \cdot 6H_2O$、$SrCl_2 \cdot 6H_2O$、$BaCl_2 \cdot 2H_2O$。

在 HCl 气氛下加热或和固体 NH_4Cl 混合后加热，HCl 气氛可抑制阳离子的水解。这种方法适用于 M^{2+} 有中等水解能力的 $MCl_n \cdot xH_2O$，如 $MgCl_2 \cdot 6H_2O$、$MnCl_2 \cdot 6H_2O$ 等。

$$MgCl_2 \cdot 6H_2O(s) \xlongequal{\triangle} Mg(OH)Cl(s) + HCl(g) + 5H_2O(g)\uparrow$$

M^{n+} 水解能力较强的 MCl_n，则和 $SOCl_2$ 混合后加热。因 $SOCl_2$ 极易和 H_2O 反应并生成 HCl(吸去了 H_2O，又造成 HCl 气氛)。

$$SOCl_2 + H_2O = SO_2 + 2HCl$$

$ZnBr_2$ 的性质和 $ZnCl_2$ 性质相似。

ZnX_2(包括拟卤化物)和 X^-(包括拟卤离子)作用生成 ZnX_3^- 和 ZnX_4^{2-} 配离子。其中某些拟卤配离子比卤配离子更为稳定。如 $Zn(CN)_4^{2-}$ 的稳定常数为 5.0×10^{16}。

$ZnCl_2$ 溶液用作木材防腐剂。

② 卤化亚汞。卤化亚汞都是反磁性物质，表明 Hg(Ⅰ)中没有未成对电子，要用 Hg_2X_2 表示其组成。Hg_2^{2+} 中每个 Hg 原子以 sp 杂化轨道成键，Hg_2X_2 是线形结构，X—Hg—Hg—X。

Hg_2Cl_2 俗称甘汞，可用还原剂，如 $SnCl_2$、SO_2、Hg 等还原 $HgCl_2$ 制得。若用 $SnCl_2$ 作还原剂，必须注意 $SnCl_2$ 和 $HgCl_2$ 的相对用量。

适量 $SnCl_2$： $2HgCl_2 + SnCl_2 = Hg_2Cl_2\downarrow + SnCl_4$

过量 $SnCl_2$： $Hg_2Cl_2 + SnCl_2 = 2Hg + SnCl_4$

表 8-13 列出 Hg_2X_2 的一些性质。

表 8-13　Hg_2X_2 的某些性质

	Hg_2F_2	Hg_2Cl_2	Hg_2Br_2	Hg_2I_2
熔点/℃	570(分解)	—	—	
沸点/℃	分解	383(升华)	350(升华)	140(升华)
$\Delta_f H_m^\ominus/(kJ\cdot mol^{-1})$	−485.34	−264.93	−206.77	−120.96
$\Delta_f G_m^\ominus/(kJ\cdot mol^{-1})$	−474.48	−210.66	−178.72	−111.29
溶度积(25 ℃)	—	1.3×10^{-18}	4.0×10^{-22}	4.5×10^{-29}

若用 Hg 作还原剂，反应方程式为

$$HgCl_2 + Hg = Hg_2Cl_2\downarrow$$

Hg_2Cl_2 受热(383 ℃)升华，蒸气中部分 Hg_2Cl_2 分解成 Hg 和 $HgCl_2$。

Hg_2Cl_2 用以制甘汞电极(calomel electrode)。

$$Hg_2Cl_2(s) + 2e \rightleftharpoons 2Hg(l) + 2Cl^- \qquad E^\ominus = 0.2682\ V$$

甘汞电极是一种常用的参比电极(reference electrode)。电极内 KCl 溶液有饱和、$1\ mol\cdot L^{-1}$ 及 $0.1\ mol\cdot L^{-1}$ 等 3 种浓度，它们的电极电势和温度(t,℃)的关系如下：

电　　极	E/V
饱和甘汞电极	$0.2415-0.00076(t-25)$
$1\ mol\cdot L^{-1}$甘汞电极	$0.2800-0.00024(t-25)$
$0.1\ mol\cdot L^{-1}$甘汞电极	$0.3337-0.00007(t-25)$

虽然 0.1 mol·L^{-1}甘汞电极的温度系数最小，但通常用的是饱和甘汞电极。

Hg_2Cl_2 是利尿剂（目前已很少用）。含 Hg_2Cl_2 的药必须保存在阴凉处，Hg_2Cl_2 见光会分解成有毒的 Hg 和 $HgCl_2$。

在一定条件下，Hg_2X_2 自氧化还原为 Hg 及 Hg(Ⅱ)化合物。如

$$Hg_2Cl_2 + 2OH^- \longrightarrow Hg + HgO + 2Cl^- + H_2O$$
$$Hg_2Cl_2 + NH_3 \longrightarrow Hg + HgNH_2Cl + HCl$$

③ 卤化汞。汞和卤素单质直接反应，HgO 和 HF、HCl、HBr 反应，Hg^{2+} 和 I^- 反应均可得到 HgI_2。HgX_2 的性质列于表 8-14 中。

$$Hg + X_2 \longrightarrow HgX_2$$
$$HgO + 2HX \longrightarrow HgX_2 + H_2O$$
$$Hg^{2+} + 2I^- \longrightarrow HgI_2\downarrow$$

表 8-14　HgX_2 的某些性质

	HgF_2	$HgCl_2$	$HgBr_2$	HgI_2
熔点/℃	>645(分解)	280	238	257
沸点/℃		303	318	351
$\Delta_f H_m^\ominus/(kJ\cdot mol^{-1})$	−422.58	−230.12	−169.45	−105.44
$\Delta_f G_m^\ominus/(kJ\cdot mol^{-1})$	−374.18	−185.77	−147.36	−100.71
溶解度/(g/100 g H_2O)	—	6.6^{25}	0.62^{25}	$6\times10^{-3(25)}$
分子构型	—	线形	线形	线形

由于 $HgCl_2$ 易升华，俗称升汞，可用固体 $HgSO_4$ 和固体 NaCl 的反应制备。

$$HgSO_4 + 2NaCl \xrightarrow{300\,℃} HgCl_2\uparrow + Na_2SO_4$$

HgX_2 的溶解度依 $HgCl_2$、$HgBr_2$、HgI_2 顺序减小。HgF_2 是离子型化合物，在水中发生强烈水解，即使在 2 mol·L^{-1} HF 溶液中也有 80%水解，生成 HgO 和 HF。

$$HgF_2 + H_2O \longrightarrow HgO + 2HF$$

$HgCl_2$ 水溶液的导电能力极低，表明它在水溶液中主要以 $HgCl_2$ 分子存在，只有少量 $HgCl^+$、Cl^-、$HgCl_3^-$ 及极少量的 Hg^{2+} 和 $HgCl_4^{2-}$。

$$HgCl_2 \rightleftharpoons HgCl^+ + Cl^- \qquad K_1 = 3.3\times10^{-7}$$
$$HgCl^+ \rightleftharpoons Hg^{2+} + Cl^- \qquad K_2 = 1.8\times10^{-7}$$

因此 $HgCl_2$ 的水解能力比 HgF_2 弱得多，25℃ 0.0078 mol·L^{-1} $HgCl_2$ 中只有 1.4 %水解。

$$HgCl_2 + H_2O \rightleftharpoons Hg(OH)Cl + HCl$$

$HgBr_2$ 的性质和 $HgCl_2$ 相似，不过 $HgBr_2$ 更难电离($K_1 = 5.5\times10^{-9}$，$K_2 = 9.1\times10^{-10}$)，因此也就更难水解，如在 0.009 mol·L^{-1}溶液中只有 0.08%水解。虽然 $HgCl_2$、$HgBr_2$ 的溶解度不大，水解度也小，但其水溶液还是呈酸性。

HgX_2(X=Cl、Br、I)易溶于有机溶剂(CuX_2、ZnX_2 也都能溶于有机溶剂)。HgI_2 在有机溶剂，如 CH_3OH、C_2H_5OH、$(CH_3)_2CO$ 中的溶解度分别为 2.6 g/100 g 溶液、1.8 g/100 g 溶

液、3 g/100 g 溶液。

固体 HgI_2 有红色和黄色两种，常温下 HgI_2 呈红色，于129 ℃转化为黄色 HgI_2。

HgX_2（包括拟卤化物）和 X^-（包括拟卤离子）形成 HgX_4^{2-} 配离子，有关数据如下：

	$HgCl_4^{2-}$	$HgBr_4^{2-}$	HgI_4^{2-}	$Hg(CN)_4^{2-}$
β_4	1.2×10^{15}	1.0×10^{21}	6.8×10^{29}	3.2×10^{41}
$\Delta_f H_m^{\ominus}/(kJ\cdot mol^{-1})$	−62.34	−116.73	−161.20	—

HgI_4^{2-} 和 Ag^+ 或 Cu^+ 生成 Ag_2HgI_4 或 Cu_2HgI_4。常温下 Ag_2HgI_4 为黄色，50.7 ℃转化为橘红色，同时导电能力增大 82 倍，此时“HgI_4^{2-} 不熔，而 Ag^+ 熔（可移动）”。Cu_2HgI_4 和 Ag_2HgI_4 相似，常温下呈鲜红色，于70 ℃转化为深褐色，它们都是固体电解质。

综上所述，锌族元素卤化物具有以下几个特点：

① 锌族元素阳离子具有强极化力和易变形性，所以除氟化物外（因 F^- 变形性极小），其他卤化物都具有明显的共价性。

② 无水卤化物（F^- 除外）都能挥发，其中以 $HgCl_2$ 最为显著。

③ 氟化物的溶解度往往和其他卤化物差别较大，如氟化物易溶，其他卤化物难溶。在溶液中氟化物几乎完全电离，而其他卤化物（尤其在浓溶液中）部分电离。在有机溶剂中，氟化物难溶，其他卤化物 MX_2 可溶。

④ 易形成卤配离子。对 Cd(Ⅱ)、Hg(Ⅱ)而言，配离子的稳定性依配位体 Cl^-、Br^-、I^-、CN^- 顺序而增强。在没有外加 X^- 时，溶液中 M^{2+} 和 X^- 间发生自配位反应，如 $CdCl_2$ 溶液中含有 $CdCl^+$、$CdCl_3^-$ 等。

4. 其他重要化合物

(1) 锌、镉含氧酸盐

它们的硝酸盐、硫酸盐、高氯酸盐等均可溶于水。碳酸盐都难溶。

将金属锌或氧化锌溶于稀硫酸或在700 ℃焙烧 ZnS，均可得到硫酸锌。硫酸锌有三种水合物，它们的转变温度为

$$ZnSO_4\cdot 7H_2O \xrightarrow{39\ ℃} ZnSO_4\cdot 6H_2O \xrightarrow{70\ ℃} ZnSO_4\cdot H_2O \xrightarrow{>240\ ℃} ZnSO_4$$

它的溶解度为 41.7^{0}、52.7^{18}、78.6^{100}。

硫酸镉有两种水合物，其转变温度为

$$3CdSO_4\cdot 8H_2O \xrightarrow{75\ ℃} CdSO_4\cdot H_2O \xrightarrow{>105\ ℃} CdSO_4$$

和硫酸锌不同，温度变化对它的溶解度无明显影响，故用 $3CdSO_4\cdot 8H_2O$ 制备标准电池。

锌（镉）硫酸复盐和镁的复盐往往同晶型 $M_2^{I}SO_4\cdot M^{II}SO_4\cdot 6H_2O$，如 $K_2SO_4\cdot ZnSO_4\cdot 6H_2O$、$K_2SO_4\cdot CdSO_4\cdot 6H_2O$（和 $K_2SO_4\cdot MgSO_4\cdot 6H_2O$ 相似）。

$ZnCO_3$、$CdCO_3$ 均在约350 ℃分解，由于 Zn^{2+}、Cd^{2+} 极化能力比ⅡA 相应金属离子强，因此它们不如碱土金属碳酸盐稳定，它们的分解温度较低，$ZnCO_3$ 为350 ℃，$CdCO_3$ 为355 ℃。

(2) 其他重要化合物

Zn(Ⅱ)、Cd(Ⅱ)易溶盐多，而 Hg(Ⅰ)、Hg(Ⅱ)难溶盐多。锌族元素某些盐的溶解性见表

8-15。

表 8-15 锌族元素某些盐的溶解性

溶解性或溶度积 阳离子 / 阴离子	Zn^{2+}	Cd^{2+}	Hg_2^{2+}	Hg^{2+}
Cl^-	溶	溶	1.3×10^{-18}	溶
Br^-	溶	溶	4.0×10^{-22}	溶
I^-	溶	溶	4.5×10^{-29}	5×10^{-29}
CO_3^{2-}	1.4×10^{-10}	2.5×10^{-14}	1×10^{-16}	—
SO_4^{2-}	溶	溶	5.0×10^{-7}	—
S^{2-}	2×10^{-22}	8×10^{-27}	1×10^{-45}	4×10^{-53}

① 汞(Ⅰ)化合物。$Hg_2(NO_3)_2$ 和 $Hg_2(ClO_4)_2$ 是 Hg(Ⅰ)的两种易溶盐。过量 Hg 和中等浓度 HNO_3 反应,得 $Hg_2(NO_3)_2\cdot 2H_2O$ 晶体,其中 $H_2O—Hg—Hg—OH_2$ (2 个 O 和 2 个 Hg)呈线形结构。HgO 和 $HClO_4$ 作用完全后,于室温下再用 Hg 还原,得 $Hg_2(ClO_4)_2\cdot 4H_2O$。

$Hg_2(NO_3)_2$ 遇水发生水解,得碱式硝酸亚汞盐沉淀。

$$Hg_2(NO_3)_2+H_2O = Hg_2(OH)NO_3+HNO_3$$

因此配制 $Hg_2(NO_3)_2$ 溶液时,必须加适量 HNO_3。

其他亚汞盐都是难溶物,因此可由 $Hg_2(NO_3)_2$ 得到相应难溶亚汞盐。如

$$Hg_2(NO_3)_2+K_2CO_3 = Hg_2CO_3\downarrow+2KNO_3$$
$$Hg_2(NO_3)_2+Na_2SO_4 = Hg_2SO_4\downarrow+2NaNO_3$$
$$Hg_2(NO_3)_2+Na_2S = Hg_2S\downarrow+2NaNO_3$$

这几种亚汞化合物都不够稳定。

白色 Hg_2CO_3 见光分解。130 ℃分解为 CO_2 和棕黑色 Hg_2O。

Hg_2SO_4 的溶度积不太小,为 5×10^{-7},它遇水发生水解生成 $Hg_2SO_4\cdot Hg_2O\cdot H_2O$。

Hg_2S 的溶度积很小,为 1×10^{-45},不发生水解反应,但它却能转化(即使在0 ℃时)成溶度积更小的 HgS 和 Hg。

② 汞(Ⅱ)化合物。常用的易溶 Hg(Ⅱ)盐有 $HgCl_2$ 和 $Hg(NO_3)_2$。

Hg 与过量 HNO_3 作用,得晶体 $Hg(NO_3)_2\cdot xH_2O(x=0.5,1)$,溶于水时发生水解反应,生成 $Hg_3O_2(NO_3)_2\cdot H_2O$ 沉淀,所以配制时需加适量的 HNO_3。如配制 0.1 $mol\cdot L^{-1}$ $Hg(NO_3)_2$溶液时,称取所需量的固体 $Hg(NO_3)_2$ 溶于含 1.5 mL 浓 HNO_3 的 100 mL 水溶液中,待固体全部溶解后再稀释到 1 L,即得 0.1 $mol\cdot L^{-1}$ $Hg(NO_3)_2$ 溶液。

$Hg(NO_3)_2$ 溶液中有 $Hg(NO_3)_3^-$ 和 $Hg(NO_3)_4^{2-}$ 存在。$HgNO_3^+$ 的稳定常数 $K=2$。

$Hg(NO_3)_2\cdot xH_2O$ 受热约于145 ℃熔化并分解,因而得不到无水 $Hg(NO_3)_2$。无水硝酸汞需用下法制备:HgO 和 N_2O_4(液态 NO_2)反应生成 $Hg(NO_3)_2\cdot N_2O_4$ 晶体,后者在真空中失去 N_2O_4,得无水 $Hg(NO_3)_2$。这是制备那些加热时易水解的无水硝酸盐[如 $Cu(NO_3)_2$ 等]的一种方法。

汞能形成许多较稳定的有机化合物,如甲基汞 $Hg(CH_3)_2$、乙基汞 $Hg(C_2H_5)_2$ 等。这些

化合物中都含有 Hg—C 共价键，C—Hg—C 为线形结构。这些化合物较易挥发，$Hg(CH_3)_2$ 的沸点为92.5℃，$Hg(C_2H_5)_2$ 的为159℃。汞的有机化合物具有毒性。

$Hg(CH_3)^+$ 阳离子和 H^+ 的性质相似，如 $Hg(CH_3)$—X在水中的电离和 HX 相似；和 H^+ 形成 H_3O^+ 相似，也能形成$(HgCH_3)_3O^+$；和形成 NH_4^+ 相似，也形成$[NH_x(HgCH_3)_{4-x}]^+$。总之，$[CH_3Hg]^+$ 比较稳定，这和 Hg—C键比较稳定(键能 65 kJ·mol^{-1})有关。

5. 配合物

许多配位体如:OH_2、:NH_3、:X^-、:CN^-、:SCN^- 等易和 M^{2+} 成配合物。

(1) 锌配合物

在配合物中 Zn^{2+} 的配位数有 4、6 两种，前者 Zn 原子以 sp^3，后者以 sp^3d^2 杂化轨道成键，如 $ZnCl_4^{2-}$、$Zn(NH_3)_4^{2+}$ 及 $Zn(NH_3)_6^{2+}$。六氨合锌的化合物只能在固态下存在，且很不稳定，易释放出 NH_3。如23℃，与 $ZnCl_2\cdot 6NH_3$ 平衡的 $p(NH_3)=1.33\times10^4$ Pa。

虽然 Zn^{2+} 和 NH_3 间能形成 $Zn(NH_3)_4^{2+}$，但 $Zn(OH)_2$ 却不易溶于 $NH_3\cdot H_2O$。反应的平衡常数为

$$
\begin{array}{lll}
 & Zn(OH)_2 \rightleftharpoons Zn^{2+} + 2OH^- & K_{sp} = 1.2\times10^{-17} \\
+) & Zn^{2+} + 4NH_3 \rightleftharpoons Zn(NH_3)_4^{2+} & \beta = 2.9\times10^{9} \\
\hline
 & Zn(OH)_2 + 4NH_3 \rightleftharpoons Zn(NH_3)_4^{2+} + 2OH^- & K = 3.5\times10^{-8}
\end{array}
$$

K 值很小。如加适量铵盐，因 NH_4^+ 能与 OH^- 结合成 $NH_3\cdot H_2O$ 促进平衡移动。加 NH_4^+ 后反应的平衡常数为

$$
\begin{array}{lll}
 & Zn(OH)_2 + 4NH_3 \rightleftharpoons Zn(NH_3)_4^{2+} + 2OH^- & K = 3.5\times10^{-8} \\
+) & 2NH_4^+ + 2OH^- \rightleftharpoons 2NH_3\cdot H_2O & 1/K_b^2 = \left(\dfrac{1}{1.8\times10^{-5}}\right)^2 \\
\hline
 & Zn(OH)_2 + 2NH_3 + 2NH_4^+ \rightleftharpoons Zn(NH_3)_4^{2+} + 2H_2O & K = 1.1\times10^{2}
\end{array}
$$

K 值较大，$Zn(OH)_2$ 可溶于 NH_4^+-NH_3 溶液中。

$Cu(OH)_2$、$Cd(OH)_2$ 与 $NH_3\cdot H_2O$ 反应也有类似的情况，易溶于含 NH_4^+ 的 $NH_3\cdot H_2O$ 液。

由以上例子可知：在 $M(OH)_2$ 和 $NH_3\cdot H_2O$ 反应生成 $M(NH_3)_4^{2+}$ 时，如有 NH_4^+ 存在，则反应平衡常数可提高 3.1×10^9 倍。由此推论，当有 NH_4^+ 存在时，则 MOH 和 $NH_3\cdot H_2O$ 生成 $M(NH_3)_2^+$ 反应的平衡常数可提高 $1/(1.8\times10^{-5})$ 即 5.6×10^4 倍；$M(OH)_3$ 和 $NH_3\cdot H_2O$ 生成 $M(NH_3)_6^{3+}$ 反应的平衡常数可提高 $1/(1.8\times10^{-5})^3$ 即 1.7×10^{14} 倍。总之，在有 NH_4^+ 盐时有利于氨配离子的生成。

(2) 汞(Ⅱ)配合物

Hg(Ⅱ)易和 Cl^-、Br^-、I^-、CN^-、SCN^- 等形成较稳定的配离子，它们的配位数为 4。

碱性溶液中的 K_2HgI_4 是检验 NH_4^+ 的特效试剂，叫作 Nessler 试剂。

向 $HgCl_2$ 溶液中加入 NH_4SCN 溶液，得到无色四硫氰合汞(Ⅱ)酸铵$(NH_4)_2[Hg(SCN)_4]$。这个试剂用以鉴定 Co^{2+}，得到蓝色的$Co[Hg(SCN)_4]$沉淀。

$$Co^{2+} + [Hg(SCN)_4]^{2-} \longrightarrow Co[Hg(SCN)_4]\downarrow$$

Hg(Ⅱ)及许多其他阳离子都能和 EDTA 形成 1∶1 的螯合物，它们的稳定常数都较大。

$Cu(EDTA)^{2-}$	$K=6.3\times10^{18}$
$Zn(EDTA)^{2-}$	$K=3.2\times10^{16}$
$Hg(EDTA)^{2-}$	$K=5.0\times10^{21}$
$Ag(EDTA)^{3-}$	$K=2.1\times10^{7}$
$Cd(EDTA)^{2-}$	$K=2.9\times10^{16}$
$Fe(EDTA)^{2-}$	$K=2\times10^{14}$
$Fe(EDTA)^{-}$	$K=1.3\times10^{25}$

EDTA 分子中有 4 个可配位的氧原子和 2 个可配位的 N 原子，共有 6 个可配位原子。

$$\begin{matrix}\ddot{O}OC-CH_2\\ \ddot{O}OC-CH_2\end{matrix}\!\!>\ddot{N}-CH_2-CH_2-\ddot{N}<\!\!\begin{matrix}CH_2CO\ddot{O}\\ CH_2CO\ddot{O}\end{matrix}$$

这6个配位原子都能以孤对电子和中心离子形成配位键。Cu^{2+}、Zn^{2+}、Cd^{2+}、Hg^{2+} 和 EDTA 则形成四、六配位的螯合离子。它们的结构如下：

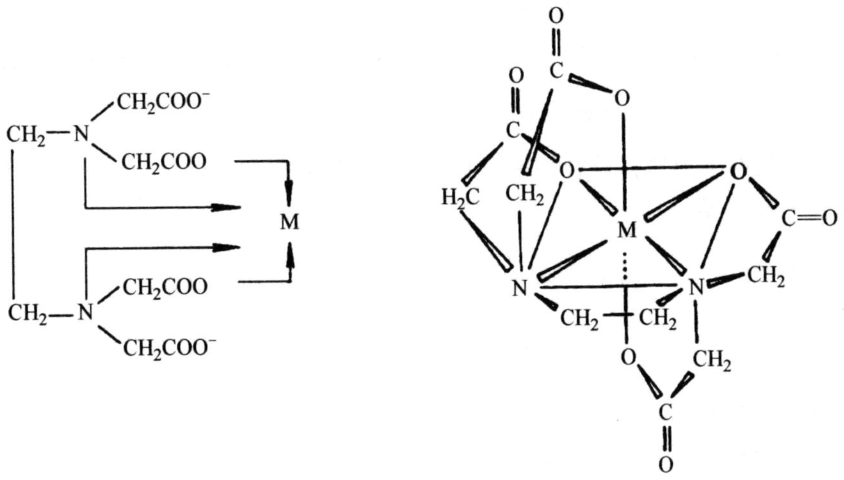

其中上、下和左边共有 3 个五原子环。这两种结构都比较稳定。

【附】 ⅡB 族元素的电势图

$E^{\ominus}_{A}/V$

$Zn^{2+}\xrightarrow{-0.76}Zn$

$Cd^{2+}\xrightarrow{-0.40}Cd$

$Hg^{2+}\xrightarrow{0.920}Hg_2^{2+}\xrightarrow{0.789}Hg$

$E^{\ominus}_{B}/V$

$Zn(OH)_4^{2-}\xrightarrow{-1.216}Zn$

$Cd(OH)_2\xrightarrow{-0.809}Cd$

$HgO\xrightarrow{0.098}Hg$

6. 汞(Ⅰ)和汞(Ⅱ)相互转化

将固体升汞($HgCl_2$)和金属汞共同研磨，可以得到甘汞(Hg_2Cl_2)。

$$HgCl_2(s)+Hg(s)=\!=\!=Hg_2Cl_2(s)\qquad \Delta_rG^{\ominus}_m=-24.9\ kJ\cdot mol^{-1}$$

在水溶液中，将 $Hg(NO_3)_2$ 和 Hg 混合，振荡生成 $Hg_2(NO_3)_2$，即 $Hg_2^{2+}(aq)$较 $Hg^{2+}(aq)$和 Hg 更稳定一些。

由

$$Hg^{2+} \xrightarrow{0.920} Hg_2^{2+} \xrightarrow{0.789} Hg$$

知

$$Hg^{2+} + Hg \rightleftharpoons Hg_2^{2+} \qquad K = 166$$

$[Hg_2^{2+}]=166$ 表明，在水溶液中 Hg_2^{2+} 更稳定些，只要有 Hg 存在，Hg^{2+} 就易转化为 Hg_2^{2+}。Hg_2^{2+} 溶液中约含0.6%的 Hg^{2+}。

与 Cu(Ⅰ)和 Cu(Ⅱ)间转化的平衡常数不同，Hg(Ⅰ)与 Hg(Ⅱ)平衡常数计算式中分子$[Hg_2^{2+}]$和分母$[Hg^{2+}]$幂相同，且平衡常数不很大，Hg(Ⅰ)也能较容易转化为 Hg(Ⅱ)。可供选择的办法是使 Hg(Ⅱ)生成难溶化合物或稳定配合物，以降低 Hg^{2+} 浓度。

(1) 生成 Hg(Ⅱ)难溶盐

混合 $NH_3 \cdot H_2O$ 和 Hg_2Cl_2，生成黑色 NH_2Hg_2Cl(氯化氨基亚汞)，接着逐渐转化为难溶的氯化氨基汞 NH_2HgCl 和 Hg。

$$Hg_2Cl_2 + 2NH_3 = NH_2Hg_2Cl\downarrow + NH_4Cl$$

$$NH_2Hg_2Cl = NH_2HgCl + Hg$$

又如向 $Hg_2(NO_3)_2$ 溶液中通入 H_2S 气体，开始生成 Hg_2S，随即转化成更难溶的 HgS。

$$Hg_2^{2+} + H_2S = HgS\downarrow + Hg + 2H^+$$

这类反应可根据下列估算进行判断：已知 Hg_2^{2+} 溶液中约有0.6%的 Hg^{2+}，当通入 H_2S 时有 Hg_2S 和 HgS 生成。

$$[Hg_2^{2+}] = \frac{1\times10^{-45}}{[S^{2-}]}, \quad [Hg^{2+}] = \frac{4\times10^{-53}}{[S^{2-}]}$$

即

$$\frac{[Hg_2^{2+}]}{[Hg^{2+}]} = 2.5\times10^7 \gg 166$$

所以平衡将向生成 Hg^{2+}(即 HgS)和 Hg 的方向移动。

综上所述，在 $Hg^{2+} + Hg \rightleftharpoons Hg_2^{2+}$ 相互转化时，平衡移动方向视在一定反应条件下的$[Hg_2^{2+}]/[Hg^{2+}]$比值而定：大于 166，则 Hg_2^{2+} 向 Hg^{2+} 和 Hg 方向移动；等于 166，则平衡；小于 166，则 Hg^{2+} 和 Hg 向 Hg_2^{2+} 方向移动。这个原则同样适用于生成配离子或转变为更稳定的配离子时平衡移动的方向。

(2) 生成稳定的 Hg(Ⅱ)配离子

向饱和 $Hg_2(NO_3)_2$ 溶液中加入浓 HCl，开始生成 Hg_2Cl_2 沉淀，随即生成 $H_2[HgCl_4]$和 Hg(因 $HgCl_4^{2-}$ 是较稳定的配离子)。

$$Hg_2(NO_3)_2 + 2HCl = Hg_2Cl_2\downarrow + 2HNO_3$$

$$Hg_2Cl_2 + 2HCl(\text{浓}) = H_2[HgCl_4] + Hg$$

这个反应中既有配位作用又有歧化反应，配位促进了歧化。

$HgBr_4^{2-}$、HgI_4^{2-}、$Hg(SCN)_4^{2-}$、$Hg(CN)_4^{2-}$ 比 $HgCl_4^{2-}$ 更稳定，所以，Hg_2^{2+} 盐和过量 Br^-、I^-、SCN^-、CN^-反应，也能生成 $HgBr_4^{2-}$、HgI_4^{2-}、$Hg(SCN)_4^{2-}$($\beta_4 = 1.7\times10^{21}$)、$Hg(CN)_4^{2-}$ 配离子和 Hg。

如用适量的 X^-(F^-除外，包括拟卤离子)和 Hg_2^{2+} 作用，生成物是相应难溶盐 Hg_2X_2；只有当 X^-(包括拟卤离子)过量时，才能生成 HgX_4^{2-} 配离子和 Hg。所用 X^- 的浓度，视 Hg_2X_2

的 K_{sp} 和 HgX_4^{2-} 的 β_4 大小而定。

(3) 其他氧化还原的方法

由 $E^\ominus$ 值知，Hg^{2+} 和 Hg_2^{2+} 具有中等程度的氧化能力，因此可用还原剂把 Hg^{2+} 还原为 Hg_2^{2+} 或 Hg。如用 $SnCl_2$ 可将 Hg^{2+} 还原为 Hg_2Cl_2，并进一步把 Hg_2Cl_2 还原为 Hg。另一方面，氧化剂可把 Hg_2^{2+} 化合物氧化成 Hg^{2+} 的化合物。如

$$Hg_2(NO_3)_2 + 4HNO_3 = 2Hg(NO_3)_2 + 2NO_2 + 2H_2O$$

8.3 软硬酸碱理论

按 Lewis 酸碱理论，提供电子对的物质是碱，分享电子对的物质是酸，在配合物中前者常是配位体，后者是形成体。20 世纪 50 年代配合物发展很快，积累了大量资料，1958 年 Allred、Chatt、Davis 把易和 O^{2-}、F^-……配位的 Al^{3+}、Ti^{4+} 等金属离子(形成体)称为 a 类；易和 I^-、S^{2-}……配位的 Ag^+、Pt^{2+}、Hg^{2+} 等归为 b 类。a 类包括ⅠA、ⅡA 族，高氧化态轻过渡金属离子；b 类包括较重、低氧化态的金属元素，形成的化合物因配位原子电负性减小(增大)而稳定(不稳定)。

与 a 类金属离子配位倾向	与 b 类金属离子配位倾向
N≫P>As>Sb	N≪P>As>Sb>Bi
O≫S>Se>Te	O≪S≈Se≈Te
F≫Cl>Br>I	F≪Cl<Br<I

1963 年 Pearson 提出软硬酸碱理论：硬酸包括 a 类金属元素，硬碱为 F^-、Cl^-、H_2O……；软酸包括 b 类金属元素，软碱为 I^-、S^{2-}……；(介于两者之间的)交界酸包括 Cu^{2+}、Fe^{2+} 等，交界碱为 NO_2^-、SO_3^{2-} 等(表 8-16)。酸碱结合倾向的规律是："硬酸优先(prefer to)和硬碱结合，软酸优先和软碱结合"，即反应倾向于生成硬-硬、软-软化合物。举例如下：

表 8-16　软硬酸碱

	酸	碱
硬	H^+、Li^+、Na^+、Be^{2+}、Mg^{2+}、Ca^{2+}、Sr^{2+}、Ba^{2+}、Al^{3+}、Fe^{3+}、Cr^{3+}、BF_3、SO_3、CO_2	H_2O、OH^-、F^-、CO_3^{2-}、ClO_4^-、PO_4^{3-}、Cl^-、ROH、RO^-、NH_3、N_2H_4
交界	Fe^{2+}、Co^{2+}、Ni^{2+}、Cu^{2+}、Zn^{2+}、Pb^{2+}、$B(CH_3)_3$、SO_2、$C_6H_5^+$、NO^+	$C_6H_5NH_2$、C_5H_5N、N_3^-、Br^-、NO_2^-、SO_3^{2-}
软	Pt^{2+}、Cu^+、Ag^+、Cd^{2+}、Hg^{2+}、Hg_2^{2+}、Au^+、$GaCl_3$、金属原子	H^-、R_2S、RSH、RS^-、I^-、SCN^-、R_3P、CN^-、CO、C_2H_4

(1) 取代反应

$$HI(g) + F^-(g) = HF(g) + I^-(g) \qquad \Delta_r H_m^\ominus = -263.6\ kJ \cdot mol^{-1}$$

气态反应中，硬酸 H^+ 优先和硬碱 F^- 结合。同理，在固态反应中：

$$LiI + CsF = LiF + CsI \qquad \Delta_r H_m^\ominus = -65.7\ kJ \cdot mol^{-1}$$

$$BeI_2 + SrF_2 \Longrightarrow BeF_2 + SrI_2 \qquad \Delta_r H_m^\ominus = -200.8\ kJ \cdot mol^{-1}$$

(2) 矿物

S^{2-}是软碱，在自然界可和软酸结合成 Cu_2S、HgS……或和交界酸结合成 ZnS、PbS、FeS……周期表左边金属离子为硬酸，主要以含氧酸盐(以 O 原子配位)，如硫酸盐、碳酸盐、铝硅酸及氟化物(CaF_2)、氯化物(NaCl)，甚至氧化物存在(如 TiO_2)。

(3) 溶解度

AB 化合物溶解于水成 A^{n+}(aq)、B^{n-}(aq)。若 A 是硬酸，B 是比 H_2O 更硬的碱，则 AB(硬-硬)难溶，如 CaF_2；若 A 是软酸，B 是软碱，则 AB(软-软)难溶于水，如 AgI；若 A 是软酸，B 是比 H_2O 更硬的碱，则 AB(软-硬)可溶，如 AgF。

由软酸形成的卤化物中，氟化物可溶(如 AgF)，氯、溴、碘化物难溶，且碘化物更难溶；由硬酸形成的卤化物中，氟化物难溶，氯、溴、碘化物可溶，且碘化物溶得更多(如 CaI_2)；交界酸的卤化物，可能都是难溶物，如 PbX_2(不存在从氟化物到碘化物溶解度顺序增大或减小)。

(4) 反应倾向

以和软酸 Ag^+ 结合的碱为例，因碱的软性增强，酸碱结合倾向增强(参看本章第 4 节)。

$$NH_3(10^7) < Br^-(10^{-13}) < S_2O_3^{2-}(10^{13}) < I^-(10^{-16}) < CN^-(10^{21}) < S^{2-}(10^{-49})$$

(括号内指数为负值的是溶度积，为正值的是累积稳定常数)

(5) 金属电极电势

硬酸以 Al^{3+} 为例，软酸以 Ag^+ 为例。Al^{3+} 和比 H_2O 更硬的碱结合(硬-硬)，电极电势值减小；Ag^+ 和软碱结合(软-软)，两者都形成“更”稳定的物质，相应电极电势值都减小。

$$E^\ominus(Al^{3+}/Al) = -1.66\ V, \qquad E^\ominus(AlF_6^{3-}/Al+F^-) = -2.07\ V$$

$$E^\ominus(Ag^+/Ag) = 0.80\ V, \quad E^\ominus(AgI/Ag+I^-) = -0.15\ V, \quad E^\ominus(Ag(CN)_2^-/Ag+CN^-) = -0.31\ V$$

在液氨中，因 NH_3 不如 H_2O 硬，则在液氨中，某些硬酸的电势(代数)值增大，某些软酸的电势值减小。如：$E^\ominus(Li^+/Li)$为-3.05 V (H_2O)、-2.34 V(NH_3)；$E^\ominus(Cu^+/Cu)$为 0.52 V (H_2O)、0.36 V(NH_3)。

(6) 配合物稳定性

硬酸和含氧酸根(常以 O 和金属配位)、F^- 组成的配合物较稳定，如 $Fe(C_2O_4)_3^{3-}$ 的 $\beta_3 = 3.2\times10^{18}$，$FeL_3$ 的 $\beta_3 = 2.0\times10^{35}$[L 为水杨酸 $C_6H_4(OH)COOH$]；EDTA(O、N 原子配位)与 Mg^{2+}($K=5\times10^8$)、Ca^{2+}($K=5\times10^{10}$)配位。软酸易和软碱配位，如 $Hg(CN)_4^{2-}$。

SCN^- 能以 S 原子或 N 原子配位，因 S 比 N 软，故和软酸结合时以 S 原子配位，如 $Ag(SCN)_2^-$、$Hg(SCN)_4^{2-}$；和硬酸结合时以 N 原子配位，如 $Fe(NCS)_3$。再者，由稳定常数(相对)大小，可知何种原子参与配位。如 Ca^{2+}—SO_4^{2-} 的 $K=2.0\times10^2$，Mg^{2+}—SO_4^{2-} 的 $K=2.5\times10^2$，若 $S_2O_3^{2-}$ 也是以 O 原子配位，则 Ca^{2+}—$S_2O_3^{2-}$、Mg^{2+}—$S_2O_3^{2-}$ 的 K 应和上二值相近，事实上 K 值分别为 91 和 69，表示 $S_2O_3^{2-}$ 以 S 原子配位(S 软，O 硬)。

(7) 某些催化剂中毒

常用催化剂，Pt 等是软酸，易和软碱 CO、H_2S 结合(催化剂中毒)。

……

从结构观点看，硬-硬结合近似离子键，软-软结合接近共价键。从热力学观点看，硬-硬结

合熔变(绝对值)小,而熵变值大(水溶液中的反应,硬-硬结合挤出原先水分子);软-软结合则相反(原先软酸和水结合弱)。如

$$Al^{3+} + F^- = AlF^{2+} \qquad \Delta_r H_m^\ominus = 4.6 \text{ kJ} \cdot \text{mol}^{-1}, \qquad \Delta_r S_m^\ominus = 39.3 \text{ J} \cdot (\text{K} \cdot \text{mol})^{-1}$$

$$Hg^{2+} + I^- = HgI^+ \qquad \Delta_r H_m^\ominus = -75.3 \text{ kJ} \cdot \text{mol}^{-1}, \qquad \Delta_r S_m^\ominus = -2.1 \text{ J} \cdot (\text{K} \cdot \text{mol})^{-1}$$

因软硬酸碱理论能把许多反应归纳得较有规律,所以一经提出后就受到重视。

8.4 化学反应系统化

化学反应的数目千千万万,要想将它们一一记住是不可能的,如铜、银、汞化合物的酸碱反应、沉淀反应、配位反应就可以举出很多。这里以银的有关反应为例讨论化学反应的系统化。

(1) 对银的难溶化合物,基于"(相对)强酸置换(相对)弱酸"使某些沉淀溶解。

$$AgAc + HNO_3 = AgNO_3 + HAc$$

$$2Ag_2CrO_4 + 4HNO_3 = 4AgNO_3 + H_2Cr_2O_7 + H_2O$$

也可以基于生成稳定配合物使其溶解。

$$AgBr + 2S_2O_3^{2-} = Ag(S_2O_3)_2^{3-} + Br^-$$

(2) 对稳定常数不大的银配合物,可用溶度积小的化合物使其沉淀。

$$Ag(NH_3)_2^+ + Br^- = AgBr \downarrow + 2NH_3$$

$$Ag(S_2O_3)_2^{3-} + I^- = AgI \downarrow + 2S_2O_3^{2-}$$

(3) 一种银盐沉淀转化为另一种更难溶银盐的沉淀,如

$$Ag_2O + H_2O + 2I^- = 2AgI + 2OH^-$$

等等。这些反应之间的关系归纳入表 8-17。表中,银的难溶化合物的 K_{sp} 或配离子的 $K_{不稳}(= 1/\beta_n)$ 从上至下依次减小。这个顺序的意义是:后一种离子可以从它前面各种银化合物中将 Ag^+ 夺出。从这个顺序能得到(23+22+…+1=)276 个反应。当然,特别是上下挨得很近的化合物,由于平衡常数 K 值相差太小,其中有许多反应进行得不完全,甚至很不完全。如

$$Ag_2C_2O_4 + CO_3^{2-} = Ag_2CO_3 + C_2O_4^{2-} \qquad K = 1.4$$

$$Ag_2CO_3 + CrO_4^{2-} = Ag_2CrO_4 + CO_3^{2-} \qquad K = 4.0$$

对于不完全的反应,可通过改变浓度的办法改变反应的方向,如

$$AgBr + 2NH_3 = Ag(NH_3)_2^+ + Br^- \qquad K = 5.5 \times 10^{-6}$$

若增加 NH_3 的浓度(约 >5 mol·L^{-1}),可使 $AgBr$ 明显溶解;反之,在 $Ag(NH_3)_2^+$ 溶液中适当加大[Br^-],$AgBr$ 沉淀完全。

此外,倘若能将其他有关化学知识也用于研究这些反应,还可以知道更多的化学反应。从表 8-17 知,Ag_2SO_4 的溶解度比 $AgCl$ 的大,按 K 值的大小比较,H_2SO_4 与 $AgCl$ 不可能反应。但 HCl 易挥发,因此,若用浓 H_2SO_4 和 $AgCl$ 一起加热,也能得到一些 Ag_2SO_4。同理,由于 HCN 为极弱酸($K_a = 6.2 \times 10^{-10}$),故向 $Ag(CN)_2^-$ 加入 HCl,能生成 $AgCl$ 沉淀和 HCN。

表 8-17　一些银化合物的 $E^{\ominus}$ 和 $K(\beta_n)$ *

Ag^+ 和银化合物	$E^{\ominus}$/V	K（括号内为 β_n 值）
Ag^+	0.799	—
Ag_2SO_4	0.653	6.3×10^{-5}
AgAc	0.643	2.3×10^{-3}
$AgNO_2$	0.564	1.2×10^{-4}
$AgBrO_3$	0.55	5.4×10^{-5}
Ag_2MoO_4	0.49	2.6×10^{-11}
$Ag_2C_2O_4$	0.472	1.1×10^{-11}
Ag_2CO_3	0.47	7.9×10^{-12}
Ag_2CrO_4	0.446	2.0×10^{-12}
$Ag(SO_3)_2^{3-}$	0.43	3.2×10^{-7}　($\beta_2=3.1\times10^{6}$)
AgOCN	0.41	2.3×10^{-7}
$Ag(NH_3)_2^+$	0.373	9×10^{-8}　($\beta_2=1.1\times10^{7}$)
$AgIO_3$	0.35	3.1×10^{-8}
AgOH	0.344	2.0×10^{-8}
AgN_3	0.292	2.5×10^{-9}
AgCl	0.222	1.8×10^{-10}
$Ag_4Fe(CN)_6$	0.194	1.6×10^{-41}
AgSCN	0.09	1.0×10^{-12}
AgBr	0.03	5.0×10^{-13}
$Ag(S_2O_3)_2^{3-}$	0.01	2.5×10^{-14}　($\beta_2=4.0\times10^{13}$)
AgCN	−0.017	1.6×10^{-14}
AgI	−0.151	8.9×10^{-17}
$Ag(CN)_2^-$	−0.31	7.7×10^{-21}　($\beta_2=1.3\times10^{21}$)
Ag_2S	−0.69	2.0×10^{-49}

*　括号内为累积稳定常数。

化学反应系统化的知识，能帮助大家理解、判断和记忆较多的化学反应，但在某条件下一个化学反应能否发生，反应速度快或慢，还应当用实验来证实。

习　题

1. 用化学方程式表示：

(1) 由金属铜制备硫酸铜、氯化铜和碘化亚铜；

(2) 由硝酸汞制备氧化汞、升汞和甘汞。

2. 用适当试剂溶解 AgBr、HgI_2、CuS、HgS，并写出有关反应方程式。

3. 金属铜、银、锌、镉、汞能否和盐酸、硝酸、硫酸反应，用化学方程式表示能够发生的反应。

4. AgOH 的 $K_{sp}=2\times10^{-8}$，水的离子积 $K_w=1.0\times10^{-14}$，计算当 Ag^+ 离子浓度分别为 10^{-2}、10^{-3}、10^{-4}、10^{-5} mol·L^{-1}时，开始生成 AgOH 沉淀的 pH。用计算结果绘出 AgOH 的 s-pH 图。

5. 由附录四之表 12 中的数据写出由 HgS(s)氧化生成 HgO(s)和 SO_2(g)；HgO(s)分解为 Hg(l)和 O_2(g)反

应的 $\Delta_r G_m^\ominus$。由此判断焙烧硫化汞得到的是 Hg 还是 HgO？

6. 20℃，Hg 的蒸气压为 0.173 Pa。求此温度下被 Hg 蒸气所饱和的 1 m^3 空气中含的 Hg 量(常温下允许含量为 0.1 $mg \cdot m^{-3}$)。

7. 1.008 g 铜银合金溶解后，加入过量 KI，用 0.1052 $mol \cdot L^{-1}$ $Na_2S_2O_3$ 溶液滴定，消耗了 29.84 mL。计算合金中铜的质量分数。

8. 1 mL 0.2 $mol \cdot L^{-1}$ HCl 溶液中含有 Cu^{2+} 离子 5 mg。若在室温及标准压力下通入 H_2S 气体至饱和，析出 CuS 沉淀。问达平衡时，溶液中残留的 Cu^{2+} 离子浓度(用 $mg \cdot mL^{-1}$ 表示)为多少？

9. 难溶化合物的 K_{sp} 和自由焓变 $\Delta_r G_m^\ominus$ 有以下关系式：

$$\lg K_{sp} = \frac{-\Delta_r G_m^\ominus}{2.303RT}$$

请利用下列 $\Delta_f G_m^\ominus$ 数据计算 AgCl 的 K_{sp}。

	$AgCl(s) =\!=\!= $	$Ag^+(aq)+$	$Cl^-(aq)$
$\Delta_f G_m^\ominus/(kJ \cdot mol^{-1})$	−109.72	77.11	−131.17

10. 分别向硝酸铜、硝酸银、硝酸亚汞和硝酸汞的溶液中，加入过量的碘化钾溶液，问各得到什么产物？写出化学反应方程式。

11. 设计实验方案，分离下列各组物质：

(1) Zn^{2+} 和 Cd^{2+}；

(2) Cu^{2+} 和 Zn^{2+}；

(3) Ag^+、Pb^{2+} 和 Hg^{2+}；

(4) Zn^{2+}、Cd^{2+} 和 Hg^{2+}。

12. 用计算说明：

(1) 向 $Cu(CN)_4^{3-}$ 溶液中通入 H_2S 至饱和，不生成 Cu_2S 沉淀；

(2) 向 $Ag(CN)_2^-$ 溶液中通入 H_2S 至饱和，能生成 Ag_2S 沉淀。

13. 氯化亚铜、氯化亚汞都是反磁性物质。问该用 CuCl 或 Cu_2Cl_2，HgCl 或 Hg_2Cl_2 表示其组成？为什么？

14. 1.84 g 氯化汞溶于 100 g 水中(水的摩尔凝固点降低常数 $K_f = 1.86$)，测得水溶液的凝固点为 −0.126℃。用计算说明氯化汞在水溶液中的电离情况。

15. 请回答下列各问题：

(1) $CuSO_4$ 有杀虫作用，为什么要和石灰混用？

(2) Hg_2Cl_2 是利尿剂，为什么有时服用含 Hg_2Cl_2 的药剂后反而中毒？

(3) 为什么酸性 $ZnCl_2$ 溶液能作"熟镪水"用(焊铁件时除去铁表面的氧化物)？

(4) $HgCl_2$、$Hg(NO_3)_2$ 都是可溶 Hg(Ⅱ)盐。哪一种需在相应酸溶液中配制其溶液？

(5) 为什么要用棕色瓶储存 $AgNO_3$(固体或溶液)？

16. 回收废定影液中 Ag 的方法如下：

(1) 用 Fe 还原。这个反应完全吗？

(2) 滴加 Na_2S 液到恰好不生成沉淀为止。过滤，滤液可作定影液用。写出反应方程式。若加了过量 Na_2S 液，则在定影时易使(洗印所得)照片发黑？为什么？

17. 用胶卷照相时因曝光过度(不足)，会使洗的底片发暗(太浅)。使发暗底片减薄的方法是：将底片置入 $K_3Fe(CN)_6$ 和 $NH_3 \cdot H_2O$ 混合液，适时取出冲洗干净；使底片(印相太浅)加厚的方法是：将底片置入 $K_3Fe(CN)_6$ 和 $Pb(NO_3)_2$ 混合液，适时取出，冲洗净后用 Na_2S 液处理，然后取出洗净。写出"加厚""减薄"的反应方程式。

18. 已知 $E^\ominus(Fe^{3+}/Fe^{2+}) = 0.77$ V，$E^\ominus(Ag^+/Ag) = 0.80$ V，求 Fe^{3+} 和 Ag 反应的平衡常数。能否用 Fe^{3+} 液溶解银镜？若能用，选 $FeCl_3$、$Fe_2(SO_4)_3$ 还是 $Fe(NO_3)_3$[设三者 $c(Fe^{3+})$ 相同]的效率最高？

19. 以 $CuFeS_2$ 精矿为原料在沸腾炉中与 O_2(空气)反应,生成物经冷却、溶解、除铁,得 $CuSO_4 \cdot 5H_2O$ 晶体。写出有关的反应方程式。沸腾炉温度为 600～620℃,如何控制反应温度? 温度高于 600～620℃时生成物中水溶性铜的 $w(Cu)/(\%)$ 下降,其原因是什么?

沸腾炉温度/℃		560	580	600	620	640	660
生成物	水溶性 $w(Cu)/(\%)$	90.12	91.24	93.50	92.38	89.96	84.23
	酸溶性 $w(Cu)/(\%)$	92.00	93.60	97.08	97.82	98.16	98.10
	酸溶性 $w(Fe)/(\%)$	8.56	6.72	3.46	2.78	2.37	2.28

20. 使含 H_2S 的废气通过 ZnO(s)是除 H_2S 的一种方法。写出反应方程式。这个反应完全吗(常温)?

第九章　过 渡 元 素

广义的过渡元素(transition elements)是指电子未完全充满 d 轨道或 f 轨道的元素，f 轨道未充满的为镧系、锕系元素，又称内过渡元素；铜分族一般也作为过渡元素，因为高价态铜分族的 d 轨道未充满电子，表现出过渡元素的性质。在本书中，为讨论方便，把铜、锌分族作为 ds 区讨论，这里所讨论的过渡元素包括ⅢB(3 族，钪分族)到Ⅷ(10 族，镍、钯、铂)的元素，即 d 区元素。过渡元素有许多共同性质，本章先讨论它们的通性，然后重点介绍第一过渡元素(第四周期)单质及其化合物的性质。

9.1　过渡元素的通性

1. 物理性质

过渡元素原子的外围电子构型是$(n-1)d^{1\sim10}ns^{1\sim2}$。因$(n-1)$d 电子对 ns 电子的屏蔽作用不如$(n-1)$s、$(n-1)$p 完全，致使吸引 ns 电子的有效核电荷较大，所以同周期过渡元素的原子半径自左到右略有减小。第四周期元素原子半径依序减小叫钪系收缩。第五、第六周期情况类似，只是因第六周期 57～71 号镧系收缩，致使第五、第六周期同族元素性质更相近。

过渡元素除 Sc、Y、Ti 外，密度均大于 5 $g \cdot cm^{-3}$。第六周期(因镧系收缩的影响)自 72 号 Hf 开始，金属密度都较大，如 Hf 为 13.31 $g \cdot cm^{-3}$，是同族 Zr(6.49)的两倍，其中最重的是 Os，密度为 22.61 $g \cdot cm^{-3}$(是最轻金属 Li 密度的 43 倍)。习惯上把第四周期的过渡元素叫**轻过渡元素**(或第一过渡元素)，而把第五、第六周期的过渡元素叫**重过渡元素**(或第二、第三过渡元素)。

过渡金属的熔、沸点都较高，在同一周期中ⅥB 族金属的熔点最高(表 9-1)。第六周期金属的熔、沸点比第五周期相应各族金属高，而第五周期金属的熔、沸点又比第四周期相应各族金属高。过渡金属中熔、沸点最高的是 W。

表 9-1a　第四周期过渡金属某些性质

	Ca $4s^2$	Sc $3d^1 4s^2$	Ti $3d^3 4s^2$	V $3d^3 4s^2$	Cr $3d^5 4s^1$	Mn $3d^5 4s^2$	Fe $3d^6 4s^2$	Co $3d^7 4s^2$	Ni $3d^8 4s^2$	Cu $3d^{10} 4s^1$	Zn $3d^{10} 4s^2$
熔　　点/℃	842.8	1539	1675	1890	1890	1204	1535	1495	1453	1083	419
沸　　点/℃	1487	2727	3260	3380	2482	2077	3000	2900	2732	2595	907
原子半径/pm	174	164	147	135	129	127	126	125	125	128	137
M^{2+}离子半径/pm	99	—	90	88	84	80	76	74	69	72	74
第一电离能/($kJ \cdot mol^{-1}$)	589.8	631	658	650	652.8	717.4	759.4	758	736.7	745.5	906.4
第一、二电离能/($kJ \cdot mol^{-1}$)	1735	1866	1968	2064	2149	2227	2320	2404	2490	2703	2640
M^{2+}水合能/($kJ \cdot mol^{-1}$)	−1592	—	—	—	−1850	−1845	−1920	−2054	−2106	−2100	−2045
气化热/($kJ \cdot mol^{-1}$)	142.7	304.8	428.9	456.6	348.8	219.7	351.0	382.4	371.8	341.1	131
室温密度/($g \cdot cm^{-3}$)	1.54	2.99	4.5	5.96	7.20	7.20	7.86	8.9	8.90	8.92	7.14
氧　化　态	2	3	−1,0,2, 3,4	−1,0,2, 3,4,5	−2,−1,0, 2,3,4,5,6	−1,0,1,2, 3,4,5,6,7	0,2,3,4, 5,6	0,2, 3,4	0,2,3, (4)*	1,2,3	(1),2
$E^\ominus(M^{2+}/M)/V$	−2.87	—	−1.63	−1.18	−0.91	−1.18	−0.44	−0.28	−0.25	0.34	−0.76
$E^\ominus(M^{3+}/M)/V$	—	−2.80	−1.18	−0.88	−0.74	0.28	0.037	0.42	—	—	—

*　(　)内为不稳定的氧化态。

表 9-1b　第五周期过渡金属某些性质

	Sr $5s^2$	Y $4d^1 5s^2$	Zr $4d^3 5s^1$	Nb $4d^4 5s^1$	Mo $4d^5 5s^1$	Tc $4d^6 5s^1$	Ru $4d^7 5s^1$	Rh $4d^8 5s^1$	Pd $4d^{10} 5s^0$	Ag $4d^{10} 5s^1$	Cd $4d^{10} 5s^2$
熔　　点/℃	769	1495	1952	2468	2610	—	2250	1966	1552	960.8	326.9
沸　　点/℃	1384	2927	3578	4927	5560	—	3900	3727	2927	2212	765
原子半径/pm	191	182	160	147	140	135	134	134	137	144	152
第一电离能/($kJ \cdot mol^{-1}$)	549.5	616	660	664	685	702	711	720	805	731	867.7
气化热/($kJ \cdot mol^{-1}$)	164	393.3	581.6	772	651	577.4	669	577	376.6	289	99.8
室温密度/($g \cdot cm^{-3}$)	2.6	4.34	6.49	8.57	10.2	—	12.30	12.42	12.03	10.5	8.64
氧　化　态	2	3	2,3,4	2,3,4,5	0,2,3,4, 5,6	0,4,5,6, 7	0,3,4,5, 6,7,8	0,2,3,4,6	0,2,3,4	1,2,(3)	(1),2

表 9-1c 第六周期过渡金属某些性质

	Ba $6s^2$	La $5d^1 6s^2$	Hf $5d^2 6s^2$	Ta $5d^3 6s^2$	W $5d^4 6s^2$	Re $5d^5 6s^2$	Os $5d^6 4s^2$	Ir $5d^7 4s^2$	Pt $5d^9 6s^2$	Au $5d^{10} 6s^1$	Hg $5d^{10} 6s^2$
熔　点/℃	725	920	2150	2996	3410	3180	3000	2410	1769	1063	−38.87
沸　点/℃	1140	3469	5440	5425	5927	5627	≈5000	4527	3827	2966	356.58
原子半径/pm	198	188	159	147	141	135	136	139	139	144	155
第一电离能/($kJ \cdot mol^{-1}$)	502.9	538.1	654	761	770	764	840	880	870	890.1	1007
气化热/($kJ \cdot mol^{-1}$)	151.0	399.6	611.1	774	844	791	728	690	510.4	344.3	60.8
室温密度/($g \cdot cm^{-3}$)	3.51	6.194	13.31	16.6	19.35	20.53	22.48	22.42	21.45	19.3	13.5939
氧 化 态	2	3	2,3,4	2,3,4,5	0,2,3,4,5,6	0,2,3,4,5,6,7	0,2,3,4,5,6,7,8	0,(2),3,4,5,6	0,2,4,6	1,3	1,2

和熔、沸点相似，过渡金属的升华热也遵从上述规律，其中 W 的升华热最高，为 844 kJ・mol^{-1}，是最易蒸发金属 Hg(60.8 kJ・mol^{-1})的 13.9 倍。从热化学循环看，升华热大的金属，尤其是第六周期 Hf 以后的过渡金属都不可能是活泼金属。

和非过渡金属比较，过渡金属硬度大，其中最硬的是 Cr，Moh 硬度为 9。

2. 化学性质

第一过渡元素都是比较活泼的金属，而第二、第三过渡元素较不活泼。本节重点讨论第一过渡元素的化学性质。为了对比，表 9-1 中还列出 Ca 和 Cu、Zn 的有关数据。

(1) 电离能和电极电势

过渡元素从左至右它们的第一、第二电离能之和(I_1+I_2)逐渐增大。又因 M^{2+} 半径从左至右顺序减小，故其水合能也呈现有规律的变化。

从表 9-1a 所列第一过渡元素的电离能、水合能以及升华热看出，$M^{2+}(aq)+2e = M(s)$ 的电极电势(V)从左至右依次增大。

过渡元素形成 M^{3+}(aq)的倾向和形成 M^{2+}(aq)相似，它们的电极电势 $E^\ominus(M^{3+}/M)$从左至右也是逐渐增大的。

第二、第三过渡元素不易形成低价金属阳离子。

过渡金属和酸的反应可分为两类：第一过渡元素多数是活泼金属，它们能置换酸中的氢；第二、第三过渡元素均不活泼，它们很难和酸作用。但ⅢB 族的 Y、La 以及镧系元素都是活泼金属，和第一过渡元素同酸的作用相似。

第二、第三过渡元素的金属单质非常稳定，一般不容易和强酸反应，其中最突出的是ⅤB 族(5 族)的铌 Nb 和钽 Ta，于110 ℃在长达一年的时间内 Ta 不被浓 HCl 腐蚀，而 Nb 表面只被腐蚀掉 0.1 mm；在王水中 Ta 也不被腐蚀，而 Nb 只受到轻微腐蚀。然而这两种金属却能溶于 HNO_3 和 HF 的混合酸，因 Nb、Ta 分别形成稳定的 NbF_7^{2-} 和 TaF_7^{2-} 配离子。

$$M+5HNO_3+7HF = H_2MF_7+5NO_2+5H_2O \quad (M 为 Nb、Ta)$$

铂系贵金属也极难和无氧化性的酸反应，所以铂质器皿具有耐酸(尤其是 HF)的性能。但许多第二、第三过渡金属和浓碱液或熔碱发生反应。

总之，过渡元素可分为较活泼的轻过渡元素和不活泼的重过渡元素；轻过渡元素中相邻两种金属的活泼性较为相似，有时相似性超过了同一族元素彼此间的相似性，如 Fe 和相邻的 Mn、Co 都能和稀酸作用，而位于 Fe 下面的元素 Ru 并不和稀酸反应。

(2) 氧化态

过渡元素有多种氧化态。

① 过渡元素相邻两个氧化态间的差值为 1 或 2，而 p 区各元素相邻两个氧化态间的差值常是 2。前者如 Mn，它有 −1、0、1、2、3、4、5、6、7 等氧化态；后者如 Cl，它有 −1、0、1、3、5、7 等常见氧化态。

② ⅢB～ⅦB 族元素(3 族～7 族)(少数镧系元素除外)的最高氧化态和族号相等，但ⅧB 族元素的氧化态能达到 +8 的只有 Ru 和 Os 两种元素，如 RuO_4 和 OsO_4。

第一过渡元素最高氧化态的化合物一般不稳定(Sc、Ti、V 除外)，而第二、第三过渡元素最高氧化态的化合物则比较稳定。如ⅥB 族(6 族)中 Cr 在氧气中燃烧得 Cr_2O_3，而 Mo、W 在氧

气中燃烧得 MoO_3、WO_3，同时说明第二、第三过渡元素如 Mo 和 W 的性质也更相近。

③ 最高氧化态化合物主要以氧化物、含氧酸(盐)或氟化物存在，如 WO_3、WF_6、MnO_4^-、ReF_7、Re_2O_7、FeO_4^{2-} 等。最低氧化态的化合物主要以配合物形式存在，如 $Mn(CO)_6^-$。

3. 配合物和晶体场理论

低价过渡金属的水合离子是一种配离子，如 $Fe(H_2O)_6^{3+}$，一般简写为 Fe^{3+}。水配离子不稳定，H_2O 易被其他配位体所取代，$Fe(H_2O)_6^{3+}$ 中的 H_2O 为 CN^-、SCN^- 取代后成为$Fe(CN)_6^{3-}$或 $Fe(NCS)_3(H_2O)_3$。单基配位体中以氰配离子最稳定，多基配位体所形成的螯合物中以 M—EDTA(MY^{n-4})(表 9-2 中以 Y 表示)较为稳定。兹将一些配离子稳定常数的对数值($\lg\beta$)列于表 9-2。

表 9-2　一些配离子稳定常数的对数值($\lg\beta$)

$\lg\beta$ 配离子 / 中心体	$M(NH_3)_6^{n+}$	$M(CN)_6^{n-}$	$M(en)_3^{n+}$	MY^{n-4}
Co^{2+}	5.11	19.09	13.82	16.3
Co^{3+}	32.51	64	46.89	36
Ni^{2+}	8.49	31.3	18.59	18.6

这里所说配合物稳定是指热力学稳定。实际上“稳定”有两种涵义：热力学稳定(指配合物生成的趋势)和动力学活性(指反应的速率)。如 $Co(NH_3)_6^{3+}$(aq)的 $\Delta_f G_m^\ominus = -231.0\ kJ\cdot mol^{-1}$和 $Co(NH_3)_5(H_2O)^{3+}$(aq)的 $\Delta_f G_m^\ominus = -444.3\ kJ\cdot mol^{-1}$，即生成前者的趋势不如后者完全。但在水溶液中，下列转化反应却进行得极慢：

$$Co(NH_3)_6^{3+} + H_2O \longrightarrow Co(NH_3)_5(H_2O)^{3+} + NH_3$$

因此常说 $Co(NH_3)_6^{3+}$ 在水溶液中很“稳定”(指动力学稳定)。

为了说明过渡元素配合物的空间构型(热力学稳定)及其吸收光谱和颜色，需要对**晶体场理论**(crystal field theory，CFT)作一简要介绍。该理论是把配合物中心体和配位体之间的作用力类比于晶体中的静电作用力。

过渡元素原子的 5 个 d 轨道具有相同的能量，通常称为**简并轨道**(degenerate orbitals)，它们的电子云角度分布见图 9-1。

在没有配位体时，中心离子的 d 电子可占据任意一或几个简并轨道。若有 6 个相同的配位体沿着 $\pm x$、$\pm y$、$\pm z$ 坐标方向接近中心离子(成正八面体)，配位体的负电荷就会排斥电子云角度分布凸出的 d_{z^2}、$d_{x^2-y^2}$ 轨道的电子(图 9-2)，使这两个轨道的能量升高，而夹在坐标轴间的 d_{xy}、d_{yz}、d_{xz} 电荷受到的排斥作用小，其能量有所降低。这样由于配位体和中心原子(或离子)静电排斥作用不同，把原来 5 个能量相同的 d 轨道分裂为两组：高能量的 e_g 轨道即 d_{z^2}、$d_{x^2-y^2}$；低能量的 t_{2g}①轨道即 d_{xy}、d_{yz}、d_{xz}。这两组轨道能量之间的差值叫**分裂能** Δ_o(splitting energy)，右下角“o”表示八面体(octahedron)。

对于四面体配合物的 d 轨道分裂，可以设想将四面体放入一个立方体内，使四面体的 4 个

① e_g、t_{2g}是分子轨道理论采用的符号，e、t 表示二重简并态、三重简并态；g 表示波函数是中心对称的；1，2表示镜面对称和反对称的差别。若按静电场理论，e_g 和 t_{2g}将采用 d_γ 和 d_ε 符号表示。

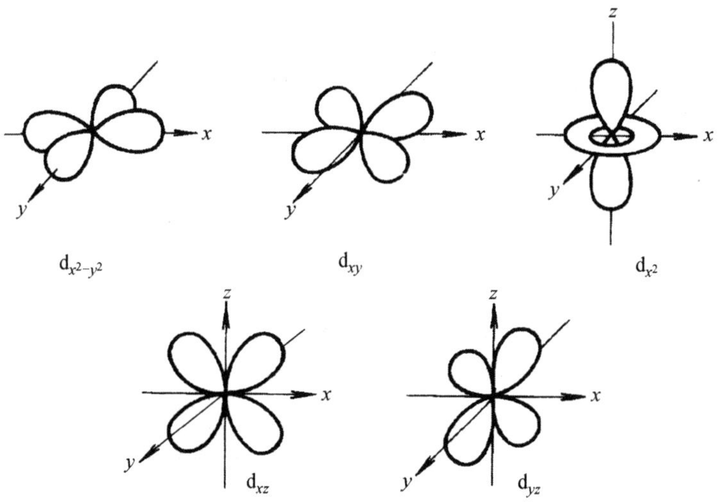

图 9-1　d 轨道电子云角度分布

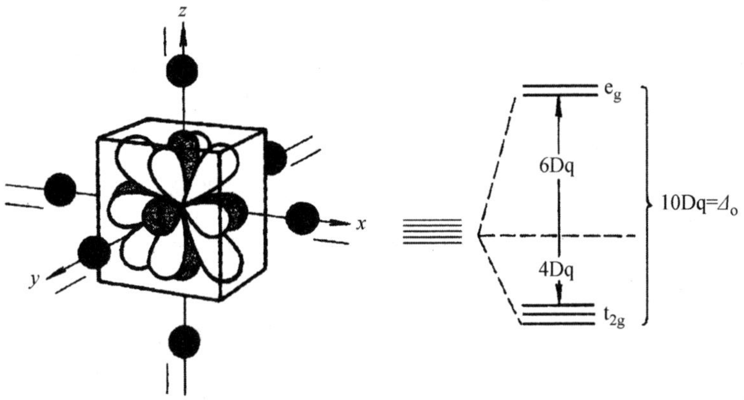

图 9-2　正八面体场 d 轨道分裂图

方向位于立方体 8 个顶角中的 4 个顶角的位置(图 9-3)。从图 9-3 中看出,中心离子的 $d_{x^2-y^2}$、d_{z^2} 轨道的极大值指向立方体的面心,而 d_{xy}、d_{yz}、d_{xz} 轨道分别指向立方体 4 条棱边的中点,即 d_{xy} 比 $d_{x^2-y^2}$ 更接近配位体,因此 d_{xy} 轨道能量比 $d_{x^2-y^2}$ 高(d_{z^2} 轨道和 $d_{x^2-y^2}$ 相近,而 d_{yz}、d_{xz} 和 d_{xy} 相近)。所以在正四面体晶体场影响下,5 个 d 轨道产生与正八面体相反的分裂,四面体场中 d 轨道分裂能用 Δ_t 表示,右下角 t 是四面体(tetrahedron)。因配位体不是"正面"和中心体轨道相遇,故 Δ_t 比 Δ_o 要小。

对于正方形配合物,4 个配位体沿 $\pm x$、$\pm y$ 的方向向中心离子接近,$d_{x^2-y^2}$ 轨道和配位体排斥作用最大,其能量最高,d_{xy} 次之,再次为 d_{z^2},能量最低的为 d_{yz}、d_{xz}。其分裂能用 Δ_{sp} 表示,右下角 sp 为平面四方形(square planar)。

理论规定 Δ_o 为 10 Dq,未分裂 d 轨道的总能量为 0 Dq,则可用 Dq 表示 e_g 和 t_{2g} 的相对能量。

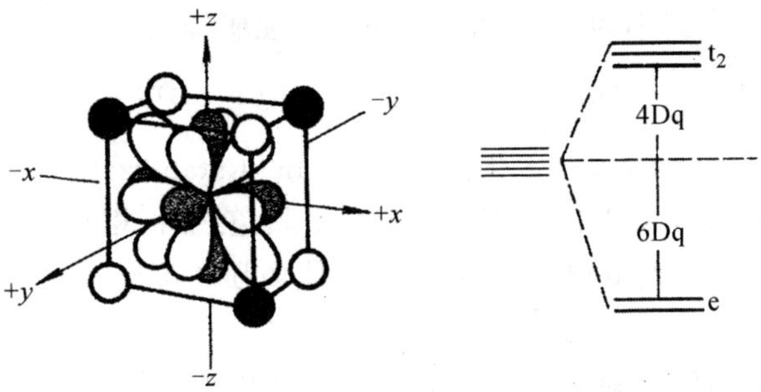

图 9-3　正四面体场中 d 轨道分裂图

$$\Delta_o = E_{e_g} - E_{t_{2g}} = 10\ Dq$$

e_g 中可容纳 4 个电子，t_{2g} 中容纳 6 个电子，根据量子力学重心不变原理，分裂后的 d 轨道总能量为

$$4E_{e_g} + 6E_{t_{2g}} = 0$$
$$E_{e_g} = +6\ Dq,\quad E_{t_{2g}} = -4\ Dq$$

四面体场分裂能 Δ_t 为 Δ_o 的 4/9 倍，即

$$\Delta_t = \frac{4}{9} \times 10\ Dq = 4.45\ Dq$$

t_2 中可容纳 6 个电子，e 中容纳 4 个电子，分裂后的 d 轨道总能量为

$$6E_{t_2} + 4E_e = 0$$
$$E_{t_2} = +1.78\ Dq,\quad E_e = -2.67\ Dq$$

同理，正方形配合物有相应的 Δ_{sq} 等（见表 9-3）。

表 9-3　几种晶体场中 $d^{1\sim9}$ 离子的 CFSE/(−Dq)

d^n	弱场			强场		
	正八面体	正四面体	平面四方	正八面体	正四面体	平面四方
d^0	0	0	0	0	0	0
d^1	4	2.67	5.14	4	2.67	5.14
d^2	8	5.34	10.28	8	5.34	10.28
d^3	12	3.56	14.56	12	8.01	14.56
d^4	6	1.78	12.28	16	10.68	19.70
d^5	0	0	0	20	8.90	24.84
d^6	4	2.67	5.14	24	6.12	29.12
d^7	8	5.34	10.28	18	5.34	26.84
d^8	12	3.56	14.56	12	3.56	24.56
d^9	6	1.78	12.28	6	1.78	12.28
d^{10}	0	0	0	0	0	0

据光谱数据按 Δ 从大到小的顺序，可将配位体场强弱排列如下：

$I^- < Br^- < SCN^- < Cl^- < F^- < OH^- < NO_2^- < C_2O_4^{2-} < H_2O < EDTA < NH_3 < en < CN^- < CO$

这里需要引入另一个概念**晶体场稳定化能**(crystal field stabilization energy,CFSE)，是指具有 $d^{1\sim9}$ 电子构型金属阳离子的 d 电子，进入分裂的 d 轨道之后，相对于处在未分裂前总能量的降低值。由于不同中心离子的 d 电子数不同，配位体场强弱不同，晶体场的分裂能不同，晶体场稳定化能也不同(表 9-3)。

理论对于配合物的高低自旋及磁性、配离子的空间构型以及配合物的颜色，分述如下：

(1) 配离子中 d 轨道电子的排布。在晶体场中，过渡元素金属离子 d 轨道发生分裂后，d 电子如何排布？现以八面体场为例。

当一个电子由低能级的 t_{2g} 轨道跃入高能级的 e_g 轨道时，需要吸收能量，即分裂能 Δ_o；而当一个轨道中已有一个电子，第二个电子的填入必将受到第一个电子的排斥，为克服这种排斥作用所需的能量叫**成对能**(pairing energy)P。若 $P > \Delta_o$，为弱场，d 电子充填将遵守能量最低原理分占 d 轨道，这就是**高自旋**(high spin)；若 $P < \Delta_o$，为强场，d 电子充填将尽可能成对而少占 d 轨道，这就是**低自旋**(low spin)。具有 d^4、d^5、d^6、d^7 电子结构的过渡元素金属阳离子，由于配位场强弱的不同，它们有高低自旋之分。图 9-4 是第一过渡元素 M^{2+}、M^{3+} 的水合能(水为弱场配体)，两根曲线的实验值(图中直线是没有 CFSE 的情况)和表 9-4 规律一致。

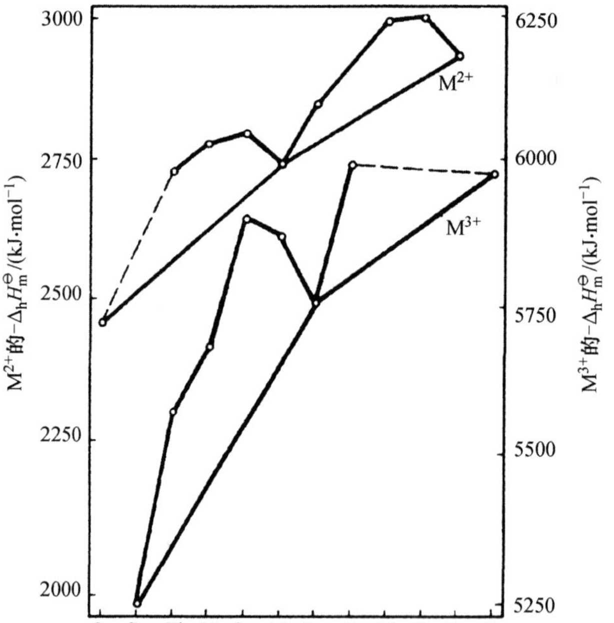

图 9-4　第一过渡系 M^{2+}(上)、M^{3+}(下)的水合能

(2) 配离子的空间构型。从表 9-3 三种晶体场的 CFSE 数据知，平面正方形的稳定化能大于正八面体的稳定化能，似乎大多数配离子都应当是四配位的平面正方形构型，而实际上绝大多数配离子都是六配位的正八面体构型。原因是正八面体和正方形配离子的稳定化能相差不大，但正八面体配离子生成 6 个配位键而正方形配离子只有 4 个配位键，总键能是前者更大，因而有利于形成正八面体配离子(表 9-4)。当然,只有当正方形配离子稳定化能比正八面体稳定化能显著大时,才易形成正方形配离子。从表 9-3 数据看出,在弱场中两者相差最大的是 d^4(差6.28 Dq)和 d^9(差 6.28 Dq);在强场中两者相差最大的是 d^8(差 12.56 Dq)。因此,强场下 d^8 构型的 Ni^{2+} 形成正方形 $Ni(CN)_4^{2-}$。

表 9-4 某些八面体构型配离子的电子成对能和分裂能

d^n	八面体构型配离子	能量/($kJ \cdot mol^{-1}$)		自旋状态
		P	Δ_o	
d^4	$Cr(H_2O)_6^{2+}$	280.3	166.5	高
	$Mn(H_2O)_6^{3+}$	333.9	250.6	高
d^5	$Mn(H_2O)_6^{2+}$	304.2	93.3	高
	$Fe(H_2O)_6^{3+}$	357.7	163.6	高
d^6	$Fe(H_2O)_6^{2+}$	210.0	124.3	高
	$Fe(CN)_6^{4-}$	210.0	393.7	低
	CoF_6^{3-}	250.6	155.2	高
	$Co(NH_3)_6^{3+}$	250.6	274.5	低
d^7	$Co(H_2O)_6^{2+}$	268.6	111.3	高

(3) 配离子的颜色。在晶体场中过渡元素具有 $d^{1\sim9}$ 电子的阳离子,在分裂后的两组轨道中电子没有充满,电子可在两者之间跃迁。其能量差约 10 000～30 000 cm^{-1},其中 14 000～25 000 cm^{-1} 相当于可见光的波长,所以配离子常有特征颜色。例如 $Ti(H_2O)_6^{3+}$ 中 Ti^{3+} 只有一个 d 电子,处于低能级 t_{2g},它可以跃迁到高能级 e_g。

$$t_{2g}^1 e_g^0 \longrightarrow t_{2g}^0 e_g^1$$

跃迁能量为 20 300 cm^{-1},相当于

$$20300\ cm^{-1} \times \frac{1\ kJ \cdot mol^{-1}}{83.6\ cm^{-1}} = 243\ kJ \cdot mol^{-1}$$

即吸收了相当于蓝绿色的光波(图 9-5)。在可见光区内吸收最少的是紫色和红色区,故 $Ti(H_2O)_6^{3+}$ 显紫红色。

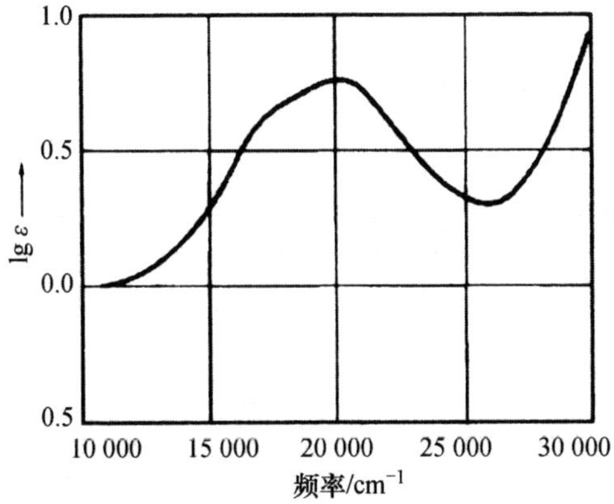

图 9-5 $Ti(H_2O)_6^{3+}$ (0.1 $mol \cdot L^{-1}$)的吸收峰

表 9-5 列出一些水合阳离子 $M(H_2O)_6^{n+}$ 的颜色，这些离子的颜色同它们的 d 轨道未成对电子在晶体场作用下发生跃迁有关。

表 9-5 某些过渡元素水合阳离子的颜色

电子构型	阳 离 子	未成对电子数	水合离子颜色
$3d^0$	Sc^{3+}	0	无 色
	Ti^{4+}	0	无 色
$3d^1$	Ti^{3+}	1	紫 色
	V^{4+}	1	蓝 色
$3d^2$	V^{3+}	2	绿 色
$3d^3$	V^{2+}	3	紫 色
	Cr^{3+}	3	紫 色
$3d^4$	Mn^{3+}	4	紫 色
	Cr^{2+}	4	蓝 色
$3d^5$	Mn^{2+}	5	浅粉色
	Fe^{3+}	5	浅紫色
$3d^6$	Fe^{2+}	4	浅绿色
$3d^7$	Co^{2+}	3	粉红色
$3d^8$	Ni^{2+}	2	绿 色
$3d^9$	Cu^{2+}	1	蓝 色
$3d^{10}$	Zn^{2+}	0	无 色

(4) 离子半径。最高氧化态阳离子的半径，从左至右顺序减小。

	Sc^{3+}	Ti^{4+}	V^{5+}*	Cr^{6+}*	Mn^{7+}*
离子半径/pm	81	68	59	52	46

* 均为计算值。

离子半径数据实际上是有效离子半径，其值和配位数有关。若离子半径以六配位为相对标准(设为 1.0)，四、八配位的离子半径分别为 0.95、1.04。

在某配位数时，离子半径的大小还和离子处于高自旋或低自旋的状态有关。一般高自旋时离子半径或大于、或等于该元素低自旋离子的半径(在六配位八面体中，具有 d^1、d^2、d^3 和 d^8、d^9、d^{10} 电子结构的离子，无高低自旋之分)。现将第一过渡元素具有 d^4、d^5、d^6、d^7 电子结构的 M^{2+}、M^{3+} 离子半径列于表 9-6。

表 9-6 第一过渡元素 M^{2+}、M^{3+} 的离子半径/pm

M^{2+}	Ti	V	Cr	Mn	Fe	Co	Ni	Cu
低自旋	86	79	73	67	61	65	70	73
高自旋			82	82	77	74		
M^{3+}	Ti	V	Cr	Mn	Fe	Co	Ni	
低自旋	67	64	62	58	55	53	56	
高自旋				65	65	61	60	

4. 阳离子的水解作用

绝大多数金属阳离子能发生水解作用，某些过渡元素 $M(H_2O)_m^{n+}$ 的水解常数见表 9-7。

表 9-7　某些阳离子的水解常数(25 ℃)

M^{2+}	水解常数		M^{3+}	水解常数	
	K_h	pK_h		K_h	pK_h
Ca^{2+}	2.5×10^{-13}	12.6	Sc^{3+}	7.9×10^{-6}	5.1
Mn^{2+}	2.5×10^{-11}	10.6	Ti^{3+}	7.9×10^{-2}	1.1
Fe^{2+}	3.2×10^{-10}	9.5	V^{3+}	1.6×10^{-3}	2.8
Co^{2+}	1.3×10^{-9}	8.9	Cr^{3+}	1.6×10^{-4}	3.8
Ni^{2+}	2.5×10^{-11}	10.6	Fe^{3+}	6.3×10^{-3}	2.2
Cu^{2+}	1.6×10^{-7}	6.8	Co^{3+}	2×10^{-1}	0.7

阳离子的水解倾向及产物的类型和阳离子的价数、半径及构型有关。

(1) 阳离子的离子势(Z/r)、电子构型和水解的关系

1907 年 Werner 和 Pfeiffer 提出水合阳离子的水解反应式为

$$M(H_2O)_6^{n+} \xrightarrow{K_{h_1}} M(OH)(H_2O)_5^{(n-1)+} \xrightarrow{K_{h_2}} M(OH)_2(H_2O)_4^{(n-2)+} \longrightarrow \cdots\cdots$$

即把水解看成 M^{n+} 使水合离子中 OH 键断裂的反应。显然，M^{n+} 的离子势越大，OH 键越容易断裂，越容易水解。当阳离子构型相同时，则依 M^{n+} 离子势增大的顺序，水解倾向增强。如 Ba^{2+}、Sr^{2+}、Ca^{2+} 的离子半径分别为 135、113、99 pm，其 pK_{h_1} 顺序为 13.82、13.18 及 12.60；当离子势相近时，则非 8 电子构型阳离子的水解倾向强于 8 电子构型的阳离子，如 18 电子构型 Cd^{2+}(97 pm)的离子势和 8 电子构型的 Ca^{2+} 相近，其水解倾向($pK_{h_1}=11.70$)强于 Ca^{2+}。

随着阳离子的离子势增大，其水解产物可能是碱式离子、氢氧化物、含氧酸，如 $TiCl_4$ 的水解产物是 $Ti(OH)_4$ 和 HCl；又如，第三周期元素最高氧化态离子的水解常数和氯化物水解反应如下：

$$Na(H_2O)_m^{+}\ (r=95\ \text{pm}),\quad pK_{h_1}=14.48$$

$$Mg(H_2O)_6^{2+}\ (r=65\ \text{pm}),\quad pK_{h_1}=11.42$$

$$Al(H_2O)_6^{3+}\ (r=50\ \text{pm}),\quad pK_{h_1}=5.14$$

$$SiCl_4\,(\text{“}Si^{4+}\text{”的 } r=41\ \text{pm})+4H_2O = Si(OH)_4+4HCl$$

$$PCl_5\,(\text{“}P^{5+}\text{”的 } r=34\ \text{pm})+4H_2O = H_3PO_4+5HCl$$

(2) 和水解平衡有关的几个问题

绝大多数的阳离子都能发生水解作用，其水解作用常可被一定浓度的 H^+ 所抑制，“仅以” $M(H_2O)_m^{n+}$ 存在于水溶液中。如

$$Fe(H_2O)_6^{3+} = Fe(OH)(H_2O)_5^{2+} + H^+ \quad pK_h=2.19$$

$Fe(H_2O)_6^{3+}$ 于 pH≈1 时开始水解，或者说 pH<1 时，$Fe(H_2O)_6^{3+}$ 不易水解。与此类似：

$Al(H_2O)_6^{3+}$ 的 $pK_h=5.14$，pH<3 可忽略其水解；

$Cu(H_2O)_4^{2+}$ 的 $pK_h=6.8$，于 pH≈5 时开始水解；

$Bi(H_2O)_6^{3+}$ 的 $pK_h=1.58$，在 pH<0.3 溶液中，Bi^{3+} 水解极弱。

总之，多数阳离子的水解可被一定浓度的 H^+ 所抑制。如，Sn(Ⅱ)、Sb(Ⅲ)、Bi(Ⅲ)、$Hg(NO_3)_2$ 等试剂因水解产生沉淀，所以它们的溶液都必须在相应酸性溶液中配制，往 Fe(Ⅱ)、Fe(Ⅲ)、Al(Ⅲ)等溶液中加一定量的酸，以抑制其水解。

随着阳离子水解倾向由弱到强的顺序，呈现下列规律：

① 抑制其水解所需的 $[H^+]$ 也顺序增大。有些化合物的水解作用只能被酸部分抑制（如 $TiCl_4$ 在浓 HCl 中，以 TiO^{2+} 存在），或不可能抑制（如 PCl_5）。

② 水解产物为碱式盐[如 $Al(OH)^{2+}$]、含氧酸[如 H_3PO_4]。

水解产物沉淀与否，将影响其水解平衡的移动。但不能由生成沉淀与否来判别阳离子水解倾向的强弱。如 $SbCl_3$、$BiCl_3$ 水解生成 MOCl 沉淀，常给人们以“水解极强”的印象。其实，$AsCl_3$ 的水解倾向更强（为抑制 $AsCl_3$ 水解需 $>3\ mol\cdot L^{-1}$ 的 HCl，而抑制 $SbCl_3$、$BiCl_3$ 的水解只需约 $1\ mol\cdot L^{-1}$ 的 HCl 就足够了）。

(3) 阳离子的水解产物

前面所引的数据都是 pK_{h_1}，然而实际水解产物是很复杂的。例如在第五章中所引的 $Bi_6(OH)_{12}^{6+}$ 和本章的绿色 Cr(Ⅲ)离子，就是多核配离子。下面以 Al(Ⅲ)、Fe(Ⅲ)为例，列出它们在溶液中的几种水解产物（已略去水合）。

$Al(OH)^{2+}$、$Al(OH)_2^+$、$Al(OH)_3(aq)$、$Al(OH)_4^-$、$Al_2(OH)_2^{4+}$、$Al_3(OH)_4^{5+}$、$Al_{13}O_4(OH)_{24}^{7+}$；

$Fe(OH)^{2+}$、$Fe(OH)_2^+$、$Fe(OH)_3(aq)$、$Fe(OH)_4^-$、$Fe_2(OH)_2^{4+}$、$Fe_3(OH)_{14}^{5-}$

其中某些型体的结构是以含 M^{3+} 八面体为基础的。如 $Fe_2(OH)_2^{4+}$ 即 $Fe_2(OH)_2\cdot(H_2O)_8^{4+}$，是两个八面体共用棱边的结构。

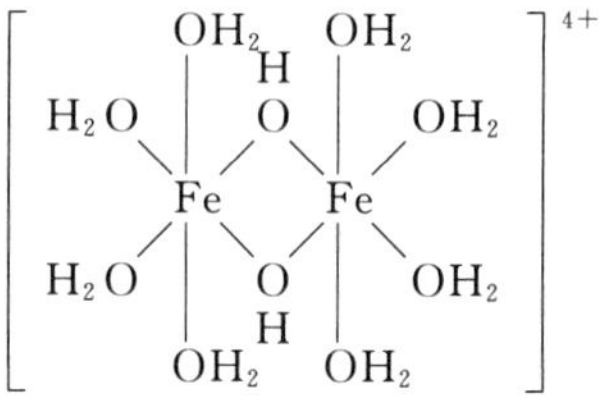

$Al_{13}O_4(OH)_{24}^{7+}$ 实际上是 $Al_{13}O_4(OH)_{24}(H_2O)_{12}^{7+}$，它的结构是 12 个 AlO_6（包括 Al—OH 和 Al—OH_2）八面体共用棱边，围绕着一个 AlO_4 四面体（左下图）。

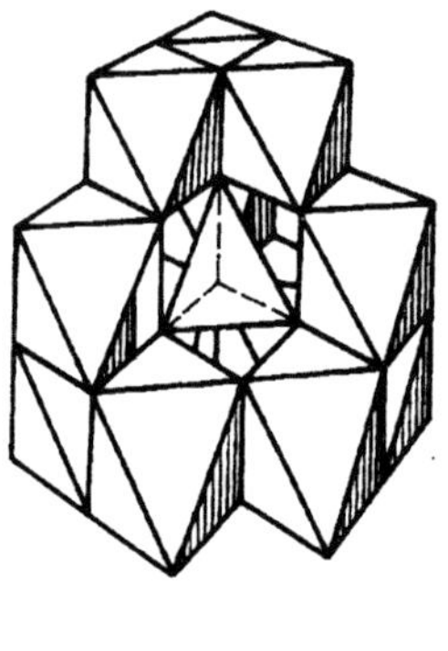

$Al(H_2O)_6^{3+}$ 的某些水解产物——羟基铝——有很重要的用途。如用于油井固沙，和砂制成砂模（翻砂用），用于矿井中……

由于在不同 pH 条件下，$Al(H_2O)_6^{3+}$ 的水解产物不同，所以当它和碱作用时，因实验条件的差别（浓度、温度、把碱溶液加入铝溶液或相反、急速加或慢慢加……），都将对产物“$Al(OH)_3$”的性能产生影响。

但是，目前文献报道多核羟基配合物的资料，不尽一致。这可能有两个原因：pH 对水解产物的影响很大，而达到平衡的时间又较长，如 Fe(Ⅲ)在某条件下的水解反应在约 6 个月之内尚未达到平衡；确证和区别水解产物的方法目前尚不完善。

9.2 钛

元素周期表ⅣB族(4族)含钛 Ti(titanium)、锆 Zr(zirconium)、铪 Hf(hafnium),是稀有元素,价电子构型为$(n-1)d^2ns^2$,稳定氧化态为Ⅳ。

本节仅讨论钛的单质,二氧化钛的结构和钛的氧化物、氯化物。

1. 存在和提炼

钛的地壳丰度为0.42%,在元素相对丰度中占第10位。主要矿物有金红石 TiO_2、钛铁矿 $FeTiO_3$ 和钒钛磁铁矿等。我国海南岛等地有金红石矿,攀枝花-西昌地区有较大的钒钛磁铁共生矿。

由于在高温下钛和氧、氮作用生成氧化物、氮化物,所以钛是冶金中的消气剂。熔融钛能和碳或作耐火材料的硅酸盐化合成碳化物、硅化物,因此冶炼单质钛较困难。生产钛的一种方法是将 TiO_2 制成 $TiCl_4$,然后在氩(Ar)气氛中用镁或钠还原。

$$TiO_2(s)+2C(s)+2Cl_2(g) = TiCl_4(g)+2CO(g)$$

$$\Delta_r H_m^\ominus=-72.1\ kJ\cdot mol^{-1},\quad \Delta_r S_m^\ominus=221\ J\cdot(K\cdot mol)^{-1}$$

$$TiCl_4(g)+2Mg(s) = Ti(s)+2MgCl_2(s)$$

$$\Delta_r H_m^\ominus=-520.4\ kJ\cdot mol^{-1},\quad \Delta_r S_m^\ominus=-208\ J\cdot(K\cdot mol)^{-1}$$

后一反应可从图9-6得到说明,能自发进行,为使反应速率加快,反应温度控制在800~900℃。反应后产物中的 $MgCl_2$ 和过量 Mg 用稀 HCl 溶解,这样得到的金属钛状如海绵,称"海绵钛"。再用电弧法熔融、铸锭,得钛锭。

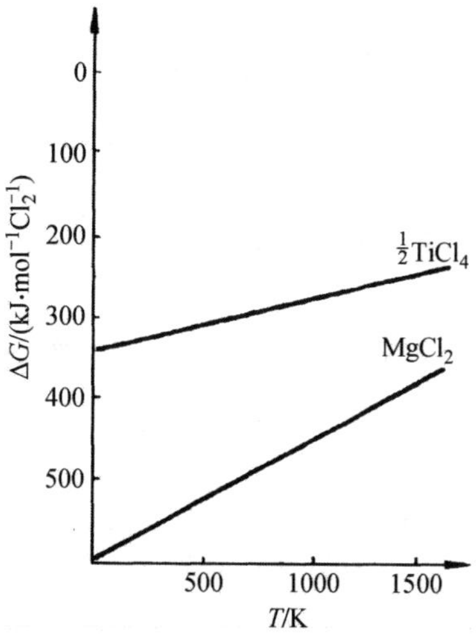

图 9-6 用镁还原四氯化钛的 ΔG-T 图

2. 性质和用途

钛是银白色金属,密度 4.43 $g\cdot cm^{-3}$,它的机械强度和抗腐蚀性均优于铁。在常温下不和氧气、卤素、强酸或水反应，红热时和氧生成 TiO_2，约800 ℃和氮生成 Ti_3N_4，300 ℃和氯生成 $TiCl_4$，在高温下还能和其他非金属化合。

钛的标准电极电势(酸性条件)如下：

$$TiO^{2+} \xrightarrow{0.1\ V} Ti^{3+} \xrightarrow{-0.37\ V} Ti^{2+} \xrightarrow{-1.63\ V} Ti$$

从电极电势上看，钛是活泼金属。Ti^{2+}、Ti^{3+} 有还原性，Ti^{2+} 的还原性还比较强。

钛的用途广泛，它是航空、宇航、舰船、军械兵器和电力工业等部门不可缺少的重要材料。此外，在石油、化工、印染、造纸、电镀、湿法冶金、机械仪表等部门用它制造防腐设备和部件。医疗上用钛制人造骨骼。炼钢时加入适量钛，起去氧剂作用，并为合金钢的组分。

3. 二氧化钛

天然二氧化钛 TiO_2 是金红石，属于简单四方晶系($a=b\neq c$；$\alpha=\beta=\gamma=90°$)，它是典型的 AB_2 型化合物的结构，通常称具有这种结构的物质为金红石(rutile)型。TiO_2 的晶胞见图 9-7。Ti 的配位数为 6、O 为 3，阳离子和阴离子的半径比 $r^+/r^-=0.68/1.40=0.486$，晶体中的 Ti^{4+} 和 O^{2-} 互相接触，而 O^{2-} 之间互不接触。

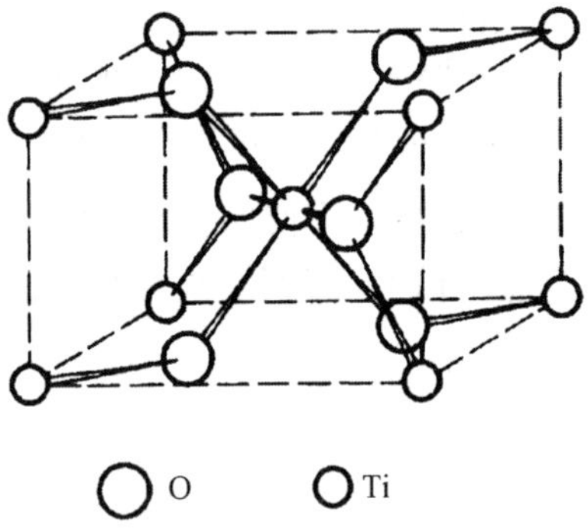

图 9-7　金红石的晶胞

纯净 TiO_2 俗称钛白，冷时白色，热时呈浅黄色。它是极好的白色涂料，具有折射率高、着色力强、遮盖力大、化学性能稳定等优点。这些性能是锌白 ZnO 和铅白 $2PbCO_3 \cdot Pb(OH)_2$ 等白色涂料所不具备的。大量钛白用于油漆、造纸、塑料、橡胶、化纤、搪瓷等工业部门。

4. 卤化物

重要的钛的卤化物有 $TiCl_3$、$TiCl_4$ 和 TiI_4。

(1) 四氯化钛 $TiCl_4$

常况下，$TiCl_4$ 是无色液体(mp −24 ℃，bp 136.5 ℃)，有刺鼻气味，在潮湿空气中发烟，可用它制造烟幕。它是制备金属钛的原料。

$TiCl_4$ 加入水中，强烈水解，生成偏钛酸 H_2TiO_3。

$$TiCl_4 + 3H_2O = H_2TiO_3 + 4HCl$$

$TiCl_4$ 是制备其他卤化物如 TiF_4、$TiBr_4$ 和 TiI_4 的原料。

(2) 三氯化钛 $TiCl_3$

$TiCl_3$ 是紫色晶体,其水溶液用作还原剂。

$$TiO^{2+} + 2H^+ + e = Ti^{3+} + H_2O \quad E^{\ominus} = 0.1\ V$$

从 $E^{\ominus}$ 值看,Ti^{3+} 是比 Sn^{2+} 更强的还原剂。通常在酸性溶液中用乙醚(密度 0.7135 g · cm^{-3})或苯(密度 0.879 g · cm^{-3})将其覆盖,储于棕色瓶内,延缓空气中的 O_2 将其氧化。

Ti^{3+} 的还原性在分析化学中用于许多含钛试样的钛含量测定。一般含钛试样溶解于强酸性溶液(如 H_2SO_4-HCl 混合酸),加入铝片将 TiO^{2+} 还原为 Ti^{3+},然后用 $FeCl_3$ 标准溶液滴定,以 NH_4SCN 溶液作指示剂。

$$3TiO^{2+} + Al + 6H^+ = 3Ti^{3+} + Al^{3+} + 3H_2O$$
$$Ti^{3+} + Fe^{3+} + H_2O = TiO^{2+} + Fe^{2+} + 2H^+$$

$TiCl_3$ 还用作烯烃定向聚合的催化剂。Ziegler-Natta 反应,就是在无水、无氧、无二氧化碳的加氢汽油中加入三乙基铝 $Al(C_2H_5)_3$ 和三氯化钛 $TiCl_3$ 作催化剂,通入丙烯聚合为聚丙烯。

$$CH_3CH{=}CH_2 \xrightarrow{Al(C_2H_5)_3\text{-}TiCl_3} \left[\begin{array}{c} CH_3 \\ | \\ CH{-}CH_2 \end{array} \right]_n$$

(3) 四碘化钛 TiI_4

TiI_4 是暗棕色晶体(mp 155 ℃,bp 377 ℃)。为了获得纯净 Ti,可将 TiI_4 装入密闭的容器内,用电热丝(钨丝)加热分解。

$$TiI_4 = Ti + 2I_2$$

9.3 钒

元素周期表中ⅤB族(5 族)包括 V(vanadium)、铌 Nb(niobium)、钽 Ta(tantalum)3 种元素。它们属于稀有元素,价电子构型为$(n-1)d^{3\sim4}ns^{1\sim2}$,最高氧化态为Ⅴ。

钒的不同氧化态化合物颜色各异。若向紫色 V^{2+} 溶液中加氧化剂如 $KMnO_4$,先得到绿色 V^{3+} 溶液,继续被氧化为蓝色 VO^{2+} 溶液,最后被氧化为浅黄色 VO_2^+ 溶液。不同氧化态钒化合物的颜色和相应离子颜色相近。

钒的标准电极电势(酸性条件)图如下:

$$E_A^{\ominus}/V \qquad VO_2^+ \xrightarrow{1.0} VO^{2+} \xrightarrow{0.34} V^{3+} \xrightarrow{-0.26} V^{2+} \xrightarrow{-1.18} V$$

$$E_B^{\ominus}/V \qquad VO_4^{3-} \xrightarrow{0.19} HV_2O_5^- \xrightarrow{-0.54} V_2O_3 \xrightarrow{-0.486} VO \xrightarrow{-0.82} V$$

可见 V^{2+}、V^{3+} 有较明显的还原性。

本节简要介绍五氧化二钒和钒酸的缩合。

1. 五氧化二钒

V_2O_5 是棕黄色固体,室温下它在水中的溶解度为 0.07 g/100 g H_2O。热分解偏钒酸铵 NH_4VO_3 可得到 V_2O_5。

$$2NH_4VO_3 \xrightarrow{600\ ℃} V_2O_5 + 2NH_3 + H_2O$$

V_2O_5 是一种较好的催化剂，用于接触法制 H_2SO_4 工业中将 SO_2 氧化成 SO_3；以及空气氧化萘 $C_{10}H_8$，制邻苯二甲酸酐。

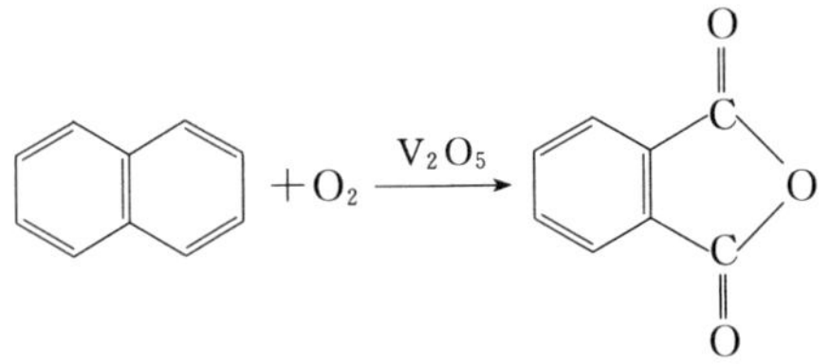

V_2O_5 是两性氧化物，以酸性为主，溶于强碱生成钒酸盐。

$$V_2O_5 + 6NaOH = 2Na_3VO_4 + 3H_2O$$

溶于强酸，生成含钒氧阳离子的盐。

$$V_2O_5 + H_2SO_4 = (VO_2)_2SO_4 + H_2O$$

V_2O_5 有一定的氧化性，若将其溶于浓 HCl，可得到 V(Ⅳ)盐和 Cl_2。

$$V_2O_5 + 6HCl = 2VOCl_2 + Cl_2 + 3H_2O$$

在 $VOCl_2$ 分子中含有钒氧基。

现将一些氧基离子归纳如下：SbO^+、BiO^+、TiO^{2+}、VO_2^+、VO^{2+}、ZrO^{2+}、HfO^{2+} 等，都可以被看成相应高价阳离子水解的中间产物。命名时称它们是某氧离子，相应盐是碱式盐。

"Ti^{4+}"$+ H_2O \longrightarrow TiO^{2+} + 2H^+$	TiO^{2+} 钛氧离子，titanyl
"V^{5+}"$+ 2H_2O \longrightarrow VO_2^+ + 4H^+$	VO_2^+ 钒(Ⅴ)氧离子，vanadyl(Ⅴ)
"V^{4+}"$+ H_2O \longrightarrow VO^{2+} + 2H^+$	VO^{2+} 钒(Ⅳ)氧离子，vanadyl(Ⅳ)
$Sb^{3+} + H_2O \longrightarrow SbO^+ + 2H^+$	SbO^+ 锑氧离子，antimonyl
$Bi^{3+} + H_2O \longrightarrow BiO^+ + 2H^+$	BiO^+ 铋氧离子，bismuthyl

2. 钒酸的缩合

钒酸盐在一定的条件下，发生钒酸根的缩合作用，即由含羟基的小分子经缩水而形成较复杂的大分子。若向钒酸盐(钒酸根 VO_4^{3-} 和磷酸根 PO_4^{3-} 构型均为四面体)溶液中加酸，使溶液的 pH 逐渐降低，将生成组成不同的多钒酸盐。

V_2O_5 溶于氢氧化钠中得到 VO_4^{3-} 无色溶液，加酸到 pH≈6.5 溶液变为橙色的缩合酸根，加酸到 pH≈2 生成红棕色的 V_2O_5 沉淀，继续加酸到 pH<1 得 VO_2^+ 的浅黄色溶液。在不同浓度和不同 pH 时各物种的存在型体和范围在图 9-8 中给出。多种测试曾用来研究溶液中的缩合酸根阴离子，如电动势、pH 测量、光散射、红外-可见光谱、核磁共振、拉曼光谱等。但在形成的物种上还有不同的看法。其中主要的平衡为：

质子化，例如

$$VO_4^{3-} + H^+ \rightleftharpoons HVO_4^{2-}$$

缩合，例如

$$2HVO_4^{2-} \rightleftharpoons V_2O_7^{4-} + H_2O$$

$V_2O_7^{4-}$ 再质子化、再缩合……

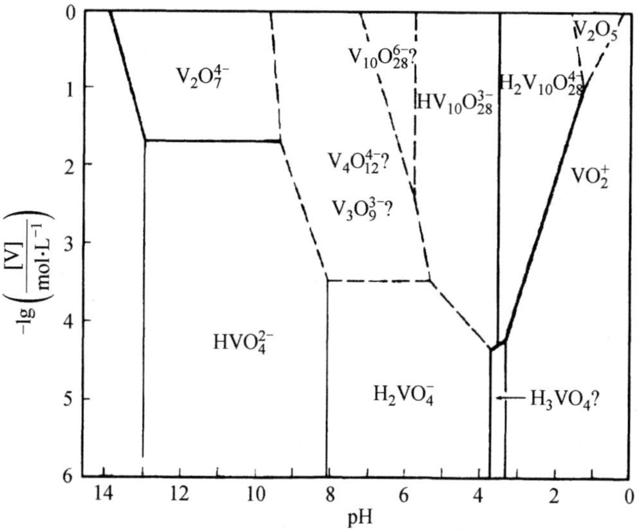

图 9-8　不同浓度 V(Ⅴ)在不同 pH 时各物种型体存在的范围

9.4　铬

元素周期表中ⅥB族(6族)的元素是铬 Cr(chromium)、钼 Mo(molybdenum)、钨 W(tungsten)。该族元素的价电子层结构为$(n-1)d^{4\sim5}ns^{1\sim2}$,s电子和d电子都参加成键,最高氧化态为Ⅵ;若部分d电子参加成键,则呈现低氧化态,如Cr有Ⅲ、Ⅱ氧化态。

1. 提炼、性质和用途

铬的最重要矿物是铬铁矿 $FeCr_2O_4$(即 $FeO \cdot Cr_2O_3$)。炼钢所用的铬常由铬铁矿和碳在电炉中反应得到的铬铁来满足。

$$FeCr_2O_4 + 4C = Fe + 2Cr + 4CO$$

制较纯铬的方法是在返焰炉中用固体 Na_2CO_3 或 NaOH 熔矿。

$$4FeCr_2O_4 + 8Na_2CO_3 + 7O_2 = 2Fe_2O_3 + 8Na_2CrO_4 + 8CO_2$$

然后用水浸取 Na_2CrO_4,经酸化浓缩得到 $Na_2Cr_2O_7$ 结晶,再用碳还原 $Na_2Cr_2O_7$ 得 Cr_2O_3。最后用铝热法自 Cr_2O_3 得到金属 Cr。

$$Na_2Cr_2O_7 + 2C = Cr_2O_3 + Na_2CO_3 + CO$$

$$Cr_2O_3(s) + 2Al(s) = 2Cr(s) + Al_2O_3(s) \quad \Delta_rG_m^\ominus = -529.6\ kJ \cdot mol^{-1}$$

铬是极硬的银白色金属,纯铬有延性、展性,含杂质的铬质硬而脆。在空气中金属表面易生成保护膜。在高温下,铬和卤素、硫、氮等非金属直接反应生成相应化合物。

铬比较活泼,电极电势是:

酸性介质($E_a^\ominus$/V)：　$Cr_2O_7^{2-} \xrightarrow{1.33} Cr^{3+} \xrightarrow{-0.41} Cr^{2+} \xrightarrow{-0.86} Cr$

碱性介质($E_b^\ominus$/V)：　$CrO_4^{2-} \xrightarrow{-0.12} Cr(OH)_3 \xrightarrow{-1.1} Cr(OH)_2 \xrightarrow{-1.4} Cr$

铬能溶于稀 HCl、H_2SO_4，生成蓝色 Cr^{2+} 溶液，而后为空气中 O_2 氧化成 Cr^{3+}。

$$Cr + 2HCl \longequal CrCl_2 + H_2\uparrow$$

$$4CrCl_2 + 4HCl + O_2 \longequal 4CrCl_3 + 2H_2O$$

铬在冷、浓 HNO_3 中钝化。

铬主要用于炼钢和电镀。铬能增强钢的耐磨性、耐热性和耐腐蚀性能，并可使钢的硬度、弹性和抗磁性增强。因此用它冶炼多种合金钢。普通钢中含铬量大多在 0.3%以下，含铬在 1%～5%的钢叫**铬钢**，不锈钢中含铬量高达 18%。镀铬层优点是耐磨、耐腐蚀又极光亮。

2. 铬(Ⅲ)化合物

Cr^{3+} 离子的外围电子层结构是 $3s^23p^63d^3$，属于 8～18 电子结构，离子半径比较小(62 pm)，$Cr(OH)_3$ 显两性，容易生成配合物。Cr^{3+} 中 3 个未成对 d 电子在可见光的作用下发生 d-d跃迁，使化合物都显颜色。

(1) 氢氧化铬 $Cr(OH)_3$ 和亚铬酸盐 $MCr(OH)_4$

若向 Cr^{3+} 溶液中逐渐加入 2 mol·L^{-1} NaOH，则生成绿色的 $Cr(OH)_3$ 沉淀。将其一分为二，向一份中继续加碱，$Cr(OH)_3$ 逐渐溶解变为亮绿色的亚铬酸盐 $Cr(OH)_4^-$ 溶液；向另一份中加酸，$Cr(OH)_3$ 溶解又变为 Cr^{3+} 溶液。

$$Cr(OH)_3 + 3H^+ \longequal Cr^{3+} + 3H_2O$$

$$Cr(OH)_3 + OH^- \longequal Cr(OH)_4^-$$

Cr^{3+} 的水解常数 $pK_h = 3.8$。因此 Cr^{3+} 盐溶液显酸性，而 $Cr(OH)_4^-$ 只能在碱性介质中存在。

(2) Cr(Ⅲ)盐

常见的 Cr(Ⅲ)盐有 $CrCl_3 \cdot 6H_2O$、$Cr_2(SO_4)_3 \cdot 18H_2O$、$KCr(SO_4)_2 \cdot 12H_2O$。水合离子 $Cr(H_2O)_6^{3+}$ 不仅存在于水溶液中，也存在于前述各化合物的晶体中，$Cr(H_2O)_6^{3+}$ 为八面体结构。

$CrCl_3 \cdot 6H_2O$ 是一个配合物。由于制备条件的不同，可以得到 3 种颜色不同的晶体。这 3 种晶体在一定条件下又能相互转化。

制备方法	蒸发结晶	将暗绿色溶液冷却，通入 HCl 气	用乙醚处理紫色晶体，溶液通 HCl
配合物化学式	$[Cr(H_2O)_4Cl_2]Cl \cdot 2H_2O$	$[Cr(H_2O)_6]Cl_3$	$[Cr(H_2O)_5Cl]Cl_2 \cdot H_2O$
晶体颜色	暗　绿	紫　色	浅　绿

若$[Cr(H_2O)_6]^{3+}$内界中的 H_2O 为 NH_3 取代后，配离子颜色发生以下变化：

$$\underset{\text{紫}}{[Cr(H_2O)_6]^{3+}} \underset{NH_4^+}{\overset{NH_3}{\rightleftharpoons}} \underset{\text{浅红}}{[Cr(NH_3)_3(H_2O)_3]^{3+}} \underset{NH_4^+}{\overset{NH_3}{\rightleftharpoons}} \underset{\text{黄}}{[Cr(NH_3)_6]^{3+}}$$

根据晶体场理论，在八面体配离子中，Cr^{3+} 的 3 个 d 电子处于能量较低的 t_{2g}轨道，作为配

位体的 NH_3 分子其场强是 H_2O 分子的 1.25 倍。因此配位 NH_3 分子越多，Cr^{3+} 的 d 轨道分裂能 Δ_o 越大，于是激发 t_{2g} 轨道中的 d 电子就要吸收能量高、波长短的光（如紫光），故配离子呈现吸收光（波长短的光）的补色，即黄色或红色。

$Cr_2(SO_4)_3 \cdot 18H_2O$ 是蓝紫色晶体，溶于水得蓝紫色溶液。若放置或加热，则变为绿色溶液。蓝紫色是 $Cr(H_2O)_6^{3+}$ 的颜色，加热时由于 $Cr(H_2O)_6^{3+}$ 和 SO_4^{2-} 结合成结构复杂的离子，溶液的颜色由蓝紫变绿。

3. 铬（Ⅵ）化合物

（1）铬（Ⅵ）的存在形式及相互转化

铬（Ⅵ）化合物中，常见而又重要的是铬酸钾 K_2CrO_4、重铬酸钾 $K_2Cr_2O_7$、三氧化铬 CrO_3 和铬酰氯 CrO_2Cl_2。

若向黄色 CrO_4^{2-} 溶液中加酸，溶液变为 $Cr_2O_7^{2-}$ 橙色液；反之，向橙色 $Cr_2O_7^{2-}$ 溶液加碱，又变为 CrO_4^{2-} 的黄色液。

$$2CrO_4^{2-} + 2H^+ \rightleftharpoons Cr_2O_7^{2-} + H_2O \quad K = 4.2\times10^{14}$$

即 $[Cr_2O_7^{2-}]/[CrO_4^{2-}] = 4.2\times10^{14}\cdot[H^+]^2$。从平衡常数关系式知，溶液中 $[Cr_2O_7^{2-}]$ 和 $[CrO_4^{2-}]$ 的浓度受 $[H^+]$ 的影响。酸性溶液，在 $[H^+]=10^{-2}\ mol\cdot L^{-1}$ 时，$[Cr_2O_7^{2-}]/[CrO_4^{2-}]^2 \approx 10^{10}$，即以 $Cr_2O_7^{2-}$ 为主；若溶液中 $[Cr_2O_7^{2-}]$ 为 $0.01\ mol\cdot L^{-1}$，则 $[CrO_4^{2-}]$ 为 $10^{-6}\ mol\cdot L^{-1}$，前者万倍于后者，这时溶液显橙色。碱性溶液，在 $[H^+]=10^{-10}\ mol\cdot L^{-1}$ 时，$[Cr_2O_7^{2-}]/[CrO_4^{2-}] = 10^{-6}$；若溶液中 $[CrO_4^{2-}]$ 为 $0.01\ mol\cdot L^{-1}$，则 $[Cr_2O_7^{2-}]$ 为 $10^{-10}\ mol\cdot L^{-1}$，前者 10^8 倍于后者，溶液中以 CrO_4^{2-} 为主，呈现黄色。

H_2CrO_4 是一个较强的酸，只存在于水溶液中，它的第二步电离常数较小。

$$H_2CrO_4 \rightleftharpoons H^+ + HCrO_4^- \quad K_1 = 4.1$$
$$HCrO_4^- \rightleftharpoons H^+ + CrO_4^{2-} \quad K_2 = 3.2\times10^{-7}$$

【附】 铬酸溶液中有以下几个平衡：

$$H_2CrO_4 \Longleftrightarrow HCrO_4^- + H^+ \quad K = 4.1$$
$$HCrO_4^- \Longleftrightarrow CrO_4^{2-} + H^+ \quad K = 3.2\times10^{-7}$$
$$2HCrO_4^- \Longleftrightarrow Cr_2O_7^{2-} + H_2O \quad K = 43$$

不同 pH，总 Cr（Ⅵ）量为 $0.10\ mol\cdot L^{-1}$ 时，各种 Cr（Ⅵ）型体的浓度列于下表：

$[H^+]/(mol\cdot L^{-1})$	10^{-1}	10^{-2}	10^{-3}	10^{-4}	10^{-5}
$[CrO_4^{2-}]/(mol\cdot L^{-1})$	9.2×10^{-8}	9.2×10^{-7}	9.2×10^{-6}	9.2×10^{-5}	9.1×10^{-4}
$[HCrO_4^-]/(mol\cdot L^{-1})$	2.87×10^{-2}	2.87×10^{-2}	2.87×10^{-2}	2.87×10^{-2}	2.86×10^{-2}
$[Cr_2O_7^{2-}]/(mol\cdot L^{-1})$	3.56×10^{-2}	3.56×10^{-2}	3.56×10^{-2}	3.56×10^{-2}	3.56×10^{-2}
$[H^+]/(mol\cdot L^{-1})$	10^{-6}	10^{-7}	10^{-8}	10^{-9}	
$[CrO_4^{2-}]/(mol\cdot L^{-1})$	8.7×10^{-3}	5.6×10^{-2}	9.6×10^{-2}	9.9×10^{-2}	
$[HCrO_4^-]/(mol\cdot L^{-1})$	2.73×10^{-2}	1.75×10^{-2}	3.0×10^{-3}	3.1×10^{-4}	
$[Cr_2O_7^{2-}]/(mol\cdot L^{-1})$	3.2×10^{-2}	1.32×10^{-2}	3.9×10^{-4}	4.2×10^{-6}	

由表可见，[Cr(Ⅵ)]=0.100 mol·L^{-1}于[H^+]在 10^{-1}～10^{-5} mol·L^{-1}之间，[CrO_4^{2-}]极少(<1%)，溶液显橙色(含 $Cr_2O_7^{2-}$ 和 $HCrO_4^-$)；[H^+]<10^{-6} mol·L^{-1}，[CrO_4^{2-}]明显增大，而[$HCrO_4^-$]、[$Cr_2O_7^{2-}$]显著降低；[H^+]<10^{-8} mol·L^{-1}，溶液中以 CrO_4^{2-} 为主，显黄色。图 9-9 给出不同 pH 溶液中 Cr(Ⅵ)的分布。

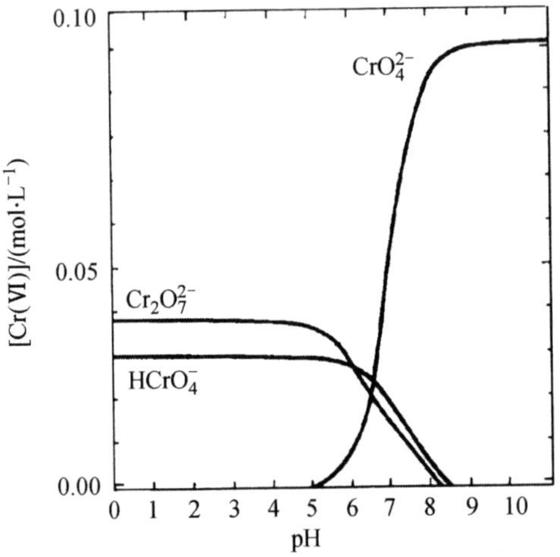

图 9-9　不同 pH 溶液中 Cr(Ⅵ)(总铬量为 0.10 mol·L^{-1})的分布

H_2CrO_4 的酸性比 H_3VO_4 强，它要在较强酸性溶液中形成多酸根离子 $Cr_2O_7^{2-}$、$Cr_3O_{10}^{2-}$ 等(链状结构)。浓 H_2SO_4 和浓 $K_2Cr_2O_7$ 溶液作用析出橙红色 CrO_3 晶体。

$$K_2Cr_2O_7+H_2SO_4 \xlongequal{\quad} K_2SO_4+2CrO_3+H_2O$$

铬酸酐 CrO_3 是铬氧四面体[CrO_4]以角氧相连而成的链状结构。

铬酸酐和水以不同的比例反应，生成 H_2CrO_4、$H_2Cr_2O_7$ 和 $H_2Cr_3O_{10}$……。$H_2Cr_2O_7$ 是二铬酸(一般叫重铬酸)，$H_2Cr_3O_{10}$是三铬酸。

铬酰氯 CrO_2Cl_2 是血红色液体。固体 $K_2Cr_2O_7$ 和 KCl 混合物与浓 H_2SO_4 在加热下作用，得到 CrO_2Cl_2(mp －96.5 ℃，bp 117 ℃)。

$$K_2Cr_2O_7+4KCl+3H_2SO_4(浓) \xlongequal{\triangle} 2CrO_2Cl_2+3K_2SO_4+3H_2O$$

CrO_2Cl_2 遇水易分解生成 H_2CrO_4 和 HCl。

$$CrO_2Cl_2+2H_2O \xlongequal{\quad} H_2CrO_4+2HCl$$

钢铁分析中为消除铬对测定锰含量的干扰，利用生成 CrO_2Cl_2 的反应加热使其挥发。

(2) 难溶铬酸盐

除碱金属、铵和镁的铬酸盐易溶外，其他铬酸盐均难溶。一些铬酸盐和重铬酸盐的溶解度汇于表 9-8。

表 9-8　一些铬酸盐、重铬酸盐的溶解度/(g/100 g H_2O)

	K^+	Na^+	Ca^{2+}	Sr^{2+}	Ba^{2+}
CrO_4^{2-}	62.9	76.6	2.3	0.123	0.00035
$Cr_2O_7^{2-}$	12.7	180	易溶	易溶	易溶
t/℃	20	20	19	15	18

常见的难溶铬酸盐有 Ag_2CrO_4、$BaCrO_4$、$PbCrO_4$、$SrCrO_4$。由相应的易溶盐和 K_2CrO_4 反应得到这些难溶盐。

$$2Ag^+ + CrO_4^{2-} \xlongequal{} Ag_2CrO_4\downarrow \text{（砖红）} \qquad K_{sp}=2.0\times10^{-12}$$

$$Pb^{2+} + CrO_4^{2-} \xlongequal{} PbCrO_4\downarrow \text{（黄色）} \qquad K_{sp}=2.8\times10^{-13}$$

$$Ba^{2+} + CrO_4^{2-} \xlongequal{} BaCrO_4\downarrow \text{（黄色）} \qquad K_{sp}=2.0\times10^{-10}$$

$$Sr^{2+} + CrO_4^{2-} \xlongequal{} SrCrO_4\downarrow \text{（黄色）} \qquad K_{sp}=4.0\times10^{-5}$$

从 CrO_4^{2-} 和 $Cr_2O_7^{2-}$ 间相互转化和酸度的关系知，在 $Cr_2O_7^{2-}$ 溶液中有 CrO_4^{2-}，CrO_4^{2-} 溶液中也有一定量的 $Cr_2O_7^{2-}$，所以若向 $Cr_2O_7^{2-}$ 溶液中加入某些金属阳离子易溶盐后，可能生成难溶铬酸盐沉淀，如

$$Cr_2O_7^{2-} + 2Ba^{2+} + H_2O \xlongequal{} 2BaCrO_4 + 2H^+ \qquad K=1.7\times10^5$$

此反应的平衡常数相当大，表明 Ba^{2+} 和 $Cr_2O_7^{2-}$ 反应有 $BaCrO_4$ 生成。同理，向 $Cr_2O_7^{2-}$ 溶液分别加入 Pb^{2+}、Ag^+，也生成相应的 $PbCrO_4$ 和 Ag_2CrO_4 沉淀。但在 $Cr_2O_7^{2-}$ 溶液中加入 Sr^{2+}，由于反应平衡常数很小，不生成 $SrCrO_4$ 沉淀。欲要生成 $SrCrO_4$ 沉淀，需改用 CrO_4^{2-} 溶液。

Ag_2CrO_4、$BaCrO_4$、$PbCrO_4$ 和 $SrCrO_4$ 均溶于强酸。其溶解反应是沉淀反应的逆反应，以 $BaCrO_4$ 的溶解为例：

$$2BaCrO_4 + 2H^+ \xlongequal{} 2Ba^{2+} + Cr_2O_7^{2-} + H_2O \quad K=6.1\times10^{-6}$$

设达平衡后溶液的$[H^+]=1.0\ mol\cdot L^{-1}$，$[Ba^{2+}]=2x\ mol\cdot L^{-1}$，$[Cr_2O_7^{2-}]=x\ mol\cdot L^{-1}$，则

$$\frac{[Ba^{2+}]^2\cdot[Cr_2O_7^{2-}]}{[H^+]^2}=6.1\times10^{-6},\quad 2x=2.4\times10^{-2},\quad [Ba^{2+}]=2.4\times10^{-2}\ mol\cdot L^{-1}$$

可见 $BaCrO_4$ 明显溶于强酸①。

在 HAc 溶液中，只有 $SrCrO_4$ 溶解，其他 3 种难溶铬酸盐都不溶。

(3) 铬(Ⅵ)的氧化性

铬(Ⅵ)化合物中，$K_2Cr_2O_7$ 是常用的氧化剂。

$$Cr_2O_7^{2-} + 14H^+ + 6e \xlongequal{} 2Cr^{3+} + 7H_2O \quad E^\ominus=1.33\ V$$

$$E=E^\ominus+\frac{0.059}{6}\lg\frac{[Cr_2O_7^{2-}]\cdot[H^+]^{14}}{[Cr^{3+}]^2}$$

① 在判断时，为了简化，忽略溶液中的 $HCrO_4^-$ 和 H_2CrO_4。

$[H^+]$越高，E 就越大，因此 $Cr_2O_7^{2-}$ 的酸性溶液氧化能力较强，随溶液酸度降低氧化能力减弱。在酸性溶液中 $Cr_2O_7^{2-}$ 将 Fe^{2+} 氧化为 Fe^{3+} 的反应是定量测定铁含量的基本反应。

$$Cr_2O_7^{2-} + 6Fe^{2+} + 14H^+ \xlongequal{} 2Cr^{3+} + 6Fe^{3+} + 7H_2O$$

实验室常用 $K_2Cr_2O_7$，而不用 $Na_2Cr_2O_7 \cdot 2H_2O$，这是因为 $K_2Cr_2O_7$ 的组成固定，且制备过程中，产品宜于纯制（纯度达 99.9%），所以定量分析中用 $K_2Cr_2O_7$ 作基准试剂。$Na_2Cr_2O_7 \cdot 2H_2O$ 作氧化剂用于工业生产。

(4) 过氧铬酸和过氧铬酸盐

于 H_2O_2 溶液中加入少量稀 H_2SO_4，再加入一些乙醚$(C_2H_5)_2O$，然后加入少量 $Cr_2O_7^{2-}$ 溶液，轻轻摇荡，乙醚层中出现深蓝色的 $CrO_5 \cdot (C_2H_5)_2O$。

$$Cr_2O_7^{2-} + 4H_2O_2 + 2H^+ \xlongequal{} 2CrO_5 + 5H_2O$$

$$CrO_5 + (C_2H_5)_2O \xlongequal{} CrO_5 \cdot (C_2H_5)_2O$$

这是检验铬(Ⅵ)或过氧化氢的一个灵敏反应。深蓝色化合物不稳定，随即分解成 Cr^{3+} 并放出 O_2。

$$4CrO_5 + 12H^+ \xlongequal{} 4Cr^{3+} + 7O_2\uparrow + 6H_2O$$

0 ℃，于碱性 K_2CrO_4 溶液中加 30% H_2O_2，析出暗红色的 K_3CrO_8。常温下它相当稳定，加热至170 ℃分解为 K_2CrO_4 并放出 O_2。

$$2K_3CrO_8 + H_2O \xlongequal{} 2K_2CrO_4 + 2KOH + \frac{7}{2}O_2$$

4. 铬(Ⅲ)和铬(Ⅵ)的相互转化

(1) 相互转化

Cr(Ⅲ)、Cr(Ⅵ)在酸性溶液中，以 Cr^{3+}、$Cr_2O_7^{2-}$ 型体存在，而在碱性溶液中存在着 $Cr(OH)_4^-$、CrO_4^{2-}。

碱性溶液中 Cr(Ⅵ)-Cr(Ⅲ)的电极反应为

$$CrO_4^{2-} + 4H_2O + 3e \xlongequal{} Cr(OH)_3 + 4OH^- \quad E^\ominus = -0.13\ V$$

酸性溶液中 Cr(Ⅵ)-Cr(Ⅲ)的电极反应为

$$Cr_2O_7^{2-} + 14H^+ + 6e \xlongequal{} 2Cr^{3+} + 7H_2O \quad E^\ominus = 1.33\ V$$

因此，在碱性溶液中将 $Cr(OH)_4^-$ 氧化为 CrO_4^{2-} 要比在酸性溶液中将 Cr^{3+} 氧化为 $Cr_2O_7^{2-}$ 容易。所以，定性分析实验中分离检出 Cr^{3+} 离子总是在碱性溶液中加 H_2O_2 或 Br_2 将$Cr(OH)_4^-$ 氧化为 CrO_4^{2-}。

$$2Cr(OH)_4^- + 3HO_2^- \xlongequal{} 2CrO_4^{2-} + 5H_2O + OH^-$$

$$2Cr(OH)_4^- + 3Br_2 + 8OH^- \xlongequal{} 2CrO_4^{2-} + 6Br^- + 8H_2O$$

由 Cr(Ⅵ)转化为 Cr(Ⅲ)，常在酸性溶液中进行。如用 $K_2Cr_2O_7$ 定量测定 I^- 的反应：

$$Cr_2O_7^{2-} + 6I^- + 14H^+ \xlongequal{} 3I_2 + 2Cr^{3+} + 7H_2O$$

此外，H_2SO_3、H_2S、$S_2O_3^{2-}$ 等均能将 Cr(Ⅵ)还原为 Cr(Ⅲ)。

(2) 含 Cr(Ⅵ)废水的处理

化学试剂生产和电镀工业排放的废水中常含一定量的 Cr(Ⅵ)，浓度可达 20～100 $mg \cdot L^{-1}$。饮用含 Cr(Ⅵ)的水会损害人的肠胃等。已知 Cr(Ⅲ)盐的毒性只有 Cr(Ⅵ)盐的约 0.5%，所以须将废水中的 Cr(Ⅵ)尽可能转化为 Cr(Ⅲ)。我国规定，工业废水含 Cr(Ⅵ)量的排放标准为 0.1 $mg \cdot L^{-1}$。两种处理含 Cr(Ⅵ)废水的方法如下：

① 化学法：一般选用的还原剂有 SO_2、$NaHSO_3$、$FeSO_4$、Na_2SO_3 等，把 Cr(Ⅵ)还原为 Cr(Ⅲ)，加碱沉出$Cr(OH)_3$后废水内含 Cr(Ⅵ)量降至 0.01～0.1 $mg \cdot L^{-1}$。

$$Cr_2O_7^{2-} + 3H_2SO_3 + 2H^+ \longequal 2Cr^{3+} + 4H_2O + 3SO_4^{2-}$$

② 电解法：将含 Cr(Ⅵ)废水调至酸性，加 NaCl 提高其电导率，电解。

$$\text{阳极反应：} \quad Fe \longequal Fe^{2+} + 2e$$
$$\text{阴极反应：} \quad 2H^+ + 2e \longequal H_2$$

随着阳极 Fe 溶解成 Fe^{2+}，它就将溶液中的 $Cr_2O_7^{2-}$ 还原为 Cr^{3+}。

$$Cr_2O_7^{2-} + 14H^+ + 6Fe^{2+} \longequal 2Cr^{3+} + 6Fe^{3+} + 7H_2O$$

同时，由于阴极附近的 H^+ 离子浓度降低，电解质溶液的 pH 增大，使 Cr^{3+} 和 Fe^{3+} 生成氢氧化物析出。经处理后废水中含铬量降至 0.01 $mg \cdot L^{-1}$。

9.5 钼、钨

1. 资源及冶炼原理

钼 Mo 和钨 W 的最高氧化态为Ⅵ。若它们原子中的部分 d 电子参加成键，氧化态还有Ⅴ、Ⅳ、Ⅲ、Ⅱ，但以Ⅵ氧化态最稳定。Mo 的地壳丰度为 $7.5 \times 10^{-4}\%$，占第 40 位。W 的地壳丰度为 $10^{-3}\%$，占第 39 位。常见的重要钼、钨矿有辉钼矿 MoS_2、黑钨矿 $FeWO_4 \cdot MnWO_4$、白钨矿$CaWO_4$。我国钨矿储量为世界第一。

钼矿先经过浮选，然后将精矿砂 MoS_2 灼烧成 MoO_3，再用 $NH_3 \cdot H_2O$ 浸取，得钼酸铵 $(NH_4)_2MoO_4$ 溶液。

$$2MoS_2 + 7O_2 \longequal 2MoO_3 + 4SO_2$$
$$MoO_3 + 2NH_3 \cdot H_2O \longequal (NH_4)_2MoO_4 + H_2O$$

过滤后用$(NH_4)_2S$ 沉淀滤液中的杂质 Cu^{2+} 等。

$$Cu(NH_3)_4^{2+} + S^{2-} \longequal CuS\downarrow + 4NH_3$$

多余的$(NH_4)_2S$ 用 $Pb(NO_3)_2$ 除去。

$$Pb^{2+} + S^{2-} \longequal PbS\downarrow$$

滤去 CuS、PbS 沉淀，酸化除杂质后的钼酸铵溶液得钼酸 H_2MoO_4 沉淀。H_2MoO_4 于 400～500 ℃焙烧，得到 MoO_3(白色)。

$$(NH_4)_2MoO_4 + 2H^+ = H_2MoO_4 \downarrow + 2NH_4^+$$

$$H_2MoO_4 \xrightarrow{400\sim500\ ℃} MoO_3 + H_2O$$

白钨矿经浮选，黑钨矿经磁选后，将精矿砂和碳酸钠 Na_2CO_3 共熔(约 800～900 ℃)。

$$CaWO_4 + Na_2CO_3 = Na_2WO_4 + CaCO_3$$

$$4FeWO_4 + 4Na_2CO_3 + O_2 = 4Na_2WO_4 + 2Fe_2O_3 + 4CO_2$$

$$6MnWO_4 + 6Na_2CO_3 + O_2 = 6Na_2WO_4 + 2Mn_3O_4 + 6CO_2$$

钨矿中所含 Si、P、As 等杂质，在熔矿过程中分别生成可溶性 Na_2SiO_3、Na_3PO_4、Na_3AsO_4。为除去 P、As 杂质，使 PO_4^{3-}、AsO_4^{3-} 生成 NH_4MgPO_4 和 NH_4MgAsO_4 沉淀；为除去 Si 杂质，控制溶液酸度使其生成 H_2SiO_3 凝胶。实际上是用加入 NH_4Cl-$NH_3 \cdot H_2O$ 控制溶液酸度，提供足量的 NH_4^+，并加适量 $MgCl_2$。

$$Mg^{2+} + NH_4^+ + MO_4^{3-} = NH_4MgMO_4 \downarrow \quad (M = P、As)$$

$$SiO_3^{2-} + 2H^+ = H_2SiO_3 \downarrow$$

过滤后，滤液用 HCl 酸化，生成 H_2WO_4 沉淀。

$$WO_4^{2-} + 2H^+ \xlongequal{pH<1} H_2WO_4 \downarrow$$

为提高 WO_3 纯度，将生成的 H_2WO_4 和 $NH_3 \cdot H_2O$ 作用得钨酸铵 $(NH_4)_2WO_4$ 溶液，蒸发浓缩，析出 $(NH_4)_6W_7O_{24}$(仲钨酸铵)晶体，于 500～600 ℃焙烧得黄色 WO_3。

$$(NH_4)_6W_7O_{24} = 7WO_3 + 6NH_3 + 3H_2O$$

在高温下用纯净 H_2 还原 WO_3，得纯 W。

2. 性质和用途

钼、钨是银白色金属，较硬，熔点高，在全部金属中钨的熔点最高。钨的密度很大。用 H_2 还原 MO_3 的反应温度低于 Mo、W 的熔点(图 9-10)，得到的产品都是粉状物，将粉状物加压成型，然后在 He 或 N_2 气氛下，电弧加热烧结为棒状或块状。块状的 Mo、W 有较强的韧性和延性。

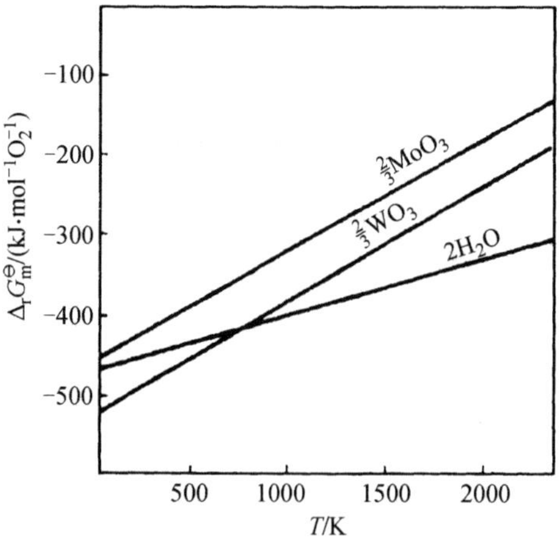

图 9-10　H_2 还原 MoO_3、WO_3 的 $\Delta_r G_m^\ominus$-T 图

常温下它们不和氧、氮、卤素(氟除外)等化合,在高温和氧作用,生成 MoO_3、WO_3;和碳作用,生成 Mo_2C、MoC、W_2C、WC;粉末状的 Mo、W 和 NH_3 一同加热,得到 Mo_2N、MoN、W_2N。

Mo 与热浓 H_2SO_4 作用生成 MoO_2SO_4;HNO_3 或王水均可以溶解 Mo,HNO_3 和 Mo 作用生成 H_2MoO_4;但 Mo 不溶于 HCl。熔融碱不和 Mo 反应,Mo 与 KNO_3、$KClO_3$、Na_2O_2 共熔被氧化成钼酸盐。

W 不与 HCl、HNO_3、H_2SO_4 作用,只有王水或 HNO_3-HF 混合液才能缓慢溶解它。强碱液或熔融碱都不和 W 反应,W 只和 KNO_3、$KClO_3$、Na_2O_2 共熔时生成钨酸盐。

过渡元素中 4d、5d 电子都比 3d 电子易被激发而参与成键(各级电离能见下表),又因半径大于第四周期相应元素,故钼、钨高氧化态化合物更为稳定。

逐级电离能/($kJ \cdot mol^{-1}$)	I_1	I_2	I_3	I_4	I_5	I_6	
Cr	652	1592	2986	4900	7050	8744	
Mo	685	1558	2618	4480	5397	6945	
W	770	1710	2322	3410	4623	5878	
$\Delta_f H_m^{\ominus}(M^{n+}(g))$/($kJ \cdot mol^{-1}$)	$M^0(g)$	$M^+(g)$	$M^{2+}(g)$	$M^{3+}(g)$	$M^{4+}(g)$	$M^{5+}(g)$	$M^{6+}(g)$
Cr	397	1049	2641	5627	10527	17577	26321
Mo	659	1344	2902	5520	10000	15397	22342
W	837	1607	3317	5639	9049	13672	19550

钼、钨主要用于冶炼特种合金钢。一般钢材中含钼约 0.01%左右,耐热钢和工具钢含钼约 0.15%~0.70%,结构钢含钼约 1%,不锈钢和某些高速切削钢含钼可达 6%。钼钢用于制炮身、坦克、轮船甲板、涡轮机等。钨多用于冶炼高速切削钢,如含钨 12%~20%、含钼 6%~12%的钢是很好的高速切削钢;又如含 14%~22%钨、3%~5%铬的合金钢,即使在红热时其硬度也不变,也是很好的高速切削钢。钼、钨还用于制电灯丝和其他无线电器材。

3. 钼酸、钨酸、同多酸、杂多酸

硝酸和钼酸铵 $(NH_4)_2MoO_4$ 反应,得到黄色钼酸 $H_2MoO_4 \cdot H_2O$。加热至60 ℃,它脱去一分子结晶水后成白色的 H_2MoO_4。它微溶于水(≈1 $g \cdot L^{-1}$),水溶液显酸性。硝酸和热钨酸钠 Na_2WO_4 溶液反应,得到黄色钨酸 H_2WO_4 晶体。从冷溶液中析出的钨酸是白色胶状钨酸 $H_2WO_4 \cdot xH_2O$。

钼、钨及许多其他元素不仅形成简单含氧酸,而且在一定条件下它们还能缩水形成同多酸,两种不同含氧酸缩水形成杂多酸。

(1) 同多酸(isopolyacid)

由两个或多个同种简单含氧酸分子缩水而成的酸叫**同多酸**。能够形成同多酸的元素有 V、Cr、Mo、W、B、Si、P、As 等,它们形成的同多酸为 $H_2Cr_2O_7$、$H_2Cr_3O_{10}$、$H_4V_2O_7$、$H_6V_4O_{13}$、$H_7V_5O_{16}$、$H_2B_4O_7$ 等。

两个或多个同种含氧酸分子相互结合成大分子,同时脱去 H_2O 的过程叫**缩合**。

钒、钼、钨的同多酸的名称和解析式如下:

同多酸		解析式
二钒酸	$H_4V_2O_7$	$V_2O_5 \cdot 2H_2O$
十钒酸	$H_6V_{10}O_{23}$	$5V_2O_5 \cdot 3H_2O$
七钼酸	$H_6Mo_7O_{24}$	$7MoO_3 \cdot 3H_2O$
八钼酸	$H_4Mo_8O_{26}$	$8MoO_3 \cdot 2H_2O$
十二钼酸	$H_{10}Mo_{12}O_{41}$	$12MoO_3 \cdot 5H_2O$
八钨酸	$H_4W_8O_{26}$	$8WO_3 \cdot 2H_2O$
十二钨酸	$H_{10}W_{12}O_{41}$	$12WO_3 \cdot 5H_2O$

它们的结构是简单含氧酸根以角、棱或面相连而成，其连接的公共点均为氧原子。

同多酸分子中的 H^+ 被金属阳离子 M^{n+} 取代后形成同多酸盐。在钒、钼、钨同多酸盐中常见的有偏钒酸铵 $(NH_4)_4[V_4O_{12}]$、钼酸铵 $(NH_4)_6Mo_7O_{24} \cdot 4H_2O$（仲钼酸铵）、钨酸铵 $(NH_4)_6W_7O_{24} \cdot 6H_2O$（仲钨酸铵）等。

同多酸的生成条件和溶液酸度、浓度有关。往（简单）含氧酸盐溶液中逐渐加酸，随着溶液酸度的增大，同多酸盐的缩合度（所含重复结构单元的数目）增加。Si、P、V、Cr、Mo、W 等元素的简单含氧酸属于弱酸，结构中有—OH，因而容易缩水形成同多酸。

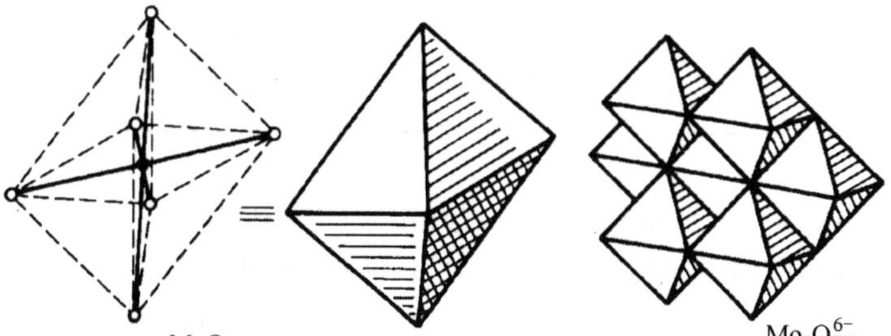

(2) 杂多酸（heteropolyacids）

由两种不同含氧酸分子缩水而成的酸叫**杂多酸**。

人们对钼和钨的磷、硅杂多酸研究较多，下面列出一些杂多酸及其盐：

杂多酸		解析式
十二钼磷酸	$H_3[PMo_{12}O_{40}]$	$H_3PO_4 \cdot 12MoO_3$
十二钨磷酸	$H_3[PW_{12}O_{40}]$	$H_3PO_4 \cdot 12WO_3$
十二钼硅酸	$H_4[SiMo_{12}O_{40}]$	$H_4SiO_4 \cdot 12MoO_3$
十二钨硅酸	$H_4[SiW_{12}O_{40}]$	$H_4SiO_4 \cdot 12WO_3$
十二钼磷酸钠	$Na_3[PMo_{12}O_{40}]$	$Na_3PO_4 \cdot 12MoO_3$
十二钨磷酸钠	$Na_3[PW_{12}O_{40}]$	$Na_3PO_4 \cdot 12WO_3$

杂多酸是一类特殊的配合物，其中的 P 或 Si 是配合物的中心原子，多钼酸根或多钨酸根为配位体（图 9-11）。它们是固体酸。

分析化学中用生成**钼磷酸铵** $(NH_4)_3PO_4 \cdot 12MoO_3$ 黄色沉淀的反应鉴定 PO_4^{3-}，这也是

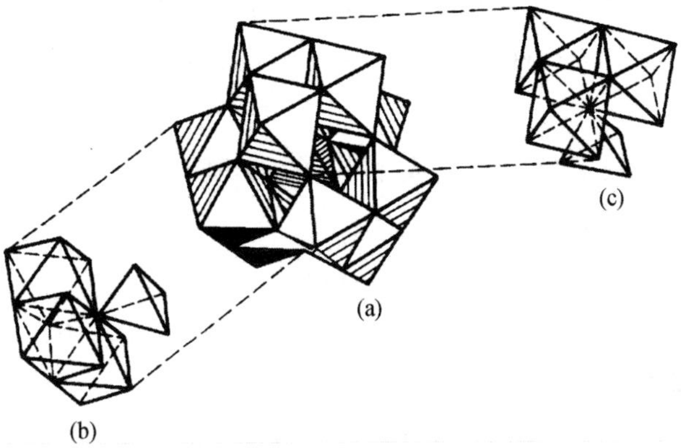

图 9-11　十二钼(钨)磷酸的结构

测量磷含量的经典方法。

$$H_3PO_4 + 12(NH_4)_2MoO_4 + 21HNO_3 = (NH_4)_3PO_4 \cdot 12MoO_3 \downarrow + 21NH_4NO_3 + 12H_2O$$

钼磷杂多酸和一些还原剂如 $SnCl_2$、Zn 作用，杂多酸中部分 Mo(Ⅵ)被还原为 Mo(Ⅴ)，生成特征蓝色化合物，称为"钼磷蓝"。它的可能组成是 $H_3PO_4 \cdot 10MoO_3 \cdot Mo_2O_5$。钢铁、土壤、农作物中的含磷量，常用生成"钼磷蓝"的比色法测定。目前杂多酸盐被用作催化剂等。

4. 过钼酸盐、过钨酸盐

和过铬酸盐的生成一样，向碱性钼酸盐、钨酸盐溶液中加入 H_2O_2，生成红色四过氧钼酸盐，如 $K_2[Mo(O_2)_4]$，和黄色四过氧钨酸盐，如 $K_2[W(O_2)_4]$。

$$MoO_4^{2-} + 4H_2O_2 = Mo(O_2)_4^{2-} + 4H_2O$$
$$WO_4^{2-} + 4H_2O_2 = W(O_2)_4^{2-} + 4H_2O$$

向弱碱性钼酸盐、钨酸盐溶液中加入 H_2O_2，得到黄色二过氧钼酸盐，如 $KH[MoO_2(O_2)_2] \cdot 2H_2O$，和二过氧钨酸盐，如 $KH[WO_2(O_2)_2]$(无色)。

$$MoO_4^{2-} + 2H_2O_2 = HMoO_2(O_2)_2^- + OH^- + H_2O$$
$$WO_4^{2-} + 2H_2O_2 = HWO_2(O_2)_2^- + OH^- + H_2O$$

现将ⅣB、ⅤB、ⅥB 族(4 族、5 族、6 族)元素的过氧化物归纳如下：

由于ⅣB、ⅤB、ⅥB 族元素的金属性比碱金属等活泼金属弱，所以它们的过氧化物性质介于离子型(如 Na_2O_2)和共价型(如 $H_2S_2O_8$)之间，是过渡型过氧化物。

从形式上看，这类过氧化物可认为是"过氧"取代了含氧酸中"氧"、OOH 取代 OH 的产物，制备方法有以下两种。

(1) 在酸性介质中

过氧化氢和 TiO^{2+}、ZrO^{2+}、HfO^{2+}、VO_2^+ 分别作用，生成相应的金属过氧基离子，如

$$TiO^{2+} + H_2O_2 = Ti(O_2)^{2+} + H_2O$$
$$VO_2^+ + H_2O_2 + 2H^+ = V(O_2)^{3+} + 2H_2O$$

不易形成氧基离子的含氧酸则形成过氧化物（如 CrO_5）或过氧酸，如

$$H_2WO_4 + H_2O_2 \longrightarrow H_2WO_3(O_2) + H_2O$$

（2）在碱性介质中

过氧化氢和含氧酸根作用生成相应的过氧酸盐，如 $K_4Ti(O_2)_4$、$Na_3V(O_2)_4$、$Na_2Mo(O_2)_4$ 等。它们的结构相似。

$$\left[\begin{array}{cc} O_2 & O_2 \\ & M & \\ O_2 & O_2 \end{array} \right]^{n-} \quad M = Ti、Zr、Hf、V、Nb、Ta、Mo、W$$

这些过氧化物都显特征颜色：$Ti(O_2)^{2+}$ 红色、$V(O_2)^{3+}$ 深红色、$Mo(O_2)_4^{2-}$ 黄色、$W(O_2)_4^{2-}$ 黄色、$CrO_5 \cdot (C_2H_5)_2O$ 深蓝色。其中 $Ti(O_2)^{2+}$ 用于比色法测定钛，$V(O_2)^{3+}$ 和 $CrO_5 \cdot (C_2H_5)_2O$ 用于 V、Cr 的定性鉴定。

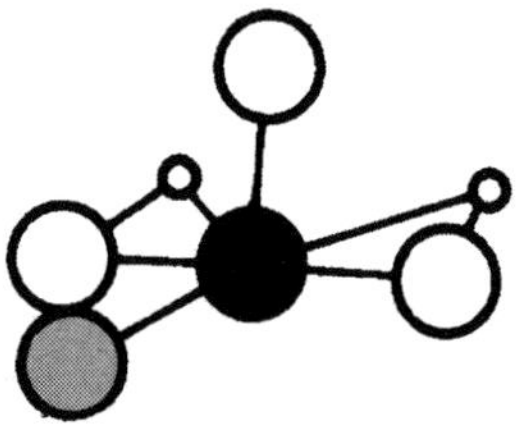

图 9-12 $CrO_5 \cdot py$ 的结构（py 为吡啶）

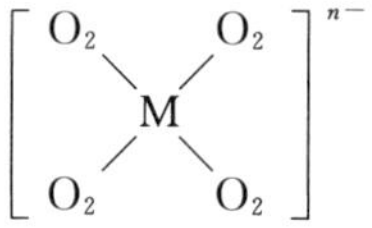

过氧化铬的组成和结构比较特殊，在酸性介质中 $Cr_2O_7^{2-}$ 和 H_2O_2 作用生成 CrO_5，它和乙醚 $(C_2H_5)_2O$ 或吡啶 C_5H_5N 生成的加合物结构如图 9-12 所示。在碱性介质中生成 CrO_8^{3-}，其可能结构是

$$\left[\begin{array}{cc} O_2 & O_2 \\ & Cr & \\ O_2 & O_2 \end{array} \right]^{3-} , \quad \left[\begin{array}{cc} O_2 & O_2 \\ Cr - O_2 - Cr \\ O_2 & O_2 \end{array} \right]^{6-}$$

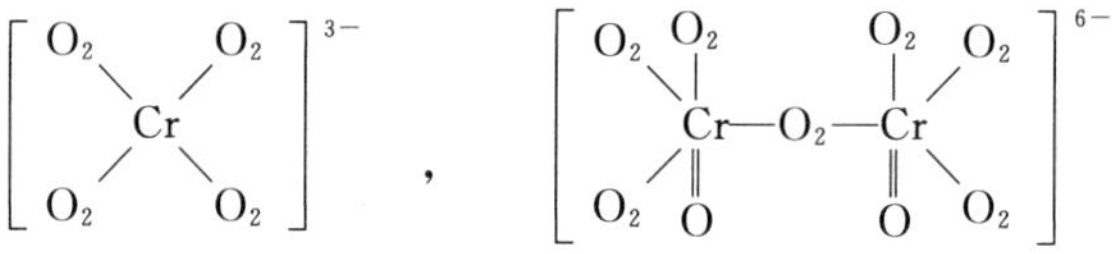

右式是 CrO_8^{3-} 的二聚体结构。

过氧化物的生成与介质的酸、碱性有关，在不同介质条件下过氧化物可能相互转化，如 Ti(IV)过氧化物的转化，图示于下：

$$Ti(IV)溶液$$

$H_2O_2 + H^+ \qquad H_2O_2 + NH_3 \qquad H_2O_2 + OH^-$

$$Ti(O_2)^{2+} \underset{H^+}{\overset{OH^-}{\rightleftharpoons}} Ti(OOH)_2(OH)_2 \underset{H^+}{\overset{OH^-}{\rightleftharpoons}} Ti(O_2)_4^{4-}$$

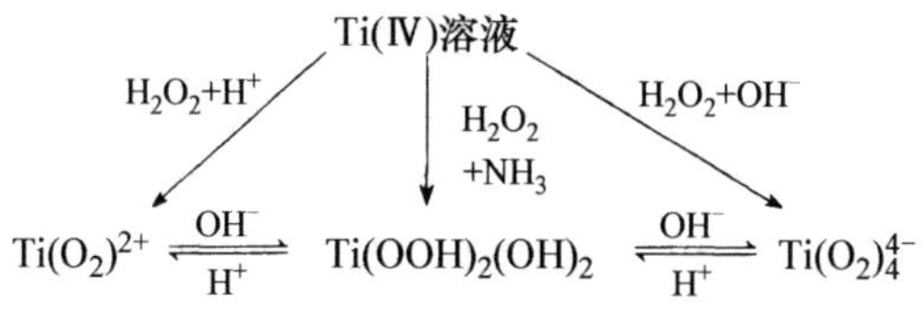

9.6　锰

元素周期表中ⅦB族（7 族）包括锰 Mn(manganesium)、锝 Tc(tectinium)、铼 Re(rhenium)3 种元素。Tc 是放射性元素，Re 属稀有元素。它们的价电子结构为 $(n-1)d^5ns^2$，最高氧化态为Ⅶ，本节主要讨论 Mn 及其化合物。

1. 制备和性质

锰的地壳丰度为 0.085%，占第 14 位。它分布很广，主要以氧化物形式存在，如软锰矿 $MnO_2 \cdot xH_2O$。

根据还原方法的不同，单质锰分为"还原锰"和"电解锰"两种。在高温用碳或铝还原氧化

锰得到还原锰。

$$MnO_2 + 2CO \xlongequal{} Mn + 2CO_2 \qquad \Delta_r G_m^\ominus = -49.38\ kJ \cdot mol^{-1}$$

$$3Mn_3O_4 + 8Al \xlongequal{} 9Mn + 4Al_2O_3 \qquad \Delta_r G_m^\ominus = -2464.7\ kJ \cdot mol^{-1}$$

电解 $MnCl_2$ 得到纯度很高的电解锰。

锰是活泼金属，在空气中金属锰的表面生成一层氧化物保护膜，粉状锰易被氧化。

把金属锰放入水中，因其表面生成氢氧化锰，可阻止锰对水的置换作用；在 NH_4Cl 溶液中，则置换反应能顺利进行（和金属镁相似）。

锰和强酸反应生成 Mn(Ⅱ)盐和氢气。

$$Mn + 2H^+ \xlongequal{} Mn^{2+} + H_2 \uparrow$$

锰和冷、浓 H_2SO_4 反应很慢。

锰和卤素直接化合生成卤化锰 MnX_2，它们的晶型和 MgX_2 相同。锰和氟除生成 MnF_2 外，还生成 MnF_3。加热时锰和 S、C、N、Si、B 等生成相应化合物。如

$$3Mn + N_2 \xlongequal{>1200\ ℃} Mn_3N_2$$

但它不能直接和氢化合。

2. 锰(Ⅱ)化合物

在酸性介质中 Mn^{2+}（浅粉色）相当稳定，其性质和 Mg^{2+}、Fe^{2+} 相似。在碱性介质中，Mn(Ⅱ)极易被氧化成 Mn(Ⅳ)。MnO 在空气中也极易被氧化。

(1) 氧化锰和氢氧化锰

高氧化态的氧化锰可被 H_2、CO 还原，生成绿灰至暗棕色的 MnO。

$$MnO_2 + H_2 \xlongequal{} MnO + H_2O \qquad \Delta_r G_m^\ominus = -126.9\ kJ \cdot mol^{-1}$$

$$MnO_2 + CO \xlongequal{} MnO + CO_2 \qquad \Delta_r G_m^\ominus = -155.4\ kJ \cdot mol^{-1}$$

加热分解草酸锰 MnC_2O_4 或碳酸锰 $MnCO_3$，也能得到 MnO。

$$MnC_2O_4 \xlongequal{\triangle} MnO + CO + CO_2 \qquad \Delta_r G_m^\ominus = 85.1\ kJ \cdot mol^{-1}$$

$$MnCO_3 \xlongequal{\triangle} MnO + CO_2 \qquad \Delta_r G_m^\ominus = 60.0\ kJ \cdot mol^{-1}$$

$MnCO_3$ 于100 ℃开始分解，330 ℃时生成的部分 MnO 还原 CO_2 得到 CO 和高氧化态氧化锰 Mn_3O_4（锰的平均氧化态大于 2），而在还原气氛（如 H_2）下热分解 MnC_2O_4，可得到较纯的 MnO。

Mn^{2+} 溶液遇 NaOH 或 $NH_3 \cdot H_2O$ 都能生成碱性、近白色 $Mn(OH)_2$ 沉淀。

$$Mn^{2+} + 2OH^- \xlongequal{} Mn(OH)_2 \downarrow$$

$$Mn^{2+} + 2NH_3 \cdot H_2O \xlongequal{} Mn(OH)_2 \downarrow + 2NH_4^+$$

$Mn(OH)_2$ 的 $K_{sp} = 4.0 \times 10^{-14}$，和 $Mg(OH)_2$ 的 $K_{sp} = 1.8 \times 10^{-11}$ 相近，因此用 $NH_3 \cdot H_2O$ 沉淀 Mn^{2+} 的反应不很完全，在有浓 NH_4^+ 存在时，沉淀反应不完全甚至得不到 $Mn(OH)_2$ 沉淀。

$Mn(OH)_2$ 极易被氧气氧化，甚至溶于水的少量氧气也能将其氧化成褐色 $MnO(OH)_2$。

$$2Mn(OH)_2 + O_2 \xlongequal{} 2MnO(OH)_2$$

这个反应在水质分析中用于测定水中的溶解氧(DO)。

(2) 锰(Ⅱ)盐的性质

酸性介质中的 Mn^{2+} 遇到强氧化剂,如 $(NH_4)_2S_2O_8$、$NaBiO_3$、H_5IO_6 时被氧化成 MnO_4^-。

$$2Mn^{2+} + 5S_2O_8^{2-} + 8H_2O \xlongequal{} 2MnO_4^- + 10SO_4^{2-} + 16H^+$$

$$2Mn^{2+} + 5NaBiO_3 + 14H^+ \xlongequal{} 2MnO_4^- + 5Bi^{3+} + 5Na^+ + 7H_2O$$

这两个反应用于鉴定 Mn^{2+}。做这些实验时,Mn^{2+} 浓度不宜太大,用量不宜过多(特别是第一个反应),因为尚未被氧化的 Mn^{2+} 能和已生成的 MnO_4^- 反应得到棕色 MnO_2。

$$2MnO_4^- + 3Mn^{2+} + 2H_2O \xlongequal{} 5MnO_2 + 4H^+$$

常见的锰(Ⅱ)化合物中,除硫化物、碳酸盐、草酸盐及磷酸盐外,其余都是易溶盐。

锰(Ⅱ)盐是许多氧化反应(尤其是在空气中所进行的氧化反应)的催化剂,锰(Ⅱ)盐用作油漆的催干剂。

(3) 易溶锰(Ⅱ)盐

锰(Ⅱ)的强酸盐、醋酸盐都易溶并带结晶水,如

$MnCl_2 \cdot nH_2O \quad (n=4,6)$　　$MnSO_4 \cdot nH_2O \ (n=1,4,5,7)$

$Mn(NO_3)_2 \cdot nH_2O \ (n=3,6)$　　$Mn(CH_3COO)_2 \cdot 4H_2O$

金属锰、碳酸锰和酸作用可得相应锰(Ⅱ)盐,如

$$Mn + 2CH_3COOH \xlongequal{} Mn(CH_3COO)_2 + H_2$$

易溶锰(Ⅱ)盐有以下几个特性:

① 锰(Ⅱ)的强酸盐比弱酸盐稳定。因为弱酸盐中的弱酸根水解使溶液显碱性,而在碱性溶液中锰(Ⅱ)易被空气中氧气氧化,所以弱酸盐不够稳定。在制备锰(Ⅱ)盐时,无论用单质锰或碳酸锰和酸反应,溶液的 $pH<7$,否则将有 $MnO(OH)_2$ 沉淀析出。

当 Mn(Ⅱ)盐结晶时,由于结晶温度不同,从溶液中析出晶体的含水量也不同。如$MnCl_2$在58 ℃以上结晶得 $MnCl_2 \cdot 4H_2O$,低于58 ℃得 $MnCl_2 \cdot 6H_2O$;又如 $MnSO_4$ 在高于26 ℃结晶得 $MnSO_4 \cdot 4H_2O$,在 9～26 ℃得 $MnSO_4 \cdot 5H_2O$,低于9 ℃得 $MnSO_4 \cdot 7H_2O$。

② 锰(Ⅱ)可以形成复盐和配离子。如 $MnCl_2$ 和碱金属氯化物形成相应的复盐 $MCl \cdot MnCl_2$;$MnSO_4$ 和碱金属硫酸盐形成相应复盐 $M_2SO_4 \cdot MnSO_4 \cdot nH_2O(n=2,4,6)$。$Mn^{2+}$ 与 SCN^-、CN^- 形成相应的配离子$[Mn(SCN)_6]^{4-}$和$[Mn(CN)_6]^{4-}$。

③ 锰(Ⅱ)无水盐能和氨生成氨合物。如 $MnCl_2 \cdot 6NH_3$、$Mn(NO_3)_2 \cdot 9NH_3$、$MnSO_4 \cdot 6NH_3$,这些氨合物受热脱氨。

(4) 难溶锰(Ⅱ)盐

大多数弱酸盐都难溶。

自然界存在的碳酸锰叫锰晶石,是一种比较重要的锰矿石。实验室用 $NaHCO_3$(用 CO_2 饱和)溶液和 Mn^{2+} 盐溶液反应生成 $MnCO_3 \cdot H_2O$,它是近白色固体。在有 CO_2 存在时加热含结晶水的 $MnCO_3 \cdot H_2O$ 得无水 $MnCO_3$。

Na_2HPO_4 溶液和 Mn^{2+} 溶液反应得到白色 $Mn_3(PO_4)_2 \cdot 7H_2O$ 晶体。Na_2HPO_4、

NH_4Cl 溶液及少量 $NH_3 \cdot H_2O$ 和 Mn^{2+} 溶液反应得到白色丝状晶体 $NH_4MnPO_4 \cdot H_2O$。后者受热得焦磷酸锰 $Mn_2P_2O_7$。

$$Mn^{2+} + NH_4^+ + PO_4^{3-} + H_2O \xlongequal{\quad} NH_4MnPO_4 \cdot H_2O \downarrow$$

$$2NH_4MnPO_4 \cdot H_2O \xlongequal{\triangle} Mn_2P_2O_7 + 2NH_3 \uparrow + 3H_2O$$

总之，锰(Ⅱ)化合物的性质和镁、铁(Ⅱ)盐相似。

3. 锰(Ⅲ)化合物

锰(Ⅲ)化合物都不太稳定，然而几个配离子如$[Mn(PO_4)_2]^{3-}$和$[Mn(CN)_6]^{3-}$比较稳定。

$[Mn(PO_4)_2]^{3-}$的溶液显紫色(和 MnO_4^- 颜色相近)。利用生成它的反应可以定量测定锰含量。在磷酸介质中，用氧化剂(如 NH_4NO_3)把 Mn(Ⅱ)氧化成$[Mn(PO_4)_2]^{3-}$，再用已知浓度的 Fe^{2+} 溶液滴定 Mn(Ⅲ)，可计算出锰的含量。

固态 $M_3[Mn(CN)_6]$呈暗红色，它的组成和 $M_3[Fe(CN)_6]$相似，两种物质的晶型也相同。

在溶液中 Mn^{3+} 容易歧化分解为 Mn^{2+} 和 MnO_2，所以它在酸性溶液中很不稳定。

$$2Mn^{3+} + 2H_2O \xlongequal{\quad} MnO_2 + Mn^{2+} + 4H^+$$

锰元素的电极电势图如下：

酸性介质($E_a^\ominus$/V)：

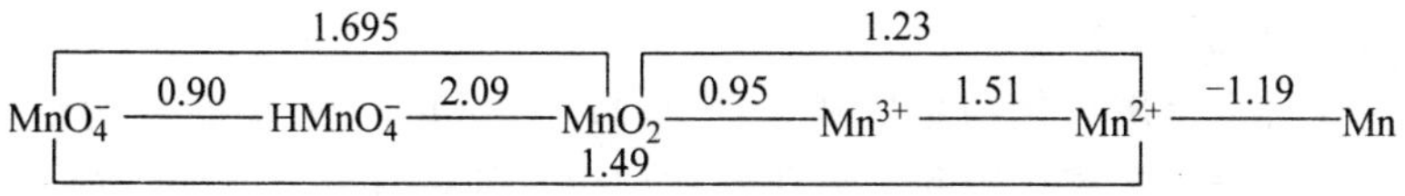

碱性介质($E_b^\ominus$/V)：

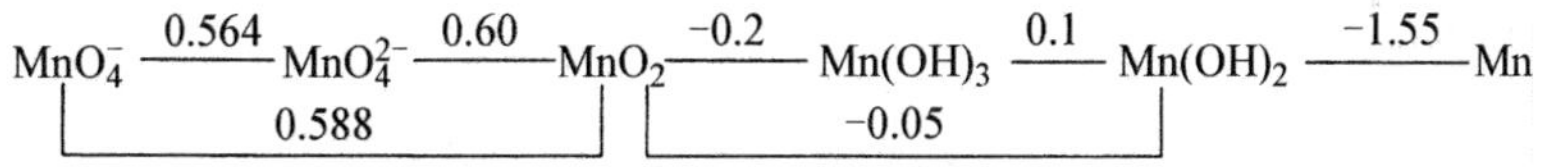

从电极电势可知，在酸性介质中 Mn^{3+} 是强氧化剂，其电势和 MnO_4^- 相当，较稳定的Mn(Ⅲ)化合物并不多。在一些有锰的化合物参加的反应过程中可能有 Mn(Ⅲ)形成。如 MnO_2 和浓 HCl 作用，反应后除生成 $MnCl_2$ 外，溶液中尚含有 $MnCl_3$，因而溶液呈暗褐色。MnO_4^- 和 $H_2C_2O_4$ 的反应过程中也有 Mn(Ⅲ)生成。这一反应的机理可能是

$$Mn(Ⅶ) + Mn(Ⅱ) \longrightarrow Mn(Ⅵ) + Mn(Ⅲ)$$

$$Mn(Ⅵ) + Mn(Ⅱ) \longrightarrow 2Mn(Ⅳ)$$

$$Mn(Ⅳ) + Mn(Ⅱ) \longrightarrow 2Mn(Ⅲ)$$

Mn(Ⅲ)和 $C_2O_4^{2-}$ 生成 $MnC_2O_4^+$ 配离子，$MnC_2O_4^+$ 配离子中的 $C_2O_4^{2-}$ 发生均裂，分解出游离基 $\cdot CO_2^-$。

$$MnC_2O_4^+ \longrightarrow Mn^{2+} + CO_2 + \cdot CO_2^-$$

游离基 $\cdot CO_2^-$ 再和 Mn(Ⅲ)反应，得到 Mn^{2+}。

$$Mn(Ⅲ) + \cdot CO_2^- \longrightarrow Mn^{2+} + CO_2$$

4. 锰(Ⅳ)化合物

最重要的锰(Ⅳ)化合物是二氧化锰 MnO_2，它是两性氧化物。

在酸性介质中二氧化锰显现氧化性，和浓硫酸作用生成氧气，和浓盐酸作用生成氯气。

$$2MnO_2+2H_2SO_4 = 2MnSO_4+O_2\uparrow+2H_2O$$
$$MnO_2+4HCl = MnCl_2+Cl_2\uparrow+2H_2O$$

二氧化锰在干电池中作去极剂。在锰锌干电池中，锌为负极，石墨为正极，NH_4Cl 和淀粉糊作电解质。电解质中 NH_4Cl 水解：

$$NH_4^++H_2O = NH_3\cdot H_2O+H^+$$

当有电流通过时，H^+ 在正极上得到电子产生 H_2，它有一定的超电势，所以要用 MnO_2 消去这种极化作用(δ 型 MnO_2 最佳)，反应如下：

$$MnO_2+NH_4^++2H_2O+e = Mn(OH)_3+NH_3\cdot H_2O$$

在碱性介质中二氧化锰显现还原性，易被空气中的氧所氧化。

简单的锰(Ⅳ)盐在水溶液中极不稳定，或水解生成水合二氧化锰 $MnO(OH)_2$，或在浓强酸中和水反应生成氧气和锰(Ⅱ)。

在较浓的硫酸溶液中，高锰酸氧化硫酸锰生成黑色的 $Mn(SO_4)_2$ 晶体，此晶体在稀硫酸中水解生成水合二氧化锰沉淀。

二氧化锰能和许多金属氧化物生成亚锰酸盐 $M_2^{I}[MnO_3]$。亚锰酸盐的组成因反应物用量及反应条件不同而异。如氧化钙和二氧化锰作用生成的亚锰酸盐有：$2CaO\cdot MnO_2$、$CaO\cdot MnO_2$、$CaO\cdot 2MnO_2$、$CaO\cdot 3MnO_2$、$CaO\cdot 5MnO_2$。

5. 锰(Ⅵ)化合物

最重要的锰(Ⅵ)化合物是锰酸钾 K_2MnO_4。在熔融碱中，MnO_2 被氧气氧化成 K_2MnO_4。

$$2MnO_2+O_2+4KOH = 2K_2MnO_4+2H_2O$$

锰酸钾是无水深绿(近似于黑)色晶体，锰酸钠带有结晶水 $Na_2MnO_4\cdot nH_2O(n=4,6,10)$。

锰酸盐溶于强碱溶液显绿色，但在酸性、中性及弱碱性介质中，发生自氧化还原作用。

$$3K_2MnO_4+2H_2O = 2KMnO_4+MnO_2+4KOH$$

锰酸盐是制备高锰酸盐的中间体。将锰酸盐转化为高锰酸盐有 3 种方法：

(1) 将 CO_2 通入碱性 K_2MnO_4 溶液，由于溶液的碱度降低，MnO_4^{2-} 发生自氧化还原作用，得到 $KMnO_4$ 溶液和 MnO_2 沉淀，过滤，浓缩溶液得 $KMnO_4$ 晶体。此法仅 2/3 的 K_2MnO_4 转化为 $KMnO_4$，产率较低。

(2) 用 Cl_2 氧化 K_2MnO_4 溶液，得到 $KMnO_4$ 和 KCl。

$$K_2MnO_4+\frac{1}{2}Cl_2 = KMnO_4+KCl$$

所得 $KMnO_4$ 和 KCl 较难分离完全。

(3) 用电解氧化法制备 $KMnO_4$。

$$\text{阳极反应：}\quad 2MnO_4^{2-} - 2e = 2MnO_4^-$$
$$\text{阴极反应：}\quad 2H_2O + 2e = H_2\uparrow + 2OH^-$$

电解法产率高、质量好。

固体 K_2MnO_4 加热至220 ℃以上，开始分解成 K_2MnO_3 和 O_2。

$$2K_2MnO_4 \xlongequal{\triangle} 2K_2MnO_3 + O_2\uparrow$$

6. 锰(Ⅶ)化合物

重要的锰(Ⅶ)化合物有高锰酸钾和高锰酸钠。实验工作中常用钾盐，因钠盐易潮解。

高锰酸钾 $KMnO_4$ 是深紫(近似黑)色晶体，溶解度 6.34^{20}。在180 ℃分解放出纯 O_2。

$$2KMnO_4 = K_2MnO_4 + MnO_2 + O_2$$

高锰酸钾是强氧化剂，和还原剂反应所得产物因溶液酸度不同而异，例如和 SO_3^{2-} 的反应：

$$\text{酸性}\quad 2MnO_4^- + 5SO_3^{2-} + 6H^+ = 2Mn^{2+} + 5SO_4^{2-} + 3H_2O$$
$$\text{近中性}\quad 2MnO_4^- + 3SO_3^{2-} + H_2O = 2MnO_2 + 3SO_4^{2-} + 2OH^-$$
$$\text{碱性}\quad 2MnO_4^- + SO_3^{2-} + 2OH^- = 2MnO_4^{2-} + SO_4^{2-} + H_2O$$

酸性介质中 $KMnO_4$ 氧化 H_2O_2、$H_2C_2O_4$ 等反应用于定量测定 H_2O_2、$H_2C_2O_4$ 等的含量。

$$5H_2O_2 + 2MnO_4^- + 6H^+ = 2Mn^{2+} + 5O_2 + 8H_2O$$
$$5H_2C_2O_4 + 2MnO_4^- + 6H^+ = 2Mn^{2+} + 10CO_2 + 8H_2O$$

用 $KMnO_4$ 测定 Ca^{2+} 含量的方法是先用 $C_2O_4^{2-}$ 将 Ca^{2+} 完全沉淀为 CaC_2O_4，滤出 CaC_2O_4，洗涤，用稀酸溶解，再用 $KMnO_4$ 滴定 $H_2C_2O_4$。

高锰酸钾俗称灰锰氧，溶液有杀菌作用，可作消毒剂。

MnO_4^- 在浓碱介质中分解成锰酸根 MnO_4^{2-} 和 O_2。

$$4MnO_4^- + 4OH^- = 4MnO_4^{2-} + O_2 + 2H_2O$$

$KMnO_4$ 和冷的浓硫酸作用生成绿褐色油状七氧化二锰 Mn_2O_7，后者遇有机物即燃烧，受热爆炸分解。

$$2KMnO_4 + H_2SO_4 = Mn_2O_7 + K_2SO_4 + H_2O$$

7. ⅣB～ⅦB 族(4～7 族)元素最高氧化态化合物性质小结

(1) 酸碱性

过渡元素最高氧化态氧化物、含氧酸的酸碱性变化规律同主族相应化合物酸碱性变化规律相似。

	ⅢB	ⅣB	VB	ⅥB	ⅦB	
碱性增强 ↓	$Sc(OH)_3$ 弱碱	$Ti(OH)_4$ 两性 (碱性为主)	H_3VO_4 两性 (酸性为主)	H_2CrO_4 中强酸	$HMnO_4$ 强酸	↑ 酸性增强
	$Y(OH)_3$ 中强碱	$Zr(OH)_4$ 弱碱	$Nb(OH)_5$ 两性	H_2MoO_4 弱酸	$HTcO_4$ 中强酸	
	$La(OH)_3$ 强碱	$Hf(OH)_4$ 弱碱	$Ta(OH)_5$ 两性	H_2WO_4 弱酸	$HReO_4$ 中强酸	

(2) 氧化性

第四周期Ⅳ～Ⅶ主副族(4～7 族,14～17 族)元素最高氧化态化合物标准电势如下:

Ⅳ族	$TiO^{2+}+2H^++e = Ti^{3+}+H_2O$	$E^\ominus=0.1\ V$
	$GeO_2+4H^++2e = Ge^{2+}+2H_2O$	$E^\ominus=-0.3\ V$
Ⅴ族	$VO_2^++2H^++e = VO^{2+}+H_2O$	$E^\ominus=1.0\ V$
	$H_3AsO_4+2H^++2e = H_3AsO_3+H_2O$	$E^\ominus=0.56\ V$
Ⅵ族	$Cr_2O_7^{2-}+14H^++6e = 2Cr^{3+}+7H_2O$	$E^\ominus=1.33\ V$
	$SeO_4^{2-}+4H^++2e = H_2SeO_3+H_2O$	$E^\ominus=1.15\ V$
Ⅶ族	$MnO_4^-+4H^++3e = MnO_2+2H_2O$	$E^\ominus=1.69\ V$
	$BrO_4^-+2H^++2e = BrO_3^-+H_2O$	$E^\ominus=1.76\ V$

除ⅦA 族的 BrO_4^- 的氧化能力比 MnO_4^- 强以外,Cr(Ⅵ)、V(Ⅴ)、Ti(Ⅳ)的氧化能力都比相应的 Se(Ⅵ)、As(Ⅴ)、Ge(Ⅳ)强。其中 $K_2Cr_2O_7$、$KMnO_4$ 是常用的氧化剂。

(3) 热稳定性

Ⅳ～Ⅶ主副族元素最高氧化态卤化物的热稳定性变化规律相反,主族(14～17 族)元素最高氧化态卤化物从上而下稳定性减弱,而副族(4～7 族)元素最高氧化态卤化物从上而下稳定性增强。现以ⅣA 族(14 族)和ⅣB 族(4 族)的四卤化物中 M—X 键能为例(表 9-9)。

表 9-9 Ⅳ族四卤化物的键能/($kJ\cdot mol^{-1}$)

Ti—F	584.5	Zr—F	646.8	Hf—F	649.4
Ti—Cl	429.3	Zr—Cl	489.5	Hf—Cl	494.9
Ti—Br	366.9	Zr—Br	423.8	Hf—Br	431.0
Ti—I	296.2	Zr—I	345.6	Hf—I	360.0
Ge—F	452.0	Sn—F	414.0	Pb—F	331.0
Ge—Cl	348.9	Sn—Cl	323.0	Pb—Cl	243.0
Ge—Br	276.1	Sn—Br	272.8	Pb—Br	201.0
Ge—I	211.7	Sn—I	205.0	Pb—I	142.0

数据不仅表明了ⅣB 族(4 族)四卤化物比ⅣA 族(14 族)四卤化物稳定,同时还可以知道在ⅣA 族(14 族)中第四、第五周期元素(Ge 和 Sn)稳定性相近,而在ⅣB 族(4 族)中第五、第六周期元素(Zr 和 Hf)稳定性相近。其他化合物的稳定性变化情况同卤化物。

(4) 一些最高氧化态含氧酸盐的晶型和溶解度

主副族元素的许多最高氧化态含氧酸盐晶型相同,如 K_2CrO_4 和 K_2SO_4,$Na_2CrO_4\cdot$

$10H_2O$ 和 $Na_2SO_4 \cdot 10H_2O$。不少化合物的溶解度相近，如 $BaCrO_4$（$K_{sp}=2.0\times10^{-10}$）和 $BaSO_4$（$K_{sp}=1.1\times10^{-10}$）都是难溶盐。$KMnO_4$ 和 $KClO_4$ 溶解度也相近，室温下饱和 $KMnO_4$ 溶液浓度约 0.4 $mol \cdot L^{-1}$，$KClO_4$ 为 0.15 $mol \cdot L^{-1}$。

此外，和主族元素相比较，副族元素更容易形成同多酸、过氧化物和过氧酸盐。

9.7 铁、钴、镍、铂系

元素周期表中ⅧB族（8、9、10族）包括铁 Fe(iron)、钴 Co(cobalt)、镍 Ni(nickel)、钌 Ru(ruthenium)、铑 Rh(rhodium)、钯 Pd(palladium)、锇 Os(osmium)、铱 Ir(iridium)、铂 Pt(platinum)共9种元素。

铁系元素的价电子层构型为 $3d^{6\sim8}4s^2$。第四周期除铁(镍)能形成Ⅵ(Ⅳ)氧化态外，它们的常见氧化态为Ⅱ、Ⅲ，铁的Ⅲ氧化态稳定，而钴、镍的Ⅱ氧化态稳定，即依 Fe、Co、Ni 序最高氧化态降低。

1. 铁、钴、镍的性质和用途

铁、钴、镍的物理性质和化学性质都比较相似，是有光泽的银白色金属，都有强磁性，许多铁、钴、镍合金是很好的磁性材料。依 Fe、Co、Ni 顺序，其原子半径逐渐减小，密度依次增大，熔点和沸点比较接近(表 9-1)。

从它们的标准电势看，Fe、Co、Ni 属于中等活泼金属。在高温它们分别和 O_2、S、Cl_2 等非金属作用生成相应氧化物、硫化物、氯化物。Fe 溶于 HCl 和稀 H_2SO_4 生成 Fe^{2+} 和 H_2；冷浓 HNO_3、H_2SO_4 使其钝化。和 HNO_3 作用，若 Fe 过量，生成 $Fe(NO_3)_2$；若 HNO_3 过量，则生成$Fe(NO_3)_3$。铁能形成 Fe(Ⅱ)和 Fe(Ⅲ)两类化合物。Co、Ni 在 HCl 和稀 H_2SO_4 中比 Fe 溶解慢。和铁一样，遇冷浓 HNO_3 使其表面钝化。浓碱缓慢侵蚀铁，而钴、镍在浓碱中比较稳定。所以镍质容器可盛熔碱。

钴、镍主要用于炼钢。镍是不锈钢的重要组分，含镍 2%～4%钢用于制造电传输、再生声音的器械。在玻璃仪器内熔封的导线是含镍 3.6%的合金，属于 Inconel 合金的一种，它的膨胀系数和玻璃相近。钴用于冶炼高速切削钢和“永久”磁铁，如 Al-Ni-Co、Co-Fe-Cr 以及 Sm-Co 合金。

2. 铁、钴、镍氧化物和氢氧化物

纯净铁、钴、镍氧化物常用热分解碳酸盐、硝酸盐或草酸盐的方法制备。如350 ℃加热 $CoCO_3$ 得到 CoO。

$$CoCO_3 \xlongequal{\triangle} CoO + CO_2$$

又如高于100 ℃加热 $Co(NO_3)_2$，由于硝酸根的氧化作用，分解产物为 Co_2O_3。

$$4Co(NO_3)_2 \xlongequal{\triangle} 2Co_2O_3 + 8NO_2 + O_2$$

高于125 ℃加热 $Fe(NO_3)_3$，得到 Fe_2O_3。

$$4Fe(NO_3)_3 \xlongequal{\triangle} 2Fe_2O_3 + 12NO_2 + 3O_2$$

又如于100 ℃或160 ℃加热 FeC_2O_4，分别得到 FeO 或 Fe_3O_4。

$$FeC_2O_4 \xlongequal{\triangle} FeO + CO_2 + CO$$

$$3FeC_2O_4 \xlongequal{\triangle} Fe_3O_4 + 2CO_2 + 4CO$$

由于在较高温度下，空气中氧气可氧化低氧化态氧化物（FeO，CoO）为 M_2O_3，所以无论用它们的硝酸盐、碳酸盐或草酸盐在空气中热分解，制得的氧化物中总含有高氧化态氧化物。在惰气保护下热分解草酸盐 MC_2O_4，可得到较纯净低氧化态氧化物 MO，但热分解温度仍不宜过高，否则分解出的 CO_2 又将氧化 MO 为 M_2O_3（100 ℃以上 MnC_2O_4 热分解得 Mn_2O_3）。

铁、钴、镍氧化物的颜色各异：FeO 黑色、Fe_2O_3 砖红色、Fe_3O_4 黑色；CoO 灰绿色、Co_2O_3 黑色；NiO 暗绿色、Ni_2O_3 黑色。

低氧化态氧化物具有碱性，溶于强酸而不溶于碱。向 Fe^{2+} 溶液中加碱，生成白色 $Fe(OH)_2$，随即被空气中 O_2 氧化最终为棕红色 $Fe(OH)_3$。向 Co^{2+} 溶液中加碱，生成玫瑰色 $Co(OH)_2$①，放置，逐渐被空气中 O_2 氧化为棕色 $Co(OH)_3$。向 Ni^{2+} 溶液中加碱，生成比较稳定的绿色 $Ni(OH)_2$。

$Fe(OH)_3$ 显两性，以碱性为主，溶于酸。新制备的 $Fe(OH)_3$ 略溶于强碱，是碱性氢氧化物。$Co(OH)_3$ 为碱性，溶于酸得到 Co^{2+}，因为在酸性溶液中 Co^{3+} 氧化 H_2O 为 O_2，或将 Cl^- 氧化为 Cl_2。

$$4Co^{3+} + 2H_2O = 4Co^{2+} + 4H^+ + O_2$$

$$2Co^{3+} + 2Cl^- = 2Co^{2+} + Cl_2$$

3. 铁(Ⅱ)化合物

(1) 易溶盐

将单质铁溶于盐酸得 $FeCl_2 \cdot 4H_2O$ 晶体，溶于硫酸生成 $FeSO_4 \cdot 7H_2O$ 晶体，后者俗称**绿矾或黑矾**。较常见的复盐是硫酸亚铁铵 $(NH_4)_2SO_4 \cdot FeSO_4 \cdot 6H_2O$，又叫 Mohr 盐。

Fe(Ⅱ)盐有两个显著特性，即还原性和形成较稳定的配离子。

① 还原性。Fe(Ⅱ)在酸、碱性介质中的标准电势是

$$Fe^{3+} + e = Fe^{2+} \qquad E^{\ominus} = 0.77\ V$$

$$Fe(OH)_3 + e = Fe(OH)_2 + OH^- \qquad E^{\ominus} = -0.56\ V$$

可见，无论在酸性或碱性介质中 Fe(Ⅱ)都不稳定，都能被空气中 O_2 氧化成 Fe(Ⅲ)化合物，只是在碱性介质中更易被氧化。Fe(Ⅱ)化合物中以 $(NH_4)_2SO_4 \cdot FeSO_4 \cdot 6H_2O$ 比较稳定，在分析化学中选用它配制 Fe(Ⅱ)溶液。

② 配离子。Fe^{2+} 离子的外围电子层结构为 $3s^2 3p^6 3d^6$，有未充满的 d 轨道。因此能形成

---

① $Co(OH)_2$ 有玫瑰色和蓝色两种。把 OH^- 加到 Co^{2+} 溶液中得到不太稳定的蓝色沉淀，放置或加热转变为玫瑰色沉淀。热的 OH^- 和 Co^{2+} 作用得到玫瑰色沉淀。

一些配离子，如浅绿色 $Fe(H_2O)_6^{2+}$、浅黄色 $Fe(CN)_6^{4-}$ 等，此外还有 $Fe(en)_3^{2+}$ 配离子。

向 Fe^{2+} 溶液中缓慢加入过量 CN^-，生成 $Fe(CN)_6^{4-}$。其钾盐 $K_4[Fe(CN)_6]\cdot 3H_2O$ 是黄色晶体，俗称**黄血盐**。若向 Fe^{3+} 溶液加入少量 $Fe(CN)_6^{4-}$ 溶液，生成难溶的蓝色沉淀 $KFe[Fe(CN)_6]$，俗称**普鲁士蓝**(检定 Fe(Ⅲ)的特征反应)。

$$Fe^{3+} + K^+ + Fe(CN)_6^{4-} \xlongequal{} KFe[Fe(CN)_6]\downarrow$$

$Fe(CN)_6^{4-}$ 是一个沉淀剂，生成难溶物的溶度积 K_{sp} 和颜色如下：

难溶物化学式	K_{sp}	颜　色
$Cu_2[Fe(CN)_6]$	1.3×10^{-16}	红棕
$Cd_2[Fe(CN)_6]$	3.2×10^{-17}	白
$Co_2[Fe(CN)_6]$	1.8×10^{-15}	绿
$Mn_2[Fe(CN)_6]$	7.9×10^{-13}	白
$Ni_2[Fe(CN)_6]$	1.3×10^{-15}	绿
$Pb_2[Fe(CN)_6]$	3.5×10^{-15}	白
$Zn_2[Fe(CN)_6]$	4.1×10^{-16}	白

(2) 难溶盐

铁(Ⅱ)的碳酸盐、草酸盐、硫化物等都是难溶盐，其性质和镁、锰(Ⅱ)盐相似。

将 Fe 和 S 共熔得黑色固体 FeS；向 Fe^{2+} 溶液中加 $(NH_4)_2S$ 得黑色 FeS 沉淀。

$$Fe^{2+} + S^{2-} \xlongequal{} FeS \quad K_{sp}=4.0\times10^{-19}$$

实验室常用 FeS 和 HCl 反应制备少量 H_2S 气体。

硫铁矿的主要成分是 FeS_2，其中含 S_2^{2-}。

4. 铁(Ⅲ)化合物

比较常见的 Fe(Ⅲ)盐有橘黄色 $FeCl_3\cdot 6H_2O$、浅紫色 $Fe(NO_3)_3\cdot 9H_2O$、浅紫色 $Fe_2(SO_4)_3\cdot 9H_2O$、浅紫色 $NH_4Fe(SO_4)_2\cdot 12H_2O$。

Fe^{3+} 离子外围电子层构型为 $3s^23p^63d^5$，有未充满的 d 轨道，易形成配合物；Fe^{3+} 有中等的氧化能力，当 Fe^{3+} 溶液酸度降低时发生水解。

(1) 氧化性

Fe^{3+} 能将一些还原剂氧化。如印刷电路的“烂板”反应是

$$Cu + 2Fe^{3+} \xlongequal{} Cu^{2+} + 2Fe^{2+}$$

实际操作过程是先在粘有铜箔的胶木板上按照布线要求作成薄膜线路，然后将胶木板浸入约 32%的 $FeCl_3$ 溶液中进行腐蚀，最后取出胶木板用水冲洗，除去薄膜即得线路板。

(2) 配位性

Fe^{3+} 可以和 H_2O、Cl^-、SCN^-、F^-、$C_2O_4^{2-}$、CN^- 等配位体形成稳定性不同的配离子，在水溶液中，配离子的颜色以及稳定常数汇于表 9-10。

表 9-10　某些 Fe(Ⅲ)配离子的颜色和稳定常数

配离子	颜色	β
$[Fe(H_2O)_6]^{3+}$	浅紫	
$[FeCl_4(H_2O)_2]^-$	黄	12.6
$[Fe(NCS)(H_2O)_5]^{2+}$	血红	2×10^2
$[FeF_3(H_2O)_3]$	无	1.15×10^{12}
$[Fe(C_2O_4)_3]^{3-}$	黄	3.2×10^{18}
$[Fe(CN)_6]^{3-}$	浅橘黄	1×10^{42}

$FeNCS^{2+}$具有特征的血红色。

$$Fe^{3+}+SCN^- = FeNCS^{2+}$$

这是 Fe^{3+} 的一个灵敏反应，用于鉴定或定量测定 Fe^{3+}。

若用 Cl_2 氧化$[Fe(CN)_6]^{4-}$溶液得到$[Fe(CN)_6]^{3-}$溶液，结晶其钾盐溶液，析出红色 $K_3[Fe(CN)_6]$晶体，俗称**赤血盐**。

向 Fe^{2+}溶液中加入$[Fe(CN)_6]^{3-}$，生成蓝色难溶化合物 $KFe[Fe(CN)_6]$，叫**滕氏蓝**。这是鉴定 Fe^{2+}的灵敏反应。

$$Fe^{2+}+K^+ +[Fe(CN)_6]^{3-} = KFe[Fe(CN)_6]\downarrow$$

所谓滕氏蓝和普鲁士蓝，经结构分析证明是同一化合物 $KFe[Fe(CN)_6]$①，结构见图9-13。

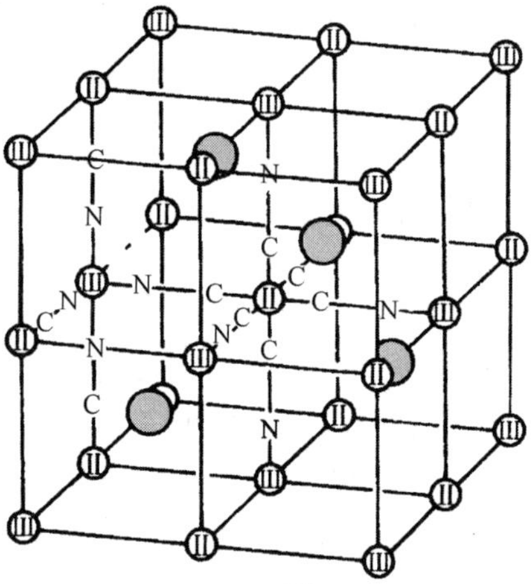

图 9-13　$KFe[Fe(CN)_6]$的结构

无色 FeF_3 的稳定常数较大($\beta_3\approx10^{12}$)，在定性和定量分析中用来掩蔽 Fe^{3+}。如用 SCN^- 检验 Co^{2+}生成天蓝色的$[Co(SCN)_4]^{2-}$——若试样中有 Fe^{3+}，其血红色将干扰 Co^{2+}的检验。加入适量 F^-使 Fe^{3+}生成稳定的无色 FeF_3，可消除 Fe^{3+}对检验 Co^{2+}的干扰。

① 滕氏蓝和普鲁士蓝经结构测定推断有多种化学式，本书介绍的只是其中的一种。

（3）Fe^{3+} 的水解

Fe^{3+} 在水溶液中有明显水解作用，$pK_h = 2.2$。当 $[Fe^{3+}] = 0.1 \ mol \cdot L^{-1}$ 时，于 $pH \approx 1$ 开始水解，水解作用随溶液酸度的降低而更为明显。

$$Fe^{3+} + H_2O \Longrightarrow Fe(OH)^{2+} + H^+$$

$$Fe(OH)^{2+} + H_2O \Longrightarrow Fe(OH)_2^+ + H^+$$

在水解过程中同时发生多种缩合反应。

$$[Fe(OH)(H_2O)_5]^{2+} + [Fe(H_2O)_6]^{3+} \Longrightarrow \left[(H_2O)_5\ Fe\!-\!\overset{H}{O}\!-\!Fe(H_2O)_5 \right]^{5+} + H_2O$$

$$2\,[Fe(OH)(H_2O)_5]^{2+} \Longrightarrow \left[(H_2O)_4Fe \overset{\overset{H}{O}}{\underset{\underset{H}{O}}{<>}} Fe(H_2O)_4 \right]^{4+} + 2\,H_2O$$

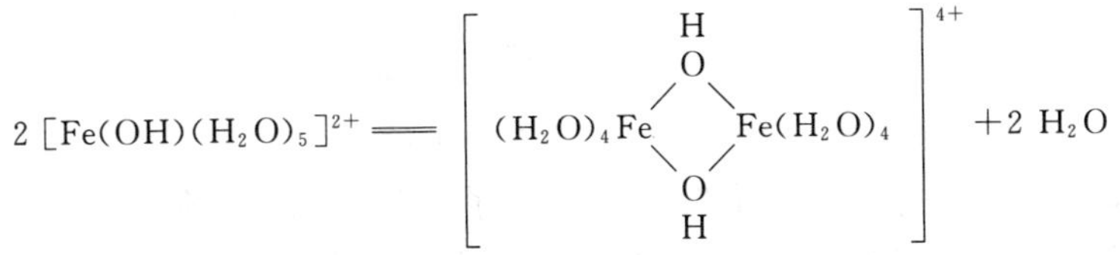

随 Fe^{3+} 溶液酸度的降低，缩合度增大，然后产生胶状沉淀。

5. 铁的 E-pH 图

先介绍 H_2O 的 E-pH 图。

水的氧化还原性可以用两个电对表示：

$$2H^+ + 2e \Longrightarrow H_2(g) \qquad E^{\ominus}(H^+/H_2) = 0 \ V$$

$$O_2(g) + 4H^+ + 4e \Longrightarrow 2H_2O \qquad E^{\ominus}(O_2/H_2O) = 1.23 \ V$$

据 Nernst 方程计算，前一个反应和 $[H^+]$ 的关系为

$$E(H^+/H_2) = E^{\ominus}(H^+/H_2) + \frac{0.059}{2} \lg[H^+]^2 = -0.059 \ pH \quad （线性方程）$$

据 Nernst 方程计算，后一个反应与 $[H^+]$ 的关系为

$$E(O_2/H_2O) = E^{\ominus}(O_2/H_2O) + \frac{0.059}{4} \lg[H^+]^4$$

$$= 1.23 - 0.059pH \quad （线性方程）$$

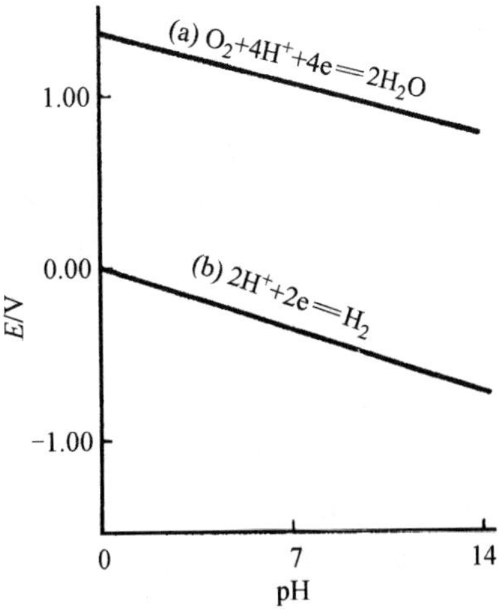

以 E 为纵坐标，pH 为横坐标作图，绘出氢、氧的 E-pH 图（图 9-14）。

图中（a）表示 $O_2 + 4H^+ + 4e \Longrightarrow 2H_2O$ 的 E-pH 线，（b）表示 $2H^+ + 2e \Longrightarrow H_2$ 的 E-pH 线。任何一种氧化剂，若其电势低于 $E(O_2/H_2O)$，它就不可能把 H_2O 氧化为 O_2；任何一种还原剂，若其电势高于 $E(H^+/H_2)$，它也不可能把 H_2O 中的 H^+ 还原为 H_2。就是说，两线之间是水的稳定区。而（a）线之上和（b）线之下为水的不稳定区。

$Fe\text{-}H_2O$ 体系的 E-pH 图。

图 9-14　氢、氧的 E-pH 图

铁的化合物分 Fe(Ⅱ)和 Fe(Ⅲ)两类，一些有关电对的电势等的数据如下：

①	$Fe^{2+}+2e = Fe$	$E^{\ominus}=-0.44\ V$
②	$Fe^{3+}+e = Fe^{2+}$	$E^{\ominus}=0.77\ V$
③	$Fe(OH)_2+2e = Fe+2OH^-$	$E^{\ominus}=-0.88\ V$
④	$Fe(OH)_3+e = Fe(OH)_2+OH^-$	$E^{\ominus}=-0.56\ V$
⑤	$Fe(OH)_2 = Fe^{2+}+2OH^-$	$K_{sp}=8.0\times10^{-16}$
⑥	$Fe(OH)_3 = Fe^{3+}+3OH^-$	$K_{sp}=4\times10^{-38}$

⑦ 在 $Fe(OH)_3$ 已经沉淀而 $Fe(OH)_2$ 尚未沉淀的 pH 范围内，$Fe(OH)_3+3H^++e = Fe^{2+}+3H_2O$ 反应的 $\Delta_rG_m^{\ominus}=-102\ kJ\cdot mol^{-1}$，代入

$$E^{\ominus}=\frac{-\Delta_rG_m^{\ominus}}{nF}$$

得

$$E^{\ominus}=1.06\ V$$

已知室温 $K_w=[H^+][OH^-]=10^{-14}$，并设 Fe^{2+}、Fe^{3+} 的起始浓度均为 $10^{-2}\ mol\cdot L^{-1}$，将以上 5 个电极反应的 $E^{\ominus}$ 和离子浓度代入 Nernst 方程：

① $Fe^{2+}+2e = Fe$　　$E=-0.44\ V-0.059\ V=-0.50\ V$

② $Fe^{3+}+e = Fe^{2+}$　　$E=0.77\ V$

③ $Fe(OH)_2+2e = Fe+2OH^-$　　$E=-0.88+\frac{0.059}{2}\lg\frac{1}{[OH^-]^2}=-0.05-0.059\ pH$

④ $Fe(OH)_3+e = Fe(OH)_2+OH^-$　　$E=-0.56+0.059\lg\frac{1}{[OH^-]}=0.27-0.059\ pH$

⑦ $Fe(OH)_3+3H^++e = Fe^{2+}+3H_2O$　　$E=1.06+0.059\lg\frac{[H^+]^3}{[Fe^{2+}]}=1.18-0.18\ pH$

⑤ $Fe(OH)_2 = Fe^{2+}+2OH^-$　　$pH=\frac{1}{2}(\lg K_{sp}-\lg[Fe^{2+}])-\lg K_w=7.45$

(据 s-pH 关系式)

⑥ $Fe(OH)_3 = Fe^{3+}+3OH^-$　　$pH=\frac{1}{3}(\lg K_{sp}-\lg[Fe^{3+}])-\lg K_w=2.20$

(据 s-pH 关系式)

以 E 为纵坐标，pH 为横坐标作图，如图 9-15 所示。其中①、②是没有 H^+ 参加的电化学平衡体系，在不生成 $Fe(OH)_2$、$Fe(OH)_3$ 的范围内和溶液的 pH 无关，是两条水平线；⑤、⑥是没有电子得失的化学平衡体系，只和溶液的 pH 有关，是两条垂直线；③、④、⑦是既有 H^+ 参加、又有电子得失的电化学平衡体系，将相应 pH 代入计算，绘出 3 条有一定斜率的直线。这样由以上 7 条线组成 $Fe-H_2O$ 的 E-pH 图。

图中 $E(Fe^{2+}/Fe)$ 在(b)线之下，因此铁能从非氧化性酸溶液中置换出 H_2。

$$Fe+2H^+ = Fe^{2+}+H_2\uparrow$$

而 Fe^{2+}、Fe^{3+}、$Fe(OH)_2$、$Fe(OH)_3$ 处于水的稳定区，它们能存在于水溶液体系中。

若向 $10^{-2}\ mol\cdot L^{-1}$ Fe^{2+} 酸性溶液中加 OH^-，当 pH≥6.6 时生成 $Fe(OH)_2$ 沉淀(⑤线)；向 $10^{-2} mol\cdot L^{-1}$ Fe^{3+} 溶液中加 OH^-，当 pH≥2.2 时生成 $Fe(OH)_3$ 沉淀(⑥线)。

在酸性溶液中，Fe(Ⅱ)以 Fe^{2+} 存在。由于 $E^{\ominus}(Fe^{3+}/Fe^{2+})=0.77\ V$，低于(a)线，所以空气中的 O_2 可以把 Fe^{2+} 氧化为 Fe^{3+}。在配制成的 Fe^{2+} 溶液中加金属铁的原因是，若 Fe^{2+} 被氧化为 Fe^{3+}，则 Fe 将 Fe^{3+} 还原为 Fe^{2+}，能保证溶液中以 Fe^{2+} 为主。

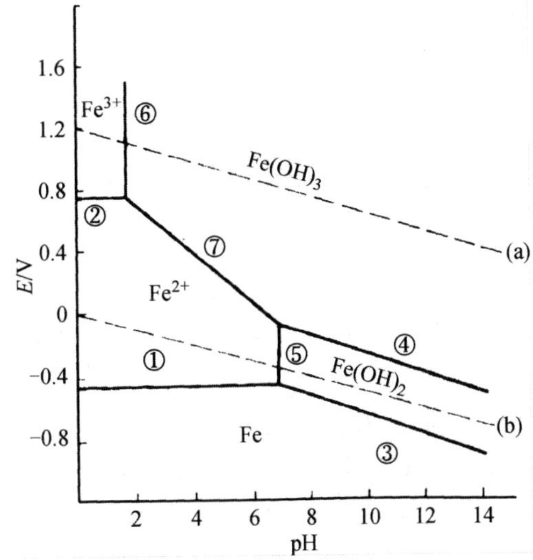

图 9-15　铁的 E-pH 图

在碱性溶液中，$E^{\ominus}(Fe(OH)_3/Fe(OH)_2) = -0.56$ V，④线在(a)线之下很多，说明空气中的 O_2 氧化 $Fe(OH)_2$ 的反应是完全的。实际上，当向 Fe^{2+} 溶液中加 OH^-，最初生成白色 $Fe(OH)_2$ 沉淀，随后迅速变为暗绿色，最后变为红棕色 $Fe(OH)_3$。

总之，Fe(Ⅱ)在酸性和碱性溶液中都有还原性，而在碱性中更强。Fe(Ⅲ)在酸性和碱性溶液中都比较稳定。Fe^{3+} 在酸性溶液中有中等氧化能力。

6. 钴的化合物

(1) Co(Ⅱ)化合物

常见 Co(Ⅱ)盐是 $CoCl_2 \cdot 6H_2O$，由于化合物所含结晶水的数目不同而呈现多种不同颜色。

$$\underset{\text{粉红}}{CoCl_2 \cdot 6H_2O} \xlongequal{52.3\,℃} \underset{\text{紫红}}{CoCl_2 \cdot 2H_2O} \xlongequal{90\,℃} \underset{\text{蓝紫}}{CoCl_2 \cdot H_2O} \xlongequal{120\,℃} \underset{\text{蓝}}{CoCl_2}$$

制备硅胶时加入少量的 $CoCl_2$，经烘干后硅胶呈蓝色，这种干燥剂具有吸湿能力。蓝色无水 $CoCl_2$ 随着吸水量逐渐增多，经蓝紫、紫红至粉红色。当硅胶干燥剂变为粉红色后，再经烘干驱水又能重复使用。$Co(H_2O)_6^{2+}$ 显粉红色，用这样的稀溶液在白纸上写字后几乎看不出字迹，将此白纸加热脱水能显出蓝色的字样，吸收空气中水蒸气后，字迹再次被隐。因此 $CoCl_2$ 溶液常称作隐显墨水。

若向 Co^{2+} 溶液中加入 $(NH_4)_2S$ 溶液，得到黑色的 CoS 沉淀。

$$Co^{2+} + S^{2-} \xlongequal{} CoS\downarrow$$

新生成的 CoS 能溶于稀的强酸，它是 α-CoS 沉淀($K_{sp} = 4\times10^{-21}$)，经放置很快转变为溶解度更小的 β-CoS($K_{sp} = 2\times10^{-25}$)，它不再溶于非氧化性强酸，而仅溶于 HNO_3。

$$3CoS + 2NO_3^- + 8H^+ \xlongequal{} 3Co^{2+} + 3S\downarrow + 2NO\uparrow + 4H_2O$$

Co(Ⅱ)盐不易被氧化，其电极电势为

$$Co^{3+} + e = Co^{2+} \qquad E^{\ominus} = 1.80\ V$$

在碱性介质中 $Co(OH)_2$ 能被空气中 O_2 氧化为棕色的 $Co(OH)_3$。

$$Co(OH)_3 + e = Co(OH)_2 + OH^- \qquad E^{\ominus} = 0.17\ V$$

(2) Co(Ⅲ)化合物

Co^{3+} 是强氧化剂，在水溶液中极不稳定，易氧化 H_2O 转变为 Co^{2+}，Co(Ⅲ)只存在于固态和配合物中，如 CoF_3、Co_2O_3、$Co_2(SO_4)_3 \cdot 18H_2O$ 和 $[Co(NH_3)_6]Cl_3$、$K_3[Co(CN)_6]$、$Na_3[Co(NO_2)_6]$。

对钴氨配合物组成和结构的研究，在配合物化学理论的建立和发展过程中曾经起过重要的作用。1893 年瑞士化学家 Werner 在前人工作的基础上，根据 Co(Ⅱ)、Cr(Ⅲ)等化合物用当时的原子价规律无法解释的现象，提出了配位化合物结构理论。Co(Ⅲ)盐与氨生成 4 种颜色不同的化合物，分析得到它们的组成。若向这些化合物溶液中加入 $AgNO_3$ 溶液，能够证明它们分子中所含可被 $AgNO_3$ 沉淀的 Cl 原子数不同。

$CoCl_3 \cdot 6NH_3$	橙黄	用 $AgNO_3$ 沉淀出 $3Cl^-$
$CoCl_3 \cdot 5NH_3$	红紫	用 $AgNO_3$ 沉淀出 $2Cl^-$
$CoCl_3 \cdot 4NH_3$	紫	用 $AgNO_3$ 沉淀出 $1Cl^-$
$CoCl_3 \cdot 3NH_3$	绿	用 $AgNO_3$ 沉淀不出 AgCl

于是 Werner 提出：配合物可分为“内界”和“外界”(当时叫“副价”和“主价”)。内界的几何构型可以是平面的，也可以是立体的。六配位配离子是八面体构型，八面体结构中有顺式和反式两种。因此上述 4 种配合物依次为：$[Co(NH_3)_6]Cl_3$、$[CoCl(NH_3)_5]Cl_2$、$[CoCl_2(NH_3)_4]Cl$、$[CoCl_3(NH_3)_3]$。对$[CoCl_2(NH_3)_4]Cl$ 的组成分析表明，用 Ag^+ 只能沉淀出其外界的一个 Cl^-。据 Werner 关于内界几何构型的顺式、反式概念，$[CoCl_2(NH_3)_4]Cl$ 可以有两种结构(图 9-16)。1907 年，Werner 终于从绿色的$[CoCl_2(NH_3)_4]Cl$中分离出另一种蓝紫色结构的异构体。

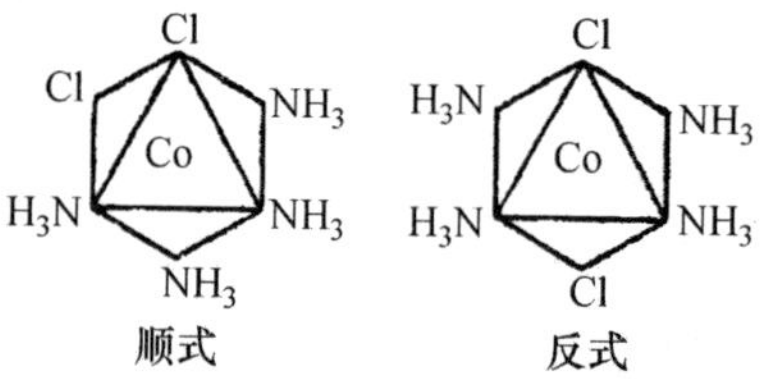

图 9-16 $[CoCl_2(NH_3)_4]^+$ 的顺、反式结构

钴氨配合物的电极电势为

$$[Co(NH_3)_6]^{3+} + e = [Co(NH_3)_6]^{2+} \qquad E^{\ominus} = 0.1\ V$$

可见，空气中 O_2 可将$[Co(NH_3)_6]^{2+}$ 氧化(有活性炭存在)为$[Co(NH_3)_6]^{3+}$。

$[Co(NH_3)_6]^{3+}$ 的稳定性，可由晶体场理论说明。Co^{3+} 有 d^6，在八面体场中 d 轨道分裂为 $t_{2g}^6 e_g$ 的低自旋(实验测定$[Co(NH_3)_6]^{3+}$ 是反磁性的，和上述结构模型相符)。Co^{3+} 位于八面体的中心，和带有孤对电子的 6 个 NH_3 配位。$[Co(NH_3)_6]^{3+}$ 很稳定（动力学稳定），和酸共热也难分解。

$Co(NH_3)_6^{2+}$ 的稳定性较低，Co^{2+} 中心离子电荷低，晶体场分裂能小，是高自旋 $t_{2g}^5e_g^2$ 的。

氰合钴配合物，$[Co(CN)_6]^{3-}$ 较 $[Co(CN)_6]^{4-}$ 稳定得多，因 CN^- 是强配位体，中心离子 Co(Ⅲ)、Co(Ⅱ)构型为 $t_{2g}^6e_g^0$、$t_{2g}^6e_g^1$（均为低自旋），因 e_g^1 易“丢失”，$Co(CN)_6^{4-}$ 显强还原性。

$$Co(CN)_6^{3-} + e \longrightarrow Co(CN)_6^{4-} \qquad E^\ominus = -0.61\ V$$

向 Co^{2+} 溶液中加入 SCN^-，生成蓝色配合物。

$$Co^{2+} + 4SCN^- \longrightarrow Co(SCN)_4^{2-}$$

它溶于丙酮或戊醇。这一反应用于定性检验和定量测定 Co^{2+}。

7. 镍的化合物

常见的 Ni(Ⅱ)盐有：黄绿色 $NiSO_4 \cdot 7H_2O$、绿棕色 $NiCl_2 \cdot 6H_2O$、绿色的 $Ni(NO_3)_2 \cdot 6H_2O$，以及复盐 $(NH_4)_2SO_4 \cdot NiSO_4 \cdot 6H_2O$。

将金属镍溶于 H_2SO_4 或 HNO_3 可制得相应的盐。制备 $NiSO_4$ 时，为了加快反应速度，常加入一些氧化剂 HNO_3 或 H_2O_2。

Ni(Ⅱ)易形成配离子，$[Ni(NH_3)_6]^{2+}$、$[Ni(CN)_4]^{2-}$、$[Ni(C_2O_4)_3]^{4-}$ 等配离子的稳定常数如下：

$Ni(NH_3)_6^{2+}$	$\beta_6 = 3.1 \times 10^8$
$Ni(CN)_4^{2-}$	$\beta_4 = 2.0 \times 10^{31}$
$Ni(C_2O_4)_3^{4-}$	$\beta_3 = 3.2 \times 10^8$

$[Ni(CN)_4]^{2-}$ 的配位数为 4，配离子呈平面正方形。

Ni^{2+} 在氨性溶液中同镍试剂（丁二酮肟）生成鲜红色的螯合物沉淀，在定性分析中用于鉴定 Ni^{2+}。

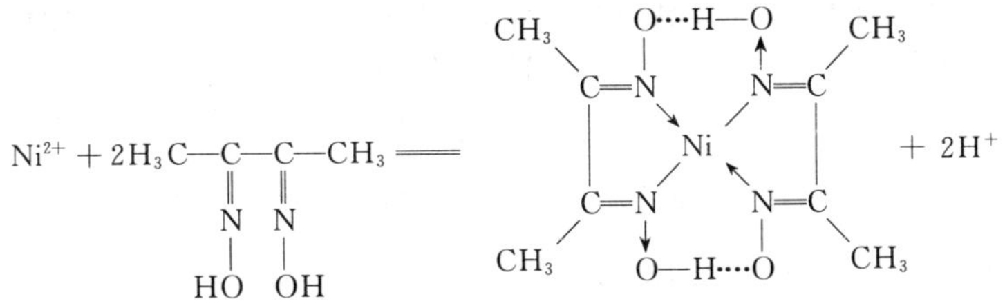

向 $NiSO_4$ 溶液中加 Na_2CO_3 溶液，得到浅绿色碱式碳酸镍晶体。

$$2Ni^{2+} + 2CO_3^{2-} + H_2O \longrightarrow Ni_2(OH)_2CO_3 + CO_2$$

向 Ni^{2+} 溶液中加入 Na_3PO_4 溶液，得到绿色 $Ni_3(PO_4)_2$ 晶体（$K_{sp} = 5 \times 10^{-31}$）。

若向 Ni^{2+} 溶液中加入 $(NH_4)_2S$，得到黑色的 NiS，新生成的 α-NiS 溶于稀的强酸，$K_{sp} = 3 \times 10^{-19}$。经放置或加热后仅能溶于 HNO_3，这是因为 α-NiS 转变成了 β-NiS（$K_{sp} = 1 \times 10^{-24}$）及 γ-NiS（$K_{sp} = 2 \times 10^{-26}$）。

8. 铁、钴、镍化合物性质比较

(1) 酸碱性

Fe^{2+}、Co^{2+}、Ni^{2+}在水中微弱水解，水解常数相近，pK_h依次为9.5、8.9、10.6。

$M(OH)_2$是难溶的碱性氢氧化物，它们的溶度积如下：

	K_{sp}
$Fe(OH)_2$	8×10^{-16}
$Co(OH)_2$	2×10^{-15}
$Ni(OH)_2$	2×10^{-15}

在水溶液中Co^{3+}极不稳定。Fe^{3+}能稳定存在，它较易水解，易溶Fe(Ⅲ)盐溶液显酸性。

(2) 氧化还原性

铁、钴、镍元素电势图如下：

酸性介质($E_a^\ominus$/V)：

$$FeO_4^{2-} \xrightarrow{>1.9} Fe^{3+} \xrightarrow{0.77} Fe^{2+} \xrightarrow{-0.44} Fe$$

$$CoO_2 \xrightarrow{>1.8} Co^{3+} \xrightarrow{1.80} Co^{2+} \xrightarrow{-0.28} Co$$

$$NiO_2 \xrightarrow{1.78} Ni^{2+} \xrightarrow{-0.25} Ni$$

碱性介质($E_b^\ominus$/V)：

$$FeO_4^{2-} \xrightarrow{>0.9} Fe(OH)_3 \xrightarrow{-0.56} Fe(OH)_2 \xrightarrow{-0.88} Fe$$

$$CoO_2 \xrightarrow{0.7} Co(OH)_3 \xrightarrow{0.14} Co(OH)_2 \xrightarrow{-0.72} Co$$

$$NiO_2 \xrightarrow{0.49} Ni(OH)_2 \xrightarrow{-0.72} Ni$$

从电极电势看出，高氧化态氢氧化物的氧化性依次增强；低氧化态氢氧化物$M(OH)_2$的还原性依次减弱，$Fe(OH)_2$是最强的还原剂。实际上，当$Fe(OH)_2$生成后立即被空气中O_2氧化为$Fe(OH)_3$，$Co(OH)_2$被逐渐氧化为$Co(OH)_3$，而O_2不能氧化$Ni(OH)_2$。

氯的含氧酸中以OCl^-的氧化能力最强，它能将$Fe(OH)_3$氧化，得到深紫色高铁酸盐：

$$2Fe(OH)_3+3OCl^-+4OH^- = 2FeO_4^{2-}+3Cl^-+5H_2O$$

已知Fe(Ⅱ)、Co(Ⅱ)、Ni(Ⅱ)的氯含氧酸盐有

Fe(Ⅱ)	$Fe(ClO_4)_2$	—	—
Co(Ⅱ)	$Co(ClO_4)_2$	$Co(ClO_3)_2$	—
Ni(Ⅱ)	$Ni(ClO_4)_2$	$Ni(ClO_3)_2$	$Ni(ClO_2)_2$

已知氯含氧酸的氧化能力按ClO_2^-、ClO_3^-、ClO_4^-序依次减弱及由不存的化合物知：ClO_3^-、ClO_2^-都能将Fe(Ⅱ)氧化为Fe(Ⅲ)；ClO_2^-能将Co(Ⅱ)氧化为Co(Ⅲ)；而ClO_3^-、ClO_2^-都不能将Ni(Ⅱ)氧化。可见，M(Ⅱ)的氯含氧酸盐的稳定性按Fe(Ⅱ)、Co(Ⅱ)、Ni(Ⅱ)顺序增强。

(3) 配合物

Co^{2+}生成 $Co(NH_3)_6^{2+}$，$\beta_6=1.29\times10^5$；Ni^{2+}生成 $Ni(NH_3)_6^{2+}$，$\beta_6=3.1\times10^8$。其中，$Co(NH_3)_6^{2+}$ 易被空气中 O_2 氧化为 $Co(NH_3)_6^{3+}$。

$$Co(NH_3)_6^{3+}+e = Co(NH_3)_6^{2+} \qquad E^\ominus=0.1\ V$$

CN^-是强的强场配位体，能和 Fe^{2+}、Fe^{3+}、Co^{2+}、Co^{3+}、Ni^{2+}形成配合物。

下面用晶体场理论说明 M(Ⅱ)氨配合物、氰配合物的空间结构和稳定性。

由晶体场稳定化能(CFSE)数据可知：在 CN^- 强场下，含 d^5 电子的 Fe^{3+}、含 d^6 电子的 Fe^{2+}和 Co^{3+}、含 d^7 电子的 Co^{2+}，由于它们的正八面体配离子和正方形配离子稳定化能相差不大，而六配位八面体的总键能比四配位正方形总键能大，故它们都形成六配位的正八面体的氨配合物、氰配合物；只有含 d^8 电子的 Ni^{2+} 在强场下，正八面体配离子和正方形配离子的稳定化能相差最大，因而 Ni^{2+} 形成四配位正方形氰配合物 $Ni(CN)_4^{2-}$。(弱场)$Ni(NH_3)_6^{2+}$ 的总键能较大，所以配位数为 6。

$Co(NH_3)_6^{3+}$、$Co(CN)_6^{3-}$ 是相当稳定的，而 $Co(NH_3)_6^{2+}$ 和 $Co(CN)_6^{4-}$ 不够稳定。从晶体场稳定化能(CFSE)值知，在强场下正八面体稳定化能的次序是

$$d^1<d^2<d^3<d^4<d^5<d^6>d^7>d^8>d^9$$

即具有 d^6 电子的 $Co(NH_3)_6^{3+}$、$Co(CN)_6^{3-}$ 的 CFSE 最大(－24 Dq)；具有 d^7 电子的 $Co(NH_3)_6^{2+}$、$Co(CN)_6^{4-}$ 的 CFSE 比前者小。所以 Co(Ⅲ)的氨配合物、氰配合物稳定。

(4) Co^{2+}和 Ni^{2+}的分离

由于这两种离子的沉淀、氧化还原性质相近，欲从 Co^{2+}盐中分离所含少量 Ni^{2+}是比较困难的。但它们和 NH_3 的配位程度却有明显差别，为此常向含 Ni^{2+} 的 Co^{2+} 盐溶液中加 $NH_3\cdot H_2O$，使 Co^{2+}生成 $Co(OH)_2$ 沉淀，这时溶液中所含少量 Ni^{2+}形成 $Ni(NH_3)_6^{2+}$。经离心分离，再加酸溶解 $Co(OH)_2$ 得到纯净 Co^{2+}盐，若严格控制溶液酸度，可以使除 Ni 的效果更好。这个反应实际上是在 NH_4^+-$NH_3\cdot H_2O$ 体系中进行，设平衡浓度$[NH_3]=1.0\ mol\cdot L^{-1}$，所用 Co^{2+}盐浓度为 $0.10\ mol\cdot L^{-1}$，生成 $Co(OH)_2$ 沉淀后，溶液中$[NH_4^+]=0.20\ mol\cdot L^{-1}$，则

$$\begin{aligned}[OH^-]&=\frac{K(NH_3\cdot H_2O)[NH_3]}{[NH_4^+]}\\&=\frac{1.8\times10^{-5}\times1.0}{0.20}mol\cdot L^{-1}\\&=9\times10^{-5}mol\cdot L^{-1}\\&\approx1\times10^{-4}mol\cdot L^{-1}\end{aligned}$$

$$pH\approx10 \quad (\text{实际操作中 } pH=9\sim10)$$

在此酸度下，$Co(OH)_2$ 会有少量溶解，因为

$$Co(OH)_2+6NH_3 = Co(NH_3)_6^{2+}+2OH^-$$

$$K=K_{sp}\beta=2.6\times10^{-10}$$

$$\frac{[Co(NH_3)_6^{2+}]\cdot[OH^-]^2}{[NH_3]^6}=2.6\times10^{-10}$$

$$[Co(NH_3)_6^{2+}]=\frac{2.6\times10^{-10}\times1.0}{(10^{-4})^2}\ mol\cdot L^{-1}=2.6\times10^{-2}\ mol\cdot L^{-1}$$

而 Ni^{2+} 较完全生成 $Ni(NH_3)_6^{2+}$：

$$Ni(OH)_2 + 6NH_3 \longrightarrow Ni(NH_3)_6^{2+} + 2OH^-$$
$$K = K_{sp}\beta_6 = 6.2\times10^{-7}$$

可见，$Ni(NH_3)_6^{2+}$ 比 $Co(NH_3)_6^{2+}$ 浓度大了许多，离心分离除去少量 Ni，用 HCl 溶解 $Co(OH)_2$，浓缩，结晶，析出较纯的 $CoCl_2 \cdot 6H_2O$ 晶体。

工业上分离 Co^{2+}、Ni^{2+} 多用萃取法，例如用含 $C_9 \sim C_{11}$ 的异构酸(或环烷酸)在不同的 pH 下分别萃取 Co^{2+}、Ni^{2+}。

我国有丰富的镍矿，从镍盐中分离钴也用萃取法。此外还可用离子交换法分离，不赘述。

9. 铁(Ⅱ)、锰(Ⅱ)、镁(Ⅱ)化合物性质比较

(1) Fe^{2+}、Mn^{2+}、Mg^{2+} 的相似性

它们的强酸盐都易溶，有些盐含相同数目的结晶水，晶型常相同。如 $MSO_4 \cdot 7H_2O$、$M(NO_3)_2 \cdot 6H_2O$、$MCl_2 \cdot 6H_2O$。在 $MSO_4 \cdot 7H_2O$ 中，6 个水分子同 M^{2+} 配位，另一个水分子和 SO_4^{2-} 结合。

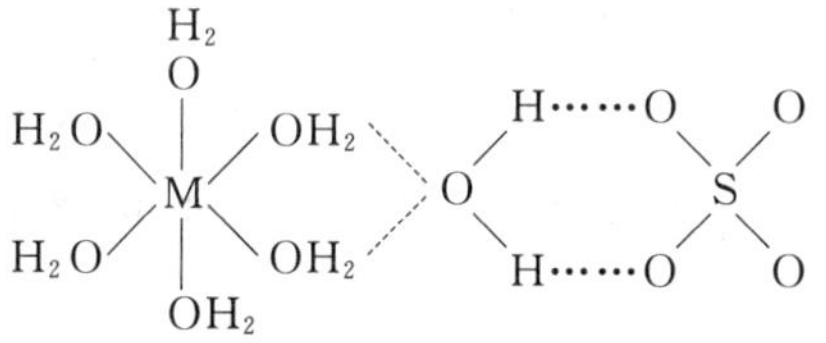

$MSO_4 \cdot 7H_2O$

它们的弱酸盐，如碳酸盐、磷酸盐、草酸盐都难溶。它们的硫酸盐 $M^{II}SO_4$ 和碱金属(含铵)硫酸盐形成复盐 $M_2^{I}SO_4 \cdot M^{II}SO_4 \cdot 6H_2O$。$M^{I} = K^+$、$Rb^+$、$NH_4^+$，$M^{II} = Fe^{2+}$、$Mn^{2+}$、$Mg^{2+}$。

(2) Fe^{2+}、Mn^{2+}、Mg^{2+} 的差异性

在碱性介质中 Fe(Ⅱ)、Mn(Ⅱ)易被空气中的 O_2 氧化，而 Mg(Ⅱ)不被氧化。在 NH_4Cl-$NH_3 \cdot H_2O$ 缓冲体系中 Fe^{2+} 沉淀为 $Fe(OH)_2$，随即被氧化；$Mn(OH)_2$ 沉淀不完全或(若 NH_4^+ 较浓)不沉淀；而 Mg^{2+} 不被沉淀。

向 Fe^{2+}、Mn^{2+}、Mg^{2+} 溶液中分别加 Na_2S，Fe^{2+}、Mn^{2+} 生成 FeS、MnS 沉淀，而 Mg^{2+} 则生成 $Mg(OH)_2$ 沉淀。

Mn(Ⅱ)和 Mg(Ⅱ)都能形成白色 NH_4MPO_4 沉淀，而 Fe(Ⅱ)不生成此类难溶盐。

此外，Mn(Ⅱ)、Fe(Ⅱ)都易形成配合物，而 Mg(Ⅱ)则较难。

10. 铁(Ⅲ)、铬(Ⅲ)、铝(Ⅲ)化合物性质比较及离子分离

(1) Fe^{3+}、Cr^{3+}、Al^{3+} 的相似性

它们有较高的电荷数，离子半径较小(Fe^{3+} 60 pm，Cr^{3+} 64 pm，Al^{3+} 50 pm)，因此 M^{3+} 均能强烈水解。

$$M^{3+} + H_2O \longrightarrow M(OH)^{2+} + H^+$$

它们的氯化物、硝酸盐、硫酸盐均易溶，有些盐含相同数目的结晶水。如 $MCl_3 \cdot 6H_2O$ (M=

Fe、Cr、Al)，$M_2(SO_4)_3 \cdot 18H_2O$ (M=Al、Cr)等。

M^{3+}硫酸盐和碱金属(含铵)硫酸盐易成明矾，通式为 $M^{I}_2SO_4 \cdot M^{III}_2(SO_4)_3 \cdot 24H_2O$，式中 $M^{I}=Na^+$、K^+、NH_4^+，如铬钾矾 $K_2SO_4 \cdot Cr_2(SO_4)_3 \cdot 24H_2O$ 为紫色，铁铵矾 $(NH_4)_2SO_4 \cdot Fe_2(SO_4)_3 \cdot 24H_2O$ 为淡紫色。

经高温灼烧过的 M(Ⅲ)氧化物都不易溶于酸。

(2) Fe^{3+}、Cr^{3+}、Al^{3+} 的差异性

$Cr(OH)_3$ 和 $Al(OH)_3$ 是典型的两性氢氧化物，而 $Fe(OH)_3$ 以碱性为主。

向 M^{3+} 溶液中加入 Na_2CO_3 或 $NaHCO_3$ 溶液，均沉淀为 $M(OH)_3$；若用 Na_2S 使其沉淀，生成 $Al(OH)_3$、$Cr(OH)_3$。若把 Na_2S 液滴入 Fe^{3+} 液(Fe^{3+} 过量，开始溶液显酸性)，发生氧化还原反应得 Fe^{2+}、S，继续加 Na_2S 得 FeS 沉淀；若把 Fe^{3+} 滴入 Na_2S 液(S^{2-} 过量，开始溶液显碱性)，生成 Fe_2S_3(很快分解为 FeS 和 S)和 $Fe(OH)_3$。

Al 只有Ⅲ氧化态。在碱性介质中 $Cr(OH)_4^-$ 有还原性，而在酸性介质中 Cr^{3+} 还原性极弱。在碱性溶液中 Fe(Ⅲ)遇有强氧化剂才被氧化成 Fe(Ⅵ)，在酸性溶液中 Fe^{3+} 有中等氧化能力。

Cr^{3+} 和 NH_3 形成稳定配合物：$[Cr(NH_3)_2(H_2O)_4]^{3+}$、$[Cr(NH_3)_3(H_2O)_3]^{3+}$、$[Cr(NH_3)_4(H_2O)_2]^{3+}$、$[Cr(NH_3)_5(H_2O)]^{3+}$、$[Cr(NH_3)_6]^{3+}$。

(3) Fe^{3+}、Cr^{3+}、Al^{3+} 的分离

向 Fe^{3+}、Cr^{3+}、Al^{3+} 混合溶液中加过量 NaOH 和 H_2O_2 生成 $Al(OH)_4^-$ 和 $Cr(OH)_4^-$，后者被 HO_2^- 氧化为 CrO_4^{2-}，$Fe(OH)_3$ 不溶，分出沉淀。向含有 $Al(OH)_4^-$ 和 CrO_4^{2-} 的溶液加固体 NH_4Cl，使 $Al(OH)_4^-$ 沉淀为 $Al(OH)_3$，溶液中仅留下 CrO_4^{2-}(黄色)。

11. Fe^{3+}、Cr^{3+}、Al^{3+}、Co^{2+}、Ni^{2+}、Mn^{2+} 的分离和鉴定

这 6 种阳离子和 Zn^{2+} 组成硫化氢系统分析中的硫化铵组，下面先比较这 6 种阳离子的性质，然后拟出分离和鉴定它们的示意图。

前面几节已介绍，这 6 种阳离子的氢氧化物均难溶，其中 $Cr(OH)_3$、$Al(OH)_3$ 溶于过量 OH^-，而 $Fe(OH)_3$、$Co(OH)_2$、$Ni(OH)_2$、$Mn(OH)_2$ 不溶。其中 $Co(OH)_2$、$Mn(OH)_2$、$Cr(OH)_4^-$ 和 H_2O_2 反应生成 $Co(OH)_3$、$MnO(OH)_2$ 和 CrO_4^{2-}。这样，6 种离子在碱性溶液中和 H_2O_2 反应后，溶液中有 CrO_4^{2-} 和 $Al(OH)_4^-$，而沉淀物为 $Fe(OH)_3$、$Co(OH)_3$、$Ni(OH)_2$ 和 MnO_2。离心分离后，向溶液中加固体 NH_4Cl，$Al(OH)_4^-$ 沉淀为 $Al(OH)_3$，而 CrO_4^{2-} 留在溶液中。

由于 Co(Ⅲ)和 Mn(Ⅳ)有氧化性，在沉淀上加 H_2SO_4 和 H_2O_2，则发生下列反应：

$$2Co(OH)_3 + H_2O_2 + 4H^+ \longrightarrow 2Co^{2+} + O_2 + 6H_2O$$

$$MnO_2 + H_2O_2 + 2H^+ \longrightarrow Mn^{2+} + 2H_2O + O_2$$

沉淀溶解为 Fe^{3+}、Co^{2+}、Ni^{2+}、Mn^{2+}，然后分别鉴定。

现将分离步骤(和离子鉴定)图示如下：

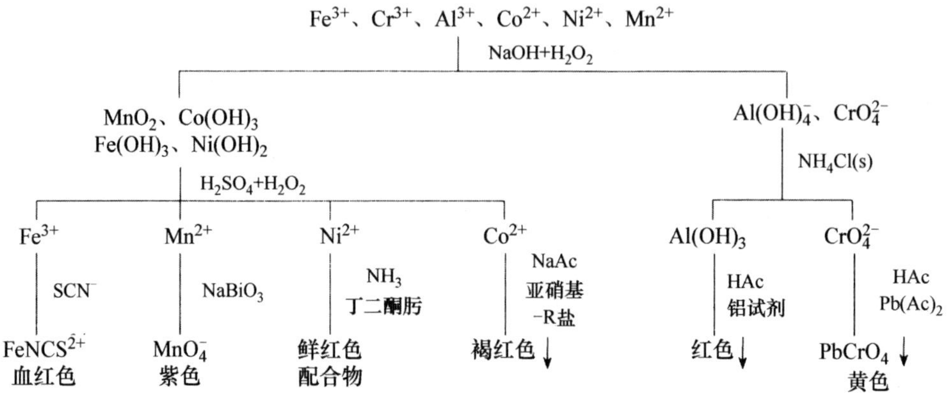

12. 铂系元素简介

铂系元素指 Ru、Rh、Pd、Os、Ir、Pt，以单质存在或以硫化物伴生于其他矿之中。

(1) 单质的性质

铂系元素原子的价电子构型、常见氧化态、原子半径见表 9-1b 和表 9-1c。铂系元素除 Ru 和 Os 之外，它们的最高氧化态均低于族号。

化学"惰性"是铂系元素显著特性之一。常况下它们不和 X_2、O_2 作用。Pd 可溶于 HNO_3，Pt 溶于王水。

$$Pd + 4HNO_3 \longrightarrow Pd(NO_3)_2 + 2NO_2\uparrow + 2H_2O$$

$$3Pt + 4HNO_3 + 18HCl \longrightarrow 3H_2PtCl_6 + 4NO\uparrow + 8H_2O$$

有空气存在条件下，Pt 缓慢地溶于 HCl 中。

$$PtCl_4^{2-} + 2e \longrightarrow Pt + 4Cl^- \qquad E^\ominus = 0.73\ V$$

$$PtCl_6^{2-} + 2e \longrightarrow PtCl_4^{2-} + 2Cl^- \qquad E^\ominus = 0.68\ V$$

熔融的 NaOH 和 Na_2O_2，热 S、P、As 等对铂系金属也有腐蚀作用。使用铂器皿时，应防止铂被这些试剂腐蚀。

(2) 配合物

① 卤配合物。PtF_6 是最强的氧化剂之一。Bartlett 在研究了 PtF_6 可以氧化 O_2 生成深红色的[O_2^+][PtF_6^-]之后，基于 O_2 和氙 Xe 的电离能相近，他认为 PtF_6 也可以氧化氙生成类似化合物，并在 1962 年第一次合成了稀有气体化合物。

$$Xe + PtF_6 \longrightarrow [Xe]^+[PtF_6]^- \text{（橙黄）}$$

Pd、Pt 溶于王水得到红色氯钯酸 H_2PdCl_6、红棕色氯铂酸 H_2PtCl_6。用 SO_2、$H_2C_2O_4$ 等还原剂和 H_2PdCl_6、H_2PtCl_6 作用得相应黄色的亚酸。

$$H_2PtCl_6 + SO_2 + 2H_2O \longrightarrow H_2PtCl_4 + H_2SO_4 + 2HCl$$

它们的易溶盐都是碱金属（含铵）盐，如 M_2PtCl_4、M_2PtCl_6。

② 氨配合物。$PdCl_2$、$PtCl_2$ 溶液和 NH_3 作用得到黄色的 $PdCl_2(NH_3)_4$、$PtCl_2(NH_3)_4$，它们都是反磁性物质。和 $[Ni(CN)_4]^{2-}$ 相似，由于 $[Ni(CN)_4]^{2-}$、$[Pd(NH_3)_4]^{2+}$、$[Pt(NH_3)_4]^{2+}$ 的中心离子 Ni^{2+}、Pd^{2+}、Pt^{2+} 均是 d^8 电子结构，在强场下它们形成正方形配合

物的稳定化能(CFSE)最大,因而这些配离子均为平面四方结构。

实验发现,用不同方法制备得到的 $PtCl_2(NH_3)_2$ 的颜色不同,偶极矩也不同。H_2PtCl_4 和热、过量的 $NH_3 \cdot H_2O$ 作用,得到硫黄色产物,偶极矩 $\mu=0$;冷 H_2PtCl_4 溶液和 $NH_3 \cdot H_2O$ 作用得到绿黄色产物,$\mu \neq 0$,两者互为异构体。现将其性质对比如下:

异　构　体	$PtCl_2(NH_3)_2$	$PtCl_2(NH_3)_2$
颜色	硫黄	绿黄
溶解度/(g/100 g H_2O)	0.0366	0.2577
偶极矩	$\mu=0$	$\mu\neq0$
几何构型	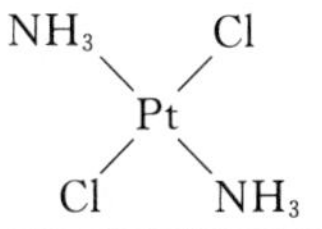 反式 *trans*-	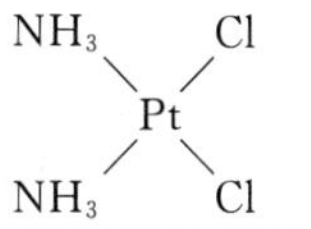 顺式 *cis*-

(3) 应用

Pt 用于制备耐腐蚀器皿,如坩埚、蒸发皿,也用于制电极、电阻高温计及热电偶。

Pt、Pd 等吸收气体的能力很强,每体积 Pd 能吸收约 700 体积 H_2,每体积 Pt 吸收 70 体积 O_2。Pt、Pd 用作催化剂,如合成 HNO_3、H_2SO_4 用 Pt 作催化剂等。

cis-$PtCl_2(NH_3)_2$(药名叫"顺铂")和$[RuCl(NH_3)_5]Cl_2$ 有抗癌性能,用作治癌药物。

13. 羰基化合物

$M(CO)_n$ 是一类特殊的配合物,叫羰基化合物(carbonyl compounds)。几乎所有的过渡元素都能生成羰基化合物,不少羰基化合物可用过渡金属和一氧化碳直接作用合成。如常温常压下,活泼 Ni 粉和 CO 作用得到无色 $Ni(CO)_4$(沸点43 ℃);200 ℃、2～20 MPa 下活性 Fe 粉和 CO 作用得到黄色 $Fe(CO)_5$(沸点103 ℃)。

这些羰基化合物较易挥发,加热易分解,有毒。可用于某些金属的提纯和用作催化剂。

只含一个金属原子的羰基化合物称为单核羰基化合物,即 $M(CO)_n$。它们的价电子数常遵循十八电子规则,即金属原子的价电子数和羰基提供的成键电子数(每个 CO 提供 2 个电子)之和为 18。只有少数例外,如 $V(CO)_6$ 的价电子数为 17。表 9-11 给出了部分单核羰基化合物的电子数。此外,还有含两个或多个金属原子的双核或多核羰基化合物,如 $Mn_2(CO)_{10}$、$Co_2(CO)_8$、$Fe_3(CO)_{12}$,它们通过形成 M—M 单键共用电子对和多中心键,满足十八电子规则。

表　9-11

羰基化合物	M 原子价层电子数	羰基电子数	价电子总数
$V(CO)_6$	5	2×6	17
$Cr(CO)_6$	6	2×6	18
$Fe(CO)_5$	8	2×5	18
$Ni(CO)_4$	10	2×4	18
$Mo(CO)_6$	6	2×6	18
$Ru(CO)_5$	8	2×5	18
$W(CO)_6$	6	2×6	18
$Os(CO)_5$	8	2×5	18

若 M 和 CO 只形成一般的 σ 配键，即由配位体 CO 的碳原子上的孤对电子提供给金属原子，则 M 上就会积聚过多的负电荷，这些负电荷互相排斥，使羰基化合物极不稳定，这显然与事实不符。反馈键理论认为，配位体 CO 一方面以孤对电子和金属原子的空轨道形成 σ 配键，另一方面金属原子上的 d 轨道电子和 CO 分子中空的反键轨道(π_{2p}^*)重叠成 π 键，使金属原子上的负电荷有所减少。这种由金属原子单方面提供电子形成的键，叫作**反馈键**(图 9-17)。

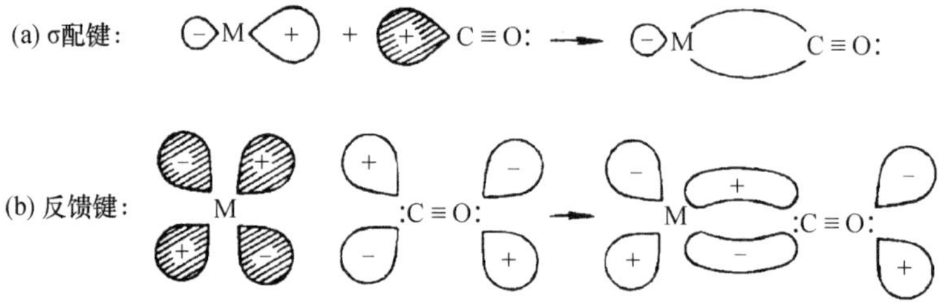

图 9-17 羰基化合物中的化学键

这类配合物中 CO 的键长长于一氧化碳分子的键长(112.8 pm)，这是由于电子从 M 原子的 d 轨道"进入"CO 的 π^* 轨道，使配合物中 C—O 键变长。

从以上羰基化合物的介绍中知道，这类配合物有两个特点：

① 在 $M(CO)_n$ 中 M 原子的氧化态常是零(IUPAC 规定，M—CO 中 CO 氧化态为零)，此外 M 在羰基化合物中还有负氧化态，如在 $V(CO)_6^-$、$Mn(CO)_5^-$、$Co(CO)_4^-$ 中，钒、锰、钴的氧化态都是 −1；在 $Cr(CO)_5^{2-}$、$Fe(CO)_4^{2-}$ 中，铬、铁的氧化态为 −2 等。总之，这些配合物中，一些过渡金属呈现不常见的低氧化态 0、−1、−2，称为**不常见氧化态化合物**。

② 某些含有两个金属原子的羰基化合物中，有金属-金属键，如 $(CO)_5Mn—Mn(CO)_5$。

9.8 缺陷和非整比化合物

本节之前介绍的化合物，其组成均符合化合价，可称为整比化合物(stoichiometric compound)。还有一类不符合通常化合价的化合物，即所谓的非整比化合物(non-stoichiometric compound)。对于固体化合物，我们只是把它们作为完美的晶体来讨论，没有考虑固体中的缺陷。实际上，缺陷和非整比的事实是普遍存在的。

1. 缺陷

所有固体都有缺陷，即组成和结构的不完整性。完全符合化学剂量比的理想晶体在自然界不存在，也不可能用人工方法制得，只是作为一种理论模型。缺陷分为两类，一是本征缺陷，其缺陷存在于纯物质中；另一类是杂质缺陷，它们来源于存在的或人为加入的杂质。缺陷又可以分为点缺陷和扩张缺陷两大类，点缺陷只占据单一的格位，而扩张缺陷可以是一维的线缺陷、二维的面缺陷及三维的体缺陷。

所有固体都有获得缺陷的热力学倾向，因为缺陷增加了固体的紊乱度，使熵增加了。固体中的 Gibbs 自由能仍然可以表示为

$$\Delta G = \Delta H - T\Delta S$$

熵的增加降低了体系的自由能，但缺陷的形成通常是吸热的，使体系的自由能增加，两个因素作用的结果使 ΔG 随缺陷浓度的增加有一个最小值（图 9-18），因此缺陷的形成是自发的。当缺陷"浓度"大于这一极小值时，熵的增加已不能补偿生成更多缺陷所需要的能量，则缺陷浓度的增加使 ΔG 大于零，在热力学上是不利的。

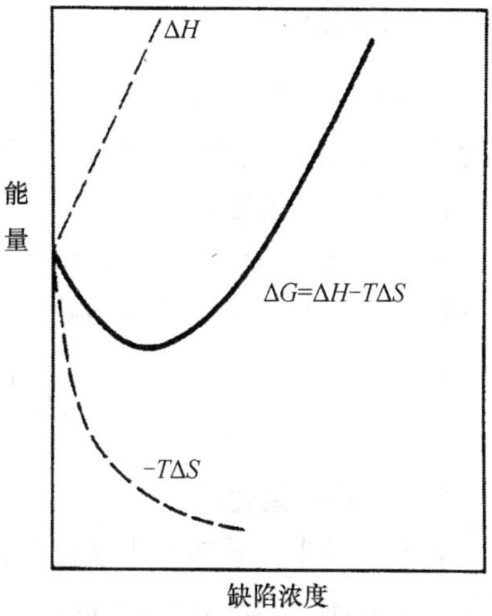

图 9-18　缺陷浓度和自由能

本征的点缺陷有两类：一类是 Schottky 缺陷，即在原来离子的格位上存在着空位[图 9-19(a)]；另一类称为 Frenkel 缺陷，是由外来的杂质离子或原子插入晶格间隙而形成的[图 9-19(b)]。有时是有意掺入杂质，如高纯 Si 中掺入少量 As，制备 n 型半导体；在 NiO 中掺入少量 Li_2O 来提高 NiO 的导电性；在 Y_2O_3 中掺入极少量的 Eu^{2+}，制成彩电显示屏用的红色荧光粉。

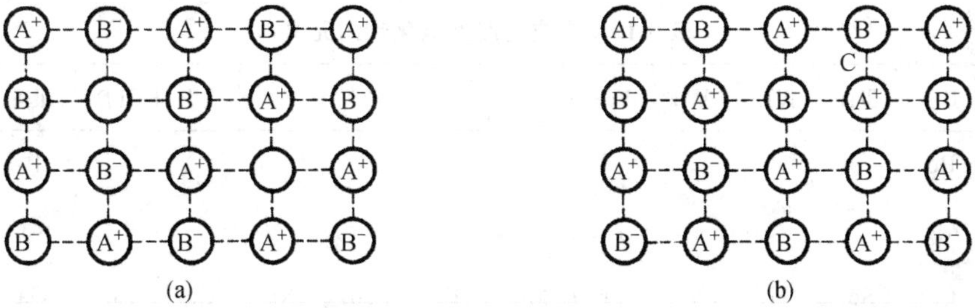

图 9-19　Schottky 缺陷(a)和 Frenkel 缺陷(b)

一些在结构和组成上存在缺陷或者人为造成缺陷的固体具有重要的理论意义和实用价值。虽然缺陷的浓度只占万分之几或者更少，但它对于固体的化学反应性有极大的影响。因为固相中的化学反应只有通过缺陷的运动才能发生。各种缺陷还决定了物质的电学、磁学、光学、热学、机械以及化学性质。可以说缺陷是功能材料的核心。材料研究的主要问题之一就是掺各种不同浓度和种类的缺陷，使其具有特定的性质。

2. 非整比化合物

非整比化合物是其组成在一个较小的范围内可变，其价态和预期的有所不同，而又保持基本结构不变的化合物。例如，在1000 ℃时，FeO 组成可从 $Fe_{0.89}O$ 到 $Fe_{0.96}O$ 范围内变化，但 X 射线衍射图的主峰保持不变。表明仍然是 FeO 的结构，只是随着组成的变化，晶胞的大小稍有变化。虽然化学式为非整比，但这类化合物都是电中性的，即固体中没有剩余电荷存在。例如，整比的离子化合物 KI 是绝缘体，如果把 KI 在 K 蒸气中加热处理，晶体的导电性增加了。这是因为 K 解离为 K^+ 和电子 e，e 占据了原来 I^- 的位置，虽固体仍保持电中性，但其组成稍稍偏离整比，为 $K_{1+x}I$，其中 $x \ll 1$，形成了所谓的 F 色心，即电子占据了晶体中的阴离子空位。

偏离整比的化合物通常是 d 区、f 区和 p 区的金属阳离子和软碱阴离子如 S^{2-}、H^- 以及较硬的 O^{2-} 组成，而硬的阴离子如氟离子、氯离子、硫酸根、硝酸根则很少形成非整比化合物。

3. 氢化物

氢化物按价键特征可分为三类:离子型氢化物、共价型氢化物、过渡型氢化物。前二类为整比化合物,第三类为非整比化合物。(为便于比较,顺便提到第一、二类化合物。)

(1) 离子型氢化物

碱金属、碱土金属氢化物是离子型化合物,氢原子从金属原子得到电子呈 H^-,在熔融状态可以导电。MH 是强还原剂和氢气发生剂,如

$$TiO_2 + 2LiH = Ti + 2LiOH$$

$$LiH + H_2O = H_2 + LiOH$$

(2) 共价型氢化物

非金属或半金属的氢化物是共价型化合物,如 HX(X=卤素)、H_2O、NH_3 等。它们的固态是分子晶体,熔、沸点较低,液态易挥发,几乎不导电。

(3) 过渡型氢化物

主要指过渡元素的氢化物。能形成过渡型氢化物的元素见表 9-12。

表 9-12　生成过渡型氢化物的元素

ⅡA	ⅢB	ⅣB	ⅤB	ⅥB	ⅦB	Ⅷ			ⅠB	ⅡB	ⅢA
Be											B
Mg											Al
Ca	Sc	Ti	V	Cr	Mn	Fe	Co	Ni	Cu	Zn	Ga
Sr	Y	Zr	Nb	Mo	Tc	Ru	Rh	Pd	Ag	Cd	In
Ba	La	Hf	Ta	W	Re	Os	Ir	Pt	Au	Hg	Tl
Ra	Ac										

过渡元素氢化物具有金属光泽、磁性及导电性(导电能力弱于它们的金属单质)。表9-13列出过渡元素氢化物。

表 9-13　过渡元素氢化物

周　期	ⅢB	ⅣB	ⅤB	ⅥB	ⅦB	Ⅷ	ⅠB	ⅡB
四	ScH_2	TiH_2	VH	CrH CrH_2 (?)	MnH*	—　—　NiH*	CuH	ZnH_2
五	YH_2 YH_3	ZrH_2	NbH NbH_2	—	—	—　—　—	—	CdH* CdH_2
六	LaH_2 LaH_3	HfH_2	TaH	—	—	—　—　—	—	HgH* HgH_2
六	稀土氢化物 MH_2,M=Ce、Nd、Sm、Gd、Tb、Dy、Ho、Er、Tm、Lu MH_3,M=Ce、Pr、Nd、Sm、Gd、Tb、Dy、Ho、Er、Tm、Yb、Lu							

* 氢化物不稳定。

实际上过渡元素氢化物是**非整比化合物**，目前认为，在多数情况下过渡元素氢化物是它们的单质金属吸收的氢气，以原子态氢进入金属晶格之间形成的一类氢化物，因此过渡型氢化物又叫"间隙(间充)化合物"(interstitial compounds)。过渡金属吸氢后，晶格胀大，如钯 Pd 的晶格常数 $a=388.1$ pm，当吸收不同体积氢气后，晶格常数变为 $a=389.4\sim408.0$ pm。因此它们的密度比相应金属小，而离子型氢化物的密度比相应金属大，这是过渡型氢化物和离子型氢化物显著的差别(表 9-14)。

表 9-14　一些氢化物密度比较

过渡元素氢化物	过渡金属密度 $(g\cdot cm^{-3})$	氢化物密度 $(g\cdot cm^{-3})$	氢化物比金属密度小/(%)	离子型氢化物	金属的密度 $(g\cdot cm^{-3})$	氢化物密度 $(g\cdot cm^{-3})$	氢化物比金属密度大/(%)
$TiH_{1.73}$	4.5	3.8	15.5	LiH	0.53	0.81	52.8
$ZrH_{1.92}$	6.49	5.61	13.6	NaH	0.97	1.40	44.3
$TaH_{0.76}$	16.6	15.1	9.0	CaH_2	1.55	1.705	11.0
$CeH_{2.69}$	6.9	5.66	18.0	BaH_2	3.62	4.34	19.9
$VH_{0.56}$	5.96	5.56	6.7				

然而，过渡型氢化物和离子型氢化物的生成焓相差不多(表 9-15)。

表 9-15　氢化物的生成焓/$(kJ\cdot mol^{-1})$

过渡元素氢化物	生　成　焓	离子型氢化物	生　成　焓
$LaH_{2.76}$	−167.7	LiH	−90.4
$CeH_{2.69}$	−176.8	NaH	−57.3
$PrH_{2.85}$	−165.4	CaH_2	−195.0
$TiH_{1.73}$	−130.1	SrH_2	−176.6
$ZrH_{1.92}$	−166.9	BaH_2	−171.4
$PdH_{0.6}$	−38.8		

过渡金属氢化物的用途和过渡金属的"吸氢"能力有关。在粉末冶金时，因原先溶解在金属中氢气的逸出而形成保护气氛；在电子管生产中过渡金属氢化物(如氢化锆)可作为"除气剂"。此外，由过渡金属氢化物分解出来的氢具有较高的纯度，实验中常利用钯溶解氢的性质以制纯氢。

过渡元素的合金也有"储氢"能力。如 $LaNi_5$ 吸大量氢气后其组成接近 $LaNi_5H_6$，TiFe 吸氢后成 $TiFeH_{1.95}$……

某些过渡金属及合金的吸氢能力还被用于分离氢和氘(D)。如 TiNi 合金吸 D 的速率只有吸 H 速率的 1/10，经过吸收，剩余氢中氘(D)的浓度增大了。这样循环多次，D 的浓度可提高 5000 倍；又如在 1 MPa 下，钒能吸收 H 和 D，而在 0.3 MPa 下吸 D 能力远大于吸 H 能力，因此改变压力即可达到分离 H 和 D 的目的。

过渡金属氢化物还被用作催化剂及电池中作为储氢电极。

4. 碳化物、硼化物、氮化物

过渡金属的碳化物、硼化物、氮化物具有金属外观，导电能力较强，其导电能力和金属比较：金属>碳化物>氮化物>硼化物。和金属相同，它们的导电能力随温度上升而降低。有些化合物如 NbN 和 ZrN 的超导温度分别为 10.1 K 和 9.45 K。

过渡金属碳化物具有金属外观，导电能力比相应金属稍差。ⅣB～ⅥB 金属碳化物有高的熔点和硬度。一些金属碳化物的熔点和硬度列于表 9-16。

表 9-16　ⅣB～ⅥB 金属碳化物熔点和硬度

碳　化　物	熔点/K	Moh 硬度
TiC	3410	8～9
ZrC	3805	8～9
HfC	4160	—
TaC	4150	—
W_2C	3130	—
WC	3130	9～10
Mo_2C	2840	9

ⅣB～ⅥB 金属碳化物相当稳定，而ⅦB 和Ⅷ族的某些金属碳化物却容易水解，如 Fe_3C、Mn_3C、Ni_3C 被水或盐酸水解生成 CH_4、C_2H_6 及 H_2 和相应的金属盐。

过渡元素的碳化物都是非整比化合物，它们的组成很难用化合价概念解释。这些碳化物的结构大体分为两类：

(1) 碳原子能进入金属晶格空隙的碳化物

计算知道，当金属原子半径大于 130 pm，则金属晶格空隙能容纳碳原子而形成间隙型碳化物（图 9-20）。这些金属有 Ti、Zr、Hf、V、Nb、Ta、Mo、W。其中 MC 型化合物都是 NaCl 型结构，有较高的熔点和硬度。

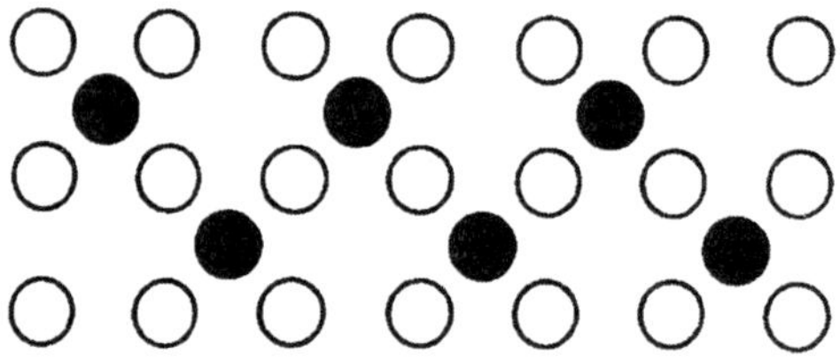

图 9-20　间隙型碳化物的结构

(2) 碳原子不能进入金属晶格空隙的碳化物

这类金属如 Cr、Mn、Fe、Co、Ni，它们的原子半径较小，生成的碳化物中，除金属键外，还有金属和碳原子之间的共价键，以及碳-碳原子间的共价键。它们的熔点没有前一类碳化物高，硬度也不如前一类碳化物大。

硼化物也有较高的熔点和硬度，如 ZrB 熔点 3265 K，Moh 硬度 9。从化合物中硼的结构看也很有规律，形成单硼键、双硼键等。

氮化物有 MN(M＝Sc、Y、La、Ti、Zr、Hf、V、Nb、Ta)，M_4N(M＝Mn、Fe)，M_2N(M＝Mo、W)3 种常见组成。它们也有较高的熔点和硬度，如 TiN 的熔点 3220 K、Moh 硬度 8～9，ZrN

的熔点 3255 K、Moh 硬度 8。

过渡金属碳化物、硼化物和氮化物的高熔点、高硬度特性在钢铁工业中有着重要用途，如 WC 是制造高速切削工具的材料，又如普通钢表面渗碳或渗氮（即钢表面生成一层碳化物或氮化物）后，钢的硬度、耐磨性增强。

9.9 生物体内微量元素简介

1. 生物体内的元素

存在于生物体内的元素大致有四类：①必需元素（essential element），按它们在体内含量不同又分为常量元素和微量元素；②可能有益或辅助营养元素；③沾染元素；④有毒元素。

生物圈内氢、碳、氮、氧、钠、镁、磷、硫、氯、钾、钙等 11 种为必需常量元素；氟、硅、钒、锰、铁、钴、镍、铜、锌、铬、硒、钼、锡、碘等 14 种为必需微量元素（以上是存在于人体中 25 种必需元素）。其中碳、氢、氧、氮大量地存在于生物体内的有机物中，磷是含量最多的无机元素之一，是构成许多生物体重要结构单元的元素。钠、钾、镁、氯是体液和细胞质的主要成分，钙是构成生物体骨骼的物质，硫是有机质的一种组分（钠不是植物的必需元素，所以要在动物饲料中补充食盐）。

2. 生物元素的功能与分类

(1) 无机结构物质

钙、氟、磷、硅及少量镁，以难溶化合物形态存在于硬组织中，如 SiO_2、$CaCO_3$、$Ca_5(PO_4)_3(OH)$等。

(2) 具有电化学信使功能的离子

钠、镁、钾、钙、氯等以水合离子存在于细胞内、外液中，两者维持一定的浓度梯度，如 K^+、Na^+ 在细胞内外大都是游离的，依靠钾泵、钠泵造成两侧差异……

(3) 生物大分子

蛋白质、肽、核酸及类似物需要金属结合的大分子。

(4) 小分子

与大分子建立平衡的配合物。

人体内 1000 多种酶，其中约 1/3 酶分子中含金属离子，酶比一般催化剂效率高出 10^6 倍以上，如

$$H_2O_2 \longrightarrow H_2O + \frac{1}{2}O_2$$

	E_a（活化能）/（kJ·mol^{-1}）
无催化剂	75.3
催化剂	49.0
过氧化氢酶催化	8.4

3. 微量金属元素举例

(1) 铁

成年人体内约含 4 g 铁，主要以血红素（图 9-21）存在。铁卟啉是血红蛋白（hemoglobin）、肌红蛋白（myoglobin）、细胞色素（cytochrome）、过氧化氢酶（catalase）、过氧化物酶（peroxidase）的必要成分。

血红蛋白是 O_2 的载体，把 O_2 从肺部运输到人体各组织中去。在生理条件下，O_2 在血液中的溶解量约 20 mL/100 mL 血液（约是水中的 40 倍）。缺铁引起贫血症，过量引起血色素沉着病、色素性肝硬化。

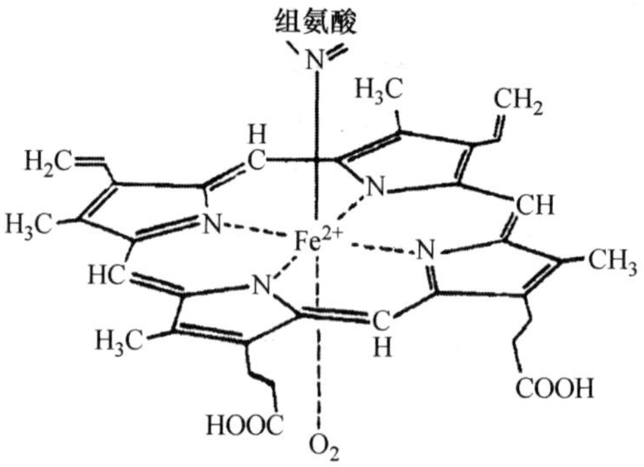

图 9-21　血红素的结构

(2) 锌

锌对哺乳动物的正常成长和发育至关重要，人体中含量约 1.4～2.3 g（微量元素中仅次于铁，占第二位）。人们发现体内有 18 种含锌酶和 14 种含锌激活酶。最重要的是碳酸酐酶，它维持着人体 pH 的重要反应：

$$CO_2 + H_2O \rightleftharpoons HCO_3^- + H^+$$
$$\rightleftharpoons$$
$$H^+ + CO_3^{2-}$$

无催化条件 CO_2 水合速率常数为 $4\times10^{-2}\ s^{-1}$，有碳酸酐酶时水合速率常数为 $6\times10^{-5}\ s^{-1}$。缺锌引起侏儒症、生殖腺官能症，过量易引起胃癌、金属烟雾发烧症。

(3) 铜

铜在体内主要参与氧化还原反应，人体内约 50～120 mg，存在于 12 种酶中，如血蓝蛋白（运送 O_2）、超氧化物歧化酶（SOD，$2O_2^- \longrightarrow O_2 + O_2^{2-}$）、细胞色素 c 氧化酶（氧化细胞色素 c）……缺铜引起贫血症、卷毛综合征，过量引起 Wilson 肝豆核病。

4. 体内过量金属的去除和解毒

行之有效的是螯合疗法，即向人或动物体内输入一种选择性较好的螯合剂，如读者熟悉的 EDTA 可解排体内铁、钙。因 EDTA 能和钙配位，在排铅、锌、钴、锰等时，可向体内输入 $Na_2[CaEDTA]$。

习　题

1. 完成并配平下列反应方程式：

(1) $KMnO_4 + H_2O_2 + H_2SO_4 \longrightarrow$

(2) $KMnO_4 + FeSO_4 + H_2SO_4 \longrightarrow$

(3) $K_2Cr_2O_7 + FeSO_4 + H_2SO_4 \longrightarrow$

(4) $Co(OH)_3 + HCl \longrightarrow$

(5) $FeCl_3 + Fe \longrightarrow$

(6) $V_2O_5 + NaOH \longrightarrow$

(7) $MnO_4^- + Cr^{3+} + H_2O \longrightarrow$

(8) $MnSO_4 + O_2 + NaOH \longrightarrow$

(9) $MnO(OH)_2 + KI + H_2SO_4 \longrightarrow$

(10) $KMnO_4 + MnSO_4 + H_2O \longrightarrow$

(11) $FeCl_3 + SnCl_2 \longrightarrow$

(12) $Co(NH_3)_6^{2+} + O_2 + H_2O \xrightarrow{\text{活性炭}}$

(13) $TiO^{2+} + H_2O_2 \longrightarrow$

(14) $Cr(OH)_4^- + Cl_2 + OH^- \longrightarrow$

(15) $K_2Cr_2O_7 + H_2O_2 + H_2SO_4 \longrightarrow$

2. 为什么 $TiCl_4$ 在空气中冒烟？写出反应方程式。

3. 写出钒的 3 种同多酸化学式。在酸性介质中足量锌和钒(Ⅴ)作用(逐步)得到什么产物？

4. 写出在不同介质中，钒(Ⅴ)和过氧化氢反应的方程式。

5. 如何实现 Cr(Ⅵ)和 Cr(Ⅲ)相互间的转化？写出有关反应方程式。

6. 写出生成钼磷酸铵的反应方程式。

7. 为什么加热 $Cr(OH)_4^-$ 溶液能析出 $Cr(OH)_3$ 沉淀？而加热 $Cr_2(SO_4)_3$ 溶液也能析出 $Cr(OH)_3$ 沉淀？写出反应方程式。

8. 为什么常用 $KMnO_4$ 和 $K_2Cr_2O_7$ 作试剂，而很少用 $NaMnO_4$ 和 $Na_2Cr_2O_7$ 作试剂？

9. 把 $AgNO_3$ 溶液逐滴加入 Cl^- 和 CrO_4^{2-} 的混合溶液中，若 Cl^- 和 CrO_4^{2-} 的起始浓度都是 $0.1\ mol \cdot L^{-1}$，问：首先析出的是 AgCl 还是 Ag_2CrO_4 沉淀？如将以上 Cl^- 和 CrO_4^{2-} 混合溶液逐滴加入 $AgNO_3$ 溶液中，问析出什么沉淀，为什么？

10. 今有 K_2SO_4 和 K_2CrO_4 混合液，它们的浓度都是 $0.1\ mol \cdot L^{-1}$，试用沉淀的方法分离 SO_4^{2-} 和 CrO_4^{2-}。

11. 写出以软锰矿为原料制备高锰酸钾的各步反应的方程式。

12. 试用实验事实说明 $KMnO_4$ 的氧化能力比 $K_2Cr_2O_7$ 强，写出有关反应方程式。

13. 举出 3 种能将 Mn(Ⅱ)直接氧化成 Mn(Ⅶ)的氧化剂，写出有关反应的条件和方程式。

14. 用反应方程式表示 $KMnO_4$ 在碱性介质中的分解反应及 K_2MnO_4 在弱碱性(中性或酸性)介质中的自氧化还原反应。

15. 化学试剂厂用电解锰为原料制备 Mn(Ⅱ)盐的过程中要保持锰过量，为什么？

16. 在配制的 $FeSO_4$ 溶液中常加一些金属铁。问：

(1) 加铁起什么作用？

(2) 放置过程中，且在金属铁未消耗完之前，如溶液中 $[Fe^{2+}] = 0.1\ mol \cdot L^{-1}$，则 $[Fe^{3+}]$ 是多少？

(3) 经长时间放置，$FeSO_4$ 溶液会出现 $Fe(OH)_3$ 沉淀。为什么？

17. 有人做了下列实验，请用计算结果说明实验现象。

(1) 将 $0.01\ mol \cdot L^{-1}$ 的 $FeCl_3$ 溶液和等体积 $0.01\ mol \cdot L^{-1}$ 的 KI 溶液混合，再加入一些 CCl_4，振荡后 CCl_4 层显紫色。

(2) 往以上溶液中加足量的 $(NH_4)_2Fe(SO_4)_2$ ($1\ mol \cdot L^{-1}$)，CCl_4 层的紫色变浅。

(3) 往 10 mL $0.05\ mol \cdot L^{-1}$ $FeSO_4$ 溶液中加 5 mL $0.01\ mol \cdot L^{-1}$ $FeCl_3$ 和 5 mL $0.01\ mol \cdot L^{-1}$ KI 和少量 CCl_4，振荡后，CCl_4 层只显很浅的紫色。

(4) 用 H_2O_2 代替 $FeCl_3$ 进行(1)、(3)实验，观察到这两个实验中，CCl_4 层出现的紫色都很明显。

18. 用计算说明怎样才能做好下列实验：

往 $FeCl_3$ 溶液中加 NH_4SCN 溶液，显血红色。接着加适量的 NH_4F，血红色褪去。再加适量固体

$Na_2C_2O_4$，溶液变为黄绿色。最后加入等体积的 2 mol·L^{-1} NaOH 溶液，生成红棕色沉淀。

19. 如何用铁和硝酸制备硝酸铁和硝酸亚铁？应该控制什么条件？

20. Fe^{3+} 能氧化 I^-，但 $Fe(CN)_6^{3-}$ 不能氧化 I^-，由此推断 $Fe(CN)_6^{3-}$ 和 $Fe(CN)_6^{4-}$ 的 β_6 值哪一个大？两者最少要差几个数量级（不考虑动力学因素）？

21. Co(Ⅲ)能氧化 Cl^-，但 $Co(NH)_6^{3+}$ 却不能，由此推断 $Co(NH_3)_6^{3+}$ 和 $Co(NH_3)_6^{2+}$ 的 β_6 值哪一个大（不考虑动力学因素）？

22. 实验测得 $K_4[Fe(CN)_6]$和$[Co(NH_3)_6]Cl_3$ 具有反磁性，请推断这两个配合物中心离子以何种杂化轨道与配位体成键？

23. 相应于化学式为 $PtCl_2(NH_3)_2$ 的固体有两种，一种是硫黄色，另一种是绿黄色固体。请推断它们的中心体(Pt)以何种杂化轨道和配位体成键？它们应取何种几何构型？

24. Na_2S 溶液与$(NH_4)_2MoO_4$ 溶液作用得棕褐色 MoS_4^{2-}（硫代钼酸根），写出反应方程式。如向此溶液加酸，将发生什么现象？写出反应方程式。

25. 设法分离下列各组阳离子：

(1) Fe^{2+}、Mg^{2+}、Mn^{2+}；

(2) Fe^{3+}、Cr^{3+}、Al^{3+}；

(3) Sn^{2+}、Zn^{2+}、Fe^{2+}。

26. 某溶液中含 Fe^{2+}、Mn^{2+}、Zn^{2+}，浓度都是 0.1 mol·L^{-1}，分别进行下列实验：

(1) 加足量的 Na_2CO_3 溶液得到沉淀。沉淀是什么颜色？放置过程中沉淀颜色有何变化？写出有关的反应方程式。

(2) 加足量 0.5 mol·L^{-1} $NaHCO_3$ 溶液，能否得到沉淀？

27. 进行热分解 MnC_2O_4 实验，可得到什么产物？

28. 工业上用 $FeSO_4$ 热分解制备氧化铁(Fe_2O_3)粉。写出反应方程式。

29. 指出下列配合物哪些是高自旋，哪些是低自旋？说明原因。

(1) FeF_6^{3-}；(2) CoF_6^{3-}；(3) $Fe(CN)_6^{3-}$；(4) $Co(NO_2)_6^{3-}$；(5) $Co(H_2O)_6^{3+}$；(6) $Mn(SCN)_6^{4-}$。

30. 某金属离子在八面体弱场中的磁矩为 4.90 B. M.（提示：不考虑轨道的作用，磁矩＝$\sqrt{n(n+2)}$，n 为单电子数），它在八面体强场中的磁矩为零，该中心离子可能是哪几种？

31. 按照十八电子规则，写出单核、多核的羰基化合物 $Ni(CO)_4$、$Fe(CO)_5$、$Cr(CO)_6$、$Mn_2(CO)_{10}$的结构式。

32. $BaMg_2Si_2O_7$ 掺少量的稀土离子 Eu^{2+} 以取代其中的金属阳离子，问 Eu^{2+} 容易占据 Ba^{2+} 还是 Mg^{2+} 的格位，为什么？

33. 在非整比化合物钨青铜 Na_xWO_3 中，x 的范围可以在 0～1 之间变化。钨青铜具有金属的光泽和导电性，x 不同，则钨青铜的颜色和导电性也不同，x 越大，则导电性越强。讨论 W 在此化合物中的氧化态和此化合物导电的原因。

第十章　镧系元素

镧系元素(lanthanoid①,以 Ln 表示)是原子序数为 57～71 号元素的总称。镧系元素原子结构的主要差别是外数第三层(4f)电子数不同。外数第三层上电子数不同的叫内过渡(inner transition)元素。另一内过渡元素是 89～103 号的锕系元素(actinoid)。

镧系元素和钇(Y,39 号)合称稀土元素(RE 表示)。我国稀土元素蕴藏量极为丰富。

10.1　镧系元素的性质

1. 镧系元素的原子半径和密度

表 10-1　镧系元素的某些性质

元　素	外围电子构型	电离能** / $kJ \cdot mol^{-1}$	$r(M)/pm$	$r(M^{n+})/pm$	密　度 / $g \cdot cm^{-3}$	电极电势 $E^{\ominus}(M^{n+}/M)/V$
Cs* 铯	$6s^1$	375.7	267	169	1.8785	−2.92
Ba* 钡	$6s^2$	1468.2	221.5	135	3.51	−2.91
La 镧	$5d^1\ 6s^2$	3455.4	187.9	106.1	6.146	−2.37
Ce 铈	$4f^2\ 6s^2$	3527	182.5	103.4	6.770	−2.33
Pr 镨	$4f^3\ 6s^2$	3627	182.8	101.3	6.773	−2.35
Nd 钕	$4f^4\ 6s^2$	3694	182.1	99.5	7.008	−2.32
Pm 钷	$4f^5\ 6s^2$	3738	(181.1)	(97.9)	7.264	−2.29
Sm 钐	$4f^6\ 6s^2$	3841	180.4	96.4	7.520	−2.30
Eu 铕	$4f^7\ 6s^2$	4032	204.2	95.0	5.244	−1.99
Gd 钆	$4f^7\ 5d^1\ 6s^2$	3752	180.1	93.8	7.901	−2.29
Tb 铽	$4f^9\ 6s^2$	3786	178.3	92.3	8.230	−2.30
Dy 镝	$4f^{10}\ 6s^2$	3898	177.4	90.8	8.551	−2.29
Ho 钬	$4f^{11}\ 6s^2$	3920	176.6	89.4	8.795	−2.33
Er 铒	$4f^{12}\ 6s^2$	3930	175.7	88.1	9.066	−2.31
Tm 铥	$4f^{13}\ 6s^2$	4043.7	174.6	86.9	9.321	−2.31

① 因 La 原子无 4f 电子,所以曾把 57～71 号叫 lanthanon;58～71 号叫 lanthanide。两个名称沿用至今。

续表

元　素	外围电子构型	电离能** kJ·mol^{-1}	r(M)/pm	r(M^{n+})/pm	密　度 g·cm^{-3}	$E^{\ominus}$(M^{n+}/M)/V
Yb　镱	$4f^{14}$ $6s^2$	4193.4	193.9	85.8	6.966	−2.22
Lu　镥	$4f^{14}$ $5d^1$ $6s^2$	3885.5	173.5	84.8	9.841	−2.30
Sc*　钪	$3d^1$ $4s^2$	4255	164.1	81	2.992	−2.08
Y*　钇	$4d^1$ $5s^2$	3777	180.5	93	4.34	−2.37
Hf*　铪	$4f^{14}$ $5d^2$ $6s^2$	7554	158.5	—	13.31	−1.70

*　为了比较，把 Cs、Ba、Sc、Y、Hf 等的有关性质也列入本表。

**　Cs、Ba、Hf 的电离能分别为 I_1、I_1+I_2、$I_1+I_2+I_3+I_4$；其余均为 $I_1+I_2+I_3$ 的值。

由表 10-1 可知，镧系元素原子半径随原子序数增大，电子充填在 4f 上，因 4f 对 6s 屏蔽较完全(屏蔽常数，$\sigma=0.99$)，核对最外层电子吸引仅略有增强，故原子半径逐渐收缩——镧系收缩(lanthanide contraction)，其中 Eu(f^7)和 Yb(f^{14})半径特别大。从 La 到 Lu 原子序数增大 15，半径收缩 15 pm，平均 1 pm/核电荷。(从 Sc 到 Ni，电子填充在 3d 上，它对 4s 电子的 $\sigma=0.85$，核对 4s 电子吸引增强，较镧系元素大，钪系收缩使原子半径减小 39 pm，平均 5 pm/核电荷。)

和半径相反，镧系金属的密度从 57 到 71 号是逐渐增大的(Eu 和 Yb 除外)。

镧系收缩影响到自 72 号开始第六周期和第五周期同族元素，如(4 族)Hf 和 Zr，(5 族)Ta 和 Nb，(6 族)W 和 Mo 的原子半径相同，化学性质相近。

根据镧系元素原子半径、密度的渐变，把它分为轻镧系(La～Eu 等 7 种元素)和重镧系(Gd～Lu 等 8 种元素，按 Y 的半径，归入本组)，前者又称铈组，后者称为钇组。

2. 镧系元素的化合价、离子的颜色

镧系元素的化合价以 +3 为主，也有少数几种元素具有 +2 和 +4 价(图 10-1)。其中 Ce^{4+}、Tb^{4+} 能稳定存在，和它们的电子结构为 $4f^0$、$4f^7$ 有关。显然 Pr^{4+}、Dy^{4+} 没有 Ce^{4+}、Tb^{4+} 稳定；同理，电子排布为 f^7、f^{14} 的 Eu^{2+}、Yb^{2+} 比 Sm^{2+}、Tm^{2+} 稳定。

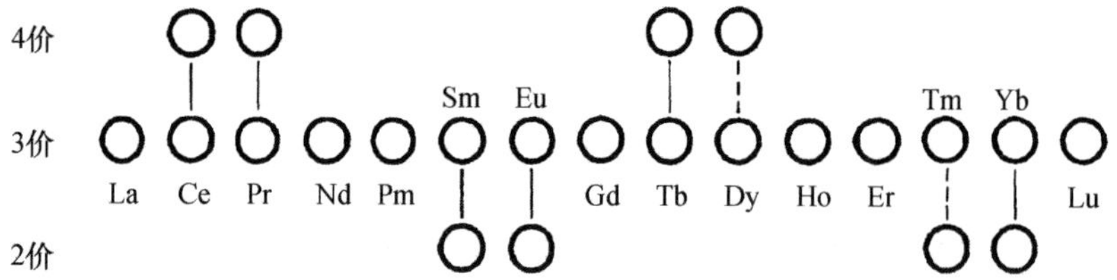

图 10-1　镧系元素的化合价

Ln^{3+} 离子随原子序数增加，4f 亚层电子结构从 f^0 增至 f^{14}，它们的离子半径从 La^{3+}(106.1 pm)到 Lu^{3+}(84.8 pm)，顺序逐渐减小(其间没有反常现象)。Ln^{4+} 和 Ln^{2+} 的离子半径也有类似减小的趋势：

Ln^{2+} 离子：Sm^{2+}(111 pm)＞Eu^{2+}(109 pm)＞Tm^{2+}(94 pm)＞Yb^{2+}(93 pm)；

Ln^{4+} 离子：Ce^{4+}(92 pm)＞Pr^{4+}(90 pm)＞Tb^{4+}(84 pm)。

Ln^{3+} 水合离子的颜色见表 10-2。Ln^{3+} 离子颜色变化很有规律，以 Gd^{3+}($4f^7$)为中点在它

之前至 La^{3+} 为一组，在它之后到 $Lu^{3+}(4f^{14})$ 为另一组（表 10-2）。

表 10-2　溶液中 Ln^{3+} 的颜色

Ln^{3+}	$4f^n$	颜　色	Ln^{3+}	$4f^n$	颜　色
La^{3+}	$n=0$	无色	Tb^{3+}	8	浅紫
Ce^{3+}	1	无色	Dy^{3+}	9	浅黄绿
Pr^{3+}	2	绿色	Ho^{3+}	10	黄褐
Nd^{3+}	3	红色	Er^{3+}	11	红色
Pm^{3+}	4	紫色	Tm^{3+}	12	浅绿
Sm^{3+}	5	浅黄	Yb^{3+}	13	无色
Eu^{3+}	6	浅紫	Lu^{3+}	$n=14$	无色
Gd^{3+}	7	无色			

分别和无色 $La^{3+}(4f^0)$、$Gd^{3+}(4f^7)$、$Lu^{3+}(4f^{14})$ 离子相对应的等电子离子都有颜色，它们是橙黄色的 $Ce^{4+}(4f^0)$、草黄色的 $Eu^{2+}(4f^7)$ 和绿色的 $Yb^{2+}(4f^{14})$。

3. 镧系元素的电离能和电极电势

镧系元素电离能（参见表 10-1）是从 La 到 Eu 的轻镧系元素和从 Gd 到 Yb 的重镧系元素逐渐增大，而 Lu 减小。Eu 和 Yb 的高电离能可能和它们的 $4f^7$、$4f^{14}$ 稳定有关。镧系元素的升华热、水合能变化也比较规律。所以镧系元素的离子化倾向的变化也都很有规律，电极电势相近（表 10-1），其中 Eu 和 Yb 的电极电势较大。

镧系元素单质都是活泼金属，它们的金属活泼性比铝强。表 10-3 列出 Al、Sc、Y、La 和 ⅡA族（2 族）金属的电离能。La 的电离能只有 Al 的 67%，而 Ba 的电离能也恰为 Mg 的 67%。从表10-4列出 Al、La、Ca 的氧化物和氯化物的 $\Delta_f G_m^\ominus$ 可见，镧系元素单质活泼性强于铝，而和碱土金属相近。因此，Ln 能发生下列反应（这些反应均和 Ca 相似）：

$$4Ln + 3O_2 \xlongequal{} 2Ln_2O_3$$

$$2Ln + 6H_2O \xlongequal{\triangle} 2Ln(OH)_3 + 3H_2$$

$$2Ln + 3X_2 \xlongequal{} 2LnX_3$$

$$2Ln + N_2 \xlongequal{} 2LnN$$

表 10-3　2 族、3 族某些元素的电离能/($kJ \cdot mol^{-1}$)

$M(g) \xlongequal{} M^{2+}(g) + 2e$		$M(g) \xlongequal{} M^{3+}(g) + 3e$	
Mg	2188.4	Al	5139.1
Ca	1735.2	Sc	4255
Sr	1613.8	Y	3777
Ba	1468.2*	La	3455.4*

* Ba、La 的电离能分别为 Mg、Al 的 67%。

表 10-4　Al、La、Ca 氧化物、氯化物的 $\Delta_f G_m^\ominus$

	Al	La	Ca
氧化物的 $\Delta_f G_m^\ominus/(kJ \cdot mol^{-1}\ O_2^{-1})$	−1051.5	−1191.3	−1208.4
氯化物的 $\Delta_f G_m^\ominus/(kJ \cdot mol^{-1}\ Cl_2^{-1})$	−424.8	−686.2	−750.2

10.2 镧系元素的化合物

1. 氢氧化物和氧化物

$Ln(OH)_3$ 是碱性氢氧化物，其碱性强于 $Al(OH)_3$，但稍弱于 $Ca(OH)_2$。$Ln(OH)_3$ 的溶度积比 $Al(OH)_3$ 大，比 $Ca(OH)_2$ 小。从 La^{3+} 到 Lu^{3+} 离子半径渐小，溶度积从 $La(OH)_3$ (1.0×10^{-19}) 到 $Lu(OH)_3$ (2.5×10^{-24}) 降了 10^{-5} 倍。因此，沉淀出 $Ln(OH)_3$ 的 pH 从 $La(OH)_3$ 到 $Lu(OH)_3$ 逐渐减小（表 10-5）。

凡 Ln^{3+} 是无色离子的，则其相应 $Ln(OH)_3$ 为白色物，如 $La(OH)_3$ 和 $Ce(OH)_3$ 为白色；凡 Ln^{3+} 离子是有色的，则其相应 $Ln(OH)_3$ 也有色，不过比水合离子颜色稍浅。

表 10-5　部分 $Ln(OH)_3$ 的 K_{sp} 及沉淀的 pH*

	$K_{sp}(M(OH)_3)$	NO_3^-	Cl^-	SO_4^{2-}
La^{3+}	1.0×10^{-19}	7.82	8.03	7.41
Ce^{3+}	1.5×10^{-20}	7.60	7.41	7.35
Pr^{3+}	2.7×10^{-20}	7.35	7.05	7.17
Nd^{3+}	1.9×10^{-21}	7.31	7.02	7.45
Sm^{3+}	6.8×10^{-22}	6.92	6.83	6.70
Eu^{3+}	3.4×10^{-22}	6.82	—	6.68
Gd^{3+}	2.1×10^{-22}	6.83	—	6.75

*　始态 $c(Ln^{3+})=0.10\ mol\cdot L^{-1}$。

表 10-5 中列出的 K_{sp} 都是指新鲜沉淀 $Ln(OH)_3$ 的数据，这些 $Ln(OH)_3$ 沉淀经放置陈化后，它们的 K_{sp} 将降低约一个数量级。沉淀的 pH 不同，是 Ln^{3+} 分别和 NO_3^-、Cl^-、SO_4^{2-}"配位"不同之故。

Ln^{3+} 和 NaOH 或 $NH_3\cdot H_2O$ 反应都能生成 $Ln(OH)_3$ 沉淀。

$$Ln^{3+} + 3OH^- = Ln(OH)_3\downarrow$$

$$Ln^{3+} + 3NH_3\cdot H_2O = Ln(OH)_3\downarrow + 3NH_4^+$$

由于 $Ln(OH)_3$ 的 K_{sp} 不很小，所以 Ln^{3+} 和 $NH_3\cdot H_2O$ 反应的平衡常数不太大，

$$K=\frac{K^3(NH_3\cdot H_2O)}{K_{sp}}$$

从 $La(OH)_2$ 的 5.8×10^4 到 $Lu(OH)_3$ 的 2.3×10^9。由 K 值可知，用 $NH_3\cdot H_2O$ 作沉淀剂析出 $Ln(OH)_3$（尤其是轻镧系元素的氢氧化物）的反应，受到该反应生成的 NH_4^+ 微弱抑制，因此欲使 $Ln(OH)_3$ 完全沉淀，应用 NaOH 作沉淀剂更好。

$Ln(OH)_3$ 受热分解为 LnO(OH)，继续受热变成 Ln_2O_3。因为 Ln^{3+} 化合物都是 +3，外围电子结构基本相同，离子半径从 La^{3+} 到 Lu^{3+} 逐渐减小，所以氢氧化物分解温度从 $La(OH)_3$ 到 $Lu(OH)_3$ 逐渐降低。

$$Ln(OH)_3 \xrightarrow{\triangle} LnO(OH) \xrightarrow{\triangle} Ln_2O_3$$

La	260 ℃	380 ℃
Pr	220 ℃	340 ℃
Gd	210 ℃	310 ℃
Yb	190～200 ℃	320 ℃
Lu	≈190 ℃	290 ℃

$Ln(OH)_2$、$Ln(OH)_4$ 和 $Ln(OH)_3$ 的碱性及氧化还原性有较大的差别。以 $Ce(OH)_4$ 和 $Ce(OH)_3$为例：$Ce(OH)_4$ 是棕色沉淀物，溶度积很小，$K_{sp}\approx10^{-54}$；$Ce(OH)_3$ 的 $K_{sp}=1.5\times10^{-20}$。使 $Ce(OH)_4$ 沉淀的 pH 为 0.7～1.0。而使 $Ce(OH)_3$ 沉淀需近中性条件，即在微酸性介质中 Ce^{4+} 离子的平衡浓度就极小，而 Ce^{3+} 离子的平衡浓度相对较大，所以在微酸性介质中 Ce(Ⅲ)较易被氧化成 Ce(Ⅵ)。如用足量 H_2O_2 能把 Ce(Ⅲ)完全氧化成 $Ce(OH)_4$，这是从 Ln^{3+} 中分出 Ce 的一种有效的方法。

Ln 和 O_2 的反应非常激烈。Ce、Pr、Nd 的燃点依次为 165 ℃、290 ℃、270 ℃。铈-铁合金被用来制造打火石。

Ln 和 O_2 反应生成 Ln_2O_3，产物比 Al_2O_3 更为稳定（参见表 10-4）。其中 Ce 生成 CeO_2，Pr 则生成+3 和+4 氧化态的混合氧化物 Pr_6O_{11}。CeO_2、PrO_2 比 SiO_2 还要稳定。

因 CeO_2 的生成温度及其颗粒大小的不同，固体 CeO_2 呈现从纯白到褐色各种不同的颜色。由 $Ce_2(C_2O_4)_3$ 热分解得到的 CeO_2 常呈褐色。CeO_2 在玻璃工业中用作脱色剂[因补色，能脱 Fe(Ⅱ)的浅绿色]。

2. 难溶盐

镧系元素难溶盐的种类大体上和 Ca^{2+}、Ba^{2+} 难溶盐相当，即 Ln^{3+} 的草酸盐、碳酸盐、磷酸盐、铬酸盐及氟化物都是难溶盐。

(1) 草酸盐

镧系元素和钪、钇的草酸盐是它们重要的无机盐。

镧系元素草酸盐的溶解度和溶度积列于表 10-6。相对说来，重镧系元素草酸盐的溶解度稍大一些。

表 10-6 某些镧系元素草酸盐的溶解度和溶度积

$M_2(C_2O_4)_3\cdot10H_2O$	La	Ce	Pr	Nd	Yb
溶解度/$(g\cdot L^{-1})$	0.62	0.41	0.74	0.74	3.34
溶度积(25 ℃)	2.0×10^{-28}	2.0×10^{-29}	5.0×10^{-28}	6.3×10^{-29}	5.0×10^{-25}

Ln^{3+} 和 $H_2C_2O_4$ 生成 $Ln_2(C_2O_4)_3$，沉淀反应的平衡常数为

$$2Ln^{3+}+3H_2C_2O_4 = Ln_2(C_2O_4)_2+6H^+ \quad K=\frac{(K_1K_2)^3}{K_{sp}}$$

$$K(La)=2.8\times10^{11},\quad K(Yb)=1.1\times10^{8}$$

它们的 K 值都较大，说明 Ln^{3+} 能用草酸沉淀，或者说镧系元素草酸盐不易溶于稀强酸，而非镧系元素的难溶草酸盐可溶于稀的强酸。

镧系元素草酸盐都含有结晶水，其中 $Ln_2(C_2O_4)_3 \cdot 10H_2O$ 最为常见，此外还有 6、7、9、11 H_2O的水合物。[①]

① 镧系元素草酸盐在酸中的溶解度比在水中大，重镧系元素草酸盐更为明显。酸愈浓，溶解度增加愈多。

	HNO_3 ($4\ mol \cdot L^{-1}$)	HNO_3 ($1.8\ mol \cdot L^{-1}$)	H_2SO_4 ($0.5\ mol \cdot L^{-1}$)
$La_2(C_2O_4)_3$ 溶解度/(%)	2.7	0.8	0.26
$Pr_2(C_2O_4)_3$ 溶解度/(%)	1.17	0.5	0.12

$Ln_2(C_2O_4)_3$ 在 NaOH 溶液中能转化成 $Ln(OH)_3$。如

$$La_2(C_2O_4)_3 + 6OH^- = 2La(OH)_3 + 3C_2O_4^{2-} \quad K = 2.0 \times 10^{10}$$

② 镧系元素草酸盐在碱金属(含铵)草酸盐溶液中的溶解度有明显的区别。$Ln_2(C_2O_4)_3$ 在 $(NH_4)_2C_2O_4$ 的溶液中的相对溶解度[以 $La_2(C_2O_4)_3$ 为 1]如下：

$M_2(C_2O_4)_3$	$La_2(C_2O_4)_3$	$Ce_2(C_2O_4)_3$	$Pr_2(C_2O_4)_3$	$Nd_2(C_2O_4)_3$	$Yb_2(C_2O_4)_3$
相对溶解度	1	1.8	1.13	1.44	104

即重镧系元素草酸盐在 $(NH_4)_2C_2O_4$ 中的溶解度大于轻镧系元素。这个性质被用来分离轻、重镧系元素。

③ 和其他草酸盐相同，镧系元素草酸盐受热最终分解成氧化物，而且在加热过程中生成相应的碳酸盐。

$$Ln_2(C_2O_4)_3 \xrightarrow{\triangle} Ln_2(CO_3)_3 \xrightarrow{\triangle} Ln_2O_3$$

如原料是混合的镧系元素草酸盐，则生成混合的镧系元素氧化物。其中 $Ce_2(C_2O_4)_3$ 的热分解产物是 CeO_2。顺便提及，CaC_2O_4 热分解同上，$CaC_2O_4 \rightarrow CaCO_3 \rightarrow CaO$。

(2) 碳酸盐

镧系元素碳酸盐的溶解度和溶度积都比相应草酸盐小(表 10-7)。

表 10-7 某些镧系元素碳酸盐的溶解度和溶度积(25 ℃)

$M_2(CO_3)_3$	La	Nd	Gd	Dy	Yb
溶解度/($g \cdot L^{-1}$)	1.1×10^{-4}	5.0×10^{-4}	3.7×10^{-3}	3.0×10^{-3}	2.6×10^{-3}
溶度积	4.0×10^{-34}	1.0×10^{-33}	6.3×10^{-33}	3.2×10^{-32}	8.0×10^{-32}

镧系元素碳酸盐含有结晶水，$Ln_2(CO_3)_2 \cdot xH_2O$。Ce 盐的 $x=5$，Pr、Nd 盐的 $x=8$。镧系元素碳酸盐易溶于酸($CaCO_3$ 也溶于酸)。

Ln^{3+} 和易溶碱金属碳酸盐或碳酸氢盐反应，得到难溶 $Ln_2(CO_3)_3$。

$$2Ln^{3+} + 3CO_3^{2-} = Ln_2(CO_3)_3 \downarrow$$

① 草酸钙也含结晶水，$CaC_2O_4 \cdot H_2O$。

$$2Ln^{3+} + 6HCO_3^- \longrightarrow Ln_2(CO_3)_3 \downarrow + 3CO_2 \uparrow + 3H_2O$$

$Ln_2(CO_3)_3$ 和 Na_2CO_3 作用形成溶解度较小的复盐，$xLn_2(CO_3)_3 \cdot yNa_2CO_3 \cdot zH_2O$。工业上有碳酸铈钠复盐产品，式中 $z=16\sim24$。对于 La、Ce、Pr、Nd，$x : y=3 : 2$；对于 Sm，为 1∶1，如 $Sm_2(CO_3)_3 \cdot Na_2CO_3 \cdot 16H_2O$。

$Ln_2(CO_3)_3$ 在 K_2CO_3 中较易溶解，且溶解度按 La、Ce、Pr、Nd 顺序增大。重镧系元素碳酸盐的溶解度更大(表 10-8)。

表 10-8　Pr、Nd、Er 碳酸盐在 K_2CO_3 中的溶解度(25 ℃)

$c(K_2CO_3)/(mol \cdot L^{-1})$	溶解度/$(mol \cdot L^{-1})$		
	$Pr_2(CO_3)_3$	$Nd_2(CO_3)_3$	$Er_2(CO_3)_3$
0.1	1.06×10^{-4}	1.36×10^{-4}	3.3×10^{-3}
1.0	4.03×10^{-3}	5.92×10^{-3}	1.39×10^{-1}
2.0	1.94×10^{-2}	4.7×10^{-2}	3.97×10^{-1}

$Ln_2(CO_3)_3$ 受热分解为碱式盐，最终产物为氧化物($CaCO_3$ 热分解不形成碱式盐)。

$$Ln_2(CO_3)_3 \xrightarrow{350\sim550\,℃} Ln_2O(CO_3)_2 \xrightarrow{800\sim905\,℃} Ln_2O_2CO_3 \longrightarrow Ln_2O_3$$

(3) 磷酸盐

镧系元素在自然界的一种主要矿物就是磷酸盐矿 $LnPO_4$，叫独居石(monazite)。表 10-9 列出 La、Ce、Gd、Yb 磷酸盐的溶解度和溶度积。

表 10-9　La、Ce、Gd、Yb 磷酸盐的溶解度和溶度积

$LnPO_4$	La	Ce	Gd	Yb
溶解度/$(g \cdot L^{-1})$	0.017	—	0.0092	—
溶度积	3.7×10^{-23}	1.13×10^{-24}	5.8×10^{-23}	8.2×10^{-23}

Ln^{3+} 和 PO_4^{3-}、HPO_4^{2-}、$H_2PO_4^-$ 甚至 H_3PO_4 反应，都能形成 $LnPO_4$ 沉淀。

$$Ln^{3+} + PO_4^{3-} \longrightarrow LnPO_4$$
$$Ln^{3+} + HPO_4^{2-} \longrightarrow LnPO_4 + H^+$$
$$Ln^{3+} + H_2PO_4^- \longrightarrow LnPO_4 + 2H^+$$
$$Ln^{3+} + H_3PO_4 \longrightarrow LnPO_4 + 3H^+$$

最后一个反应的平衡常数为

$$\frac{K_1K_2K_3}{K_{sp}} = \frac{2.1\times10^{-22}}{K_{sp}} = K$$

$$K(La)=5.7,\quad K(Ce)=190,\quad K(Gd)=3.6,\quad K(Yb)=2.6$$

它们的 K 值都不大，表明 Ln^{3+} 和 H_3PO_4 的反应不完全，同时也表明 $LnPO_4$ 可溶于酸[Ca^{2+} 和 H_3PO_4 或 $H_2PO_4^-$ 混合，都得不到 $Ca_3(PO_4)_2$ 沉淀]。

(4) 氟化物

LnF_3 都是难溶盐，不溶于稀酸，但能溶于热的浓 HCl。和浓 H_2SO_4 反应后转化为相应的硫酸盐，并释放出 HF(此性质和 CaF_2 相似)。

LnF_3 也含有结晶水，如用 HF 制得的产物含半个结晶水，$2LnF_3 \cdot H_2O$。

(5) 铬酸盐

$Ln_2(CrO_4)_2$ 是难溶盐，可溶于强酸。

$$2Ln_2(CrO_4)_3 + 6H^+ = 4Ln^{3+} + 3Cr_2O_7^{2-} + 3H_2O$$

综上所述，镧系元素难溶盐的性质和相应碱土金属盐相似，所不同的是前者含较多的结晶水及易形成复盐和配离子。

3. 易溶盐

镧系元素的 3 种强酸盐都是易溶盐。常温下 Ln^{3+} 水解能力不强。

(1) 氯化物

$LnCl_3 \cdot xH_2O$ 是易溶、易潮解的化合物，$x=6$ 或 7 的结晶较为常见。$LnCl_3$ 能和可溶性氯化物形成 $LnCl_4^-$ 及 $LnCl_6^{3-}$ 配离子。因此，当分别用 H^+ 浓度相同的 HCl 或 HNO_3 溶解镧系元素的难溶盐时，往往是在 HCl 中更易溶解。

无水 $LnCl_3$ 是电解制单质 Ln 的原料。通常加热 $LnCl_3 \cdot xH_2O$ 和 NH_4Cl 的混合物，以制备无水 $LnCl_3$。水合氯化物受热脱水时，因发生水解反应生成氯氧化物 LnOCl，所以不能用加热水合氯化物的方法制备无水氯化物。$LaCl_2 \cdot 7H_2O$ 加热脱水过程如下：

$$LaCl_3 \cdot 7H_2O \xrightarrow[-4H_2O]{51\sim100\ ℃} LaCl_3 \cdot 3H_2O \xrightarrow[-2H_2O]{123\sim140\ ℃} LaCl_3 \cdot H_2O \xrightarrow[-H_2O]{167\sim192\ ℃} LaCl_3 \xrightarrow[+H_2O]{397\sim477\ ℃} LaOCl$$

LaOCl、LaOBr 是 X 射线荧光的增感剂。用 La_2O_3 和 NH_4Br 作用生成 LaOBr，然后和一定量 KBr 混合灼烧，得到有发光性能的晶体。

(2) 硝酸盐

$Ln(NO_3)_3 \cdot xH_2O$，轻镧系元素硝酸盐以 $x=6$ 和重镧系元素硝酸盐以 $x=5$ 较为常见。

$Ln(NO_3)_3$ 易溶于水，从 La 至 Sm 其溶解度从 151 g/100 g H_2O 降为 90 g/100 g H_2O。它们也能溶于有机溶剂，如醇、酮、醚中。$Ln(NO_3)_3$ 和可溶硝酸盐也能形成复盐。

$Ce(NO_3)_4$ 能和 NH_4NO_3 形成 $(NH_4)_2Ce(NO_3)_6$，它是一种比较稳定的配合物。它不仅能溶于水，而且还能溶于有机溶剂。和水不互溶的有机溶剂如乙醚、磷酸三丁酯 TBP(tributylphosphate)能把它从水溶液中萃取出来。

(3) 硫酸盐

镧系元素硫酸盐和硫酸铝相似，易溶于水及含结晶水 $Ln_2(SO_4)_3 \cdot xH_2O$，一般 $x=8$。其中 $La_2(SO_4)_3$ 的 $x=9$。

$Ln_2(SO_4)_3$ 的溶解度从 $La_2(SO_4)_3$ 到 $Lu_2(SO_4)_3$ 逐渐增大。根据硫酸盐的溶解度的不同，在历史上曾把镧系元素分成三组，即

铈组	包括：	La，Ce，Pr，Nd，Sm
铽组	包括：	Eu，Gd，Tb，Dy
铒组	包括：	Ho，Er，Tm，Yb，Lu

三分组法在研究镧系元素的历史上曾起过一定的作用。在研究镧系元素的某些化合物时也还有四分组法，但目前用得较多的是二分组法。

$Ce(SO_4)_2$是常用的氧化剂，(定量分析铈量法)电极电势因介质而异。

$$Ce^{4+} + e = Ce^{3+} \quad E^\ominus = 1.44\ V\ (1\ mol \cdot L^{-1}\ H_2SO_4)$$
$$E^\ominus = 1.61\ V\ (0.5 \sim 2\ mol \cdot L^{-1}\ HNO_3)$$
$$E^\ominus = 1.70\ V\ (1\ mol \cdot L^{-1}\ HClO_4)$$

10.3 镧系元素的分离

镧系元素的分离有两种含义：镧系元素作为一组和其他元素分离；从混合镧系元素化合物中分离提取单一镧系元素。下面先介绍将镧系元素和其他元素分离的方法，然后讨论将镧系元素逐一分离的几种方法。

目前采用分离镧系元素和非镧系元素的方法如下：

在酸性介质中，用 $H_2C_2O_4$ 从离子混合溶液中沉出 $Ln_2(C_2O_4)_3$，可以和 Na、Al、Fe、Mn、Ca、Mg 等分离；

用 $NH_3 \cdot H_2O$ 从离子混合溶液中沉出 $Ln(OH)_3$，可以和 Na、Mg、Ca、Mn、Al(少量)等分离；

用氟化物从离子混合溶液中沉出 LnF_3，可以和 Na、P、Si 等分离；

用易溶酸式磷酸盐从混合离子溶液中沉出 $LnPO_4$，可以和 Na、Mg、Mn、Co 等分离；

使镧系元素生成难溶的硫酸复盐，可以和 Al、Fe、U、Mg 等分离。

从镧系元素混合物中分离提取单一镧系元素化合物的方法有化学法、离子交换法和萃取法 3 种。

1. 化学法

化学法又有分级结晶(fractional crystallization)、分级沉淀(fractional precipitation)及氧化还原法之分。前两种方法的分离效率很低，但易和非镧系元素分离。氧化还原法的效率较高，它只适于分离有变价的镧系元素。

分级结晶是利用各类盐溶解度的差别分离镧系元素。由于镧系元素同种化合物溶解度的差别很小，所以要反复结晶成千上万次，如早期分离 Yb 和 Lu 要分级结晶 15 000 次。

分级沉淀法是向镧系元素易溶盐的溶液中加适量的沉淀剂，使溶解度最小的难溶物首先析出。如往 Ln^{3+} 中加碱，最先沉出的是 $Lu(OH)_3$；往 $Ln_2(SO_4)_3$ 溶液中加 K_2SO_4，最先结晶的是 $La_2(SO_4)_3 \cdot K_2SO_4 \cdot xH_2O$。把得到的沉淀溶解，再加沉淀剂；滤出沉淀再溶解，……

氧化还原法适用于有变价的镧系元素。现以 Ce 为例。一般 Ln^{3+} 离子于 pH≈7 时沉淀为 $Ln(OH)_3$，而 Ce^{4+} 离子于 pH＝0.7～1.0 时沉淀为 $Ce(OH)_4$，所以若控制溶液 pH 在 3 左右，加氧化剂(包括空气中 O_2)，即能将铈沉淀为 $Ce(OH)_4$ 而和其他镧系元素分离。

2. 离子交换法

离子交换法是使混合离子溶液在阴离子或阳离子交换树脂(exchange resin)上发生交换作用的一种分离方法。

常用的阴离子交换树脂是强碱——季铵型交换树脂，如R—$N(CH_3)_3OH$或R—$N(CH_3)_3Cl$(R 为树脂母体，是高分子化合物)。树脂上的 OH 或 Cl 和溶液中的阴离子发生交换作用。如

$$\begin{matrix} R—N(CH_3)_3OH \\ R—N(CH_3)_3OH \end{matrix} + SO_4^{2-} \xrightarrow{\text{交换作用}} \begin{matrix} R—N(CH_3)_3 \\ R—N(CH_3)_3 \end{matrix} \Big\rangle SO_4 + 2OH^-$$

常用的阳离子交换树脂是强酸——磺酸型交换树脂，如 $R—SO_3H$ 或 $R—SO_3Na$，树脂上的 H 或 Na 和溶液中的阳离子发生交换作用。

$$\begin{matrix} R—SO_3H \\ R—SO_3H \\ R—SO_3H \end{matrix} + Ln^{3+} \xrightarrow{\text{交换作用}} \begin{matrix} RSO_3 \\ RSO_3 \\ RSO_3 \end{matrix} \Big\rangle Ln + 3H^+$$

交换作用也是一种平衡反应。若阳离子和树脂上磺酸根的结合力越强，则交换作用越完全。就 Ln^{3+} 而言，它们的价数相同，而离子半径从 La^{3+} 到 Lu^{3+} 逐渐减小。显然 Lu^{3+} 将首先和阳离子树脂发生交换反应，而 La^{3+} 最后。使 Ln^{3+} 溶液通过阳离子交换柱后，最上层的树脂中含 Lu^{3+} 多，最下的是 La^{3+}。

改变条件就能将 Ln^{3+} 从交换树脂上淋洗下来，如用柠檬酸铵淋洗阳离子树脂上的 Ln^{3+}，被淋洗的顺序为 Lu^{3+}、Yb^{3+}、……、La^{3+}。这是由于 Ln^{3+} 柠檬酸配合物的稳定性由 La^{3+} 至 Lu^{3+} 依次增大。控制实验条件，反复几次（交换、淋洗）就能将稳定性不同的柠檬酸镧系元素化合物依次淋洗下来，达到分离的目的。

3. 萃取法

利用不同物质在特定两种溶剂中浓度的不同，以分离混合物中的某组分的方法叫**萃取法**。用萃取法分离镧系元素是使原先溶于水中的 Ln^{3+} 和萃取剂生成可溶于特定溶剂的化合物，从而和其他离子分离。一般萃取法包括两个步骤：先使被萃取物生成可溶于特定溶剂的化合物，称为**萃取**；然后改变条件使被萃取物成为不溶于特定溶剂的化合物，称为**反萃取**。下面举两个实例。

【例 1】 用磷酸三丁酯（TBP）在 8 mol·L^{-1} HNO_3 介质中萃取提纯铈的过程如下：

$$\begin{matrix} Ce(NO_3)_6^{2-} \\ Ln^{3+} \end{matrix} + TBP \xrightarrow{8\ mol\cdot L^{-1}\ HNO_3} \left[\begin{matrix} \text{水层}:Ln^{3+} \\ \text{TBP 层}:H_2Ce(NO_3)_6 \xrightarrow{H_2O_2} \left[\begin{matrix} \text{TBP 层} \\ \text{水层}:Ce^{3+} \end{matrix} \right. \end{matrix} \right.$$

在 8 mol·L^{-1} HNO_3 的水溶液中进行萃取，铈以配合物 $H_2Ce(NO_3)_6$ 进入 TBP 层而和其他 Ln^{3+} 分离，然后往 TBP 层中加 H_2O_2 水溶液，将 Ce(Ⅳ)还原为 Ce(Ⅲ)进行反萃取，Ce^{3+} 又进入水层。

【例 2】 用环烷酸（RCOOH，相对分子质量约 250）萃取分离轻镧系元素。环烷酸和 Ln^{3+} 作用，生成可溶于有机溶剂（如煤油）的环烷酸盐。

$$Ln^{3+} + 3RCOOH \rightleftharpoons Ln(RCOO)_3 + 3H^+$$

环烷酸是弱的有机酸，在一定的 pH 条件下，各种 Ln^{3+} 和 RCOOH 生成 $Ln(RCOO)_3$ 难易不同。对某种 Ln^{3+} 而言，改变溶液 pH 可使它生成 $Ln(RCOO)_3$ 或使 $Ln(RCOO)_3$ 解离。如当溶液 pH>6 时，$La(RCOO)_3$ 在煤油层和水层中的分配比大于 100；而当 pH<6 时，则分配比减小。改变溶液酸度进行多次（术语：多级）萃取和反萃取，可得较纯的产品。萃取过程如下：

$$Ln^{3+} + 3RCOOH \xrightarrow{pH>6} \left[\begin{matrix} \text{水层}:H^+ \\ \text{煤油层}:Ln(RCOO)_3 \xrightarrow{\text{加酸}} \left[\begin{matrix} \text{煤油层}:\text{环烷酸（少量 }Ln^{3+}\text{）} \\ \text{水层}:Ln^{3+} \end{matrix} \right. \end{matrix} \right.$$

10.4 镧系金属的制备

制备活泼的镧系金属主要采用**电解法**和**金属还原法**。

1. 电解法

对镧系元素化合物的非水溶液进行电解，可得镧系金属。因所用电解质溶液、电极不尽相同，现介绍几个典型实例：

(1) 电解熔融的无水 $LnCl_3$ 和 NaCl 或 KCl(助熔剂)组成的电解液，可以得到单质 Ln。如原料是混合的 $LnCl_3$，则产物是混合的 Ln；如原料是单一的 $LnCl_3$，则得到单一的 Ln。

$$2LnCl_3 \longrightarrow 2Ln+3Cl_2$$

本法的缺点是电解产物 Ln 在电解质溶液中的溶解度较大，电流效率不高。

(2) 在电解熔融 $LnCl_3$ 时，用熔融 Mg-Cd 作阴极，得到 Ln 和 Mg-Cd 的合金。然后再于 900～1200 ℃从合金中蒸出 Mg-Cd(循环使用)，得到 Ln。这个方法的效率较高。但需蒸馏 Mg-Cd 的设备。

(3) 电解无水 $LnCl_3$ 的乙醇溶液，用 Hg 作阴极，得 Ln-Hg 合金，经蒸馏除 Hg(但不能全部除去)而得 Ln。

2. 金属还原法

Ln_2O_3 是比 MgO、Al_2O_3 更为稳定的氧化物，且镧系金属的熔、沸点较高，所以不用 Ln_2O_3 作原料制备单质 Ln。一般用镧系元素卤化物(参见表 10-4)，尤其是稳定性较差的溴化物作原料，以活泼金属作还原剂。如

$$2SmBr_3+3Ba \longrightarrow 2Sm+3BaBr_2$$

也可用 Mg 作还原剂。

$$2CeCl_3+3Mg \longrightarrow 2Ce+3MgCl_2$$

还原产物 Ce 中所含的 Mg 可用蒸馏法除去。

10.5 镧系元素的用途

镧系元素的用途极广，这里简要介绍一些。

1. 农业

用镧系元素的硝酸盐拌种，可使粮食增产 10%～20%、白菜增产 29%。用镧系金属处理过的铸铁所做成的铧犁，在使用时不粘泥。

2. 化学工业

镧系元素化合物广泛用作催化剂，如催化 CO 转化为 CO_2；石油工业上，催化裂化使用混

合镧系元素的氯化物和磷酸盐作催化剂。目前认为 H_2 是理想的燃料，如用 H_2 作燃料必须解决两个问题：制得的 H_2 要价廉和储存 H_2 要方便。$LaNi_5$ 是极好的储氢材料，1 kg $LaNi_5$（密度为 8.2 g·cm^{-3}。1 kg 的体积为 122 cm^3）能吸收 15 g H_2。液 H_2 的密度为 0.70 g·cm^{-3}（20 K），15 g H_2 约合 214 cm^3。就是说，1 体积 $LaNi_5$ 能吸收将近 1.6 体积液 H_2。不仅如此，因 $LaNi_5$ 吸 H_2 和 D_2 的速率不同，可以用 $LaNi_5$ 来分离氢的这两种同位素。

3. 光学方面

CeO_2 在玻璃工业中用作脱色剂。因 CeO_2 在加热时发光强，早期汽油灯罩纱都用 $Ce(NO_3)_3$ 溶液浸泡，当纱罩受热后 $Ce(NO_3)_3$ 分解为 CeO_2，发出较强的光。

自 1960 年第一个激光器问世至今，固体激光光源已有几百种，其中多数都含有镧系元素。

制造彩色电视机也需要大量的镧系元素的氧化物。

4. 磁性材料

20 世纪 60 年代末制得的 $SmCo_5$，其磁性极强，是普通碳钢的 100 倍。第二代高磁性材料 Sm_2Co_{17}，其磁性又比 $SmCo_5$ 高 20%。

习　题

1. f 区包括哪些元素？稀土是指哪些元素？
2. 镧系元素的哪些性质和钙相似？哪些性质和铝相似？
3. 镧系元素草酸盐的溶度积和碳酸盐相近，为什么后者易溶于稀强酸？
4. 镧系元素磷酸盐和其他非镧系元素（难溶）磷酸盐的沉淀条件有何不同？
5. 试述从镧到镥金属活泼性及氢氧化物的碱性的变化规律。
6. 何谓镧系收缩？镧系收缩对镥以后元素性质有何影响？
7. 如何把镧系元素和其他元素分离？简述分离镧系元素的方法。
8. 如何制备镧系金属？

附　　录

附录一　无机化学命名简介

1. 二元化合物

书写二元化合物的化学式时，正电性元素在前，负电性元素在后。汉语命名时顺序相反。如 NaCl，sodium chloride，氯化钠；CO，carbon monoxide，一氧化碳。

命名时数字词头为：mono(1)，di(2)，tri(3)，tetra(4)，penta(5)，hexa(6)，hepta(7)，octa(8)，nona(9)，deca(10)，undeca(11)，dodeca(12)。

2. 三元、四元等化合物

若显负性物质由多种原子组成，其词尾为-ate(某酸盐)或-ite(亚某酸盐)。如 Na_2SO_4，sodium sulfate，硫酸钠；Na_2SO_3，sodium sulfite，亚硫酸钠。

如果是混合盐(mixed salts)，书写时负电性较强的物质在后，正电性较强的物质在前。汉语命名时顺序相反。如 NH_4MgPO_4，ammonium magnesium phosphate，磷酸镁铵；BaClF，barium chloride fluoride，氟氯化钡。

3. 二元氢化物

(1) 卤素、氮、氧的氢化物。如 HX，hydrogen halide，卤化氢；NH_3，ammonia，氨。

(2) 某些可挥发的含氢化合物的词尾为-ane。如 B_2H_6，diborane，乙硼烷；PbH_4，plumbane，铅烷。

4. 离子和基

(1) 单原子阳离子

① 只有一种氧化态的，按该离子相应金属名称命名。如 Mg^{2+}，镁离子，magnesium ion。

② 有两种氧化态的，凡属正常氧化态的在词干之后加词尾-ic，较低氧化态的词干之后加词尾-ous。如 Cu^{+}，cuprous ion 或 copper(Ⅰ) ion，亚铜离子；Cu^{2+}，cupric ion 或 copper(Ⅱ) ion，铜离子。(　)中罗马数字为氧化态。

(2) 单原子阴离子的词尾为-ide。如 F^{-}，fluoride ion，氟离子；O^{2-}，oxide ion，氧离子。多原子阴离子(不包括含氧酸根)词尾为-ide。如 OH^{-}，hydroxide ion，氢氧根离子。

(3) 化合物中以共价键和其他组分相连的原子团叫基(radical)，词尾为-yl。如 —OH，hydroxyl，氢氧基；$—NO_2$，nitroxyl，硝酰基。

5. 含氧酸

(1) 简单含氧酸分子。因成酸元素氧化态的不同，它们的词头有 per-(高)、hypo-(次)；词尾有-ic(正)、-ous(亚)。如 $HClO_4$，perchloric acid，高氯酸；$HClO_3$，chloric acid，氯酸；$HClO_2$，chlorous acid，亚氯酸；HClO，hypochlorous acid，次氯酸。

① 含有 —O—O— 的含氧酸。我国命名法规定把 per-译为"过"。如 HNO_4，pernitric acid，过硝酸。

② 过、高、正酸盐的词尾为-ate，亚、次酸盐的词尾为-ite。如 $KClO_4$，potassium perchlorate，高氯酸钾；$KClO_2$，potassium chlorite，亚氯酸钾。

(2) 原(ortho-)、偏(meta-)、焦(pyro-)酸(盐)的区别是含水量不同。酸分子中氢氧基的数目和成酸元素氧化数相等时，称原酸，如 H_3BO_3 为原硼酸，H_4SiO_4 为原硅酸。一分子含氧酸脱一分子水叫**偏酸**，二分子含氧酸脱一分子水叫焦或重(音"虫")酸。

$$H_3PO_4 - H_2O \longrightarrow HPO_3 \quad \text{(metaphosphoric acid，偏磷酸)}$$

$$2H_3PO_4 - H_2O \longrightarrow H_4P_2O_7 \quad \text{(pyrophosphoric acid，焦磷酸)}$$

$$2H_2CrO_4 - H_2O \longrightarrow H_2Cr_2O_7 \quad \text{(dichromic acid，重铬酸或二铬酸)}$$

(3) 含氧酸(盐)中的氧被几个硫(或硒)取代叫"几硫(或硒)代酸"。如 $H_2S_2O_3$，thiosulfuric acid，一硫代硫酸(通常"一"字省略)。

(4) 一个分子中成酸元素原子不止一个，且成酸原子间直接相连，叫"连若干某酸"。如 $H_4P_2O_6$，diphosphoric acid，连二磷酸；$H_2S_2O_4$，dithionous acid，连二亚硫酸；$H_2S_4O_6$，tetrathionic acid，连四硫酸。

6. 酸式盐和碱式盐

汉语命名时，酸式盐中的氢以"氢"字表示，碱式盐中的氢氧基以"羟"表示，氧基盐中的氧以"氧化"表示。"氢""羟""氧化"均在金属名称前。其数目用一(mono)、二(di)、三(tri)等词头表示("一"字通常省略)。如 NaH_2PO_4，sodium dihydrogen phosphate，磷酸二氢钠；$BiONO_3$，bismuth oxynitrate，硝酸氧化铋；$Cu(OH)IO_3$，cupric hydroxy iodate，碘酸羟铜。

7. 加成化合物

如 $Na_2CO_3 \cdot 10H_2O$，sodium carbonate 10-water 或 sodium carbonate-water(1/10)，十水碳酸钠或碳酸钠·水(1/10)。

8. 配合物

书写化学式时正性物质在前，负性物质在后。汉语命名时则顺序相反。

(1) 中心体以元素名称命名，(　) 内罗马数字表示其氧化态。

(2) 阴离子配位体把词尾-ite(亚某酸根)、-ide(某离子)、-ate(某酸根)中的 e 改为-o。如 CH_3COO^-，acetato (原为 acetate)；F^-，fluoro(原为 fluoride)。

(3) 中性配位体：H_2O，aqua(原为 aquo)；NH_3，ammine(原为 ammonia)；CO，carbonyl。如$[Cr(H_2O)_6]Cl_3$，hexaaqua chromium trichloride，三氯化六水合铬；$Ni(CO)_4$，nickel tetracarbonyl，四羰基合镍。

9. 同多酸和杂多酸

(1) 同种简单含氧酸缩水形成的酸叫**同多酸**(isopoly acid)。词头冠以 cyclo(环)、catena

(链)或数字,如

$P_3O_{10}^{5-}$,tripolyphosphate,三聚磷酸盐

$P_3O_9^{3-}$,cyclotriphosphate,环三磷酸盐

$(PO_3)_n^{n-}$,catena polyphosphate,多聚磷酸盐

(2) 由两种简单含氧酸所组成的酸叫**杂多酸**(heteropoly acid)。如$(NH_4)_3PO_4 \cdot 12MoO_3$ 或$(NH_4)_3[PMo_{12}O_{40}]$,triammonium dodeca molybdo phosphate,十二钼磷酸铵。

附录二　反应平衡常数的某些运用

欲对水溶液中较复杂化学反应的倾向作出判断,常把较复杂反应看成几个简单反应的组合。如把 AgCl 和 $NH_3 \cdot H_2O$ 反应看成 AgCl 溶解平衡和 $Ag(NH_3)_2^+$ 配位平衡的组合。

$$AgCl(s) \rightleftharpoons Ag^+ + Cl^- \qquad K_{sp}$$
$$+)\quad Ag^+ + 2NH_3 \rightleftharpoons Ag(NH_3)_2^+ \qquad \beta_2$$
$$AgCl(s) + 2NH_3 \rightleftharpoons Ag(NH_3)_2^+ + Cl^- \qquad K = K_{sp} \cdot \beta_2$$

这样,可由反应的 K 值判断复杂反应的倾向。

1. 反应的平衡常数 K

反应平衡常数的表示式有以下 4 种情况:

若 $$A+B \rightleftharpoons C+D \qquad K$$
则 $$nA+nB \rightleftharpoons nC+nD \qquad K^n$$
$$C+D \rightleftharpoons A+B \qquad 1/K$$
$$nC+nD \rightleftharpoons nA+nB \qquad 1/K^n$$

由两(或多)个反应组合成较复杂反应,其平衡常数为各简单反应平衡常数的乘积或(和)商。

2. 根据平衡常数 K 判断反应进行的程度

若把反应达到平衡时,生成物浓度是反应物浓度的 100 倍作为"完全反应"的衡量尺度,则完全反应的 K 值与参与平衡的反应物和生成物的浓度有关。如

$$A \rightleftharpoons C \qquad K \geqslant 10^2$$
$$A+B \rightleftharpoons C+D \qquad K \geqslant 10^4$$
$$A+2B \rightleftharpoons C+2D \qquad K \geqslant 10^6$$

当反应物和生成物的分子数不多时,一般各为 2、3 个,则 $K > 10^6 \sim 10^7$ 的反应是"完全"的;同理,$K < 10^{-6} \sim 10^{-7}$的反应难于进行;而 $10^6 > K > 10^{-6}$的反应虽能进行,但不完全。对于后一类反应,可通过改变反应物或(和)生成物的浓度,使平衡发生显著移动。

3. 氢氧化物

(1) 难溶氢氧化物的生成

许多金属离子 M^{n+} 和 NaOH 或 $NH_3 \cdot H_2O$ 作用生成难溶的 $M(OH)_n$ 沉淀。M^{n+} 和 OH^- 反应的平衡常数为

$$M^{n+} + nOH^- \longrightarrow M(OH)_n \downarrow \qquad K_{①} = 1/K_{sp}$$

难溶 MOH 的 $K_{sp} < 10^{-7}$，则 $K_{①} > 10^7$；难溶 $M(OH)_2$ 的 $K_{sp} < 10^{-5}$，则 $K_{①} > 10^5$；难溶 $M(OH)_3$ 的 $K_{sp} < 10^{-20}$，则 $K_{①} > 10^{20}$。反应的 $K_{①}$ 值都较大，表示生成 $M(OH)_n$ 沉淀的反应都比较完全。

M^{n+} 和 $NH_3 \cdot H_2O$ 反应形成 $M(OH)_n$ 的平衡常数为

$$\begin{array}{lll} & M^{n+} + nOH^- \longrightarrow M(OH)_n \downarrow & 1/K_{sp} \\ +) & nNH_3 \cdot H_2O \longrightarrow nNH_4^+ + nOH^- & K^n(NH_3 \cdot H_2O) \\ \hline & M^{n+} + nNH_3 \cdot H_2O \longrightarrow M(OH)_n \downarrow + nNH_4^+ & K_{②} = K^n(NH_3 \cdot H_2O)/K_{sp} \end{array}$$

由附表 1 列出的 $K_{②}$ 值知：大多数 M^{n+} 和 $NH_3 \cdot H_2O$ 反应的 $K_{②}$ 值较大，所以 $M(OH)_n$ 沉淀完全；Ca^{2+} 和 $NH_3 \cdot H_2O$ 反应的 $K_{②}$ 值小，不易沉淀。Mg^{2+}、Mn^{2+} 和 $NH_3 \cdot H_2O$ 反应的$K_{②}$ 值也不大，表明反应虽能进行，但不完全，沉淀反应可被一定浓度的 NH_4^+ 所抑制。

以上根据 K 值所作的判断均和实验事实相符。

附表 1　难溶氢氧化物

氢氧化物	AgOH*	CuOH*	$Ca(OH)_2$	$Mg(OH)_2$	$Mn(OH)_2$
K_{sp}	2.0×10^{-8}	1×10^{-14}	5.5×10^{-6}	1.8×10^{-11}	4.0×10^{-14}
$K_{②}$	9.0×10^{2}	1.8×10^{9}	5.9×10^{-5}	1.8×10	8.0×10^{3}
氢氧化物	$Fe(OH)_2$	$Cu(OH)_2$	$La(OH)_3$**	$Cr(OH)_3$	$Al(OH)_3$
K_{sp}	8.0×10^{-16}	2.6×10^{-19}	1.6×10^{-19}	6×10^{-31}	1.3×10^{-33}
$K_{②}$	4×10^{5}	1.2×10^{9}	5.3×10^{4}	9.7×10^{15}	4.5×10^{18}
氢氧化物	$Fe(OH)_3$	$Ce(OH)_4$	$Th(OH)_4$	$Sn(OH)_4$	
K_{sp}	4×10^{-38}	2×10^{-44}	1.3×10^{-45}	1×10^{-56}	
$K_{②}$	6.9×10^{24}	2.9×10^{33}	8.1×10^{25}	1.1×10^{37}	

* 为 $\frac{1}{2}M_2O + \frac{1}{2}H_2O \longrightarrow M^+ + OH^-$ 的 K_{sp}。

** 镧系元素 $M(OH)_3$ 的 K_{sp} 为 $10^{-19} \sim 10^{-24}$。

(2) 难溶氢氧化物的溶解

① 难溶氢氧化物溶于强酸的反应。

$$\begin{array}{lll} & M(OH)_n \longrightarrow M^{n+} + nOH^- & K_{sp} \\ +) & nOH^- + nH^+ \longrightarrow nH_2O & 1/K_w^n \\ \hline & M(OH)_n + nH^+ \longrightarrow M^{n+} + nH_2O & K_{③} = K_{sp}/K_w^n \end{array}$$

室温 $K_w = 10^{-14}$，而一般 MOH 的 $K_{sp} > 10^{-14}(K_w)$，$M(OH)_2$ 的 $K_{sp} > 10^{-28}(K_w^2)$，$M(OH)_3$ 的 $K_{sp} > 10^{-42}(K_w^3)$，所以 $K_{③}$ 均大于 1，表示 $M(OH)_n$ 能溶于强酸，只是溶解所需 $c(H^+)$ 不同。

② 难溶氢氧化物能否溶于弱酸？以 HA 表示一元弱酸，它和 $M(OH)_n$ 反应的 K 为

$$\begin{array}{lll} & M(OH)_n + nH^+ \longrightarrow M^{n+} + nH_2O & K_{③} \\ +) & nHA \longrightarrow nH^+ + nA^- & K^n(HA) \\ \hline & M(OH)_n + nHA \longrightarrow M^{n+} + nH_2O + nA^- & K_{④} = K_{③} \cdot K^n(HA) \end{array}$$

现将 $Ca(OH)_2$、$Fe(OH)_3$、$Al(OH)_3$ 的 K_{sp}，HAc 的 K_a 及 K_w 代入 $K_{④}$ 得：$Ca(OH)_2$ 和 HAc

反应的 $K_④=1.8\times10^{13}$，示 $Ca(OH)_2$ 溶于 HAc；$Fe(OH)_3$ 和 HAc 反应的 $K_④=2.3\times10^{-10}$，示 $Fe(OH)_3$ 不能溶于 HAc；$Al(OH)_3$ 和 HAc 反应的 $K_④=7.6\times10^{-6}$，示 $Al(OH)_3$ 能溶于一定浓度的 HAc。

(3) 两性氢氧化物溶于强碱的反应

常见两性氢氧化物有 $Cu(OH)_2$、$Zn(OH)_2$、$Sn(OH)_2$、$Pb(OH)_2$、$Al(OH)_3$、$Cr(OH)_3$ 等，它们和碱的反应为

$$M(OH)_n = M^{n+} + nOH^- \qquad K_{sp}$$
$$+)\quad M^{n+} + mOH^- = M(OH)_m^{(m-n)-} \qquad \beta_m$$
$$M(OH)_n + (m-n)OH^- = M(OH)_m^{(m-n)-} \qquad K_⑤ = K_{sp}\cdot\beta_m$$

将 K_{sp}、β_m 代入，把计算结果 $K_⑤$ 值列于附表 2。

$K_⑤>10^{-3}$，表明两性氢氧化物能够溶于一定浓度的强碱。定性分析规定：所谓溶解，是指被溶物质的浓度$\geq10^{-2}$ mol·L^{-1}。据此，可由平衡关系式估算 OH^- 的平衡浓度。

附表 2

$M(OH)_m^{(m-n)-}$	$Zn(OH)_4^{2-}$	$Cu(OH)_4^{2-}$	$Sn(OH)_3^-$	$Pb(OH)_3^-$	$Cr(OH)_4^-$
$\beta_m(M(OH)_m^{(m-n)-})$	3.2×10^{15}	1.3×10^{16}	5×10^{24}	2×10^{13}	4×10^{30}
$K_{sp}(M(OH)_n)$	1.2×10^{-17}	2.6×10^{-19}	1.4×10^{-27}	2.5×10^{-16}	6×10^{-31}
$K_⑤$	3.8×10^{-2}	3.4×10^{-3}	7×10^{-3}	5×10^{-3}	2.4

(4) 某些氢氧化物和氨水的反应

能形成氨配离子的阳离子有 Cu^{2+}、Ag^+、Zn^{2+}、Cd^{2+}、Co^{2+} 等，它们和 $NH_3\cdot H_2O$ 反应的 K 为

$$M(OH)_n = M^{n+} + nOH^- \qquad K_{sp}$$
$$+)\quad M^{n+} + mNH_3 = M(NH_3)_m^{n+} \qquad \beta_m$$
$$M(OH)_n + mNH_3 = M(NH_3)_m^{n+} + nOH^- \qquad K_⑥ = K_{sp}\cdot\beta_m$$

将 K_{sp}、β_m 代入，计算结果 $K_⑥$ 列于附表 3。

附表 3

	$Ag(NH_3)_2^+$	$Cu(NH_3)_4^{2+}$	$Zn(NH_3)_4^{2+}$	$Cd(NH_3)_4^{2+}$
$\beta_m(M(NH_3)_m^{n+})$	1.1×10^7	4.7×10^{12}	1.15×10^9	1.3×10^7
$K_⑥$	2.2×10^{-1}	1.0×10^{-6}	2.4×10^{-7}	3.3×10^{-7}
$K_⑦$	1.2×10^4	3.1×10^3	7.4×10^2	1.0×10^3

除银的 $K_⑥$ 外，其他平衡常数都很小（$\approx10^{-6}$），表示它们不易和稀 $NH_3\cdot H_2O$ 反应；若用浓 $NH_3\cdot H_2O$，反应可以进行。判断和实验事实相符。

若反应体系中有 NH_4^+ 存在，它将和 OH^- 结合成 $NH_3\cdot H_2O$，平衡右移。

$$M(OH)_n + mNH_3 = M(NH_3)_m^{n+} + nOH^- \qquad K_⑥$$
$$+)\quad nNH_4^+ + nOH^- = nNH_3\cdot H_2O \qquad 1/K^n(NH_3\cdot H_2O)$$
$$M(OH)_n + (m-n)NH_3 + nNH_4^+ = M(NH_3)_m^{n+} + nH_2O \qquad K_⑦ = K_⑥/K^n(NH_3\cdot H_2O)$$

$K_⑦$比$K_⑥$大$1/K^n(NH_3 \cdot H_2O)$倍。$n=1、2、3$，则$1/K^n(NH_3 \cdot H_2O)$为5.6×10^4、3.1×10^9、1.8×10^{14}。即当有足量NH_4^+时，$K_⑦$值比$K_⑥$值大5.6×10^4、3.1×10^9、1.5×10^{14}倍。因此在有NH_4^+时，$M(OH)_n$易和$NH_3 \cdot H_2O$反应。判断与实验事实相符。若开始用$NH_3 \cdot H_2O$，则在$M(OH)_n$沉淀的同时有NH_4^+生成，所以在后期加$NH_3 \cdot H_2O$时较易形成氨配离子。

4. 难溶弱酸盐

常见的弱酸盐有硫化物、碳酸盐、草酸盐、铬酸盐及硫酸盐。

(1) 难溶弱酸盐的生成

先讨论M^{2+}和二元弱酸H_2A的反应。

$$
\begin{array}{llr}
 & H_2A \rightleftharpoons 2H^+ + A^{2-} & K_1K_2 \\
+) & M^{2+} + A^{2-} \rightleftharpoons MA\downarrow & 1/K_{sp} \\
\hline
 & M^{2+} + H_2A \rightleftharpoons MA\downarrow + 2H^+ & K_⑧ = K_1K_2/K_{sp}
\end{array}
$$

将H_2S、H_2CO_3、$H_2C_2O_4$、HSO_4^-及$H_2Cr_2O_4$的K_1K_2和相应难溶盐的K_{sp}代入，求得的$K_⑧$列于附表4。

附表4a　M^{2+}和$H_2S(K_1=1.3\times10^{-7}, K_2=7.1\times10^{-15})$反应

	MnS	FeS	ZnS	CdS
$K_{sp}(MS)$	2×10^{-15}	4×10^{-19}	2×10^{-22}	8×10^{-27}
$K_⑧$	4.6×10^{-7}	2.3×10^{-3}	4.6	1.2×10^5
	PbS	CuS	HgS	
$K_{sp}(MS)$	1×10^{-28}	6×10^{-36}	4×10^{-53}	
$K_⑧$	9×10^6	2×10^{14}	2×10^{31}	

附表4b　M^{2+}和$H_2CO_3(K_1=4.2\times10^{-7}, K_2=5.6\times10^{-11})$反应

	$MgCO_3$	$BaCO_3$	$MnCO_3$	$CoCO_3$	$PbCO_3$
$K_{sp}(MCO_3)$	1.0×10^{-5}	5.1×10^{-9}	7.9×10^{-11}	1.4×10^{-13}	1.6×10^{-15}
$K_⑧$	2.4×10^{-12}	4.6×10^{-9}	3.0×10^{-7}	1.7×10^{-4}	1.5×10^{-2}

附表4c　M^{2+}和$H_2C_2O_4(K_1=5.9\times10^{-2}, K_2=6.4\times10^{-5})$反应

	MgC_2O_4	BaC_2O_4	CuC_2O_4	CdC_2O_4	CaC_2O_4
$K_{sp}(MC_2O_4)$	7.9×10^{-6}	1.6×10^{-7}	2.9×10^{-8}	1.6×10^{-8}	2.5×10^{-9}
$K_⑧$	4.8×10^{-1}	2.4×10	1.3×10^2	2.4×10^2	1.5×10^3

附表4d　M^{2+}和$HSO_4^-(K_2=1.0\times10^{-2})$反应

	$CaSO_4$	$SrSO_4$	$PbSO_4$	$BaSO_4$
$K_{sp}(MSO_4)$	9.1×10^{-6}	2.5×10^{-7}	1.6×10^{-8}	1.1×10^{-10}
$K_⑧$	1.1×10^3	4.0×10^4	6.3×10^5	9.1×10^7

附表 4e　M^{2+} 和 H_2CrO_4（$K_1=4.1, K_2=3.2\times10^{-7}$）反应

	$SrCrO_4$	$BaCrO_4$	Ag_2CrO_4	$PbCrO_4$
$K_{sp}(MCrO_4)$	4.0×10^{-5}	2.0×10^{-10}	2×10^{-12}	2.8×10^{-13}
$K_{⑧}$	3.3×10^{-2}	6.5×10^{3}	6.5×10^{5}	4.6×10^{6}

由表中数据知：若 $K_{sp}\ll K_1K_2$，则 $K_{⑧}\gg1$，M^{2+} 和 H_2A 生成 MA 的反应是完全的，如生成 CuS、$BaSO_4$、HgS 等；若 $K_{sp}\gg K_1K_2$，则 $K_{⑧}\ll1$，表示 M^{2+} 和 H_2A 混合得不到沉淀，如 Mn^{2+} 和 H_2S；若 $K_{sp}\approx K_1K_2$，则 $K_{⑧}\approx1$，表示有沉淀生成，但反应不完全，如生成 ZnS、BaC_2O_4 等。

下面再讨论不是 M^{2+}（以 Ag^+、La^{3+} 为例）和不是二元弱酸（以 H_3PO_4 为例）间的反应倾向：

$$3Ag^+ + H_3PO_4 \rightleftharpoons Ag_3PO_4 + 3H^+ \qquad K = K_1K_2K_3/K_{sp}$$

$$La^{3+} + H_3PO_4 \rightleftharpoons LaPO_4 + 3H^+ \qquad K = K_1K_2K_3/K_{sp}$$

H_3PO_4 的 $K_1K_2K_3=2.1\times10^{-22}$，和 $LaPO_4$ 的 $K_{sp}(4\times10^{-22})$ 相近，所以 La^{3+} 和 H_3PO_4 反应能生成 $LaPO_4$ 沉淀，但反应不完全，且 $LaPO_4$ 能溶于强酸。Ag_3PO_4 的 $K_{sp}=1.6\times10^{-19}$，所以 Ag^+ 和 H_3PO_4 反应得不到 Ag_3PO_4。

M^{2+} 和 H_3PO_4 反应的平衡常数为

$$3M^{2+} + 2H_3PO_4 \rightleftharpoons M_3(PO_4)_2 + 6H^+ \quad K=(K_1K_2K_3)^2/K_{sp}$$

H_3PO_4 的 $(K_1K_2K_3)^2=4.4\times10^{-44}$，此值小于 $Ca_3(PO_4)_2$ 的 $K_{sp}(1.0\times10^{-25})$，而和 $Pb_3(PO_4)_2$ 的 $K_{sp}(3\times10^{-44})$ 相近，所以 Ca^{2+} 和 H_3PO_4 混合得不到沉淀，而（常见 M^{2+} 中只有）Pb^{2+} 和 H_3PO_4 反应生成 $Pb_3(PO_4)_2$ 沉淀，但反应不完全。

（2）难溶弱酸盐能否溶于强酸

上述难溶弱酸盐沉淀反应的逆反应，就是难溶弱酸盐和强酸的反应，其平衡常数为 $1/K_{⑧}$，除 $BaSO_4$、CuS、HgS 等外，其他难溶弱酸盐均能溶于强酸。

有些难溶弱酸盐还能溶于相对强酸。如 MCO_3 和 HAc 反应：

$$\begin{array}{lll} & MCO_3 \rightleftharpoons M^{2+} + CO_3^{2-} & K_{sp} \\ & 2H^+ + CO_3^{2-} \rightleftharpoons H_2CO_3 & 1/(K_1K_2) \\ +) & 2HAc \rightleftharpoons 2H^+ + 2Ac^- & K^2(HAc) \\ \hline & MCO_3 + 2HAc \rightleftharpoons M^{2+} + H_2CO_3 + 2Ac^- & K = K_{sp}K^2(HAc)/(K_1K_2) \end{array}$$

把 H_2CO_3 的 $K_1K_2(2.4\times10^{-17})$ 及 HAc 的 K 代入，得 $K=1.3\times10^7K_{sp}$。因此，K_{sp} 在 10^{-7} 左右的 MCO_3（如 $CaCO_3$、$MgCO_3$ 等）均能溶于过量的 HAc。

难溶多元弱酸盐较易溶于相应的多元弱酸。如 MCO_3 和 CO_2 的反应：

$$\begin{array}{lll} & MCO_3 \rightleftharpoons M^{2+} + CO_3^{2-} & K_{sp} \\ & H_2CO_3 \rightleftharpoons H^+ + HCO_3^- & K_1 \\ +) & H^+ + CO_3^{2-} \rightleftharpoons HCO_3^- & 1/K_2 \\ \hline & MCO_3 + H_2CO_3 \rightleftharpoons M^{2+} + 2HCO_3^- & K = K_{sp}\cdot K_1/K_2 = 7.5\times10^3K_{sp} \end{array}$$

MCO_3 在 H_2CO_3 溶液中溶解反应的 K 值约是 MCO_3 在水中溶解 K 值的 7.5×10^3 倍，所以 MCO_3 在 H_2CO_3 溶液中的溶解量（因 K_{sp} 小，所以仅略）大于它在水中的溶解量。

5. 难溶盐和易溶配离子间的关系

(1) AgX 和 $NH_3 \cdot H_2O$、$Na_2S_2O_3$ 溶液的反应

① AgCl 和 $NH_3 \cdot H_2O$ 反应的平衡常数为

$$AgCl + 2NH_3 \rightleftharpoons Ag(NH_3)_2^+ + Cl^- \qquad K = 2.0\times10^{-3}$$

若反应达平衡后，有过量的 $NH_3 \cdot H_2O$，且浓度又不很低时，可近似地认为 $[Ag(NH_3)_2^+]=[Cl^-]$，则 $[Ag(NH_3)_2^+]$ 和 $[NH_3 \cdot H_2O]$ 平衡浓度关系如附表 5 所示：AgCl 难溶于约0.10 mol·L^{-1} $NH_3 \cdot H_2O$，而易溶于 2.0 mol·L^{-1} $NH_3 \cdot H_2O$。

附表 5

$[NH_3 \cdot H_2O]/(mol \cdot L^{-1})$	0.10	2.0
$[Ag(NH_3)_2^+]=[Cl^-]/(mol \cdot L^{-1})$	6.7×10^{-3}	0.13

② AgI 和 $Na_2S_2O_3$ 溶液反应的平衡常数为

$$AgI + 2S_2O_3^{2-} \rightleftharpoons Ag(S_2O_3)_2^{3-} + I^- \qquad K = K_{sp} \cdot \beta_2 = 3.6\times10^{-3}$$

此反应的方程式与 AgCl 和 $NH_3 \cdot H_2O$ 的反应相同，K 值相近。因此对①的判断也适用于此，即 AgI 难溶于 0.1 mol·L^{-1} $Na_2S_2O_3$，而易溶于>1 mol·L^{-1}的 $Na_2S_2O_3$。

(2) HgS 和 KI-HCl 混合溶液的反应

$$\begin{array}{lll} & HgS \rightleftharpoons Hg^{2+} + S^{2-} & K_{sp} \\ & Hg^{2+} + 4I^- \rightleftharpoons HgI_4^{2-} & \beta_4 \\ +) & 2H^+ + S^{2-} \rightleftharpoons H_2S & 1/(K_1K_2) \\ \hline & HgS + 2H^+ + 4I^- \rightleftharpoons HgI_4^{2-} + H_2S & K = K_{sp} \cdot \beta_4/(K_1K_2) = 3.0\times10^{-3} \end{array}$$

$K\approx10^{-3}$，可见 HgS 能溶于过量且浓度不很低的 KI-HCl 混合溶液。

(3) $Cu(NH_3)_4^{2+}$ 和 OH^- 或 S^{2-} 的反应

$$Cu(NH_3)_4^{2+} + S^{2-} \rightleftharpoons CuS\downarrow + 4NH_3 \qquad K = \frac{1}{\beta_4 \cdot K_{sp}} = 3.5\times10^{22}$$

$K\approx10^{22}$，可见 $Cu(NH_3)_4^{2+}$ 和 S^{2-} 的反应是完全的。

$$Cu(NH_3)_4^{2+} + 2OH^- \rightleftharpoons Cu(OH)_2 + 4NH_3 \qquad K = \frac{1}{\beta_4 \cdot K_{sp}} = 10^6$$

$K\approx10^6$，说明 $Cu(NH_3)_4^{2+}$ 和 OH^- 反应有 $Cu(OH)_2$ 生成，但不如生成 CuS 的反应完全；当 $[OH^-]$ 较低而 $[NH_3]$ 较高时，将无 $Cu(OH)_2$ 析出。

6. 几点说明

(1) 讨论 MCO_3 溶于 HAc，AgCl 溶于 $NH_3 \cdot H_2O$ 时，曾强调若 HAc、$NH_3 \cdot H_2O$ 过量，且达平衡后其浓度又不很低，则体系中的 $[HCO_3^-]$、$[Ag(NH_3)^+]$ 甚低，判断时可略去不计。显然，这种对试剂用量（"过量"）和浓度（"不很低"）的要求是相对的。如

$$AgCl + 2NH_3 \rightleftharpoons Ag(NH_3)_2^+ + Cl^- \qquad K = 2.0 \times 10^{-3}$$
$$AgCl + 2CN^- \rightleftharpoons Ag(CN)_2^- + Cl^- \qquad K = 2.3 \times 10^{11}$$

由 K 值知，生成 $Ag(CN)_2^-$ 所需过量 CN^- 的浓度肯定显著低于生成 $Ag(NH_3)_2^+$ 对过量 $NH_3 \cdot H_2O$浓度的要求。

(2) 由于平衡常数、实验温度和文献值不尽一致，以上讨论又未考虑离子强度，所以用 K 值判断反应的方向和程度只能是约值，个别情况下差一两个数量级也是可能的。

(3) 根据 K 值判断得到的结论，属于**热力学**范畴，而反应速率则是**动力学**问题，不要把两者混为一谈。

在电离平衡中，由于电离达平衡所需时间极短[如 CH_3COOH 电离达平衡只需 $(2\sim3)\times10^{-6}$ s]，一般只考虑反应倾向就可以了；沉淀反应的速率除个别较慢外，都很快。因此，也可以只考虑反应倾向而置反应速率于不顾。氧化还原反应、配位反应速率有快有慢，如 $Co(NH_3)_6^{3+}$、$Cu(NH_3)_4^{2+}$ 和 H^+ 反应：

$$Co(NH_3)_6^{3+} + 6H^+ \rightleftharpoons Co^{3+} + 6NH_4^+ \qquad K = 1.1 \times 10^{21}$$
$$Cu(NH_3)_4^{2+} + 4H^+ \rightleftharpoons Cu^{2+} + 4NH_4^+ \qquad K = 2.3 \times 10^{22}$$

K 值都较大，$Co(NH_3)_6^{3+}$ 和 H^+ 反应的速率很慢，而 $Cu(NH_3)_4^{2+}$ 和 H^+ 的反应很快。可见，对于有配位平衡的反应，用 K 值判断反应倾向的同时还要注意速率。

(4) 判断时要注意 K 值和参与平衡浓度间的关系。如实验证明 $PbCrO_4$ 溶于 HNO_3，但这个反应的 K 值却很小。

$$2PbCrO_4 + 2H^+ + 2NO_3^- \rightleftharpoons 2PbNO_3^+ + Cr_2O_7^{2-} + H_2O \qquad K = 2.2 \times 10^{-9}$$

若按习惯规定设$[PbNO_3^+] = 10^{-2}$ mol·L^{-1}，则$[Cr_2O_7^{2-}] = 5\times10^{-3}$ mol·L^{-1}，可求得$[H^+] = [NO_3^-] \approx 3.9$ mol·L^{-1}。估算表明 $PbCrO_4$ 能溶于约 4 mol·L^{-1}的 HNO_3。(与事实相符)

(5) 判断时应考虑全面，否则将导致误判。如

$$PbSO_4 + H^+ \rightleftharpoons Pb^{2+} + HSO_4^- \qquad K = 1.6 \times 10^{-6}$$

若设$[Pb^{2+}] = [HSO_4^-] = 10^{-2}$ mol·L^{-1}，则与之平衡的$[H^+] = 63$ mol·L^{-1}，远大于浓 HNO_3 的浓度(≈15 mol·L^{-1})。然而事实是，$PbSO_4$ 溶于约 3 mol·L^{-1}的 HNO_3。究其原因，未考虑 Pb^{2+} 和 NO_3^- 的配位($\beta = 15$)。考虑了配位的 K 值为

$$PbSO_4 + H^+ + NO_3^- \rightleftharpoons PbNO_3^+ + HSO_4^- \qquad K = 2.4 \times 10^{-5}$$

和 3 mol·L^{-1} HNO_3 平衡的$[PbNO_3^+] \approx [HSO_4^-] \approx 10^{-2}$ mol·L^{-1}，即 $PbSO_4$ 能溶于约 3 mol·L^{-1}的 HNO_3。

附录三　常见阳离子的基本性质和鉴定

1. 定性分析简介

分析化学的任务是鉴定物质的化学成分和组成，分为**定性分析**(qualitative analysis)和**定**

量分析(quantitative analysis)。前者是确定物质由哪些组分(元素、化合物、原子团)组成的,后者是测定物质中各组分的含量。

根据对分析物质试样的用量及操作方法的不同,可分为**常量**、**半微量**和**微量**分析,各种方法分析试样用量范围是:

	试样量	试液体积
常量分析	0.1~1 g	10 mL 以上
半微量分析	10~100 mg	1~10 mL
微量分析	1~10 mg	0.1~1 mL

按对物质分析手段的不同,又分为**化学分析**和**仪器分析**两大类。化学分析是以物质的化学反应为基础的分析方法,大部分化学反应在溶液中进行,少部分化学反应是固体试样和试剂经加热或研磨后发生的,前者为**湿法**分析,后者为**干法**分析。

本书选择了 18 种阳离子的分离和检出,其目的在于加深对水溶液中离子性质的理解,这些阳离子有 Na^+、K^+、NH_4^+、Mg^{2+}、Ca^{2+}、Ba^{2+}、Ag^+、Pb^{2+}、Hg^{2+}、Cu^{2+}、Bi^{3+}、Zn^{2+}、Cr^{3+}、Fe^{3+}、Al^{3+}、Mn^{2+}、Co^{2+}、Ni^{2+} 等。

2. 鉴定反应

鉴定反应(identification reaction)是指对分析试样中某一组分存在与否能作出确定结论的化学反应,它必须具备明显的外观特征,如溶液颜色的改变、沉淀的生成和溶解及某些气体的生成等。

(1) 鉴定反应的条件

鉴定反应只有在一定的条件下才能进行。最主要的反应条件包括溶液的酸度、反应离子的浓度、溶液的温度、催化剂和试剂的影响。

(2) 灵敏度和选择性

① 灵敏度(sensitivity)。是指利用某一化学反应能够检出某种离子的最少量或最低浓度。检出最小量又称**检出限量**,一般用微克(μg,即 10^{-6} g)表示。最低浓度是指检出某种离子刚刚能得到肯定结果的该离子溶液的浓度,一般用 $\mu g \cdot g^{-1}$ 表示。若检出限量越小,最低浓度越低,则鉴定反应的灵敏度就越高。例如用 CrO_4^{2-} 鉴定 Ba^{2+}、用 $C_2O_4^{2-}$ 鉴定 Ca^{2+},它们的检出限量和最低浓度汇于附表 6。

附表 6

鉴 定 反 应	检出限量/μg	最低浓度/($\mu g \cdot g^{-1}$)
$Ba^{2+} + CrO_4^{2-} \longrightarrow BaCrO_4\downarrow$ (黄)	3.5	70
$Ca^{2+} + C_2O_4^{2-} \longrightarrow CaC_2O_4\downarrow$ (白)	1.0	20

生成 CaC_2O_4 沉淀的反应灵敏度高,生成 $BaCrO_4$ 沉淀次之。

检出限量 m(μg)、最低浓度 x($\mu g \cdot g^{-1}$)和试样体积 V(cm^3)之间的关系式为

$$m=\frac{x \cdot V}{10^6} \quad 或 \quad V=\frac{m \cdot 10^6}{x}$$

从表中数据知,用 CrO_4^{2-} 鉴定 Ba^{2+} 的反应,检出限量 $m=3.5\ \mu g=3.5\times10^{-6}$ g,最低浓度

$x=70\ \mu g \cdot g^{-1}$，则试样溶液体积 V 为

$$V=\frac{3.5\times10^{-6}\times10^{6}}{70}\text{cm}^3=0.05\ \text{cm}^3$$

0.05 cm^3 相当于定性分析所用试剂滴管 1 滴溶液的体积，也就是说，取 1 滴试样溶液就能进行 Ba^{2+} 的鉴定反应。

② 选择性(selectivity)。是指一种试剂只同为数不多的离子发生反应，这种反应称选择反应。若一种试剂只能和越少种类的离子反应，则反应的选择性越高。为提高反应的选择性，经常采用控制酸度、加入掩蔽剂或分离干扰离子的办法。

如在一份含 Ba^{2+} 和 Sr^{2+} 的混合溶液中，欲用 CrO_4^{2-} 鉴定 Ba^{2+}，则 Sr^{2+} 有干扰。若向混合离子溶液加入 HAc-Ac^- 缓冲溶液，适当提高溶液的酸度，使部分 CrO_4^{2-} 转化为 $HCrO_4^-$，这样仅生成 $BaCrO_4$ 沉淀，而 Sr^{2+} 残留在溶液中。

又如在一份含 Co^{2+} 和 Fe^{3+} 的混合溶液中，欲用 SCN^- 鉴定 Co^{2+} 离子，Fe^{3+} 有干扰，为此先加入足量的 F^-，生成无色 FeF_3 掩蔽 Fe^{3+}，以提高 SCN^- 鉴定 Co^{2+} 的选择性。

3. 常见阳离子的系统分析

(1) 系统分析和分别分析

在其他离子共存的情况下，不经分离能够用特效试剂鉴定某种离子的分析方法叫**分别分析**(fractional analysis)。但对组成比较复杂的试样或如本书所选 18 种阳离子混合溶液中的各离子进行检出，采用分别分析是极困难的。一方面难以选择那样多的特效试剂，另一方面实验操作步骤并不简便。为此，在分析工作中常用某些试剂将一些性质相近的离子分组，然后在各组内再检出为数不多的几种离子，这种方法称**系统分析**(systematic analysis)。能将常见阳离子分组的试剂叫**组试剂**(group reagents)。组试剂一般是沉淀剂。它们应具备以下性质：能使一些离子完全沉淀，另一些离子留在溶液中，即分离完全；各组内离子种类不多；为不给分离后的混合离子带入其他阳离子，常用铵盐作组试剂。

(2) 常见阳离子与常用试剂的反应

常用试剂一般指 HCl、H_2SO_4、H_2S、NaOH、$NH_3 \cdot H_2O$、$(NH_4)_2CO_3$、$(NH_4)_2S$ 等。18 种常见阳离子中，Na^+、K^+ 不与常用试剂反应，现将其他阳离子和常用试剂的反应汇于附表 7。

附表 7

试剂＼离子	Ag^+	Pb^{2+}	Hg^{2+}	Cu^{2+}	Bi^{3+}	Al^{3+}	Cr^{3+}	Fe^{3+}
HCl	$AgCl\downarrow$	$PbCl_2\downarrow$	—	—	—	—	—	—
H_2S 和 0.3 mol·L^{-1} HCl	$Ag_2S\downarrow$	$PbS\downarrow$	$HgS\downarrow$	$CuS\downarrow$	$Bi_2S_3\downarrow$	—	—	—
$(NH_4)_2S$	$Ag_2S\downarrow$	$PbS\downarrow$	$HgS\downarrow$	$CuS\downarrow$	$Bi_2S_3\downarrow$	$Al(OH)_3\downarrow$	$Cr(OH)_3\downarrow$	FeS,S
$(NH_4)_2CO_3$	$Ag_2CO_3\downarrow$	碱式盐↓	碱式盐↓	碱式盐↓	碱式盐↓	$Al(OH)_3\downarrow$	$Cr(OH)_3\downarrow$	$Fe(OH)_3\downarrow$
NaOH*	$Ag_2O\downarrow$	$Pb(OH)_2\downarrow$	$HgO\downarrow$	碱式盐↓	$Bi(OH)_3\downarrow$	$Al(OH)_3\downarrow$	$Cr(OH)_3\downarrow$	$Fe(OH)_3\downarrow$
$NH_3 \cdot H_2O$*	$Ag_2O\downarrow$	$Pb(OH)_2\downarrow$	$HgNH_2Cl$	碱式盐	$Bi(OH)_3\downarrow$	$Al(OH)_3\downarrow$	$Cr(OH)_3\downarrow$	$Fe(OH)_3\downarrow$
H_2SO_4	$Ag_2SO_4\downarrow$	$PbSO_4\downarrow$	—	—	—	—	—	—

续表

试剂＼离子	Co^{2+}	Ni^{2+}	Zn^{2+}	Mn^{2+}	Ba^{2+}	Ca^{2+}	Mg^{2+}
HCl	—	—	—	—	—	—	—
H_2S 和 0.3 mol·L^{-1} HCl	—	—	—	—	—	—	—
$(NH_4)_2S$	$CoS\downarrow$	$NiS\downarrow$	$ZnS\downarrow$	$MnS\downarrow$	—	—	—
$(NH_4)_2CO_3$	碱式盐↓	碱式盐↓	碱式盐↓	碱式盐↓	$BaCO_3\downarrow$	$CaCO_3\downarrow$	碱式盐↓
NaOH*	$Co(OH)_2\downarrow$	$Ni(OH)_2\downarrow$	$Zn(OH)_2\downarrow$	$Mn(OH)_2\downarrow$	—	$Ca(OH)_2\downarrow$	$Mg(OH)_2\downarrow$
$NH_3\cdot H_2O$*	碱式盐↓	$Ni(OH)_2\downarrow$	$Zn(OH)_2\downarrow$	$Mn(OH)_2\downarrow$	—	—	$Mg(OH)_2\downarrow$
H_2SO_4	—	—	—	—	$BaSO_4\downarrow$	—	—

* 为适量 NaOH 和 $NH_3\cdot H_2O$，不包括过量。

(3) 常见阳离子系统分析

① 硫化氢系统分析。是以硫化物溶解度的差别为基础的分析方法，它以 HCl、H_2S、$(NH_4)_2S$ 和 $(NH_4)_2CO_3$ 为组试剂(因使用了铵盐，所以要单独鉴出 NH_4^+)。硫化氢系统的分离示意图如下：

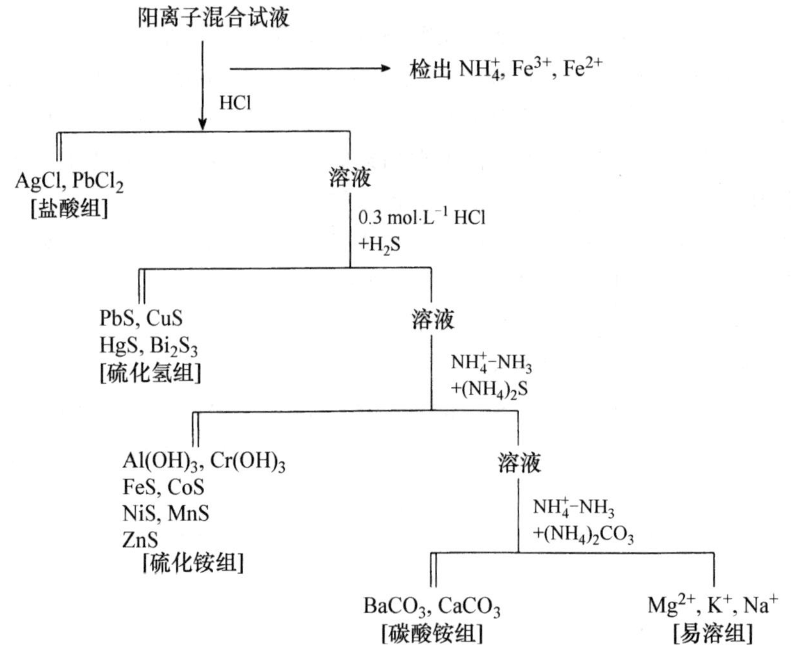

② 两酸两碱系统分析。是以氢氧化物的沉淀与溶解为分组基础的分析方法，它以 HCl、H_2SO_4、NaOH、$NH_3\cdot H_2O$ 为组试剂。分离示意图如下：

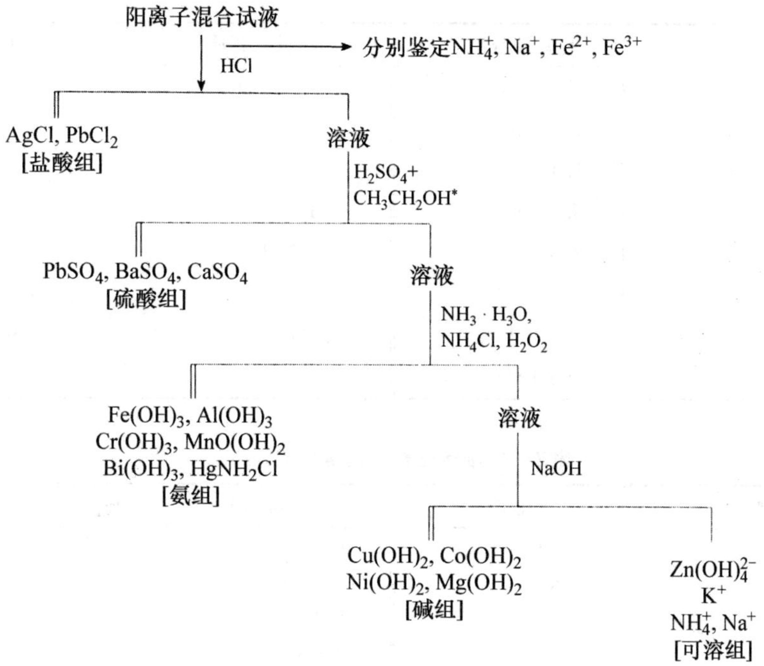

* 加 C_2H_5OH 是为了减小 $CaSO_4$ 溶解度。

附录四 数 据 表

附表 8 弱酸、弱碱的电离常数(25 ℃)

弱电解质	电离常数	弱电解质	电离常数
H_3AsO_4	$K_1=6.3\times10^{-3}$		$K_2=6.3\times10^{-8}$
	$K_2=1.0\times10^{-7}$		$K_3=4.4\times10^{-13}$
	$K_3=3.2\times10^{-12}$	$H_4P_2O_7$	$K_1=3.0\times10^{-2}$
$HAsO_2$	$K=6.0\times10^{-10}$		$K_2=4.4\times10^{-3}$
H_3BO_3	$K=5.8\times10^{-10}$		$K_3=2.5\times10^{-7}$
H_2CO_3	$K_1=4.2\times10^{-7}$		$K_4=5.6\times10^{-10}$
	$K_2=5.6\times10^{-11}$	H_3PO_3	$K_1=5.0\times10^{-2}$
$H_2C_2O_4$	$K_1=5.9\times10^{-2}$		$K_2=2.5\times10^{-7}$
	$K_2=6.4\times10^{-5}$	H_2S	$K_1=1.3\times10^{-7}$
HCN	$K=6.2\times10^{-10}$		$K_2=7.1\times10^{-15}$
$HCrO_4^-$	$K_2=3.2\times10^{-7}$	HSO_4^-	$K_2=1.0\times10^{-2}$
HF	$K=7.2\times10^{-4}$	H_2SO_3	$K_1=1.3\times10^{-2}$
HNO_2	$K=5.1\times10^{-4}$		$K_2=6.3\times10^{-8}$
H_3PO_4	$K_1=7.6\times10^{-3}$	H_2SiO_3	$K_1=1.7\times10^{-10}$

续表

弱电解质	电离常数	弱电解质	电离常数
	$K_2=1.6\times10^{-12}$		$K_2=2.1\times10^{-3}$
CH_3COOH	$K=1.8\times10^{-5}$		$K_3=6.9\times10^{-7}$
$CH_2ClCOOH$	$K=1.4\times10^{-3}$		$K_4=5.5\times10^{-11}$
$CHCl_2COOH$	$K=5.0\times10^{-2}$	$NH_3\cdot H_2O$	$K=1.8\times10^{-5}$
CCl_3COOH	$K=2.3\times10^{-1}$	H_2NNH_2	$K_1=3.0\times10^{-6}$
邻-$C_6H_4(COOH)_2$	$K_1=1.1\times10^{-3}$		$K_2=8.9\times10^{-16}$
	$K_2=3.6\times10^{-6}$	$Ca(OH)_2$	$K_2=5.0\times10^{-2}$
EDTA	$K_1=1\times10^{-2}$		

附表 9　难溶化合物的溶度积(室温)

难溶物	溶度积	难溶物	溶度积
Ag_3AsO_4	1.0×10^{-23}	$Ca_3(PO_4)_2$	1.0×10^{-25}
AgBr	5.0×10^{-13}	$CaSO_4$	9.1×10^{-6}
Ag_2CO_3	7.9×10^{-12}	$CaSO_3$	3.1×10^{-7}
AgCl	1.8×10^{-10}	$CdCO_3$	2.5×10^{-14}
Ag_2CrO_4	2.0×10^{-12}	$CdC_2O_4\cdot 3H_2O$	1.6×10^{-8}
AgCN	1.6×10^{-14}	$Cd_2[Fe(CN)_6]$	3.2×10^{-17}
AgI	8.9×10^{-17}	$Cd(OH)_2$(新制)	2.5×10^{-14}
AgOH	2.0×10^{-8}	CdS	8×10^{-27}
Ag_3PO_4	1.3×10^{-19}	$CoCO_3$	1.4×10^{-13}
Ag_2SO_4	6.3×10^{-5}	CoC_2O_4	4.0×10^{-6}
Ag_2S	2×10^{-49}	$Co_2[Fe(CN)_6]$	1.8×10^{-15}
AgSCN	1.0×10^{-12}	$Co[Hg(SCN)_4]$	1.5×10^{-6}
$Al(OH)_3$	1.3×10^{-33}	$Co(OH)_2$(新制)	2×10^{-15}
$BaCO_3$	5.1×10^{-9}	$Co(OH)_3$	2×10^{-44}
$BaCrO_4$	2.0×10^{-10}	α-CoS	4×10^{-21}
$BaC_2O_4\cdot H_2O$	1.6×10^{-7}	β-CoS	2×10^{-25}
BaF_2	1.6×10^{-6}	$Cr(OH)_3$	6×10^{-31}
$Ba_3(PO_4)_2$	2×10^{-23}	H_3CrO_3	1×10^{-15}
$BaSO_4$	1.1×10^{-10}	CuBr	2.0×10^{-9}
$BaSO_3$	1.0×10^{-8}	CuCl	2.0×10^{-6}
BaS_2O_3	1.0×10^{-4}	CuCN	3×10^{20}
BiO(OH)	1×10^{-12}	CuI	1.1×10^{-12}
BiI_3	8.1×10^{-19}	CuOH	1×10^{-14}
BiOCl	6.3×10^{-10}	Cu_2S	2.5×10^{-50}
$BiONO_3$	2.5×10^{-4}	CuSCN	4.8×10^{-15}
$BiPO_4$	1.3×10^{-20}	$Cu_2Fe(CN)_6$	1.3×10^{-16}
Bi_2S_3	1.6×10^{-92}	$Cu(IO_3)_2$	1.3×10^{-7}
$CaCO_3$	2.5×10^{-9}	$Cu(OH)_2$	2.6×10^{-19}
$CaC_2O_4\cdot H_2O$	2.5×10^{-9}	CuS	6×10^{-36}
CaF_2	4.0×10^{-11}	$FeCO_3$	3.2×10^{-11}

续表

难溶物	溶度积	难溶物	溶度积
$Fe(OH)_2$	8.0×10^{-16}	$PbCO_3$	1.6×10^{-13}
FeS	4×10^{-19}	PbC_2O_4	3.2×10^{-11}
$Fe(OH)_3$	4×10^{-38}	$PbCl_2$	2.0×10^{-4}
$FePO_4$	1.3×10^{-22}	$PbCrO_4$	2.8×10^{-13}
Hg_2Br_2	4.0×10^{-22}	PbF_2	4.0×10^{-8}
Hg_2CO_3	1×10^{-16}	PbI_2	1.3×10^{-8}
$Hg_2C_2O_4$	1×10^{-15}	$Pb(OH)_2$	2.5×10^{-16}
Hg_2Cl_2	1.3×10^{-18}	$Pb(OH)_4$	3×10^{-66}
$Hg_2(OH)_2$	2×10^{-24}	$Pb_3(PO_4)_2$	3×10^{-44}
Hg_2I_2	4.5×10^{-29}	PbS	1×10^{-28}
HgI_2	5×10^{-29}	$PbSO_4$	1.6×10^{-8}
Hg_2S	1×10^{-45}	$Sb(OH)_3$	4×10^{-42}
HgS	4×10^{-53}	Sb_2S_3	2×10^{-93}
Hg_2SO_4	5.0×10^{-7}	$Sn(OH)_2$	1.4×10^{-27}
$MgCO_3$	1.0×10^{-5}	$Sn(OH)_4$	1×10^{-56}
MgC_2O_4	7.9×10^{-6}	SnS	1×10^{-26}
MgF_2	6.3×10^{-9}	SnS_2	3×10^{-27}
$Mg(OH)_2$	1.8×10^{-11}	$SrCO_3$	1.6×10^{-9}
$Mg_3(PO_4)_2$	6×10^{-28}	$SrC_2O_4\cdot H_2O$	1.6×10^{-7}
$MnCO_3$	5×10^{-10}	$SrCrO_4$	4.0×10^{-5}
MnC_2O_4	4.0×10^{-5}	SrF_2	3.2×10^{-9}
$Mn(OH)_2$	4.0×10^{-14}	$Sr_3(PO_4)_2$	4.1×10^{-28}
$Mn(OH)_4$	1×10^{-56}	$SrSO_4$	2.5×10^{-7}
MnS(晶)	2×10^{-15}	$SrSO_3$	4.0×10^{-8}
NH_4MgPO_4	2.5×10^{-13}	$Ti(OH)_3$	1×10^{-40}
$NiCO_3$	6×10^{-9}	$TiO(OH)_2$	1×10^{-29}
NiC_2O_4	1×10^{-7}	$ZnCO_3$	1.4×10^{-10}
$Ni(OH)_2$(新制)	2×10^{-15}	$Zn_2[Fe(CN)_6]$	4.1×10^{-16}
$Ni_3(PO_4)_2$	5×10^{-31}	$Zn(OH)_2$	1.2×10^{-17}
α-NiS	3×10^{-19}	$Zn_3(PO_4)_2$	9.1×10^{-33}
β-NiS	1×10^{-24}	α-ZnS	2×10^{-22}
γ-NiS	2×10^{-26}	β-ZnS	2×10^{-24}
$PbBr_2$	6.3×10^{-6}		

附表 10　标准电势表(25 ℃)

电　极　反　应	标准电势/V
$Li^+ + e \rightleftharpoons Li$	−3.03
$K^+ + e \rightleftharpoons K$	−2.925
$Ba^{2+} + 2e \rightleftharpoons Ba$	−2.91
$Sr^{2+} + 2e \rightleftharpoons Sr$	−2.89
$Ca^{2+} + 2e \rightleftharpoons Ca$	−2.87
$Na^+ + e \rightleftharpoons Na$	−2.713

电极反应	标准电势/V
$Ce^{3+}+3e \rightleftharpoons Ce$	−2.48
$Mg^{2+}+2e \rightleftharpoons Mg$	−2.37
$Al^{3+}+3e \rightleftharpoons Al$	−1.66
$Zn(OH)_4^{2-}+2e \rightleftharpoons Zn+4OH^-$	−1.216
$Mn^{2+}+2e \rightleftharpoons Mn$	−1.18
$BF_4^-+3e \rightleftharpoons B+4F^-$	−1.04
$Sn(OH)_6^{2-}+2e \rightleftharpoons Sn(OH)_3^-+3OH^-$	−0.93
$Se+2e \rightleftharpoons Se^{2-}$	−0.92
$Sn(OH)_3^-+2e \rightleftharpoons Sn+3OH^-$	−0.91
$H_3BO_3+3H^++3e \rightleftharpoons B+3H_2O$	−0.87
$Cr^{2+}+2e \rightleftharpoons Cr$	−0.86
$SiO_2+4H^++4e \rightleftharpoons Si+2H_2O$	−0.85
$2H_2O+2e \rightleftharpoons H_2(g)+2OH^-$	−0.828
$Zn^{2+}+2e \rightleftharpoons Zn$	−0.7628
$Ag_2S(s)+2e \rightleftharpoons 2Ag+S^{2-}$	−0.71
$AsO_4^{3-}+2H_2O+2e \rightleftharpoons AsO_2^-+4OH^-$	−0.67
$SO_3^{2-}+3H_2O+4e \rightleftharpoons S+6OH^-$	−0.66
$As+3H^++6e \rightleftharpoons AsH_3$	−0.61
$TeO_3^{2-}+3H_2O+4e \rightleftharpoons Te+6OH^-$	−0.57
$Ga^{3+}+3e \rightleftharpoons Ga$	−0.56
$Fe(OH)_3+e \rightleftharpoons Fe(OH)_2+OH^-$	−0.56
$HPbO_2^-+H_2O+2e \rightleftharpoons Pb+3OH^-$	−0.54
$Sb+3H^++3e \rightleftharpoons SbH_3$	−0.51
$H_3PO_3+2H^++2e \rightleftharpoons H_3PO_2+H_2O$	−0.50
$2CO_2+2H^++2e \rightleftharpoons H_2C_2O_4$	−0.49
$S+2e \rightleftharpoons S^{2-}$	−0.48
$Fe^{2+}+2e \rightleftharpoons Fe$	−0.44
$Cu(CN)_2^-+e \rightleftharpoons Cu+2CN^-$	−0.43
$Cr^{3+}+e \rightleftharpoons Cr^{2+}$	−0.41
$Cd^{2+}+2e \rightleftharpoons Cd$	−0.403
$Se+2H^++2e \rightleftharpoons H_2Se$	−0.40
$SeO_3^{2-}+3H_2O+4e \rightleftharpoons Se+6OH^-$	−0.366
$PbSO_4(s)+2e \rightleftharpoons Pb \mid SO_4^{2-}$	−0.356
$In^{3+}+3e \rightleftharpoons In$	−0.34
$Tl^++e \rightleftharpoons Tl$	−0.336
$Co^{2+}+2e \rightleftharpoons Co$	−0.29
$H_3PO_4+2H^++2e \rightleftharpoons H_3PO_3+H_2O$	−0.28
$PbCl_2+2e \rightleftharpoons Pb+2Cl^-$	−0.266
$V^{3+}+e \rightleftharpoons V^{2+}$	−0.255
$Ni^{2+}+2e \rightleftharpoons Ni$	−0.25
$AgI(s)+e \rightleftharpoons Ag+I^-$	−0.152
$Sn^{2+}+2e \rightleftharpoons Sn$	−0.14

续表

电极反应	标准电势/V
$Pb^{2+}+2e \rightleftharpoons Pb$	−0.126
$Cu(NH_3)_2^{+}+e \rightleftharpoons Cu+2NH_3$	−0.12
$CrO_4^{2-}+4H_2O+3e \rightleftharpoons Cr(OH)_4^{-}+4OH^{-}$	−0.12
$O_2(g)+H_2O+2e \rightleftharpoons HO_2^{-}+OH^{-}$	−0.067
$Cu(NH_3)_4^{2+}+e \rightleftharpoons Cu(NH_3)_2^{+}+2NH_3$	−0.01
$2H^{+}+2e \rightleftharpoons H_2(g)$	0
P(白)$+3H^{+}+3e \rightleftharpoons PH_3(g)$	0.06
$AgBr(s)+e \rightleftharpoons Ag+Br^{-}$	0.071
$S_4O_6^{2-}+2e \rightleftharpoons 2S_2O_3^{2-}$	0.09
$Hg_2Br_2(s)+2e \rightleftharpoons 2Hg+2Br^{-}$	0.1392
$S+2H^{+}+2e \rightleftharpoons H_2S$	0.14
$Sn^{4+}+2e \rightleftharpoons Sn^{2+}$	0.14
$Cu^{2+}+e \rightleftharpoons Cu^{+}$	0.16
$Co(OH)_3+e \rightleftharpoons Co(OH)_2+OH^{-}$	0.17
$SO_4^{2-}+4H^{+}+2e \rightleftharpoons H_2SO_3+H_2O$	0.17
$SbO^{+}+2H^{+}+3e \rightleftharpoons Sb+H_2O$	0.21
$AgCl(s)+e \rightleftharpoons Ag+Cl^{-}$	0.2223
$HAsO_2+3H^{+}+3e \rightleftharpoons As+2H_2O$	0.248
$Hg_2Cl_2(s)+2e \rightleftharpoons 2Hg+2Cl^{-}$	0.2676
$Bi^{3+}+3e \rightleftharpoons Bi$	0.293
$BiO^{+}+2H^{+}+3e \rightleftharpoons Bi+H_2O$	0.32
$VO^{2+}+4H^{+}+e \rightleftharpoons V^{3+}+2H_2O$	0.34
$Cu^{2+}+2e \rightleftharpoons Cu$	0.34
$Fe(CN)_6^{3-}+e \rightleftharpoons Fe(CN)_6^{4-}$	0.355
$2SO_2(aq)+2H^{+}+4e \rightleftharpoons S_2O_3^{2-}+H_2O$	0.40
$O_2+2H_2O+4e \rightleftharpoons 4OH^{-}$	0.401
$H_2SO_3+4H^{+}+4e \rightleftharpoons S+3H_2O$	0.45
$ReO_4^{-}+4H^{+}+3e \rightleftharpoons ReO_2+2H_2O$	0.51
$Cu^{+}+e \rightleftharpoons Cu$	0.52
$I_2+2e \rightleftharpoons 2I^{-}$	0.535
$H_3AsO_4+2H^{+}+2e \rightleftharpoons HAsO_2+2H_2O$	0.56
$MnO_4^{-}+e \rightleftharpoons MnO_4^{2-}$	0.56
$Sb_2O_5+6H^{+}+4e \rightleftharpoons 2SbO^{+}+3H_2O$	0.58
$MnO_4^{-}+2H_2O+3e \rightleftharpoons MnO_2+4OH^{-}$	0.588
$2HgCl_2+2e \rightleftharpoons Hg_2Cl_2(s)+2Cl^{-}$	0.63
$AsO_2^{-}+2H_2O+3e \rightleftharpoons As+4OH^{-}$	0.68
$O_2(g)+2H^{+}+2e \rightleftharpoons H_2O_2$	0.682
$BrO^{-}+H_2O+2e \rightleftharpoons Br^{-}+2OH^{-}$	0.76
$Fe^{3+}+e \rightleftharpoons Fe^{2+}$	0.771
$Hg_2^{2+}+2e \rightleftharpoons 2Hg$	0.789
$NO_3^{-}+2H^{+}+e \rightleftharpoons NO_2(g)+H_2O$	0.79
$Ag^{+}+e \rightleftharpoons Ag$	0.7994

续表

电　极　反　应	标准电势/V
$Hg^{2+}+2e \rightleftharpoons Hg$	0.845
$Cu^{2+}+I^{-}+e \rightleftharpoons CuI$	0.86
$HO_2^{-}+H_2O+2e \rightleftharpoons 3OH^{-}$	0.88
$ClO^{-}+H_2O+2e \rightleftharpoons Cl^{-}+2OH^{-}$	0.89
$2Hg^{2+}+2e \rightleftharpoons Hg_2^{2+}$	0.920
$NO_3^{-}+3H^{+}+2e \rightleftharpoons HNO_2+H_2O$	0.94
$HNO_2+H^{+}+e \rightleftharpoons NO(g)+H_2O$	0.96
$HIO+H^{+}+2e \rightleftharpoons I^{-}+H_2O$	0.99
$VO_2^{+}+2H^{+}+e \rightleftharpoons VO^{2+}+H_2O$	0.999
$H_6TeO_6+2H^{+}+2e \rightleftharpoons TeO_2+4H_2O$	1.06
$NO_2+H^{+}+e \rightleftharpoons HNO_2$	1.07
$Br_2(aq)+2e \rightleftharpoons 2Br^{-}$	1.08
$SeO_4^{2-}+4H^{+}+2e \rightleftharpoons H_2SeO_3+H_2O$	1.15
$ClO_4^{-}+2H^{+}+2e \rightleftharpoons ClO_3^{-}+H_2O$	1.19
$IO_3^{-}+6H^{+}+5e \rightleftharpoons \frac{1}{2}I_2+3H_2O$	1.20
$HCrO_4^{-}+7H^{+}+3e \rightleftharpoons Cr^{3+}+4H_2O$	1.20
$O_2(g)+4H^{+}+4e \rightleftharpoons 2H_2O$	1.229
$MnO_2(s)+4H^{+}+2e \rightleftharpoons Mn^{2+}+2H_2O$	1.23
$Fe_3O_4+8H^{+}+2e \rightleftharpoons 3Fe^{2+}+4H_2O$	1.23
$Cr_2O_7^{2-}+14H^{+}+6e \rightleftharpoons 2Cr^{3+}+7H_2O$	1.33
$Cl_2(g)+2e \rightleftharpoons 2Cl^{-}$	1.3595
$Au(\mathrm{III})+2e \rightleftharpoons Au(\mathrm{I})$	1.41
$BrO_3^{-}+6H^{+}+6e \rightleftharpoons Br^{-}+3H_2O$	1.44
$ClO_3^{-}+6H^{+}+6e \rightleftharpoons Cl^{-}+3H_2O$	1.45
$HIO+H^{+}+e \rightleftharpoons \frac{1}{2}I_2+H_2O$	1.45
$PbO_2(s)+4H^{+}+2e \rightleftharpoons Pb^{2+}+2H_2O$	1.455
$ClO_3^{-}+6H^{+}+5e \rightleftharpoons \frac{1}{2}Cl_2(g)+3H_2O$	1.47
$HClO+H^{+}+2e \rightleftharpoons Cl^{-}+H_2O$	1.49
$Au(\mathrm{III})+3e \rightleftharpoons Au$	1.50
$HBrO+H^{+}+e \rightleftharpoons \frac{1}{2}Br_2+H_2O$	1.5
$MnO_4^{-}+8H^{+}+5e \rightleftharpoons Mn^{2+}+4H_2O$	1.49
$BrO_3^{-}+6H^{+}+5e \rightleftharpoons \frac{1}{2}Br_2+3H_2O$	1.51
$Ce^{4+}+e \rightleftharpoons Ce^{3+}$	1.61
$HClO+H^{+}+e \rightleftharpoons \frac{1}{2}Cl_2(g)+H_2O$	1.63
$MnO_4^{-}+4H^{+}+3e \rightleftharpoons MnO_2+2H_2O$	1.68
$PbO_2+SO_4^{2-}+4H^{+}+2e \rightleftharpoons PbSO_4+2H_2O$	1.69
$H_5IO_6+2H^{+}+2e \rightleftharpoons HIO_3+3H_2O$	1.70
$BrO_4^{-}+2H^{+}+2e \rightleftharpoons BrO_3^{-}+H_2O$	1.76
$H_2O_2+2H^{+}+2e \rightleftharpoons 2H_2O$	1.77
$Co^{3+}+e \rightleftharpoons Co^{2+}$	1.80
$S_2O_8^{2-}+2e \rightleftharpoons 2SO_4^{2-}$	2.00
$O_3(g)+2H^{+}+2e \rightleftharpoons O_2(g)+H_2O$	2.07
$F_2(g)+2e \rightleftharpoons 2F^{-}$	2.87

附表 11 配(络)离子稳定常数(室温)

配离子	稳定常数	配离子	稳定常数
$Ag(CN)_4^-$	$\beta_2=1.25\times10^{21}$		$K_2=2.0\times10^6$
	$\beta_4=5.0\times10^{20}$		$K_3=1.6\times10^4$
$Ag(NH_3)_2^+$	$\beta_2=1.1\times10^7$		$\beta_3=3.2\times10^{18}$
$Ag(SCN)_2^-$	$\beta_2=1.3\times10^9$	FeF_3	$K_1=1.92\times10^5$
$Ag(S_2O_3)_2^{3-}$	$\beta_2=4\times10^{13}$		$K_2=1.05\times10^4$
$Al(C_2O_4)_3^{3-}$	$\beta_3=6.2\times10^{16}$		$K_3=5.75\times10^2$
AlF_6^{3-}	$\beta_6=7.0\times10^{19}$		$\beta_3=1.15\times10^{12}$
$BiCl_4^-$	$\beta_4=2\times10^7$	$Fe(NCS)_3$	$K_1=2\times10^2$
BiI_6^{3-}	$\beta_6=6.3\times10^{18}$		$K_2=87$
$Bi(SCN)_6^{3-}$	$\beta_6=1.6\times10^4$		$K_3=25$
$CdCl_2$	$\beta_2=3.2\times10^2$		$\beta_3=4.4\times10^5$
$Cd(CN)_4^{2-}$	$\beta_4=8\times10^{18}$	$FeHPO_4^+$	$\beta_1=2.5\times10^9$
$Cd(NH_3)_4^{2+}$	$\beta_4=1.3\times10^7$	$HgBr_4^{2-}$	$\beta_4=1.0\times10^{21}$
$Cd(S_2O_3)_3^{4-}$	$\beta_3=2.13\times10^6$	$HgCl_4^{2-}$	$\beta_4=1.2\times10^{15}$
$Co(CN)_6^{4-}$	$\beta_6=1.25\times10^{19}$	$Hg(CN)_4^{2-}$	$\beta_4=3.2\times10^{41}$
$Co(NH_3)_6^{2+}$	$\beta_6=1.29\times10^5$	HgI_4^{2-}	$\beta_4=6.75\times10^{29}$
$Co(NH_3)_6^{3+}$	$\beta_6=3.2\times10^{32}$	$Hg(NH_3)_4^{2+}$	$\beta_4=1.9\times10^{19}$
$CuCl_4^{2-}$	$\beta_3=2.0\times10^5$	$Ni(CN)_4^{2-}$	$\beta_4=2.0\times10^{31}$
	$\beta_4=1.1\times10^5$	$Ni(NH_3)_6^{2+}$	$\beta_6=3.1\times10^8$
$Cu(CN)_4^{3-}$	$\beta_4=2\times10^{30}$	$Pb(Ac)_3^-$	$\beta_3=2.95\times10^3$
$Cu(en)_2^{2+}$	$K_1=3.6\times10^{10}$	$Pb(CN)_4^{2-}$	$\beta_4=1.0\times10^{11}$
	$\beta_2=4.0\times10^{19}$	$Pb(OH)_3^-$	$\beta_3=2\times10^{13}$
$Cu(NH_3)_2^+$	$\beta_2=6.3\times10^{10}$	$Zn(CN)_4^{2-}$	$\beta_4=5\times10^{16}$
$Cu(NH_3)_4^{2+}$	$\beta_4=4.68\times10^{12}$	$Zn(C_2O_4)_2^{2-}$	$\beta_2=4\times10^7$
$Cu(P_2O_7)_2^{6-}$	$\beta_3=6.95\times10^{13}$	$Zn(NH_3)_4^{2+}$	$\beta_4=2.9\times10^9$
$FeCl_3$	$\beta_3=13.5$	$Zn(OH)_4^{2-}$	$\beta_4=2.9\times10^{15}$
$Fe(CN)_6^{4-}$	$\beta_6=1\times10^{35}$	$Zn(P_2O_7)_2^{6-}$	$\beta_2=2.9\times10^6$
$Fe(CN)_6^{3-}$	$\beta_6=1\times10^{42}$	$Zn(SCN)_3^-$	$\beta_3=1\times10^{18}$
$Fe(C_2O_4)_3^{3-}$	$K_1=1\times10^8$		

附表 12 某些单质、化合物的 $\Delta_f H_m^\ominus$、$\Delta_f G_m^\ominus$ 及 $S_m^\ominus$

物质名称	$\Delta_f H_m^\ominus$/(kJ·mol^{-1})	$\Delta_f G_m^\ominus$/(kJ·mol^{-1})	$S_m^\ominus$/[J·(K·mol)$^{-1}$]
Ag(s)	0	0	42.70
AgBr(s)	−99.50	−95.94	107.1
AgCl(s)	−127.03	−109.72	96.11
$AgClO_3$(s)	−24.0	66.9	(158)*
$AgClO_4$(s)	−32.4	87.9	(162)
AgF(s)	−202.92	−184.93	83.68
AgI(s)	−62.38	−66.32	114.22
$AgNO_2$(s)	−44.4	−19.8	128
$AgNO_3$(s)	−123.14	−32.18	140.92
Ag_2CO_3(s)	−506.14	−437.14	167.36
Ag_2O(s)	−30.57	−10.82	121.71
Ag_2S(s,α)	−31.80	−40.25	145.60
Ag_2SO_4(s)	−713.37	−615.76	200.00
Al(s)	0	0	28.32
$AlBr_3$(s)	−526.3	−505.0	184.1
$AlCl_3$(s)	−695.38	−636.81	167.36
AlF_3(s)	−1301.22	−1230.10	96.23
AlI_3(s)	−314.6	−313.8	200.8
AlN(s)	−241.4	−209.6	20.9
Al_2O_3(s,α)	−1670	−1576.41	50.99
$Al(OH)_3$(s,无定形)	−1275.70	−1137.63	(71.13)
$Al_2(SO_4)_3$(s)	−3434.98	−3091.93	239.32
Al_2S_3(s)	−508.77	−492.46	96.23
As(s,α)	0	0	35.15
$AsBr_3$(s)	−195.0	−160.2	161.1
$AsCl_3$(l)	−355.6	−295.0	233.5
$AsCl_3$(g)	−299.16	−286.60	327.19
AsF_3(g)	−913.37	−898.30	289.03
AsH_3(g)	171.54	175.73	217.57
AsI_3(s)	−57.3	−44.5	205
As_4O_6(s)	−1313.53	−1152.11	214.22
As_2O_5(s)	−914.62	−772.37	105.44
As_2S_3(s)	−146.44	−135.81	(112.13)
Au(s)	0	0	47.70
AuBr(s)	−18.4	−15.5	113
$AuBr_3$(s)	−54.4	−24.7	100.4
AuCl(s)	−35.1	−15.6	100.4
$AuCl_3$(s)	−118.4	−48.5	146.4
AuI(s)	0.84	−3.18	119.2
Au_2O_3(s)	80.75	163.18	125.52
B(s)	0	0	6.53
BBr_3(g)	−186.61	−213.38	324.22
BBr_3(l)	−220.92	−219.24	228.86
BCl_3(g)	−395.39	−380.33	289.91
H_3BO_3(s)	−1088.68	−963.16	89.58

* （ ）内值为参考值。

续表

物质名称	$\Delta_f H_m^\ominus/(kJ \cdot mol^{-1})$	$\Delta_f G_m^\ominus/(kJ \cdot mol^{-1})$	$S_m^\ominus/[J \cdot (K \cdot mol)^{-1}]$
$BF_3(g)$	−1110.43	−1093.28	253.97
$B_2H_6(g)$	31.38	82.84	232.88
$B_2O_3(s)$	−1263.57	−1184.07	54.02
Ba(s)	0	0	66.94
$BaCO_3(s)$	−1218.80	−1138.88	112.13
$BaCl_2(s)$	−860.06	−810.86	125.52
$Ba(NO_3)_2(s)$	−891.9	−795.0	214
BaO(s)	−558.15	−528.44	70.29
$BaO_2(s)$	−629.09	−568.19	65.69
$Ba(OH)_2(s)$	−946.42	−856.47	94.98
BaS(s)	−443.50	−437.23	78.24
$BaSO_4(s)$	−1465.24	−1353.11	132.21
Be(s)	0	0	9.54
$BeCl_2(s)$	−511.70	−467.77	(85.77)
BeO(s)	−610.86	−581.58	14.10
BeS(s)	−233.89	−233.89	(38.91)
$BeSO_4(s)$	−1196.62	−1088.68	89.96
Bi(s)	0	0	56.9
$BiCl_3(s)$	−379.11	−318.95	189.54
$Bi_2O_3(s)$	−576.97	−496.64	151.46
BiOCl(s)	−365.26	−322.17	86.19
$Bi_2S_3(s)$	−183.26	−164.85	147.70
$Br_2(l)$	0	0	152.30
$Br_2(g)$	30.7	3.14	245.35
$Br_2(aq)$	−8.4	4.1	—
C(石墨)	0	0	5.69
$CCl_4(l)$	−139.49	−68.74	214.43
$CF_4(g)$	−679.90	−635.13	262.34
$CH_4(g)$	−74.85	−50.79	186.19
$C_2H_6(g)$	84.67	32.89	229.49
$(CN)_2(g)$	307.94	296.27	242.09
CO(g)	−110.52	−137.27	197.91
$CO_2(g)$	−393.51	−394.38	213.64
$COCl_2(g)$	−223.01	−210.50	289.24
$CS_2(g)$	115.27	65.06	237.82
$CS_2(l)$	87.86	63.60	151.04
Ca(s)	0	0	41.63
$CaBr_2(s)$	−674.9	−656.0	129.7
$CaC_2(s)$	−62.78	−67.78	60.29
$CaCO_3$(方解石)	−1206.88	−1128.76	92.89
$CaCO_3$(霰石，文石)	−1207.04	−1127.71	88.70
$CaC_2O_4 \cdot H_2O$(沉淀)	−1669.8	−1508.8	156.0
$CaCl_2(s)$	−794.96	−750.19	113.80

续表

物质名称	$\Delta_f H_m^\ominus/(kJ \cdot mol^{-1})$	$\Delta_f G_m^\ominus/(kJ \cdot mol^{-1})$	$S_m^\ominus/[J \cdot (K \cdot mol)^{-1}]$
$CaF_2(s)$	−1214.62	−1161.90	68.87
$CaI_2(s)$	−534.7	−529.7	142.3
$Ca(NO_2)_2(s)$	−746.0	−603.3	164.4
$Ca(NO_3)_2(s)$	−937.2	−742.0	193.3
$CaO(s)$	−635.55	−604.17	39.75
$Ca(OH)_2(s)$	−986.59	−896.76	76.15
$Ca_3(PO_4)_2(s,\alpha)$	−4126.3	−3890	241.0
$CaHPO_4(s)$	−1820.9	−1679.9	87.9
$Ca(H_2PO_4)_2$(沉淀)	−3114.6	−2811.7	189.5
$CaSO_4(s)$	−1432.7	−1320.3	106.69
$CaSO_4 \cdot 2H_2O(s)$	−2021.12	−1795.73	193.97
$CaSiO_3(s)$	−1579	−1498.71	87
$Cd(g)$	112.8	78.20	167.6
$Cd(s)$	0	0	52
$CdBr_2(s)$	−314.4	−293.5	133.5
$CdCO_3(s)$	−747.68	−670.28	105.44
$CdCl_2(s)$	−389.11	−342.59	118.41
$CdO(s)$	−254.64	−225.06	54.81
$Cd(OH)_2(s)$	−557.56	−470.53	95.40
$CdS(s)$	−144.35	−140.58	71.13
$CdSO_4(s)$	−926.17	−820.02	137.24
$Cl_2(g)$	0	0	223
$Cl_2(aq)$	−25.1	—	—
$ClO_2(g)$	103.3	123.4	249.4
$ClO_3(g)$	154.8	—	—
$Cl_2O(g)$	76.15	93.72	266.5
$Cl_2O_7(g)$	265.2	—	—
$Co(s)$	0	0	28.45
$CoCl_2(s)$	−317.15	−274.05	106.27
$CoCO_3(s)$	—	−650.90	—
$CoO(s)$	−230.96	−205.02	43.9
$Co(OH)_2(s)$	−540.99	−456.06	(82.01)
CoS(s,沉淀)	−80.75	−82.84	67.36
$CoSO_4(s)$	−859.81	−753.54	−113.39
$Cr(s)$	0	0	23.77
$CrCl_3(s)$	−563.17	−493.17	125.52
$CrF_3(s)$	−1109.60	−1038.89	(92.88)
$CrO_3(s)$	−590.8	—	73.27
$Cr_2O_3(s)$	−1128.42	−1046.83	81.17
$Cu(s)$	0	0	33.3
$CuBr(s)$	−105.02	−99.62	91.63
$CuCl(s)$	−135.98	−117.99	84.52

续表

物质名称	$\Delta_f H_m^\ominus/(kJ \cdot mol^{-1})$	$\Delta_f G_m^\ominus/(kJ \cdot mol^{-1})$	$S_m^\ominus/[J \cdot (K \cdot mol)^{-1}]$
CuI(s)	−67.78	−69.54	96.65
$Cu_2O(s)$	−166.69	−146.36	100.83
$Cu_2S(s)$	−79.50	−86.19	120.92
$CuBr_2(s)$	−141.42	−126.78	(94.56)
$CuCl_2(s)$	−218.82	−175.73	(112.13)
$CuF_2(s)$	−531.0	−485.3	(84.5)
$Cu(OH)_2(s)$	−443.92	−356.90	(79.50)
CuO(s)	−155.23	−127.19	43.51
CuS(s)	−48.53	−48.95	66.53
$CuSO_4(s)$	−769.86	−661.91	113.39
$CuSO_4 \cdot 5H_2O(s)$	−2277.98	−1879.87	305.43
$F_2(g)$	0	0	203.34
Fe(s)	0	0	27.15
$FeBr_2(s)$	−251.1	−237.7	134.7
$FeCl_2(s)$	−341.0	−302.1	119.7
$FeI_2(s)$	−125.4	−129.3	157.3
FeO(s)	−266.52	−244.35	53.87
$FeO \cdot Cr_2O_3(s)$	−1317.5	−1329.3	146.0
$Fe(OH)_2(s)$	−568.19	−483.55	79.50
FeS(s,α)	−95.06	−97.57	67.36
$FeS_2(s)$	−177.90	−166.69	53.14
$FeSO_4(s)$	−922.57	−829.69	(115.4)
$FeCl_3(s)$	−405.01	−336.39	(130.12)
$Fe_2O_3(s)$	−822.16	−740.99	89.96
$Fe_3O_4(s)$	−1120.89	−1014.20	146.02
$Fe(OH)_3(s)$	−824.25	−694.54	(96.23)
Ga(g)	276.1	238.5	169.0
Ga(s)	0	0	42.7
$GaCl_3(s)$	−524.7	−492.9	133.5
$Ga_2O_3(s)$	−1079.5	−992.4	100.4
Ge(s)	0	0	42.43
$GeCl_4(l)$	−569.02	−497.90	251.04
GeO_2(s,沉淀)	−589.94	−531.37	(56.21)
$H_2(g)$	0	0	131
HBr(g)	−36.23	−53.22	198.48
$H_2CO_3(aq)$	−698.73	−623.42	191.21
HCl(g)	−92.31	−95.27	186.68
HCl(aq)	−167.46	−131.17	55.23
HF(g)	−268.61	−270.70	175.31
HF(aq)	−329.11	−294.60	108.76
HI(g)	25.94	1.30	206.33
$HN_3(g)$	294.1	328.4	237.4
$HNO_2(aq)$	−118.83	−53.64	—

续表

物质名称	$\Delta_f H_m^\ominus/(kJ \cdot mol^{-1})$	$\Delta_f G_m^\ominus/(kJ \cdot mol^{-1})$	$S_m^\ominus/[J \cdot (K \cdot mol)^{-1}]$
$HNO_3(aq)$	−206.6	−110.6	146.4
$H_2C_2O_4(s)$	−826.76	−697.89	120.08
$H_2O(g)$	−241.83	−228.59	188.72
$H_2O(l)$	−285.84	−237.19	69.94
$H_2O_2(l)$	−187.61	−113.97	(92.05)
$H_2O_2(aq)$	−191.13	−131.67	144
$H_2S(g)$	−20.15	−33.02	205.64
$H_2S(aq)$	−39.33	−27.36	122.17
$H_2SO_4(aq)$	−907.51	−741.99	17.15
$H_2Se(g)$	85.8	71.1	221.3
$H_2Te(g)$	154.4	138.5	234.3
$H_3AsO_4(s)$	−900.4	—	—
$H_4P_2O_7(s)$	−2251.0	—	—
$Hg(g)$	60.84	31.76	174.89
$Hg(l)$	0	0	77.40
$Hg_2Br_2(s)$	−206.77	−178.72	212.97
$Hg_2Cl_2(s)$	−264.93	−210.66	195.81
$Hg_2I_2(s)$	−120.96	−111.29	239.32
$Hg_2SO_4(s)$	−741.99	−623.92	200.75
$HgBr_2(s)$	−169.45	−147.36	(155.64)
$HgCl_2(s)$	−230.12	−185.77	(144.35)
HgI_2(s,红)	−105.44	−100.71	(178.24)
HgO(s,红)	−90.71	−58.53	71.97
HgS(s,红)	−58.16	−48.83	77.82
$HgSO_4(s)$	−704.17	−589.94	136.40
$I_2(g)$	62.24	19.37	260.58
$I_2(s)$	0	0	116.73
$I_2(aq)$	20.9	16.43	—
$In_2O_3(s)$	−930.94	−838.89	(121.34)
$In(OH)_3(s)$	−537.23	−463.17	(138.07)
$In_2(SO_4)_3(s)$	−2907.88	−2566.47	(280.75)
K(g)	90.00	61.2	160.2
K(s)	0	0	63.60
$KAl(SO_4)_2(s)$	−2465.38	−2235.47	204.60
KBr(s)	−392.17	−378.07	96.44
$KBrO_3(s)$	−332	−243.5	140
KCl(s)	−435.87	−408.32	82.68
$KClO_3(s)$	−391.20	−289.91	142.97
$KClO_4(s)$	−432	−304.2	151
KF(s)	−562.6	−533.13	66.57
$K_4Fe(CN)_6(s)$	−523.42	−351.46	(360.66)
$K_3Fe(CN)_6(s)$	−173.22	−13.81	322.2
KI(s)	−327.65	−322.29	104.35

续表

物质名称	$\Delta_f H_m^\ominus/(kJ \cdot mol^{-1})$	$\Delta_f G_m^\ominus/(kJ \cdot mol^{-1})$	$S_m^\ominus/[J \cdot (K \cdot mol)^{-1}]$
$KMnO_4(s)$	−813.37	−713.79	171.71
$KNO_2(s)$	−370.3	−281.6	117.2
$KNO_3(s)$	−492.71	−393.13	132.93
$KOH(s)$	−425.85	−374.47	(59.41)
$K_2O(s)$	−361.8	−318.8	117.2
$KO_2(s)$	−280.33	−208.36	(46.86)
$K_2CO_3(s)$	−1146.12	−1069.01	140.58
$K_2C_2O_4(s)$	−1342.2	−1241.4	169.6
$K_2CrO_4(s)$	−1414.91	−1299.13	186.61
$K_2Cr_2O_7(s)$	−2095.77	—	—
$K_2SO_4(s)$	−1433.69	−1316.37	175.73
$Li(g)$	155.1	122.1	138.7
$Li(s)$	—	—	28.0
$LiAlH_4(s)$	−101.3	—	—
$LiBH_4(s)$	−186.6	—	—
$LiCl(s)$	−408.78	−383.67	(55.23)
$Li_2CO_3(s)$	−1215.62	−1132.44	90.37
$LiF(s)$	−612.12	−584.09	35.86
$LiNO_2(s)$	−404.2	−332.6	89.1
$LiNO_3(s)$	−482.33	−387.53	(105.44)
$LiOH(s)$	−487.23	−443.09	42.68
$Li_2O(s)$	−595.80	−560.24	37.91
$Li_2SO_4(s)$	−1434.40	−1324.65	(112.97)
$Mg(g)$	150.21	115.48	148.55
$Mg(s)$	0	0	32.51
$MgCO_3(s)$	−1112.94	−1029.26	65.69
$MgCl_2(s)$	−641.83	−592.33	89.54
$Mg(NO_3)_2(s)$	−780.6	−588	104
$MgO(s)$	−601.83	−569.57	26.78
$Mg(OH)_2(s)$	−924.66	−833.75	63.14
$Mg(OH)Cl(s)$	−800.40	−732.20	82.84
$Mg_3(PO_4)_2(s)$	−4022.9	−3782.3	238
$Mg_2Si(s)$	−77.82	—	—
$MgSO_4(s)$	−1278.21	−1173.21	91.63
$Mn(s)$	—	—	31.76
$MnCO_3(s)$	−894.96	−817.55	85.77
$MnCl_2(s)$	−482.42	−441.41	117.15
$MnO(s)$	−384.93	−363.17	60.25
$MnO_2(s)$	−519.65	−464.84	53.14
$Mn_2O_3(s)$	−971.1	−888.3	92.5
$Mn_3O_4(s)$	−1386.1	−1280.3	148.5

续表

物质名称	$\Delta_f H_m^\ominus$/(kJ·mol^{-1})	$\Delta_f G_m^\ominus$/(kJ·mol^{-1})	$S_m^\ominus$/[J·(K·mol)$^{-1}$]
$Mn(OH)_2$(沉淀)	−697.89	−614.63	88.28
MnC_2O_4(s)	−1080.31	−979.89	(117.15)
MnS(s,红)	−199.16	—	—
$MnSO_4$(s)	−1063.74	−955.96	112.13
N_2(g)	0	0	191.49
NH_3(g)	−46.19	−16.64	192.51
NH_3(aq)	−80.84	−26.61	—
NH_4Cl(s)	−315.39	−203.89	94.56
NH_4HCO_3(s)	−858.7	−670.7	118.41
$(NH_4)_2SO_4$(s)	−1179.3	−900.35	220.29
N_2H_4(l)	50.4	—	—
N_2H_4(aq)	34.14	127.9	138.1
NO(g)	90.37	86.69	210.62
NO_2(g)	33.85	51.84	240.45
N_2O(g)	81.55	103.60	220.00
N_2O_4(g)	9.66	98.29	304.30
N_2O_5(s)	−41.84	133.89	113.39
Na(g)	108.70	78.12	153.62
Na(s)	0	0	51.05
NaAc(s)	−710.44	—	—
NaBr(s)	−359.95	−347.69	85.77
NaCl(s)	−411.00	−384.03	72.38
NaF(s)	−569.02	−540.99	58.58
NaH(s)	−57.3	—	—
$NaHCO_3$(s)	−947.68	−851.86	102.00
NaI(s)	−288.03	−237.23	92.47
$NaNO_2$(s)	−359.4	−283.7	105.9
$NaNO_3$(s)	−424.84	−365.89	116.32
NaOH(s)	−426.73	−376.98	52.30
Na_2CO_3(s)	−1130.94	−1047.67	135.98
Na_2O(s)	−415.9	−376.6	72.8
Na_2O_2(s)	−540.6	−430.1	66.9
NaO_2(s)	−259.0	−194.6	39.8
Na_2S(s)	−373.2	−362.3	97.1
Na_2SO_3(s)	−1090.4	−1002.1	146
Na_2SO_4(s)	−1384.5	−1266.8	149.5
$Na_2SO_4 \cdot 10H_2O$(s)	−4324.16	−3643.95	587.85
Na_2SiO_3(s)	−1518.79	−1426.74	113.80
Ni(s)	0	0	30.12
$NiCO_3$(s)	−664.00	−615.05	91.63
$NiCl_2$(s)	−315.89	−272.38	107.11
NiO(s)	−244.35	−216.31	38.58

续表

物质名称	$\Delta_f H_m^\ominus$/(kJ · mol^{-1})	$\Delta_f G_m^\ominus$/(kJ · mol^{-1})	$S_m^\ominus$/[J · (K · mol)$^{-1}$]
$Ni(OH)_2(s)$	−538.06	−453.13	79.50
NiS(s,γ)	—	−114.22	—
$NiSO_4$	−891.19	−773.62	77.82
$O_2(g)$	0	0	205.0
$O_2(aq)$	−15.9	—	—
$O_3(g)$	142.26	163.43	237.7
P(s,白)	0	0	44.35
$PCl_3(g)$	−306.35	−286.27	311.67
$PCl_3(l)$	−338.9	−287.02	—
$PCl_5(g)$	−398.94	−324.55	352.71
$PH_3(g)$	9.25	18.24	210.04
$P_4O_6(l)$	−1130.4	—	142.4
$P_4O_{10}(s)$	−3012	—	240
$POCl_3(g)$	−592.0	−545.2	324.6
Pb(s)	—	—	64.89
$PbBr_2(s)$	−277.02	−260.41	161.50
$Pb(Ac)_2(s)$	−964.41	—	(167.36)
$PbCO_3(s)$	−699.98	−626.35	130.96
$PbCl_2(s)$	−359.20	−313.97	136.40
$PbCrO_4(s)$	−942.2	−851.7	152.7
$PbF_2(s)$	−663.16	−619.65	121.34
$PbF_4(s)$	−930.1	−745.2	(148.5)
$PbI_2(s)$	−175.1	−173.8	177.0
PbO(s,红)	−217.6	−189.33	67.78
$PbO_2(s)$	−276.65	−218.99	76.57
$Pb_3O_4(s)$	−734.7	−617.6	211.3
$Pb(OH)_2(s)$	−514.63	−420.91	87.86
PbS(s)	−94.31	−92.68	91.21
$PbSO_4(s)$	−918.39	−811.24	147.28
S(s)	0	0	32
$S_2Cl_2(l)$	−60.3	−24.69	167.4
$SCl_4(l)$	−56.9	—	—
$SF_6(g)$	−1096.21	−991.61	290.79
$SO_2(g)$	−296.06	−300.37	248.53
$SO_3(g)$	−395.18	−370.37	256.23
$SOCl_2(l)$	−205.9	—	—
$SO_2Cl_2(l)$	−389.1	—	—
$SO_2Cl_2(g)$	—	−307.94	—
Sb(s)	0	0	43.87
$SbCl_3(s)$	−382.17	−324.76	(186.19)
$SbF_3(s)$	−908.77	−835.96	105.44
$Sb_4O_6(s)$	−1409.17	−1246.83	246.02

续表

物质名称	$\Delta_f H_m^\ominus/(kJ \cdot mol^{-1})$	$\Delta_f G_m^\ominus/(kJ \cdot mol^{-1})$	$S_m^\ominus/[J \cdot (K \cdot mol)^{-1}]$
$Sb_2O_5(s)$	−980.73	−838.09	125.10
$Sb_2S_3(s)$	−150.62	−133.89	(126.78)
$SeCl_4(s)$	−188.28	−97.49	(184.10)
$SeF_6(g)$	−1029.26	−928.85	314.22
$SeO_2(s)$	−230.12	−173.64	56.90
$SeO_3(s)$	−172.9	—	—
Si(s)	0	0	18.70
SiC(s)	−65.3	−62.8	16.5
$SiCl_4(g)$	−609.61	−569.86	331.37
$SiCl_4(l)$	−640.15	−572.79	239.32
$SiF_4(g)$	−1548.08	−1506.24	284.51
$SiO_2(s)$	−859.39	−805.00	41.84
Sn(s)	0	0	51.45
$SnCl_2(s)$	−349.78	−302.08	(112.59)
$SnCl_4(l)$	−545.18	−474.05	258.57
$Sn(OH)_2(s)$	−578.65	−492.04	96.65
SnO(s)	−286.19	−257.32	56.48
$SnO_2(s)$	−580.74	−519.65	52.30
SnS(s)	−77.82	−82.42	98.74
Sr(s)	0	0	54.39
$SrBr_2(s)$	−715.9	−695.8	141.4
$SrCl_2(s)$	−828.4	−781.2	117.2
$SrCO_3(s)$	−1221.3	−1137.6	97.1
$SrF_2(s)$	−1214.6	−1162.3	89.5
$SrI_2(s)$	−566.9	−564.8	164.0
$Sr(NO_2)_2(s)$	−750.2	−607.1	175.7
$Sr(NO_3)_2(s)$	−975.9	−778.2	198.3
SrO(s)	−590.36	−559.82	54.39
SrS(s)	−452.29	−407.52	71.13
$SrSO_4(s)$	−1444.74	−1334.28	121.75
Te(s)	0	0	49.70
$TeCl_4(s)$	−323.01	−237.23	(209.20)
$TeF_6(g)$	−1317.96	−1221.73	337.52
$TeO_2(s)$	−325.06	−270.03	71.09
Ti(s)	0	0	30.29
TiC(s)	−225.94	−221.75	24.27
$TiCl_4(g)$	−763.2	(−726)	352
TiN(s)	−305.43	−276.56	30.13
$TiO_2(s)$	−912.11	−852.70	50.25
TiO_2(s,水合)	−866.09	−821.32	—
Tl(s)	0	0	64.44
TlCl(s)	−204.97	−184.99	108.37

续表

物质名称	$\Delta_f H_m^{\ominus}$/(kJ·mol^{-1})	$\Delta_f G_m^{\ominus}$/(kJ·mol^{-1})	$S_m^{\ominus}$/[J·(K·mol)$^{-1}$]
$Tl_2O(s)$	−175.31	−135.98	99.58
TlOH(s)	−238.07	−190.37	71.13
$Tl_2S(s)$	−87.03	−87.86	(163.18)
W(g)	843.5	801.7	173.9
W(s)	0	0	33.5
$WO_2(s)$	−570.3	−520.5	71.1
$WO_3(s)$	−840.3	−763.5	88.3
$W_2O_5(s)$	−1413.8	−1284.1	142.3
Zn(g)	130.50	94.94	160.87
Zn(s)	0	0	41.63
$ZnBr_2(s)$	−327.1	−310.2	137.4
$ZnCO_3(s)$	−812.53	−731.36	82.43
$ZnCl_2(s)$	−415.89	−369.28	108.37
$ZnI_2(s)$	−209.1	−209.2	159
ZnO(s)	−347.98	−318.19	43.93
$Zn(OH)_2(s)$	−642.24	−554.80	(83.26)
ZnS(闪锌矿)	−202.92	−198.32	—
ZnS(纤锌矿)	−189.54	−184.93	57.74
$ZnSO_4(s)$	−978.55	−871.57	124.68
Zr(s)	0	0	38.41
$ZrBr_4(s)$	−803.33	−766.09	(217.99)
$ZrCl_4(s)$	−962.32	−874.46	186.19
$ZrF_4(s)$	−1861.88	−1775.27	134.31
$ZrI_4(s)$	−543.92	−543.92	268.19
ZrN(s)	−343.92	−315.47	38.62
$ZrO_2(s)$	−1080.31	−1022.57	50.33

附表 13　某些水合离子的 $\Delta_f H_m^{\ominus}$、$\Delta_f G_m^{\ominus}$ 及 $S_m^{\ominus}$

水合离子	$\Delta_f H_m^{\ominus}$/(kJ·mol^{-1})	$\Delta_f G_m^{\ominus}$/(kJ·mol^{-1})	$S_m^{\ominus}$/[J·(K·mol)$^{-1}$]
Ag^+	105.90	77.11	73.93
$Ag(NH_3)_2^+$	−111.81	−17.41	241.84
Al^{3+}	−524.67	−481.16	313.38
AlO_2^-	−914.6	−856.5	104.6
H_3AsO_4	−898.7	−769.0	206.3
$H_2AsO_4^-$	−904.6	−748.5	117.2
$HAsO_4^{2-}$	−898.7	−707.1	—
AsO_4^{3-}	−870.3	−636.0	144.8
Au^+	—	163.18	—
Ba^{2+}	−538.36	−560.66	12.55
Be^{2+}	−389.11	−356.48	(−230.12)
BiO^+	—	−144.52	—

续表

水合离子	$\Delta_f H_m^\ominus/(kJ \cdot mol^{-1})$	$\Delta_f G_m^\ominus/(kJ \cdot mol^{-1})$	$S_m^\ominus/[J \cdot (K \cdot mol)^{-1}]$
Br^-	−120.92	−102.82	80.71
CN^-	151.0	165.7	118.0
OCN^-	−140.2	−98.74	130.1
SCN^-	72.0	88.7	150.6
Ca^{2+}	−542.96	−553.04	−55.23
Cd^{2+}	−72.38	−77.74	61.09
$Cd(NH_3)_4^{2+}$	—	−224.81	—
Cl^-	−167.46	−131.17	55.23
ClO^-	—	−37.2	41.8
ClO_2^-	−71.9	11.5	101
ClO_3^-	−98.32	−2.60	163.17
ClO_4^-	−131.42	−10.33	180.75
Co^{2+}	(−59.41)	−53.56	(−112.97)
Cr^{2+}	−138.91	−176.15	—
Cr^{3+}	−256.06(?)	−215.48	−307.52
CrO_4^{2-}	−894.33	−736.80	38.49
$Cr_2O_7^{2-}$	−1522.98	1319.63	213.80
Cu^+	51.88	50.21	−26.36
Cu^{2+}	64.39	64.98	−99.74
$Cu(NH_3)_4^{2+}$	−334.30	−170.7	—
$Co(NH_3)_6^{3+}$	—	−230.96	—
HCO_3^-	−691.1	−587.1	95.0
CO_3^{2-}	−676.3	−528.1	53.1
$H_2C_2O_4$	−818.3	−697.9	—
$HC_2O_4^-$	−818.8	−690.9	—
$C_2O_4^{2-}$	−818.8	−666.9	44.4
HClO(aq)	−116.4	−80.0	130
$HClO_2$(aq)	−57.2	0.3	176
CH_3COOH	−488.5	−399.6	—
CH_3COO^-	−488.9	−372.5	—
F^-	−329.11	−276.48	−9.62
Fe^{2+}	−87.86	−84.94	113.39
Fe^{3+}	−47.70	−10.59	293.30
Ga^{3+}	−210.9	−153.1	347.3
H^+	0	0	0
Hg_2^{2+}	—	152.09	—
Hg^{2+}	174.01	164.77	22.59
I^-	−55.94	−51.67	109.37
I_3^-	−51.88	−51.51	238.91
IO_3^-	—	−134.9	117.2
In^{3+}	−133.9	−99.16	259.4
K^+	−251.21	−282.25	102.51

续表

水合离子	$\Delta_f H_m^\ominus/(kJ \cdot mol^{-1})$	$\Delta_f G_m^\ominus/(kJ \cdot mol^{-1})$	$S_m^\ominus/[J \cdot (K \cdot mol)^{-1}]$
Li^+	−278.46	−293.80	14.23
Mg^{2+}	−461.96	−456.01	−117.99
Mn^{2+}	−223.01	−227.61	83.68
MnO_4^-	−542.67	−449.36	189.95
NH_4^+	−132.80	−79.50	112.84
Na^+	−239.66	−261.87	60.25
Ni^{2+}	−64.02	−48.24	—
$Ni(NH_3)_4^{2+}$	—	−196.23	—
NO_2^-	−106.27	−34.52	125.10
NO_3^-	−206.57	−110.58	146.44
OH^-	−229.48	−157.30	10.5
Pb^{2+}	−1.63	−24.31	21.34
Pb^{4+}	—	24.3	—
H_3PO_4	−1289.5	−1147.3	176.1
$H_2PO_4^-$	−1302.5	−1135.1	89.1
HPO_4^{2-}	−1298.7	−1094.1	36.0
PO_4^{3-}	−1284.07	−1025.50	−217.57
S^{2-}	35.82	92.47	−26.78
H_2SO_3	−608.8	−538.0	79.4
HSO_3^-	−635.6	−527.2	108.8
SO_3^{2-}	−635.6	−485.8	29.3
H_2SO_4	−907.5	−742.0	17.2
HSO_4^-	−885.8	−752.9	126.9
SO_4^{2-}	−907.5	−742.0	17.2
$S_2O_3^{2-}$	−609.6	−518.8	33.5
$S_2O_4^{2-}$	−746.0	−599.6	117.2
$S_2O_8^{2-}$	−1356.9	−1096.2	(146.4)
$HSeO_3^-$	−516.7	−411.3	127.2
SeO_3^{2-}	−512.1	−373.8	16.3
$HSeO_4^-$	−598.7	−452.7	92.0
SeO_4^{2-}	−609.7	−441.1	23.9
SiF_6^{2-}	−2336.4	−2138.0	50.2
Sn^{4+}	—	2.7	—
Sn^{2+}	−10.00	−26.25	24.69
Sr^{2+}	−545.51	−557.31	39
Tl^+	5.77	−32.45	127.19
Tl^{3+}	195.81	209.20	(175.73)
Zn^{2+}	−152.42	−147.21	106.48
$Zn(NH_3)_4^{2+}$	—	−307.52	—

附录五　键长和键能

1. 键长(bond length)

核间距即键长。重键键长比单键短。一般,单键键长∶双键键长∶叁键键长约为1∶(≈0.86)∶(≈0.77)。

2. 键能(bond energy)

$$A(g)+B(g)\underset{\text{解离能}}{\overset{\text{键能}}{\rightleftharpoons}}AB(g)$$

对于双原子分子,键能和解离能的绝对值相等;对于多原子分子,两者有(不大的)差值。

(1) 分子的平均键能,如

$CH_4(g) \longrightarrow CH_3(g)+H(g)$	BE	421.1 kJ·mol^{-1}
$CH_3(g) \longrightarrow CH_2(g)+H(g)$	BE	469.9 kJ·mol^{-1}
$CH_2(g) \longrightarrow CH(g)+H(g)$	BE	415 kJ·mol^{-1}
$CH(g) \longrightarrow C(g)+H(g)$	BE	334.7 kJ·mol^{-1}
$CH_4(g) \longrightarrow C(g)+4H(g)$	$(BE)_{总}$	1640.7 kJ·mol^{-1}

CH_4 中 C—H 的平均键能(mean bond energy)为(1640.7 kJ·mol^{-1}/4)=410.2 kJ·mol^{-1}。

(2) 由两种元素组成不同氧化态化合物的键能也不同。除注明外,表中均为最高氧化态的键能。

(3) 单键键能不同于重键的键能。附表14列出 N≡N 键能 942 kJ·mol^{-1}是总键能,N═N 键能 418 kJ·mol^{-1}也是总键能。一般单键键能介于125～565 kJ·mol^{-1}之间,双键键能为420～710 kJ·mol^{-1},叁键键能约为800～1090 kJ·mol^{-1}。

附表14　常见键的键能、键长

键	键能/(kJ·mol^{-1})	键长/pm	键	键能/(kJ·mol^{-1})	键长/pm
H—H	432.0	74.2	H—B	389	119
H—F	565	91.8	B—B	293	177
H—Cl	428	127.4	B—F	613.1	130
H—Br	362	140.8	B—Cl	456	175
H—I	295	160.8	B—Br	377	195
H—O	458.8	96	C—C	345.6	154
H—S	363	134	C═C	602	134
H—N	386	101	C≡C	835.1	120
H—P	322	144	C—F	485.0	135
H—C	411	109	C—Cl	327.2	177
H—CN	531	106.6	C—Br	285	194
H—Si	318	148	C—I	213	214
H—Ge	289	153	C—N	304.6	147
H—Sn	251	170	C═N	615	

续表

键	键能/(kJ·mol⁻¹)	键长/pm	键	键能/(kJ·mol⁻¹)	键长/pm
C≡N	887	116	Sb—Sb(Sb_4)	121	
C—O	357.7	143	Sb≡Sb	295.4	
C=O	798.9	120	Sb—F(SbF_5)	402	
C≡O	1071.9	112.8	(SbF_3)	≈440	192
C—S	272	182	Sb—Cl($SbCl_5$)	248.5	
C=S	573	160	($SbCl_3$)	314.6	232
C—Si	318	185	Bi—Bi	105	
Si—Si	222	235.2	Bi≡Bi	192	
Si—F	565	157	Bi—F(BiF_3)	≈393	
Si—Cl	381	202	Bi—Cl($BiCl_3$)	274.5	248
Si—Br	310	216	HO—OH	207.1	147.5
Si—I	234	244	O=O	498	120.7
Si—O	452	166	O—F	189.5	142
Sn—Sn	146.4		S—S(S_8)	226	205
Sn—F(SnF_2)	481	188	S=S	424.7	188.7
Sn—Cl($SnCl_4$)	323	233	S—Cl(S_2Cl_2)	225	207
Sn—Br($SnBr_4$)	272.8	246	Se=Se	272	215.2
Pb—F(PbF_2)	394.1		Se—F(SeF_6)	284.9	156
Pb—Cl($PbCl_2$)	303.8	242	(SeF_4)	310	177
H_2N—NH_2	247	145	(SeF_2)	≈351	
N=N	418	125	Se—Cl($SeCl_4$)	≈192	
N≡N	941.69	109.8	($SeCl_2$)	243	
N—F	283	136	F—F	154.8	141.8
N—Cl	313	175	Cl—Cl	239.7	198.8
N—O	201	140	Cl—OH	218	
N=O	607	121	O—ClO	243	
P—P(P_4)	201	221	Cl—F(ClF_5)	≈142	
P≡P	481	189.3	(ClF_3)	172.4	169.8
P—F(PF_3)	490	154	(ClF)	248.9	162.8
P—Cl(PCl_3)	326	203	Br—Br	189.1	228.4
P—Br(PBr_3)	264	220	Br—F(BrF_3)	201	172,184
P—O	335	160	(BrF)	249	176
P=O	≈544	150	I—I	148.95	266.6
P=S	≈335	186	I—F(IF_7)	231	183
As—As(As_4)	146	243	(IF_5)	267.8	175,186
As≡As	380		(IF_3)	≈272	
As—F(AsF_3)	484	171.2	(IF)	277.8	191
As—Cl($AsCl_3$)	321.7	216.2	Xe—F(XeF_6)	126.2	190
As—O	301	178	(XeF_4)	130.4	195
As=O	≈389	167	(XeF_2)	130.8	200

元素周期表

	1 1A	2 2A	3 3B	4 4B	5 5B	6 6B	7 7B	8 8B	9 8B	10 8B	11 1B	12 2B	13 3A	14 4A	15 5A	16 6A	17 7A	18 8A
1	1 **H** 1.008																	2 **He** 4.003
2	3 **Li** 6.941	4 **Be** 9.012											5 **B** 10.81	6 **C** 12.01	7 **N** 14.01	8 **O** 16.00	9 **F** 19.00	10 **Ne** 20.18
3	11 **Na** 22.99	12 **Mg** 24.31											13 **Al** 26.98	14 **Si** 28.09	15 **P** 30.97	16 **S** 32.07	17 **Cl** 35.45	18 **Ar** 39.95
4	19 **K** 39.10	20 **Ca** 40.08	21 **Sc** 44.96	22 **Ti** 47.87	23 **V** 50.94	24 **Cr** 52.00	25 **Mn** 54.94	26 **Fe** 55.85	27 **Co** 58.93	28 **Ni** 58.69	29 **Cu** 63.55	30 **Zn** 65.39	31 **Ga** 69.72	32 **Ge** 72.64	33 **As** 74.92	34 **Se** 78.96	35 **Br** 79.90	36 **Kr** 83.80
5	37 **Rb** 85.47	38 **Sr** 87.62	39 **Y** 88.91	40 **Zr** 91.22	41 **Nb** 92.91	42 **Mo** 95.94	43 **Tc** 97.91	44 **Ru** 101.1	45 **Rh** 102.9	46 **Pd** 106.4	47 **Ag** 107.9	48 **Cd** 112.4	49 **In** 114.8	50 **Sn** 118.7	51 **Sb** 121.8	52 **Te** 127.6	53 **I** 126.9	54 **Xe** 131.3
6	55 **Cs** 132.9	56 **Ba** 137.3	57~71 **La** 系	72 **Hf** 178.5	73 **Ta** 180.9	74 **W** 183.8	75 **Re** 186.2	76 **Os** 190.2	77 **Ir** 192.2	78 **Pt** 195.1	79 **Au** 197.0	80 **Hg** 200.6	81 **Tl** 204.4	82 **Pb** 207.2	83 **Bi** 209.0	84 **Po** 209.0	85 **At** 210.0	86 **Rn** 222.0
7	87 **Fr** 223.0	88 **Ra** 226.0	89~103 **Ac** 系	104 **Rf** 261	105 **Db** 262	106 **Sg** 263	107 **Bh** 264	108 **Hs** 265	109 **Mt** 268	110 **Ds** 271	111 **Rg** 272	112 **Cn** 277	113 **Nh**	114 **Fl** 287	115 **Mc**	116 **Lv** 289	117 **Ts**	118 **Og**

镧系	57 **La** 138.9	58 **Ce** 140.1	59 **Pr** 140.9	60 **Nd** 144.2	61 **Pm** 144.9	62 **Sm** 150.4	63 **Eu** 152.0	64 **Gd** 157.3	65 **Tb** 158.9	66 **Dy** 162.5	67 **Ho** 164.9	68 **Er** 167.3	69 **Tm** 168.9	70 **Yb** 173.0	71 **Lu** 175.0
锕系	89 **Ac** 227.0	90 **Th** 232.0	91 **Pa** 231.0	92 **U** 238.0	93 **Np** 237.0	94 **Pu** 244.1	95 **Am** 243.1	96 **Cm** 247.1	97 **Bk** 247.1	98 **Cf** 251.1	99 **Es** 252.1	100 **Fm** 257.1	101 **Md** 258.1	102 **No** 259.1	103 **Lr** 262.1